DIE BODENAZIDITÄT

NACH AGRIKULTURCHEMISCHEN GESICHTSPUNKTEN

DARGESTELLT

VON

PROFESSOR DR. H. KAPPEN

DIREKTOR DES INSTITUTS FÜR CHEMIE AN DER
LANDWIRTSCHAFTLICHEN HOCHSCHULE BONN-POPPELSDORF

MIT 35 ABBILDUNGEN UND
1 FARBIGEN TAFEL

SPRINGER-VERLAG BERLIN HEIDELBERG GMBH
1929

ISBN 978-3-642-89928-7   ISBN 978-3-642-91785-1 (eBook)
DOI 10.1007/978-3-642-91785-1

Vorwort.

Durchsucht man die agrikulturchemische Literatur nach Angaben über die Bodenazidität, so findet man, daß diese auffallende Eigenschaft der Böden den älteren Agrikulturchemikern keineswegs fremd war, man erkennt aber auch, daß die Ursache dafür zumeist ziemlich einseitig in dem Vorhandensein von sauren Humusstoffen im Boden erblickt wurde. Die Humusstoffe als die allgemeinen Verursacher der Bodenazidität anzusprechen, lag anfänglich allerdings auch sehr nahe, denn man wußte längst, daß diese für die Fruchtbarkeit der Böden so wichtigen Stoffe nicht nur in ihrer neutral reagierenden Form einen sehr günstig wirkenden Bestandteil der Ackerböden ausmachten, sondern daß sie auch in einer für die Pflanzenkultur wenig nützlichen Form im Boden auftreten konnten, nämlich in der Form der freien Humussäuren oder ihrer sauer reagierenden Salze. Die saure Beschaffenheit der Hochmoorböden, der Rohhumusanhäufungen in Wald und Heide und das Vorkommen der sauren humusreichen Sandböden gab klare Belege für diese Bedeutung der Humusstoffe als Verursacher der Bodenazidität ab. Erst verhältnismäßig spät trat die Erkenntnis hervor, daß die saure Reaktion der Böden keineswegs unlösbar verknüpft war mit dem Vorhandensein der sauren Humusstoffe, daß vielmehr neben diesen Stoffen organischer Beschaffenheit auch die mineralischen Bestandteile der Böden Bedeutung für ihre saure Reaktion besitzen konnten. War diese Beteiligung saurer anorganischer Stoffe an dem Zustandekommen der Bodenazidität auch wohl schon von einigen hervorragenden Vertretern der älteren agrikulturchemischen Schule vermutet worden, wie von VAN BEMMELEN und von A. MAYER, so wurde die bedeutungsvolle Rolle, die diese Stoffe bei der Erscheinung der Bodenazidität spielen, doch erst in neuerer Zeit von VEITCH erkannt. Klarer und bestimmter als die Angaben von VEITCH waren dann aber die Mitteilungen, die wenige Jahre nach der VEITCHschen Veröffentlichung von seiten japanischer Agrikulturchemiker über die Beteiligung mineralischer Bodenbestandteile an der Erscheinung der Bodenazidität gemacht wurden. Aus einer vorläufigen Mitteilung von KOZAI (1908) ging zum ersten Male ganz klar und eindeutig hervor, daß völlig humusfreie Tone und Böden stark saure Eigenschaften aufweisen konnten, und die sich an diese Mitteilung anschließenden eingehenden Untersuchungen von DAIKUHARA brachten dann über viele Einzelfragen der Azidität der Mineralböden nähere Aufschlüsse. Diese im Jahre 1914 erschienene Arbeit von DAIKUHARA muß mit Recht als ein Hauptmerkstein auf dem Wege der Entwicklung unserer Kenntnisse von der Bodenazidität bezeichnet werden. Von dieser Arbeit ging denn auch die stärkste Befruchtung der ganzen Weiterarbeit auf dem Gebiete der Bodenazidität aus. Nachdem durch DAIKUHARAS Arbeit einmal der Damm, der sich der tieferen und vollständigeren Erkenntnis des Wesens der Bodenazidität hinderlich entgegenstemmte, durchbrochen war, da ergoß sich durch die nun geschlagene Bresche ein immer stärker anschwellender Strom von Untersuchungen, der jetzt, nach Verlauf von 15 Jahren seit DAIKUHARAS Pionierarbeit, so stark angewachsen ist, daß es wohl an der Zeit ist, eine Zusammenfassung des inzwischen an neuen Erkenntnissen in unserer Frage Gewonnenen zu versuchen. Von Anbeginn der neueren Entwicklung der Bodenaziditätsfrage an hat der Verfasser der folgenden Zusammenfassung sich mit seiner ganzen Arbeitskraft um ihren weiteren Ausbau bemüht. Es mag daher auch wohl verzeihlich erscheinen, wenn seine Ausführungen trotz aller angestrebten Objektivität die Züge der von ihm vertretenen Auffassungen deutlich widerspiegeln. Der Verfasser gibt sich allerdings der Hoffnung hin, daß das nicht zum Schaden des behandelten Gegenstandes ausschlagen möge.

Im übrigen glaubt der Verfasser mit seinen Ausführungen nicht nur dem engeren Kreise seiner Fachgenossen einen Gefallen zu erweisen, sondern auch allen jenen, die sich, ohne Agrikulturchemiker oder Bodenkundler zu sein, für die Fragen der Bodenazidität interessieren. Die Zahl dieser außerhalb der Agrikulturchemie und der Bodenkunde stehenden Interessenten ist ja heute keineswegs klein. Man denke nur an die Lehrer an den landwirtschaftlichen Schulen, die es heute nicht mehr umgehen können, ihren Schülern ein Bild von der praktisch so bedeutungsvoll gewordenen Frage der Bodenversauerung zu entwerfen. Man denke auch weiter an die vielen Mitarbeiter bei der Bekämpfung der Bodenversauerung in den Versuchsringen, deren Wirken um so erfolgreicher sein wird, je tiefer sie in die oft nicht ganz einfachen Fragen der Bodenazidität eingedrungen sein werden. Man denke schließlich daran, daß weit über den Kreis der Genannten hinaus auch bei vielen praktischen Landwirten das Bestreben vorausgesetzt werden darf, einen Einblick in die Fragen der Bodenazidität zu gewinnen.

Die Rücksichtnahme auf diese vielen, der agrikulturchemischen Wissenschaft Fernerstehenden hat natürlich die Art der Behandlung des Gegenstandes nicht unbeeinflußt gelassen. An manchen Stellen wird der Fachgenosse auf eine Ausführlichkeit in der Darstellung stoßen, die für seine Bedürfnisse vielleicht überflüssig gewesen wäre, andererseits wird er die eine oder andere ihm bekannte Literaturangabe vermissen. Das Ziel, das dem Verfasser vorschwebte, war ganz und gar nicht, eine Monographie über die Bodenazidität zu schreiben; es sollte keine Literaturzusammenstellung geliefert werden, sondern es sollte unter Benutzung derjenigen Arbeiten, die wirklich fördernd und befruchtend gewirkt haben, eine leichtverständliche und dabei doch gründliche Klarlegung der wichtigsten Fragen der Bodenazidität erfolgen. Eine in diesem Sinne durchgeführte Zusammenfassung unseres Wissens von der Bodenazidität hat der Verfasser auch aus dem Grunde für ganz besonders berechtigt gehalten, weil er hofft, daß sie manchem, der heute noch der praktisch so außerordentlich wichtigen Frage der Bodenversauerung fernsteht, Veranlassung geben wird, sich ihr eingehender zuzuwenden. Die Zahl derjenigen, die ihre volle Aufmerksamkeit auf diese für die Höhe der Ernten oft ausschlaggebende Erscheinung der Bodenversauerung richten, kann gar nicht groß genug sein, denn je größer sie wird, um so näher rückt auch die Erfüllung der Hoffnung, daß das Übel der Bodenversauerung zum Nutzen unserer Land- und Volkswirtschaft bald ausgerottet werde. In diesem Sinne, um durch Verbreitung und Vertiefung der Erkenntnis ihres Wesens und der von ihr drohenden Gefahren die Beseitigung der Bodenazidität zu beschleunigen, übergibt der Verfasser die folgende Zusammenfassung der Öffentlichkeit.

Nicht unterlassen darf der Verfasser, an dieser Stelle noch seinen zahlreichen Mitarbeitern, deren Untersuchungsergebnisse in der folgenden Darstellung vielfach Verwendung gefunden haben, für ihren stets an den Tag gelegten Eifer zu danken. Ganz besonderer Dank gebührt auch dem 1. Assistenten des Instituts, Dr. R. W. BELING, dem der Verfasser für zahlreiche Hilfeleistungen und vornehmlich für seine bei der Korrektur aufgewendeten Mühen verpflichtet ist. Auch der Verlagsbuchhandlung muß für manches freundliche Entgegenkommen der beste Dank des Verfassers abgestattet werden.

Bonn-Poppelsdorf, September 1929.

H. KAPPEN.

Inhaltsverzeichnis.

I. Das Wesen der Azidität der Böden.

a) Die Bodenbildung durch Gesteinsverwitterung.

Zu einer klaren Vorstellung von dem Wesen und den Erscheinungsformen der Bodenazidität kann man nur gelangen, wenn man von den Vorgängen ausgeht, die zur Bildung des Bodens geführt haben. Es ist daher unumgänglich nötig, hier zuerst in ganz kurzen Zügen ein Bild von der Verwitterung zu entwerfen.

Die Bodenkunde unterscheidet bei der Gesteinsverwitterung die Mitwirkung verschiedener Faktoren, physikalischer und chemischer. Die physikalischen Faktoren, die meist zugleich mit den chemischen am Werke sind, bewirken die mechanische Zerkleinerung der Gesteinsmassen, aus denen der Boden seine Entstehung nimmt. Wechsel der Temperatur, Spaltenfrost und Zertrümmerung durch Druck sind die wichtigsten der hier in Frage kommenden Einzelfaktoren. Zum eigentlichen Boden wird ein Gestein aber erst durch die Umwandlungen, die es unter dem Einfluß der chemischen Faktoren der Verwitterung erleidet. Diese Faktoren bedürfen deshalb einer etwas genaueren Kennzeichnung.

Man neigt heute in der Bodenkunde dazu, die chemische Wirkung des Wassers in den Vordergrund der Betrachtung zu stellen. Die physikalische Chemie hat den Bodenkundler mit der eigentümlichen Wirkung bekannt gemacht, die das Wasser auf solche Salze auszuüben vermag, die entweder aus einer starken Base und einer schwachen Säure oder umgekehrt aus einer schwachen Base und einer starken Säure zusammengesetzt sind. Alle diese Salze erleiden durch das Wasser eine Zerlegung in ihre basischen und sauren Bestandteile, die als hydrolytische Aufspaltung oder als Hydrolyse bezeichnet worden ist. Mit diesem Vorgange wird später noch nähere Bekanntschaft zu machen sein, hier sei nur hervorgehoben, daß die Silikate, die das wichtigste Material für die Bodenbildung aus den Gesteinen liefern, als Salze von stark basischen Metallen, wie Kalium, Natrium, Kalzium und Magnesium, und von schwachen Säuren, wie den Kieselsäuren und den Aluminiumkieselsäuren, zu betrachten sind, infolgedessen auch der hydrolytischen Aufspaltung durch das Wasser unterliegen. Das Ausmaß dieser Hydrolyse ist nicht sonderlich groß, immerhin genügt es aber doch, um vielen fein gepulverten Silikaten eine deutlich alkalische Reaktion durch die hydrolytische Abspaltung eines Teiles der in ihnen enthaltenen Basen zu verleihen. Unter natürlichen Verhältnissen ist zwar wegen der Fortschaffung der Reaktionsprodukte durch die Niederschläge dafür gesorgt, daß die zersetzende Wirkung des Wassers sich immer erneut an den Silikaten betätigen kann, trotzdem wird aber die vollkommene Abspaltung der Basen aus den Silikaten durch die ausschließliche Wirkung des Wassers in der Natur kaum jemals verwirklicht sein; auch bei noch so lange sich fortsetzender Wassereinwirkung bleiben die Aluminiumkieselsäuren mit einem Teil der Basen verbunden und umhüllen in der Form einer kolloiden Schicht die im Innern zunächst noch wenig veränderten Silikatkörner. Erst durch das Hinzutreten von stärker chemisch wirksamen Stoffen kommt es dann zu immer tiefer eingreifenden Umwandlungen der Silikate, wobei sowohl einfachere Abbauprodukte als auch, infolge komplizierterer chemischer Reaktionen, über die zur Zeit Einzelheiten noch nicht mitgeteilt werden können, Neubildungen entstehen, die für die Beschaffenheit der schließlich aus der Gesteinsverwitterung sich ergebenden Böden von allergrößter Bedeutung sind.

Unter den die hydrolytische Aufspaltung der Silikate beim Verwitterungsvorgang begünstigenden Faktoren muß an erster Stelle die Kohlensäure genannt werden. Ist sie auch nur eine schwache Säure, ähnlich wie die Kieselsäuren und die Aluminiumkieselsäuren der Silikate, so ist sie diesen gegenüber im Kampfe um die basischen Bestandteile der Silikate doch in der Oberhand, weil sie nach Verbrauch immer wieder von neuem entsteht; man denke nur an den Kohlensäuregehalt der Atmosphäre und den noch viel größeren Gehalt der Bodenluft daran, der, auf Mikroorganismen- und Pflanzenatmung beruhend, sich immer wieder ergänzen kann. Will man in der Bodenkunde auch heute der Wirkung der Kohlensäure wegen ihrer schwachen Säureeigenschaften keine besonders hohe Bedeutung für die Verwitterungsvorgänge zuerkennen, so läßt sich doch auf keinen Fall bestreiten, daß sie es ist, die die hydrolytische Einwirkung des Wassers auf die Gesteinsmineralien durch dauernde Gleichgewichtsverschiebung stark begünstigt. Vielleicht wird aber auch darüber hinaus der Rolle der Kohlensäure bei den Verwitterungsvorgängen in Zukunft doch wieder eine größere Bedeutung zugeschrieben werden, wenn ihr Einfluß erst einmal unter passenderen Versuchsbedingungen der Prüfung unterworfen ist. Aus den Veränderungen von Mineralpulvern unter dem Einfluß kohlensäurehaltigen Wassers, die heute vielfach zum Beweise für die nur geringe Bedeutung der Kohlensäure bei dem Verwitterungsprozeß ins Feld geführt werden, scheint nicht die volle Bedeutung der Kohlensäure für den Verwitterungsvorgang abgeleitet werden zu können. Andeutungen einer höheren Einschätzung der Kohlensäure machen sich denn auch bereits bemerkbar[1].

Außer der Kohlensäure, die besonders wegen der allgemeinen Verbreitung ihrer Wirkungsmöglichkeit an erster Stelle unter den spezifisch chemisch wirkenden Verwitterungsfaktoren genannt werden mußte, betätigen sich aber auch noch stets andere Säuren am Verwitterungsvorgange der Gesteine. Vornehmlich sind da noch die Salpetersäure und die Schwefelsäure zu nennen. Allerdings werden diese Säuren erst dann zur Mitwirkung gelangen können, wenn die Verwitterung des Gesteins so weit vorgeschritten ist, daß sich organisches Leben in und auf ihm entwickeln kann; denn die Bildung dieser beiden starken Säuren erscheint in doppelter Weise gebunden an die Existenz von Lebewesen. Einmal liefern nämlich die Lebewesen in ihrer Körpersubstanz, besonders in den Eiweißstoffen, die für die Bildung dieser Säuren nötigen Elemente Stickstoff und Schwefel, andererseits sind es auch wieder Lebewesen selbst, die an den stickstoff- und schwefelhaltigen Körperbestandteilen ihrer abgestorbenen Genossen jene Umwandlungen vollziehen, durch die Salpetersäure und Schwefelsäure Entstehung nehmen. Der Verwesungsprozeß der mit fortschreitender Verwitterung sich in steigenden Mengen einstellenden Organismen ist es, der außer zur Bildung von großen Mengen Kohlensäure auch stets durch die Nitrifikation und Schwefeloxydation zur Bildung der beiden starken Säuren, der Salpetersäure und der Schwefelsäure, Veranlassung gibt. Die Wirkung dieser beiden Säuren ist merkwürdigerweise früher in der Bodenkunde nur selten ihrer richtigen Bedeutung für den Verwitterungsvorgang entsprechend eingeschätzt worden. Auf die Schwefelsäure-

---

[1] PUCHNER, H.: Bodenkunde, S. 33. Stuttgart 1923.

bildung in den Böden ist vor kurzem die Aufmerksamkeit gelenkt worden[1], und die Bedeutung der Salpetersäurebildung durch die Nitrifikation ist auch erst in neuerer Zeit richtig in bezug auf den Verwitterungsprozeß gewürdigt worden. Ohne Frage gehen von der Bildung dieser starken Säure ganz wesentliche Wirkungen auf den Verlauf des Bodenbildungsprozesses aus; das werden wir an einer späteren Stelle dieses Buches auch noch durch Angabe von Versuchen belegen können.

Daß außer diesen anorganischen Säuren, der Kohlensäure, der Salpeter- und der Schwefelsäure, auch organische Säuren sich am Vorgange der Verwitterung der Gesteine beteiligen können, ist ganz klar. Gelegenheit zu ihrer Entstehung ist ja in jedem Boden, in dem sich das organische Leben schon entfaltet hat, gegeben. Sieht man dabei ganz von der zweifelhaften Ausscheidung organischer Säuren durch die Wurzeln der auf dem Boden lebenden höheren Pflanzen ab, so bleibt immer noch als wichtigste Bildungsmöglichkeit der organischen Säuren die Verwesung der Organismen übrig. Die komplizierten Stoffe der höheren und niederen Pflanzen, wie auch der im Boden lebenden Tiere liefern ja nicht beim Verwesungsprozeß gleich die einfachen Endprodukte der Oxydation, Kohlendioxyd und Wasser, sondern, wie bei vielen chemischen Reaktionen, auch hier entstehen erst weniger einfach zusammengesetzte Zwischenprodukte, und unter diesen sind die organischen Säuren sicher die am meisten vorherrschenden. Unter diesen organischen Säuren, die für den Verwitterungsvorgang bedeutungsvoll sein können, trifft man auf einfacher zusammengesetzte Vertreter, wie die Ameisensäure, Essigsäure, Butter- und Milchsäure, aber auch auf komplizierter zusammengesetzte Stoffe, von deren chemischem Aufbau noch wenig Sicheres bekannt ist, nämlich die Humussäuren. Unter bestimmten äußeren Bedingungen häufen sich diese schwer weiterzersetzlichen Produkte zuweilen sogar so stark an, daß sie zu einem den ganzen Verlauf der Bodenbildung bestimmenden Faktor werden.

Ohne Frage sind nun bei der Bodenbildung aus den Gesteinen außer dem Wasser und den genannten Säuren auch noch andere Faktoren im Spiele. Die Wirkung des Sauerstoffs der Luft, die Wirkung der im Boden entstehenden Salzlösungen und manches andere wären der Vollständigkeit halber noch zu nennen. Von überragender Bedeutung sind indessen nur die oben näher gekennzeichneten Faktoren, und mit ihrer Aufzählung können wir uns zufrieden geben; sie sind es jedenfalls, denen ganz vornehmlich die Verwandlung der festen Gesteine in jene lockere mineralische Schicht zu verdanken ist, die man als Boden bezeichnet.

Wollen wir aber nun im einzelnen angeben, aus welchen chemischen Individuen diese Verwitterungsschicht der festen Gesteine besteht, so stoßen wir auf die allergrößten Schwierigkeiten. In diesem Punkte sind, das muß man offen zugeben, unsere Kenntnisse zur Zeit noch sehr gering, und man muß auch eingestehen, daß die Hoffnung auf eine baldige Änderung keineswegs groß ist. Diese bedauerliche Tatsache hängt mit dem besonderen Zustand zusammen, in den die Silikate bei der Verwitterung übergeführt werden. Aus dem ursprünglich kristallisierten Zustande gehen sie nämlich unter dem Einfluß der Verwitterungsfaktoren in den kolloiden Zustand über. Dieser Zustand der Stoffe hat sich aber immer als ein großes Hindernis auf dem Wege zu ihrer näheren chemischen Erforschung erwiesen, und in ganz außergewöhnlichem Maße macht sich diese Tatsache bei dem Eindringen in die Zusammensetzung der Verwitterungssilikate bemerkbar. Die Vielheit der neu entstandenen Verbindungen und ihre infolge ihrer kolloiden Beschaffenheit äußerst innige Vermischung untereinander macht es zu einer der schwierigsten Aufgaben, Aufschluß über ihre Zusammensetzung zu

---

[1] BLANCK, E.: Chem. d. Erde **2**, 15.

1*

schaffen. Aus Beobachtungen über die chemischen Umwandlungen an einzelnen Silikaten kann man sich aber auch ohne eine Isolierung der Verwitterungsprodukte aus dem Boden gewisse Vorstellungen von ihrer Zusammensetzung machen, wenngleich diese Vorstellungen naturgemäß nur von allgemeinerer Art sein können. So werden wir mit RAMANN[1] und anderen Bodenkundlern annehmen dürfen, daß die unlöslichen Neubildungen, die bei der Verwitterung Entstehung nehmen, einmal aus kolloiden wasserhaltigen Tonerdesilikaten und Salzen von Aluminatkieselsäuren bestehen, daß darunter als Verwitterungsprodukte eisenhaltiger Silikate kolloide wasserhaltige Eisenoxydsilikate und mehr oder weniger wasserhaltiges Eisenhydroxyd vorhanden sind, daß außerdem wasserhaltige kolloide Magnesiumsilikate und fernerhin, wenn auch für unsere humiden Klimaverhältnisse zumeist nur in sehr geringen Mengen, Aluminiumhydroxyd und kolloide Kieselsäuren sich unter den Verwitterungsprodukten der Gesteine befinden.

Mehrfach hat man übrigens ernste Versuche unternommen, tiefer in die chemische Zusammensetzung dieser bei der Verwitterung entstandenen Neubildungen einzudringen. Schon VAN BEMMELEN[2] hat sich in eingehenden Untersuchungen um dieses Problem bemüht, indem er den Boden mit verschiedenen Säuren in verschiedenen Konzentrationen behandelte und aus den dabei in Lösung gegangenen Stoffmengen auf die Zusammensetzung der im Boden enthaltenen Verwitterungssilikate zurückschloß. Er kam bei diesen Arbeiten zur Annahme von zwei verschiedenen Silikatverwitterungskomplexen. Komplex A nannte er den durch reine konzentrierte Salzsäure zersetzbaren, aus SiO_2, Al_2O_3, Fe_2O_3, CaO, MgO, K_2O und Na_2O bestehenden Anteil des Bodens. Als Komplex B unterschied er davon den Teil der Bodensilikate, der in Salzsäure unlöslich war, aber durch Behandlung mit konzentrierter Schwefelsäure in der Wärme aufgeschlossen werden konnte. Dieser Komplex B war von kaolinartiger Zusammensetzung, bestand fast ausschließlich aus Kieselsäure und Tonerde und wies nur Spuren von Basen, wie Kalk, Magnesia usw., auf. VAN BEMMELEN berechnete für diese beiden Verwitterungskomplexe das Molekularverhältnis, in dem Kieselsäure und Tonerde zueinander standen; für Komplex A fand er das Verhältnis von 5 : 1, für Komplex B das Verhältnis 3 : 1. Es wurde auch versucht, den Komplex A durch Behandlung mit verschieden konzentrierter Salzsäure weiter zu zerlegen, doch stellte sich dabei heraus, daß alle Konzentrationen von Salzsäure die Kieselsäure und Tonerde in ziemlich gleichbleibendem Verhältnis lösten, woraus VAN BEMMELEN mit Recht folgerte, daß der Verwitterungskomplex A aus einem einheitlichen Produkt bestehen müsse.

Die Versuche, auf diesem Wege des Abbaues mit Säuren, der auf anderen Gebieten der Chemie, wie z. B. dem der Eiweißstoffe und Kohlehydrate, zu ganz hervorragenden Erfolgen geführt hatte, zu einem Einblick in die Zusammensetzung der Verwitterungssilikate zu gelangen, wurden von GANSSEN[3] weiter fortgesetzt. Auch er behandelte die Böden mit Säure und hinterher mit Alkalien und versuchte, aus der Art und der Menge der dabei in Lösung gegangenen Stoffe sich ein Bild von ihrer Zusammensetzung zu machen. Er konnte dabei die eigentümliche Tatsache feststellen, daß die leichtzersetzlichen Bestandteile des Bodens — und unter diesen müssen sich der Natur der Sache nach eben vornehmlich die Neubildungen befinden, während die unverwitterten Gesteinsbestandteile der Einwirkung der Säuren ziemlich großen Widerstand entgegensetzen — oft eine verhältnismäßig sehr konstante Zusammensetzung aufwiesen.

---

[1] RAMANN, E: Bodenkunde. Berlin 1911.

[2] BEMMELEN, I. M. VAN: Z. anorg. Chem. 42, 266; Die Absorption. Dresden u. Leipzig 1910.

[3] GANSSEN, R.: Internat. Mitt. Bodenkde 3, 1; Mitt. Lab. preuß. geol. Landesanst., H. 1, 5.

Auf drei oder auch mehr Moleküle Kieselsäure kam bei normalen Böden ein Molekül Tonerde und ein Molekül der verschiedenen Basen, wie Kalziumoxyd, Magnesiumoxyd, Natrium- und Kaliumoxyd. Es ließ sich also die Zusammensetzung dieses leicht durch Säuren zersetzlichen Silikatanteiles der Böden durch die schematische Formel ausdrücken:

$$3+ \text{ Mol. } SiO_2 \cdot 1 \text{ Mol. } Al_2O_3 \cdot 1 \text{ Mol. Basen.}$$

Das Pluszeichen an der Molekülzahl der Kieselsäure soll in dieser Formel ein Zeichen dafür sein, daß auch mehr als drei Moleküle Kieselsäure an der Zusammensetzung des Silikates Anteil haben können.

Silikate von genau derselben Zusammensetzung konnte GANSSEN aber auch auf künstlichem Wege erzeugen, indem er kieselsäure- und tonerdehaltige Materialien, wie gepulverten Feldspat oder Ton, mit den Karbonaten der starken Alkalien, wie Natrium- oder Kaliumkarbonat, zusammenschmolz und dann die Schmelze mit Wasser auslaugte. Dabei blieben Silikate von der gleichen Zusammensetzung übrig wie die war, die den Verwitterungssilikaten des normalen Bodens zugeschrieben werden mußte, aber nicht nur die Zusammensetzung, sondern auch die Eigenschaften dieser künstlichen Silikate stimmten in auffälliger Weise mit denen überein, die man bei den an Verwitterungssilikaten reichen Böden in ausgeprägtem Grade wahrnehmen und infolgedessen auch nur auf die Gegenwart dieser Produkte zurückführen konnte. Ganz vornehmlich war es die Eigenschaft des Basen- oder Ionenaustausches, die beide, den an Verwitterungssilikaten reichen Boden und die künstlichen Silikate, in gleichem Maße auszeichnete.

Silikate mit ganz entsprechenden Eigenschaften konnten weiterhin aber auch durch Fällung von Alkalisilikatlösungen mit Alkalialuminatlösungen erzeugt werden, also ohne Anwendung höherer Temperatur unter Bedingungen, die in ähnlicher Weise auch bei den Vorgängen der Verwitterung verwirklicht sein können.

Aus allen diesen Befunden schloß GANSSEN, daß sowohl den künstlich erzeugten Silikaten eine bestimmte chemische Zusammensetzung zuzuschreiben wäre, die eben durch die Formel $3+ SiO_2 \cdot 1 Al_2O_3 \cdot 1$ Mol. Basen ausgedrückt werden könne, als auch daß Silikate von derselben chemischen Zusammensetzung als Produkte der Verwitterung im Boden enthalten seien. Diese Silikate nannte GANSSEN, da die Bindung der Basen in ihnen, nach ihrem chemischen Verhalten zu urteilen, durch die Vermittlung des Aluminiumoxyds bedingt zu sein schien, Aluminatsilikate.

Die Annahme solcher, zwar leicht zersetzlicher, aber doch chemisch gut definierter Aluminatsilikate, die wegen ihrer starken Befähigung zum Basenaustausch und der darin zutage tretenden Ähnlichkeit mit den kristallisierten Zeolithen als auch zeolithische oder zeolithartige Silikate bezeichnet werden, wird allerdings keineswegs von allen Seiten gebilligt. WIEGNER[1], STREMME[2] und andere Bodenkundler und Agrikulturchemiker vertreten ziemlich abweichende Anschauungen. Stark unter dem Einfluß der neuen Entfaltung der Kolloidchemie stehend und, wie WIEGNER, an ihrer Weiterentwicklung durch eigene Arbeiten in hervorragender Weise beteiligt, neigen sie dazu, auch den ganzen Verwitterungsvorgang vom Gesichtspunkte der Kolloidchemie aus zu deuten. Dadurch werden diese Forscher notwendig zu einer Ablehnung der Bildung und der Existenz von bestimmten chemischen Verbindungen unter den Verwitterungsprodukten und zur Annahme bloßer inniger Mischungen von verschiedenen ein-

---

[1] WIEGNER, G.: Boden und Bodenbildung. Dresden u. Leipzig 1926.
[2] STREMME, H.: Zbl. Min. **1908**, 622, 661.

facheren chemischen Stoffen in kolloidem Zustande geführt. Offenbar glauben die Vertreter dieser Anschauung, daß die in der Bodenbildung begriffenen Gesteinsmaterialien kein geeigneter Ort für die Entstehung von chemischen Neubildungen seien, jedenfalls erklären sie die bei der Verwitterung entstehenden Neubildungen für bloße Gelgemische, Gemische der kolloiden Kieselsäure und des kolloiden Aluminiumhydroxyds, die mehr oder weniger große Mengen von Basen in absorbiertem Zustande enthalten. Ohne Frage gelingt es, auch auf dieser kolloidchemischen Grundlage ein durchaus verständliches Bild von der Bodenbildung wie auch von den Eigenschaften des Bodens zu entwerfen, ja es muß sogar anerkannt werden, daß die besonders von G. WIEGNER entwickelten Vorstellungen von der Mechanik des Basen- oder Ionenaustausches uns einen Einblick in diesen auch für die Bodenaziditätsfrage so überaus wichtigen Vorgang ermöglichen, wie ihn die rein chemische Auffassung zur Zeit noch nicht gestattet. Es gibt aber auch manche Argumente, die sich gegen eine einseitige kolloidchemische Auffassung ins Feld führen lassen. Jedenfalls scheint es uns richtig zu sein, solange zum mindesten an der Auffassung, wie sie von GANSSEN vertreten wird und in der Annahme kolloider chemischer Verbindungen gipfelt, festzuhalten und sie nach Möglichkeit weiterzuentwickeln, bis von den Vertretern der anderen Auffassung der Nachweis geliefert ist, daß sich Gelgemische herstellen lassen, die in gleich hohem Maße die charakteristischen Eigenschaften besitzen, die von den Verwitterungssilikaten des Bodens und den künstlich auf chemischem Wege hergestellten Aluminatsilikaten aufgewiesen werden. Neueste Untersuchungen von BRADFIELD[1] lassen an der Möglichkeit der Herstellung solcher Kolloidgemische zweifeln und stärken damit die Stellung derjenigen Forscher, die an die chemische Natur der Verwitterungssilikate glauben.

Veranlassung, an der Auffassung der Natur der Verwitterungssilikate als chemische Verbindungen festzuhalten, geben im übrigen auch die neueren Untersuchungen, die über die Kieselsäure ausgeführt wurden. Während man z. B. bisher annahm, daß in den Lösungen der Alkalisilikate, des Wasserglases, kein Natrium- oder Kaliumsilikat enthalten sei, daß vielmehr eine vollständige hydrolytische Aufspaltung dieses Silikats in wasserhaltiges Siliziumdioxyd und die entsprechende Alkalihydroxyde stattgefunden habe, ist durch genaue Messungen des Hydrolysengrades solcher Wasserglaslösungen jetzt festgestellt worden[2], daß die hydrolytische Spaltung der Alkalisilikate gar nicht so vollständig vonstatten geht; nur zu etwa $18,4\%$ ist bei Konzentrationen von $0,1$-n. die Lösung von Natriumsilikat hydrolytisch zerlegt. Es gibt sonach einmal sicherlich echte Kieselsäureanionen, SiO_3'', in solchen Lösungen, aber auch die Existenz der durch die Hydrolyse entstandenen freien Kieselsäure H_2SiO_3 kann durch die neueren Forschungen als sichergestellt betrachtet werden.

Keineswegs soll aber durch eine solche Stellungnahme die Bedeutung verkannt oder gar verkleinert werden, die die Kolloidchemie für die richtige Deutung und Wertung der Eigenschaften der Böden besitzt. Unstreitig sind viele wichtige Bodeneigenschaften ausschließlich der Ausfluß der kolloiden Beschaffenheit der Bodenbestandteile, aber diese Tatsache zwingt durchaus nicht dazu, diesen Bodenbestandteilen eine bestimmte chemische Zusammensetzung abzusprechen. Selbst der Nachweis, daß es Böden gibt, in deren säure- und laugelöslichem Anteil nicht die von GANSSEN formulierte Zusammensetzung der zeolithischen Silikate zum Ausdruck kommt, braucht nicht als unvereinbar mit der Auffassung von GANSSEN betrachtet zu werden; es gibt manche Einflüsse, wie wir auch nachher noch sehen werden, die zu einer nachträglichen Veränderung dieser leicht an-

---

[1] BRADFIELD, R.: J. amer. Soc. Agron. **17**, 257.
[2] SCHWARZ, R.: Anorganische Chemie, S. 69. Dresden u. Leipzig 1927.

greifbaren Aluminatsilikate führen können, ebenso wie es Bedingungen für die
Bildung dieser Silikate geben wird, die es verhindern, daß bei der chemischen
Untersuchung das Molekularverhältnis klar zutage tritt. Wir brauchen ja nur die
Tatsache ausreichend zu beachten, daß diese Silikate Kolloide und als solche
zur Adsorption anderer Kolloide, wie der Kieselsäure und des Aluminiumhydroxyds, befähigt sind. Es können also auch oft in den Böden Gelgemische
der Verwitterungssilikate mit solchen Kolloiden vorhanden sein, und dadurch
muß natürlich die normale chemische Zusammensetzung verschleiert werden.

Ein im einzelnen noch wenig erkanntes Gemisch verschiedener Stoffe ist es
somit, das die mineralische Grundlage der unter normalen Verwitterungsbedin-
gungen entstandenen Böden darstellt. Dieses anorganische Stoffgemisch herrscht
in allen Böden, die wir zu den Mineralböden rechnen, unbedingt vor allen
anderen Bestandteilen vor, aber aus ihm besteht der Boden dennoch nicht ausschließlich. Sehen wir auch ganz von der Tatsache ab, daß wohl jeder Boden
stets noch große Mengen unvollkommen verwitterter Mineralbestandteile enthält, so dürfen wir doch nicht den allen unter humiden Bedingungen entstandenen
Böden eigentümlichen Humusgehalt außer acht lassen. Dieser Humusgehalt ist
für die Böden so charakteristisch und für ihre landwirtschaftliche Ausnutzung so
wichtig, obendrein aber auch für den Gegenstand, der hier zur näheren Behandlung steht, die Bodenazidität, so bedeutungsvoll, daß an dieser Stelle auf ihn
etwas näher eingegangen werden muß.

Die Humusstoffe sind die Überbleibsel der organischen Verbindungen der
Pflanzen, zum Teil auch der Mikroorganismen und der Tiere, die auf und in
dem Boden ihr Gedeihen fanden. Welche Körperbestandteile der Pflanzen das
Material für die Bildung der Humusstoffe geliefert haben, ist gerade in den
letzten Jahren Gegenstand eifriger Untersuchungen gewesen, aus denen hervor-
zugehen scheint, daß es vielleicht weniger die Kohlehydrate der abgestorbenen
Pflanzen sind, auf die die Humusstoffe zurückgehen — diese Kohlehydrate, wie
die Zellulose, sind viel zu leicht zersetzlich, als daß sie zur Bildung der Humusstoffe hätten beitragen können —, sondern daß es die Ligninsubstanzen und die
Pentosane sind, die als Material zur Bildung der Humusstoffe gedient haben.
Von dem chemischen Aufbau dieser wichtigen Humusstoffe wissen wir nur wenig
Zuverlässiges bis heute mitzuteilen. Das ist nicht verwunderlich, wenn man daran
denkt, daß bis vor wenigen Jahren noch die Meinungen darüber sehr geteilt waren,
ob man den Humusstoffen den Charakter von Säuren zuerkennen könne oder
nicht. Dieser Zweifel dürfte heute als endgültig beseitigt betrachtet werden
können; er ist zugunsten der Säurenatur der Humusstoffe gelöst. Sven Odén[1]
kam auf Grund physikalisch-chemischer Untersuchungen der Humussäuren zu
dem Ergebnis, daß sie vierbasische Säuren seien, also vier Karboxylgruppen im
Molekül enthalten. Auch das Molekulargewicht wurde von ihm ermittelt und zu
etwa 1350 gefunden. Neuerdings kam W. Fuchs[2] zu ganz ähnlichen Ergebnissen
wie Sven Odén. Seine chemischen Untersuchungen an der Humussäure führten
ihn zur Aufstellung einer Molekularformel, in der ebenfalls vier Karboxylgruppen
vorhanden sind. Als Molekulargewicht wurde im Mittel aus einer Reihe von
Untersuchungen der Wert 1300 gefunden, der gut mit dem Molekulargewicht nach
Sven Odén übereinstimmt. Die Zusammensetzung der Humussäure nach
Fuchs läßt sich durch die Formel $C_{61}H_{44}O_{22}(COOH)_4$ ausdrücken, während
Sven Odén früher mit allem Vorbehalt aus seinen Untersuchungen die Formel
$C_{60}H_{52}O_{24}(COOH)_4$ abgeleitet hatte. Sind nun aber nach den neueren Anschau-

---

[1] Odén, Sven: Die Huminsäuren. Dresden u. Leipzig 1922.
[2] Fuchs, W.: Z. angew. Chem. 41, S. 853.

ungen die Humussäuren wirkliche Säuren, so können die Humusstoffe in der Form, in der sie im normalen Boden enthalten sind, nichts anderes als Salze der Humussäuren und, bei dem Vorwiegen von Kalk und Magnesia im Boden, nichts anderes als Kalzium- und Magnesiumhumate darstellen. In dieser Form der Kalzium- und Magnesiumsalze sind die Humusstoffe sicherlich Bestandteile des Bodens, die für die Kultur der landwirtschaftlichen Nutzpflanzen sehr willkommen sind. Ihre günstigen Wirkungen auf Boden und Pflanzen sind so bekannt, daß wir uns an dieser Stelle auf eine nähere Auseinandersetzung darüber nicht einzulassen brauchen. Nur auf einen Punkt, der sich auch nachher noch als bedeutungsvoll für die Bodenazidität herausstellen wird, muß schon hier besonders aufmerksam gemacht werden, nämlich darauf, daß die Basen in diesen Humaten sich in austauschbarem Zustande befinden, gerade so wie die Basen der oben näher gekennzeichneten Verwitterungssilikate. Die Beteiligung der Basen am Ionenaustausch ist eben nicht ausschließlich mit der Bindungsart verknüpft, wie sie in den Verwitterungssilikaten vorliegt, sondern sie ist in viel höherem Grade von dem physikalischen Zustande der Stoffe abhängig. Es scheint fast so, als ob die Basen aller salzartigen Verbindungen ionogen, also gegen die Kationen anderer Salze austauschbar, gebunden sind, sofern es sich um diese Verbindungen in kolloidem Zustande handelt.

Nach diesen Darlegungen wird es nun verständlich, wenn man den Boden als ein Gemisch aus mehr oder weniger verwitterten Mineralbruchstücken mit den neu entstandenen Verwitterungssilikaten, den zeolithischen Silikaten, und den Humaten bezeichnet. Zwar ist hiermit die Eigenart des Bodens keineswegs vollkommen gekennzeichnet, noch andere Dinge könnten in die Begriffsbestimmung Aufnahme finden, aber für die von uns beabsichtigten Zwecke genügt sowohl das, was wir oben über die Vorgänge der Verwitterung ausgeführt haben, als auch die Definition, zu der wir auf Grund dieser Ausführungen nun gelangt sind.

Oft wird aber, wenn man den Boden als ein Produkt der Verwitterung kennzeichnet, eine sehr wichtige Tatsache aus dem Auge gelassen, nämlich die, daß dieselben Faktoren, die bei der Entstehung des Bodens wirksam gewesen sind, auch noch nach seiner Entstehung in Wirkung bleiben. Die als Verwitterungsprodukte oben so gut, wie es heute angeht, gekennzeichneten Stoffe, die wir als die wichtigsten aus der Verwitterung hervorgehenden Neubildungen ansprachen, die zeolithischen Silikate und die mit Basen gesättigten Humate, können infolgedessen nicht als Endprodukte der Verwitterung aufgefaßt werden, die Beständigkeit besitzen, sondern es sind im Gegenteil Stoffe, die ihrer ganzen Entstehung und Beschaffenheit nach als sehr labil, weiteren Veränderungen leicht zugänglich betrachtet werden müssen. Mit einer schnellen weiteren Veränderung dieser Stoffe muß man sowohl unter natürlichen Bedingungen als auch besonders dann rechnen, wenn die Böden den Einwirkungen der landwirtschaftlichen Kultur unterworfen werden; denn diese wirkt ihrer ganzen Art nach nicht etwa dem Einfluß der Verwitterungsfaktoren entgegen, sondern verstärkt im Gegenteil ihre Wirkung in hohem Maße. Unter allen Umständen werden wir also mit einem weiteren Fortgange der chemischen Veränderungen der Verwitterungsprodukte zu rechnen haben, sowohl in der freien Natur als auch bei den landwirtschaftlicher Kultur unterworfenen Böden. Diese weiteren Veränderungen näher kennenzulernen, wird unsere Hauptaufgabe bei den folgenden Darlegungen sein, denn diese Veränderungen gerade sind es, die den Boden in den Zustand überführen, den man heute zum Schaden der landwirtschaftlichen Produktion so weit auf unseren Feldern verbreitet antrifft, nämlich in den Zustand, den man mit dem Namen der Bodenazidität belegt hat.

b) Die Entstehung der Bodenazidität, der Versauerungsvorgang.

Es ist ganz unverkennbar, daß der Verwitterungsprozeß, den wir eben ins Auge gefaßt haben, trotz der dabei auftretenden Neubildungen doch im ganzen als ein Abbauvorgang erscheint; fraglos ist nämlich die chemische Beschaffenheit der Gesteinsbestandteile, aus denen der Boden seine Entstehung genommen hat, sehr viel komplizierter als die der chemischen Verbindungen, die wir nach GANSSEN als wichtigste Verwitterungsprodukte annehmen, oder als die Gelgemische nach WIEGNER es sein können.

Daß nun tatsächlich dauernd unter dem Einfluß der Verwitterungsfaktoren ein Fortschreiten dieses chemischen Abbaues im Boden stattfindet, darüber belehrten uns längst die Untersuchungen, die an den aus den Böden abfließenden Sickerwässern, den Drainwässern, vorgenommen wurden. Auch die an vielen Forschungsstellen eingerichteten Lysimeterversuche haben uns über diese Dinge eine klare Auskunft gegeben. Als Beispiele für die in den Drainagewässern aus dem Boden in Verlust geratenden Stoffmengen mögen die Zahlen hier Platz finden, die von HILGARD[1] als Mittelwerte aus vielen englischen und deutschen Untersuchungen errechnet sind. Auf 100000 Teile des Drainagewassers entfallen im Mittel hiernach 0,3 Teile Kali, 1,5 Teile Natron, 10,8 Teile Kalk und 1,0 Teile Magnesia. Untersuchungen von GERLACH[2] an Drainagewässern aus verschiedenen Bodenarten in der Provinz Posen lieferten Zahlen, die zwischen 17,73 und 28,35 Teilen Kalk in 100000 Teilen der Wässer schwankten.

In besonders hohem Grade ist es nach diesen Untersuchungen der Kalk, der zur Auswaschung aus den Böden gelangt. Die Zahlen vermitteln aber doch noch kein vollkommenes Bild von den wirklichen Verlusten, die die Ackerböden erleiden, weil eine Umrechnung auf die Auswaschung für Jahr und Hektar aus solchen Untersuchungen an Drainagewässern schwer durchführbar ist. Die Lysimeterversuche, bei denen in besonders konstruierten Kästen bestimmte Bodenmengen auf die Verluste, die sie durch die Sickerwässer erleiden, genau untersucht werden können, lassen die tatsächlich auftretenden Verluste wesentlich schärfer erfassen. Von den vielen Untersuchungen dieser Art sollen die auf fünf verschiedenen Böden während einer Zeit von 12 Jahren von GERLACH ausgeführten noch etwas näher ins Auge gefaßt werden. Von den fünf hier benutzten Böden war einer ein Niederungsmoorboden, die übrigen waren Sand- bis Lehmböden. Während der Versuchsdauer wurden diese in den Lysimetern befindlichen Böden regelrecht bearbeitet und bebaut, sie wurden in einer Reihe auch mit einer Volldüngung an Kalk und den übrigen Hauptnährstoffen versehen. Es zeigten diese Versuche nun, daß, wie nicht anders zu erwarten war, die prozentischen Gehalte der Sickerwässer an Pflanzennährstoffen beträchtlichen Schwankungen unterworfen waren, natürlich war die Menge der Sickerwässer, die von den verschiedenen Böden erhalten wurde, ebenfalls verschieden, auch die Düngung gewann auf die Menge der ausgewaschenen Stoffe einen deutlichen Einfluß, doch wechselte er bei den einzelnen Nährstoffen. So war die Auswaschung des Stickstoffs bei den gedüngten Böden stets kleiner als bei den ungedüngten, beim Kalk aber, der uns hier am stärksten interessiert, lagen die Dinge gerade umgekehrt. Von GERLACH wurden nun auch die bei seinen Versuchen festgestellten Verluste an den einzelnen Nährstoffen in Kilogrammen pro Jahr und Hektar berechnet, und diese Zahlen sind in der folgenden Tabelle (siehe S. 10) zusammengestellt. Man kann aus diesen Zahlen entnehmen, daß die Verluste an Basen aus den Böden nicht nur stets beachtenswert sind, sondern daß sie unter Umständen eine direkt bedenkliche Höhe erreichen. Allerdings sind die Bedingungen für die Aus-

---

[1] HILGARD, E. W.: Soils. New York 1914.   [2] GERLACH, M.: Landw. Jb. **64**, 701.

waschung der Basen unter natürlichen Verhältnissen des Ackerbaues vielleicht nicht so günstig als bei den Lysimeterversuchen, denn der Abfluß der Sickerwässer wird selbst aus drainierten Böden nicht so vollkommen erfolgen wie aus den Lysimetern. Die Möglichkeit des Absinkens der Bodenlösung in tiefere Bodenschichten und die Möglichkeit ihres kapillaren Wiederaufsteigens führt zu einer Verringerung der Sickerwassermengen. Es ist

Verluste pro Jahr und Hektar:

	Gedüngter Boden kg	Ungedüngter Boden kg
Kalk	142,2—744,3	136,8—1430,6
Magnesia . .	21,1—207,2	19,5— 382,2
Kali	17,5— 62,5	15,3— 40,5

also wohl an den Resultaten dieser Versuche ein Abstrich zu machen. Andererseits sind aber auch in den GERLACHschen Zahlen die Verluste nicht mit einbegriffen, die der Boden Jahr für Jahr infolge des Nährstoffentzuges durch die Ernten erleidet. Über die Größe dieses Entzuges sind wir durch die chemischen Untersuchungen an den Ernteprodukten ziemlich genau unterrichtet. Legt man Durchschnittsernten der Rechnung zugrunde, so ergibt sich für die Körnerfrüchte allerdings, daß sie noch keine sehr erheblichen Mengen an basischen Stoffen dem Boden entziehen, an Kalk beträgt die Entnahme etwa je Jahr und Hektar 10—20 kg. Beim Anbau von Zuckerrüben kann man aber schon mit einem Kalkentzug aus dem Boden von rund 30 kg rechnen, bei Erbsen mit 70—80 kg, bei Kartoffeln mit 80—90 kg, Rotklee entnimmt dem Boden 100 kg Kalk, und beim Anbau der sehr kalkbedürftigen Luzerne steigt der Kalkentzug unter Umständen auf 250 kg je Jahr und Hektar an.

Unsere Ackerböden können demnach auch durch die Wegnahme der Ernten starke Einbuße an ihrem Basen- und besonders an ihrem Kalkgehalte erfahren; diese Verluste müssen noch zu den durch Auswaschung verursachten hinzugezählt werden und gleichen wohl den an den GERLACHschen Lysimeterversuchen zu machenden Abstrich wieder aus.

Für die Frage der Bodenversauerung sind die Verluste an Kalk und anderen basischen Stoffen, wie Magnesia und Kali, durch die Sickerwässer allerdings keineswegs in ihrer Gesamtheit als gleich bedeutsam einzuschätzen. Die Basenverluste der Böden rühren von verschiedenen Vorgängen her, und nur ein Teil von ihnen ist als direkt bedeutsam und bedingend für das Zustandekommen der Bodenversauerung zu betrachten. Falsch beurteilt werden oft vornehmlich die Basenverluste aus dem Boden, die sich unter dem Einfluß von Düngesalzen einstellen, und um der Festsetzung solcher irrtümlicher Anschauungen vorzubeugen, müssen hier noch einige Worte gerade über das Verhalten der Düngesalze zum Basenbestande eines Bodens gesagt werden.

Die Düngemittel, die überhaupt mit der Entbasung des Bodens in Zusammenhang gebracht werden können, sind vornehmlich die salzartigen Dünger, also die Ammoniumsalze, die Nitrate und die Kalisalze einschließlich ihrer Nebenbestandteile. Zu chemischen Umsetzungen im Boden, die mit wirklichen Basenverlusten verknüpft sind, können diese Salze nur dann führen, wenn sie auf Böden verwendet werden, die Karbonate von Kalzium und Magnesium enthalten. In diesem Falle werden z. B. die Ammoniumsalze sich mit den schwer löslichen Karbonaten unter Bildung von Ammoniumkarbonat und den entsprechenden Kalk- und Magnesiasalzen umsetzen. Diese sind leicht löslich und können nun aus dem Boden ausgewaschen werden. Bei dieser Einwirkung der Ammoniumsalze auf die Karbonate des Bodens handelt es sich um eine umkehrbare, zu einem chemischen Gleichgewicht zwischen den reagierenden Stoffen führende Reaktion, die für das Ammonsulfat z. B. nach der folgenden Gleichung vonstatten geht:

$$CaCO_3 + (NH_4)_2SO_4 \rightleftharpoons CaSO_4 + (NH_4)_2CO_3.$$

Wieweit diese Reaktion im Sinne des oberen Pfeiles im Boden verläuft, darüber läßt sich nichts Bestimmtes aussagen. Die Reaktion verläuft dort gewiß nicht so einfach wie im Becherglase, denn es gibt im Boden mancherlei andere Stoffe außer den Karbonaten, die Einfluß auf den Verlauf der Reaktion gewinnen können. Sicherlich werden aber durch derartige Umsetzungen schwer lösliche Karbonate der Erdalkalien in leichter lösliche Salze verwandelt und ihr Entweichen aus dem Boden mit den Sickerwässern begünstigt, und es unterliegt auch keinem Zweifel, daß durch diesen Vorgang absolute Basenverluste ausgelöst werden können, denn das Ammoniumion, das diese Umsetzung herbeigeführt hat, verschwindet ebenfalls aus dem Boden, indem es von den Pflanzen aufgenommen wird oder durch Nitrifikation seinen basischen Charakter verliert.

Daß auch Natriumnitrat und die Kalisalze in derselben Weise zum Entstehen von Basenverlusten führen können, ist ebenfalls anzunehmen, erscheint aber doch nur in geringerem Grade möglich, denn die Umsetzungen dieser Salze mit den Karbonaten nehmen nicht das Ausmaß an, das bei der Einwirkung von Ammoniumsalzen erreicht werden kann. Mischt man die Karbonate mit den genannten Salzlösungen, so tritt immer nur eine sehr schwache alkalische Reaktion ein, ein Zeichen dafür, daß die Umsetzung im Sinne der Gleichungen:

$$CaCO_3 + 2\,NaNO_3 \rightleftharpoons Ca(NO_3)_2 + Na_2CO_3 \quad \text{und}$$
$$CaCO_3 + 2\,KCl \rightleftharpoons CaCl_2 + K_2CO_3$$

nur in geringem Ausmaße erfolgt. Immerhin werden auch diese Umsetzungen noch eine Steigerung des Basenverlustes im Gefolge haben, zumal schon allein die größere Löslichkeit der Karbonate in Salzlösungen ohne chemischen Umsatz zu einer Verstärkung ihrer Abfuhr aus dem Boden Veranlassung geben wird.

Außer diesen direkten chemischen Umsetzungen zwischen Düngesalzen und Karbonaten spielen aber nach der üblichen Auffassung von den Einwirkungen der Düngesalze auf den Boden auch die Vorgänge, die man als Basenaustausch bezeichnet, eine Rolle. Man übersieht indessen oft bei dieser Annahme, daß der Basenaustausch wohl zu einem Verlust des Bodens an den Erdalkalien, an Kalk und Magnesia führt, aber nicht zu einem absoluten Verlust an basischen Stoffen. Wenn sich auch die Ammoniumsalze, die Nitrate oder die Kalisalze mit den zeolithischen Silikaten und den Humaten des Bodens, die doch die eigentlichen Träger dieses Vorganges sind, im Basenaustausch umsetzen, so tritt ja für die aus diesen Stoffen verdrängten Basen, Kalzium und Magnesium, eine chemisch gleichwertige Menge an Ammonium oder an Natrium oder Kalium wieder ein. Ein Boden, den man unter noch so extremen Bedingungen mit den genannten Salzen behandelt, verliert daher wohl von seinem Kalzium- und Magnesiumgehalt, aber ein absoluter Basenverlust erfolgt durch den Basenaustausch ganz und gar nicht; eine Entkalkung, aber keine wirkliche Entbasung stellt sich ein.

Zu einer Basenverarmung des Bodens kann also auf direktem Wege der Vorgang des Basenaustausches nicht führen. Einzig und allein dadurch, daß die Pflanze mit ihren physiologischen Einwirkungen dazwischentritt, kann schließlich wohl noch ein wirklicher Basenverlust bei diesem Vorgang herauskommen. Indem nämlich die Pflanze ihr Nährstoffbedürfnis an Stickstoff oder Kali aus dem in die zeolithischen Silikate und die Humate durch den Basenaustausch eingetretenen Anteil dieser Stoffe deckt, wird sie den Boden doch letzten Endes in einem an Basen ärmeren Zustande zurücklassen. Nur indirekt kann somit der Vorgang des Basenaustausches schließlich noch zu einer wirklichen Basenverarmung des Bodens Veranlassung geben, direkt kann er nur eine Änderung in der chemischen Zusammensetzung der zeolithischen Silikate und der Humate zustande bringen, die aber mit einer Basenverarmung gar nichts zu tun hat. Der Sättigungszustand des Bodens mit Basen bleibt trotz des Verlustes an Kalzium und Magnesium beim Basenaustausch unverändert.

Bei einer Gruppe von Düngesalzen vermögen allerdings die auf und in dem Boden lebenden höheren und niederen Pflanzen noch in einer besonderen Weise Einfluß auf die Reaktion zwischen Düngesalz und Boden zu gewinnen. Das ist bei den Ammoniumsalzen der Fall. Diese Salze gehören, wovon später noch eingehend gesprochen werden muß, zu den physiologisch-sauren Salzen. Infolge der bevorzugten Aufnahme des Ammoniums aus diesen Salzen durch die Pflanzen bleibt der Säurerest davon im Boden zurück als freie Säure, z. B. Schwefelsäure oder Salzsäure. Diese freien Säuren holen natürlich zu ihrer Neutralisation die Basen aus den zeolithischen Silikaten und Humaten heraus, ohne einen gleichwertigen Ersatz dafür in ihnen zurückzulassen, wie es beim reinen Basenaustausch sonst der Fall ist, und das bedeutet dann natürlich eine Verarmung des Bodens an basischen Stoffen, eine wirkliche Bodenversauerung. Die echte Basenverarmung ist immer mit der Einwirkung von freien und daher Wasserstoffionen liefernden Säuren auf den Boden verbunden, ohne sie ist die Bodenversauerung überhaupt nicht möglich.

Diese Dinge schon hier etwas stärker hervorzuheben, erschien deswegen geboten, weil vielfach keine genügende Klarheit über das Verhältnis von Basenaustausch zur Bodenversauerung angetroffen wird; bei der Besprechung der Einwirkung der Düngesalze auf die Bodenreaktion im Kapitel XIII werden wir diesen Gegenstand noch eingehender behandeln.

Es vollzieht sich also — das nachzuweisen war der Zweck der letzten Auseinandersetzungen — in unserem humiden Klima, in dem ja die Menge der Niederschläge größer ist als die des Wassers, das von der Oberfläche der Böden verdunstet, schon ganz allein unter dem fortwirkenden Einfluß der Verwitterungsfaktoren, des Wassers, der Kohlensäure und der durch Ammoniak- und Schwefeloxydation sich bildenden Salpetersäure und Schwefelsäure ein dauernder Verarmungsprozeß an dem Basengehalt unserer Böden. Dort, wo die Art und die Lagerungsweise des Bodens Gelegenheit dazu bieten, beteiligen sich auch noch andere Vorgänge an der Basenwegnahme; nämlich überall dort, wo auf an sich schon basenarmer Grundlage Anhäufungen von Humusstoffen sich bilden können, werden auch die aus ihnen in Lösung gehenden Humussäuren, außerdem andere organische Säuren an der Entbasung des darunterliegenden Mineralbodens teilnehmen. Der Mensch greift dann, wie dargelegt, noch durch die verschiedenen Maßnahmen der landwirtschaftlichen Kultur in diese zu Basenverlusten führenden Vorgänge begünstigend ein, indem er außer durch die Wegführung der basischen Stoffe in den Ernten nun auch noch durch Maßnahmen der Düngung den Basenentzug aus dem Boden verstärkt. Das Ergebnis dieser verschiedenartigen Einwirkungen, die sich ununterbrochen und besonders stark an den in landwirtschaftlicher Kultur stehenden Böden vollziehen, sind Basenverluste, die tatsächlich eine ganz beachtenswerte, oft sogar eine besorgniserregende Höhe erreichen können. Man kann sich mit Recht vorstellen, daß, wenn der Mensch nicht die Mittel dazu besäße, diese Basenverluste wieder durch die Zufuhr basischer Stoffe auszugleichen, mit der Zeit ein Zustand unserer Böden eintreten würde, bei dem sie aufhören müßten, einen für die Kultur landwirtschaftlicher Nutzpflanzen geeigneten Standort abzugeben. Schon allein die Nährstoffarmut der sich beim ungehemmten Verlaufe der Verwitterungsvorgänge ergebenden Bodenreste würde auf die Dauer einen Zustand voller Unfruchtbarkeit bei jedem Boden erzeugen. In Wirklichkeit machen sich allerdings neben der Verarmung an Nährstoffen schon sehr frühzeitig andersartige Veränderungen des Bodens bemerkbar, die viel schneller, als man bisher ahnte, seine vollkommene Unbrauchbarkeit zu landwirtschaftlichen Zwecken verursachen; das sind gerade jene Veränderungen, von denen in den folgenden Kapiteln dieses Buches eingehend die Rede sein soll, Veränderungen, die man sich als Folgen der eigentlichen Basenverarmung vorstellen muß, und die in ihrer Gesamtheit den Zustand der Bodenazidität oder der Bodenversauerung kennzeichnen.

Fassen wir nun aber einmal die Frage ins Auge, aus welchen besonderen Bodenbestandteilen die Basen, die die Verwitterung in ihren vielseitigen Wirkungsformen in Gemeinschaft mit der landwirtschaftlichen Nutzung aus dem Boden zum Verschwinden bringt, herstammen, so werden wir nicht im Zweifel darüber sein, daß ein Teil dieser Basen zwar noch direkt aus den Resten unverwitterter oder nur wenig verwitterter bodenbildender Mineralien herrühren kann. Sicherlich aber wird nur ein kleiner Teil der in Verlust geratenden Basen hierauf zurückzuführen sein; der größere Teil muß aus den leicht zersetzlichen Neubildungen herausgelöst sein, die erst bei der Verwitterung Entstehung genommen hatten, aus den zeolithischen Silikaten und den Humaten. Diese Stoffe müssen infolge ihrer leichteren Angreifbarkeit unbedingt in viel höherem Ausmaße den weiter fortwirkenden Verwitterungseinflüssen unterliegen als die verhältnismäßig viel schwerer angreifbaren noch unverwitterten Gesteinsbestandteile. Diese theoretische Folgerung ist nun auch längst experimentell bewiesen, und zwar ist das durch Untersuchungen von GANSSEN geschehen.

Die weiteren Veränderungen der zeolithischen Silikate lassen sich nämlich auch mit Hilfe der von GANSSEN vorgeschlagenen und zuerst erfolgreich erprobten Methode der Behandlung des Bodens mit Säure und Natriumkarbonat ganz klar und deutlich verfolgen. Für die normalen, noch nicht dem bei fortschreitender Weiterverwitterung einsetzenden Entbasungvorgange unterlegenen Böden ergaben ja, wie oben schon dargelegt, die Untersuchungen von GANSSEN eine ziemlich konstante Zusammensetzung der leicht zersetzlichen zeolithischen Silikate. Auf wenigstens 3 Moleküle Kieselsäure kam in diesen Silikaten 1 Molekül Tonerde und mit der Tonerde verbunden 1 Molekül Basen. In Böden, die schon dem Entbasungsvorgange anheimgefallen sind, ändert sich nun dieses Molekularverhältnis der zeolithischen Silikate in einer ganz charakteristischen Weise. Das Verhältnis von Kieselsäure zu Tonerde zwar wird kaum beeinflußt, aber das Verhältnis von Tonerde zu den Basen ändert sich mehr und mehr in dem Sinne, daß auf 1 Molekül Tonerde immer weniger an Basen entfällt. Aus dem Molekularverhältnis $3^{+} SiO_2 \cdot 1 Al_2O_3 \cdot 1$ Mol. Basen wird ein Verhältnis, an dem ein immer kleiner werdender Bruchteil von 1 Molekül Basen beteiligt ist. Bei schwächerer Entbasung sich noch auf 0,8—0,6 Moleküle haltend, sinkt der Anteil der Basen im Molekularverhältnis mit steigender Entbasung auf stets kleiner werdende Werte bis 0,3, 0,2, vielleicht auch noch auf weniger hinab.

Es erfahren somit die zeolithischen Silikate des Bodens bei dem weiteren Fortgang der Verwitterung unter dem Einfluß derselben Faktoren, die ihre Entstehung bewirkt haben, eine Zersetzung oder, richtiger gesagt, einen sich in der Hauptsache auf die Basen erstreckenden Abbau. Gerade mit diesem Abbau der Basen aus den zeolithischen Silikaten ist nun bei unseren Mineralböden die Erwerbung aller jener Eigenschaften verbunden, die sie als saure Böden kennzeichnen; je mehr die zeolithischen Silikate an Basen verarmen, um so deutlicher erscheint der saure Charakter des Bodens ausgeprägt, um so weiter ist er in jenen für das Wachstum vieler landwirtschaftlicher Kulturpflanzen höchst nachteiligen Zustand übergeführt, den man als die Bodenazidität bezeichnet hat.

Dieser Basenverlust aus den zeolithischen Silikaten des Bodens — ein ähnlicher Verlust muß sich natürlich zugleich auch an den Humaten des Bodens vollziehen, nur hat man ihn bisher noch nicht in derselben klaren Weise wie bei den zeolithischen Silikaten herausgearbeitet — ist sonach als die eigentliche tiefste Ursache der ganzen Erscheinung der Bodenazidität zu betrachten. Alle die Merkmale, an denen man die Bodenversauerung erkennt, wie die Änderung der Reaktion des Bodens, von der alkalischen oder der neutralen zur sauren, das andersartige chemische Verhalten der versauerten Böden zu den Lösungen von Salzen, überhaupt die gesamten Veränderungen nachteiliger Art, die beim versauernden Boden in physikalischer, chemischer und biologischer Beziehung beobachtet werden, sind nicht anders aufzufassen, wie als die Folgen dieser grundlegenden chemischen Veränderungen, die die zeolithischen Silikate und die Humate der Böden in den humiden Gebieten — besonders diese kommen für die Bodenversauerung und somit für alle Auseinandersetzungen der vorliegenden Abhandlung in Betracht — bei ungehemmter Weiterverwitterung erleiden. Von diesem Gesichtspunkt der Basenverarmung der zeolithischen Silikate und Humate aus läßt sich der Versauerungsvorgang, der sich an den Böden humider Gegenden abspielt, einzig und allein richtig verstehen, und nur von diesem Gesichtspunkte aus lassen sich die Eigenschaften richtig beurteilen, die der Boden bei dem Versauerungsvorgang erwirbt.

Bei Annahme dieser Betrachtungsweise als Grundlage der Bodenversauerung ist man im übrigen keineswegs an die im vorstehenden bevorzugte mehr chemische Auffassung der Vorgänge, die zur Ausbildung der Verwitterungsprodukte führen, gebunden. Auch wenn man für die Zusammensetzung dieser Produkte keine bestimmten stöchiometrischen Beziehungen unter ihren Bestandteilen annimmt, wie das im vorstehenden im Anschluß an die Betrachtungsweise von GANSSEN geschehen ist, wenn man vielmehr in Anpassung an die von WIEGNER bevorzugten und von ihm zu größter wissenschaftlicher Klarheit entwickelten kolloidchemischen Auffassungen diese Produkte nur als die innigen, nach wechselnden Verhältnissen zusammengesetzten Gemische der Gele von Tonerde und Kieselsäure betrachtet, die wiederum in verschiedenem Grade dazu befähigt sind, Basen adsorptiv zu binden, so wird man trotzdem in gleicher Weise in der Basenverarmung dieser Gelgemische die Ursache der Bodenversauerung und der Aziditätserscheinungen zu erblicken haben. Man wird daher auch von diesem Gesichtspunkte aus das Zustandekommen der Bodenversauerung und den Zustand, zu dem sie bezüglich der Zusammensetzung der Gelgemische führt, am richtigsten durch die Angabe der molekularen Zusammensetzung in der Art von GANSSEN zum Ausdruck bringen können, eine Art der Angabe, die sich schon weitgehend in der Bodenkunde und der chemischen Bodenanalyse eingebürgert hat.

Daß nun tatsächlich die Basenverarmung der zeolithischen Silikate für die saure Beschaffenheit der Böden ausschlaggebend ist, läßt sich leicht durch Anführung von analytischen Untersuchungen nach der von GANSSEN gegebenen Vorschrift belegen. Zahlreiche Untersuchungen hierzu sind von GANSSEN selbst ausgeführt, andere wurden von KAPPEN und LIESEGANG[1], von HUNNIUS[2] und von BLANCK und LANGE[3] zur Durchführung gebracht. Bei allen diesen Untersuchungen fand sich, daß ein Boden, wenn er deutlich Erscheinungen der

---

[1] KAPPEN, H., und H. LIESEGANG: Die Landw. Versuchsstationen **99**, 191.
[2] HUNNIUS, T.: Landw. Jb. **63**, 149.
[3] BLANCK, E., u. W. LANGE: Z. Pflanzenernährg u. Düngg A **6**, 193.

Azidität zu erkennen gab, dann zumeist auch das an Basen ungesättigte Molekularverhältnis für die zeolithischen Silikate besaß.

So fanden Kappen und Liesegang für eine Reihe von Böden die folgenden Molekularverhältnisse:

	Boden 1	Boden 2	Boden 3	Boden 4	Boden 5
SiO_2 . . .	2,95	3,41	3,14	3,00	3,00
Al_2O_3 . .	1,00	1,00	1,00	1,00	1,00
Basen . .	0,91	0,86	0,76	0,70	0,65

Eine deutlich saure Reaktion wiesen von diesen Böden erst die drei letzten auf, Boden 1 und Boden 2 waren dagegen noch nicht sauer. Das steht in voller Übereinstimmung mit den oben dargelegten Anschauungen; denn in den beiden ersten Böden ist das für den Zustand der Basensättigung der zeolithischen Silikate charakteristische Verhältnis von Tonerde zu Basen wie 1 : 1 noch angenähert erhalten, wogegen es bei Boden 3, 4 und 5 sich mehr nach der Seite der Basenverarmung, des Zustandes des Ungesättigtseins an Basen verschiebt, so daß diese Böden zunehmend sauer sein müssen.

Auch neuere Untersuchungen von Ganssen und seinen Mitarbeitern[1] liefern für diesen Zusammenhang zwischen dem Molekularverhältnis und der Bodenreaktion viele Belege. Eine Übersichtstabelle nach Trénel[2] sei von diesen Untersuchungen hier angeführt:

Anzahl der Böden	Moleküle Basen auf 1 Mol. Tonerde	Verhältnis von Al_2O_3 : CaO	Bodenreaktion p_H-Wert	Austauschazidität ccm 0,1 n-Lauge
19	0,96	1 : 0,31	6,8	0 — 0,1
20	0,87	1 : 0,33	6,6	0,2
7	0,79	1 : 0,29	6,1	0,4— 0,6
7 (5)	0,62 (0,71)	1 : 0,21 (0,24)	5,3 (5,2)	1,4— 2,8
4 (2)	0,62 (0,67)	1 : 0,22 (0,21)	5,0 (4,9)	4,6— 6,4
3 (1)	0,48 (0,45)	1 : 0,10 (0,12)	4,7 (4,6)	9,0—11,2
4 (3)	0,37 (0,46)	1 : 0,09 (0,10)	4,3 (4,0)	17,2—22,0

Deutlich tritt uns hier die wachsende Versauerung der Böden in den Veränderungen, die die nachher noch näher zu erklärenden p_H-Werte und Austauschaziditäten mit kleiner werdendem Molekularverhältnis — Moleküle Basen auf 1 Molekül Tonerde — aufweisen, entgegen. Daß, wie die dritte Vertikalreihe der Tabelle zeigt, auch das Verhältnis von Tonerde zu Kalk sich sinngemäß mit der Basenverarmung und steigender Versauerung ändert, ist ganz natürlich, wenn man bedenkt, daß der Kalk im Basenbestande der zeolithischen Silikate des Bodens immer die Hauptrolle spielt.

Nicht alle Autoren, die sich mit dieser Abhängigkeit der Bodenazidität von dem Molekularverhältnis beschäftigt haben, sind zu Ergebnissen gelangt, die in gleich guter Weise mit der Theorie übereinstimmen wie die oben angegebenen. Von Hunnius und auch von Blanck sind z. B. einige nicht ganz damit in Einklang stehende Versuchsergebnisse bekanntgegeben worden. Für solche Abweichungen muß nach den Ursachen geforscht werden, als beweiskräftig gegen die Auffassung von Ganssen können diese Fehlschläge nicht angesehen werden. Wünschenswert wäre es allerdings, wenn bald noch eine Vermehrung dieses Untersuchungsmaterials erfolgte, damit in noch größerem Umfange an möglichst vielen und verschiedenartigen Böden die zuverlässige Brauchbarkeit der Ganssenschen Vorstellungen von dem Zusammenhange zwischen dem Basenverlust der

---

[1] Ganssen, R. u. Mitarbeiter: Z. Pflanzenernährg, Düngg u. Bodenkde A 8, 332.

[2] Trénel, M.: Die wissenschaftlichen Grundlagen der Bodensäurefrage, S. 19. Berlin 1927.

zeolithischen Silikate und dem Aziditätszustande der Böden erhärtet würde. Daß das hierfür bis jetzt zur Verfügung stehende Material noch so verhältnismäßig gering ist, hat einen sehr einfachen Grund, der in der Umständlichkeit der Methode von GANSSEN besteht. Der Säurebehandlung des Bodens hat danach stets erst noch eine Alkalikarbonatbehandlung des Rückstandes zu folgen, um die im Boden zurückgebliebene Kieselsäure herauszulösen. Dann müssen in dem erhaltenen sauren Extrakt erst noch alle Basen — Tonerde, Eisenoxyd, Kalk, Magnesia, Kali und Natron — ferner die Säuren Schwefelsäure und Phosphorsäure bestimmt werden, bevor man die Unterlagen zur Berechnung des Molekularverhältnisses hat. Es ist also für jede derartige Bestimmung eine recht umständliche und langwierige analytische Untersuchung durchzuführen, und diese Tatsache erklärt zur Genüge, daß diese wichtigste Grundlage der ganzen Bodenaziditätsfrage bis heute eine nur so schwache Bearbeitung gefunden hat. Das ist aber auch deswegen um so weniger zu verwundern, als auf diesem Gebiete Untersuchungsmethoden lockten, die es gestatteten, wie z. B. gerade die Bestimmung der schon oben erwähnten p_H-Zahlen, in kurzer Zeit viele, ja Tausende von Bodenproben einer Untersuchung zu unterwerfen, die allerdings, wie die späteren Ausführungen erkennen lassen werden, bei der mit ihr verbundenen nur oberflächlichen und einseitigen Erfassung des Problems unserer Frage verhältnismäßig wenig Förderung gebracht haben.

Ein sehr brauchbares Material für die Beurteilung des Zusammenhanges zwischen dem Basenabbau aus den zeolithischen Silikaten und dem Vorgange der Versauerung hat sich übrigens auch unter Benutzung eines leichter als der Boden selbst zu behandelnden Untersuchungsobjektes beibringen lassen, nämlich unter Benutzung des künstlichen zeolithischen Silikates, das sich nach dem Verfahren von GANSSEN durch Zusammenschmelzen der entsprechenden Bestandteile und darauf folgendes Auslaugen mit Wasser gewinnen läßt, des Permutits. Dieses Material ist schon immer mit großem Erfolg zu Untersuchungen herangezogen worden, wenn es sich darum handelte, näheren Einblick in jene Basen- oder Ionenaustauscherscheinungen zu erlangen, die für den Bodenkundler wie für den Agrikulturchemiker und Landwirt von gleich hohem wissenschaftlichen Interesse und außerdem von großer praktischer Bedeutung sind. GANSSEN selbst, ferner RAMANN, HISSINK, WIEGNER haben sich dieses Materials bedient, um den Basenaustausch, den es infolge seiner Reinheit in viel höherem Maße ausweist als irgendein natürlicher Boden, daran zu studieren. GANSSEN hat dieses Material aber auch bereits zur Darlegung seiner Anschauungen von der Entbasung der zeolithischen Silikate beim Vorgange der Versauerung benutzt und hat dabei gefunden, daß sich aus dem Permutit die Basen weitgehend herauslösen ließen, ohne daß das Verhältnis von Kieselsäure zur Tonerde dabei wesentlich verändert wurde. Schon GANSSEN konnte bei diesen Untersuchungen feststellen, daß, je weiter die Basen z. B. durch Behandlung mit Kohlensäure aus dem Permutit entfernt wurden, um so stärker eine saure Beschaffenheit des Permutits in die Erscheinung trat. Auch von uns sind unter Verwendung verschiedener Säuren solche Entbasungsversuche an Permutit ausgeführt worden. Eine Versuchsreihe, die mit Essigsäure angestellt wurde, wobei 50 g Permutit mit 500 ccm 0,1-normaler Essigsäure bis zu zwölfmal hintereinander behandelt wurden, gibt ein sehr klares Bild von den Veränderungen, die der Permutit dabei durchmacht. Von Haus aus besitzt ja der Permutit eine Zusammensetzung, die vollkommen derjenigen entspricht, die den normalen, noch nicht durch Säuren angegriffenen zeolithischen Silikaten des Bodens nach dem Ausfall der GANSSENschen Untersuchungen eigen ist; es läßt sich also auch seine Zusammensetzung ausdrücken durch das Molekularverhältnis $3\,SiO_2 \cdot 1\,Al_2O_3 \cdot 1$ Mol. Basen. Wie sich diese Zusammensetzung unter dem Einfluß der basenentziehenden Säure verändert, zeigt sehr übersichtlich die folgende Zusammenstellung der nach den verschiedenen Behandlungen an dem Permutit ausgeführten Analysen:

Art der Behandlung	Molekularverhältnis der Permutite			Art der Behandlung	Molekularverhältnis der Permutite		
	SiO_2	: Al_2O_3	: Basen		SiO_2	: Al_2O_3	: Basen
unbehandelt	3,23	1	1	6 mal mit Säure . .	3,10	1	0,30
1 mal mit Säure . .	3,24	1	0,86	9 mal ,, ,, . .	3,28	1	0,18
3 mal ,, ,, . .	3,22	1	0,56	12 mal ,, ,, . .	3,65	1	0,00

Man sieht, wie mit steigender Zahl der Säurebehandlungen der Basengehalt des Permutits kleiner und kleiner wird, und wie letzten Endes nach zwölfmaliger Behandlung alle Basen aus dem Permutit verschwunden sind. Dabei hat sich aber der ursprüngliche Gehalt an Kieselsäure und an Tonerde nur sehr wenig verändert, was sowohl in dem aus den Analysen sich ergebenden Prozentgehalt an diesen Stoffen als auch ebenso klar aus den berechneten Molekularverhältnissen hervorgeht. Für alle fünf Permutite ist das Verhältnis von Kieselsäure zu Tonerde so gut wie gleich geblieben; was sich unter dem Einfluß der Säurebehandlung geändert hat, ist einzig und allein der absolute Gehalt an Basen und damit natürlich das Verhältnis der Basen zu Tonerde und Kieselsäure. War im Ausgangsmaterial auf $3\,SiO_2 \cdot Al_2O_3$ ein ganzes Molekül an Basen vorhanden, so wird mit steigender Zahl der Säurebehandlungen die Beteiligung der Basen an diesem Verhältnis immer kleiner, bis nur noch Kieselsäure und Tonerde vorhanden sind. Daß im übrigen, was hier das wichtigste ist, durch die Säurebehandlung dem Permutit deutliche Säureeigenschaften verliehen wurden, und daß diese Säureeigenschaften mit Wiederholung der Säurebehandlungen immer stärker auftreten, wurde durch verschiedene Untersuchungen, die hier noch nicht im einzelnen auseinandergesetzt werden können, mit aller Sicherheit erwiesen. Die an den Permutitproben künstlich erzeugten Säureerscheinungen stimmten völlig mit denen der sauren Böden überein. Die Erwerbung dieser Säureeigenschaften kann somit nur als die Folge der Entbasung des Permutits angesehen werden. Die Permutitversuche stellen daher weitere wesentliche Stützen für die GANSSENschen Anschauungen von dem Zusammenhange zwischen den Aziditätserscheinungen und der Basenverarmung der zeolithischen Silikate dar. Dabei mag aber noch einmal darauf hingewiesen werden, daß diese Abbauversuche ihre Bedeutung auch durchaus beibehalten, wenn man sich nicht der GANSSENschen Anschauung von der chemischen Natur der Bindung zwischen der Kieselsäure, der Tonerde und den Basen in den natürlichen und den künstlichen zeolithischen Silikaten anschließt. Ob es ein Gelgemenge ist, das durch den systematischen Abbau mit Säuren seinen Basengehalt einbüßt und in den Zustand der Versauerung übergeht, oder ob es eine nach stöchiometrischen Gesetzen zusammengesetzte chemische Verbindung ist, die diese Veränderung erleidet, ist letzten Endes gleichgültig. In beiden Fällen ist die Basenverarmung die grundlegende Ursache der Versauerung, die beim Boden und bei Kunstprodukten wie beim Permutit angetroffen oder erzeugt werden kann.

Wenn nun aber auch aus den vorstehenden Erörterungen deutlich hervorgeht, daß der die Bodenazidität bedingende Vorgang die Entbasung der zeolithischen Silikate und Humate ist, so ist das Bild, das wir uns damit von der Bodenversauerung machen können, doch noch keineswegs vollständig; denn wir müssen uns unbedingt noch die weitere Frage stellen, was es eigentlich für Stoffe sind, die bei dieser Entbasung aus den Silikaten und Humaten gebildet werden. Bei den Humaten sind wir um eine Antwort darauf längst nicht mehr verlegen. Wir wissen ja heute mit aller Sicherheit, daß die Humate als richtige Salze von Humussäuren aufzufassen sind. Das steht unumstößlich fest, nachdem die durch die BAUMANN-GULLYschen Arbeiten hervorgerufene Zeit des Zweifels an der echten Säurenatur der Humussäuren als endgültig überstanden bezeichnet werden kann, und nachdem nicht nur die echte Säurenatur der Humusstoffe gesichert ist, sondern sogar schon mit Bestimmtheit ausgesprochen werden kann, daß der am weitesten verbreitete Vertreter dieser Stoffgruppe, die Huminsäure, eine vierbasische Säure ist. Wenn nun aber die Humate durch die Wirkung von Kohlensäure und anderen Säuren ihrer Basen beraubt werden, so kann man infolgedessen auch keinen anderen Schluß ziehen als den, daß das Endprodukt dieser Entbasung die freie Humussäure sein muß. Der Entbasungsvorgang kann also bei den Humaten in gar nichts anderem bestehen als darin, daß an die Stelle der Basen in den Humaten der Säurewasserstoff der bei der Entbasung wirksamen Säuren getreten ist. Für die huminsauren Salze können wir auf Grund der neuesten von W. FUCHS über die Zusammensetzung der Huminsäure ausgeführten Untersuchungen direkt eine Gleichung für diesen Entbasungsvorgang aufstellen; nehmen wir an, daß Schwefelsäure, die tatsächlich durch die Oxydation schwefelhaltiger Verbindungen im Moorboden Entstehung nimmt, ausschließlich — was natürlich in Wirklichkeit nicht der Fall ist — die Entbasung der Humate bewirke, so können wir einfach schreiben:

$$C_{61}H_{44}O_{22}(COO)_4Ca_2 + 2\,H_2SO_4 = 2\,CaSO_4 + C_{61}H_{44}O_{22}(COOH)_4.$$

Es liegt nun nahe, anzunehmen, daß auch bei der Entbasung der zeolithischen Silikate derselbe chemische Vorgang vonstatten geht. An der wahren Salznatur dieser Silikate wird zwar heute noch von gewichtiger Seite (WIEGNER) stark gezweifelt. Mag man aber auch diese Stoffe von einer mehr kolloidchemischen oder einer rein chemischen Einstellung aus betrachten, man wird heute in beiden Fällen zugeben müssen, daß bei der Entbasung dieser Stoffe ebenfalls an die Stelle der ausgetretenen Basen nur der bei der Entbasung wirksam gewesene Säurewasserstoff treten kann. Diese Auffassung hat offenbar schon KOZAIS[1] Vorstellung von der sauren Beschaffenheit der humusarmen Böden und der Tone zugrunde gelegen. KOZAI nahm nämlich schon an, daß die Ursache der Azidität hier in der Gegenwart von sauren Silikaten zu suchen sei. Die gleiche Auffassung ist in der heutigen Bodenkunde zu einer weitverbreiteten Annahme gelangt, RAMANN[2] sprach schon von Permutitsäuren, HISSINK[3] von Tonsäuren, und beide meinten damit eben die Reste, die von den zeolithischen Silikaten des Bodens übrigbleiben, wenn sie vollständig von Basen befreit sind. Als der Weg, auf dem diese Bildung der Ton-, Permutit- oder, wie man auch sagen kann, der Zeolithsäuren zustande kommt, erscheint nach den genannten Autoren der Basen- oder Ionenaustausch, den man sich in diesem Falle so vorstellt, daß die Kationen der zeolithischen Silikate bei der Einwirkung von Säuren in äquivalenten Mengen von den Wasserstoffionen der Säuren verdrängt werden.

Ein experimenteller Beweis ist für diese Anschauung allerdings — das muß hier hervorgehoben werden — von keinem der Forscher, die sie aufgestellt oder die sich ihr angeschlossen haben, geliefert worden. Wir werden später auch noch erkennen, daß die Beweisführung in dieser Frage mit größten Schwierigkeiten verbunden ist. Keineswegs war die Auffassung, daß der Säurewasserstoff an

[1] KOZAI, Y: Chemiker-Ztg 1908, 1189.
[2] RAMANN, E.: Z. Pflanzenernährg, Düngg u. Bodenkde A 4, 217.
[3] HISSINK, D. J.: Ebenda 4, 137.

die Stelle der Basen tritt, die einzig mögliche Deutung, die man der Erscheinung geben konnte. Man konnte auch ohne diese Annahme auskommen, wenn man dem nach der Entbasung zurückgebliebenen Komplex von Kieselsäure und Tonerde einfach die Fähigkeit zur Basenbindung zuschrieb. Diese Annahme eines basenbindenden Kieselsäure-Tonerde-Restes ist von uns selbst lange Zeit als die richtige angesehen worden, und heute hält noch TRÉNEL an dieser Auffassung, die chemisch sehr wohl zu begründen ist, fest. Untersuchungen über die Elektrodialyse von Permutit, die von unserer Seite im Anschluß an Untersuchungen von BRADFIELD ausgeführt wurden, und von denen an einer anderen Stelle dieses Buches noch eingehend zu sprechen sein wird, haben uns aber davon überzeugt, daß wirklich an die Stelle der Basen in den zeolithischen Silikaten geradeso wie an die Stelle der Basen in den Humaten der Säurewasserstoff der entbasenden Säuren treten kann. Die alte Auffassung muß daher zugunsten dieser neueren wohl endgültig aufgegeben werden. Es ist diese Auffassung ja auch, obgleich sie, wie schon gesagt, bisher keineswegs experimentell bewiesen war, die zur Zeit in der Bodenkunde bereits vorherrschende.

Die Begriffsbestimmung, die wir für das, was wir unter dem Vorgang der Bodenversauerung verstehen, aufstellen können, braucht sich bei dieser Lage der Dinge nun auch nicht mehr wie früher auf die mehr negative Seite der Erscheinung, das Verschwinden der Basen aus den zeolithischen Silikaten und den Humaten, zu beschränken, sondern man kann in sie nun auch den positiven Teil des Vorganges hineinbeziehen, nämlich die Einlagerung von Säurewasserstoff. Man kann also sagen, daß die Bodenversauerung nichts anderes ist als die Entbasung der zeolithischen Silikate und Humate unter Einlagerung von Säurewasserstoff an Stelle der verschwundenen Basen. Wie später noch nachgewiesen werden wird, spielt allerdings unter Umständen, nämlich bei schon stärker versauerten Böden, außer dem Säurewasserstoff oder dem Wasserstoffion noch ein anderes Ion in die Erscheinungen der Bodenazidität hinein, nämlich das Aluminiumion. In welcher Weise das der Fall ist, wird in Kapitel VI noch genauer auseinandergesetzt werden. Sicherlich spielt aber dieses Aluminiumion, dem sich zuweilen auch noch das Eisenion hinzugesellt, im Vergleich zum Wasserstoffion für die Säureerscheinungen bei den Böden nur eine untergeordnete Rolle.

II. Die Bodenreaktion.

Unter den Veränderungen, die ein Boden als Folge des Ersatzes der in seinen zeolithischen Silikaten und Humaten enthaltenen Basen oder Kationen durch Wasserstoff erfährt, fällt an erster Stelle der Wechsel seiner Reaktion ins Auge. Während der normale, an Basen praktisch gesättigte, gesunde und fruchtbare Boden erfahrungsgemäß eine zum mindesten neutrale oder sogar schwach alkalische Reaktion besitzt, eine Erkenntnis, die so alt ist wie die Anwendung der Chemie auf landwirtschaftliche Probleme überhaupt, erscheint die Reaktion eines stärker an Basen erschöpften Bodens deutlich in die saure umgeschlagen, wogegen bei schwächeren Graden des Basenverlustes noch eine in der Nähe des Neutralpunktes liegende Reaktion angetroffen wird.

a) Begriff der Reaktion der Stoffe.

Die chemischen Begriffe Alkalisch, Sauer und Neutral sind bekanntlich von drei der wichtigsten Stoffgruppen, die die Chemie kennen lehrt, hergeleitet, nämlich den Basen, Säuren und Salzen. Die als Basen bezeichneten Stoffe liefern, mit Wasser zusammengebracht, Lösungen, die ganz charakteristische Eigenschaften besitzen. Sie haben einen laugenhaften Geschmack und verändern den Farbton gewisser Farbstoffe; so wird roter

Lackmusfarbstoff blau und das farblose Phenolphthaleïn rot gefärbt. Zusammengesetzt sind diese Basen nun aus irgendeinem Metall — Natrium, Kalium, Kalzium, Barium usw. — und aus einer, oder bei höherer Wertigkeit der Metalle auch mehreren, allen Basen in gleicher Weise gemeinsamen, aus einem Atom Sauerstoff und einem Atom Wasserstoff bestehenden Gruppen, die man Hydroxylgruppen nennt. Die bekanntesten und wichtigsten Vertreter dieser Stoffklasse sind das Kalium- und das Natriumhydroxyd, KOH und NaOH, das Ammoniumhydroxyd NH_4OH und ferner das Kalziumhydroxyd $Ca(OH)_2$.

Bei der Auflösung der Basen in Wasser spaltet sich die Hydroxylgruppe vom Metall ab. Beide, die Hydroxylgruppe und das Metallatom, tragen elektrische Ladungen, die Hydroxylgruppe eine negative und das Metall eine positive Ladung, Tatsachen, die durch das Verhalten der Basen im elektrischen Stromgefälle bewiesen werden. Daß nicht der elektrische Strom, sondern bereits der Auflösungsvorgang in Wasser den Grund für den Zerfall in elektrisch geladene Teilchen abgibt, wird durch die Überhöhung des osmotischen Druckes belegt, den die Lösungen der Basen im Vergleich zu dem aus den Molekulargewichten errechneten aufweisen. Diesen Zerfall in elektrisch geladene Atome oder Atomgruppen bezeichnet man als elektrolytische Dissoziation. Ihr Wesen ist durch die im Jahre 1887 veröffentlichten Arbeiten von SVANTE ARRHENIUS aufgeklärt worden. Nach dieser Theorie der elektrolytischen Dissoziation erleiden alle Stoffe, die den elektrischen Strom in ihren wässerigen Lösungen leiten, durch die starke dielektrische Wirkung des Wassers bereits bei der Auflösung eine Aufspaltung in elektrisch geladene Bestandteile, die wegen ihrer Wanderung im elektrischen Stromgefälle als Ionen (Wandernde) bezeichnet werden, und zwar als Kationen dann, wenn sie positive Ladung tragen und zur Kathode, als Anionen, wenn sie negative Ladung tragen und zur Anode wandern. Im Falle der Basen sind die Metallatome die Kationen, die Hydroxylgruppen die Anionen. Nach allem müssen offenbar für die besonderen Eigenschaften, die die Basen aufweisen, die Hydroxylionen ausschlaggebend sein; sie sind es also, die für den laugenhaften Geschmack dieser Stoffe und für den Umschlag der Farbstoffe verantwortlich gemacht werden müssen. Die Metallkationen, die ohne Änderung der basischen Eigenschaften wechseln können, haben mit den speziellen basischen Wirkungen nichts zu schaffen. Der Vorgang der elektrolytischen Dissoziation läßt sich somit für die Basen durch folgende Gleichungen darstellen:

$$NaOH = Na^+ + OH^-$$
$$Ca(OH)_2 = Ca^{++} + 2\,OH^-.$$

Die Plus- und Minuszeichen in den Gleichungen, die man auch durch Punkte $(Ca^{\cdot\cdot})$ bzw. Striche (OH') ersetzen kann, bedeuten die elektrischen Ladungen der Ionen. Als Basen dürfen wir demnach alle diejenigen Stoffe bezeichnen, die in wässeriger Lösung OH-Ionen abspalten.

Infolge der elektrolytischen Dissoziation können natürlich auch für die besonderen Eigenschaften der zur Gruppe der Säuren gehörigen Stoffe nur Ionen als Ursache in Frage kommen. Faßt man einen ganz einfachen Fall näher ins Auge, das Verhalten der Chlorwasserstoffsäure bei ihrer Auflösung in Wasser, so ergibt sich, daß nur die Bildung zweier Ionenarten möglich ist nach der Gleichung:

$$HCl = H^+ + Cl^-.$$

Das Wasserstoffion wandert bei der Elektrolyse der Chlorwasserstoffsäure zur Kathode, trägt infolgedessen die positive Ladung und ist das Kation, das Chlorion wandert zur Anode, ist also selbst negativ geladen und ist das Anion. Von beiden Ionenarten kann nur das Wasserstoffion den Säurecharakter der Chlorwasserstoffsäure bedingen, denn das Anion kann, wie in den Lösungen der Bromwasserstoffsäure, HBr, der Flußsäure, HF, der Salpeter- und Schwefelsäure, HNO_3 und H_2SO_4, usw. wechseln, ohne daß der Säurecharakter dieser Stoffe beeinträchtigt wird. Für die besonderen Eigenschaften der zu den Säuren gehörenden Stoffe sind also einzig und allein die Wasserstoffionen verantwortlich zu machen; sie rufen den sauren Geschmack der Säuren, die Rotfärbung blauen Lackmuspapiers und die anderen allgemeinen Eigenschaften der Säuren hervor. Unter den Begriff der Säuren dürfen wir somit alle Stoffe zusammenfassen, die in wässeriger Lösung H-Ionen abspalten.

Die dritte große Stoffgruppe, die die Chemie kennt, sind die Salze. Diese Stoffe können in verschiedener Weise gewonnen werden, einmal durch Einwirkung von Säuren auf Metalle, z. B. entsteht aus Magnesium und Salzsäure Magnesiumchlorid und elementarer Wasserstoff. Als Ionengleichung geschrieben vollzieht sich diese Salzbildung folgendermaßen:

$$2\,(H^+ + Cl^-) + Mg = Mg^{++} + 2\,Cl^- + H_2.$$

Die Wasserstoffionen haben somit ihre elektrischen Ladungen an das Magnesium abgegeben, es sind aus ihnen elektrisch neutrale Wasserstoffmoleküle geworden, die infolge ihrer Schwerlöslichkeit entweichen, während in der Lösung Magnesium- und Chlorionen zurückbleiben.

Durch das Verschwinden der Wasserstoffionen hat die ursprünglich stark saure Lösung ihre saure Reaktion völlig eingebüßt, sie ist, wie der Chemiker sagt, neutral geworden. Durch Verdampfen des Wassers erhält man dann auch aus der Lösung als Salz das neutral reagierende Magnesiumchlorid.

Zur Bildung desselben Salzes kann man aber auch gelangen, wenn man vom Magnesiumhydroxyd, $Mg(OH)_2$, an Stelle des Metalls ausgeht. Es vollzieht sich dann, in Ionenform dargestellt, zwischen der Chlorwasserstoffsäure und der Lösung des Magnesiumhydroxyds die folgende Umsetzung:

$$2\,(H^+ + Cl^-) + Mg^{++} + 2\,OH^- = Mg^{++} + 2\,Cl^- + 2\,H_2O.$$

Es haben sich also hierbei die Wasserstoffionen der Säure mit den Hydroxylionen der Base zu je einem Molekül eines neuen Stoffes vereinigt, nämlich zu Wasser; unverändert aus der Reaktion hervorgegangen sind aber die Ionen von Magnesium und von Chlor. Da aber durch die Wasserbildung die beiden charakteristisch reagierenden Ionenarten, das für die Säuren charakteristische Wasserstoffion und das für die Basen oder Alkalien charakteristische OH-Ion, verschwunden sind, so reagiert die Lösung nun neutral.

Aus der elektrolytischen Dissoziationstheorie kann also, was die Reaktion der Stoffe angeht, der Schluß abgeleitet werden, daß die alkalische Reaktion der Stoffe bedingt wird durch das Vorhandensein von OH-Ionen, die saure durch das von Wasserstoffionen, daß die neutrale Reaktion aber durch die Abwesenheit beider Ionenarten gekennzeichnet ist.

Der letzte Teil dieser Schlußfolgerung ist indessen nicht einwandfrei; denn wenn sich auch die Wasserstoffionen mit den Hydroxylionen zum Wasser vereinigt haben, wie das bei der Salzbildung aus Säuren und Basen der Fall ist, so sind die genannten Ionen doch nicht restlos verschwunden. Das Wasser selbst besteht nämlich nicht ausschließlich aus Molekülen, ist vielmehr, allerdings nur zu einem äußerst kleinen Betrage, in Ionen aufgespalten. Diese Ionen sind natürlich die, aus denen das Wasser auch seine Entstehung nimmt, nämlich die Wasserstoff- und die Hydroxylionen. Daß ein derartiger Zerfall der Wassermoleküle in Ionen vorhanden sein muß, geht zwingend aus der Tatsache hervor, daß auch das allerreinste Wasser noch eine gewisse Leitfähigkeit für den elektrischen Strom besitzt. Nach den Untersuchungen von KOHLRAUSCH und HEYDWEILLER zeigte das im Vakuum destillierte Wasser bei 18^0 C eine Leitfähigkeit von $0{,}04 \cdot 10^{-6}$. Die Leitfähigkeit ist danach äußerst gering, aber doch groß genug, um daraus auf eine Dissoziation des Wassers zu schließen und den Grad dieser Dissoziation zu berechnen. Aus dieser, auch noch auf anderen Wegen bestätigten Rechnung ergab sich, daß erst in ca. 10 Mill. Litern Wasser 1 g Wasserstoffionen und dementsprechend die chemisch äquivalente Menge von 17 g OH-Ionen enthalten ist.

Dieser Dissoziationsvorgang unterliegt dem Massenwirkungsgesetz, einer Gesetzmäßigkeit, die ganz allgemein den Ablauf chemischer Reaktionen regelt, und in der im besonderen die Tatsache zum Ausdruck kommt, daß der Verlauf der chemischen Reaktionen, abgesehen von der Reaktionsfähigkeit der zusammengebrachten Stoffe, abhängig ist von ihrer Konzentration. Stets bildet sich ein ganz bestimmtes Konzentrationsverhältnis heraus zwischen den bei der Reaktion unverändert gebliebenen Ausgangsbestandteilen und zwischen den neu entstandenen Stoffen, niemals verläuft eine chemische Reaktion vollständig nach einer Seite. Die Reaktionsprodukte besitzen eben stets das Bestreben, die Ausgangsstoffe zurückzubilden, und dadurch kommt es dann zur Ausbildung eines chemischen Gleichgewichtes, in dem sich die beiden entgegengerichteten Reaktionen die Waage halten. Will man kennzeichnen, daß eine Reaktion zu einem Gleichgewichtszustand führt, so verwendet man in der Reaktionsgleichung entgegengesetzt gerichtete Pfeile. Der Zerfall des Wassers in seine Ionen erfolgt also nach der Gleichung:

$$H_2O \;\rightleftarrows\; H^+ + OH^-.$$

Für diese Gleichgewichtsreaktion gilt nach dem Massenwirkungsgesetz die folgende Formel:

$$\frac{[H^{\cdot}] \cdot [OH']}{[H_2O]} = k, \tag{I}$$

in der die eckigen Klammern um die chemischen Zeichen die Konzentration der Stoffe, ausgedrückt in Grammolekülen, in 1000 ccm angeben. Die Formel sagt also aus, daß der Quotient aus dem Produkt der Konzentrationen der Ionen und der ungespaltenen Moleküle eine konstante Zahl liefert. Bei der außerordentlich kleinen Verminderung, die im vorliegenden Falle die Gesamtkonzentration der Moleküle durch ihre Dissoziation in Ionen erfährt, kann man die Konzentration der Wassermoleküle nach der Dissoziation ohne wesentlichen Fehler als übereinstimmend mit der Gesamtkonzentration ansetzen und als eine Konstante betrachten. Dann wird aus der ersten Gleichung die folgende:

$$[H^{\cdot}] \cdot [OH'] = k \cdot [H_2O] = k_w. \tag{II}$$

k_w bezeichnet man als die Dissoziationskonstante des Wassers; sie ist nach unserer Gleichung gleich dem Produkte der Konzentrationen der Ionen, die das Wasser liefert, und zwar in 1 l, worauf ja alle Konzentrationsangaben bezogen werden.

Der Wert, der nach verschiedenen Methoden für diese Dissoziationskonstante des Wassers ermittelt wurde, beträgt bei Zimmertemperatur rund $1 \cdot 10^{-14}$. Da nun in reinem Wasser die Konzentration der H-Ionen gleich der der Hydroxylionen ist — denn jedes zerfallene Wassermolekül liefert ja nur ein Wasserstoffion und ein Hydroxylion — kann man in Gleichung II an Stelle der Konzentration der OH-Ionen [OH'] die Konzentration der H-Ionen [H'] einsetzen, oder umgekehrt auch an Stelle von [H'] läßt sich [OH'] setzen, und man erhält dann:

$$[H'] \cdot [H'] = [H']^2 = [OH']^2 = 10^{-14} = (10^{-7})^2 \quad \text{oder}$$
$$[H'] = [OH'] = \sqrt{(10^{-7})^2} = 10^{-7}.$$

In 1 l Wasser sind demnach $10^{-7} = \dfrac{1}{10^{+7}} = \dfrac{1}{10000000}$ Grammion Wasserstoff und ebensoviel Grammionen an Hydroxyl enthalten, wobei daran zu denken ist, daß 1 Grammion Hydroxyl 17 mal so schwer wie 1 Grammion Wasserstoff ist.

Also auch ganz reines Wasser enthält eine zwar sehr kleine, aber doch genau bestimmbare Menge an Wasserstoff- und an Hydroxylionen. Die neutrale Reaktion, die das Wasser oder auch die Lösung irgendwelcher Stoffe in Wasser besitzt, ist daher nicht als die Folge der Abwesenheit dieser Ionen zu bezeichnen, sondern als die Folge davon, daß beide Ionen in einer chemisch gleichwertigen Menge von rund 10^{-7} Grammion im Liter vorhanden sind.

Auf Grund dieser Tatsache kommen wir aber nun auch zu einer genauen zahlenmäßigen Angabe für die verschiedenen Reaktionszustände. Saure Reaktion ist vorhanden, wenn die Wasserstoffionenkonzentration des Wassers überschritten wird, also größer ist als 10^{-7}, und alkalische Reaktion ist vorhanden, wenn die Wasserstoffionenkonzentration kleiner ist als im Wasser, also weniger als 10^{-7} Grammion im Liter ausmacht. Die neutrale Reaktion, wie sie für das reine Wasser charakteristisch ist, wird nur dann herrschen können, wenn die Wasserstoffionenkonzentration gerade 10^{-7} Grammion im Liter ausmacht.

Die alkalische Reaktion kann man natürlich auch direkt durch die Angabe der Hydroxylionenkonzentration ausdrücken, denn alkalisch reagiert eine Flüssigkeit dann, wenn sie eine Hydroxylionenkonzentration besitzt, die größer ist als die des reinen Wassers, somit mehr als 10^{-7} Grammion im Liter beträgt. Da aber einer steigenden Hydroxylionenkonzentration eine in ganz bestimmter Weise abnehmende Wasserstoffionenkonzentration entspricht, so hat man sich daran gewöhnt, nur diese zur Kennzeichnung des Reaktionszustandes zu benutzen. Man kann im übrigen ja durch eine einfache Rechnung stets leicht aus der Wasserstoffionenkonzentration die an Hydroxylionen ermitteln; denn da, wie oben angegeben,

$$[H'] \cdot [OH'] = k_w \text{ ist, so ist } [OH'] = \frac{k_w}{[H']}.$$

Ist also die Wasserstoffionenkonzentration etwa zu $1 \cdot 10^{-9}$ gefunden worden, so ist die OH-Ionenkonzentration gleich $1 \cdot 10^{-14} : 1 \cdot 10^{-9} = 1 \cdot 10^{-5}$.

Die Wasserstoffionenkonzentrationen, die also zur Kennzeichnung des Reaktionszustandes völlig ausreichen, bezeichnet man nun nach dem Vorgange von MICHAELIS[1] der Kürze halber als *Wasserstoffzahlen*. Ihre ausschließliche Benutzung zur Kennzeichnung der Reaktion, gleichgültig ob sauer oder alkalisch, ist auf einen Vorschlag von FRIEDENTHAL zurückzuführen.

Statt durch Angabe der Wasserstoffzahlen, mit denen man sofort eine vollkommen klare Vorstellung von der Gewichtsmenge der vorhandenen Wasserstoffionen verbinden kann, findet man heute nun aber zumeist die Reaktion durch die Angabe der sog. p_H-Zahlen ausgedrückt. Diese Werte sind nichts anderes als die negativen Logarithmen der eigentlichen Wasserstoffionenkonzentrationen oder Wasserstoffzahlen. Man verwendet diese Werte an Stelle der Wasserstoffzahlen einmal deswegen, weil man sie bei der Bestimmung und Berechnung der Wasserstoffzahlen nach der elektrometrischen Gaskettenmethode zuerst erhält, wie wir das nachher bei der näheren Behandlung dieser Methode noch sehen werden. Es sind nun aber mit dem Gebrauch dieser Logarithmen auch einige praktische Vorteile verknüpft, die ihre Verwendung zur Kennzeichnung der Reaktion als vorteilhaft erscheinen lassen, so besonders ihre Brauchbarkeit für graphische Darstellungen der Reaktionsverhältnisse. Andererseits weist die Verwendung dieser p_H-Zahlen aber auch Nachteile auf, wovon wir uns bei der späteren Besprechung des Begriffs der Pufferung noch über-

---

[1] MICHAELIS, L.: Die Wasserstoffionenkonzentration, 1. Teil. Berlin 1922.

zeugen werden. Sicherlich wäre es für die Bodenkunde wünschenswert gewesen, wenn man sich auf die Benutzung der wirklichen Wasserstoffionenkonzentrationen als Angaben für die Reaktion der Böden beschränkt hätte. Da das nun aber leider nicht geschehen ist, muß man sich mit der Bedeutung beider Angaben vertraut machen. Die folgende Zusammenstellung der Reaktionsbezeichnungen gibt uns einen zunächst ausreichenden Begriff von ihren Beziehungen untereinander:

alkalische Reaktion   neutrale Reaktion   saure Reaktion

Wasserstoffionenkonzentrationen oder Wasserstoffzahlen

$$10^{-12} \quad 10^{-11} \quad 10^{-10} \quad 10^{-9} \quad 10^{-8} \quad 10^{-7} \quad 10^{-6} \quad 10^{-5} \quad 10^{-4} \quad 10^{-3} \quad 10^{-2}$$

p_H-Werte oder Reaktionszahlen

$$12{,}0 \quad 11{,}0 \quad 10{,}0 \quad 9{,}0 \quad 8{,}0 \quad 7{,}0 \quad 6{,}0 \quad 5{,}0 \quad 4{,}0 \quad 3{,}0 \quad 2{,}0.$$

Zahlenmäßig stimmen somit die p_H-Werte oder, wie man sie nach dem Vorschlage von SÖRENSEN nennt, die *Reaktionszahlen*, mit den Exponenten der Wasserstoffzahlen überein, bei den Reaktionszahlen oder Wasserstoffexponenten hat man aber stets daran zu denken, daß mit kleiner werdenden Zahlenwerten die Wasserstoffionenkonzentrationen der Lösungen ansteigen.

Erst im Lichte der Lehre von der elektrolytischen Dissoziation wird somit völlig klar, was unter der Reaktion der Stoffe zu verstehen ist. Alle drei Reaktionsmöglichkeiten, die alkalische, die neutrale und die saure Reaktion, treffen wir nun auch bei der Untersuchung des Bodens an. Die Bestandteile der Böden herauszustellen, die für diese verschiedenen Reaktionen die Ursache abgeben, soweit es der Stand unserer heutigen Kenntnisse erlaubt, muß unsere nächste Aufgabe sein.

b) Die reaktionsbedingenden Bodenbestandteile.

1. Alkalische Bodenreaktion. Ganz ohne Frage kommt als Ursache der alkalischen Reaktion, die wir bei den Böden der humiden Zone antreffen, in den meisten Fällen ein Gehalt des Bodens an kohlensaurem Kalk in Betracht. Alle Böden, die einen Gehalt an dieser Verbindung aufweisen, müssen — mit Ausnahme allerdings derjenigen Böden, in denen der Kalk in Gestalt von nur gröberen Stückchen verteilt ist — bei der Untersuchung im Laboratorium eine Reaktionszahl größer als 7,0 aufweisen, weil der kohlensaure Kalk eine, wenn auch nicht große, so doch immerhin ins Gewicht fallende Löslichkeit in Wasser besitzt. Von verschiedenen Untersuchern etwas verschieden befunden, kann man die Löslichkeit des kohlensauren Kalkes mit genügender Genauigkeit auf rund 13 mg in einem Liter Wasser bei Zimmertemperatur veranschlagen. Eine solche Lösung besitzt nun eine bereits stark alkalische Reaktion, denn der kohlensaure Kalk ist das Salz einer starken Base mit einer schwachen Säure, d. h. aber nach der elektrolytischen Dissoziationstheorie: einer sehr stark in Ionen zerfallenen Base und einer nur sehr wenig der Dissoziation unterliegenden Säure. Hiermit, mit dem Grade des Zerfalls, den eine Säure oder eine Base bei der Auflösung in Wasser erleidet, hängt ganz naturgemäß die Stärke ihrer Säure- oder ihrer Baseneigenschaften zusammen. Dieser Grad der elektrolytischen Dissoziation wird am besten ausgedrückt durch die Dissoziationskonstante der Säure oder Base. Geradeso wie beim Wasser unterliegt auch der Vorgang der elektrolytischen Dissoziation der Lösungen von Basen und Säuren dem Massenwirkungsgesetz. Es bilden sich immer Gleichgewichtszustände zwischen den entstandenen Ionen und dem nicht dissoziierten Teil der Stoffe, also den Molekülen, heraus, und für diese Gleichgewichte ist charakteristisch, daß, unbeeinflußt von den absoluten Konzentrationen, stets ein bestimmtes Verhältnis zwischen der Konzentration an nichtzerfallenen Molekülen und der an Ionen vorhanden ist. Der Zustand in einer Säurelösung und in einer Lösung einer Base läßt sich daher wiedergeben durch die Gleichungen:

Säurelösung: Basenlösung:

S = Säureanionen   M = Metallkationen

$$\frac{[S'] \cdot [H^{\cdot}]}{[SH]} = k_1 \qquad\qquad \frac{[M^{\cdot}] \cdot [OH']}{[MOH]} = k_2.$$

Das Produkt der Ionenkonzentrationen durch die Konzentrationen der undissoziierten Moleküle geteilt, liefert somit eine konstante Zahl. Diese Gesetzmäßigkeit gilt allerdings nicht ohne Ausnahme. Nicht unter sie fällt das Verhalten gerade der starken Säuren, wie das der Salzsäure, Salpetersäure und Schwefelsäure. Bei diesen Säuren ist die Dissoziation mit steigender Verdünnung größer, als dem Massenwirkungsgesetz entspricht. Die Dissoziationskonstante ändert sich also mit steigender Verdünnung, so daß für diese starken Säuren keine eigentliche Konstante angegeben werden kann. Immer ist aber bei diesen starken Säuren die Dissoziation sehr groß, in verdünnten Lösungen sind sogar praktisch alle Moleküle als in Ionen zerfallen anzusehen. Das gleiche gilt übrigens für die Dissoziation der starken Basen, wie Natrium- und Kaliumhydroxyd, auch bei ihnen läßt sich eine wirkliche Dissoziationskonstante nicht mitteilen, sie sind mit steigender Verdünnung aus bisher nicht völlig klargestellten Gründen ebenfalls stärker dissoziiert, als dem Massenwirkungsgesetz entspricht, aber auch für sie gilt, daß sie in verdünnter Lösung praktisch so gut wie ganz in Ionen zerfallen sind. Auch nach der Seite der äußerst schwachen Basen und Säuren gelten die oben angegebenen Gleichungen nicht völlig, weil bei sehr schwachen Basen und Säuren schon die Ionen des Wassers, in dem sie gelöst sind, eine Rolle spielen. Sonst aber treffen für alle anderen Säuren und Basen die obigen Gleichungen zu, so daß man für sie auch in der Dissoziationskonstanten den geeignetsten Ausdruck für ihre Stärke hat. Für einige anorganische und organische Säuren sind in der folgenden Tabelle die Dissoziationskonstanten zusammengestellt:

Anorganische Säuren.		Organische Säuren.	
Pyrophosphorsäure . .	$1{,}4 \cdot 10^{-1}$	Trichloressigsäure . .	$1{,}3 \cdot 10^{-1}$
Phosphorsäure	$1{,}1 \cdot 10^{-2}$	Pikrinsäure	$1{,}6 \cdot 10^{-1}$
Schweflige Säure. . .	$1{,}7 \cdot 10^{-2}$	Oxalsäure	$3{,}8 \cdot 10^{-2}$
Arsensäure	$5{,}0 \cdot 10^{-3}$	Weinsäure	$9{,}7 \cdot 10^{-4}$
Salpetrige Säure . . .	$4{,}0 \cdot 10^{-4}$	Zitronensäure	$8{,}2 \cdot 10^{-4}$
Kohlensäure.	$3{,}0 \cdot 10^{-7}$	Ameisensäure	$2{,}0 \cdot 10^{-4}$
Borsäure	$6{,}6 \cdot 10^{-10}$	Essigsäure	$1{,}8 \cdot 10^{-5}$
Schwefelwasserstoff .	$5{,}7 \cdot 10^{-8}$	Buttersäure	$1{,}5 \cdot 10^{-5}$

Man sieht, daß es unter den organischen Säuren manche gibt, die gar nicht als so schwach zu betrachten sind, wie das zuweilen geschieht. Die Trichloressigsäure und die Pikrinsäure sind z. B. stärker als die anorganische Phosphorsäure. Die Säure aber, die uns an dieser Stelle am meisten interessiert, ist die Kohlensäure; sie ist es ja, die uns zu dieser Abschweifung auf die Stärke der Säuren und Basen Veranlassung gegeben hat. Die Kohlensäure erscheint unter den anorganischen Säuren als eine der schwächsten. Handelt es sich hier bei der angegebenen Dissoziationskonstanten auch nur um die sogenannte scheinbare Dissoziationskonstante der Kohlensäure — die wahre Dissoziationskonstante, die sich nicht auf die Gesamtmenge des gelösten Kohlensäureanhydrides bezieht, sondern nur auf den Teil davon, der unter Aufnahme von Wasser in die wirkliche Kohlensäure H_2CO_3 übergeht, ist viel größer —, so ist sie es doch, mit der die starke alkalische Reaktion letzten Endes in Verbindung steht, die sich in der Lösung des kohlensauren Kalkes zeigt. Alle Salze aus einer starken Base, wie in unserem Falle dem Kalziumhydroxyd, und einer schwachen Säure, wie der Kohlensäure, erleiden nämlich in ihren Lösungen eine Veränderung, die man als die hydrolytische Dissoziation bezeichnet. Diese Bezeichnung ist gewählt worden, weil der Vorgang der hydrolytischen Dissoziation auf einer chemischen Einwirkung des Wassers oder seiner Ionen auf die gelösten Salze beruht. Mit den aus dem Salz durch die elektrolytische Dissoziation zunächst entstandenen Ionen treten die Ionen des Wassers in Reaktion. Fassen wir gleich näher den uns hier gerade interessierenden Fall ins Auge, so können wir dafür die Reaktionsgleichungen aufstellen:

$$1.\ CaCO_3 \rightleftarrows Ca^{\cdot\cdot} + CO_3''$$

$$2.\ H_2O \rightleftarrows H^{\cdot} + OH'$$

$$3.\ Ca^{\cdot\cdot} + CO_3'' + 2\,H^{\cdot} + 2\,OH' \rightleftarrows Ca^{\cdot\cdot} + 2\,OH' + H_2CO_3\,.$$

Das heißt also, daß die Ca- und die CO_3-Ionen, die Produkte der normalen elektrolytischen Dissoziation des kohlensauren Kalkes, durch die Ionen des Wassers übergeführt werden in das als starke Base wieder fast vollständig in Ca- und OH-Ionen zerfallene Kalziumhydroxyd und in Kohlensäure, die infolge ihrer schwachen elektrolytischen Dissoziation nur eine äußerst geringe Menge von Wasserstoffionen liefert. Es überwiegen somit in der Lösung des Kalziumkarbonates die OH-Ionen, und sie sind es auch, die der Lösung die alkalische Reaktion aufprägen.

Zweckmäßig erscheint es nun, um späteren Wiederholungen vorzubeugen, hier gleich den entgegengesetzten Fall auseinanderzusetzen, nämlich den, daß infolge der Hydrolyse die Lösung eines Salzes saure Reaktion annimmt. Wir wählen für diese Darlegung auch ein Salz, das uns später noch näher beschäftigen muß, nämlich ein Aluminiumsalz, und zwar Aluminiumchlorid. Die normale elektrolytische Dissoziation führt in diesem Falle zu dem mit einer dreifachen elektrischen Ladung ausgestatteten Aluminiumion und den einfach geladenen Chlorionen, entsprechend der Gleichung:

$$AlCl_3 \rightleftarrows Al^{\cdot\cdot\cdot} + 3\,Cl'\,.$$

Mit den Ionen des Wassers erfolgt nun aber die Reaktion:

$$Al^{\cdot\cdot\cdot} + 3\,Cl' + 3\,H^{\cdot} + 3\,OH' \rightleftarrows Al(OH)_3 + 3\,H^{\cdot} + 3\,Cl'\,.$$

Es entsteht also aus einem Teil der Aluminiumionen durch Verbindung mit den OH-Ionen das in Wasser nur kolloid gelöste Aluminiumhydroxyd, und mit den dadurch frei gewordenen H-Ionen des Wassers liefern die Chlorionen die durch elektrolytische Dissoziation völlig in Ionen aufgespaltene Chlorwasserstoffsäure. In diesem Falle werden somit Wasserstoffionen in wesentlichem Überschuß über die des reinen Wassers in der Lösung des Salzes auftreten, es muß infolgedessen saure Reaktion darin herrschen.

Wie das Kalziumkarbonat und das Aluminiumchlorid verhalten sich nun bei der Auflösung in Wasser alle Salze, die aus einer starken Base und einer schwachen Säure oder aber aus einer schwachen Base und einer starken Säure zusammengesetzt sind. Nur diejenigen Salze, die wie die Chloride, die Nitrate und die Sulfate der Alkalien und Erdalkalien und auch die des Magnesiums aus starken Basen und gleichzeitig aus starken Säuren ihre Entstehung genommen haben, fallen dieser hydrolytischen Zersetzung nicht anheim, sie liefern daher bei ihrer Auflösung nur die normalen Ionen, ohne daß Wasserstoff- oder Hydroxylionen über die in reinem Wasser hinaus enthaltenen dabei auftreten. Diese Salze allein lassen infolgedessen die Reaktion des Wassers, in dem man sie auflöst, unverändert, sie sind echte Neutralsalze.

Was übrigens den Grad des hydrolytischen Zerfalls des kohlensauren Kalkes angeht, so stellt er sich, bezogen auf die in Lösung gegangene Menge des kohlensauren Kalkes, die auf rund 13 mg im Liter anzunehmen ist, als keineswegs klein heraus, denn es wird in einer solchen gesättigten Lösung von Kalziumkarbonat eine Reaktionszahl von $p_H = 10{,}23$ gemessen, die einer Konzentration an OH-Ionen von $1{,}7 \cdot 10^{-4}$ entspricht. Berechnet man aus dieser Konzentration die Menge des Kalziumkarbonates, aus dem es durch hydrolytische Dissoziation entstanden ist, und drückt man diese Menge Kalziumkarbonat in Prozenten des gesamten in Lösung gegangenen Karbonates aus, so erfährt man damit den Anteil des der hydrolytischen Dissoziation unterlegenen Karbonates. Dieser Anteil beträgt rund 65 %.

Man könnte nun vielleicht erwarten, daß in Böden, die reich an kohlensaurem Kalk sind, die Reaktionszahl auch einen dem Kalkgehalt entsprechenden Wert besitzen würde. Alle Untersuchungen an solchen kalkhaltigen Böden haben aber ergeben, daß die Reaktionszahlen weit hinter denen zurückbleiben, die man erwarten müßte, wenn der kohlensaure Kalk des Bodens allein die Reaktion bedingte. Stets werden viel niedrigere, also saurere Reaktionszahlen gefunden. So erhielten wir für einige Böden, deren Gehalt an kohlensaurem Kalk festgestellt war, die folgenden Werte für die Wasserextrakte, die nach mehrstündigem Schütteln von 100 g Boden mit 250 ccm reinem ausgekochtem Wasser ermittelt wurden:

Gehalt an CaCO$_3$	p_H-Wert	Gehalt an CaCO$_3$	p_H-Wert
11,6 %	8,02	2,72 %	7,69
10,3 %	7,55	2,66 %	7,58
3,6 %	7,45		

Die gemessenen Werte bleiben hiernach so stark hinter der Reaktionszahl 10,23 einer an kohlensaurem Kalk gesättigten Lösung zurück, daß wir uns nach dem Grunde dafür umsehen müssen.

Die Art der Ausführung der p_H-Bestimmung — ob sie nämlich in den Wasserextrakten oder in den Bodenaufschlämmungen durchgeführt wird — spielt nach unseren Erfahrungen keine entscheidende Rolle. Wohl sind bei karbonathaltigen Böden die in den Aufschlämmungen bestimmten p_H-Werte stets höher als die in den Extrakten gefundenen — was auf dem Hinzutritt von Kohlensäure aus der Luft in die Extrakte beim Abfiltrieren des Bodens beruht —, aber an die p_H-Werte des reinen Karbonates reichen auch die Werte in den Aufschlämmungen bei weitem nicht heran, wie aus den folgenden Zahlen deutlich hervorgeht. Der

Gehalt an CaCO$_3$	p_H-Wert im Auszug	p_H-Wert in der Aufschlämmung
2,29 %	7,23	7,73
3,41 %	7,57	8,22
3,44 %	7,47	8,05
0,18 %	7,20	7,47

Grund für dieses Zurückbleiben der p_H-Zahlen hinter den erwarteten ist nun sicher in der Hauptsache darin zu erblicken, daß sich weder in den Wasserextrakten noch in den Aufschlämmungen kalkhaltiger Böden ein einfaches Lösungsgleichgewicht des kohlensauren

Kalkes einstellt, sondern immer ein Gleichgewicht, an dem auch Kohlensäure ihren Anteil hat. Geht man auch bei der Bestimmung der Reaktionszahl von 'gut ausgekochtem, völlig kohlensäurefreiem Wasser aus, so gesellt sich immer durch die Berührung mit der Luft, aber auch durch die Mikroorganismentätigkeit des Bodens wieder Kohlensäure bei der Herstellung der Aufschlämmung oder des Auszuges hinzu. Unter dem Einfluß dieser Kohlensäure geht ein Teil des kohlensauren Kalkes als Bikarbonat in Lösung nach der Gleichung:

$$CaCO_3 + H_2O + CO_2 = Ca(HCO_3)_2.$$

Da nun ferner die in der Bodenlösung enthaltene Menge an Kohlendioxyd die zur Bikarbonatbildung erforderliche stets überschreitet, weil nur in Gegenwart einer bestimmten Mindestmenge an freier Kohlensäure das Kalziumbikarbonat sich in Lösung halten kann, so wird in dem Wasserauszuge eines karbonathaltigen Bodens neben dem Kalziumbikarbonat immer auch noch ein Überschuß an Kohlensäure vorhanden sein müssen.

Die Wasserstoffionenkonzentrationen, die sich in solchen gemeinsamen Lösungen von Kalziumbikarbonat und Kohlensäure einstellen, sind vielfachen Prüfungen unterzogen worden, so daß wir über sie aufs beste unterrichtet sind. Eingehend haben sich BJERRUM und GJALDBOEK[1] im Jahre 1919 mit dem

---

[1] BJERRUM, N. u. J. K. GJALDBOEK: Kgl. Veterinaer og Landbohoiskole, Aarsskrift 1919.

chemischen Gleichgewicht in solchen Lösungen beschäftigt, ferner KOLTHOFF[1] und ebenso TILLMANS[2], die beiden zuletzt Genannten allerdings nicht von bodenchemischen Gesichtspunkten aus, sondern veranlaßt durch die Frage nach der Zusammensetzung der natürlichen Wässer. Auch in der physiologischen Chemie hat man schon seit langem einem ähnlichen Gleichgewicht große Aufmerksamkeit geschenkt, nämlich dem zwischen Natriumkarbonat und Kohlensäure sich einstellenden, das im Blute eine Rolle spielt. Von bodenkundlichen Gesichtspunkten aus hat sich in neuester Zeit auch noch G. WIEGNER[3] mit diesem Gleichgewicht beschäftigt.

Aus den Untersuchungen aller genannten Autoren geht nun hervor, daß man unter Anwendung des Massenwirkungsgesetzes auf das Kohlensäurebikarbonatgleichgewicht die Wasserstoffionenkonzentration solcher Lösungen errechnen kann unter Anwendung der folgenden Gleichung:

$$[H^\cdot] = k \cdot \frac{[CO_2]}{[\text{Bikarbonat}]}.$$

Es ergibt sich darnach die Wasserstoffionenkonzentration als das Produkt aus der Dissoziationskonstanten k der Kohlensäure und dem Konzentrationsverhältnis von Kohlendioxyd zum Bikarbonat. Man erhält also die Wasserstoffionenkonzentration solcher Gemische, wenn man die in Milligrammen oder Molen ausgedrückte Konzentration an freiem Kohlendioxyd durch die ebenso ausgedrückte Konzentration des Bikarbonates dividiert und diesen Quotienten mit $3 \cdot 10^{-7}$, der Dissoziationskonstanten der Kohlensäure, multipliziert. Sowohl von TILLMANS als auch von WIEGNER sind Tabellen ausgearbeitet, aus denen die Wasserstoffionenkonzentrationen für Lösungen mit verschiedenen Gehalten an Kohlendioxyd und Bikarbonat zu entnehmen sind. Wir führen hier die Tabelle an, die von WIEGNER angegeben worden ist, weil sie einen einfacheren Überblick über die einschlägigen Verhältnisse ermöglicht:

Löslichkeit von Kalziumkarbonat und Reaktionszahl in Gegenwart von Kohlendioxyd bei einer Temperatur von 16° C.

CO$_2$-Gehalt der Luft in Vol.-Proz.	Gramm CaCO$_3$ im Liter gelöst		p_H	Bemerkungen
	nach SCHLOESING	nach WIEGNER		
0,00	0,0131	0,0131	10,23	In reinem Wasser gelöst
0,03	0,0634	0,0627	8,48	In Wasser bei mittlerem CO$_2$-Gehalt der Luft
0,30	0,1334	0,1380	7,81	In Wasser bei mittlerem Gehalt der Bodenluft an CO$_2$
1,00	0,2029	0,2106	7,47	In Wasser bei hohem CO$_2$-Gehalt der Bodenluft
10,00	0,4700	0,4689	6,80	—
100,00	1,0986	1,0577	6,13	Bei Atmosphärendruck mit CO$_2$ gesättigte Lösung

Man sieht, wie mit wachsendem Gehalt des Lösungswassers an Kohlendioxyd die Löslichkeit des kohlensauren Kalkes stark ansteigt, so daß bereits bei Wasser, das mit dem Kohlendioxydgehalt der Luft im Gleichgewicht steht — 0,03 Volumprozente —, fast fünfmal soviel Kalk sich in Lösung befindet, wie sich in Abwesenheit der Kohlensäure lösen kann. Mit steigendem Gehalt des Wassers an Kohlen-

---

[1] KOLTHOFF, J. M.: Z. Unters. Nahrgsmitt. usw. 41, 97; 43, 184.
[2] TILLMANS, J.: Ebenda 33, 289; 38, 1; 42, 98.
[3] WIEGNER, G: Anleitung zum quantitativen agrikulturchemischen Praktikum, S. 152. Berlin 1926.

dioxyd nimmt die gelöste Menge mehr und mehr zu, die Reaktionszahlen dagegen nehmen ab; die Reaktion der Lösung nähert sich fortschreitend dem Neutralpunkt, um diesen bei einem Kohlendioxydgehalt der Luft von 10 Volumprozenten zu unterschreiten.

Wiegner nimmt auf Grund dieser Zahlen an, daß die Reaktion eines Kalziumkarbonat enthaltenden Bodens unter natürlichen Verhältnissen zwischen den p_H-Werten 7,2—7,8 schwanken würde, wenigstens muß wohl seine Angabe, daß in einer Bodenlösung ein Gemisch von Kalziumkarbonat und Kohlensäure einen p_H-Wert von der angegebenen Größe haben werde, so aufgefaßt werden. Ob die Schwankungen nicht noch größer sein können, als Wiegner angibt, mag zunächst aber noch dahingestellt bleiben; an Stellen stärkerer Kohlensäureproduktion, wie in der Nähe der Wurzeln, die ihre Atmungskohlensäure ausscheiden, wird man vielleicht noch stärker saure Reaktionszahlen erwarten dürfen.

In den Lösungen nun, die man nach dem Filtrieren der Bodenausschüttelungen mit Wasser erhält, ist die Reaktion aber durch das Gleichgewicht zwischen Bikarbonat und Kohlensäure nur dann bestimmt, wenn es sich um karbonathaltige Böden handelt, die keinen zu hohen Gehalt an organischen Stoffen besitzen. Diese Tatsache ist noch jüngst durch die genauen analytischen Untersuchungen von Bobko und Druschinin[1] sichergestellt worden. Ein paar Beispiele aus den Untersuchungsergebnissen der Genannten mögen diese Tatsache hier belegen. Bemerkt sei zu diesen Zahlen aber, daß sie sich auf Böden beziehen, die mit Kalk versetzt waren, also nicht auf Böden mit einem natürlichen Gehalt an kohlensaurem Kalk. Es ist aber nicht zu erwarten, daß die Böden mit natürlichem Gehalt an kohlensaurem Kalk sich anders verhalten. Ferner sei darauf hingewiesen, daß die Werte für die freie Kohlensäure angegeben sind in Kubikzentimetern 0,01-n Bariumhydroxydlösung, die bei der Titration unter Verwendung von Phenolphthalein nach der Methode von Tillmans und Heublein verbraucht wurden. Der Gehalt an Bikarbonat wurde durch Titration mit 0,01-n Salzsäure unter Verwendung von Methylrot als Indikator bestimmt und in diesen Werten in der Tabelle aufgeführt. Auch der Kalkgehalt der Bodenauszüge wurde titrimetrisch ermittelt und in Kubikzentimetern 0,01-n Kaliumpermanganat angegeben:

Analyse der Wasserauszüge kalkgedüngter Böden:

Boden	Gesamt-azidität in ccm n/100 Ba(OH)$_2$ auf 1 l	Gesamt-alkalität in ccm n/100 HCl auf 1 l	Ca-Gehalt in ccm n/100 KMnO$_4$ auf 1 l	Humus in ccm n/100 KMnO$_4$ auf 1 l	p_H gef.	p_H berech.	Differenz
Butirsky Chutor mit 1 % CaCO$_3$ . . .	58,2	370	354	34	7,50	7,56	0,06
Abramiewo mit 1 % CaCO$_3$	70,5	426	394	78	7,45	7,51	0,06
Percheschino mit 1 % CaCO$_3$ . . .	14,5	220	227	30	7,77	7,83	0,06
Torf mit 1 % CaCO$_3$	149,0	408	368	228	6,95	7,26	0,31
Rohhumus (Tula) mit 1 % CaCO$_3$.	46,0	99	104	253,8	6,90	7,15	0,23
Rohhumus aus dem Forst d. Akademie	64,0	295	210	250,8	7,05	7,49	0,44

Für die drei ersten humusarmen Böden der Tabelle stimmt die Rechnung mit der wirklich ermittelten Reaktionszahl so gut überein, daß wir nicht daran

---

[1] Bobko, E. W., u. D. Druschinin: Z. Pflanzenernährg u. Düngg A 5, 345.

zweifeln können, daß in den Wasserextrakten der kohlensauren Kalk enthaltenden Böden tatsächlich das Verhältnis von freier Kohlensäure zum Bikarbonat es ist, das die Reaktionszahlen bestimmt. Diese Übereinstimmung schwindet aber, wie aus den Versuchen von BOBKO und DRUSCHININ hervorgeht, sobald die Böden außer dem kohlensauren Kalk auch noch Humus enthielten, von dem sie an die Extrakte abgeben konnten. Dann stellten sich, wie aus den drei letzten Reihen der Tabelle hervorgeht, zum Teil erhebliche Differenzen zwischen den gefundenen und berechneten Werten für die Reaktionszahlen heraus, woraus geschlossen werden muß, daß eben in diesen Fällen die Reaktionszahl nicht mehr allein durch den Gehalt der Extrakte an freier Kohlensäure und Bikarbonat bedingt, sondern auch durch die in Lösung befindlichen organischen Stoffe beeinflußt wurde. Daß ferner bei allen im sauren Reaktionsgebiet liegenden Böden die Rechnung ganz versagte, sei hier schon angegeben, wenn auch später erst näher darauf eingegangen werden wird.

Trotz aller Untersuchungen, die über die p_H-Werte der alkalisch reagierenden Böden bislang ausgeführt sind, können wir über die wirkliche Reaktion, die in diesen Böden herrscht, keine vollkommen bestimmten Angaben machen. Einmal muß, wie die Zahlen der obigen Tabelle deutlich lehren, die Reaktion von dem Kohlendioxydgehalte der Bodenluft abhängen. Dieser ist aber auch für ein und denselben Boden keine konstante Größe; er schwankt vielmehr bedeutend mit der Jahreszeit, der Temperatur, der Bodenbearbeitung und der Düngung, denn alle diese Faktoren beeinflussen die Kohlensäurebildung durch die Bodenmikroorganismen. Es schwankt aber der Kohlensäuregehalt des Bodens auch mit dem Entwicklungszustande der höheren Pflanzen, die auf dem Boden wachsen, denn ihre Wurzeln sind es, deren Atmung als eine starke Quelle von Kohlendioxyd zu betrachten ist. Die Wurzelatmung führt weiter dazu, daß, wie schon vorhin gesagt, im Boden örtliche Verschiedenheiten in dem Kohlendioxydgehalt der Luft auftreten müssen, derart, daß in der Nähe der Pflanzenwurzeln der Gehalt an Kohlendioxyd wesentlich größer sein wird als in anderen Teilen des Bodens. Es werden daher in der Wurzelregion auch viel weitergehende chemische Veränderungen unter dem Einfluß der Kohlensäure erwartet werden müssen als an anderen Stellen des Bodens, als Erfolg davon wird auch die Reaktion des Bodens in der Wurzelregion der Pflanzen eine andere, und im vorliegenden Falle sicher eine saurere sein als im übrigen Teil des Bodens, auf den sich die Kohlensäureeinwirkung weniger stark erstreckt. Von allen diesen Veränderungsmöglichkeiten der Bodenreaktion erfahren wir durch die Reaktionsprüfung, auch wenn sie noch so genau durchgeführt wird, äußerst wenig. Die Zahlen, die wir sowohl bei Untersuchung der Bodenlösung oder der wässerigen Extrakte erhalten als auch die, die wir bei Untersuchung von Bodenaufschlämmungen finden, können aber auch deswegen nicht voll mit den natürlichen Werten übereinstimmen, weil wir für die Untersuchung an dem Boden sehr weitgehende Veränderungen vornehmen. Wir reißen ihn aus seinem natürlichen Verbande heraus, wir trocknen ihn erst vor der Untersuchung und stören damit vollständig das Gleichgewicht, das in natürlicher Lagerung in ihm die Reaktionszahl bedingte. Wenn wir dann den Boden zur Bestimmung seiner Reaktion mit Wasser schütteln, stellen wir wiederum Verhältnisse her, die mit den natürlichen kaum Ähnlichkeit haben[1]. Die Kohlensäurebildung mag beim Schütteln mit Wasser wohl wieder ein wenig in Gang kommen, aber daß sich das natürliche Gleichgewicht zwischen ihr und dem vorhandenen kohlensauren Kalk wieder einstelle, wird man mit einiger Sicherheit nicht behaupten können. Die Zahlen, die wir bei unseren Untersuchungen er-

---

[1] Vgl. hierzu auch L. T. SHARP u. D. R. HOAGLAND: J. agricult. Res. 7, 123.

halten, geben uns daher — das müssen wir immer vor Augen haben — nicht die
im Boden wirklich vorhandene Reaktion an, sondern nur eine unter den vielen
Reaktionen, die in dem Boden, mit der Gelegenheit wechselnd, auftreten können.
Die Verschiebung übrigens, zu der unsere Untersuchungsmethoden führen, liegt
bei den alkalisch reagierenden Böden stets in derselben Richtung; die Werte, die
wir erhalten, sind immer zu alkalische Werte, denn das Reaktionsgleichgewicht
im Boden steht weit stärker unter dem Einfluß der Kohlensäure als das, zu dem
das Ausschütteln des an der Luft getrockneten Bodens mit Wasser führt. In noch
viel ausgeprägterem Maße ist das der Fall, wenn man bei den alkalisch reagierenden Böden die Bestimmung der p_H-Werte in den Bodensuspensionen vornimmt
und nicht in den Filtraten. Dann erhält man, wie die Zahlen in der Tabelle S. 26
zeigen, noch stärker alkalische Werte. Das deutet darauf hin, daß die Kohlensäurebildung in der Bodenaufschlämmung während des Schüttelns des Bodens
mit Wasser doch nur so gering ist, daß weiterhin beim Filtrieren noch Kohlensäure aus der Luft aufgenommen wird, was dann den Grund zu dem Sinken
der Reaktionszahlen in den Filtraten abgibt.

Im übrigen muß hier noch einmal darauf aufmerksam gemacht werden, daß
in den Wasserauszügen der karbonathaltigen Böden höhere p_H-Zahlen als rund
8,5 überhaupt nicht gefunden werden können, wenn das Verhältnis von freier
Kohlensäure zum Bikarbonatgehalt die Reaktion bestimmt; denn in einer
Lösung des reinen Bikarbonates ist nach den Untersuchungen von TILLMANS
der p_H-Wert = 8,3, nach WIEGNER dürfte er noch etwas höher liegen, nämlich
bei rund 8,5. Diese Zahl muß auch unter normalen Verhältnissen in der Natur als
die obere Grenzzahl gelten, die nicht überschritten werden kann. Die Reaktionszahl der karbonathaltigen Böden hängt nämlich ganz offenbar nur von den in
wirklicher Lösung vorhandenen Stoffen, dem Kalziumbikarbonat und der Kohlensäure ab, das sei hier besonders deswegen hervorgehoben, weil bei den nachher zu
besprechenden sauren Böden andere Verhältnisse angetroffen werden. Daß das
feste, nicht in Lösung gegangene Kalziumkarbonat keinen besonderen Anteil an
der Reaktion eines Bodens haben kann, geht aus der Tatsache hervor, daß es nach
unseren Untersuchungen für die Reaktionszahl eines Kalksteinmehles durchaus
gleichgültig ist, ob die Untersuchung in dem Wasserauszug oder in der Aufschwemmung in Wasser (im Verhältnis von 1 : 4) vorgenommen wird. Wir erhielten die folgenden Werte:

$$\text{im Wasserauszug} \ldots \ldots \quad p_H = 9{,}48$$
$$\text{in der Aufschwemmung} \ldots \quad p_H = 9{,}50\,.$$

Man wird nach dem Ausfall dieses Versuches dem ungelösten Kalziumkarbonat
des Bodens keine besondere Einwirkung auf die Reaktionszahl des Bodens zuschreiben dürfen. Bei der unter natürlichen Verhältnissen wohl niemals völlig
aufgehobenen Kohlensäureproduktion des Bodens sind es immer nur das in
Lösung befindliche Bikarbonat und die überschüssige Kohlensäure, die die
Bodenreaktion bestimmen. Diese überschüssige Kohlensäure ist wiederum für
die Existenz des Bikarbonates unumgänglich erforderlich. Die Wasserchemiker
bezeichnen darum diese Kohlensäure als die dem Bikarbonat zugehörige. Diese
zugehörige Kohlensäure ist dadurch gekennzeichnet, daß sie nicht mehr aggressiv
ist, d. h. kein weiteres Lösungsvermögen für Kalk besitzt. Erst wenn über diese
zugehörige Kohlensäure hinaus noch von der Bodenlösung weitere Mengen an
Kohlensäure aufgenommen werden, kann die Auflösung neuer Mengen von
kohlensaurem Kalk eintreten. Solange also kohlensaurer Kalk im Boden vorhanden ist, wird nur selten über diese zugehörige Kohlensäure hinaus aggressive
Kohlensäure in der Bodenlösung vorhanden sein. Zumeist wird das Verhältnis

der Konzentration der Bodenlösung an freier, zugehöriger Kohlensäure und an Bikarbonat die Reaktion bestimmen, und höhere Reaktionszahlen als 8,3—8,5 können unter normalen Verhältnissen somit nicht in einem Boden angetroffen werden. Wohl ist das aber möglich, worauf auch BOBKO und DRUSCHININ hinweisen, wenn es sich um sog. Sodaböden handelt, oder wenn durch die Düngung die Gelegenheit zur Bildung von Kalium- oder Natriumkarbonat im Boden gegeben ist. Daß ferner auch solange höhere Reaktionszahlen sich einstellen können, als ein Boden noch nicht in Karbonat übergegangene Reste von Ätzkalk enthält, ist ohne weiteres klar, wenn auch ein solcher Fall wohl nur sehr selten auftreten wird.

Nach diesen über das Verhältnis von Kalziumkarbonat und Kohlensäure gemachten Angaben muß man es als einen Irrtum bezeichnen, wenn, wie es vielfach geschieht, angenommen wird, daß die Gegenwart von kohlensaurem Kalk dem Boden unter allen Umständen eine bestimmte, und zwar alkalische Reaktion sichere. Das ist, wie schon BJERRUM und GJALDBOEK ausgesprochen haben, ganz und gar nicht der Fall. Auf Grund ihrer Untersuchungen über das Gleichgewicht von Bikarbonat und Kohlensäure enthaltenden Lösungen erklärten schon diese Forscher es für durchaus möglich, daß trotz der Gegenwart von Kalziumkarbonat dennoch ein Boden eine saure Reaktion besitzen könne. Je mehr Kohlensäure die Bodenluft enthält und je kalkärmer die Bodenflüssigkeit ist, um so saurer wird die Bodenreaktion sein können. Die Wirkung des kohlensauren Kalkes als Puffer oder Regulator — schon ADOLF MAYER[1] hat im Jahre 1881 in seiner Arbeit über die Wirkung der Kalisalze vom kohlensauren Kalk als dem Regulator der Bodenreaktion gesprochen — ist somit keine unumschränkte. Der Kalk hält keineswegs, wie man wohl annimmt, im Boden immer eine gleichbleibende schwach alkalische Reaktion aufrecht, sondern er gestattet mit wechselndem Gehalt der Bodenluft an Kohlensäure auch einen Reaktionswechsel innerhalb eines ziemlich breiten Gebietes. Trotzdem ist aber die Bezeichnung des Kalkes als Regulator der Bodenreaktion insofern durchaus berechtigt, als er den Eintritt einer Reaktion, die das Wachstum der Pflanzen schädigen könnte, bestimmt verhindert. Der Boden, der trotz seines Gehaltes an Kalziumkarbonat infolge starker Kohlensäureproduktion gelegentlich sauer reagiert, hat immer die Möglichkeit, bei Verminderung des Kohlensäuregehaltes in der Bodenluft eine neutrale und sogar eine alkalische Reaktion wieder anzunehmen. Niederschläge, die die Bodenlösung erneuern, oder Austrocknung, die zur Verdunstung des Kohlensäureüberschusses aus der Bodenlösung führt, können schnell den Rückgang der Reaktion in das alkalische Gebiet bewirken, wenn nicht schon, was am wahrscheinlichsten ist, die kohlensäurereiche Bodenlösung durch Auflösung von noch vorhandenem Kalziumkarbonat, also unter Verlust ihres aggressiven Anteiles an Kohlensäure, alsbald wieder eine auf der alkalischen Seite liegende Reaktion annimmt.

Ob nun der kohlensaure Kalk allein und in allen Fällen als Ursache der alkalischen Reaktion, die wir bei der Untersuchung der Böden wahrnehmen, angesprochen werden kann, ist zwar noch nicht völlig sicher ausgemacht, aber doch wohl zum mindesten fraglich. Auch bei Böden, die vollkommen frei von Kalziumkarbonat sind, wird man eine alkalische Reaktion unter bestimmten Bedingungen antreffen können. Das wird nämlich dann möglich sein, wenn die Verwitterung, unter deren Einfluß ja schließlich jeder kalkhaltige Boden, wenn nicht durch Kalkdüngung absichtlich dem Eintritt dieses Zustandes entgegengearbeitet wird, seinen Karbonatgehalt einbüßen muß, die zeolithischen Silikate und die Humate in bezug auf ihren Basengehalt intakt gelassen hat. HISSINK[2] ist auf Grund seiner

---

[1] MAYER, A.: Die landwirtschaftlichen Versuchsstationen 26, S. 97.
[2] HISSINK, D. J.: Z. Pflanzenernährg u. Düngg A 4, 137.

Untersuchungen über die Entkalkung der Dollartpolder zu der Annahme gelangt, daß tatsächlich der kohlensaure Kalk den Tonkalk, d. h. den Kalk in den zeolithischen Silikaten, vor dem Gelöstwerden durch die Verwitterungskohlensäure bewahre. HISSINK schließt das aus dem von ihm geführten Nachweis, daß sich der Sättigungszustand der Polderböden mit Basen nach der Auswaschung des kohlensauren Kalkes nur wenig geändert hatte. Erst gegen Ende der Ausspülung des Kalkkarbonates geraten nach HISSINKS wohlbegründeter Auffassung auch kleinere Anteile des Tonkalkes in Verlust. Solange diese Verluste aber noch gering sind, ist es nach unserer Meinung sehr wohl möglich, daß bei der Untersuchung im Laboratorium an einem solchen Boden eine alkalische Reaktion gefunden wird. Das hängt nun natürlich wieder damit zusammen, daß wir in den zeolithischen Silikaten die Salze starker Basen mit schwachen Säuren vor uns haben, und daß diese infolge der hydrolytischen Aufspaltung, die sie erleiden, eine alkalische Reaktion aufweisen, ist ja bekannt. So kann denn auch ein von kohlensaurem Kalk vollständig befreiter Boden doch noch eine schwach alkalische Reaktion besitzen. Da aber unter natürlichen Verhältnissen an dem im Boden herrschenden Gleichgewicht der Stoffe die Kohlensäure in viel stärkerem Ausmaße beteiligt ist als unter den Bedingungen der Untersuchung im Laboratorium, so wird die Reaktion eines solchen Bodens in natürlicher Lagerung doch zumeist schon in das saure Reaktionsgebiet hinüberreichen. Die Untersuchung gibt in einem solchen Falle von der wirklichen Bodenreaktion ebensowenig völlig zuverlässige Auskunft, wie das bei den durch kohlensauren Kalk alkalisch reagierenden Böden der Fall ist. Eine Methode zur Bestimmung der wirklich im Boden unter natürlichen Verhältnissen vorhandenen Bodenreaktion ist leider zur Zeit noch nicht bekannt, doch soll man die Abweichungen, die zwischen der unter natürlichen Verhältnissen vorhandenen und der im Laboratorium gemessenen Bodenreaktion bestehen können, nicht überschätzen; bei den sauren Böden werden wir gleich noch Versuche kennenlernen, aus denen wir auch einen Rückschluß auf die Höhe dieser Differenzen bei den karbonathaltigen Böden ziehen können.

Was also die reaktionsbestimmenden Bestandteile bei den alkalisch reagierenden Böden angeht, so können wir aus unseren Darlegungen entnehmen, daß an erster Stelle der kohlensaure Kalk in Gemeinschaft mit der Kohlensäure dafür verantwortlich zu machen ist, daß aber auch die mit Basen gesättigten zeolithischen Silikate durch ihre hydrolytische Spaltung daran teilhaben können.

2. Die neutrale Reaktion des Bodens. Daß ein Boden mit neutraler Reaktion sich nicht mehr im Zustande der vollen Sättigung mit Basen befinden kann, ist ohne weiteres klar. Basensättigung hat unbedingt eine alkalische Reaktion zur Folge, und wenn ein Boden den Neutralzustand erreicht hat, so muß bereits ein erheblicher Teil seiner Basen durch Säurewasserstoff ersetzt sein. Kohlensaurer Kalk, dieses beste Schutzmittel gegen die Basenverarmung der zeolithischen Silikate und der Humate, kann deshalb auch im allgemeinen in einem bei der Untersuchung im Laboratorium neutral reagierenden Boden nicht mehr vorhanden sein. Nur wenn der Kalk im Boden in Gestalt von gröberen Körnern verteilt ist, wie es nach der Düngung mit unvollkommen gemahlenem Düngerkalk wohl vorkommen mag, kann es sein, daß man trotz eines Gehaltes an kohlensaurem Kalk doch neutrale Reaktion feststellt. Das hängt natürlich damit zusammen, daß dieser grobe Kalk bei der kurzen Behandlung mit Wasser, die bei der Vorbereitung zur Reaktionsmessung in Anwendung kommt, ebensowenig in Lösung geht, wie er das vorher bei der Einwirkung der Atmosphärilien getan hat. Man wird in einem solchen Falle sogar das Auftreten einer sauren Bodenreaktion erwarten dürfen, denn die zwischen den groben Kalkkörnchen liegenden Bodenteile können bereits stark an Basen verarmt sein und einen direkt sauren

Charakter angenommen haben. Die kleinen bei der Ausschüttelung des Bodens mit Wasser in Lösung gehenden Kalkmengen werden dann glatt von den versauerten Bodenteilchen gebunden, ohne daß deren Reaktion sich dabei wesentlich verschiebt. Der feste ungelöste Anteil des Kalkes gewinnt aber, wie das oben schon gezeigt ist, keinerlei Einfluß auf die Reaktion, denn bei kristallisierten Stoffen, wie beim Kalk, übt nur der gelöste Anteil eine Wirkung auf die Elektroden aus, nicht aber die festen Teilchen. Bei kolloiden Stoffen ist das, wie wir bei Behandlung der sauren Reaktion gleich noch erkennen werden, dagegen anders. Ist nun aber der Kalk nicht grobkörnig, sondern feinkörnig und gleichmäßig im Boden verteilt, so kann es nicht vorkommen, daß die Verwitterungssilikate und die Humate ungesättigt an Basen sind; die Gegenwart derartig verteilten Kalkes ist vielmehr die einzige Gewähr dafür, daß der Boden mit Basen gesättigt ist, soweit das unter natürlichen Verhältnissen überhaupt möglich sein kann. In diesem Zustande muß der Boden selbstverständlich immer alkalisch reagieren, neutrale Reaktion ist mit der Gegenwart gut verteilten Kalkes im Boden unvereinbar.

Erst wenn der kohlensaure Kalk aus dem Boden verschwunden ist, und wenn der Angriff der Kohlensäure und anderer Säuren, den der kohlensaure Kalk abfing, sich nun auf die zeolithischen Silikate und die Humate unbehindert erstreckt, stellt sich die Möglichkeit für die Herausbildung einer neutralen Reaktion ein, und es muß dann, indem die Wasserstoffionen der Kohlensäure die Kalzium- und Magnesiumionen aus dem Verwitterungskomplex des Bodens verdrängen, zur Bildung von Bikarbonaten in der Bodenlösung kommen. Daher kann auch jetzt noch, bei neutraler Reaktion, das System Bikarbonat und Kohlensäure die Reaktion der Bodenlösung bedingen. Für das sich im Boden bei neutraler Reaktion herausbildende Gleichgewicht werden aber außerdem die zeolithischen Silikate und die Humate von großer Bedeutung sein. Diese Stoffe müssen ja im Austauschgleichgewicht mit der das Bikarbonat enthaltenden Bodenlösung stehen, und zwar sowohl mit den darin enthaltenen Kalziumionen als auch mit den Wasserstoffionen. Gewiß ist es ein recht kompliziertes Zusammenwirken der an der Einstellung der Reaktion beteiligten verschiedenen Stoffe, das zur neutralen Reaktion führt. Die zeolithischen Silikate und die Humate müssen bis zu einem gewissen, zur Zeit noch nicht schärfer erfaßbaren Grade entbast werden, und das Verhältnis von Kohlensäure und Bikarbonat in der Bodenlösung muß ebenfalls ein ganz besonderes sein, damit eine neutrale Bodenreaktion durch Zusammenwirken aller vier Faktoren herauskommen kann. Etwas Genaues läßt sich gerade über das Gleichgewicht, das bei neutraler Reaktion zwischen den genannten Stoffen vorhanden sein muß, nicht aussagen; es müssen hier erst noch tiefer schürfende und feinere Untersuchungen ausgeführt werden, bevor sich die hier vorgetragenen Vorstellungen klarer und bestimmter fassen lassen. Nur eins mag hier noch zur neutralen Bodenreaktion vermerkt werden, nämlich, daß es unwahrscheinlich ist, daß die im Laboratorium festgestellte neutrale Reaktion nun auch unbedingt einer neutralen Reaktion des Bodens in der Natur entsprechen müsse. Der im Laboratorium neutral befundene Boden wird in der Natur stets mit einer größeren Kohlensäurekonzentration in der Bodenluft und damit auch in der Bodenlösung im Gleichgewicht stehen als bei der Reaktionsbestimmung, und das muß doch wohl dahin wirken, daß die Reaktion unter natürlichen Verhältnissen sicherlich ein wenig sauer ist. Neutrale Reaktion bei der Untersuchung kann daher nichts anderes bedeuten als eine schwach saure Reaktion in der Natur.

3. Die saure Reaktion des Bodens. Von landwirtschaftlichen Gesichtspunkten aus gewinnt die Frage der Bodenreaktion erst dann größere Bedeutung, wenn die Entbasung des Bodens so weit vorgeschritten ist, daß er eine saure Reaktion angenommen hat. Während nämlich alle Erfahrung gelehrt hat, daß eine alkalische Reaktion des Bodens von normaler Höhe und ebenso die neutrale Reaktion noch keinerlei Gefahren für die Erträge der landwirtschaftlichen Kulturpflanzen in sich bergen, stellt sich mit dem Übergang der Reaktion des Bodens in das deutlich saure Gebiet für viele Kulturpflanzen nicht nur die Möglichkeit, sondern von einer bestimmten Reaktion ab sogar die Sicherheit dafür ein, daß sie in ihrer Entwicklung geschädigt werden. Wir werden uns daher um die die saure Reaktion bestimmenden Bodenbestandteile noch viel ernsthafter bemühen müssen, als das bei der alkalischen und neutralen Reaktion der Fall war und der Fall sein konnte.

Von vornherein dürfte es nun wiederum klar sein, daß an der sauren Reaktion nicht ein einziger Bodenbestandteil allein die Schuld trägt, sondern daß auch hier wieder verschiedene Faktoren im Spiele sein werden. Vergegenwärtigen wir uns nur den Einfluß, der bereits bei der alkalischen und der neutralen Reaktion der Kohlensäure zuzuschreiben war, so werden wir uns mühelos vorstellen können, daß bei saurer Bodenreaktion die Rolle dieser Säure eine noch viel größere sein muß. Um das deutlich zu erkennen, brauchen wir nur die Reaktionszahlen ins Auge zu fassen, die die Kohlensäure nach den Untersuchungen von G. WIEGNER reinem Wasser zu erteilen vermag, wo der Entfaltung ihrer ganzen Säureeigenschaften nichts im Wege steht, und wir denken ferner an die Tatsache, daß an Basen verarmte Böden an ihrer neutralisierenden Fähigkeit sehr starke Einbuße erlitten haben. Bei mittlerem Kohlensäuregehalt der Luft des Bodens, der von G. WIEGNER auf 0,3 Vol.-% eingeschätzt wird, und bei hohem Gehalt, für den WIEGNER den Wert von 1,00 Vol.-% angibt, schwanken somit die durch die Kohlensäure in rei-

CO_2-Gehalt der Luft in Vol.-Prozenten bei 18° C	CO_2-Gehalt der Luft in Atmosphären bei 18° C	CO_2-Gehalt in g in 1000 ccm Wasser bei 18° C	Reaktion p_H
0,03	0,0003	0,00054	5,72
0,30	0,003	0,0054	5,22
1,00	0,01	0,0179	4,95
10,00	0,10	0,1787	4,45
100,00	1,00	1,7870	3,95

ner wässeriger Lösung verursachten Reaktionszahlen zwischen 5,22 und 4,95. Im Boden selbst werden natürlich infolge der nie ganz erlöschenden Neutralisationskraft die gleichen Kohlensäurekonzentrationen der Bodenluft viel weniger saure Werte zur Folge haben. Wieweit aber im Einzelfalle die Reaktionszahlen zurückgedrängt werden, läßt sich, da die Menge und der Abbaugrad der zeolithischen Silikate und der Humate dafür bestimmend ist, nicht mit Sicherheit aussagen. Bei der Messung von schwächer sauren Reaktionswerten wird man nur wieder erwarten dürfen, daß die Reaktion im Boden selbst einem gewissen Wechsel unterworfen ist, der von der Kohlensäureproduktionskraft des Bodens einerseits und von seiner noch vorhandenen Pufferkraft andererseits abhängig sein muß.

Die Existenz eines Einflusses der Kohlensäure auf die Bodenreaktion ist übrigens auch von manchen Autoren verneint worden. Das geschah z. B. durch O. ARRHENIUS[1], der beim Einleiten von Kohlendioxyd in wässerige Bodenextrakte gar keine Veränderung der p_H-Werte feststellen konnte. Andere Autoren kamen dabei aber zu entgegengesetzten Ergebnissen, so daß wohl gefolgert werden muß, daß bei den Versuchen von ARRHENIUS Mängel irgendwelcher Art die Versuchsergebnisse entstellt haben. HOAGLAND und SHARP fanden jedenfalls bei ihren Versuchen, daß bei den alkalisch und schwach sauer reagierenden Böden durch Kohlensäure die Reaktion nach der sauren Seite hin verschoben wurde,

---

[1] ARRHENIUS, O.: Kalkfrage und Bodenreaktion, S. 96. Leipzig 1926.

wenn sie bei der elektrometrischen Bestimmung der Wasserstoffionenkonzentration ein 1% Kohlendioxyd enthaltendes Gasgemisch in das Elektrodengefäß einleiteten. Erst wenn die Azidität der Böden recht groß wurde, bei $p_H = 4,0$ bis 4,5, verschwand der Einfluß der Kohlensäure, was nach den Reaktionszahlen, die wir oben für kohlensäurehaltiges Wasser nach WIEGNER angegeben haben, ganz selbstverständlich ist. Neuere Untersuchungen liegen zu dieser Frage von W. H. PIERRE[1] vor. Die von ihm in Bodensuspensionen ohne und mit Einleiten von Kohlendioxyd nach der elektrometrischen Methode gemessenen Reaktionszahlen sind aus der nebenstehenden Tabelle ersichtlich.

Man erkennt aus diesen Zahlen, daß die Reaktionsverschiebung, die durch die Kohlensäure bewirkt wird, um so stärker ist, je alkalischer der Boden ursprünglich war.

	ohne CO_2	mit CO_2
Black prairie silt loam	5,54	4,84
	7,64	6,45
Brown fine sandy loam . . .	5,57	4,81
	5,22	4,72
Brown sandy loam	9,62	6,19
Black silt loam	8,04	6,15

Wenn nun auch bei solchen und ähnlichen Versuchen, bei denen doch immer eine im Vergleich zu den natürlichen Verhältnissen sehr große Kohlensäuremenge auf eine verhältnismäßig kleine Bodenmenge zur Einwirkung kommt, deutliche Reaktionsverschiebungen die Folge sind, so ist doch noch keineswegs damit ein bemerkenswerter Einfluß der Kohlensäure der Bodenluft auf die Reaktion unter natürlichen Verhältnissen bewiesen. Um den natürlichen Bedingungen nahezukommen, bediente sich W. H. PIERRE der Methode der Verdrängung der Bodenlösung mit Hilfe von Alkohol nach dem Vorbilde von PARKER[2]. Mit Hilfe dieser Methode gelingt es, selbst aus Böden, aus denen man mit hohen Drucken keine Flüssigkeit mehr abpressen kann, eine wässerige Lösung zu erhalten, die man wohl als eine wirkliche Bodenlösung ansprechen darf. Bei einem Teil der Versuche von PIERRE wurde nun der Boden, aus dem die Lösung gewonnen werden sollte, vorher mit Kohlensäure eine halbe Stunde lang durchströmt, und die Bodenlösung wurde mit dem Alkohol erst dann aus dem Boden verdrängt, als nach der Kohlensäurebehandlung die mit Kohlensäure gefüllte Apparatur zur gleichmäßigen Diffusion der Kohlensäure durch den Boden noch eine Stunde lang gestanden hatte. Die Ergebnisse dieser Versuche sind in der nebenstehenden Tabelle zusammengestellt.

Nach diesen Zahlen müßte man mit W. H. PIERRE schlußfolgern, daß alle geprüften Böden eine geradezu vollkommene Fähigkeit besaßen, der reaktionsändernden Einwirkung der Kohlensäure Widerstand zu leisten, die Böden

	Reaktion der Bodenlösung aus	
	unbehandeltem Boden	mit CO_2 behandeltem Boden
Brown fine sandy loam	6,70	6,70
Brown silt loam . . .	6,55	6,80
Dark brown silt loam	5,55	5,45
Black silt loam . . .	7,40	7,40
Light brown sand . .	5,30	5,30
Brown fine sandy loam	5,60	5,70
Limed quartz sand. .	7,60	5,70

müßten vollendet gegen Kohlensäure gepuffert sein. Nur der gekalkte Quarzsand reagierte auf die Kohlensäureeinwirkung durch eine Reaktionsverschiebung nach der sauren Seite hin. Gerade diese Tatsache, daß der gekalkte Sand — wieviel Kalk ihm zugesetzt war, ist allerdings nicht angegeben — so schlecht, daß andererseits aber die Böden sämtlich so gut puffern sollten, erregte unseren Verdacht und veranlaßte Nachprüfungen unsererseits. Zunächst fielen unsere eigenen Versuche allerdings auch nicht anders aus als die von W. H. PIERRE. Bei von BELING ausgeführten

[1] PIERRE, W. H.: Soil Sci. **20**, 285. [2] PARKER, F. W.: Soil Sci. **12**, 209.

Versuchen änderten wir dann aber unsere Apparatur und sorgten im besonderen
dafür, daß bei der Gewinnung der Perkolate aus den mit Kohlensäure behandelten Böden die Kohlensäure nicht wieder entweichen konnte. Läßt man
nämlich das Perkolat, das nur tropfenweise erhalten wird, langsam durch die
Luft in ein Auffanggefäß eintropfen, so ist natürlich wieder reichlich Gelegenheit
zu Verlusten an Kohlensäure und zum Rückgang der Reaktionsverschiebung, die
die Kohlensäure herbeigeführt hatte, gegeben. Diese Möglichkeit wurde durch die
besondere Konstruktion unserer Apparatur, die hier im einzelnen zu beschreiben
zu weit führen würde, völlig ausgeschlossen. Die Messung der Reaktion der
Perkolate wurde in dem Auffanggefäß selbst von Beginn des Eintropfens unter
demselben Kohlensäuredruck, unter dem der Boden gestanden hatte, aus dem
das Perkolat gewonnen war, durchgeführt. Wir verlängerten dann aber auch
weiterhin die Behandlungszeit des Bodens mit Kohlendioxyd auf 6 Stunden,
da uns die Zeit von einer halben Stunde, auf die sich PIERRE beschränkte, doch
zu kurz bemessen erschien, als daß sie Sicherheit dafür geboten hätte, daß tatsächlich der ganze Boden mit allen seinen Hohlräumen von Kohlensäure erfüllt
war. Bei einer solchen Art der Versuchsanstellung erhielten wir unter Verwendung
von reinem Kohlendioxyd und von Luftgemischen mit 10 und 1 % daran die
folgenden p_H-Werte in den Perkolaten:

Reaktionszahl der Perkolate.

Bodenart	ohne CO_2	1% CO_2	10% CO_2	100% CO_2
1. Lehmboden . . .	6,99	6,81	6,48	6,01
2. Sandiger Lehm .	6,12	—	5,73	5,43
3. Sandiger Lehm .	6,53	6,46	6,18	5,64
4. Humoser Sand .	6,23	5,76	5,44	5,10
5. Lehmiger Sand .	6,03	6,01	5,88	5,45
6. Humoser Sand .	4,65	4,62	4,52	4,38
7. Lehmboden . . .	5,24	5,00	4,68	4,26

Die Versuchsergebnisse stellen sich, wie die Zahlen der Tabelle lehren, wesentlich
anders dar als die von PIERRE erzielten. Keiner der untersuchten Böden hat der
Einwirkung der Kohlensäure eine solche Pufferkraft entgegensetzen können, daß
seine Reaktion, wie bei PIERRE, unbeeinflußt geblieben wäre. Bei reiner Kohlensäure, mit der auch PIERRE arbeitete, sind sogar ganz bedeutende Reaktionsverschiebungen festzustellen, die bei manchen Böden, wie Boden 1, 4 und 7, eine
ganze p_H-Einheit und mehr ausmachen. Mit der Abnahme der Konzentration der
einwirkenden Kohlensäure werden die p_H-Verschiebungen natürlich kleiner,
bleiben aber auch nach Einwirkung der nur 1 proz. Kohlensäure in allen Fällen
noch erkennbar. Dabei scheinen uns die endgültigen Gleichgewichtswerte auch
bei unserer Methode noch nicht erreicht zu sein, sogar nach sechsstündigem Durchleiten der Kohlensäure ist offenbar die Luft noch keineswegs aus allen Hohlräumen des Bodens verdrängt. Darüber versuchten wir uns klar zu werden dadurch, daß wir bei einem Perkolationsversuch mit Quarzsand die Behandlung mit
reiner Kohlensäure auf mehrere Tage ausdehnten. Der Quarzsand war vor dem
Versuch zur Entfernung aller neutralisierend wirkenden Stoffe mit Salzsäure vor-
behandelt und mit Wasser ausgewaschen. In einem solchen Sande mußte sich die
Einstellung des endgültigen Lösungsgleichgewichtes zwischen der Bodenlösung
und der Kohlensäure daran zu erkennen geben, daß die Reaktion des Perkolates
mit derjenigen einer gesättigten wässerigen Lösung der Kohlensäure über-
einstimmte. Der Versuch ergab nun folgendes:

Reaktionszahlen der Perkolate aus Quarzsand.

Ohne Behandlung mit CO_2		Mit CO_2 behandelt, und zwar folgende Zeiten hindurch:					
		1 Tag		2 Tage		4 Tage	
6,65	6,63.	5,43	5,43	4,98	4,94	4,04	4,07.

Also erst nach viertägigem Durchleiten der Kohlensäure war eine Reaktionszahl im Perkolat zu verzeichnen, wie sie wenigstens ungefähr dem mit Kohlendioxyd gesättigten Wasser zukommt, das einen p_H-Wert von 3,97 aufweist. Die bei den oben angeführten Versuchen benutzte Zeit von 6 Stunden für das Durchleiten der Kohlensäure war also noch immer viel zu kurz gewesen, um die Einwirkung der Kohlensäure bis zum Gleichgewichtszustand mit der Bodenlösung gelangen zu lassen. Die Reaktionsverschiebungen werden bei diesem Gleichgewichtszustande ohne Frage größer sein als nach sechsstündigem Durchleiten der Kohlensäure. Das zeigt denn auch der folgende Versuch, der mit einem natürlichen Sandboden von annähernd neutraler Reaktion unter Einhaltung verschiedener Durchleitungszeiten für die Kohlensäure zur Durchführung gebracht wurde:

Reaktionszahlen der Perkolate aus Sandboden.

Ohne Behandlung		Mit CO_2 behandelt, und zwar folgende Zeiten hindurch:							
		36 Stunden		3 Tage		10 Tage		30 Tage	
6,90	6,94.	6,66	6,69	6,14	6,12	6,10	6,10	5,99	5,96.

Die Reaktionsverschiebung bei Verlängerung des Durchleitens der Kohlensäure von 6 Stunden auf 3 Tage ist noch recht groß, bei 10 und 30 Tage langer Durchleitung der Kohlensäure haben sich aber nur noch unbedeutende Änderungen eingestellt, so daß man annehmen kann, daß bei diesem leichten und gut durchlässigen Sandboden die Zeit von 3 Tagen ausreichte, um die durch die Kohlensäure im Gleichgewichtszustande mit dem Boden hervorgebrachte Reaktionsverschiebung zu erfassen. Daraus muß aber für die Versuche mit den verdünnten Luftkohlensäuregemischen gefolgert werden, daß auch bei ihnen nach 6 Stunden noch nicht die endgültige Reaktionsverschiebung eingetreten war.

Ohne Frage wird man aus unseren Versuchen den Schluß ziehen dürfen, daß also doch die Reaktion des Bodens unter dem Einflusse der sich in ihm entwickelnden Kohlensäure nach der sauren Seite hin verschoben werden kann. Es stellt der Kohlensäuregehalt der Bodenluft, der aus verschiedenen Ursachen einem starken Wechsel unterworfen ist, somit einen Faktor dar, der für den Reaktionszustand der Böden in der Natur von Bedeutung sein muß. Es darf andererseits aber auch das Pufferungsvermögen der Böden gegen die in ihnen zur Entwicklung gelangende Kohlensäure nicht zu gering eingeschätzt werden. Wenn auch diese Pufferkraft der Böden nicht eine so vollkommene ist, wie es nach den Versuchen von PIERRE zunächst den Anschein hat, so ist sie doch selbst noch bei den schon stärker versauerten Böden als recht bedeutend zu bezeichnen. Es dürfen daher auch die Abweichungen, die die im Laboratorium gemessenen Reaktionszahlen von den unter natürlichen Verhältnissen zu erwartenden aufweisen werden, sicherlich nicht sonderlich hoch eingeschätzt werden. Dennoch kann aber mit Recht ausgesagt werden, daß nicht nur bei den alkalisch reagierenden, sondern auch bei den neutralen und den sauren Böden die wahre, natürliche Reaktion meist ein wenig saurer sein wird als die gemessene Reaktion.

Der Grund für die verhältnismäßig bedeutende Pufferwirkung des Bodens gegenüber der Kohlensäure dürfte im übrigen wohl in dem Ionenaustausch zwischen den Wasserstoffionen der Kohlensäure und den austauschfähigen Basen der zeolithischen Silikate und Humate zu suchen sein. Trotz der geringen Wasserstoffionenkonzentration, die den verdünnten Lösungen der Kohlensäure im Boden zukommt, kann doch ein starker Ionenaustausch durch sie bewirkt werden, weil das Wasserstoffion von allen Ionen die stärkste Eintauschfähigkeit besitzt. In der Bodenlösung müssen bei diesem Austausch sicherlich Bikarbonate entstehen, und tatsächlich ist auch von BOBKO und DRUSCHININ Bikarbonat und Kohlensäure in den Wasserauszügen saurer Böden gefunden und quantitativ bestimmt worden. Dabei zeigte sich aber, daß in den Auszügen der sauren Böden diese beiden Stoffe nicht mehr allein ausschlaggebend für die Reaktion sind, wie es nach denselben Forschern bei den alkalisch reagierenden Böden der Fall ist. Die aus dem Bikarbonat- und Kohlensäuregehalt der Wasserauszüge bei den sauren Böden berechneten Reaktionszahlen stimmten nicht mehr mit den wirklich gefundenen überein. Als Beleg dafür seien die Zahlen der genannten Autoren hier angegeben:

Bodenart	Reaktionszahlen			Bodenart	Reaktionszahlen		
	gef.	berech.	Diff.		gef.	berech.	Diff.
Lehmboden. .	6,20	6,81	0,61	Lehmboden. .	6,50	7,05	0,55
Lehmboden. .	6,05	6,82	0,77	Schwarzerde .	6,45	7,55	1,10
Lehmboden. .	6,15	6,97	0,82	Schwarzerde .	6,80	7,09	0,29
Sandboden . .	6,20	6,87	0,67	Podsollehm . .	6,00	7,00	1,00
Sandboden . .	6,38	7,17	0,82	Torf	5,95	6,78	0,83

Bei diesen sauren Böden versagt die Errechnung der Reaktionszahlen aus dem Bikarbonat- und Kohlensäuregehalt der Wasserauszüge, es müssen also, wie BOBKO und DRUSCHININ angeben, andere Stoffe in den Bodenextrakten vorhanden sein, die die Wasserstoffionenkonzentration mitbestimmen. Diese Stoffe sind zur Zeit noch nicht bekannt, aber es muß angenommen werden, daß sie stärkere Säureeigenschaften besitzen als die Kohlensäure. Wenn eine Meinung über diese noch sehr in der Schwebe befindlichen Verhältnisse geäußert werden soll, so könnte es wohl die sein, daß es die unter dem Einfluß von Elektrolyten bereits einsetzende Verdrängung von Wasserstoffionen ist, die hier in die AzidITätsverhältnisse der Wasserextrakte der Böden hineinspielt; aber erst eingehende Untersuchungen vermögen hierüber Aufschluß zu geben.

Nimmt nun schon, wie BOBKOS und DRUSCHININS Untersuchungen beweisen, bei Böden mit nur schwacher Versauerung die Bedeutung der Kohlensäure für die Azidität des Bodens stark ab, so muß sie natürlich noch geringer werden, wenn die Böden erst einmal einen höheren Säuregrad erreicht haben. Schon HOAGLAND und SHARP fanden ja, wie oben angegeben, daß beim Einleiten von Kohlensäure in Bodenextrakte, die eine Reaktionszahl von 4,0—4,5 aufwiesen, überhaupt keine Veränderung der Reaktion mehr erfolgte. Auch bei unseren Versuchen an Perkolaten zeigte sich, daß bei einer Reaktionszahl von 4,6 1 proz. Kohlensäure bei sechsstündigem Durchleiten durch den Boden so gut wie gar keinen Einfluß auf die Bodenreaktion ausübte. Das hängt natürlich damit zusammen, daß die schwache Kohlensäure schon in erheblichen Konzentrationen auftreten muß, um für sich allein eine so niedrige Reaktionszahl zu liefern. Im Boden sind nun Kohlensäurekonzentrationen, die eine Reaktionszahl von 5,0 und darunter verursachen könnten, äußerst selten oder sogar nie vorhanden. Im Bereiche stärker saurer Reaktionen wird man also mit Recht die Kohlensäure als reaktionsbestimmenden Faktor vernachlässigen dürfen.

Zu der sauren Reaktion, die dem Boden durch die in ihm produzierte Kohlensäure erteilt werden kann, tritt dann aber weiter die hinzu, die von den festen Bodenbestandteilen ausgeht. Daß tatsächlich auch den festen Bestandteilen Bedeutung, und zwar keine geringe, für die Reaktionszahlen der sauren Böden zuzuschreiben ist, geht schon aus den ersten elektrometrischen Reaktionsmessungen hervor, die von uns[1] an sauren Mineralböden angestellt wurden. Dabei kam einmal

---

[1] KAPPEN, H.: Landw. Versuchsstat. **88**, 77.

der wässerige Bodenauszug und daneben die mit denselben Böden hergestellte
Bodenaufschlämmung zur Verwendung. Bei drei verschiedenen Böden ergaben
sich hier die folgenden Werte:

	Boden 1	Boden 2	Boden 3
p_H-Messung im Filtrat	7,66	6,42	6,07
p_H-Messung in der Aufschwemmung	7,63	6,43	4,57

Während bei Boden 1 und 2 das Vorhandensein des Bodens in der Flüssigkeit
keinen Einfluß auf die Reaktion ausübte, wurde bei dem auch schon im Filtrat
deutlich sauren Boden 3 die Reaktionszahl durch den suspendierten Boden sehr
stark herabgesetzt. Dieser Befund wurde noch kontrolliert dadurch, daß den
Bodenfiltraten von Boden 1 und 3 etwas Boden zugesetzt und dann von neuem
ihre Reaktionszahl bestimmt wurde. Dabei ergab sich für den schwach alkalischen
Boden 1 keine nennenswerte Reaktionsänderung, sein p_H-Wert war $= 7{,}73$, die
Reaktionszahl des sauren Bodens 3 sank aber durch den nachträglichen Boden-
zusatz von 6,07 auf 4,85. Diese Tatsache, daß die Werte für die Reaktionszahlen
in Suspensionen der sauren Böden stets höher liegen als in den Filtraten, ist später
oft bestätigt worden; von CHRISTENSEN und JENSEN[1] ist sie auch bei der Anwendung der Chinhydronmethode wiedergefunden worden. Die Erscheinung läßt
sich wohl nur so auffassen, daß den festen Bodenteilchen bei der Wasserbehand-
lung nur ein Teil der Wasserstoffionen entzogen werden kann, und daß ein anderer
Teil davon den festen Bodenteilchen unablösbar anhaftet. Als Beweis für die Berechtigung dieser Annahme kann ein Versuch von BELING und KAPPEN[2] betrachtet werden, bei dem 100 g von zwei sauren Böden 13 mal hintereinander mit
250 ccm destilliertem Wasser ausgewaschen worden waren. In den Filtraten bzw.
Waschwässern stiegen die Reaktionszahlen bei diesem Versuche von 4,25 und 5,70
bis auf 6,55 und 6,68. Mit Wasser konnten also keine Wasserstoffionen aus den
Böden mehr herausgeholt werden, nach den Wasserextrakten beurteilt, mußten
die Böden als fast neutral bezeichnet werden. Wurden dann aber diese durch
Auswaschen von ihrem löslichen Säurewasserstoff befreiten Böden in wässeriger
Aufschwemmung auf ihre Reaktion geprüft, so erwiesen sie sich doch noch als deut-
lich sauer, ihre p_H-Werte waren 5,62 und 5,94. Da nun die wässerigen Extrakte so
gut wie neutral waren, können die sich in der Suspension kundgebenden sauren
Reaktionswerte nur noch auf die den festen Bodenteilchen fest anhaftenden
Wasserstoffionen zurückgeführt werden.

Ganz sicher hat man es also bei der Wasserstoffionenkonzentration der Böden
mit Wasserstoffionen von, wenn man so sagen darf, verschiedener Art zu tun,
nämlich einmal mit solchen, die mit Wasser aus dem Boden ausgewaschen werden
können, andererseits mit solchen, die den festen Bodenteilchen unauswaschbar
anhaften. Man weiß auch bereits, daß diese festhaftenden Wasserstoffionen mit
den feinkörnigsten Bodenteilchen verbunden sind. Das hat sich bei der Untersuchung der p_H-Werte der Teilchen verschiedener Korngrößen von sauren Böden
deutlich ergeben, wie sie z. B. von LUDORFF[3] ausgeführt wurden:

p_H-Werte verschiedener Bodenkörnungen.

Korngröße in mm	alkalischer Lehmboden	schwach saurer Sandboden	sehr stark saurer Lehmboden
A. größer als 0,22 mm . .	8,07	5,85	4,05
B. von 0,22—0,125 mm . .	7,95	5,72	3,87
C. von 0,125—0,075 mm .	8,06	5,37	3,85
D. kleiner als 0,075 mm .	8,00	5,04	3,83

[1] CHRISTENSEN, H. R., u. S. T. JENSEN: Internat. Mitt. Bodenkde 14, 1.
[2] KAPPEN, H. u. R. W. BELING: Z. Pflanzenernährg u. Düngg A 6, 1.
[3] LUDORFF, W.: Landw. Jb. 65, 779.

Die Tatsache, daß der Säurewasserstoff in größter Konzentration mit den feinsten Bodenteilchen verbunden ist, war aber eigentlich auch schon aus den klassischen Untersuchungen von DAIKUHARA[1] bekannt. DAIKUHARA prüfte bereits die verschiedenen Korngrößen saurer Böden auf ihre Fähigkeit, mit Kalisalzlösungen zu reagieren, also auf ihre Austauschazidität. Diese für die Bodenversauerung sehr charakteristische Aziditätsform wuchs nach DAIKUHARA mit der Feinkörnigkeit der Bodenteilchen deutlich an, so daß daraus gefolgert werden mußte, daß die Azidität hauptsächlich mit diesen feinsten Bodenteilchen verknüpft war. Die von DAIKUHARA erhaltenen Versuchsergebnisse waren die folgenden:

Austauschazidität nach DAIKUHARA bei Bodenteilchen von verschiedenen Korngrößen.

Größe der Teilchen in mm	Aziditäten in ccm 0,1-n NaOH(y_1)
2,00—3,00	1,60
1,00—2,00	2,00
0,50—1,00	2,64
0,25—0,50	7,60
$< 0,50$	18,10
$< 0,25$	21,90
Originalboden	6,90

Die groben Bodenteilchen sind also nur in sehr bescheidenem Ausmaße Träger der Bodenazidität, wahrscheinlich überhaupt nur insofern, als sie von den feineren sauren Teilchen noch umhüllt werden. Den Hauptsitz der Bodenazidität bilden die feinsten Bodenteilchen, und da diese wiederum vornehmlich aus den Verwitterungsprodukten, den zeolithischen Silikaten, bestehen, so bestätigen diese Versuche über die Verteilung der Bodenazidität auf die verschiedenen Korngrößen die schon immer betonte Auffassung, nach der diese zeolithischen Silikate, allerdings in Gemeinschaft mit den Humaten, im entbasten Zustande die eigentlichen Träger der Erscheinung der Bodenazidität abgeben. In voller Übereinstimmung mit diesen Untersuchungen von DAIKUHARA fand übrigens auch LUDORFF bei einem sehr stark sauren Lehmboden, daß die Austauschaziditäten mit der Feinkörnigkeit der Siebungen bedeutend anstiegen. Er fand für die in seiner Tabelle angegebenen Korngrößen auf je 100 g berechnet die folgenden Austauschaziditäten in Kubikzentimetern 0,1-n Natronlauge:

A.	B.	C.	D.
7,00	10,25	11,00	30,25

Mehr als viermal so groß wie bei A ist die Azidität bei der feinsten Körnung D. Daß im übrigen in den Austauschaziditäten die Verbundenheit der Azidität mit den kleinsten Bodenteilchen viel deutlicher in die Erscheinung tritt als bei Bestimmung der p_H-Werte, liegt natürlich daran, daß die p_H-Werte nur den aktuellen, in Ionenform vorhandenen Säurewasserstoff angeben, die Austauschaziditäten aber auch den nicht in Ionenform vorhandenen Säurewasserstoff miterfassen, den man als potentiellen bezeichnet. Bei Angabe der Wasserstoffionenkonzentrationen in Wasserstoffzahlen statt in p_H-Werten würde übrigens die Anreicherung an Säurewasserstoff in den feineren Bestandteilen der sauren Böden noch wesentlich klarer hervortreten.

Wie man sich die Art der Verbindung dieser festhaftenden Wasserstoffionen mit den zeolithischen Silikaten des Bodens vorstellen soll, darüber läßt sich zur Zeit noch keine ganz einheitliche Erklärung entwickeln. Die Kolloidchemiker denken wohl dabei an eine adsorptive Bindung dieser Wasserstoffionen, aber auch eine andere Vorstellung davon ist durchaus möglich. Auf diese Frage nach der

---

[1] DAIKUHARA, G.: Bull. Imp. Centr. Agr. Exp. Stat. Japan **2**, 18.

Art der Bindung der festhaftenden Wasserstoffionen, die ganz sicherlich eine der interessantesten wissenschaftlichen Fragen der Bodenazidität darstellt, wollen wir aber nicht an dieser Stelle, sondern erst später eingehen, wenn wir das Wesen der hydrolytischen Azidität und das der Austauschazidität besprechen werden; hier wollen wir uns mit der Feststellung begnügen, daß man außer mit den leicht in die Bodenlösung übergehenden Wasserstoffionen auch mit solchen zu rechnen hat, die den festen Bodenteilchen, und zwar den zeolithischen Silikaten und den Humaten, unauswaschbar anhaften. Sicherlich ist diese Tatsache auch für die Art der Reaktionsbestimmung bei den sauren Böden von einschneidender Bedeutung, denn da keine Veranlassung besteht, den festhaftenden Wasserstoffionen einen physiologischen Einfluß auf die Pflanzen und die Bakterien abzusprechen, so wird man, wenn man ein richtiges Bild von der Reaktion des Bodens erhalten will, auch diese Wasserstoffionen mitbestimmen, also die Feststellung der Bodenreaktion nicht in Wasserauszügen, sondern in Bodenaufschwemmungen vornehmen müssen.

Auch die mit Wasser in Lösung zu bringenden Wasserstoffionen brauchen nicht einheitlicher Herkunft zu sein. Einesteils lassen sie sich auf die Kohlensäure des Bodens zurückführen, es können jedoch unter diesen in den Wasserauszügen vorhandenen Wasserstoffionen auch solche sein, die in Lösung gegangenen organischen Säuren, wie Humussäuren und sauren Salzen dieser Säuren, ihr Dasein verdanken. Allerdings vermag der Gehalt an solchen Humussäuren bei ihrer geringen Wasserlöslichkeit und ihrer schwachen Säurenatur nicht die hohen Aziditäten zu erklären, die zuweilen gerade bei den humusreichen Bodenbildungen, wie den Heideböden und Moorböden, gefunden werden. Diese sehr sauren Reaktionszahlen, die bei unkultivierten Moorböden oft unter den Wert von 3,0 heruntergehen, hängen offenbar mit dem Gehalt solcher Böden an Schwefelsäure zusammen, die darin durch die chemische und mikrobielle Oxydation von anorganischen und organischen Schwefelverbindungen Entstehung nimmt.

Bei Mineralböden und Humusböden wird auch stets unter diesem wasserlöslichen Säurewasserstoff solcher anzutreffen sein, der aus dem Reservoir an potentiellem Säurewasserstoff der sauren zeolithischen Silikate und Humate stammt und aus ihnen unter dem Einfluß von Neutralsalzen durch Ionenaustausch in Freiheit gesetzt ist. In landwirtschaftlich benutzte Böden kommen die zur Erzeugung dieser Art von Wasserstoffionen nötigen Salze in reichlichen Mengen durch die Kunstdünger hinein, aber auch bei unkultivierten Böden wird man die dazu nötigen Salze nicht vermissen; man braucht nur daran zu denken, daß überall mit den Niederschlägen gewisse, wenngleich nur kleine Mengen von Natriumchlorid und anderen Salzen aus der Luft herabgeführt werden. In Mineralböden sind diese auswaschbaren Wasserstoffionen so gut wie vollständig mit Aluminiumionen vereinigt als hydrolytisch gespaltene Aluminiumsalze zugegen, in Humusböden zum guten Teil in derselben Form, hier aber infolge des Mangels an leicht löslichen Aluminiumverbindungen auch in der Form freier Säuren.

Nach allem nun ist die Frage der Bodenreaktion keineswegs als von einfacher Beschaffenheit anzusprechen, bei näherer Betrachtung erscheint sie vielmehr wesentlich komplizierter, als man auf den ersten Blick erwarten sollte. Der Grund dafür ist natürlich der, wie aus den vorstehenden Erörterungen deutlich genug hervorgegangen sein dürfte, daß es eine gar nicht kleine Anzahl verschiedener Bodenbestandteile gibt, die in entscheidender Weise Einfluß auf die Bodenreaktion gewinnen können. Fassen wir das darüber Gesagte zusammen, so ergibt sich, daß bei alkalischer Reaktion das aus dem Kalziumkarbonat entstandene Bikarbonat es ist, das gemeinsam mit der Bodenkohlensäure die Reaktion des Bodens maßgebend bestimmt. Bei neutraler Bodenreaktion werden diese beiden Stoffe, das Kalziumbikarbonat und die Kohlensäure, auch noch eine große Rolle für die Reaktion spielen, aber es greifen hier schon die teilweise entbasten zeolithischen Silikate und die Humate mitbestimmend ein. Zahlreicher und zum Teil von anderer Art sind dann die Stoffe, die bei saurer Bodenreaktion ausschlaggebend sind. Bei nur schwach saurer Reaktion vermag wiederum noch die Kohlensäure der Bodenluft — etwa bis zum p_H-Wert 5,0 — Bedeutung für die Bodenreaktion aufzuweisen, daneben gewinnen aber die an Basen verarmten und damit sauer gewordenen festen Bodenbestandteile, die zeolithischen Silikate und die Humate, auf die Bodenreaktion größeren Einfluß, um dann bei vorgeschrittener Versauerung in der Form der nur noch einen geringen Gehalt an Basen aufweisenden Zeolith- oder Tonsäuren und der Humussäuren ausschließlich maßgebend dafür zu werden. Infolge der Wechselwirkungen zwischen den Zeolith- und Humussäuren und in den Boden gelangenden Neutralsalzen treten dann noch als reaktionsbestimmende Faktoren die Aluminiumsalze hinzu, bei reinen Humusböden außerdem noch Eisensalze und freie starke Säuren, wie die Schwefelsäure. Eine gewisse Vielgestaltigkeit wird man nach allem den reaktionsbestimmenden Bestandteilen der Böden wohl zuerkennen müssen.

III. Die Bestimmung der Bodenreaktion.

a) Qualitative Prüfungen.

Bevor wir zu den übrigen Veränderungen der Böden übergehen, die sich als die Folgen der Verarmung der zeolithischen Silikate und der Humate an Basen einstellen, erscheint es zweckmäßig, hier die Beschreibung der Methoden einzuschalten, die es gestatten, die Bodenreaktion zu beurteilen.

Die älteste und einfachste Methode, die man zu diesem Zwecke in Anwendung bringen kann, ist die Prüfung mit Lackmuspapier. Man verfährt bei der Benutzung des Lackmuspapieres zweckmäßig so, daß man an den mit destilliertem Wasser zu einem dicklichen Brei verrührten Boden ein Stückchen empfindliches blaues oder rotes Lackmuspapier so andrückt, daß seine Oberfläche nicht von Bodenteilchen bedeckt wird. Alkalische Bodenreaktion gibt sich bei dieser Prüfung alsbald durch das Blauwerden des roten, saure Reaktion durch das Rotwerden des blauen Lackmuspapieres zu erkennen. Bei saurer Bodenreaktion ermöglicht es diese einfache Methode sogar, aus der Schnelligkeit des Eintretens der Rotfärbung und aus der Stärke des auftretenden Farbtones verschiedene Grade der Bodenazidität festzustellen. Schwach sauer ist ein Boden, wenn erst nach einiger Zeit eine schwache, im Vergleich zu unverändertem blauen Papier aber doch deutlich erkennbare Rotfärbung sich einstellt. Als sauer darf man den Boden ansprechen, wenn die Verfärbung beim Andrücken zwar erst allmählich eintritt, aber auch ohne Vergleich mit unverändertem Papier zur erkennbaren Rotfärbung führt, und als stark sauer kann man schließlich bei dieser Prüfung die Bodenproben bezeichnen, bei denen sofort nach dem Andrücken des Lackmuspapieres die Verfärbung beginnt und dann schnell, in wenigen Sekunden, zu einer intensiven Rotfärbung führt.

Zu einer vorläufigen Orientierung über die Bodenreaktion erweist sich diese Art der Untersuchung als recht geeignet. Sie kann auch sehr leicht bei einer Feldbegehung auf der Suche nach sauren Böden von Nutzen sein. Dem Verfasser hat diese Methode, als er vor 15 Jahren seine Untersuchungen über die Bodenazidität mit seinen Studien an den in der Nähe von Jena im Tertiärgebiet von Wetzdorf auftretenden sauren Böden begann, sehr wertvolle Dienste geleistet. Natürlich hat die Methode immer nur einen qualitativen Charakter, werden nähere Angaben über die Bodenreaktionen erforderlich, so muß sie durch schärfere Untersuchungsmethoden ergänzt werden.

Zu einer schon etwas genaueren Unterscheidung verschiedener Azititätsgrade läßt sich die von Loew[1] vorgeschlagene Methode benutzen. Diese Loewsche Methode beruht auf der Fähigkeit saurer Böden, aus einer Lösung von Kaliumnitrit in Wasser die salpetrige Säure in Freiheit zu setzen, die ihrerseits auf der Lösung zugesetztes Kaliumjodid einwirkt unter Entbindung von elementarem Jod, das sich durch Stärkekleister leicht nachweisen läßt. Die Stärke der auftretenden Blaufärbung hängt von der Menge der in Freiheit gesetzten salpetrigen Säure ab, und diese wiederum von dem Grade der Bodenversauerung. Es ist infolgedessen auch mit dieser Methode bereits möglich, verschiedene Grade der Bodenazidität zu erfassen. Bei den vom Verfasser ausgeführten vergleichenden Untersuchungen ergab sich stets eine sehr gute Übereinstimmung der Ergebnisse dieser Methode mit denen, die nach der Lackmusprobe erhalten wurden.

Noch viele andere Methoden sind in den letzten Jahren erprobt worden, um die Bodenreaktion zu ermitteln und sie genauer zu unterscheiden. Dazu hat man besonders oft kolorimetrische Methoden benutzt. Diese Methoden beruhen wie die alte Lackmusprobe auf der Tatsache, daß bestimmte organische Farbstoffe je nach der Wasserstoffionenkonzentration der Flüssigkeit, in der sie aufgelöst sind, charakteristisch verschiedene Farbtöne annehmen.

So kann man an Stelle des Lackmuspapieres auch zu einer qualitativen Prüfung und Einschätzung der Bodenreaktion eine Lösung des Lackmusfarbstoffes benutzen. Diese Methode ist wohl zuerst von Christensen[2] angewandt worden, später von P. Liechti[3]. Liechti benutzt allerdings zur Aufschwemmung des Bodens nicht Wasser, wie Christensen, sondern eine Kaliumchloridlösung. Er verfährt bei seiner Prüfung so, daß er 5 g lufttrockene Feinerde mit 10 ccm einer 10proz. Kaliumchloridlösung in einem Reagenzglase kräftig umschüttelt und darauf 1 ccm einer 1proz. Azolithminlösung zufügt. Nach Umrühren mit einem Glasstabe und nach Absetzenlassen des Bodens wird die Farbe der über dem Boden stehenden Lösung beurteilt. Je nachdem die Lösung eine blaue, violette oder rote Färbung aufweist, ist der Boden als alkalisch, neutral oder sauer zu bezeichnen. Diese Methode besitzt, worauf van der Spek und G. Wiegner hingewiesen haben, unter Umständen gewisse Fehlermöglichkeiten, doch läßt sie sich zur qualitativen Vorprüfung auf das Vorhandensein von Bodenazidität recht gut gebrauchen.

Eine andere, in neuerer Zeit oft gebrauchte Methode, die auch eine ziemlich weitgehende Abschätzung des Grades der Bodenazidität erlaubt, ist dann die Methode von Comber[4]. Sie beruht vielleicht darauf — ihr Chemismus ist bisher noch nicht näher untersucht —, daß in sauren Böden je nach dem Grad der Versauerung das sonst bei neutraler und alkalischer Reaktion festgebundene Eisen, das zumeist in der Form von indifferentem Eisenhydroxyd im Boden vorhanden ist, in einen Bindungszustand übergeht, den man als ionogen bezeichnet. Man versteht darunter die Fähigkeit dieses Eisens, gegen Ionen von Neutralsalzlösungen austauschbar zu werden, eine Erscheinung, die uns später noch eingehend zu beschäftigen hat. Setzt man nun zu einem Boden, der derart ge-

---

[1] Loew, O.: Porto Rico Agr. Exp. Stat., Bull. 13 (1913).
[2] Christensen, H. R.: Internat. Mitt. Bodenkde 13, 116.
[3] Liechti, P.: Landw. Jb. Schweiz 30, 487.
[4] Comber, N. M.: J. agricult. Sci. 10, 420; Mitt. dtsch. landw. Ges. 37, 461.

bundenes Eisen enthält, eine Lösung von Sulfozyankalium, so treten aus dem
Boden Ferriionen in diese Lösung ein, und geradeso wie nach der Gleichung

$$FeCl_3 + 3\,KCNS = Fe(CNS)_3 + 3\,KCl$$

in einer Eisenchloridlösung sich tief rot gefärbtes, undissoziiertes Sulfozyaneisen
bildet, so entsteht nun auch in der mit dem sauren Boden vermischten Salzlösung
eine mehr oder weniger starke Rotfärbung. Nach dem Grade dieser Rotfärbung
kann man verschiedene Stufen der sauren Reaktion unterscheiden.

Die Ausführung der Methode gestaltet sich so, daß man 2—3 g Boden — der
lufttrocken sein muß, um die Dissoziation des $Fe(CNS)_3$ zurückzudrängen — in
einem Reagenzglase mit 5 ccm einer farblosen Lösung von 40 g Sulfozyankalium
in 1000 ccm 95proz. Alkohol versetzt. Nach mehrmaligem kräftigen Umschütteln läßt man die Probe in Ruhe stehen und beurteilt nach etwa 12 Stunden
den Farbton der überstehenden Flüssigkeit.

Rotfärbung zeigt saure Bodenreaktion an, und nach WIEGNER[1] kann man aus
der Stärke der Rotfärbung die folgende Abschätzung der Bodenreaktion vornehmen:

Farbe	Bodenreaktion	p_H-Wert
dunkelrot	stark sauer	4—5
rot	sauer	etwa 5
hellrot bis rosa	schwach sauer	5—6
	sehr schwach sauer	6—7
farblos	neutral	7
	alkalisch	größer als 7

Bei Farblosigkeit der Lösung ist somit ein Urteil über die Bodenreaktion nicht
mehr möglich, bei saurer Reaktion lassen sich aber Abstufungen des Reaktionsgrades immerhin vornehmen.

Zur Beurteilung der COMBER-Methode muß beachtet werden, daß sie — im
Gegensatz zu fast allen anderen kolorimetrischen Methoden — nicht die Farb-
abhängigkeit eines Indikators von der Wasserstoffionenkonzentration des Bodens
als Maß benutzt, sondern die Menge des im Boden in ionogener Form vorhandenen
Eisens. Ihr Wert ist also von der Voraussetzung abhängig, daß diese Menge, von
der die Farbtiefe ja bedingt ist, annähernd proportional der Reaktionsverschiebung im Boden ist. Da dies aber nach allen Erfahrungen nicht zutrifft, da insbesondere der Anteil des löslichen Eisens durchaus kein konstanter ist, vielmehr
mit der Natur des Bodens wechselt, so wird damit die Brauchbarkeit der Methode
stark eingeschränkt, namentlich in bezug auf eine quantitative Auswertung der
Farbtöne hinsichtlich des Reaktionsgrades. Es kann z. B. sehr wohl der Fall eintreten, daß ein stark saurer Boden relativ wenig ionogenes Eisen enthält, also eine
schwächere COMBER-Reaktion ergibt als ein weniger saurer Boden, der sich
wiederum durch höheren Eisengehalt auszeichnet. Ein positiver Ausfall der
Reaktion zeigt letzten Endes also lediglich an, *daß* der Boden *sauer* ist.

Zu einer qualitativen Abschätzung der Reaktion läßt sich nun auch noch
eine ganze Reihe anderer Methoden benutzen, die mit Hilfe von verschiedenen
Farbstoffen arbeiten. Darunter wäre z. B. auch die von HASENBÄUMER[2] zu
nennen, bei welcher als Indikator der Reaktion Methylrot gebraucht wird. An
Stelle von Wasser wird hierbei zur Herstellung der Bodenlösung eine normale
Kaliumchloridlösung (74,6 g KCl im Liter) benutzt. 30 g Erde werden mit
100 ccm dieser Lösung 1 Stunde lang geschüttelt. Vom Filtrat gibt man etwa
10 ccm in ein Reagenzglas, setzt 4—5 Tropfen einer Methylrotlösung zu, die durch

---

[1] WIEGNER, G.: Anleitung zum quantitativen agrikulturchemischen Praktikum.
Berlin 1926. S. 161.
[2] HASENBÄUMER, J.: Landw. Versuchsstat. **95**, 106.

Auflösung von 0,5 g in 100 ccm 90proz. Alkohol hergestellt wird. Je nach dem Versauerungsgrade des Bodens stellen sich verschiedene Färbungen im Filtrat ein, die zu den nachstehenden Schlußfolgerungen berechtigen sollen:

Gewiß gestattet auch diese Methode, einen Einblick in die Reaktion des Bodens zu tun, die schwächeren Azidätsgrade werden sogar nach unseren Erfahrungen recht gut von ihr zum Ausdruck gebracht, aber zur Charakterisierung reicht sie nicht mehr aus, wenn die Reaktion „sehr stark sauer" und der Farbton Lila erreicht ist.·

Farbe	Bodenreaktion
lila	sehr stark sauer
karmin	stark sauer
zinnoberrot	sauer
orange	schwach sauer
gelb	neutral bis alkalisch

In diesem stark sauren Gebiet gibt es noch sehr große Unterschiede, die aber von dem Methylrot nicht mehr erfaßt werden. Um das ganze in Betracht kommende Reaktionsgebiet der Böden zu umspannen, reicht ein einziger Farbstoff eben nicht aus. Man ist vielmehr gezwungen, mehrere Farbstoffe in Anwendung zu bringen; damit ist dann aber auch die Möglichkeit geboten, die Reaktionszahlen der Böden mit großer Genauigkeit festzustellen, also quantitative Messungen der Reaktionszahlen durchzuführen.

b) Quantitative Bestimmung der Bodenreaktion.

1. Kolorimetrische Methoden. Die kolorimetrische Methode wurde zur quantitativen Ermittlung der Wasserstoffionenkonzentrationen zuerst von FRIEDENTHAL (1901) benutzt, später von FELS (1904) und von SALESSKY (1904) weiter ausgearbeitet, aber erst von SÖRENSEN (1909) auf den Höhepunkt ihrer Brauchbarkeit geführt. Diese Methode beruht, wie die qualitativen kolorimetrischen Methoden, darauf, daß es viele Farbstoffe gibt, deren Farbton von der Wasserstoffionenkonzentration der Lösung abhängig ist. Worauf diese Abhängigkeit zurückzuführen ist, läßt sich wohl nicht einheitlich beantworten. Nach WILHELM OSTWALD liegt dem Verhalten der Farbstoffe die Tatsache zugrunde, daß die Moleküle und die Ionen der Farbstoffe verschiedene Färbung aufweisen. Die Indikatorfarbstoffe sind also Stoffe, die der elektrolytischen Dissoziation unterliegen, sie sind entweder schwache Säuren oder schwache Basen und vermögen als solche mit Basen oder mit Säuren Salze zu bilden. Die Dissoziationsverhältnisse in den Lösungen dieser Farbstoffe sind dem Gesetz der Massenwirkung unterworfen. Es gilt deshalb für einen sauren Farbstoff die Formel:

$$\frac{[\text{Farbstoffanion}] \cdot [\text{H}^{\cdot}]}{[\text{Farbstoffmoleküle}]} = k \, .$$

Mit zu- oder mit abnehmender Wasserstoffionenkonzentration muß sich also das Verhältnis der Farbstoffanionen zu dem der Moleküle ändern, bei zunehmender Wasserstoffzahl muß, weil k unverändert bleibt, die Dissoziation des Farbstoffes zurückgedrängt werden, die Zahl der Farbstoffmoleküle ansteigen, im anderen Falle muß die Dissoziation zunehmen, d. h. die Zahl der Moleküle geringer, die der Ionen größer werden. Haben nun Moleküle und Ionen eines Farbstoffes verschiedene Farben, so ist es klar, daß nun in Abhängigkeit von der Wasserstoffionenkonzentration sich der Farbton der Lösung ändern muß. Gleiche Überlegungen gelten natürlich auch für den Fall, daß der Farbstoff eine schwache Base ist. Weiterhin läßt sich auch, wie das oben schon für die Dissoziation der Säuren im allgemeinen dargelegt ist, aus der Dissoziationsgleichung die Wasserstoffionenkonzentration berechnen, wenn die Dissoziationskonstante des Farbstoffs und die Konzentration an Farbstoffionen und an -molekülen bekannt sind.

Dieser OSTWALDschen Theorie von dem Farbumschlag der Indikatoren entstand eine Gegnerschaft dadurch, daß HANTZSCH in den Indikatoren Stoffe erkannte, die einer tautomeren Umlagerung fähig sind, d. h. ihrer Konstitution nach nicht eigentliche Säuren bzw. Basen darstellen, sich aber innerhalb des Moleküls in solche umlagern können. Solche Stoffe bezeichnet er als Pseudosäuren bzw. -basen. Die HANTZsche Erklärung des Farbumschlages eines solchen Indikators mag an dem Beispiel des Paranitrophenols näher erörtert werden. In saurer Lösung ist dieser Stoff ungefärbt, erst in alkalischer Lösung macht sich seine Farbstoffnatur durch Eintreten einer Gelbfärbung kenntlich. Nach HANTZSCH befindet sich nun in der farblosen Lösung das Paranitrophenol nur zum Teil in Form der Pseudoverbindung $C_6H_4 {-OH \atop -NO_2}$, zum Teil ist aus ihm unter Konstitutionsänderung die aci-Verbindung $O = C_6H_4 = N {=O \atop -OH}$ hervorgegangen. Diese aci-Verbindung ist eine starke Säure und als solche in das H-Ion und das Anion $O = C_6H_4 = N {=O \atop -O} -$ gespalten. Diese Anionen nun sind es, die die Gelbfärbung bedingen, und da ihre Zahl mit Zusatz von Lauge infolge der zunehmenden Dissoziation des gebildeten aci-Salzes steigt — bei gleichzeitig weitergehender Verschiebung des Gleichgewichts zwischen Pseudo- und aci-Form zugunsten der letzteren —, so muß sich auf Laugezusatz der gelbe Farbton verstärken, auf Säurezusatz aber muß infolge Zurückbildung der freien aci-Verbindung und ihrer Wiederumlagerung in die Pseudoform die Gelbfärbung verschwinden. Der Grad nun der Gelbfärbung, die das Paranitrophenol in einer Lösung annimmt, hängt in der geschilderten Weise von deren Wasserstoffionenkonzentration ab; da aber bei den Indikatoren die beiden Vorgänge der tautomeren Umlagerung und der Ionisierung der einen Komponente miteinander verknüpft sind, so bildet diese Theorie von HANTZSCH nur eine erweiterte Erklärungsgrundlage für den Mechanismus des Farbwechsels gegenüber der OSTWALDschen Formulierung, die ihrerseits lediglich auf den ionogenen Anteil des tautomeren Gleichgewichts beschränkt wird, ohne damit ihre Gültigkeit zu verlieren.

In ähnlicher Weise führen auch bei anderen Farbstoffen Konstitutionsänderungen erst die Möglichkeit des Farbumschlages herbei. So ist es in dem Falle des viel, auch gerade bei Bodenaziditätsfragen verwendeten Indikators Phenolphthalein der Übergang dieses Stoffes aus der farblosen Laktonform in die rote Chinonform, der die Benutzung dieses Stoffes als Indikator ermöglicht. Bei Zusatz von Lauge wird nun, da die Chinonform, geradeso wie die aci-Form beim Paranitrophenol, sich wie eine starke Säure verhält, das stark in Ionen zerfallene chinoide Salz gebildet, und als Folge davon stellt sich die tiefrote Färbung der alkalischen Phenolphthaleinlösung ein.

Im Laufe der Jahre sind für die Bestimmung der Wasserstoffionenkonzentration auf kolorimetrischem Wege eine große Anzahl von verschiedenen Indikatoren in Vorschlag und Anwendung gebracht worden. Nicht alle Indikatoren aber, die z. B. bei der Untersuchung von physiologischen Flüssigkeiten sich als brauchbar erwiesen haben, können auch bei der Prüfung der Bodenreaktion in gleich erfolgreicher Weise benutzt werden. Bei der Bestimmung der Wasserstoffzahlen in Bodenextrakten müssen die Bedingungen erfüllt sein, daß der Indikator weder mit den übrigen Bestandteilen des Auszuges in chemische Reaktion tritt, noch daß er durch Absorptionswirkungen von Extraktbestandteilen verändert wird. Indikatoren, die diesen Anforderungen genügen, sind nach den Untersuchungen von GILLESPIE[1] diejenigen, die von CLARK und LUBS in die Wissenschaft eingeführt wurden. Mit Hilfe dieser Indikatoren läßt sich ein Gebiet der Reaktionszahlen von 1,2—9,6 umfassen, wie das aus der folgenden Zusammenstellung hervorgeht:

---

[1] GILLESPIE, L. J.: Soil Sci. **9**, 115.

Chemischer Name des Indikators	Handelsname	Konzentration	p_{H}-Gebiet	Säure-	alkalische
				Färbung	
Thymolsulfonphthalein	Thymolblau	0,04 %	1,2—2,8	rot	gelb
Tetrabromphenolsulfonphthalein	Bromphenolblau	0,04 %	3,0—4,6	gelb	blau
Dibromorthokresolsulfonphthalein . .	Bromkresolpurpur	0,02 %	5,2—6,8	gelb	purpur
Dibromthymolsulfonphthalein	Bromthymolblau	0,04 %	6,0—7,6	gelb	blau
Phenolsulfonphthalein	Phenolrot	0,02 %	6,8—8,4	gelb	rot
Orthokresolsulfonphthalein	Kresolrot	0,02 %	7,2—8,8	gelb	rot
Thymolsulfonphthalein	Thymolblau	0,04 %	8,0—9,6	gelb	blau

Die Lösungen der Indikatoren von CLARK und LUBS werden so hergestellt, daß man die in der Tabelle angegebenen Mengen davon, 0,04 oder 0,02 g, in 100 ccm 93 proz. Alkohols zur Auflösung bringt.

Diese Indikatoren sind dann von WHERRY[1] mit Erfolg bei der Reaktionsermittlung der Böden benutzt worden. Von ihm rührt auch die folgende sehr brauchbare Zusammenstellung[2] her, in der die bei Verwendung der verschiedenen Indikatoren erzielten Farbtöne mit den ihnen entsprechenden Reaktionszahlen zusammengestellt sind. Zu den Indikatoren von CLARK und LUBS ist hier noch das Methylrot hinzugenommen worden.

Siehe Tabelle Seite 48.

Gehandhabt wird nun die kolorimetrische Methode der Reaktionsbestimmung bei den Böden so, daß man die lufttrockene Feinerde im Verhältnis von 1 : 2,5 mit reinem destilliertem Wasser eine Stunde lang ausschüttelt und durch ein Filter aus reinstem Filtrierpapier (quantitatives Filter) filtriert. Die ersten Anteile des Filtrates verwirft man. An Stelle des Filtrierens kann man den Bodenauszug durch Absetzenlassen der festen Bestandteile, gegebenenfalls auch durch Zentrifugieren gewinnen. 10 ccm des Auszuges bringt man dann in saubere Reagenzröhren von möglichst gleicher Form, setzt dazu jedesmal die gleiche Anzahl (10) Tropfen der Indikatorlösung und beobachtet nach ihrer gleichmäßigen Verteilung durch die Flüssigkeit den sich einstellenden Farbton. An Hand der WHERRYSCHEN Tabelle gelingt es zumeist leicht, den Farbton richtig einzuschätzen. Solange man aber mit den Farbtönen noch nicht richtig vertraut ist, empfiehlt sich natürlich ein Vergleich der Farbtöne mit denen, die man bei der Prüfung von Lösungen mit ganz bestimmter und bekannter Wasserstoffzahl erhält. Solche Lösungen werden als Standard- oder als Testlösungen bezeichnet. Von SÖRENSEN ist eine Reihe solcher Testlösungen angegeben worden. Sie bestehen zumeist aus Gemischen von Lösungen schwacher Säuren oder Basen mit den entsprechenden Neutralsalzen. In solchen Gemischen ist die Wasserstoffzahl sehr beständig, sie sind, wie der wissenschaftliche Ausdruck dafür lautet, gut gepuffert und setzen infolgedessen einer Verschiebung ihrer Wasserstoffzahlen durch Zusatz von Säuren oder Basen großen Widerstand entgegen. Es ist das eine Erscheinung, die uns an einer späteren Stelle dieses Buches noch einmal näher beschäftigen wird. Außer von SÖRENSEN sind solche Standardlösungen auch von CLARK und LUBS geprüft und empfohlen worden. KOLTHOFF empfiehlt besonders die Puffergemische von CLARK und LUBS, weil ihre Ausgangsstoffe leichter in reiner Form zu erhalten sind als die von SÖRENSEN verwendeten. Ist man irgendwie im Zweifel über die Reinheit der zur Herstellung der Standardlösungen benutzten Stoffe, so ist man natürlich zu einer Kontrolle der Wasserstoffzahlen der Standardlösungen mit Hilfe der

---

[1] WHERRY, E. T.: Ecology 1, 1920.
[2] Nach G. TORSTENSSON und K. RATHSACK: Z. Pflanzenernährg u. Düngg B. 3, 216.

p_H Indikator:	1,5	2	2,5	3	3,5	4	4,5	5	5,5	6	6,5	7	7,5	8	8,5	9	9,5
Thymolblau	rot	orange	gelb	—	—	—	—	—	—	—	—	—	—	—	—	—	—
Bromphenolblau	—	—	—	gelb	schmutz-grün	braun-violett	violett	—	—	—	—	—	—	—	—	—	—
Methylrot	—	—	—	—	—	—	anilin-rot	orange	gelb	—	—	—	—	—	—	—	—
Bromkresolpurpur	—	—	—	—	—	—	—	—	gelb	schmutz-gelb	violett-braun	tiefviolett	—	—	—	—	—
Bromthymolblau	—	—	—	—	—	—	—	—	—	gelb	grün-gelb	grün	grün-blau	blau	tief-blau	—	—
Phenolrot	—	—	—	—	—	—	—	—	—	—	blaß-gelb	rosa	anilin-rot	—	—	—	—
Thymolblau	—	—	—	—	—	—	—	—	—	—	—	—	gelb	schmutz-gelb	violett-grün	blau-violett	tiefblau-violett

nachher noch genauer zu erläuternden elektrometrischen Methode gezwungen, die ja überhaupt die Grundlage für die Feststellung der Wasserstoffzahlen der Standardlösungen abgegeben hat. Die für Bodenuntersuchungen in Betracht kommenden Standardlösungen, die das Reaktionsgebiet von 2,2—9,8 p_H umfassen, sind nach CLARK und LUBS in den folgenden Tabellen zusammengestellt.

Diese Lösungen werden so hergestellt, daß die angegebenen Substanzmengen stets mit reinem Wasser auf 200 ccm verdünnt werden, sie weisen dann die in folgendem verzeichneten p_H-Werte auf (siehe Tabelle S. 49).

Wendet man diese Vergleichslösungen an, so kann man natürlich die Genauigkeit der Bestimmungen über die in der WHERRYschen Tabelle angegebene hinaus steigern. Während dort die p_H-Werte in Intervallen von 0,5 Einheiten angegeben sind, kann man mit Hilfe der Vergleichslösungen nach CLARK und LUBS die Bestimmung leicht bis auf 0,1 p_H genau gestalten. Die kleinsten Unterschiede, die sich mit den kolorimetrischen Methoden bei Benutzung von Standardlösungen überhaupt erfassen lassen, dürften etwa Beträge von 0,05 p_H-Einheiten ausmachen. Im übrigen ist auch zu beachten, daß die Bestimmung dann am genauesten ausfällt, wenn der zu ermittelnde p_H-Wert in die Mitte des Umschlaggebietes des verwendeten Indikators fällt, eine Forderung, der man nach Möglichkeit durch die richtige Auswahl des Indikators Rechnung tragen soll. Eine Genauigkeit der Bestimmung bis auf 0,1 p_H dürfte im übrigen bei Bodenuntersuchungen allen gerechten Ansprüchen genügen. Das Anstreben größerer Genauigkeit erscheint sogar auf Grund der Tatsache, daß der gemessene p_H-Wert doch zumeist nicht genau den wirklich im Boden herrschenden darstellt, ganz überflüssig zu sein.

Da aber die Notwendigkeit des Gebrauches von Standardlösungen eine gewisse Umständlichkeit in die Untersuchung hineinträgt, ist es nicht ohne Bedeutung, daß es auch Methoden zur Ermittlung der Reaktionszahlen gibt, die ohne solche

	p_H	Indikator
1. $^1/_5$ Mol. Kaliumbiphthalat mit $^1/_5$ Mol. Salzsäure:		
46,70 ccm Salzsäure 50 ccm Biphthalat	2,2	—
39,60 ,, ,, 50 ,, ,, ...	2,4	—
32,95 ,, ,, 50 ,, ,, ...	2,6	Bromphenolblau
26,42 ,, ,, 50 ,, ,, ...	2,8	—
20,32 ,, ,, 50 ,, ,, ...	3,0	—
14,70 ,, ,, 50 ,, ,, ...	3,2	—
9,90 ,, ,, 50 ,, ,, ...	3,4	Methylorange
5,97 ,, ,, 50 ,, ,, ...	3,6	—
2,63 ,, ,, 50 ,, ,, ...	3,8	—
2. $^1/_5$ Mol. Kaliumbiphthalat mit $^1/_5$ Mol. Natronlauge:		
0,40 ccm Natronlauge 50 ccm Biphthalat	4,0	—
3,70 ,, ,, 50 ,, ,, ...	4,2	Methylorange
7,50 ,, ,, 50 ,, ,, ...	4,4	—
12,14 ,, ,, 50 ,, ,, ...	4,6	—
17,70 ,, ,, 50 ,, ,, ...	4,8	—
23,58 ,, ,, 50 ,, ,, ...	5,0	Methylrot
29,95 ,, ,, 50 ,, ,, ...	5,2	—
35,45 ,, ,, 50 ,, ,, ...	5,4	—
39,85 ,, ,, 50 ,, ,, ...	5,6	Bromkresolpurpur
43,00 ,, ,, 50 ,, ,, ...	5,8	—
45,45 ,, ,, 50 ,, ,, ...	6,0	—
47,00 ,, ,, 50 ,, ,, ...	6,2	—
3. $^1/_5$ Mol. Kaliumbiphosphat mit $^1/_5$ Mol. Natronlauge:		
3,72 ccm Natronlauge 50 ccm Biphosphat	5,8	Methylrot
5,70 ,, ,, 50 ,, ,, ...	6,0	Bromkresolpurpur
8,60 ,, ,, 50 ,, ,, ...	6,2	—
12,60 ,, ,, 50 ,, ,, ...	6,4	—
17,80 ,, ,, 50 ,, ,, ...	6,6	—
23,65 ,, ,, 50 ,, ,, ...	6,8	Neutralrot
29,63 ,, ,, 50 ,, ,, ...	7,0	—
35,00 ,, ,, 50 ,, ,, ...	7,2	Phenolrot
39,50 ,, ,, 50 ,, ,, ...	7,4	—
42,80 ,, ,, 50 ,, ,, ...	7,6	—
45,20 ,, ,, 50 ,, ,, ...	7,8	—
46,80 ,, ,, 50 ,, ,, ...	8,0	—
4. $^1/_5$ Mol. Borsäure in $^1/_5$ Mol. Kaliumchlorid mit $^1/_5$ Mol. Natronlauge:		
2,61 ccm Natronlauge 50 ccm Borsäure	7,8	—
3,97 ,, ,, 50 ,, ,, ...	8,0	—
5,90 ,, ,, 50 ,, ,, ...	8,2	—
8,50 ,, ,, 50 ,, ,, ...	8,4	Phenolphthalein
12,00 ,, ,, 50 ,, ,, ...	8,6	—
16,30 ,, ,, 50 ,, ,, ...	8,8	—
21,30 ,, ,, 50 ,, ,, ...	9,0	Thymolblau
26,70 ,, ,, 50 ,, ,, ...	9,2	—
32,00 ,, ,, 50 ,, ,, ...	9,4	—
36,85 ,, ,, 50 ,, ,, ...	9,6	—
40,80 ,, ,, 50 ,, ,, ...	9,8	—
43,90 ,, ,, 50 ,, ,, ...	10,0	Thymolphthalein

Vergleichslösungen arbeiten. Eine solche ist z. B. die Doppelkeilmethode von BJERRUM, von der weiter unten noch die Rede sein wird.

Eine sehr geeignete Methode zur Bestimmung der Reaktionszahlen der Böden durch Vergleich mit Testlösungen von bekanntem p_H ist auch die, die unter Benutzung der einfarbigen Indikatoren nach L. MICHAELIS durchgeführt wird. Die Hilfsmittel zur Ausführung dieser Methode werden in einer brauchbaren Form neuerdings in den Handel gebracht. Diese Zusammenstellung wird als *Ionoskop* bezeichnet und ist nach den damit von uns ausgeführten Messungen tatsächlich für Bodenuntersuchungen sehr geeignet.

Messung der Reaktionszahl mit dem Ionoskop. Das Prinzip dieser Verwendung einfarbiger Indikatoren mag im wörtlichen Anschluß an WIEGNERS[1] Angaben hier in etwas gekürzter Form dargelegt werden.

„Die Methode beruht darauf, daß zur Bodenlösung eine bestimmte Menge Indikatorsäure (Nitrophenolindikatoren) zugesetzt wird, deren Moleküle farblos, deren Anionen gelb gefärbt sind. Im Apparat befinden sich Vergleichsröhrchen, sog. Teströhrchen, die bestimmte Mengen Indikatoranionen enthalten. Die Meßmethodik besteht darin, daß man aus der Reihe der Teströhrchen dasjenige Röhrchen heraussucht, dessen Farbe mit der Farbe der durch Indikatorzusatz gelb gefärbten Bodenlösung übereinstimmt. Beide Lösungen, Testlösung und Bodenlösung, enthalten bei Farbengleichheit gleiche Indikatoranionenkonzentrationen, denn diese sind es ja allein, auf die die Färbung zurückzuführen ist. Die p_H-Werte sind auf den einzelnen Teströhrchen angeschrieben; sie gelten aber nur bei genauer Einhaltung bestimmter Konzentrationsverhältnisse, die auf dem Apparat verzeichnet sind.

Das Ionoskop umfaßt einen Bereich von 2,8—8,4 p_H. Man verwendet folgende Indikatoren:

Indikator	Dissoziations-konstante bei 18°	Konzentration der Stammlösung %	Meßbereich
Alphadinitrophenol	$8{,}71 \cdot 10^{-5}$	0,05	2,8—4,5
Gammadinitrophenol	$7{,}08 \cdot 10^{-6}$	0,025	4,0—5,5
Paranitrophenol	$6{,}61 \cdot 10^{-8}$	0,10	5,2—7,0
Metanitrophenol	$4{,}68 \cdot 10^{-9}$	0,30	6,8—8,4

Das Ionoskop besteht aus einem lichtdicht verschließbaren Kasten mit vier übereinander angeordneten Reihen von zugeschmolzenen Teströhrchen, die die Natriumsalze der Indikatoren in abgestuften Mengen enthalten. Jedes Röhrchen trägt die p_H-Bezeichnung, die einer Bodenlösung von gleicher Farbe entspricht, *wenn 6 ccm Bodenlösung mit 1 ccm Indikatorstammlösung, deren Konzentration in obiger Tabelle angegeben ist, gemischt werden.*

Die Teströhrchen sind — und das bedeutet einen wesentlichen Vorzug vor anderen kolorimetrischen Methoden mit Vergleichslösungen — lange Zeit haltbar, da alkalische Verunreinigungen aus dem Glase die völlige Dissoziation der Indikatorsalze nicht stören. Sie sind nur etwas lichtempfindlich und sollen daher nicht länger als unbedingt nötig dem Lichte ausgesetzt werden. Auch die Indikatorstammlösung wird am besten in paraffinierten braunen Flaschen an einem dunkeln Orte aufbewahrt, da sich in 1—2 Monaten so viel Alkali aus dem Glase löst, daß der Indikator durch Bildung von Natriumsalz und damit verbundene Dissoziation dunkel wird und Pufferung eintritt. Derartige Lösungen liefern unbrauchbare Zahlen. Für genaue Messungen empfiehlt es sich, die Stammlösungen frisch herzustellen.

Für Bodenlösungen mit Eigenfarbe — Humusstoffe — oder trübe Lösungen verwendet man zum Ausschalten der Trübung den sog. WALPOLESCHEN Komparator. Er besteht aus einem Holzblock, in den vier zylindrische Löcher — in Quadratform angeordnet — zur Aufnahme von vier Reagenzgläsern gebohrt sind. Senkrecht zu diesen Löchern gehen zwei Schaulöcher durch den ganzen Block. Auf der Rückseite trägt das Kästchen eine Mattscheibe und eine Blauscheibe vor den Schaulöchern. Steht eine gelbgefärbte Lösung vor der blauen Mattscheibe, so

---

[1] WIEGNER, G.: Anleitung zum quantitativen agrikulturchemischen Praktikum, S. 161. Berlin 1926.

ist die Farbe des durchfallenden Lichtes gelbgrün bis blaugrün. Eine Vergleichslösung läßt sich dann schärfer auf den gleichen Farbton einstellen als ohne Benutzung der blauen Mattscheibe, wobei man nur verschiedene Helligkeitsunterschiede im Gelb wahrnehmen würde.

Zur Apparatur gehören dünne Reagenzgläser aus Jenenserglas von genau dem gleichen Durchmesser, wie ihn die Teströhrchen haben. Da 7 ccm Lösung im Teströhrchen vorhanden sind, braucht man eine Pipette von genau 6 ccm Inhalt zum Abmessen der Bodenlösung und eine Pipette, die 1 ccm faßt, zum Abmessen der Indikatorstammlösung.

Die Ausführung der p_H-Messung gestaltet sich nun folgendermaßen: 20 g lufttrockene Feinerde (durch ein 2 mm-Sieb getrieben) werden mit 50 ccm destilliertem, kohlensäurefreiem Wasser geschüttelt und gut verschlossen wenigstens 24 Stunden stehengelassen. Bei sauren Böden klärt sich die Bodenlösung leicht. Sie kann vorsichtig abpipettiert und ohne weiteres zur Bestimmung verwendet werden. Sind die Lösungen getrübt, so muß die Suspension zentrifugiert werden (eine Viertelstunde, mit 3000—4000 Umdrehungen in der Minute). Ist sie durch Humus dunkelbraun gefärbt, so kann man sie mit destilliertem Wasser noch zwei- bis dreimal verdünnen, ohne daß der p_H-Wert wesentlich geändert wird.

Von der Bodenlösung werden 6 ccm mit der Pipette in ein sauberes Reagenzglas eingemessen, das Reagenzglas wird damit ausgespült und der Inhalt in ein zweites Reagenzglas gegossen. Man setzt noch 1 ccm Wasser zu und stellt das Reagenzglas mit der Spülflüssigkeit in das rechte, hintere Loch Nr. 3 des Komparators. Es dient zum Ausgleich der Trübung. Auf diese Weise sind zugleich Pipette und Reagenzglas mit der zu untersuchenden Flüssigkeit gereinigt worden, und so können viele Bestimmungen hintereinander ausgeführt werden, ohne jedesmal Pipette und Reagenzglas zu trocknen.

Nun werden wiederum 6 ccm Bodenlösung in das vorgereinigte Reagenzglas abgefüllt, und 1 ccm der geeigneten Indikatorstammlösung wird mit der Pipette zugegeben, so daß man 7 ccm Gemisch bekommt wie im Teströhrchen, das ebenfalls 7 ccm Lösung enthält.

Die Wahl des zuzusetzenden Indikators kann nach dem Ausfall der Comber-Reaktion getroffen werden. Blieb nach Comber die Lösung farblos, so braucht man entweder Meta- oder Paranitrophenol. War die Lösung hellrot bis rosa, so verwendet man entweder Paranitro- oder Gammadinitrophenol; war die Lösung rot bis dunkelrot, so wird mit Gamma- oder Alphadinitrophenol gearbeitet. Man trachtet danach, daß man eine Indikatorlösung wählt, die in der Bodenlösung einen Farbton liefert, der einem Teströhrchen aus der Mitte der Reihe entspricht. An den beiden Enden der Horizontalreihe der Teströhrchen werden die Messungen unsicher, da die Testlösungen an diesen Stellen zu verdünnt oder zu konzentriert sind.

Das Reagenzglas mit der Bodenlösung und Indikator wird in das linke, vordere Loch Nr. 1 des Komparators gesteckt. Dahinter in das linke hintere Loch Nr. 4 wird ein Reagenzglas mit destilliertem Wasser gebracht. Das rechte vordere Loch Nr. 2 dient zur Aufnahme desjenigen Teströhrchens, das die gleiche Farbe bei der Durchsicht durch die

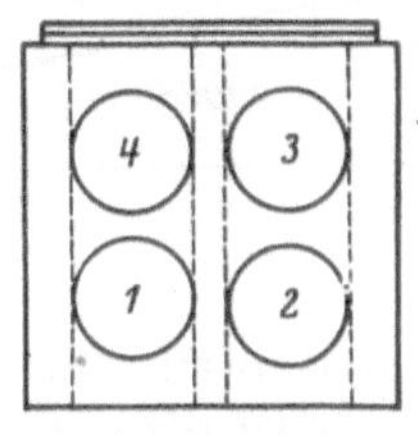

Abb. 1.

Schaulöcher gegen das Licht hat wie die Bodenlösung mit Indikator. Die Anordnung im Grundriß des Komparators ist in der Abb. 1 gezeichnet.

Man steckt nacheinander, an einem Ende der geeigneten Reihe beginnend, jedes Teströhrchen in das Loch Nr. 2, bis man Farbengleichheit mit einem Teströhrchen erreicht hat. Beim Durchsehen durch die Schaulöcher halte man den

Komparator gegen einen weißen Hintergrund (weiße Wolken, weißes Papier). Ein grüner oder blauer Hintergrund (Wald, Himmel) wirken störend.

Wie aus dem Grundriß ersichtlich, ist die Anordnung so, daß man in beiden Beobachtungsrichtungen von vorn nach hinten gleiche Schichtdicken und gleichen Trübungsgrad hat. Hinter der linksstehenden Bodenlösung stellt das Wasser die gleiche Schichtdicke her wie in der rechten Anordnung. Hinter dem rechts befindlichen Teströhrchen wird durch die auf 7 ccm verdünnte Bodenlösung der gleiche Trübungsgrad wie in der linken Anordnung erzeugt.

Der auf dem Röhrchen verzeichnete p_H-Wert gibt den p_H-Wert der Bodenlösung an. Liegt die Farbe zwischen zwei Teströhrchen, so nimmt man das Mittel der darauf bezeichneten p_H-Werte.

Mit dem Ionoskop kann man die Resultate in p_H auf $\pm$ 0,1 genau ermitteln. Damit die Resultate zuverlässig werden, darf man die Ablesungen erst 2 bis 3 Minuten nach dem Zusatz des Indikators vornehmen. Salzfehler beim Schütteln mit Kaliumchloridlösung an Stelle von Wasser für die Bereitung der Bodenlösung können größere Abweichungen, als angegeben sind, verursachen."

Bestimmung der Reaktionszahl nach der Doppelkeilmethode von BJERRUM[1]. Bedeutet die Herstellungsmöglichkeit haltbarer Vergleichslösungen für die Verwendung des Ionoskops nun auch eine wesentliche Erleichterung bei der kolorimetrischen Bestimmung der Reaktionszahlen, und ist die mit dieser Methode erzielbare Genauigkeit auch für alle bodenkundlichen Zwecke sicher durchaus ausreichend, so ist es doch wichtig, daß man noch über eine andere Methode verfügt, die vielleicht noch etwas einfacher in ihrer Anwendung und dabei von einer größeren Genauigkeit ist. Das ist die von BARNETT-BJERRUM ausgearbeitete, von ARRHENIUS und ferner von HILTNER verbesserte oder modifizierte Doppelkeilmethode. Man verzichtet bei dieser Methode ganz auf die Herstellung von Vergleichslösungen in einer größeren Anzahl von Reagenzröhren, verwendet vielmehr zum Vergleich der mit den Indikatoren in der Bodenlösung erhaltenen Färbungen einen sog. Doppelkeil, in dem durch Hintereinanderschichten der sauren und der alkalischen Indikatorfarben die ganze Reihe von Farbabstufungen erzeugt wird, die der Indikator bei allen Reaktionen innerhalb seines Umschlagsgebietes aufweisen kann. Bei Einhaltung bestimmter Indikatorkonzentrationen in den Lösungen, mit denen der Doppelkeil gefüllt wird, lassen sich aus den Farbtönen die ihnen entsprechenden Wasserstoffzahlen der Lösung nach Verschiebung des Doppelkeils bis zur Farbgleichheit mit der untersuchten Bodenlösung auf einer am Apparat angebrachten Skala direkt ablesen. Das Prinzip der Methode läßt sich an Hand der Abb. 2 leicht klarlegen.

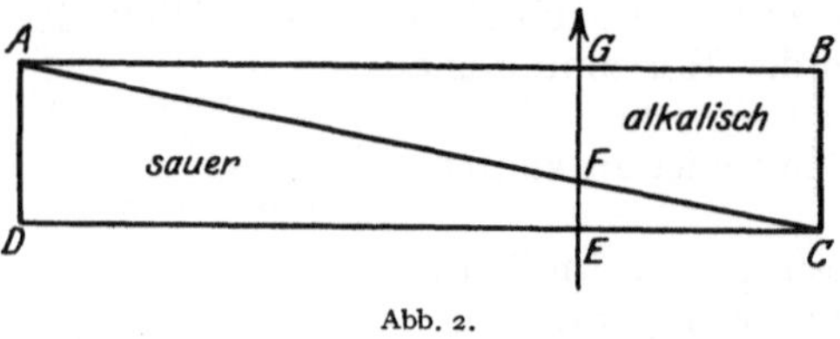

Abb. 2.

Die Zeichnung stelle den Durchschnitt durch ein parallelepipedisches Glasgefäß von 20 cm Länge und 4 cm Breite dar, den sog. Doppelkeil, das durch eine Glasdiagonalwand in zwei keilförmige Teile ADC und ABC zerlegt ist. Von diesen ist der vordere Teil, ADC, mit Farbstofflösung unter Säurezusatz gefüllt, weist also die Farbe der Indikatormoleküle auf, während in der anderen Hälfte, ABC, die Indikatorlösung durch Laugezusatz die Farbe der Indikatoranionen erhält. Der Mischfarbe nun, die sich bei Durchsicht durch den Doppelkeil an einer beliebigen Stelle, aber senkrecht zu seiner Längswand, etwa in Richtung des Pfeils

[1] Vgl. O. ARRHENIUS: Kalkfrage und Bodenreaktion, S. 89. Berlin 1926.

EG ergibt, entspricht eine Wasserstoffionenkonzentration, die sich einerseits aus der Dissoziationsgleichung des Indikators zu

$$[\mathrm{H}^{\cdot}] = k \cdot \frac{[\text{Indikatormoleküle}]}{[\text{Indikatoranionen}]}$$

berechnet.

Andererseits ist sie aber durch das Verhältnis der im Keil zu durchschauenden Schichtdicken, also EF zu FG, gegeben, das gleich dem Verhältnis [Indikatormoleküle] : [Indikatoranionen] ist, woraus sich $[\mathrm{H}^{\cdot}] = k \cdot \frac{EF}{FG}$ ergibt. Wegen der Ähnlichkeit der Dreiecke AFG und CFE ist aber $EF : FG = CE : AG$ und weiter $= EC : ED$, also $[\mathrm{H}^{\cdot}] = k \cdot \frac{EC}{ED}$. Damit ist nun bei bekanntem k die Möglichkeit gegeben, für jeden Punkt E der Keillänge die zugehörige Wasserstoffionenkonzentration zu berechnen, also die Apparatur zu eichen, was naturgemäß konstante Konzentrationsverhältnisse voraussetzt und für jeden benutzten Indikator gesondert zu erfolgen hat. Da weiter in der Praxis in der Regel nicht die Wasserstoffionenkonzentrationen selbst, sondern ihre negativen Logarithmen benutzt werden, ergibt sich die Möglichkeit zur Errechnung dieser, der p_{H}-Werte, durch Logarithmieren der letzten Gleichung:

$$p_{\mathrm{H}} = -\log [\mathrm{H}^{\cdot}] = -\log k - \log EC + \log ED\,.$$

Diese Zahlen lassen sich natürlich ebensogut in einer Skala jedem Punkt E der Keillänge zuordnen.

Die Benutzung des Apparates nun gestaltet sich folgendermaßen: In jeden Teil des Keils werden 150 ccm Wasser und 3 ccm derjenigen Indikatorstammlösung gefüllt, in deren Farbskala der Reaktionsgrad der zu untersuchenden Bodenlösung fällt. Der vordere Teil wird mit einigen Tropfen verdünnter Schwefelsäure angesäuert zur Herstellung der sauren Indikatorfarbe, der anderen Hälfte wird mit einigen Tropfen Natronlauge alkalische Reaktion und Farbstufe verliehen. Zur Aufnahme der Bodenlösung — hergestellt durch Schütteln von 20 g Boden mit 50 ccm Wasser und Filtrieren — dienen kleinere parallelepipedische Glaströge von genau derselben Dicke (4 cm) wie der Doppelkeil, aber nur 1 cm Breite. Diese werden nach Füllung mit 15 ccm der Bodenlösung und 0,3 ccm Indikatorlösung — so daß also in ihnen die gleiche Indikatorkonzentration herrscht wie im Doppelkeil — in einer schlittenartigen Führung oberhalb des Keilgefäßes so lange verschoben, bis sie in der Durchsicht, möglichst gegen einen weißen Hintergrund, den gleichen Farbton aufweisen wie die gerade darunterliegende Stelle des Doppelkeils. Zum bequemeren Vergleich trägt der Schlitten vor beiden Gefäßen eine Prismenkombination, die die beiden Durchsichtbilder einander anlagert, so daß genaueste Einstellung möglich ist. Ein am Schlitten angebrachter Zeiger gibt dann zu seiner jeweiligen Stellung auf den am Apparat fest angebrachten Skalen für jeden verwandten Indikator den zugehörigen p_{H}-Wert an. Besitzt die Bodenlösung Eigenfarbe oder Trübung, so werden diese dadurch kompensiert, daß in solchen Fällen in den dafür eingerichteten Schlitten hinter den Doppelkeil ein zweiter kleiner Trog mit der gleichen Menge Bodenlösung, aber ohne Indikator, geschaltet und dafür hinter dem ersten Untersuchungsgefäß noch ein weiteres gleiches, nur mit Wasser gefüllt, zur Herstellung einer gleich dicken Flüssigkeitsschicht aufgestellt wird, also ein ähnliches Verfahren, wie es beim Komparator zur Anwendung gelangt. Die Genauigkeit der Messung läßt sich bei der Kontinuierlichkeit des Farbüberganges weitgehend auf der Skala zum Ausdruck bringen und dürfte mit der Angabe der Zehnteleinheiten der p_{H}-Werte für den in Frage stehenden Zweck ausreichen.

Man sieht aus dem Vorhergehenden, daß es eine ganze Reihe von kolorimetrischen Methoden gibt, mit deren Hilfe es möglich ist, unter Aufwand von wenig Zeit und geringen Unkosten die Reaktionszahlen der Böden zum Teil mit großer Genauigkeit zu ermitteln. Die Zahl der geschilderten Methoden ließe sich leicht noch vermehren, ohne daß wir dabei aber prinzipiell Neues kennenlernen würden. Nur auf eine Bemühung zur Vereinfachung der kolorimetrischen Messungen sei noch hingewiesen, nämlich auf das Bestreben, die Zahl der zur Bestimmung nötigen Indikatoren herabzusetzen und mit einer einzigen Indikatorlösung ein möglichst weitreichendes Gebiet der p_H-Werte zu umfassen. Das läßt sich aber nur erreichen, wenn man ein Gemisch verschiedener Indikatoren zur Anwendung bringt, denn bei einem einzigen Indikator ist eben das p_H-Gebiet seines Umschlages zumeist eng begrenzt. Brauchbare Gemische verschiedener Indikatoren sind nun von ARRHENIUS[1] und von NIKLAS[2] in Vorschlag gebracht worden. ARRHENIUS stellt seinen Universalindikator durch Mischen von Methylrot-, Bromthymolblau- und Phenolrotlösung in Verhältnissen von 2 : 2 : 1 her und beherrscht mit diesem Gemisch ein p_H-Gebiet von 7,8—4,8. NIKLAS setzt seinen Universalindikator zusammen aus Lösungen von Bromphenolblau, Bromkresolpurpur, Methylrot und Bromthymolblau. Die Konzentration der Lösungen der Komponenten ist die nach CLARK und LUBS übliche, also 0,04 proz. für Phenolblau, Bromkresolpurpur und Bromthymolblau, 0,02 proz. für Methylrot, das Lösungsmittel ist wie immer Alkohol. Das Mischungsverhältnis für diese Lösungen ist: 4 Teile Bromphenolblau, 1 Teil Bromkresolpurpur, 6 Teile Methylrot und 4 Teile Bromthymolblau. Nach NIKLAS und HOCK umspannt dieses Indikatorgemisch ein gut meßbares p_H-Gebiet von 3,5—7,6. Die Farbtonskala führt von Rot über Rötlichbraun, Grün zu Bläulich und intensiv Blau, und zwar stellen sich bei den verschiedenen p_H-Werten die folgenden Farbtöne ein:

p_H 3,5—4,9 rote Farbtöne	6,0—6,5 grünliche Farbtöne
p_H 5,0—5,4 rosa Farbtöne	6,6—6,8 grünlichblaue Farbtöne
p_H 5,5—5,7 bräunliche Farbtöne	6,9—7,6 blaue Farbtöne
p_H 5,8—6,0 graugrünliche Farbtöne	

Bei Herstellung von Vergleichslösungen, als welche man im Gebiet von 3,5—5,0 das Zitratgemisch von SÖRENSEN, für das Gebiet von 5,0—7,6 das Phosphatgemisch benutzen kann, erhält man, wie aus den vergleichenden Messungen von NIKLAS und HOCK hervorgeht, Ergebnisse, die mit denjenigen bestens übereinstimmen, die mit den CLARKschen Indikatoren und denen von MICHAELIS erhalten werden. Gute Dienste soll dieser Universalindikator leisten — und das kann von uns durchaus bestätigt werden — wenn es sich um eine rasche und dabei doch ausreichend genaue Reaktionsbestimmung in der Bodenlösung handelt. Für diesen Fall ist der Universalindikator sicher sehr zu empfehlen. Allerdings ist, darauf muß noch hingewiesen werden, die Doppelkeilmethode bei Gebrauch eines Universalindikators nicht anwendbar.

2. Die elektrometrischen Methoden zur Bestimmung der Bodenreaktion. Während die kolorimetrischen Methoden zur Erfassung der Bodenreaktion bzw. der Reaktion flüssiger Phasen überhaupt auf der Tatsache beruhen, daß gewisse Farbstoffe — Indikatoren — ihren Farbton in Abhängigkeit von der Reaktion des Lösungsmittels ändern, nutzen die elektrometrischen Reaktionsmessungen die Wasserstoffionenkonzentration der zu untersuchenden Lösung als Quelle von Potentialdifferenzen aus. Zum Verständnis dieser Methode sei zunächst an die Tatsache erinnert, daß sich beim Eintauchen eines Metallstücks in eine Lösung

---

[1] ARRHENIUS, O.: a. a. O., S. 100.
[2] NIKLAS, H.: Z. Pflanzenernährg u. Düngg A **3**, 402.

vonElektrolyten im allgemeinen auf ihm ein Potential herausbildet, dessen Größe von verschiedenen Faktoren abhängt, vor allem von der Natur des Metalles und von der Zusammensetzung der Lösung, und zwar insbesondere von dem Gehalt der Lösung an denjenigen Ionen, die das Metall selbst zu bilden vermag. Nun ist man im allgemeinen nicht imstande, das Einzelpotential einer solchen Elektrode, eines sog. Halbelementes, zu messen, wohl aber kann man den Potentialunterschied zwischen zwei derartigen Elektroden, die zu einem galvanischen Element zusammengestellt sind, erfassen. Von den verschiedenen Möglichkeiten zur Bildung eines solchen Elements mit meßbarer Potentialdifferenz wählt man nun bei den elektrometrischen Messungsmethoden solche, die aus zwei Elektroden mit gleichem Metall, aber in Lösungen von verschiedener Konzentration bestehen, die sog. Konzentrationsketten. Die Potentialdifferenz — oder elektromotorische Kraft — einer solchen Konzentrationskette errechnet sich nach NERNST aus der Formel

$$\pi \text{ (in Millivolt)} = \vartheta \cdot \log \frac{c_1}{c_2}, \text{ wo } \vartheta = 0{,}1984 \cdot T, \text{ und } T \text{ die absolute Temperatur}$$

$= 273 + t^0$, c_1 und c_2 die Konzentrationen der stromliefernden Ionenarten in den beiden Halbelementen sind. Weiterhin macht man sich die Tatsache zunutze, daß bei Wahl einer Metallegierung aus einem edlen und einem unedlen Metall das Potential der Elektrode praktisch nur von dem unedleren Teil bedingt wird, und man realisiert diesen Fall dadurch, daß man metallisches Platin in fein verteilter Form mit Wasserstoff durch Okklusion belädt. Eine solche Elektrode verhält sich so, als ob sie aus metallischem Wasserstoff bestände. Sie nimmt insbesondere in Lösungen, die Wasserstoffionen enthalten, ein deren Konzentration entsprechendes Potential an, dessen Differenz dann gegen das einer bekannten anderen Elektrode von konstantem Potential gemessen wird. Als solche Vergleichs- oder Ableitungselektroden haben sich die bewährt, die metallisches Quecksilber in einer mit Kalomel gesättigten Elektrodenflüssigkeit enthalten, wobei diese aus wässerigen Kaliumchloridlösungen (entweder gesättigt oder normal oder $^1/_{10}$-normal) bestehen. Eine solche Kalomelelektrode stellt man also zur Messung mit einer Wasserstoffelektrode, in der sich die auf ihre Reaktion zu prüfende Lösung befindet, zu einer Konzentrationskette zusammen.

Als Gefäße für die Wasserstoffelektrode bevorzugt man U-förmige Glasrohre mit an einem Ende aufgesetztem Stöpsel, der den mit Platinschwarz überzogenen und mit Wasserstoff gesättigten Platindraht trägt. Nach Füllung des U-Rohres mit der zu messenden Flüssigkeit läßt man von der offenen Seite her sorgfältig gereinigten Wasserstoff in kleinen Blasen bis an die Platinelektrode aufsteigen, so daß diese noch eben in den Flüssigkeitsmeniskus eintaucht. Die Verbindung zwischen den beiden Elementteilen wird durch ein Gefäß mit gesättigter Kaliumchloridlösung bewirkt, in die beide, sowohl die Kalomel- als auch die Wasserstoffelektrode, leitend eintauchen, und die deswegen gewählt wird, weil sie das Auftreten von Diffusionspotentialen so gut wie ganz verhindert.

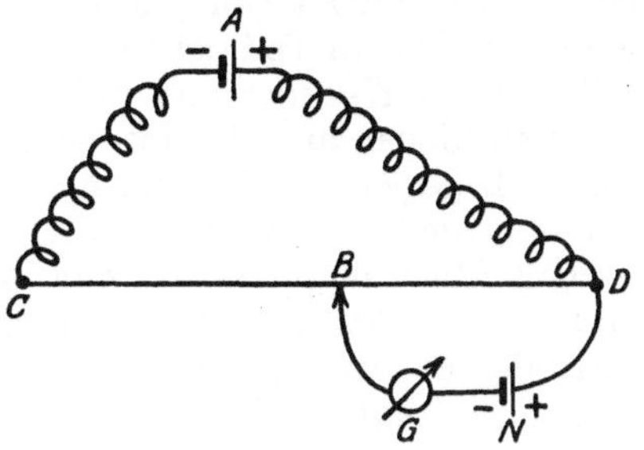

Die nun zwischen der als Kathode fungierenden Wasserstoffelektrode und der stärker positiven Kalomelelektrode herrschende Potentialdifferenz wird nach der bekannten POGGENDORFschen Kompensationsmethode (Schaltungsschema siehe Abb. 3) zur Vergleichung elektromotorischer Kräfte gemessen an dem vorher durch Eichung mittels eines Weston- oder Kadmiumnormalelements festgestellten Potential

Abb. 3.

eines Akkumulators. Dabei dient als Null- oder Anzeigeinstrument ein Kapillarelektrometer oder auch ein genügend empfindliches Präzisionsgalvanometer.

In unserem Zusammenhang interessiert natürlich nur die Frage, inwieweit sich die Methodik dieser Messung auf die Feststellung der Bodenreaktion anwenden läßt, pflegt man doch allgemein die elektrometrische Messung als die zuverlässigste und genaueste anzusehen und an ihren Ergebnissen die aller anderen Methoden, also auch der kolorimetrischen, auf ihre Brauchbarkeit zu prüfen. Da ist von vornherein als Tatsache zu verzeichnen, daß die elektrometrische Methode einer weit allgemeineren Anwendung fähig ist als jede andere. Ohne hier auf die Frage einzugehen, ob das, was nach den üblichen Verfahren als Reaktion des Bodens gemessen und bezeichnet wird, dieser Größe auch vollständig entspricht, muß doch vor allem betont werden, daß der größte Vorzug der elektrometrischen Methode darin besteht, daß es mit ihr allein möglich ist, Bodenaufschwemmungen zu untersuchen und dadurch den natürlichen Verhältnissen in etwa näherzukommen, im Gegensatz zu den kolorimetrischen Verfahren, deren Anwendung auf Bodenfiltrate beschränkt ist. Allerdings soll nicht verschwiegen werden, daß ein Umstand besonders der allgemeinen Anwendung der elektrometrischen Messung mit der Wasserstoffelektrode hindernd im Wege steht, und das ist die lange Zeitdauer (bis zu mehreren Stunden), die bis zur Einstellung ihres endgültigen Potentials oft erforderlich ist und natürlich zur Messung abgewartet werden muß. Als weitere, geringfügigere Nachteile der Methode müssen bezeichnet werden die Möglichkeit einer Beeinflussung des richtigen Meßresultats einmal dadurch, daß der die zu untersuchende Flüssigkeit durchsteigende Wasserstoff aus ihr CO_2 oder auch andere gelöste Gase verdrängt und dadurch ihre Wasserstoffionenkonzentration ändert, zum anderen auch durch die Fähigkeit des Wasserstoffs, auf in der Lösung vorhandene Nitrate und ähnliche Stoffe reduzierend einzuwirken.

Vor allem aber durch die zeitraubende Art der Messung blieb die elektrometrische Methode fast ausschließlich auf wissenschaftliche Untersuchungen beschränkt und wurde für Massenprüfungen, wie sie für landwirtschaftliche Zwecke vorwiegend in Frage kommen, mehr und mehr von den kolorimetrischen Methoden verdrängt, bis sich durch die Untersuchungen BIILMANNs[1] eine neue Elektrodenart, die Chinhydronelektrode, die die Vorzüge der Wasserstoffelektrode ohne deren größten Nachteil besaß, Eingang in die Laboratorien verschaffte. Fußend auf den Untersuchungen von HABER und RUSS über die Möglichkeit, den metallischen Wasserstoff der Wasserstoffelektrode durch Chinhydronlösung zu ersetzen, benutzte BIILMANN die Tatsache, daß eine gesättigte Lösung von Chinhydron — einer Molekülverbindung von Chinon mit Hydrochinon im Verhältnis 1 : 1 — einem eingetauchten blanken Platinblech ein Potential erteilt, das lediglich von der in der Lösung herrschenden Wasserstoffionenkonzentration abhängt, indem nämlich ein Teil der Chinonkomponente des Chinhydrons von den Wasserstoffionen zu Hydrochinon reduziert wird und dabei die positive Ladung der Wasserstoffionen auf die eintauchende Elektrode übergeht. Die Differenz dieses Potentials gegen eine bekannte Vergleichselektrode wird dann in gleicher Weise gemessen wie bei dem älteren Verfahren mit der Wasserstoffelektrode. Auch hier kann als Ableitungselektrode eine Kalomelelektrode Verwendung finden, vielfach benutzt man allerdings zum Vergleich eine von VEIBEL angegebene Ableitungselektrode, die aus einem blanken Platinblech in einer mit Chinhydron gesättigten Lösung von 0,01 n-HCl und 0,09 n-KCl in Wasser besteht. Bei der Zusammenstellung der Apparatur ist zu beachten, wie aus der Natur der angewandten Elektrodenflüssigkeiten hervorgeht, daß die Kalomelelektrode als negativer Pol,

---

[1] BIILMANN, E.: Ann. de Chim. 9. s. **15**, **16**.

die VEIBELsche Elektrode hingegen als positiver Pol geschaltet werden muß, entsprechend natürlich die zu messende Elektrode.

Die Berechnung der Wasserstoffionenkonzentration bzw. der p_H-Werte nach dem Chinhydronverfahren mit der VEIBELschen Ableitungselektrode gründet sich wieder auf die obenerwähnte NERNSTsche Formel:

$$\pi \ (\text{in Millivolt}) = \vartheta \log \frac{c_v}{c_x},$$

wo π die gemessene Potentialdifferenz, ϑ wiederum der Temperaturfaktor $0,1984 \cdot T$ (für 18^0 C ist z. B. $\vartheta = 57,7$), c_v die Wasserstoffionenkonzentration der VEIBELschen Elektrode und c_x die zu messende ist. Daraus berechnet sich $\log c_x = \log c_v - \frac{\pi}{\vartheta}$, oder nach Umrechnung in p_H: $p_{H_x} = p_{H_v} + \frac{\pi}{\vartheta}$. Nun ist $p_{H_v} = 2,03$, so daß sich jetzt die Berechnung der mit der Chinhydronelektrode gemessenen p_H-Werte auf die einfache Formel $p_H = 2,03 + \frac{\pi}{\vartheta}$ zurückführen läßt. Zur Mechanisierung der zu jeder Messung erforderlichen Rechnung kann man entweder selbst die zu erwartenden Resultate in Tabellenform bringen oder sich z. B. der von HOCK[1] angegebenen p_H-Skala bedienen, während die zur Messung erforderliche Apparatur sowohl fertig zusammengestellt zu haben ist als auch aus Einzelteilen aufgebaut werden kann.

Aus der Natur der Chinhydronelektrode bzw. der Formel, die zur Errechnung der mit ihr gemessenen p_H-Werte dient, sind nun zunächst auch die Grenzen ihrer Anwendungsmöglichkeit abzuleiten. Nach der sauren Reaktionsseite hin ist ihre Benutzung unbeschränkt bei Gebrauch einer Kalomelableitungselektrode, bei Verwendung einer VEIBELschen Elektrode dagegen muß bei Messung von Reaktionen unterhalb $p_H = 2,03$ beachtet werden, daß in diesem Gebiet die Pole der Konzentrationskette vertauscht werden müssen, was aber für natürliche Bodenreaktionen kaum in Frage kommt. Im alkalischen Gebiet hingegen ist der Chinhydronelektrode dadurch eine Grenze gesetzt, daß bei alkalischer Reaktion leicht Oxydation des Hydrochinons, der einen Chinhydronkomponente, und damit eine Änderung in der molekularen Zusammensetzung des Chinhydrons eintritt, deren unberechenbares Ausmaß eine Reaktionsmessung unmöglich macht. Diese Grenze liegt erfahrungsgemäß bei ungefähr $p_H = 8,5$, entsprechend etwa dem Umschlagspunkt des Phenolphthaleins.

Innerhalb der Brauchbarkeitsgrenze der Chinhydronmethode liegen aber, und das hat nicht wenig zu ihrer raschen Einführung beigetragen, fast alle die Reaktionswerte, deren Messung für die Bodenkunde unseres humiden Klimas in Betracht kommt.

Die praktische Durchführung einer Reaktionsmessung mit der Chinhydronelektrode gestaltet sich nun außerordentlich einfach gegenüber der älteren Wasserstoffelektrode. Das zu messende Substrat, sei es nun eine Bodenaufschwemmung oder ein -filtrat, wird mit so viel Chinhydron versetzt und durchschüttelt, daß es eine damit gesättigte Lösung gibt. Sodann wird ein blankes Platinblech so tief hineingetaucht, daß es von den Bodenteilchen bzw. der Flüssigkeit ganz bedeckt wird, außerdem ein mit Kaliumchloridagar gefülltes Glasröhrchen, das zur Herstellung der Konzentrationskette andererseits in ein Gefäß mit 3,5 n-Kaliumchloridlösung eintaucht, zusammen mit der Vergleichselektrode, und damit kann die eigentliche Messung erfolgen. Zur Kontrolle der Apparatur kann irgendeine Lösung von bekannter Wasserstoffionenkonzentration, z. B. die Standardazetatlösung (50 ccm n-Natronlauge + 100 ccm n-Essigsäure + 350 ccm

---

[1] HOCK, A.: Z. angew. Chem. 39, 646.

Wasser) oder ein Phosphatpuffergemisch Verwendung finden. Sie soll möglichst oft, zum mindesten aber jedesmal nach längerem Stehen oder nach Erneuerung der wechselnden Einflüssen unterliegenden Zwischenlösungen erfolgen.

Was nun die Feststellung der Bodenreaktion mit der Chinhydronelekrode anbelangt, so haben sich seit dem Bekanntwerden der Methode eine Reihe von Untersuchungen mit ihr beschäftigt und sie auf ihre Brauchbarkeit, insbesondere auf die bei ihrer Anwendung innezuhaltenden Bedingungen geprüft.

Die ersten eingehenden Feststellungen stammen von CHRISTENSEN und JENSEN[1] und beschäftigen sich mit dem zu Anfang wichtigsten Vergleich der Chinhydronmethode mit der Wasserstoffelektrode. Sie kommen zu dem Ergebnis, „daß die Chinhydronelektrode in bezug auf Genauigkeit mit der Wasserstoffelektrode wetteifern kann und sie in der Raschheit der Ausführung weit übertrifft". Ihre vergleichenden Untersuchungen zwischen Wasserstoff- und Chinhydronelektrode erhielten vor kurzem erneute Bestätigung durch BIILMANN und JENSEN[2], die bei etwa 200 Bodenproben in den meisten Fällen Übereinstimmung innerhalb $0,1$ p_H-Einheiten fanden; wo sich größere Abweichungen ergaben, ließen sich diese durch Wiederholung leicht auf ungleichmäßige Probenahme zurückführen.

An die oben Genannten schloß sich eine Reihe von Arbeiten an, aus denen das Wichtigste für diese Methodik hier herausgegriffen sei. Daß die genaue Kenntnis der gewählten Versuchsbedingungen tatsächlich von großer Bedeutung für die Beurteilung der Ergebnisse der Messungen ist, ging auch schon klar aus den Untersuchungen von CHRISTENSEN und JENSEN hervor. Sie verglichen z. B. die Messungen in Suspensionen und in Filtraten mit dem folgenden Erfolge:

Boden Nr.	p_H in der Suspension	p_H im Filtrat	Befund im Filtrat	Boden Nr.	p_H in der Suspension	p_H im Filtrat	Befund im Filtrat
530	8,25	7,62	saurer	7441	6,63	6,71	alkalischer
15693	8,00	7,53	,,	6784	6,68	6,80	,,
7020	7,98	7,34	,,	6704	6,50	6,42	,,
6174	7,94	7,31	,,	6778	6,39	6,52	,,
8739	7,82	7,53	,,	7165	6,47	6,31	saurer
7151	7,48	7,24	,,	7222	6,33	6,32	—
7489	7,39	7,00	,,	6862	6,38	6,46	alkalischer
7018	7,26	6,82	,,	6693	6,13	6,18	,,
6697	7,24	7,16	,,	7164	6,10	6,10	—
7138	7,19	6,83	,,	7497	5,96	6,14	alkalischer
7162	7,14	6,60	,,	7219	5,85	5,96	,,
7071	7,04	6,58	,,	6757	5,77	5,80	,,
6688	7,04	6,92	,,	6994	5,75	5,54	saurer
7742	7,02	6,71	,,	7241	5,72	5,84	alkalischer
7150	6,94	6,62	,,	7170	5,68	5,77	,,
7153	6,92	6,52	,,	7214	5,59	5,70	,,
6829	6,76	6,76	—	7166	5,58	5,66	,,
6972	6,74	6,63	saurer	6795	5,58	5,60	—

Die Zahlen weisen nach, daß die Reaktion in den Filtraten stets saurer ist als in den Suspensionen, solange der Boden eine alkalische Reaktion besitzt, daß aber, sobald die neutrale Reaktion unterschritten wird, das Gegenteil der Fall ist. Der Grund für die mehr nach der sauren Seite liegende Reaktion der Filtrate ist sicherlich, wie die Genannten angeben, in der schwachen Neutralisationskraft oder Pufferung der Filtrate zu suchen. Bei der Filtration nehmen die Lösungen aus

---

[1] CHRISTENSEN, H. R., u. S. T. JENSEN: Internat. Mitt. Bodenkde **14**, 1.
[2] BIILMANN, E., u. S.T. JENSEN: Verh. 2. Komm. internat. bodenkundl. Ges. Groningen B **1927**, 236.

der Luft Kohlensäure und vielleicht auch andere gasförmige Säuren auf, die Reaktionszahl wird dadurch unter die der Suspensionen erniedrigt. Dort aber, wo die Filtrate alkalischer als die Suspensionen reagieren, dürfte die Erklärung in der sauren Beschaffenheit der festen suspendierten Bodenteilchen zu suchen sein. Wie schon im vorigen Kapitel auseinandergesetzt ist, kann man einen Boden durch Auswaschen mit Wasser so vollständig von seinen löslichen sauren Bestandteilen befreien, daß die Filtrate überhaupt nicht mehr sauer reagieren. Es bleibt aber trotzdem den ausgewaschenen Suspensionen eine deutlich saure Reaktion erhalten. Die feinsten Teilchen der sauren Bodensuspensionen wirken eben gewissermaßen wie aufs äußerste vergröberte Wasserstoffionen und gewinnen dadurch einen Einfluß auf das Potential der Elektroden. Man braucht nur an die schematische Darstellung von WIEGNER (siehe S. 108) zu denken, wo die feinsten suspendierten sauren Teilchen mit einer elektrischen Doppelschicht umgeben sind, in deren innerem, dem festen Stoffe zugekehrtem Teile die negativ aufgeladenen OH-Ionen, und in deren äußerem Teil die die Reaktion bedingenden Wasserstoffionen stecken, um die Richtigkeit der Annahme einer Mitwirkung der festhaftenden Wasserstoffionen an der sauren Beschaffenheit des Bodens, an dem Potential, das der Elektrode erteilt wird, zu erkennen.

Wir haben übrigens bei unseren Messungen zumeist noch größere Abweichungen zwischen Reaktionszahlen in Suspensionen und in Filtraten gefunden, als sie aus der Tabelle nach CHRISTENSEN hervorgehen. So fanden wir z. B. bei vier verschiedenen Böden die nebenstehenden Werte. Sicherlich muß man zugeben, daß keine Berechtigung dazu vorliegt, die festhaftenden Wasserstoffionen als belanglos zu betrachten, man muß daher zur Bestimmung der Reaktion des Bodens auch ein Verfahren anwenden, bei dem diese Ionen miterfaßt werden, d. h. man muß die Reaktionsbestimmung in den Suspensionen und nicht in den Filtraten vornehmen. Ganz allgemein kann man von diesem Standpunkt aus alle Messungen in Filtraten und somit auch die kolorimetrischen Messungen nur als einen Notbehelf ansehen, der nicht viel mehr als eine qualitative Auskunft über die Bodenreaktion gibt und diese zuweilen nur in sehr zweifelhafter Weise zum Ausdruck bringt, denn es kann ja, wie CHRISTENSENs Zahlen belegen, leicht der Fall vorkommen, daß ein Boden, in Suspension untersucht, noch neutral reagiert, im Filtrat aber schon eine deutlich saure Reaktion aufweist.

Boden	p_H in Suspension	p_H im Filtrat
1	3,59	3,96
2	4,31	4,82
3	4,61	5,65
4	5,37	6,23

Aus dem Versuchsmaterial von CHRISTENSEN und JENSEN ist dann aber auch noch zu entnehmen, daß es von sehr großer Bedeutung ist, ob man die Suspension des Bodens unter Benutzung von Wasser oder von Salzlösungen bereitet. Zur Benutzung von Salzlösungen ist man gelangt auf Grund des Gebrauches von Kaliumchloridlösung zur Bestimmung der nachher noch eingehend zu besprechenden Austauschazidität nach DAIKUHARA. CHRISTENSENS Zahlen zeigen nun, daß ganz allgemein die p_H-Zahlen in Suspensionen mit Kaliumchloridlösungen wesentlich tiefer liegen als die in wässerigen Suspensionen. Der Grad der Verschiebung, die in Kaliumchloridlösung an den Reaktionszahlen eintreten kann, geht aus der folgenden gekürzten Zusammenstellung nach CHRISTENSEN (s. Tabelle S. 60) hervor. Stets wird also durch Salzzusatz — wie Kaliumchlorid wirken auch andere Neutralsalze — die Bodenreaktion mehr oder weniger stark in Abhängigkeit von der Konzentration der Neutralsalzlösung nach der sauren Seite hin verschoben. Die Ursache der Veränderung ist wohl nicht einheitlicher Art, es spielen vielleicht zwei verschiedene Vorgänge dabei eine Rolle, und zwar bei den alkalischen Böden die Zurückdrängung der hydrolytischen Aufspaltung, der diese Böden ihre alka-

Boden Nr.	p_H der Bodenausschlämmungen, 5 g Erde in 20 ccm Flüssigkeit				
	Wasser	1/400 m KCl	1/100 m KCl	1/10 m KCl	1/5 m KCl
10106	8,11	8,00	7,84	7,58	7,44
10087	7,94	7,60	7,42	7,33	7,25
10080	7,43	6,92	7,04	6,73	6,65
9391	7,26	7,10	6,68	6,52	6,34
10091	7,06	7,08	6,78	6,62	6,58
6503	6,78	6,48	6,12	5,82	5,62
9401	6,60	6,51	6,40	6,15	5,88
6370	6,08	5,60	5,20	4,88	4,64
10081	5,97	6,05	5,96	5,36	6,02
10104	4,95	4,38	4,10	4,11	4,05

lische Reaktion verdanken, bei den sauren Böden dagegen der Austausch von Wasserstoffionen gegen die Kationen der Neutralsalzlösungen. Später erst werden wir auf diese Möglichkeiten näher eingehen können, wenn wir das Verhalten der Salze zu den sauren Böden genauer ins Auge fassen. Hier handelt es sich nur darum, darüber klar zu werden, ob man die Bestimmung der Bodenreaktion bei dem stark verändernden Einfluß, den selbst geringe Konzentrationen von Neutralsalzen auf sie ausüben, in Wasser- oder in Neutralsalzsuspensionen vornehmen soll. Mit vielen anderen Autoren glauben wir in diesem Punkt nun mit Recht den Standpunkt vertreten zu sollen, daß es unangebracht ist, Salzlösungen für die Herstellung der Bodensuspensionen zu verwenden, denn die Reaktionszahl, die wir damit bestimmen, verliert ihre wichtigste Bedeutung für uns. An allererster Stelle besitzt die Bodenreaktion eine physiologische Bedeutung; die Reaktion soll uns doch Auskunft darüber geben, ob der Boden sich bei seiner natürlichen Beschaffenheit für den Anbau bestimmter Kulturpflanzen eignet, oder ob seine Reaktion den Anbau einer bestimmten Pflanze unmöglich macht bzw. den Erfolg des Anbaues beeinträchtigen kann. Wir wollen doch bei der Reaktionsbestimmung somit auch den Reaktionswert erfahren, dem die Kulturpflanzen unter den Verhältnissen ihres Anbaues auf einem Boden ausgesetzt sind. Diesen Wert erfahren wir aber nur bei Bestimmung der Reaktion in einer wässerigen Bodenaufschlämmung und nicht bei Anwendung einer Salzlösung. Von diesem Gesichtspunkte aus sollte man eigentlich die Messung der Wasserstoffionenkonzentrationen in Salzlösungen gänzlich ablehnen. Andererseits vermittelt uns die Messung in Salzlösungen doch auch die Kenntnis eines Reaktionswertes, der nicht völlig ohne praktische Bedeutung ist. Wir erfahren nämlich dabei, wie groß der höchste Aziditätswert des Bodens werden kann, wenn Salze auf ihn zur Einwirkung kommen. Bei der Düngung mit Salzen, wie mit Kalisalzen, ist ja wenigstens örtlich im Boden die Bildung einer starken Salzlösung möglich, da sich um jedes Salzkörnchen der Düngemittel immer zunächst bei der Auflösung im Boden eine sehr konzentrierte Lösung bilden muß. An solchen Stellen im Boden muß sich natürlich auch eine Verstärkung der Wasserstoffionenkonzentration einstellen, wie bei ihrer Bestimmung unter Verwendung von Salzlösungen. Von dieser Verstärkung der Wasserstoffionenkonzentration erhalten wir durch die Messung in Salzlösungen eine gewisse, niemals natürlich eine genaue Vorstellung. Aus diesem Grunde kann es vielleicht als nicht ganz zwecklos bezeichnet werden, wenn man die Bestimmung der Wasserstoffionenkonzentration auch in Salzlösungen vornimmt. Die ausschließliche Bestimmung in dieser Weise muß man aber unter allen Umständen ablehnen, wenn es sich darum handelt, die Wasserstoffionenkonzentration als einen pflanzenphysiologisch wichtigen Wert zu ermitteln. In diesem Falle kann nur die Bestimmung in wässeriger Aufschwemmung empfohlen werden.

Was dann das anzuwendende Verhältnis zwischen Boden und Flüssigkeit betrifft, so herrscht darüber nichts weniger als Übereinstimmung. Daß dieses Verhältnis nicht ohne Einfluß auf den Reaktionswert ist, geht schon aus Untersuchungen hervor, die wir selbst[1] bei anderer Gelegenheit angestellt haben und deren Ergebnis in nebenstehender Tabelle wiedergegeben sei. Ähnliche Ergebnisse sind auch von anderer Seite erhalten, so z. B. von BIILMANN und JENSEN. Sie tun die Abhängigkeit der Reaktionszahl von dem Verhältnis Boden : Wasser zur Genüge dar und stellen insbesondere fest, daß bei Böden mit einer Reaktion unter $p_H = 6{,}5$—$6{,}6$ die Suspension mit zunehmender Konzentration merklich stärker sauer wird. Es empfiehlt sich also,

p_H-Werte bei wechselndem Verhältnis von Boden zu Wasser.

Boden zu Wasser	Boden 1	Boden 2
1 : 10	4,93	4,16
2 : 10	4,85	3,96
3 : 10	4,79	3,92
4 : 10	4,74	3,90
8 : 10	4,57	3,80
20 : 10	4,41	3,79

wegen der Vergleichsmöglichkeiten an einem bestimmten Verhältnis festzuhalten, und als solches wird von der Internationalen Bodenkundlichen Gesellschaft ein Verhältnis von Boden zu Wasser = 10 : 25 vorgeschlagen, wie es auch bei der Bestimmung der Hauptaziditätsformen innegehalten wird.

Genauer geht der Einfluß der Bodenmenge in den Suspensionen auf die Reaktionszahl aus den Untersuchungen hervor, die von R. BRADFIELD[2] zu dieser Frage ausgeführt wurden. BRADFIELD gewann durch Abschlämmen aus einem sauren Tonboden den eigentlichen tonigen, kolloiden Anteil, der, wie schon oben angegeben, der Hauptträger des Säurewasserstoffs der sauren Böden ist. Von diesem kolloiden Anteil des Bodens stellte sich BRADFIELD dann durch Zusatz entsprechender Wassermengen Suspensionen von verschiedenem Gehalt an Tontrockensubstanz her und bestimmte mit Hilfe der Wasserstoffelektrode bei konstanter Temperatur von 25° C ihre Reaktionen. Die Suspensionen enthielten an Trockensubstanz 12,8 %, 6,4 %, 3,2 %, 1,6 %, 0,8 %, 0,4 %, 0,2 %, 0,1 %, 0,05 % und 0,025 %. Da BRADFIELD die durchaus berechtigte Auffassung vertritt, daß wir es in den Ton- oder Zeolithsäuren mit schwachen Säuren zu tun haben, so verglich er die Messungen an den Tonsuspensionen mit solchen an Essigsäuren von verschiedener Konzentration. Es ergaben sich dabei die in der folgenden Tabelle zusammengestellten p_H-Werte, die übersichtlich in den Kurven in Abb. 4 dargestellt sind.

BRADFIELD folgert aus seinen Versuchen, daß zwischen den Reaktionszahlen des sauren Tones und seinen Konzentrationen bei hohen Verdünnungen (0—0,4 %) eine lineare, bei mittleren Verdünnungen (0,49—3,5 %) eine exponentiale, und bei höheren Konzentrationen (3,5—12,8 %) eine praktisch konstante Beziehung besteht. Er folgert weiter aus der Übereinstimmung des Kurven-

Der Einfluß der Konzentration auf die Wasserstoffionenkonzentration von kolloider Tonsäure und von Essigsäure.

Kolloide Tonsäure		Essigsäure	
Konzentration in Prozenten an Trockensubstanz	p_H-Werte	Konzentration in Normalitäten	p_H-Werte
12,8	4,02	0,1078	2,88
6,4	4,10	0,0539	3,03
3,2	4,15	0,0269	3,14
1,6	4,30	0,0134	3,30
0,8	4,50	0,0067	3,43
0,4	4,85	0,0033	3,61
0,2	6,26	0,0016	3,85
0,1	6,93	0,0008	3,91
0,05	7,15	0,0004	4,18
0,025	7,30	0,0002	4,40
das gebrauchte		0,0001	4,73
Wasser allein	7,45	0,00005	5,40
		0,000025	5,86

---

[1] KAPPEN, H., u. R. W. BELING: Z. Pflanzenernährg u. Düngg A **6**, 1.
[2] BRADFIELD, R.: J. physic. Chem. **28**, 170.

verlaufs bei dem sauren Ton und bei der Essigsäure, daß es sich auch beim sauren Ton um eine wirkliche, allerdings schwächere Säure handle, als die Essigsäure ist.

Was die uns hier interessierende Frage nach dem richtigsten Boden-Wasser-Verhältnis für die Bestimmung der Reaktionszahlen in Bodensuspensionen angeht, so ergeben BRADFIELDs Versuche, daß es am zweckmäßigsten sein muß,

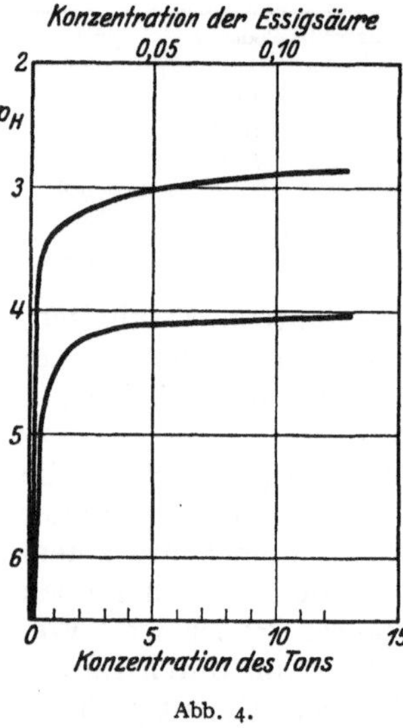

Abb. 4.

möglichst hohe Konzentrationen an Boden zu wählen, weil ja, wie die Kurve deutlich zeigt, der Konzentrationseinfluß um so kleiner wird, je höher die Bodenkonzentration in der Aufschwemmung ist. Am zuverlässigsten würde man infolgedessen die Reaktionszahlen in einem dicken Bodenbrei messen, da das aber zu unhandlich ist, hat sich das Verhältnis von Boden zu Wasser wie 1 : 2,5 am meisten eingeführt.

Eine nicht unerhebliche Rolle spielt auch die dem zu messenden Substrat zugesetzte Chinhydronmenge. Da die Theorie erfordert, daß die zu untersuchende Flüssigkeit damit gesättigt ist, da andererseits wegen der nicht sehr großen Löslichkeit des Chinhydrons namentlich beim Arbeiten in größerem Maßstabe eine gewisse Zeit dazu unter Umschütteln erforderlich ist, so empfiehlt es sich, Chinhydron im Überschuß zuzusetzen. Als hinreichend zur Erzielung übereinstimmender Ergebnisse wurde für Bodenaufschlämmungen im Verhältnis 10 : 25 auf je 100 g Boden eine Menge von 500 mg Chinhydron, bei anderen Verhältnissen

natürlich entsprechend mehr oder weniger, gefunden. Daß das zur Verwendung gelangende Chinhydron von reinster Beschaffenheit sein muß, ist ohne weiteres klar. Bei käuflichem Chinhydron war diese Forderung anfänglich nicht immer erfüllt. Man überzeugt sich am besten bei jeder neuen Chinhydronprobe von ihrer Reinheit dadurch, daß man reinstes Wasser mit steigenden Mengen Chinhydron versetzt und feststellt, ob die Reaktion unverändert bleibt. Ist das der Fall, so kann das Chinhydron unbedenklich verwendet werden, sonst muß man es erst durch eine mehrmalige Umkristallisation aus Wasser einer Reinigung unterwerfen.

Zur Erlangung richtiger Meßergebnisse ist weiterhin erforderlich, daß das zur Verwendung gelangende Wasser einwandfrei ist, d. h. es genügt zur Vermeidung von Fehlern nicht, gewöhnliches destilliertes Wasser zu gebrauchen, sondern, wegen seines häufig ziemlich hohen CO_2-Gehaltes nur solches, das die CO_2-Tension der Außenluft hat, also durch Auskochen und Abkühlen unter Natronkalkverschluß oder durch lebhaftes Durchsaugen von atmosphärischer Luft möglichst vom CO_2-Überschuß befreit ist. Der Einfluß der CO_2 macht sich allerdings vorwiegend im neutralen und alkalischen Reaktionsgebiet geltend, weniger bei sauren Böden, und zwar um so weniger, je stärker sauer der Boden reagiert.

Was die Zeit der Messung nach Vorbereitung der Probe anbelangt, so empfiehlt BIILMANN, die Messung unmittelbar nach dem Zusammenbringen von Boden, Flüssigkeit und Chinhydron durch Umschütteln vorzunehmen, da sich das gesuchte Potential sofort einstellt und spätere Potentialänderungen mehr oder minder große Abweichungen von der richtigen Reaktion ergeben, die auf sekundäre, nicht durch Wasserstoffionen hervorgerufene Einwirkung von Bodensubstanzen auf das Verhältnis der Chinhydronkomponenten zurückzuführen sind. Jedenfalls ist es auch nach den Erfahrungen anderer zweckmäßig, den Zusatz des

Chinhydrons zu der Bodenaufschlämmung erst unmittelbar vor der Untersuchung vorzunehmen, während die Herstellung der Aufschlämmung selbst in normalen Fällen ohne Bedenken schon längere Zeit vorher erfolgen kann, was von einigen Seiten stets geschieht, um sicher Gleichgewicht zwischen Boden und Flüssigkeit bei der Messung zu haben.

Zu der Frage, ob die Messung der Bodenproben im naturfeuchten oder im lufttrockenen Zustand erfolgen soll, ist weiter durch Vereinbarung festgelegt worden, daß im allgemeinen die Messung am lufttrockenen Boden gewählt werden soll, da sich auf diese Art die Reaktionswerte der Böden einwandfreier auch nach längerer Lagerung reproduzieren lassen, als das bei Aufbewahrung in feuchtem Zustand möglich ist.

Die Genauigkeit der Reaktionsmessung nach der elektrometrischen Methode ist natürlich gegenüber den kolorimetrischen Methoden eine weit größere, sie erstreckt sich bis auf die Hundertstel p_H-Einheiten. Wenn nun auch diese Genauigkeit im allgemeinen für praktische landwirtschaftliche Zwecke nicht unbedingt erforderlich ist, so gestattet doch gerade diese Eigenschaft der Methode, und zugleich mit ihr — wenigstens bei der Chinhydronelektrode — die rasche Einstellung des Potentials ihre Anwendung zur Messung nicht nur des augenblicklich im Boden herrschenden Reaktionswertes, sondern auch, und das ist auf keinem anderen Weg möglich, der Reaktionsänderungen, die der Boden auf Zusatz irgendwelcher anderer Stoffe erleidet. Wir sind also mit dieser Methode imstande, das Verhalten eines Bodens gegenüber zugesetzten Säuren oder Basen momentan zu verfolgen, d. h. seine Pufferungsfähigkeit zu bestimmen oder auch zu ermitteln, welche Basenmengen etwa einem sauren Boden zugefügt werden müssen, um ihm neutrale Reaktion zu erteilen. Auch dafür ist bei der schon an anderer Stelle ausgeführten Bedeutung dieser Feststellung die elektrometrische Messung ein nicht zu unterschätzendes Hilfsmittel.

Eins soll nun am Schluß unserer Erörterungen über die zur Messung der Bodenreaktion dienenden Methoden nicht unerwähnt bleiben. Wie aus unseren Ausführungen wohl zur Genüge hervorgeht, bestehen bezüglich der Handhabung der einzelnen Methoden erhebliche Unterschiede, von der primitivsten bis zur kompliziertesten Methode finden wir fast alle Abarten vertreten. Insbesondere dürfte bei den elektrometrischen Methoden bezüglich der Schwierigkeit ihrer Handhabung Einhelligkeit darüber bestehen, daß ein gewisser Grad von Erfahrung nötig ist, um mit ihnen einwandfrei zu arbeiten. Es hat nun in letzter Zeit nicht an Versuchen gefehlt, die zur Reaktionsmessung mit der Chinhydronmethode erforderliche Apparatur zu vereinfachen, und zwar sie so zu gestalten, daß damit sogar der praktische Landwirt imstande sein sollte, die Reaktion seiner Böden zu messen. Eine solche tragbare Apparatur ist z. B. von Trénel[1] angegeben worden. Bei ihr ist der Agarheber und das Verbindungsgefäß mit 3,5 n-Kaliumchloridlösung ersetzt durch ein mit Kaliumchlorid getränktes Diaphragma, in dessen Inneren sich die Veibelsche Elektrode befindet, und das nun einfach in die zu untersuchende Bodenaufschlämmung eingetaucht wird. Abgesehen von dem immerhin hohen Anschaffungspreis einer solchen Apparatur bleibt doch noch die Frage offen, ob die auf diese Weise ermittelten Reaktionswerte für den Landwirt von großer Bedeutung sind. Sie lassen ihn zwar den Reaktionszustand seiner Äcker erkennen, aber sie geben ihm keine Auskunft darüber, in welchem Ausmaße er die Mittel zur Änderung dieser Reaktionen in seinem gewünschten Sinn anwenden muß, dazu bedarf es vielmehr andersartiger Untersuchungen, die an anderer Stelle geschildert sind, und um lediglich festzustellen, daß z. B. ein Boden

---

[1] Trenel, M.: Z. Pflanzenernährg u. Düngg A **4**, 239.

versauert ist, dazu ist für den Praktiker kein so schweres Geschütz erforderlich, sondern dazu ist außer pflanzenphysiologischen Merkmalen die einfachste kolorimetrische Methode ausreichend. Was darüber hinaus zur Beurteilung der Reaktion eines Bodens und zur Feststellung der zu ihrer Verbesserung erforderlichen Maßnahmen nötig ist, das wird doch in den meisten Fällen den dafür zuständigen und eingerichteten Untersuchungsanstalten überlassen werden müssen.

IV. Verhalten des sauren Bodens gegen Säuren und Basen, sein Neutralisations- oder Pufferungsvermögen.

a) Die absolute Neutralisationskraft des Bodens gegen Säuren.

Bringt man einen karbonatfreien Boden, der noch nicht der Entbasung verfallen ist, mit einer Säure zusammen, so wird je nach der Konzentration der Säure ein mehr oder weniger großer Teil davon durch Neutralsalzbildung zum Verschwinden gebracht. Diese Neutralisation der Säure wird in der Hauptsache durch die in den zeolithischen Silikaten und in den Humaten enthaltenen Basen, wie Kalk, Magnesia, Natron und Kali, bewirkt, denn nur diese können ja zur Bildung von Neutralsalzen Veranlassung geben. Wird nicht die ganze dem Boden zugefügte Säure in solche Neutralsalze übergeführt, so bleibt sie nach der Einwirkung auf den Boden aber doch nicht in unveränderter freier Form zurück, sondern, da Tonerde und Eisenoxyd in großen Mengen im Boden enthalten sind und sie sich hiermit umsetzen kann, in der Form von Aluminium- und von Eisensalzen. Diese Salze sind, wie oben auseinandergesetzt ist, in wässeriger Lösung hydrolytisch aufgespalten, und sie lassen sich infolgedessen geradeso mit Lauge titrieren, als ob freie ungebundene Säure zugegen wäre. Filtriert man also die Säurelösung nach der Einwirkung auf den Boden ab, so kann man durch Titration der Lösung mit Lauge unter Benutzung von Phenolphthalein als Indikator den als Aluminium- und als Eisensalz vorhandenen Säurerest zurücktitrieren und erfährt diejenige Menge der Säure, die durch echte Neutralsalzbildung mit den obengenannten Basen der zeolithischen Silikate und der Humate verschwunden ist.

Der Anteil der neutralisierten Säure muß nun, das ist ohne weiteres aus dem Begriff der Bodenversauerung herzuleiten, um so kleiner sein, je weitgehender der Boden bei der Versauerung seiner zeolithischen und Humatbasen beraubt ist, oder mit anderen Worten gesagt, es muß das absolute Neutralisationsvermögen des Bodens mit steigender Versauerung kleiner werden.

Diese Tatsache ist nicht allein von theoretischer Bedeutung, sie ist auch von praktischer Wichtigkeit, denn es wirken ja stets auf den Boden Säuren ein, seien es die Humussäuren, die überall vorhandene Kohlensäure oder auch stärkere Säuren, wie die Salpetersäure, die Schwefelsäure und Salzsäure. Die Einwirkung von solchen starken Säuren ist ja gerade unter den Bedingungen der praktischen Pflanzenkultur verwirklicht, wenn zur Düngung der Böden die sog. physiologischsauren Düngemittel benutzt werden. Man versteht unter diesen Düngemitteln bekanntlich solche, die unter dem Einfluß der Pflanzen — wie wir nachher noch genauer erfahren werden, sind dabei sowohl die höheren als auch die niederen Pflanzen beteiligt — unter Abspaltung der in ihnen enthaltenen Säuren zersetzt werden. Unter normalen Verhältnissen hat diese Säureabspaltung wenig für den Boden sowohl als auch für die Pflanzen zu bedeuten, nämlich dann, wenn der Boden noch über ausreichende Mengen an basischen Stoffen verfügt, die diese Säuren binden und damit beseitigen können. Sobald aber bei der Versauerung der Boden dieser neutralisierenden Stoffe beraubt ist, hört eben sein Neutralisationsvermögen mehr und mehr auf, und es ist nicht ausgeschlossen, daß sich dann besonders in der nächsten Umgebung der Pflanzenwurzeln, die die physiologische Zersetzung der Düngesalze vornehmen, eine so stark saure Reaktion herausbildet, daß die Pflanzen selbst dadurch geschädigt werden.

Bestimmung der absoluten Neutralisationskraft des Bodens. Grundsätzlich ist es nun möglich, mit einer jeden, nur nicht zu schwachen Säure unter Benutzung verschiedenster Konzentrationen zu richtigen Vergleichswerten des absoluten Neutralisationsvermögens des Bodens zu gelangen. Dennoch erscheint es notwendig, daß man sich des besseren Vergleiches der Untersuchungsergebnisse wegen auf eine einzige Methode hierfür einigt. Von uns[1] wurde nach vielen Prüfungen mit anderen Säuren die Verwendung von Salzsäure in Vorschlag gebracht und deren Eignung durch eine Reihe von Untersuchungen belegt. Einige dieser Versuche seien hier mitgeteilt. Bei allen wurden 50 g Boden mit 200 ccm Salzsäure verschiedener Konzentration eine Stunde lang im Schüttelapparat geschüttelt. Nach dem Filtrieren wurde durch Titration mit Natronlauge die nicht zur Bildung von Neutralsalzen verbrauchte Säure unter Benutzung von Phenolphthalein als Indikator zurücktitriert. Bei der ersten der folgenden Versuchsreihen wurden sechs Böden verwendet, die durch systematische Behandlung mit verdünnter Salzsäure in zunehmendem Ausmaße von ihrem Gehalt an Basen befreit, also künstlich sauer gemacht worden waren. Die p_H-Werte dieser Böden sind mit in die Tabelle aufgenommen. Die von den Böden verbrauchte Säure wurde in Prozenten der auf sie zur Einwirkung gebrachten Säuremenge angegeben.

Konzentration der Salzsäure	Verbrauchte Säuremengen in Prozenten					
	Boden 1	Boden 2	Boden 3	Boden 4	Boden 5	Boden 6
n/5	18	16	15	14	10	6
n/25	73	66	61	58	39	17
n/50	96	94	89	81	64	33
n/100	97	97	96	92	85	52
n/500	98	98	97	96	95	90
p_H-Werte . .	7,75	7,54	6,81	6,03	4,91	4,25

Die Zahlen lassen in allen Reihen deutlich erkennen, daß das absolute Neutralisationsvermögen der Böden in voller Übereinstimmung mit ihrem aus den p_H-Werten zu entnehmenden Reaktionszustande mit steigender Versauerung immer kleiner wird, aber die Unterschiede treten nicht in allen Reihen mit gleicher Schärfe hervor. Bei der stärksten der angewandten Konzentrationen, $\frac{n}{5}$, fällt die absolute Neutralisation von 18 % auf 6 %, bei der niedrigsten Konzentration, $\frac{n}{500}$, ist die prozentische Abnahme noch kleiner. Am deutlichsten treten die Verschiedenheiten bei Anwendung der $\frac{n}{25}$-Säure in die Erscheinung.

Im übrigen lassen die Versuche erkennen, daß geringe Säuremengen auch von Böden, die schon wie der Boden 6 ziemlich weit entbast sind, doch noch verhältnismäßig vollkommen neutralisiert werden können. Wollte man aber daraus schließen, daß die aus den physiologisch-sauren Düngemitteln frei werdenden Säuren infolge dieser Neutralisationswirkung immer an einer schädlichen Einwirkung auf die wachsenden Pflanzen verhindert werden müßten, so dürfte man sich darin doch wohl irren. Man muß nämlich bedenken, daß die Säure, die bei der physiologischen Zerlegung von Düngemitteln entsteht, stets in ihrer Gesamtheit an der Oberfläche der assimilierenden Wurzeln frei wird. Diese Säure wird sicherlich sofort bei ihrem Freiwerden von den der Wurzel anliegenden Bodenteilchen neutralisiert, die daher in ganz besonders starkem Ausmaße durch die

---

[1] Kappen, H. u. W. Bergeder: Z. Pflanzenernährg, Düngg u. Bodenkde A **7**, 311.

Säure angegriffen werden, und zwar so, daß sich um die Wurzel herum eine eng-
begrenzte Zone von sehr stark versauertem Boden ausbilden muß. Der Boden in
der Rhizosphäre muß zum mindesten vorübergehend saurer werden, als das in
dem übrigen Teil des Bodens möglich ist.

Daß tatsächlich ein solches Abfangen der sich bildenden Säure in der Wurzelregion stattfindet, hat sich zwar experimentell bislang noch nicht sicher beweisen
lassen, wie überhaupt der Beweis für die vielfach behaupteten andersartigen Eigenschaften des Bodens in der Rhizosphäre in bakterieller und anderer Richtung zur
Zeit noch aussteht. Dennoch kann man aber nicht an der Richtigkeit dieser Auffassung zweifeln, wenn man sieht, wie beim Aufbringen einer Säure auf die Oberfläche des Bodens tatsächlich nur die alleroberste Schicht des Bodens von der
Säure verändert wird. So sprühten wir auf 1 qm verschiedener Böden 100 ccm
einer 15proz. Schwefelsäure auf und untersuchten nach 24 Stunden die Veränderung der p_H-Werte in der obersten, 1 cm dicken, und in der zunächst darunterliegenden 1 cm dicken Schicht der Böden mit dem folgenden Ergebnis:

	Versuchsfeld-boden 1	Versuchsfeld-boden 2	Boden von Röttgen
Ohne Säurezusatz	8,09	6,66	4,97
Mit Säurezusatz:			
oberste Schicht von 1 cm . .	6,31	4,46	3,76
nächste Schicht von 1 cm . .	8,13	6,68	4,98

Man sieht, daß nicht nur der mit Kalk gedüngte und daher alkalisch reagierende Versuchsfeldboden 1, sondern auch der schon ziemlich saure dritte Boden,
der zu seiner Neutralisation nicht weniger als 73 dz kohlensauren Kalk je Hektar
benötigte, fähig waren, die aufgespritzte Säure in der obersten 1 cm dicken Schicht
völlig abzufangen. Nur diese erste Schicht weist eine Versauerung in ihren p_H-
Werten auf, die zweite 1 cm dicke Bodenschicht besitzt dagegen schon wieder die
gleiche Reaktionszahl, wie sie der nicht mit Säure behandelte Boden hat. Geradeso
muß aber auch an der Oberfläche der Wurzeln die sich dort bildende freie Säure
abgefangen werden. Man wird daher nicht fehlgehen, wenn man bei Verwendung
physiologisch aufspaltbarer Düngemittel die Veränderung der Bodenazidität
in der Wurzelregion der Pflanze am höchsten einschätzt, und wenn man
annimmt, daß diese Veränderungen unter Umständen sowohl nach der sauren
Seite als auch bei Verwendung physiologisch-alkalischer Düngemittel nach der
alkalischen Seite so groß werden können, daß daraus den Kulturpflanzen ein
Schaden erwächst. Wir werden in einem späteren Kapitel, wenn wir den Einfluß
der Düngemittel auf die Bodenreaktion einer Erörterung unterziehen, auch noch
einmal näher auf diese praktisch wichtigen Dinge zurückkommen müssen. Hier
sei nur darauf aufmerksam gemacht, daß es bisher noch keine Möglichkeit gibt,
mit Sicherheit aus den Werten, die man bei der Bestimmung des absoluten
Neutralisationsvermögens des Bodens erhält, auf die Veränderungen des Bodens
in der Wurzelregion zurückzuschließen. Dazu wäre die Kenntnis der Säuremenge
nötig, die aus einer bestimmten Menge eines physiologisch-sauren Düngers durch
die Pflanze in Freiheit gesetzt wird, und außerdem müßte man die Größe der Oberfläche der Wurzeln kennen, auf der diese Abscheidung erfolgt. Davon kann man
aber zur Zeit noch nichts aussagen. Man wird daher die Ergebnisse der Bestimmung des absoluten Neutralisationsvermögens nur als ein Vergleichsmaß für
den Gehalt eines Bodens an leicht in Säure löslichen Basen ansprechen dürfen.
Daß diese leicht löslichen Basen diejenigen sind, die in den zeolithischen Silikaten
und den Humaten stecken, also gerade die Basen, die man als die austauschbaren
Basen bezeichnet, kann hier schon ausgesprochen werden, wenn auch der Nach-

weis dafür erst später bei der Behandlung der Absorptionswirkungen der versauerten Böden geliefert werden wird.

Versuche über die Wechselwirkung zwischen Boden und verdünnten Säuren sind kürzlich auch noch von A. NATH PURI[1] mit einer Reihe verschiedener Säuren ausgeführt worden. Er arbeitete dabei geradeso, wie es von uns in den vorstehenden Versuchen geschah, und fand bei seinen Versuchen, daß die Umsetzungsreaktion in großer Annäherung der FREUNDLICHschen Absorptionsformel $a = \alpha \cdot c^{\frac{1}{n}}$ folgte, wo a die absorbierte Menge, c die Konzentration des zu absorbierenden Stoffes in der Lösung, α und $1/n$ Konstanten sind, die von dem Absorbens und dem Lösungsmittel abhängen. Der Wert von n stellte sich für die verschiedenen Säuren wie folgt heraus:

für H_2SO_4	3,07	für HCl	2,14
für Zitronensäure	3,07	für H_3PO_4	2,35
für HNO_3	2,30	für Essigsäure	1,69

Versuche mit verschiedenen Korngrößen, die durch Sedimentation gewonnen wurden, zeigten, daß mit steigender Oberflächengröße der Fraktionen die Absorption der Säuren zunahm, wobei n für die verschiedenen Fraktionen denselben Wert besaß. Auf Grund seiner Untersuchungen glaubt NATH PURI die Wechselwirkung zwischen dem Boden und den Säuren für eine Oberflächenerscheinung halten zu sollen. Von einer einfachen Oberflächenerscheinung aber kann hierbei doch wohl in Wirklichkeit nicht die Rede sein, oder nur in demselben Umfange, wie man von ihr bei allen Austauschreaktionen zu sprechen berechtigt ist. Der gesamte Basenaustausch der Böden läßt sich ja durch die FREUNDLICHsche Absorptionsformel umschreiben, und da, wie wir schon auseinandergesetzt haben und wie heute ziemlich allgemein angenommen wird, die Einwirkung von verdünnten Säuren auf den Boden in der Hauptsache nichts anderes ist als ein Austausch der Metallkationen der zeolithischen Silikate und der Humate gegen die Wasserstoffionen der Säuren, so liegt es nahe, daß auch dieser Austausch von denselben Gesetzmäßigkeiten beherrscht wird wie der Austausch der anderen Kationen. Daß hierbei dieselbe Gesetzmäßigkeit angetroffen wird wie bei der reinen Adsorption — also der Bindung von Stoffen aus Lösungen durch Erhöhung ihrer Konzentration an der adsorbierenden Oberfläche —, das schließt den chemischen Charakter des Basenaustauschvorganges ganz und gar nicht aus. Man soll sich indessen heute, wie WIEGNER mit Recht betont, nicht auf die Fragestellung versteifen, ob der Basenaustausch chemisch oder physikalisch zu deuten ist; kommt man doch auch zur Erklärung der einfachen Adsorptionserscheinungen mehr und mehr auf chemische Vorstellungen zurück.

Was schließlich den Zusammenhang zwischen der absoluten Neutralisationskraft des Bodens und seinem Versauerungszustand angeht, so muß an dieser Stelle noch besonders darauf aufmerksam gemacht werden, daß die absolute Neutralisationskraft natürlich gar nichts über den Versauerungsgrad der Böden aussagen kann. Selbstverständlich ist es, daß die absolute Neutralisation um so kleiner sein muß, je stärker versauert ein Boden ist, aber ein Boden muß trotz eines sehr kleinen absoluten Neutralisationsvermögens keineswegs sauer sein. Um das zu erkennen, braucht man ja nur an die Neutralisationskraft eines sehr leichten Sandbodens zu denken; diese wird immer verhältnismäßig sehr klein sein, aber dabei liegt keineswegs die Notwendigkeit vor, daß dieser leichteste Sandboden auch sauer sei. Nur bei den besseren Böden, den Lehm- und den Tonböden, wird man aus einer kleinen absoluten Neutralisation eine bereits eingetretene Versauerung folgern dürfen.

---

[1] NATH PURI, A.: J. agricult. Sci. 15, 334 (1925); nach Ref. in Z. Pflanzenernährg, Düngg u. Bodenkde A 10, 255.

b) Die absolute Neutralisationskraft des Bodens gegen Basen.

Wie das Neutralisationsvermögen des versauerten Bodens gegen Säuren abhängig ist von seinem Gehalte an basischen Stoffen in dem Sinne, daß der Boden um so mehr Säure zu neutralisieren vermag, je geringer sein Verlust an basischen Stoffen ist, so wird umgekehrt auch das Neutralisationsvermögen des Bodens gegen Basen abhängig sein von seinem Entbasungsgrade, aber natürlich mit umgekehrter Wirkung. Je weiter der Entbasungsvorgang vorgeschritten ist, um so größer muß das Neutralisationsvermögen gegenüber Basen werden. Diese Tatsache läßt sich ebenso leicht beweisen wie bei der Neutralisation von Säuren durch den Boden. Man braucht nur auf einen Boden in verschiedenem Versauerungszustande die Lösung einer Base einwirken zu lassen, um feststellen zu können, daß aus dieser Lösung um so mehr von der Base durch den Boden gebunden wird, je stärker er versauert ist. So ließen wir auf je 50 g desselben Bodens, der bei einem Vegetationsversuch mit steigenden Kalkgaben gedüngt war und daher in allen Reaktionsabstufungen als physikalisch gleichartig betrachtet werden konnte, 100 ccm 0,1 n-Natronlauge und 0,1 n-Bariumhydroxydlösung einwirken, filtrierten die Lösung ab und bestimmten die Menge der noch vorhandenen Basen durch Titration mit 0,1 n-Säure. Wir erhielten dabei folgende Werte für die Mengen der gebundenen Basen:

Reaktionszahlen der Böden	1 4,56	2 5,37	3 6,12	4 7,67
Verbrauchte Base in % 1. NaOH	97,0	93,0	88,0	75,0
2. Ba(OH)$_2$	99,5	98,2	97,1	96,0

Ohne Frage zeigen diese Versuche, daß das absolute Neutralisationsvermögen eines Bodens gegen Basen mit seinem Versauerungsgrade ansteigt. Vergleicht man mit diesen Zahlen für das Basenbindungsvermögen aber die Kalkmengen, die nötig sind, um den vier Böden eine beim Umschlagspunkt für den Indikator Phenolphthalein liegende Reaktion zu erteilen, um also ihre Reaktion auf den Wert 8,5 zu bringen, so erkennt man, daß diese in der obigen Weise bestimmten Neutralisationszahlen doch keine besonders klare Vorstellung von dem Basenbindungsvermögen der Böden liefern. Die Mengen an Kalziumoxyd, die den vier Böden bis zum p_H-Wert 8,5 hinzugesetzt werden mußten, waren, auf 100 g Boden bezogen, folgende:

Boden 1	Boden 2	Boden 3	Boden 4
0,450 g	0,238 g	0,140 g	0,050 g

Setzen wir das Vermögen des sauersten Bodens, Kalk zu binden = 100, so war das der anderen drei Böden = 53, 31 und 11. Da nun ohne Frage die letzten Zahlen das Kalkbindungsvermögen der Böden richtig wiedergeben, so läßt sich von der oben geschilderten Methode sagen, daß sie nur ganz roh den Zusammenhang zwischen Basenbindungs- oder Neutralisationsvermögen eines Bodens und seinem Versauerungszustand anzugeben vermag, und das ist auch nicht anders zu erwarten. Es treten nämlich bei der Behandlung eines sauren Bodens mit der Lösung einer Base im Überschuß allerlei Komplikationen auf, die es unmöglich machen, das Neutralisationsvermögen des Bodens gegen Basen in derselben einfachen Weise, wie sie bei der Bestimmung des Neutralisationsvermögens gegen Säuren anwendbar ist, zu ermitteln.

Diese Komplikationen bestehen einmal darin, daß sich in diesem Falle stets einfache Neutralisationsvorgänge mit Basenaustauschvorgängen und mit Adsorptionsvorgängen vermengen. Zuerst wird natürlich die dem Boden zugefügte

Base mit dem Säurewasserstoff der zeolithischen Silikate und der Humate in Reaktion treten, wobei sich ein einfacher Neutralisationsprozeß abspielt, wie das schon RAMANN[1] angenommen hat und worauf auch von anderen Autoren, wie BRADFIELD[2], hingewiesen wurde. Wie dieser Neutralisationsprozeß verläuft, ist allerdings noch nicht ganz sicher festgestellt. Er könnte einmal geradeso zustande kommen wie der Neutralisationsprozeß bei den Säuren. Wie diese ihre Wasserstoffionen gegen die austauschbaren Metallkationen des Kolloidkomplexes des Bodens auswechseln und dadurch neutralisiert werden, so könnte auch wohl das Kation der Basen zuerst den Säurewasserstoff des Kolloidkomplexes herausdrängen, und es würde dann in der Außenlösung zu einer Vereinigung von H- und OH-Ionen zu Wasser kommen. Man kann sich die Sache aber auch einfacher vorstellen, nämlich so, daß die OH-Ionen der Basen direkt mit dem Säurewasserstoff des Komplexes, ohne vorherigen Kationenaustausch, unter Wasserbildung reagieren. Die dabei im Kolloidkomplex frei werdenden Bindungen werden dann einfach durch das Kation der Base besetzt. BRADFIELD, der sich sehr eingehend mit dem Verhalten von kolloidalem Ton zu Säuren und Basen beschäftigt hat, neigt offenbar der letzten Ansicht zu, denn er sagt, daß die Basenbindung durch den sauren Ton eine gewöhnliche Neutralisation und daß es unnötig sei, zu seiner Erklärung die Adsorptionstheorie heranzuziehen.

Wenn man sich aber dieser Vorstellung von BRADFIELD anschließt, so muß man für den Fall, daß der saure Boden mit einem Überschuß von Basen behandelt wird, doch wieder das Hineinspielen von Adsorptionswirkungen zugeben. Auch diese Tatsache ist schon von RAMANN sichergestellt worden. Er fand bei Untersuchungen an Permutiten, daß die Behandlung mit basischen Stoffen auch zum Austausch der Kationen der Basen mit den Kationen der Permutite führte, und dieser Austausch ist durch die Untersuchungen von WIEGNER und JENNY[3] weiter belegt und genauer erfaßt worden. Bei diesem Basenaustausch können nun noch Komplikationen dadurch entstehen, daß die ausgetauschten Kationen schwerlösliche Hydroxyde bilden, die, wie Kalzium- und Magnesiumhydroxyd, als feste Stoffe ausfallen und mit dem Kolloid vereinigt bleiben können. Dadurch wird dann bewirkt, daß ein viel zu großer Basenverbrauch für die Neutralisation vorgetäuscht wird. Obendrein kann aber auch noch aus einem Überschuß von Basen eine einfache Adsorption nach der FREUNDLICHschen Formel erfolgen. Einfache, echte Neutralisation, Basenaustausch und Adsorption, schließlich sogar auch noch Silikatzersetzung und Humatauflösung wirken zusammen, um die Ermittlung des Neutralisationsvermögens des Bodens gegen Basen auf demselben einfachen Wege wie bei der Säureneutralisation unmöglich zu machen. Daß das Basenbindungsvermögen des Bodens mit seinem Versauerungsgrade ansteigt, erlaubt diese Methode zwar auch sicherzustellen, ein genaues Maß dafür gibt sie indessen nicht ab. Dafür existieren aber andere Methoden, von denen weiter unten noch eingehend die Rede sein wird.

c) Das Pufferungsvermögen des Bodens.

Den Erfolg der Einwirkung einer Säure auf den Boden kann man nun außer durch die Bestimmung des absoluten Neutralisationsvermögens auch durch die Veränderung der Reaktionszahl des Bodens zum Ausdruck bringen. Es ist klar, daß sich der Gehalt eines Bodens an neutralisierend wirkenden Stoffen auch in einem mehr oder weniger großen Widerstand des Bodens gegen eine Veränderung

[1] RAMANN, E.: Z. Pflanzenernährg u. Düngg A **3**, 257.
[2] BRADFIELD, R.: J. amer. chem. Soc. **45**, 2669.
[3] WIEGNER, G., u. H. JENNY: Kolloidchem. Beih. **23**, 428.

seiner Reaktionszahl äußern muß. Diesen Widerstand gegen eine Änderung seiner Wasserstoffionenkonzentration oder seiner Reaktionszahl nennt man Regulationsfähigkeit oder Pufferungsvermögen des Bodens. Man sagt, daß ein Boden gut puffert, wenn er auf ihn zur Einwirkung gelangende Säuren, ohne seinen eigenen Reaktionszustand wesentlich zu verändern, beseitigen kann, er puffert dagegen schlecht, wenn sich unter dem Einfluß einer Säure seine Reaktion leicht ändert. Der Begriff der Pufferung ist nun aber nicht auf das Verhalten des Bodens gegen Säuren beschränkt, er erstreckt sich auch auf das Verhalten des Bodens gegen basische Stoffe. Wird die Reaktion des Bodens durch Zusatz von Laugen leicht nach der alkalischen Seite hin verschoben, natürlich infolge eines zu geringen Gehaltes an basenbindenden Stoffen, so ist er gegen Basen schlecht gepuffert, vermag er aber ihm zugesetzte Basen ohne starke Verschiebung seiner Reaktion zu beseitigen, so nennt man ihn gut gepuffert. An Stelle des Begriffs der „Pufferung" benutzt man auch wohl den reziproken Begriff der „Nachgiebigkeit". Nachgiebig ist der Boden dann, wenn er einer Reaktionsänderung durch Säuren oder Basen nur einen geringen Widerstand entgegensetzt. Zu diesem in den letzten Jahren in der Bodenkunde stark in Gebrauch gekommenen Begriff der Pufferung oder der Nachgiebigkeit muß hier noch etwas ausführlicher Stellung genommen werden.

1. Der Begriff des Pufferungsvermögens. Der Begriff der Pufferung ist nicht in der Bodenkunde oder in der Agrikulturchemie, in der er jetzt so oft gebraucht wird, entstanden, sondern er stammt aus der physiologischen Chemie und ist von dort in unsere Wissenschaften übertragen worden. Ursprünglich ist dieser Begriff angewendet worden auf die eigentümliche Gegenwirkung, die gewisse physiologisch wichtige Flüssigkeiten, wie das Blut, die Lymphe, der Harn und andere in tierischen Organen enthaltene Flüssigkeiten, aber auch alle in den Pflanzen vorkommenden Säfte der Veränderung ihrer Wasserstoffionenkonzentrationen durch geringe Mengen zugesetzter Säuren oder Basen entgegenstellen. Solche Organflüssigkeiten sind also in der Lage, die ihnen von Haus aus eigene Wasserstoffionenkonzentration zwar nicht absolut, aber doch bis zu einem gewissen Grade gegen Veränderungen zu schützen. Für den Organismus von Tier und Pflanze ist diese Fähigkeit von allergrößter Bedeutung, denn im Tier- und Pflanzenkörper vollziehen sich die chemischen Veränderungen, die das Leben ausmachen, vornehmlich unter dem Einfluß von Enzymen oder Fermenten. Von den Wirkungen dieser Stoffe ist aber bekannt, daß sie in außerordentlich hohem Maße von der Wasserstoffionenkonzentration der Substrate, in denen sie sich befinden, abhängig sind. Die Reaktion der tierischen und pflanzlichen Flüssigkeiten ist nun zumeist eine derartige, daß durch sie die Wirkung der Enzyme günstig beeinflußt wird. L. MICHAELIS sagt in seinem Buche „Die Wasserstoffionenkonzentration" zu dieser wichtigen Erscheinung folgendes: „Zeichnet sich irgendeine Gewebsflüssigkeit durch ein spezifisches Ferment aus, so ist in der Regel die Wasserstoffzahl dieses Saftes gleich derjenigen Wasserstoffzahl, die dem Wirkungsoptimum dieses Fermentes entspricht." Zur Kennzeichnung des Zutreffens dieser Regel sei der gleichen Quelle nach angegeben, daß die Wasserstoffzahl des normalen Magensaftes des Erwachsenen gleich der Wasserstoffzahl für das Wirkungsoptimum des Pepsins, des im Magen wirkenden eiweißabbauenden Fermentes, ist. Die Wasserstoffzahl des Darmsaftes stimmt überein mit der des Wirkungsoptimums für das Trypsin, Erepsin und die Pankreaslipase, die Wasserstoffzahl des Speichels mit der optimalen Wasserstoffzahl für das darin enthaltene diastatische Ferment, schließlich die Wasserstoffzahl des Blutes mit der für das Wirkungsoptimum des im Blut enthaltenen fettspaltenden Fermentes und des glykolytischen Fermentes des Blutes. Daß dieses Zusammentreffen kein bloßes Zufallsspiel ist, sondern daß sich darin eine Regelmäßigkeit von weittragender biologischer Bedeutung kundgibt, dürfte wohl kaum einem Zweifel unterliegen. Wenn nun aber eine so fein abgestimmte Abhängigkeit zwischen der Wirkung der Fermente und der Wasserstoffionenkonzentration besteht, und wenn die Wasserstoffzahl der Organflüssigkeiten durchweg auf das Wirkungsoptimum der Fermente eingestellt ist, so ist ohne weiteres zu verstehen, von welcher Wichtigkeit es für die Organismen sein muß, diese günstigen Wasserstoffzahlen auch möglichst gegen äußere Einflüsse unverändert aufrechtzuerhalten. Jede wesentliche Reaktionsänderung würde ja sonst den normalen Ablauf der chemischen Vorgänge in den Organismen in Frage stellen.

Tatsächlich besitzen die fermenthaltigen Organ- und Gewebsflüssigkeiten nun in ganz außerordentlich hohem Ausmaße diese Fähigkeit des Schutzes ihrer Wasserstoffzahlen gegen Veränderungen durch Zutritt von Säuren oder Basen, sie setzen einer solchen Veränderung großen Widerstand entgegen, und diese Fähigkeit der Organ- und Gewebsflüssigkeiten ist eben das, was man kurz als Regulation oder als Pufferung bezeichnet hat.

Diesen Begriff hat man nun in neuerer Zeit in die Bodenkunde übernommen, und man bezeichnet, geradeso wie in der physiologischen Chemie bei den Organsäften, hier die Fähigkeit eines Bodens, der Veränderung seiner Wasserstoffionenkonzentration Widerstand entgegenzusetzen, als Pufferung.

Ganz so neu, wie man wohl annehmen möchte, ist dieser Begriff in der Bodenkunde allerdings doch nicht. Unter der anderen Bezeichnung, die aber auch in der physiologischen Chemie in Gebrauch ist — nämlich unter der der Regulation —, ist dieser Begriff schon vor fast 50 Jahren mit vollem Bewußtsein dessen, was er bedeutet, gebraucht worden. Diese Tatsache ist so interessant, daß sie mit ein paar Worten noch bedacht werden mag.

ADOLF MAYER[1] veröffentlichte im Jahre 1881 eine Arbeit, in der er eine Erklärung für die nicht auf allen Böden, wo sie an sich zu erwarten war, befriedigende Wirkung der Kalisalze zu liefern versuchte. In dieser Arbeit kam er zu dem Resultat, daß die Minderwirkung der Kalisalze auf gewissen Böden die Folge sei von der versauernden Wirkung, die von den Kalisalzen ausgehen sollte. MAYER nahm nämlich von den Kalisalzen an, daß sie zu den eben schon einmal genannten physiologisch-sauren Düngesalzen zu rechnen seien, und die aus diesen Salzen frei werdenden Säuren sollten nach seiner Ansicht infolge ihrer schädlichen Einwirkung auf den Boden die Düngewirkung der Kalisalze herabsetzen. Zu dieser Deutung der Erscheinungen führte ihn einmal ein Analogieschluß von dem Verhalten der Ammoniumsalze auf das der Kalisalze. Wie die Pflanzen von den Ammoniumsalzen das Ammoniak schneller aufnehmen als die damit verbundene Säure, so glaubte A. MAYER, sei das auch bei den Kalisalzen der Fall. Wie die Säure der Ammoniumsalze sollte somit auch die der Kalisalze in freiem Zustande im Boden zurückbleiben, den Boden versauern und schädigend auf den Pflanzenwuchs wirken. In scheinbar bester Übereinstimmung mit dieser Annahme stand die Tatsache, daß auf Böden, die ausreichende Mengen an neutralisierend wirkenden Stoffen, wie kohlensaurem Kalk, enthielten, die mangelhafte oder sogar die pflanzenschädigende Wirkung der Kalisalze nicht hervortrat. Der Grund dafür war nach A. MAYER eben die „günstige regulatorische Wirkung" des kohlensauren Kalkes und der zeolithischen Silikate und Humate. Besonders der kohlensaure Kalk ist der „wohltätige Neutralisator" des Bodens, der eine an der einen oder anderen Stelle des Bodens als Folge des Ernährungsprozesses der Pflanze auftretende Säuerung beseitigt. Wenn bei dieser regulatorischen Wirkung des kohlensauren Kalkes auch wohl mehr seine Löslich-

---

[1] MAYER, A.: Landw. Versuchsstat. **26**, 97.

keit in der Form von Bikarbonat, als seine Löslichkeitserhöhung in neutralen Salzlösungen, wie A. MAYER meint, die Ursache ist, so verdient doch hervorgehoben zu werden, in welch klarer Weise bereits von A. MAYER das Prinzip der Regulation oder, wie man jetzt zumeist sagt, der Pufferung in seiner Bedeutung für den Ackerboden erkannt worden ist.

Die Stoffe, die diese Pufferung zu bewirken imstande sind, können nun recht verschieden sein. Bei vielen Organ- und Gewebsflüssigkeiten, die eine ausgesprochene Pufferwirkung besitzen, wird sie hervorgerufen durch die Gegenwart und das besondere Verhalten, das den Gemischen von schwachen Säuren und ihren Salzen eigentümlich ist. Solche physiologisch wichtige Kombinationen sind z. B. für den Tierkörper die Karbonate und die Kohlensäure, ferner Phosphate und freie Phosphorsäure, für den Pflanzenorganismus vornehmlich Gemische organischer Säuren, wie Weinsäure, Apfelsäure und Zitronensäure, aber auch wohl Oxalsäure, Bernsteinsäure und anderer Säuren mit ihren Salzen. Die Wasserstoffzahl solcher Gemische entspricht nicht der darin enthaltenen Menge an freier Säure, sondern sie ist meist ganz bedeutend kleiner, weil durch die Gegenwart des Salzes der Säure ihre eigene Dissoziation zurückgedrängt wird. An einem Beispiel sei dieses Verhalten von Gemischen schwacher Säuren mit ihren Alkalisalzen etwas näher dargelegt.

Nach den Auseinandersetzungen auf S. 23 gilt für die Wasserstoffzahl einer reinen Säurelösung die Gleichung:

$$[H^{\cdot}] = k \cdot \frac{[\text{undissoz. Säure}]}{[\text{Säureanion}]},$$

also etwa für die Essigsäure

$$[H^{\cdot}] = k \cdot \frac{[CH_3COOH]}{[CH_3COO']}.$$

Setzt man nun zu einer solchen Lösung Natrium- oder ein anderes Azetat hinzu, so vermehrt man die Azetationen, weil ja die Salze in wässeriger Lösung sehr weitgehend, praktisch so gut wie ganz, elektrolytisch dissoziiert sind, während die Konzentration der freien Essigsäure natürlich durch den Zusatz unverändert verbleibt. Da nun die Dissoziationskonstante der Essigsäure, k, ebenfalls ihren Wert unverändert beibehält, so muß, da der Nenner größer geworden ist, der Wert für $H^{\cdot}$ kleiner werden, d. h. aber nichts anderes, als daß durch den Zusatz des Salzes die Dissoziation der Essigsäure zurückgedrängt und damit die Wasserstoffzahl kleiner geworden ist. Kennt man somit die Konzentration an freier Essigsäure, die man durch einfache Titration des Gemisches mit Lauge erfahren kann, und ist die zugesetzte Menge des Azetates bekannt, so kann man mit Hilfe der folgenden Formel in jedem Gemisch die Wasserstoffzahl durch Rechnung ermitteln.

$$[H^{\cdot}] = k \cdot \frac{[\text{Essigsäure}]}{[\text{Natriumazetat}]}.$$

Genauer wird die Rechnung allerdings noch, wenn man auch die Tatsache berücksichtigt, daß die elektrolytische Dissoziation des essigsauren Salzes keine ganz vollständige ist, sondern eine Abhängigkeit von der Konzentration aufweist. Bezeichnet man den Dissoziationsgrad des Natriumazetates für die gegebene Konzentration mit a, so erhält man dann die genauere Formel

$$[H^{\cdot}] = \frac{k \cdot [\text{Essigsäure}]}{a \cdot [\text{Natriumazetat}]}.$$

Die Konzentration des Natriumazetates darf man an Stelle der Azetationenkonzentration einsetzen, weil ja infolge der Zurückdrängung der Dissoziation der freien Essigsäure die Azetationen so gut wie ausschließlich von dem zugesetzten Salze geliefert werden.

Ein derartiges Gemisch von freier Säure und ihren Salzen ist nun in bezug auf seine Wasserstoffzahl recht beständig, denn wenn ihm kleine Mengen selbst von starken Säuren zugesetzt werden, so verschwinden die damit in die Lösung gelangenden Wasserstoffionen dadurch, daß sie mit Azetationen zu freier, aber in ihrer Dissoziation stark beschränkter Essigsäure zusammentreten. Die Azetationen sind es also, die die Wasserstoffionen der Salzsäure gewissermaßen abfangen und unschädlich machen. Ein solches Gemisch von freier Säure und Neutralsalz erscheint infolgedessen als sehr gut gepuffert, etwas besser allerdings gegen den Zusatz von Säuren als gegen den von Basen. Eine hinzugefügte kleine Menge einer Base, z. B. NaOH, setzt sich mit den H-Ionen der Essigsäure unter Bildung von Wasser und Natriumazetat, also unter Vermehrung der Azetationen, um. Freie Essigsäure verschwindet damit, und außerdem bewirkt das neuentstandene Azetat eine weitere Zurückdrängung der Dissoziation der noch vorhandenen dissoziierten Säure. Trotzdem ist aber die Wasserstoffzahl solcher Gemische auch gegen Basenzusatz noch gut gepuffert. Dies zeigen die folgenden Versuche, die mit der sog. Standardlösung von MICHAELIS, die aus 50 ccm n-Natronlauge, 100 ccm n-Essigsäure und 350 ccm Wasser zusammengesetzt ist, erhalten wurden:

ccm Standard-lösung	Zusatz ccm		p_H	ccm Standard-lösung	Zusatz ccm		p_H
	$\frac{n}{10}$ HCl	H_2O			$\frac{NaOH}{10}$	H_2O	
50	—	—	4,62	50	—	—	4,62
50	—	50	4,67	50	—	50	4,67
50	5	45	4,60	50	5	45	4,80
50	10	40	4,55	50	10	40	4,90
50	15	35	4,45	50	15	35	5,01
50	20	30	4,35	50	20	30	5,11
50	25	25	4,26	50	25	25	5,25
50	30	20	4,18	50	30	20	5,39
50	35	15	4,09	50	35	15	5,56
50	40	10	3,97	50	40	10	5,77
50	45	5	3,80	50	45	5	6,11
50	50	0	3,09	50	50	0	9,08

Die Stärke der Pufferung, die das Azetatgemisch in diesen Versuchen ausübt, wird dann besonders klar, wenn man an die Reaktion denkt, die bei Ersatz des Azetatgemisches durch reines Wasser schon durch die kleinste benutzte Säure- und Laugemenge von 5 ccm erreicht wird. Bei Säurezusatz müßte der p_H-Wert unter diesen Umständen etwa 2,30 sein, bei Laugezusatz dagegen rund 11,40.

In ähnlicher Weise wie die Essigsäure sind auch andere schwache Säuren und ihre Neutralsalze zur Zusammensetzung gut puffernder Lösungen geeignet, und gerade für die puffernde Wirkung der in den Pflanzen enthaltenen Säfte kommt solchen Gemischen fraglos eine große natürliche Bedeutung zu.

Außer diesen Stoffen, deren Wirkung wir als Pufferung durch Dissoziationsverschiebung bezeichnen können, gibt es nun auch noch eine Reihe anderer Möglichkeiten, durch die der Schutz der Reaktion herbeigeführt werden kann. So dürfte gewiß weitverbreitet in den Organismen der Fall verwirklicht sein, daß Eiweißstoffe an der Pufferung der Organ- und Gewebsflüssigkeiten beteiligt sind. Eiweißstoffe sind ja ihrem ganzen chemischen Charakter nach Stoffe, denen sowohl saure als auch basische Eigenschaften zugeschrieben werden, und die daher als amphoter reagierende Stoffe bezeichnet werden können. Sie sind in sauren Lösungen in der Lage, Säuren zu binden, in alkalischen Lösungen aber auch zur Bindung von Basen imstande. Nach den Ergebnissen der Arbeiten von PAUL PFEIFFER und seiner Schule wird man wohl annehmen können, daß es sich bei der

Wirkung der Eiweißstoffe in diesen Fällen um die Bildung sog. Molekülverbindungen handelt. Es ist ohne weiteres einleuchtend, daß durch diese Bindungsfähigkeit für Säuren und Basen die Eiweißstoffe auf die H- wie auch OH-Ionenkonzentration einer Lösung vermindernd einwirken, also als Regulatoren, Moderatoren oder Puffer fungieren können.

Zu einer Wirkung, die der der Eiweißstoffe ganz entspricht, sind natürlich auch andere amphoter reagierende Stoffe befähigt. Typisch amphoter reagierende Stoffe oder kurz Ampholyte sind auch die Abbauprodukte der Eiweißstoffe, die Aminosäuren. Diese in den Organismen weitverbreitet auftretenden Stoffe verdanken ihren Ampholytcharakter offenbar dem gleichzeitigen Besitz basisch reagierender Aminogruppen und saurer Karboxylgruppen. Auch diese Aminosäuren bilden, wie PFEIFFER nachgewiesen hat, sowohl mit Basen als auch mit Säuren salzartige Verbindungen, und da die Wiederaufspaltung dieser Verbindungen beim Auflösen in Wasser nur beschränkt erfolgt, die Säuren oder Basen also auch in Lösung an die Aminosäuren teilweise fest gebunden bleiben, so können eben auch die Aminosäuren als Pufferstoffe wirken. Tatsächlich macht man ja auch hiervon praktischen Gebrauch, indem man künstliche Puffergemische herstellt, in denen Aminosäuren, z. B. Glykokoll, enthalten sind.

Diese Art der Pufferung durch Eiweißstoffe und Aminosäuren stellt offenbar einen von dem zuerst beschriebenen Falle, wo die Verschiebung der Dissoziationsverhältnisse der Pufferung als Ursache zugrunde lag, gänzlich verschiedenen Vorgang dar; man unterscheidet ihn am zweckmäßigsten von dem ersten durch die Bezeichnung Pufferung infolge von Ampholytwirkung.

Noch auf eine dritte Möglichkeit, durch die Pufferung erfolgen kann, muß hier hingewiesen werden, nämlich darauf, daß auch die Adsorption Pufferung herbeiführen kann. Kohle adsorbiert z. B. sowohl Säuren als auch Basen, Zusatz von gut absorbierender Kohle zu einer Lösung wird also sowohl als ein gewisser Schutz gegen das Sauerwerden als auch gegen das Alkalischwerden der Lösung wirken können. Andere Adsorbentien, in organischen Flüssigkeiten z. B. die kolloiden Eiweißstoffe, werden zu ähnlichen Wirkungen befähigt sein, und so können wir als einen dritten Fall von Pufferung den durch Adsorption vermerken.

Sehen wir uns nun danach um, ob bei der Einwirkung von Säuren und Basen auf den Boden einer dieser drei Fälle von Pufferung verwirklicht ist. Für die Säureeinwirkung auf einen Boden wird man das unbedingt verneinen müssen, solange ein Boden alkalisch reagiert. In diesem Falle werden sicher die Wasserstoffionen der Säure sich mit den OH-Ionen des Bodens, die der Hydrolyse der Karbonate ihr Dasein zu verdanken haben, ohne weiteres umsetzen unter Bildung von Wasser, von einer Pufferung durch Dissoziationsverschiebung, an die man hier denken könnte, wird man in diesem Falle also nicht sprechen können; es handelt sich vielmehr um einen einfachen Neutralisationsprozeß, durch den die Wasserstoffionen der Säure zum Verschwinden gebracht werden. Erst wenn die Hydroxylionen verschwunden sind, wird das System von freier Kohlensäure und Bikarbonat, das ja auch dann noch die Bodenreaktion beherrscht, durch Dissoziationsverschiebung puffernd wirken können. Büßt dieses Pufferungssystem dann aber bei weitergehender Versauerung des Bodens seine Wirkung ein, so werden die zeolithischen Silikate und die Humate die Pufferwirkung im Boden übernehmen müssen. Sie verfügen ja im Anfangsstadium der Bodenversauerung auch noch über einen ausreichenden Gehalt an Basen, mit deren Hilfe sie die Beseitigung der Säuren vornehmen können. Wie man sich im einzelnen diese puffernde Wirkung der genannten Bodenbestandteile vorstellen soll, muß allerdings als noch umstritten bezeichnet werden. Nach O. ARRHENIUS[1] soll es wahr-

<hr>

[1] ARRHENIUS, O.: J. amer. chem. Soc. **44**, 521.

scheinlich sein, daß der Ton und der Humus — also die zeolithischen Silikate und die Humate — als Ampholyte wirken, daß sie also sowohl die Rolle von säurebindenden Basen als auch die von basenbindenden Säuren spielen können. Diese Annahme scheint aber doch nicht recht begründet zu sein; entweder sind, wie Sven Odén[1] ganz richtig sagt, die Tonsubstanzen von saurer Beschaffenheit, wenn sie eben entbast sind, und binden dann Basen, oder sie sind von alkalischer Beschaffenheit und vermögen dann Säuren zu neutralisieren. Ampholytcharakter ist bei diesen Stoffen nicht zu erkennen. Man wird somit die Pufferwirkung der zeolithischen Silikate und der Humate in anderer Weise erklären müssen, und da ist es wohl, wenn man an die starke Eintauschbarkeit der Wasserstoffionen denkt, berechtigt, anzunehmen, daß die Pufferwirkung der genannten Stoffe eben auf dem Wege des Eintausches der Wasserstoffionen gegen die Ionen von Kalzium und Magnesium zustande kommt. Diese Art der Beseitigung der Wasserstoffionen könnte man wohl als einen besonderen Fall von Pufferung durch Dissoziationsverschiebung ansehen, denn die Wasserstoffionen der auf den Boden einwirkenden Säure werden in die Form der schwer löslichen und sehr wenig dissoziierten festen Ton- und Humussäuren übergeführt. Bei weit vorgeschrittener Versauerung tritt dann noch ein neues Moment hinzu, das die Pufferung der Silikate und Humate verstärkt, nämlich die Bildung von Aluminiumsalzen. Werden kleinere auf den Boden einwirkende Säuremengen auch zunächst noch vollkommen durch den Ionenaustausch mit den Silikaten und den Humaten beseitigt, so beobachtet man doch schon bald auch die Bildung von Aluminiumsalzen, die durch eine Zerstörung eines Teiles der leicht zersetzlichen zeolithischen Silikate eintritt. Dieser Vorgang selbst trägt fraglos zur Pufferung der Böden deswegen bei, weil die Aluminiumsalze infolge ihrer geringen hydrolytischen Dissoziation stets nur verhältnismäßig niedrige Reaktionszahlen aufweisen können. Die Pufferung durch die Bildung dieser Aluminiumsalze beginnt natürlich erst auf einer ziemlich sauren Reaktionsstufe des Bodens, wenn nämlich die Grenze für die Existenz der Aluminiumionen, die, wie wir später noch näher hören werden, bei einer Reaktionszahl von etwa 5,5 liegt, unterschritten ist. Wie man diesen Pufferungsvorgang einschätzen soll, ist wohl leicht zu sagen; die Aluminiumsalzbildung kann nur von der Tonerde ausgehen, die durch volle Zersetzung zeolithischer Silikate frei geworden ist. Es handelt sich also hier wiederum um einen ganz normalen Neutralisationsprozeß, eine einfache Salzbildung.

Was dann die Einwirkung von Basen auf den Boden angeht, so kann man sich, wenn der Boden sauer ist, die Basenbindung durch ihn wohl nicht anders als ebenfalls unter dem Bilde eines regelrechten Neutralisationsvorganges vorstellen. Die unlösliche feste Säure, die Ton- oder Humussäure, verbindet sich mit der einwirkenden Base unter Bildung von Wasser zu einem Salz. Bei diesem Vorgange an einen Ionenaustausch zu denken, bei dem zunächst das Kation der Base das Wasserstoffion aus dem sauren Silikat oder Humat verdrängt und die Vereinigung von Wasserstoffionen und Hydroxylionen dann erst in der Außenlösung stattfindet, ist wohl nicht erforderlich. Sicherlich verläuft bei der größeren Aktivität, mit der die Vereinigung von Wasserstoff- und Hydroxylionen zu Wasser erfolgt, die Reaktion direkt zwischen den Wasserstoffionen der festen Stoffe und den an sie herantretenden Hydroxylionen, wobei die frei werdende Stelle des Wasserstoffions direkt durch das Kation der Base eingenommen wird.

Selbst dann, wenn das Silikat oder das Humat bereits neutral reagiert, kann der Basenbindungsvorgang als ein Neutralisationsprozeß angesprochen werden, denn auch in neutral, ja sogar in alkalisch reagierenden Silikaten und Humaten kann noch Säurewasserstoff enthalten sein, der durch Metallkationen ersetzbar

---

[1] Odén, Sven: Verh. 2. Komm. internat. bodenkundl. Ges. Groningen B 1927, 17.

ist. Um das einzusehen, braucht man nur an die alkalisch reagierenden Bikarbonate oder, um ein agrikulturchemisch noch näher liegendes Beispiel heranzuziehen, an das Dikalziumphosphat und sein Verhalten zu Basen zu denken. Das Dikalziumphosphat reagiert deutlich alkalisch, und dennoch enthält es Säurewasserstoff, der durch Reaktion mit Basen unter Wasserbildung beseitigt werden kann, wie die folgende Umsetzungsgleichung zeigt:

$$Ca_2(HPO_4)_2 + Ca(OH)_2 = Ca_3(PO_4)_2 + 2\ H_2O\ .$$

Die neutral oder schon bei höherem Basengehalte durch Hydrolyse alkalisch reagierenden Silikate und Humate werden sicher in derselben Weise zur Bindung von Basen befähigt sein, und sonach können wir auch in diesen Fällen, bei neutraler und alkalischer Reaktion, die Basenbindung durch den Boden als einen einfachen Neutralisationsprozeß betrachten.

Nur wenn, was praktisch aber gar keine Bedeutung besitzt, das mit Basen voll abgesättigte Silikat oder Humat sich unter dem Einfluß steigender Basenkonzentrationen noch zu weiterer Basenbindung befähigt erweist, muß wohl ein anderer Vorgang als die Neutralisation zur Erklärung herangezogen werden, nämlich der der Adsorption. Da aber ein solcher Fall von Pufferung nur im Laboratorium künstlich zur Verwirklichung kommen kann, so haben wir keine Veranlassung, uns mit ihm länger aufzuhalten.

Von den obengenannten, bei physiologischen Flüssigkeiten sicherlich wichtigsten Fällen der Pufferung, der durch Dissoziationsverschiebung, der durch Ampholytwirkung und der durch Adsorption, spielt somit nur die durch Dissoziationsverschiebung eine Rolle. Daneben, aber keineswegs untergeordnet, macht sich der Vorgang der Neutralisation bei der Pufferwirkung, die der Boden ausübt, bemerkbar, und schließlich kommen auch noch weitergehende Zersetzungsprozesse, bei denen die Tonerde aus ihrer Verbindung mit der Kieselsäure befreit wird, dabei in Betracht. Geradeso wie die reaktionsbestimmenden Bestandteile des Bodens von verschiedener Art waren, ebenso sind es auch die die Pufferung bestimmenden Stoffe, und wenn wir beide untereinander vergleichen, erkennen wir, daß es dieselben chemischen Stoffe sind, die die Reaktion des Bodens einerseits und andererseits auch seinen Widerstand gegen Reaktionsverschiebung ursächlich bestimmen, nämlich das Kalziumkarbonat bzw. das Bikarbonat und die Kohlensäure, die zeolithischen Silikate und die Humate und schließlich die Salze des Aluminiums.

2. Die Bestimmung des Pufferungsvermögens. Die erste Methode, die zur Bestimmung des Pufferungsvermögens des Bodens in Vorschlag gebracht ist, ist wohl die von O. ARRHENIUS[1]. Die Pufferwirkung des Bodens wird hiernach in folgender Weise am besten gemessen:

Eine Serie von 9 Gefäßen wird mit je 10 g Boden beschickt; bei Torfböden ist es am geeignetsten, je 5 g, bei Sandboden je 20 g zu verwenden. Dem Boden in den Gefäßen werden dann 10, 5, 2 und 1 ccm 0,1 n-Schwefelsäure zugesetzt, ein Gefäß mit Boden erhält nichts, die vier folgenden 1, 2, 5 und 10 ccm 0,1 n-Lauge. Die Volumina werden mit Wasser auf 20 ccm aufgefüllt, die Proben dann geschüttelt und im übrigen so behandelt wie beim Bestimmen der aktuellen Azidität[2]. In den Filtraten wird die Reaktionszahl bestimmt. Diese Werte werden in ccm 0,1 n-Säure und -Lauge pro Gramm Trockensubstanz berechnet.

Welche Lauge man verwenden soll, hängt vom Ziel der Untersuchung ab. Will man die Pufferwirkung des Bodens bestimmen, also eine rein wissenschaftliche Untersuchung ausführen, so verwendet man am besten eine starke Lauge wie NaOH, da man hierfür die Pufferwirkung des Bodens über einen großen Bereich

---

[1] ARRHENIUS, O.: Kalkfrage und Bodenreaktion. Leipzig 1926.
[2] Aktuelle Azidität ist gleichbedeutend mit Wasserstoffionenkonzentration.

messen kann ohne Rücksicht auf die Kohlensäure. Die Reaktion zwischen einem Boden und Lauge vollzieht sich hierbei sehr schnell.

Die Bestimmung des Pufferungsvermögens ist somit eine sehr einfache Sache. Weniger einfach ist es dagegen, das Pufferungsvermögen der Böden richtig zum Ausdruck zu bringen. ARRHENIUS verfährt zu diesem Zwecke so, daß er als Maß für das Pufferungsvermögen entweder die Menge der Säure in Kubikzentimetern angibt, die nötig ist, um die Reaktionszahl des Bodens um eine Einheit zu verändern, oder aber so, daß er die Änderung der Reaktionszahl angibt, die durch Zusatz der Säureeinheit (1 ccm) hervorgerufen wird. Zwei Beispiele, eins für einen alkalisch reagierenden und eins für einen sauer reagierenden Boden, werden am besten zeigen, wie diese Angaben gemeint sind. Die Ergebnisse der p_H-Messungen am Boden in seinem ursprünglichen Zustande und nach dem Zusatz von 0,5 und 1,0 ccm 0,1 n-Schwefelsäure und 0,1 n-Natronlauge sind von ARRHENIUS in ein Koordinatensystem eingetragen, Abb. 5, und daraus lassen sich beide angegebenen Maße für das Pufferungsvermögen der Böden ablesen.

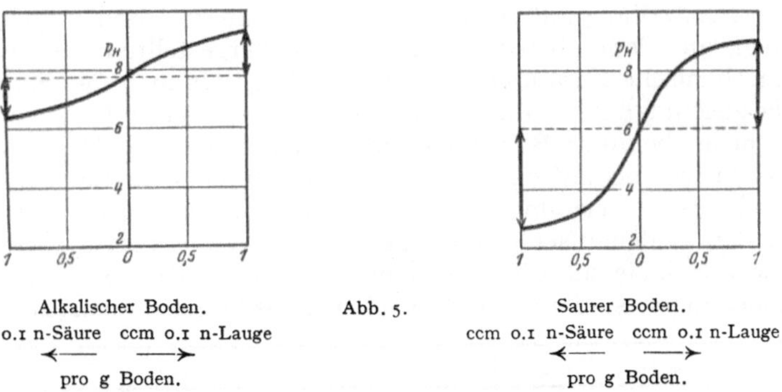

Ohne weiteres ist aus der Gestalt der Kurven allein schon abzulesen, daß der alkalische Boden ein bedeutend größeres Pufferungsvermögen besitzt als der saure; denn während die Kurve bei dem alkalischen Boden sowohl auf Säure- als auch auf Laugezusatz einen flachen Verlauf nimmt, weist die Kurve des sauren Bodens, der starken Veränderung der Reaktionszahlen entsprechend, bei Säurezusatz einen steilen Abfall und bei Laugezusatz einen steilen Anstieg auf. Die Maße für das Pufferungsvermögen lassen sich nun leicht aus der Kurve ablesen. Die Verschiebung durch die Säureeinheit beträgt bei dem alkalischen Boden 1,5 p_H, die durch die Laugeneinheit hervorgerufene ebenfalls 1,5 p_H. Bei dem sauren Boden sind die entsprechenden Werte dagegen 3,6 p_H für den Säurezusatz und 3,0 p_H für den Laugezusatz. Die Pufferung des sauren Bodens ist also viel kleiner, die Nachgiebigkeit gegen eine Reaktionsänderung viel größer als beim alkalischen Boden. Drückt man weiter die Pufferung nach ARRHENIUS durch die Säuremengen oder Laugemengen aus, die nötig sind, um die Reaktionszahl um eine Einheit zu verschieben, so erhält man für den alkalischen Boden aus dem Diagramm den Wert 0,5 ccm 0,1 n-Schwefelsäure und auch ungefähr 0,5 ccm 0,1 n-Natronlauge, für den sauren Boden dagegen wesentlich kleinere Werte, nämlich 0,15 ccm Schwefelsäure und etwa ebensoviel Lauge.

Bei diesen beiden, dem Untersuchungsmaterial von ARRHENIUS entnommenen Beispielen stellt sich also, ganz der Theorie entsprechend, eine deutliche Abnahme des Pufferungsvermögens der Böden mit Eintritt der Versauerung ein. Allerdings muß geradeso wie bei der absoluten Neutralisation hervorgehoben werden, daß grundsätzlich Pufferung und Bodenversauerung nichts miteinander zu tun haben, denn auch hier sind die größten Verschiedenheiten denkbar zwischen den Böden, ohne daß sie nur eine Spur von Versauerung aufzuweisen brauchen. Der reine Seesand besitzt infolge seiner Armut an Verwitterungssilikaten und Humaten, ohne daß er saure Beschaffenheit aufweist, kaum eine Spur von Pufferung, dagegen kann ein stark versauerter Tonboden doch noch so viel an Basen in seinen zeolithischen Silikaten und Humaten enthalten, daß er im Vergleich zum Seesand ein verhältnismäßig hohes Pufferungsvermögen aufweist. Nur bei mechanisch gleichartig zusammengesetzten Böden muß die Pufferkraft im Zusammenhange mit dem Grade ihrer Versauerung stehen, und zwar in dem Sinne, daß sie damit mehr und mehr abnimmt, denn Versauerung ist ja nichts anderes als Verarmung der zeolithischen Silikate und der Humate an den Stoffen, die ihre Pufferwirkung bedingen, an ihren Basen. Von diesem Gesichtspunkte aus betrachtet, müßte deshalb auch erwartet werden, daß die Fähigkeit eines Bodens, Säure zu beseitigen oder zu puffern, mit dem Grade seiner Versauerung fortgesetzt kleiner werde. Diese theoretisch sicherlich berechtigte Forderung erweist sich aber nicht immer als erfüllt. Zum Beweise dafür seien einige Versuche mit einer Reihe durch Behandlung mit Säure künstlich versauerter Böden mitgeteilt[1]. Bei einer solchen, aus demselben neutralen Boden hergestellten Serie müssen, weil eben die mechanische Zusammensetzung aus Ton, Humus und Sand in diesem Falle völlig gleichmäßig ist, die zuverlässigsten Resultate erhalten werden. Der zu den Versuchen benutzte Boden war ein guter Lehmboden. Die Ausführung der Bestimmungen war bis auf einen Punkt ganz den Vorschriften von ARRHENIUS entsprechend; die Abweichung davon bestand darin, daß nicht in den Filtraten, sondern in den Bodenaufschwemmungen die p_H-Werte gemessen wurden. Angewendet wurde dabei die Chinhydronmethode von BIILMANN. Die Ergebnisse der Untersuchungen sind in der folgenden Tabelle zusammengestellt:

Boden Nr.	1	2	3	4	5
Bedarf an $CaCO_3$ bis zur Neutralisation in dz/ha	16,6	30,6	33,7	78,7	90,2
p_H zu Anfang in Wasser	6,60	6,60	5,96	5,27	4,27
p_H-Differenz nach Zusatz von:					
1. 1 ccm 0,1 n-HCl	0,64	1,12	1,27	1,13	0,65
2. 4 ccm 0,1 n-HCl	2,35	2,85	2,46	2,22	1,55
3. 7 ccm 0,1 n-HCl	3,30	3,63	2,92	2,65	1,84
4. 9 ccm 0,1 n-HCl	3,89	3,88	3,23	2,86	2,05

Man erkennt an diesen Zahlen, daß bei dem sauersten der Böden, der bis zu seiner Neutralisation die Zufuhr von nicht weniger als 90 dz $CaCO_3$ je Hektar nötig hat, der geringste Säurezusatz von 1 ccm die gleiche p_H-Verschiebung herbeiführt wie beim ursprünglichen Boden 1, der zur Neutralisation nur eine Kalkmenge von 16,6 dz/ha erfordert. Bei den höheren Zusätzen von Säure blieben aber die p_H-Verschiebungen bei dem sauersten Boden sogar noch hinter denen bei dem Ausgangsboden zurück. Es puffert also nach dem Ausfall dieser Versuche der sauerste Boden im Gegensatz zu aller Theorie besser als der fast neutrale Ausgangsboden. Dasselbe ist auch der Fall, wenn man die Pufferung in der anderen von ARRHENIUS vorgeschlagenen Art zum Ausdruck bringt, nämlich durch Angabe der Säuremengen, die zur Verschiebung der p_H-Werte um eine Einheit erforderlich sind. Diese Säuremengen betragen für den fast neutralen Boden 1,5 ccm 0,1 n-Säure, für den sauersten Boden 2 ccm. Der

---

[1] KAPPEN, H.: Z. Pflanzenernährg, Düngg u. Bodenkde A **8**, 277.

sauerste Boden hat also zur Veränderung seines p_H-Wertes um eine Einheit mehr Säure nötig als der fast neutrale Boden, er puffert somit besser als dieser. Worauf übrigens diese verhältnismäßig geringe Verschiebung der Reaktionszahlen des stark sauren Bodens durch den Säurezusatz beruht, läßt sich leicht erklären. Die hinzugefügte Säure verschwindet nämlich bei diesem an Basen stark verarmten Boden nur zu einem geringen Teil dadurch, daß im Ionenaustausch die Wasserstoffionen in die zeolithischen Silikate eintreten, sondern dadurch, daß unter Zersetzung dieser Silikate Tonerde von der Säure aufgelöst wird. Es ist also eine Aluminiumsalzlösung, die nach dem Säurezusatz die Reaktionszahl bestimmt. Für Aluminiumsalzlösungen liegen aber die Reaktionszahlen ganz nahe bei dem Wert, den der Boden bereits ohne Säurezusatz aufweist. Die Bildung von Aluminiumsalzlösungen ist es stets bei höheren Versauerungsgraden des Bodens, die die Pufferung im Boden gegen starke Säuren besorgt.

Man wird also, wie soeben gezeigt wurde, wenn man die Veränderungen der p_H-Werte zur Grundlage für die Beurteilung des Pufferungsvermögens der Böden macht, zu einer Folgerung gebracht, die mit dem Begriff der Pufferung, wenn er überhaupt einen Sinn für die Bodenkunde haben soll, unvereinbar erscheint. Überlegt man aber, auf welchem Wege diese Unstimmigkeit zustande kommt, so erkennt man leicht, daß das mit der Bestimmungsmethode an sich nicht in Zusammenhang steht; die Methode ist richtig, man kann sogar keinerlei andere Methoden zur Bestimmung des Pufferungsvermögens der Böden in Anwendung bringen, als die von ARRHENIUS benutzte. Man kann nicht anders verfahren als so, daß man den zu prüfenden Boden mit einer gewissen Säure- oder Basenmenge in Berührung bringt und die Veränderung feststellt, die als Folge davon auftritt. Es kann somit nur die Art und Weise sein, in der diese Veränderung ausgedrückt wird, die zu den mit dem Versauerungszustande nicht in Übereinstimmung stehenden Ergebnissen führt. Das Verkehrte bei der ARRHENIUSschen Bestimmung des Puffervermögens ist nun nichts anderes als ihre Kennzeichnung durch die in p_H-Werten ausgedrückten Veränderungen. Darauf ist schon von BRENNER[1], ohne daß von ihm allerdings die hier dargelegten Inkonsequenzen schon erkannt worden wären, hingewiesen worden. BRENNER sagt, daß das wahre Pufferungsvermögen eines Bodens nicht durch die in p_H-Werten ausgedrückten Differenzen der Reaktionszahlen, sondern nur durch die Verschiebung der wirklichen Wasserstoffionenkonzentrationen gemessen werden könne. Wählen wir bei unserer Versuchsreihe nun diese Verschiebungen als Maß für den Grad der Pufferung, so kommen wir auch zu Zahlen, die durchaus mit denen in Übereinstimmung stehen, die nach der Theorie zu erwarten sind. Die Wasserstoffzahlen betragen nämlich für die fünf Bodenproben vor dem Säurezusatz:

1	2	3	4	5
$2{,}51 \cdot 10^{-7}$	$2{,}04 \cdot 10^{-7}$	$1{,}10 \cdot 10^{-6}$	$5{,}37 \cdot 10^{-6}$	$5{,}37 \cdot 10^{-5}$.

Nach dem Zusatz von 1 ccm Säure steigen sie auf

$1{,}10 \cdot 10^{-6}$	$2{,}69 \cdot 10^{-6}$	$2{,}04 \cdot 10^{-5}$	$7{,}25 \cdot 10^{-5}$	$2{,}40 \cdot 10^{-4}$.

Bildet man die Differenzen dieser Werte, indem man die Werte der oberen Reihe von denen der unteren abzieht, so erhält man, ausgedrückt in der Zunahme der Wasserstoffionen im Liter, die durch den Säurezusatz bewirkte Aziditätserhöhung. Diese Erhöhungen belaufen sich auf:

$8{,}49 \cdot 10^{-7}$	$2{,}48 \cdot 10^{-6}$	$1{,}93 \cdot 10^{-5}$	$6{,}71 \cdot 10^{-5}$	$1{,}86 \cdot 10^{-4}$

Grammion Wasserstoff im Liter.

[1] BRENNER, W.: Verh. 2. Komm. internat. bodenkundl. Ges. Groningen A 1926, 48.

Die Zahlen lassen deutlich erkennen, daß die Befähigung der Böden, Wasserstoffionen zu beseitigen, in ganz selbstverständlicher Weise mit der Zunahme der Versauerung abgenommen hat. Die Azidität des fast neutralen Bodens ist um nur $8,49 \cdot 10^{-7}$ Grammion Wasserstoff angestiegen, er hat also den größten Teil der auf ihn zur Einwirkung gelangten Säure beseitigt, er hat am besten gepuffert; der sauerste Boden weist aber eine Aziditätserhöhung um $1,86 \cdot 10^{-4}$ Grammion im Liter auf, er hat durch den Säurezusatz die höchste Aziditätssteigerung erfahren und also in voller Übereinstimmung mit der Theorie der Bodenversauerung auch das geringste Pufferungsvermögen aufgewiesen.

Vielleicht noch etwas übersichtlicher werden die Ergebnisse dieser Versuchsreihe sich darstellen, wenn man die Wasserstoffzahlen alle auf denselben Nenner bringt. Dann beläuft sich die Verschiebung der Wasserstoffzahlen bei den fünf Böden auf:

1	2	3	4	5
$8,49 \cdot 10^{-7}$	$24,8 \cdot 10^{-7}$	$193,0 \cdot 10^{-7}$	$671,3 \cdot 10^{-7}$	$1863 \cdot 10^{-7}.$

Die Böden haben also eine ihrem Aziditätszustande durchaus entsprechende Verschiebung ihrer Wasserstoffzahlen erlitten, und man wird zugeben müssen, daß die Messung der Pufferwirkung in diesen absoluten Werten der Wasserstoffzahlen derjenigen in p_H-Differenzen entschieden vorzuziehen ist. Natürlich ist es auch durchaus möglich und gestattet, das Pufferungsvermögen der Böden anstatt durch die Verschiebungen der Wasserstoffzahlen in einer noch einfacheren und direkteren Weise durch die Menge der Wasserstoffionen auszudrücken, die ein Boden von einer ihm zugesetzten Säure zum Verschwinden bringen kann. Diese Ausdrucksweise hat sogar noch einen besonderen Vorzug, nämlich den, daß dann einem größeren Puffervermögen auch die größeren Zahlenwerte entsprechen, während sich das ja bei der ersten Ausdrucksweise gerade umgekehrt verhält. Ziehen wir bei dieser Angabe der zum Verschwinden gebrachten Menge von Wasserstoffionen nur die Ergebnisse bei Zusatz von 1 ccm 0,1 n-Säure in 100 ccm Wasser zu 10 g Boden in Betracht, so ergeben sich für unsere fünf Böden die folgenden Pufferwerte in Prozenten der zum Verschwinden gebrachten Wasserstoffionen:

1	2	3	4	5
99,91 %	99,75 %	98,07 %	93,28 %	81,37 %

Auch in diesen Zahlen kommt die abnehmende Pufferkraft der Böden mit Zunahme ihres Versauerungsgrades deutlich zum Ausdruck.

Daß nur die Angabe der wirklichen Wasserstoffionenkonzentrationsdifferenzen und nicht die p_H-Differenzen zu einer Übereinstimmung zwischen Pufferkraft und Aziditätszustand führen, liegt im übrigen, worauf BRENNER schon hingewiesen hat, daran, daß die Verschiebung der p_H-Werte, die ja nichts anderes sind als die Logarithmen der Wasserstoffzahlen, in verschiedenen Lagen eine ganz verschiedene Größe besitzt. Eine Verschiebung von p_H 7 auf p_H 6 bedeutet eine Wasserstoffionenzunahme im Liter von $1 \cdot 10^{-7}$ auf $1 \cdot 10^{-6}$, also um 0,000 000 9 g, dagegen die Verschiebung von p_H 5 auf p_H 4 oder von $1 \cdot 10^{-5}$ auf $1 \cdot 10^{-4}$ eine Zunahme um 0,000 09 g, somit eine hundertmal so große Zunahme der Wasserstoffionenmenge im Liter. Die Verschiebungen der p_H-Werte besitzen darnach in den einzelnen Lagen der Reaktionsskala einen ganz unterschiedlichen Wert, und somit sind die p_H-Änderungen bei Böden von verschiedenen Versauerungszuständen eben unvergleichbare Größen.

BRENNER, der auf diese Dinge zuerst aufmerksam gemacht hat, glaubt aber dennoch bei der Benutzung der p_H-Werte zur Kennzeichnung der Pufferkraft der Böden bleiben zu sollen. Allerdings verfährt er etwas anders als ARRHENIUS. Er bestimmt die Summe der p_H-Wertverschiebungen bei Zusatz von 1 ccm 0,1 n-Säure und von 1 ccm 0,1 n-Lauge auf 10 g Boden und bezeichnet diese Summen als die aktuelle Reaktionsamplitude. Ob die Bestimmung dieser Größe uns vor der theoretischen Inkonsequenz schützt, daß die sauersten Böden am besten puffern, muß noch durch besondere Versuche klargestellt werden.

Bis jetzt scheint unter den Methoden zur Bestimmung des Pufferungsvermögens der Böden diejenige die beste zu sein, die von S. T. JENSEN[1] ausgearbeitet worden ist. In ihrer praktischen Ausführung stimmt die JENSENsche Methode im wesentlichen mit der von ARRHENIUS und BRENNER überein. In Schüttelkolben werden je 10 g des Bodens eingewogen und darin nun mit steigenden Mengen n/10-Salzsäure- bzw. Kalziumhydroxydlösung versetzt, worauf mit kohlensäurefreiem destilliertem Wasser bis auf 100 ccm verdünnt wird. Die Salzsäure und die Kalziumhydroxydlösungen werden zweckmäßig vorher in 100-ccm-Kölbchen bereitet, indem man in diese aus der Bürette die gewünschte Anzahl Kubikzentimeter davon einfließen läßt und darauf mit Wasser bis zur Marke auffüllt. Diese Lösungen gießt man dann auf den Boden in den Schüttelkolben. Die so beschickten Kolben läßt man unter gelegentlichem Umschütteln 24 Stunden stehen und kann dann für die Bestimmung des Pufferungsvermögens gegen Säuren die Messungen der p_H-Werte in den Bodenaufschlämmungen vornehmen, für die Bestimmung des Pufferungsvermögens gegen Basen ist allerdings erst eine Vorbehandlung der Proben mit Luft oder Kohlensäure nötig, um etwa überschüssiges Kalziumhydroxyd in Karbonat überzuführen und die Bodenaufschlämmung ins Kohlensäuregleichgewicht mit der atmosphärischen Luft zu bringen. Darauf wird gleich noch besonders einzugehen sein.

Die in beiden Fällen erhaltenen p_H-Werte werden in ein Koordinatensystem derart eingetragen, daß auf der Ordinate die p_H-Werte und auf der Abszisse nach rechts und links die zugesetzten Säure- bzw. Laugemengen verzeichnet sind. Die Abb. 6 gibt über die Art dieser Eintragung in das Koordinatensystem nähere Auskunft. Man erhält so die Kurven, die die Veränderungen des p_H-Wertes einer Bodenaufschlämmung von 10 g Boden in 100 ccm Flüssigkeit bei Zusatz steigender Säure- oder Laugemengen angeben, also die Neutralisationskurven des Bodens. Um nun durch diese Kurven zu einem möglichst deutlichen Bilde der Pufferwirkung des Bodens zu gelangen, verfährt JENSEN so, daß er die Neutralisationskurven mit einer als Grundkurve bezeichneten zweiten Kurve zusammen in dasselbe Diagramm stellt. Diese Grundkurve wird so erhalten, daß man einen vollkommen pufferfreien, also seiner neutralisierenden Bestandteile gänzlich beraubten Boden mit denselben Säure- und

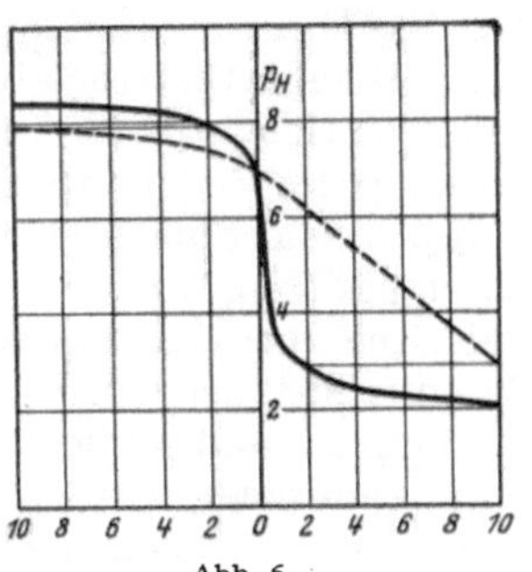

Abb. 6.

ccm 1/10 n-Ca(OH)₂ ccm 1/10 n-HCl
Durchgezogene Kurve = Grundkurve
Gestrichelte Kurve = Bodenkurve.

Basemengen wie den untersuchten Boden unter denselben äußeren Bedingungen behandelt. Als pufferfreien Boden wählte JENSEN einen mit Säure vorbehandelten und dann mit destilliertem Wasser ausgewaschenen Seesand. Diese Grundkurven müssen sich naturgemäß mit den Kurven sehr weitgehend decken, die man bei der elektrometrischen Neutralisation der freien Säure oder Base unter gleichen Versuchsbedingungen erhält. Da nun bei natürlichen Böden sicherlich niemals der Fall vollkommener Pufferfreiheit gegeben sein wird, so muß der Säurezweig der Bodenkurve immer über der Grundkurve, der Basenzweig unter

---

[1] JENSEN, S. T.: Internat. Mitt. Bodenkde 14, 112 (1924).

der Grundkurve liegen, so daß eine je nach dem Pufferungsvermögen mehr oder weniger große Fläche von den Grundkurven und den Bodenkurven eingeschlossen wird.

Diese Flächen, die von JENSEN als Pufferflächen bezeichnet sind, dienen als das eine Maß des Pufferungsvermögens des Bodens. Die Grundkurven sind dabei nicht festliegend in das Koordinatensystem eingezeichnet, sondern man verschiebt zur Bestimmung der Pufferfläche die Grundkurve so weit parallel in der Richtung der Abszisse, bis sie die Bodenkurve gerade auf der Ordinate schneidet. Durch diese Verschiebung gewinnt die Grundkurve eine ganz besondere Bedeutung. Sie stellt nämlich jetzt die Kurve dar, die man durch Behandlung eines pufferfreien Bodens von derselben Wasserstoffionenkonzentration wie der des untersuchten Bodens erhalten würde. Man bezieht also, mit anderen Worten gesagt, die Kurve des Bodens auf seine eigene Kurve bei voller Pufferfreiheit. Die Größe der von den beiden Kurven umschlossenen Fläche ermittelt man durch Ausmessen mit einem Planimeter. Da die hierdurch gewonnenen Zahlen natürlich von den dem Koordinatensystem zugrunde liegenden Einheiten abhängen, muß man die letzteren näher angeben, wenn man einen Boden durch seine Pufferfläche charakterisieren will. In dem von JENSEN angegebenen Diagramm entspricht I cm der Abszisse I ccm n/10-Säure oder -Lauge, I cm auf der Ordinate entspricht einer Differenz von 0,5 p_H.

Außer der Pufferfläche liefern aber die Kurven auch noch andere als Charakteristikum brauchbare Größen für das Pufferungsvermögen des Bodens, das sind die Pufferzahlen. Darunter hat man nach JENSEN die Längen der Linien zu verstehen, die man erhält, wenn man durch den Schnittpunkt der Bodenkurve auf der Ordinate nach Zusatz von 10 ccm n/10-Salzsäure die Parallele zur Abszisse zieht. Diese Parallele muß die Grundkurve an einer Stelle schneiden, und ihre Länge bis zu diesem Schnittpunkte, die man durch Projektion der Linie auf die Abszisse leicht ablesen kann, stellt das zweite Maß des Pufferungsvermögens dar. Das auf der Abszisse abgeschnittene Stück gibt uns nämlich die Anzahl von Kubikzentimetern der verwendeten Salzsäure an, die durch die neutralisierende Wirkung des Bodens zum Verschwinden gebracht ist. Bei stark neutralisierenden Böden, die also noch eine große Menge leicht reagierender ein- und zweiwertiger Basen besitzen, wird dieses Verschwinden hauptsächlich auf die Bildung von Neutralsalzen zurückzuführen sein, bei Böden dagegen, die bereits einen größeren Basenverlust bei der Versauerung erlitten haben, spielt auch die Bildung von Aluminium- und schließlich von Eisensalzen eine Rolle. Nur im ersten Falle, bei dem das vorliegt, was wir als absolute Neutralisation bezeichnet haben, kann man natürlich mit vollem Recht von einem wirklichen Verschwinden der Salzsäure reden, denn dann ist auch die Titrationsazidität der Lösung in entsprechender Weise verringert. Im zweiten Falle dagegen ist die Salzsäure nur in die Form der hydrolytisch gespaltenen und daher sauer reagierenden Aluminium- und Eisensalze übergegangen, aber die Titrationsazidität der Säurelösung ist nicht in einem den p_H-Werten folgenden Ausmaße verringert.

Bei der Ermittlung des Pufferungsvermögens der Böden gegen Laugen muß nach den Angaben von JENSEN nun etwas umständlicher verfahren werden, als das bei der Säurepufferung der Fall ist. Hier handelt es sich nämlich um die Erreichung des Gleichgewichtszustandes mit der in der Luft enthaltenen Kohlensäure. Diesen kann man nun nach JENSEN einmal dadurch erreichen, daß man die mit Kalziumhydroxydlösung versetzten Bodensuspensionen wenigstens 2—3 Tage offen an der Luft stehenläßt. Die Kohlensäure der Luft führt dann das überschüssige Kalziumhydroxyd in Karbonat über, und der p_H-Wert, der zuerst nach Zusatz des Kalziumhydroxyds 9,5 und mehr betragen kann, fällt langsam bis auf den ziemlich konstanten Wert von 8,4. Dieser Wert wird bekanntlich auch als höchster bei der Ermittlung der p_H-Werte von kohlensauren Kalk enthaltenden Böden gefunden. Man darf also annehmen, daß bei diesem Wert eine Sättigung des Bodens mit Kalk vorhanden ist, wie sie natürlichen Verhältnissen nach Anreicherung des Bodens mit einem Überschuß von kohlensaurem Kalk entsprechen kann, wird daher auch diesen Punkt, wo der Boden den p_H-Wert 8,4—8,5 angenommen hat, als einen praktisch sehr zweckmäßigen Endpunkt der Neutralisationskurve anerkennen müssen. Diesen Endpunkt, der sich also bei offenem Stehen an der Luft nach 2—3 Tagen ergibt, kann man auch schon nach einigen Stunden erlangen, wenn man die Gefäße mit den steigenden Kalziumhydroxydzusätzen der Reihe nach hintereinander schaltet und Luft hindurchsaugt. Um den Endpunkt der Karbonatbildung in den Bodenaufschwemmungen richtig erfassen zu können, schaltet JENSEN zwischen die Luftpumpe, die die Luft durch die Kolben zieht, und den ersten der Kolben eine Flasche mit so viel Kalziumhydroxydlösung, wie dem höchsten Zusatz in der Bodenserie entspricht. Dieser Flasche werden einige Tropfen Phenolphthalein zugesetzt, und wenn nach zwei- bis dreistündigem Durchsaugen der Luft der Inhalt dieser Flasche entfärbt ist, was bei dem p_H-Wert 8,5 eintritt, wird noch eine halbe Stunde lang weiter durchlüftet, darauf wird in den einzelnen Kolben der p_H-Wert der Aufschlämmungen nach der Chinhydronmethode gemessen. Später fand JENSEN aber, daß man das Kohlensäuregleichgewicht noch schneller erreicht, wenn man an Stelle von atmosphärischer Luft zuerst eine kurze Zeit einen Kohlensäurestrom durch die Gläser führt und dann den Überschuß an Kohlensäure durch Luft austreibt. Es ist dies ein Verfahren, das offenbare Ähnlichkeit mit dem später noch zu besprechenden Verfahren nach GEHRING besitzt. Die von JENSEN selbst ausgeführten Untersuchungen sind allerdings zumeist ohne Durchleitung von Kohlensäure mit bloßer Luftdurchleitung ausgeführt, es sollen indessen nach JENSENS Angabe die Ergebnisse beider Methoden bestens miteinander übereinstimmen.

Die nach Einstellung des Gleichgewichtes mit der Luftkohlensäure erhaltene Neutralisationskurve des Bodens gegen Lauge — benutzt wird von JENSEN eine Lösung von Kalziumhydroxyd — wird nun geradeso wie die Säurekurve des Bodens auf eine Grundkurve bezogen, die durch Titration des reaktionslosen Seesandes mit derselben Lauge unter ganz übereinstimmenden Versuchsbedingungen wie bei Benutzung des Bodens gewonnen wurde (s. Abb. 6). Die Kurve normaler Böden wird stets unterhalb dieser Laugengrundkurve liegen müssen, und die von beiden Kurven eingeschlossene Fläche kann wieder als Maß für das Pufferungsvermögen des Bodens gelten. Je größer diese Fläche ist, um so größer ist auch die Pufferkraft des Bodens gegen Basen.

Im übrigen mag eine Versuchsreihe von JENSEN zur besseren Illustration der Methode hier noch ausführlicher mitgeteilt werden. Wir wählen dazu einen Kalkdüngungsversuch auf saurem Boden bei Tylstrup. Die Tabellen (s. S. 84) enthalten die p_H-Werte der Bodenaufschlämmungen nach den verschiedenen Säure- und Laugezusätzen, ferner die daraus berechneten Pufferzahlen und Pufferflächen.

In klarster Weise zeigt der Versuch, wie in Übereinstimmung mit den p_H-Werten, die auf den einzelnen Parzellen herrschend waren, die die Pufferung der Säure kennzeichnenden Pufferzahlen und Pufferflächen widerspruchslos mit steigender Kalkdüngung zunehmen. Umgekehrt nehmen natürlich die Pufferflächen für die Basenpufferung mit steigender Kalkdüngung regelmäßig ab, nur die beiden letzten Zahlen dieser Reihe weisen eine Unstimmigkeit auf, insofern nämlich, als die Parzelle mit 320 dz Kalk je Hektar stärker puffern soll als die mit der Hälfte dieser Kalkmenge versehene. Bei der sonstigen Widerspruchslosigkeit

Pufferung gegen Säurezusatz.

Boden	p_H der Aufschlämmungen nach Zusatz von 0,1 n-Salzsäure in ccm zu 10 g Boden bei 100 ccm Gesamtflüssigkeit									
	0	0,5	1	2	3	4	5	6	8	10
Tylstrup a) ungekalkt	5,34	4,66	3,98	3,40	3,12	2,90	2,78	2,64	2,42	2,30
Tylstrup b) 2000 kg $CaCO_3$ . .	5,70	4,88	4,68	3,92	3,36	3,20	2,95	2,82	2,66	2,44
Tylstrup c) 4000 kg $CaCO_3$ . .	5,90	5,54	5,20	4,35	3,96	3,48	3,32	3,10	2,84	2,60
Tylstrup d) 8000 kg $CaCO_3$ . .	6,12	5,78	5,50	4,65	4,22	3,70	3,44	3,20	2,90	2,74
Tylstrup e) 16000 kg $CaCO_3$.	7,32	7,32	7,28	6,94	6,50	5,95	5,35	4,88	3,95	3,34
Tylstrup f) 32000 kg $CaCO_3$.	7,38	7,28	7,26	7,26	7,14	7,10	7,06	7,00	5,48	4,52

Pufferung gegen Zusatz von $Ca(OH)_2$.

Boden	p_H der Aufschlämmungen nach Zusatz von 0,1 n-$Ca(OH)_2$ in ccm auf 10 g Boden bei 100 ccm Gesamtflüssigkeit						
	0	1	2	4	6	8	10
Tylstrup a) ungekalkt . . .	5,34	5,90	6,22	6,78	7,30	7,56	7,86
Tylstrup b) 2000 kg $CaCO_3$	5,70	6,20	6,46	6,98	7,40	7,46	7,74
Tylstrup c) 4000 kg $CaCO_3$	5,90	6,46	6,75	7,18	7,50	7,68	7,84
Tylstrup d) 8000 kg $CaCO_3$	6,12	6,56	6,80	7,24	7,56	7,68	7,88
Tylstrup e) 16000 kg $CaCO_3$	7,32	7,60	7,76	7,76	7,82	7,88	8,00
Tylstrup f) 32000 kg $CaCO_3$	7,38	7,64	7,64	7,67	7,78	7,86	8,04

Pufferflächen und Pufferzahlen.

	Tylstrup a	Tylstrup b	Tylstrup c	Tylstrup d	Tylstrup e	Tylstrup f
Pufferfläche für Säure in qcm .	8,26	12,9	19,5	23,2	55,3	77,2
Pufferfläche für Base in qcm .	24,2	21,6	17,0	16,5	9,5	11,3
Pufferzahl für Säure	3,8	5,6	7,7	7,8	9,1	9,6

aller anderen Werte sowohl in dieser Reihe selbst als auch in der Reihe mit Salzsäurezusatz kann diese Abweichung wohl nur mit einem Druckfehler zusammenhängen; die beiden Zahlen müssen in umgekehrter Reihe aufeinanderfolgen.

Auch von uns[1] sind zahlreiche Versuche nach der Methode von JENSEN durchgeführt worden, wobei wir allerdings die Säurepufferung bevorzugt haben. Diese Versuche hatten wir besonders auch deshalb ausgeführt, weil von JENSEN nur zwei wirklich saure Böden untersucht worden waren. Von unserem Standpunkte aus mußten wir uns aber gerade für diese Art von Böden interessieren; konnte dabei doch auch zugleich festgestellt werden, welche Beziehungen zwischen den Bestimmungen der Aziditätsformen und dem Pufferungsvermögen bestanden. In der folgenden Tabelle sind die Ergebnisse dieser Untersuchungen zusammengestellt. Die Tabelle zeigt die p_H-Werte der Böden nach der Chinhydronmethode in Aufschwemmungen von 10 g in 100 ccm Wasser gemessen, ferner die hydrolytischen und Austauschaziditäten, die Pufferflächen und Pufferzahlen.

Vergleichen wir bei den ersten sechs Böden, die in der Tabelle aufgeführt sind, die Aziditätswerte mit den Pufferflächen, so sehen wir, daß mit steigender Azidität auch eine ganz regelmäßige Abnahme der Pufferflächen verbunden ist. Der siebente Boden (Opladen 3) fällt dann aber aus der Reihe heraus; trotz steigender

[1] KAPPEN, H., u. W. BERGEDER: Z. Pflanzenernährg, Düngg u. Bodenkde A 7, 291.

Bodenprobe	p_H-Werte bei steigenden Zusätzen von ccm 1/10 n-Salzsäure										
	0	1	2	3	4	5	6	7	8	9	10
Versuchsfeld 1 .	7,73	6,56	5,89	5,63	5,04	4,78	4,49	3,82	3,69	3,62	3,30
Versuchsfeld 2 .	7,07	6,05	5,68	5,26	4,69	4,25	3,84	3,49	3,25	3,17	2,97
Versuchsfeld 3 .	6,50	5,55	4,75	4,32	3,86	3,61	3,32	3,16	2,89	2,73	2,58
Opladen 1 . . .	5,46	4,75	4,38	3,61	3,47	3,32	3,05	2,90	2,75	2,62	2,50
Röttgen . . .	5,07	4,52	4,13	3,78	3,33	2,91	2,77	2,63	2,51	2,38	2,30
Opladen 2 . . .	4,19	3,89	3,53	3,30	2,05	2,90	2,82	2,69	2,67	2,50	2,46
Opladen 3 . . .	4,63	3,97	3,63	3,41	3,19	3,04	2,93	2,83	2,73	2,63	2,56
Kottenforst . .	3,87	3,33	3,15	2,75	2,69	2,48	2,44	2,33	2,25	2,21	2,18

Bodenprobe	Hydrolytische Azidität y_1	Austausch-Azidität y_1	Pufferfläche in qcm	Pufferzahl
Versuchsfeld 1	3,1	0,0	49,8	9,45
Versuchsfeld 2	5,7	0,0	40,2	8,70
Versuchsfeld 3	9,5	0,0	30,1	7,80
Opladen 1	11,0	0,6	22,0	7,10
Röttgen	17,2	7,1	17,8	5,30
Opladen 2	20,0	7,2	13,2	6,85
Opladen 3	24,6	8,7	16,0	7,55
Kottenforst	19,0	11,0	6,3	4,80

Werte für die Aziditätsformen besitzt er eine größere Pufferung als der Boden Opladen 2. Es muß also nicht unbedingt zwischen den Werten der Versauerung, wie sie in den p_H-Zahlen zum Ausdruck kommen, und den Pufferflächen Übereinstimmung herrschen, sie kann aber auch gar nicht in allen Fällen erwartet werden. Bedingungslos muß sie nur dann vorhanden sein, wenn die Böden von gleichem physikalischen Charakter sind, also wenigstens annähernd gleiche Mengen an Ton enthalten. Die tonigen Bestandteile des Bodens sind ja die Hauptträger der leicht reagierenden, der austauschfähigen Basen, und infolgedessen gehen alle Aziditätswerte mit dem Gehalte dieser tonigen Bestandteile des Bodens an austauschfähigen Basen parallel, wenn die Böden von gleicher physikalischer Beschaffenheit sind. Bei ungleichartigem Verhalten in dieser Richtung muß es aber natürlich zu Differenzen in den Aziditätswerten einschließlich der Pufferungswerte kommen, weil eben außer dem Grade des Basenverlustes der zeolithischen Silikate und der Humate auch die von diesen Stoffen im Boden enthaltene absolute Menge die Aziditätswerte, und zwar in verschiedener Weise, beeinflußt. So kann ein tonreicher Boden eine ziemlich hohe hydrolytische und Austauschazidität besitzen und dennoch eine größere Pufferfläche aufweisen als ein leichter, an zeolithischen Silikaten und Humaten armer Boden sie bei wesentlich kleinerer Azidität besitzt. Man muß, um diese Zusammenhänge klar zu verstehen, im Auge behalten, daß Pufferung gegen Säure im Grunde genommen eine Bodeneigenschaft ist, die keinen direkten Zusammenhang mit der Bodenversauerung besitzt. Die größten Unterschiede im Pufferungsvermögen der Böden können existieren — man denke nur an einen neutralen Seesand und einen neutralen Tonboden —, ohne daß auch nur im geringsten die Bodenazidität in die Erscheinung hineinzuspielen braucht. Andererseits muß aber doch, wie auch schon an früherer Stelle betont ist, bei physikalisch gleichartigen Böden die Pufferung mit dem Versauerungszustand umgekehrt proportional gehen. Durch einen von uns ausgeführten Versuch, bei dem wiederum, um die physikalische Gleichartigkeit möglichst vollkommen zu erhalten, ein Lehmboden unseres Versuchsfeldes durch Behandlung mit Säure schrittweise entbast war, mag dieser Zusammenhang zwischen den Aziditätswerten und den nach JENSEN gewonnenen Werten für das Pufferungsvermögen belegt werden:

	Boden 1	Boden 2	Boden 3	Boden 4	Boden 5
Hydrolytische Azidität	3,7	6,8	7,5	17,5	20,0
Austauschazidität	0,0	0,0	0,5	5,5	9,1
p_H-Werte in Suspension	6,6	6,6	6,0	5,3	4,3
Pufferfläche	36,5	30,2	24,4	14,9	8,9

Die Pufferflächen schließen sich also sehr klar und deutlich dem Versauerungsgrade der Böden dieser Serie an. Auf den ersten Blick könnte das wohl auffällig erscheinen; verwendet doch auch JENSEN zur Charakterisierung des Pufferungsvermögens die p_H-Werte, also die Logarithmen der Wasserstoffzahlen, die bei der Pufferungsmethode nach ARRHENIUS, wie oben näher dargelegt, uns ganz und gar auf Abwege führten. JENSENS Methode unterscheidet sich aber grundlegend dadurch von der von ARRHENIUS benutzten, daß bei JENSEN keine einfachen Differenzen der p_H-Werte zur Kennzeichnung des Pufferungsvermögens gebraucht werden, sondern daß er die in Reaktionszahlen ausgedrückte Neutralisationskurve des Bodens auf eine entsprechend gemessene Grundkurve bezieht, also letzten Endes die Grade der Neutralisation mißt, die die verschiedenen Konzentrationen an Säure — ebenso auch die an Lauge — durch den zugesetzten Boden erleiden. Infolge dieser Art der Benutzung der p_H-Werte kann bei JENSENS Methode nie das unlogische Ergebnis zutage treten, daß ein saurer Boden besser puffert als ein neutraler, denn als äußerst denkbarer Fall kann der vorkommen, daß ein Boden so vollständig entbast ist, daß er überhaupt nicht mehr puffert, wobei dann seine Neutralisationskurve mit der Grundkurve zusammenfallen muß. Sind aber noch irgendwelche puffernd oder neutralisierend wirkende Stoffe im Boden enthalten, so muß immer ein je nach der Größe des Pufferungsvermögens wechselnder Zwischenraum zwischen beiden Kurven verbleiben, der ausgemessen werden und als Ausdruck für das Pufferungsvermögen gelten kann. Zu scheinbaren Unstimmigkeiten zwischen der Methode von JENSEN und dem wirklichen Versauerungszustande der Böden kann es, wie schon oben auseinandergesetzt, nur kommen, wenn zwischen den sauren Böden größere Unterschiede in ihrer physikalischen Beschaffenheit bestehen. Eine zwangsläufige Verknüpfung zwischen Pufferungsvermögen und Bodenazidität besteht eben nur bei Böden von mechanisch gleicher Zusammensetzung; bei in dieser Richtung ungleichartigen Böden treten infolge der Abhängigkeit der Aziditätswerte von der Menge *und* dem Abbaugrade der zeolithischen Silikate und der Humate ganz selbstverständliche Abweichungen in den Werten für die Bodenazidität und das Pufferungsvermögen auf.

Weniger brauchbar als die Pufferflächen haben sich im übrigen bei unseren Untersuchungen die Pufferzahlen nach JENSEN erwiesen. Der Grund dürfte darin zu erblicken sein, daß bei den schon stärker entbasten Böden der Zusatz der Säure in den höheren Abstufungen leicht zur Auflösung von Eisen aus dem Boden führt. Eisenchlorid weist aber infolge seiner weitgehenden hydrolytischen Aufspaltung ziemlich niedrige Reaktionszahlen auf, der Endpunkt der Bodenkurve auf der Ordinatenachse kommt somit sehr tief zu liegen, und da nun aus verschiedenen Böden in wechselndem Grade Eisenoxyd gelöst wird, liegt dieser Schnittpunkt oft tiefer, als er nach dem Aziditätszustande des Bodens und nach dem Verlaufe der Titrationskurve eigentlich liegen sollte. Der Endpunkt der Bodenkurve nach Zusatz von 10 ccm Säure bestimmt aber die Größe der Pufferzahl, wie aus der Zeichnung hervorgeht, und so kommt es bei sauren Böden dann zuweilen vor, daß Pufferfläche und Pufferzahl nicht miteinander parallel gehen; die Pufferzahl ist bei einem Boden oft kleiner als bei einem anderen, während seine Pufferfläche größer ist. Da nun die Größe der Pufferfläche durch den Endpunkt der Bodenkurve weniger in ihrer Größe beeinflußt wird als die Pufferzahl, so erscheint die Bestimmung der Pufferfläche als die zuverlässigere Kennzeichnung des Puffervermögens. Der geschilderte Mangel der Pufferzahlen wird sich aber auch wohl unschwer beseitigen lassen. Man hat eben nur dafür zu sorgen, daß der Säurezusatz nicht bis in das Gebiet hineinführt, in dem sich die Eisensalze mit ihrer niedrigen Reaktionszahl bilden können; das läßt sich entweder durch Verwendung schwächerer Säure oder durch Zusatz geringerer Mengen der nach dem Verfahren anzuwendenden n/10-Säure voraussichtlich leicht erreichen. Allerdings wird gerade an dieser Willkürlichkeit des Abbruches der Pufferungskurve nach JENSEN Anstoß genommen, und man kann die Berechtigung dazu auch nicht bestreiten. Man kann sicherlich auch die Pufferung in einer strengeren wissenschaftlichen Weise zum Ausdruck bringen, als es in der Methode von JENSEN geschieht. Gerade in allerneuester Zeit hat man sich auf diesem Gebiete der Forschung stark betätigt. GAARDER und HAGEM[1] haben eine Methode zur Bestimmung der Pufferung ausgearbeitet. W. U. BEHRENS[2] hat sich ebenfalls eingehender damit beschäftigt, und eine sehr gute Behandlung dieser Frage liegt aus der Feder MAIWALDS[3] vor. Besonders die Bestimmung der Säurerestkurve nach dem Vorschlage von MAIWALD scheint der Beachtung bei zukünftigen Arbeiten besonders wert zu sein. MAIWALD nimmt den auch von uns vertretenen Standpunkt bei seiner Methode an, daß sich die Pufferung nur durch Veränderungen der wirklichen Wasserstoffionenkonzentrationen und nicht durch die Verschiebung der p_H-Werte darstellen läßt, er geht aber über den von uns[4] stammenden Vorschlag, die Pufferung durch die vom Boden von einer bestimmten zugesetzten Menge an Wasserstoffionen zum Verschwinden gebrachte und in Prozenten angegebene Wasserstoffionenmenge anzugeben, hinaus. MAIWALD berechnet aus den Veränderungen der Wasserstoffzahlen die vom Boden nicht beseitigte Menge an Wasserstoffionen in Prozenten ihrer anfänglichen Menge und trägt diese Zahlen für verschiedene Säurezusätze zum Boden in ein Koordinatensystem ein. Die dabei erhaltenen Kurven sollen nach MAIWALD besser als jede andere Bestimmungsmethode die Pufferung eines Bodens zum Ausdruck bringen, seine Säurerestkurven sollen auch einen besseren Ausdruck für die Pufferung abgeben als die Pufferflächen von JENSEN. Darüber wird natürlich erst eine umfangreichere Prüfung der MAIWALDschen Methode Aufschluß geben können. Wenn aber auch zugegeben werden muß, daß man mit der JENSENschen Methode sicherlich noch nicht am Ziel angelangt ist, so kann von ihr dennoch ausgesagt werden, daß sie uns schon ein ganz brauchbares Bild vom Verhalten eines Bodens gegen Säuren und Basen gibt. Die Methode von JENSEN vermittelt uns ja die Kenntnis der Pufferfläche nur über die Darstellung einer ausführlichen Pufferungskurve des Bodens gegen Basen und Säuren. Aus dieser läßt sich, auch wenn sie in p_H-Werten ausgedrückt ist, doch schon manches über den Verlauf der Pufferung bei verschiedenen Reaktionslagen des Bodens entnehmen, und schließlich kann man ja leicht von den Werten der JENSENschen Pufferungskurve zu den MAIWALDschen Kurven gelangen. Was von diesen neuesten Vorschlägen für die Bestimmung der Pufferungsfähigkeit des Bodens in den festen Besitzstand der Wissenschaft und, was uns hier ganz besonders angeht, in den festen Besitzstand der praktischen Bodenkunde übergehen wird, das wird sich erst in

<hr>

[1] GAARDER, T., u. O. HAGEM: Bergens Mus. Aarbok 1920, Nr 6.
[2] BEHRENS, W. U.: Fortschr. Landw. 3, 299.
[3] MAIWALD, K.: Kolloidchem. Beih. 27, 251.
[4] KAPPEN, H.: Z. Pflanzenernährg, Düngg u. Bodenkde A 8, 277.

den nächsten Jahren entscheiden können. Was die praktische Bodenkunde betrifft, so glauben wir, daß nicht viele von allen diesen Methoden zu einer dauernden Verwendung in ihr gelangen werden. Voraussichtlich wird man sich hier überhaupt nicht sonderlich viel mit der Bestimmung des Pufferungsvermögens der Böden beschäftigen, wenigstens was die eine Seite dieser Frage, die Pufferung gegen Säurezusätze, angeht. Dieser Eigenschaft, der Pufferung gegen Säuren, fehlt zu sehr die Möglichkeit einer praktischen Verwertung. Nur bei sehr stark an Basen verarmten Böden und besonders dann, wenn sie gleichzeitig zu den sehr leichten Böden gehören, kann die Kenntnis des Pufferungsvermögens von praktischer Bedeutung sein. Bei sehr geringem Pufferungsvermögen wird man in solchen Fällen nämlich mit der Verwendung physiologisch-saurer Düngemittel recht vorsichtig sein müssen, weil die aus diesen Düngemitteln frei werdende Säure bei sehr geringem Pufferungsvermögen den durch die bereits vorhandene Bodenversauerung bewirkten Schaden an den Kulturpflanzen noch verstärken kann. Sonst wird die Pufferkraft eines Bodens gegen Säuren weniger eine praktisch brauchbare als eine wissenschaftlich wertvolle und besonders zur Charakteristik eines Bodens geeignete Eigenschaft darstellen. Ungleich wichtiger als die Bestimmung der Pufferung gegen Säuren ist aber die gegen Basen. Zwar kann die Kenntnis der Pufferfläche an sich oder auch der einfachen p_H-Verschiebung durch Laugezusatz hier ebenfalls zu keiner wesentlichen praktischen Bedeutung gelangen, auch sie kann nur zu einer wissenschaftlichen Charakterisierung des Bodens ausgenutzt werden, aber die Kenntnis der Neutralisationskurve des Bodens, wie man sie bei dem Verfahren zur Bestimmung der Pufferkraft des Bodens gegen Laugen nach JENSEN erhält, ist von außerordentlich großer Wichtigkeit für die gesamte Frage der Bodenversauerung. Sie vermittelt uns nämlich, abgesehen von der Kenntnis des augenblicklichen Reaktionszustandes des Bodens und der Verschiebung, die er bei Laugezusatz erfährt, auch die Kenntnis derjenigen Kalkmenge, die wir einem Boden in der Düngung zuzuführen haben, um irgendeine uns angebracht erscheinende Reaktionsänderung an ihm vorzunehmen. In dieser Richtung ist die JENSENsche Pufferungskurve oder, wie wir uns auch wohl richtiger ausdrücken dürfen, die elektrometrisch ermittelte Neutralisationskurve eines Bodens von größter praktischer Bedeutung. Sie ist ohne Frage die zuverlässigste Methode zur Bestimmung des Kalkbedarfes, den ein Boden für den Anbau bestimmter landwirtschaftlicher Kulturpflanzen besitzt. Wäre sie nicht in ihrer Anwendung ein wenig zu umständlich, so würde man sie als die einzige Methode für die Ermittlung der richtigen Kalkgaben auf sauren Böden in Vorschlag bringen müssen. Als durchaus grundlegende Methode für den genannten Zweck, auf die alle anderen Methoden zur Bestimmung des Kalkbedarfes der sauren Böden letzten Endes zurückgehen oder durch die sie doch ihre Kontrolle auf Brauchbarkeit erfahren, werden wir die elektrometrische Neutralisation nach JENSEN noch bei späteren Ausführungen in diesem Buche wieder antreffen und uns erneut von ihrer großen praktischen Bedeutung dabei überzeugen können.

V. Das Verhalten saurer Böden gegen Lösungen von Salzen I.

Die Veränderungen, die der Ackerboden bei seiner Versauerung erleidet, äußern sich nicht nur in seinem Verhalten gegenüber den Lösungen von Säuren und Basen, wie im voraufgehenden Kapitel auseinandergesetzt ist, sondern sie kommen auch in seinem Verhalten zu den Lösungen von Salzen zum Ausdruck.

Bei den normalen Böden ist es, wie längst bekannt, der Vorgang des Basen-austausches, der das Verhalten des Bodens gegen Salzlösungen vornehmlich kenn-zeichnet. Dieser Vorgang ist in seiner Bedeutung für den Boden und für das Wachstum der Kulturpflanzen schon sehr frühzeitig klar erkannt worden, und er hat infolgedessen auch durch zahlreiche Agrikulturchemiker und Bodenkundler eine eingehende Bearbeitung erfahren. Aus der älteren Zeit der agrikultur-chemischen Wissenschaft sind Namen, wie die von WAY, LIEBIG und VAN BEM-MELEN, mit der Erforschung dieses Vorganges verbunden, und in neuerer Zeit sind es besonders die Arbeiten von RAMANN, GANSSEN, HISSINK und WIEGNER ge-wesen, die Licht über das Wesen dieses wichtigen Vorganges verbreitet haben. Die Gesetzmäßigkeiten, die nach den Untersuchungen der genannten Forscher den Vorgang des Basen- oder Ionenaustausches beherrschen, können hier natür-lich nicht im einzelnen dargelegt werden, hervorgehoben werden muß jedoch, daß die Träger dieses Vorganges im Boden die zeolithischen Silikate und die Humate sind, also die gleichen Stoffe, die wir auch als die Verursacher der Bodenazidität erkannt haben, wenn sie durch Einwirkung von Säuren ihrer basischen Be-standteile mehr oder weniger beraubt sind. Diese Tatsache legt von vornherein die Annahme nahe, daß das Verhalten der sauren Böden zu den Lösungen von Salzen nicht in allen Punkten mit dem der normalen Böden übereinstimmen kann, daß vielmehr Abweichungen erwartet werden müssen. Solche Abweichungen sind denn auch wirklich vorhanden, und sie sind beim Zusammenbringen von sauren Böden mit Salzlösungen sehr leicht zu erkennen. Im Gegensatz zu den in ihrer Reaktion normalen Böden bewirken nämlich die sauren Böden immer ein schwächeres oder stärkeres Sauerwerden der Salzlösungen, mit denen man sie ver-mischt. Diese Erscheinung ist nicht nur theoretisch interessant, sondern auch praktisch von großer Wichtigkeit, denn bei der Düngung nehmen wir ja eine Mischung des Bodens mit Salzen vor, auch im Ackerboden muß sich daher unter Umständen diese Säurebildung aus Salzlösungen vollziehen, und es kann er-wartet werden, daß die Kulturpflanzen davon in Mitleidenschaft gezogen werden. Der Zersetzung der Düngesalze durch den sauren Boden müssen wir daher unsere besondere Aufmerksamkeit im folgenden zuwenden, und dabei wollen wir so ver-fahren, daß wir je nach der Art der Salze, die auf den Boden zur Einwirkung kommen, eine Zweiteilung vornehmen, zuerst die Reaktion derjenigen Salze mit dem Boden beschreiben, die wir als die hydrolytisch spaltbaren bezeichnet haben, und daran dann die Beschreibung der Einwirkung anschließen, die von den Lösungen neutraler Salze auf den Boden ausgeht.

Das Verhalten hydrolytisch spaltbarer Salze zum sauren Boden:
Die hydrolytische Azidität.

Die Wechselwirkung, die sich zwischen hydrolytisch spaltbaren Salzen und sauer reagierenden Kolloiden vollzieht, ist in ihrer Besonderheit schon von VAN BEMMELEN[1] erkannt worden. Er fand nämlich, daß Siliziumdioxydhydrat wässerige Lösungen von Kaliumkarbonat, von sekundärem Natriumphosphat und von Kalziumkarbonat zerlegte, und zwar derart, daß es den genannten Stoffen ge-wisse Mengen ihrer Basen entzog und so zur Bildung von Bikarbonat oder pri-märem Phosphat Veranlassung gab.

Eine Einwirkung ganz entsprechender Art liegt auch dem Verfahren von TACKE[2] zur Bestimmung der im Moorboden enthaltenen Humussäuren zugrunde, bei dem bekanntlich die Zersetzung des kohlensauren Kalkes, also eines ebenfalls

---

[1] BEMMELEN, J. M. VAN: Landw. Versuchsstat. **35**, 76.
[2] TACKE, B., u. H. SÜCHTING: Z. angew. Chem. **21**, 151.

hydrolytisch spaltbaren Salzes, für die Bestimmung dieser Säuren ausgenutzt wird. Dasselbe Verfahren ist auch bereits von SOLENOW[1] auf Mineralböden angewendet worden, aber die Messung der Bodenazidität ist bei Mineralböden nach diesem Verfahren doch mit allerlei Schwierigkeiten verbunden und dazu noch als recht umständlich zu bezeichnen, so daß es zu keiner weiteren Benutzung kam. Der kohlensaure Kalk reagiert infolge seiner nur geringen Löslichkeit eben zu langsam mit den sauren Bestandteilen der Mineralböden, und die Beschleunigung der Reaktion durch Temperatursteigerung führt leicht zu einer Zersetzung der organischen Substanzen des Bodens, bei der sich Kohlensäure bildet, die die Ergebnisse der Methode fälschlich beeinflußt. Leicht lösliche, schnell reagierende hydrolytisch spaltbare Salze sind dem schwer löslichen kohlensauren Kalk ohne Frage vorzuziehen.

Zu bodenkundlichen Zwecken wurden Lösungen hydrolytisch spaltbarer Salze aber doch erst von BAUMANN und GULLY[2] systematisch benutzt. Bei ihren Untersuchungen über die Humussäuren verwandten diese Forscher bereits die Lösungen verschiedener essigsaurer Salze, um durch deren Zersetzung unter Freiwerden von Essigsäure ein Maß für die sauren Eigenschaften der Moorböden zu gewinnen. In derselben Absicht gebrauchten wir selbst später die Lösungen von Natrium- und Kalziumazetat, um den Versauerungsgrad von Mineralböden zu erfassen. Schon damals führten die Ergebnisse dieser Untersuchungen zu der Erkenntnis, daß der Grad der Zersetzung, den unter dem Einflusse der sauren Böden die Lösungen der Azetate erleiden, ein brauchbares Maß für die Einschätzung des Versauerungsgrades der Böden war, und diese Auffassung hat sich auch im Laufe der Jahre bei allen weiteren Untersuchungen zur Bodenaziditätsfrage als richtig erwiesen, so daß wir heute nicht anstehen, die Bestimmung dieser Zersetzung als eine sehr brauchbare bodenkundliche Prüfung auf den Versauerungsgrad der Böden zu betrachten. Eine eingehendere Beschäftigung mit dieser Einwirkung der essigsauren Salze auf den Boden wird daher nicht unangebracht sein.

Dabei soll nun zunächst darauf hingewiesen werden, daß wir die Zerlegung der essigsauren Salze durch den Boden in der Folge der Kürze halber mit dem Namen der „hydrolytischen Azidität" des Bodens bezeichnen werden, eine Ausdrucksweise, die seinerzeit deswegen von uns[3] für die Erscheinung eingeführt wurde, weil wir sie mit der hydrolytischen Aufspaltung in Zusammenhang brachten, der diese Azetate in wässeriger Lösung unterworfen sind. Diese Spaltbarkeit der Azetatlösungen führt dazu, daß schon bei ihren reinen Lösungen in Wasser eine allerdings nur sehr kleine Menge in freie Essigsäure und in die entsprechende Base zerfallen ist. Nach den Angaben von MICHAELIS beträgt z. B. der Grad der hydrolytischen Aufspaltung einer n-Natriumazetatlösung bei Zimmertemperatur rund 0,0032 %. Dabei ist infolge der schwachen Säurenatur der entstehenden Essigsäure und der starken Basizität des Natriumhydroxyds die Reaktion der Azetatlösungen schon erheblich vom Neutralpunkte nach der alkalischen Seite hin verschoben; so nimmt eine n-Natriumazetatlösung schon einen p_H-Wert von 9,5 an. Den von Haus aus vorhandenen hydrolytischen Zerfall sollte nun der saure Boden durch sein Basenbindungsvermögen unter Umständen erheblich steigern, und zwar um so mehr, je stärker sein Basenverlust vorgeschritten war. Dieser Zusammenhang zwischen der Einwirkung der Azetatlösungen auf den Boden und zwischen ihrer hydrolytischen Spaltbarkeit war es, der den heute wohl allgemein angenommenen Namen der „hydrolytischen Azidität" für die Fähigkeit eines Bodens, die Lösungen von Azetaten oder

---

[1] SOLENOW, N.: Dissert., Jena 1909.
[2] BAUMANN, A., u. E. GULLY: Mitt. bayr. Moorkulturanst. 1910, H. 4.
[3] KAPPEN, H.: Landw. Versuchsstat. 96, 277.

auch von anderen hydrolytisch spaltbaren Salzen unter Bildung der freien Säuren zu zersetzen, einzuführen veranlaßt hat.

Über das eigentliche Wesen der Erscheinung läßt uns diese Bezeichnung aber im unklaren; wir müssen jedoch unbedingt versuchen, soweit es eben möglich ist, in sie einzudringen, um uns ihre Eigentümlichkeiten zu erschließen. Dazu aber müssen wir zunächst einmal die einzelnen Faktoren kennenlernen, die von Einfluß auf den äußeren Verlauf des Vorganges bei der Auswirkung der hydrolytischen Azidität sind. Von solchen für den Vorgang wichtigen Faktoren sind die Zeit der Einwirkung der Salzlösung auf den Boden, dann die Konzentration dieser Salzlösung, ferner das Volumen der Lösung, außerdem die Temperatur und schließlich auch die Natur des zur Anwendung gelangenden essigsauren Salzes von Bedeutung. Mit der Ermittlung des am zweckmäßigsten anzuwendenden Salzes soll die Besprechung der die Reaktion beeinflussenden Faktoren begonnen werden.

Für die Auswahl des am besten zur Bestimmung der hydrolytischen Azidität des Bodens — also seiner Befähigung, hydrolytisch spaltbare Salze zu zerlegen, wie wir am einfachsten den Begriff der hydrolytischen Azidität definieren — geeigneten Salzes benutzten wir[1] die Azetate von Kalium, Natrium, Magnesium und Kalzium. Bei allen im folgenden erwähnten Versuchen waren in übereinstimmender Weise die Mengenverhältnisse so gewählt, daß 100 g des lufttrockenen Bodens mit 250 ccm einer Azetatlösung von besonders angegebener Konzentration zumeist eine Stunde lang bei Zimmertemperatur im Schüttelapparat geschüttelt und dann abfiltriert wurden. Von den erhaltenen Filtraten wurden 125 ccm mit 0,1 n-Natronlauge unter Verwendung von Phenolphthalein als Indikator titriert, um die Menge der durch den Boden frei gemachten Essigsäure und damit den Grad der Zersetzung des Azetates, der ja als Maß für den Versauerungsgrad des Bodens dienen soll, zu ermitteln. Zu allen Versuchen wurde derselbe schwach saure, humusarme, schwere Lehmboden von Annaberg bei Bonn benutzt. Eine besondere Umrechnung der Versuchsergebnisse ist nicht vorgenommen, sondern stets sind einfach die bei der Titration der sauer gewordenen Azetatlösungen verbrauchten Kubikzentimeter der Natronlauge angegeben. Bei den Versuchen mit den verschiedenen Azetaten erhielten wir nun bei Verwendung von 0,1- und von 1,0 n-Azetatlösungen die folgenden Werte für die hydrolytische Azidität des Versuchsbodens:

Angewandte Konzentration	Azetat von			
	Kalium	Natrium	Magnesium	Kalzium
0,1 n-Lösung . .	8,30	5,80	7,55	8,55
1,0 n-Lösung . .	16,10	13,45	14,30	15,80

Die Zersetzung der Azetate erfolgt also bei verschiedenen Salzen in wechselndem Ausmaße. Die geringste Zersetzung erleidet bei der niedrigen Konzentration der angewandten Azetate das Natriumazetat, die höchste das Kalziumazetat, bei der höheren Konzentration tritt ein Wechsel ein, indem das Kaliumazetat die Führung übernimmt. Der Unterschied ist allerdings noch sehr gering gegenüber dem Kalziumazetat. Daß aber tatsächlich die Zersetzlichkeit der Azetatlösungen sich mit steigender Konzentration ändert, geht auch bereits aus den von BAUMANN und GULLY an Sphagnen angestellten Untersuchungen hervor. Während dabei nämlich in niedrigeren Konzentrationen die Säurebildung aus Natrium- und Kaliumazetat nicht sehr verschieden voneinander war, aber sehr weit hinter der aus Kalziumazetat bewirkten zurückblieb, glichen sich bei den höheren Konzentrationen die Unterschiede zwischen den Salzlösungen so weit-

---

[1] OERTZEN, A. v.: Dissert., Bonn 1927.

gehend aus, daß von einer Überlegenheit des Kalziumazetates kaum noch gesprochen werden konnte.

Wenn es nun auch ohne Frage wohl empfehlenswert wäre, zur Bestimmung der hydrolytischen Azidität das Salz zu wählen, das am stärksten zersetzt wird, so glaubten wir dennoch in Anbetracht der Tatsache, daß in der landwirtschaftlichen Praxis zur Beseitigung der Bodenazidität nur Kalkverbindungen zur Verfügung stehen, das Kalziumazetat benutzen zu sollen. Da aber bei den in früheren Jahren durchgeführten Bestimmungen der hydrolytischen Azidität zumeist das Natriumazetat gebraucht worden war, so wurde dieses zu den folgenden Versuchen neben dem Kalziumazetat mit herangezogen, so auch bei der nächsten Versuchsreihe, in der der Einfluß der Zeit auf die Zersetzung der Azetatlösungen studiert wurde.

Unter sonst mit dem vorigen Versuche übereinstimmenden Bedingungen wurde hier nur die Zeit der Berührung der Salzlösungen mit dem Boden verändert. Dabei ergaben sich, ausgedrückt in Kubikzentimetern 0,1 n-Natronlauge auf 125 ccm Filtrat, die nebenstehenden Werte für die hydrolytische Azidität.

Schütteldauer	Na-Azetat	Ca-Azetat
ca. 15 Sekunden	8,40	12,15
10 Minuten	11,20	13,15
30　　,,	11,40	13,30
60　　,,	11,65	13,70
3 Stunden	12,20	14,40
6　　,,	12,50	14,50
12　　,,	12,90	14,90
24　　,,	13,60	15,00

Man sieht, daß die Reaktion zwischen den Azetatlösungen und dem Boden mit großer Geschwindigkeit vonstatten geht; unmittelbar nach eben erfolgter Durchmischung ergab sich in der Lösung bereits eine Titrationsazidität von 8,40 ccm für das Natrium- und von 12,25 ccm für das Kalziumazetat. Richtig zu bewerten ist der Einfluß der Zeit aber doch wohl erst nach gründlicher und damit gleichmäßiger Durchschüttelung von 10 Minuten Dauer und mehr. Da erkennt man nun, daß mit steigender Schütteldauer die Reaktion zwischen den Lösungen und dem Boden immer noch langsam fortschreitet. Wie bei graphischer Darstellung der Versuchsergebnisse aus der Form der Kurve leicht zu entnehmen sein würde, führt die Reaktion auch noch nach 24 Stunden zu keinem Ende. Worauf das beruht, läßt sich zur Zeit nicht sagen. Vielleicht sind langsam verlaufende Diffusionsvorgänge dabei im Spiele, vielleicht aber auch die Produktion von Kohlensäure oder anderen Säuren durch die Mikroorganismen, also biologische Vorgänge, oder aber, und das scheint das Wahrscheinlichste zu sein, es ist eine langsam fortschreitende chemische Bindung der Basen aus dem Azetat im Gange. Weitere Untersuchungen müssen das noch genauer aufklären. Auf jeden Fall mußte bei diesem Verlaufe der Reaktion zu irgendeiner Zeit willkürlich ein Ende gemacht werden, und da nun bei den zahlreichen früheren Verwendungen der Azetatlösungen stets eine Stunde Schütteldauer eingehalten war, so schien es zweckmäßig, bei dieser Zeitdauer zu verbleiben. Nach dieser Zeit sind, wie unsere Versuche belegen, die Veränderungen nicht mehr so stark, daß, wenn nur alsbald nach dem Schütteln das Filtrieren vorgenommen wird, ein Fehler in die Bestimmung hineingetragen werden könnte.

Die Bedeutung, die der Konzentration der Salzlösungen für die Bestimmung der hydrolytischen Azidität zukommt, ist dann aus den folgenden Untersuchungen zu entnehmen. Die Versuchsbedingungen waren wieder die gleichen wie bei den voraufgehenden Versuchen, nur wurden die Azetatlösungen in steigenden Konzentrationen von 0,1 normal bis 2 normal angewendet, außerdem wurden zwei verschiedene Böden zu den Versuchen herangezogen. Die Zahlen der folgenden Tabelle bedeuten wieder die Anzahl Kubikzentimeter 0,1 n-Natronlauge, die zur Titration von 125 ccm Bodenfiltrat nötig waren:

Lösungen	Boden von Annaberg Konzentration der Lösungen				Versuchsfeldboden Konzentration der Lösungen			
	n/10	n/2	n/1	2 n	n/10	n/2	n/1	2 n
Na-Azetat . . .	6,20	10,35	12,65	13,65	0,70	3,00	4,75	7,10
Ca-Azetat . . .	7,10	11,40	14,60	16,20	2,10	6,20	8,40	10,00

Mit steigender Konzentration nimmt hiernach die Zersetzung der Azetatlösungen durch saure Mineralböden stark zu, und, wie die weitere Prüfung der erhaltenen Werte ergab, diese Zunahme war vollkommen mit der FREUNDLICHschen Absorptionsgleichung in Einklang zu bringen. Für diese bekannte FREUNDLICHsche Formel $a = \alpha \cdot c^{\frac{1}{n}}$ erhielten wir für Natrium- und für Kalziumazetat die beiden folgenden Gleichungen:

$$a = 11,826 \cdot c^{0,24147} \quad \text{und} \quad a = 13,989 \cdot c^{0,29991}.$$

Die aus diesen Gleichungen berechneten Werte sind in der folgenden Tabelle noch einmal mit den gefundenen zusammengestellt:

	Na-Azetat				Ca-Azetat			
	n/10	n/2	1 n	2 n	n/10	n/2	1 n	2 n
gefunden . . .	6,20	10,35	12,65	13,65	7,10	11,40	14,60	16,20
berechnet . . .	6,78	10,60	11,84	13,98	7,01	11,37	13,99	17,22

Die Übereinstimmung zwischen den nach der FREUNDLICHschen Formel berechneten und den wirklich gefundenen Werten ist ziemlich befriedigend. Geradeso wie die Säurebildung in Azetatlösungen durch saure Sphagnen und Hochmoortorf bei den Untersuchungen von BAUMANN und GULLY läßt sich also auch hier bei den anorganischen sauren Bestandteilen des Bodens die Konzentrationsabhängigkeit durch die FREUNDLICHsche Formel umschreiben. Wir sind aber weit davon entfernt, aus dieser Übereinstimmung nun den Schluß zu ziehen, wie es BAUMANN und GULLY taten, daß die Veränderung der Azetatlösungen durch saure humusfreie oder daran arme Böden ein einfacher kolloidchemischer Adsorptionsvorgang sei. Wir werden im Gegenteil nachher der Auffassung zugeführt werden, daß dieser Vorgang in der Hauptsache als ein normaler chemischer Vorgang zu betrachten ist. Etwas, was der rein kolloidphysikalischen Auffassung der Zersetzung der Azetate durch die sauren Mineralböden durchaus widerspricht, kann schon aus den folgenden Versuchen entnommen werden, die die Abhängigkeit der Zersetzung der Azetatlösungen bei gleichem absolutem Salzgehalt, aber wechselnden Wassermengen zum Gegenstande haben.

Bei diesen Versuchen war in den Lösungen stets 0,25 Grammäquivalent der Azetate aufgelöst, die Lösungsmengen aber stiegen von 125 ccm bis auf 2500 ccm an. Die Lösungen blieben bei diesen Versuchen 24 Stunden lang mit dem Boden (100 g) in Berührung. Die Zahlen in der folgenden Tabelle stellen die Mengen der 0,1 n-Natronlauge dar, die jeweils durch die Hälfte der Lösungsmengen verbraucht wurden:

	0,25 Grammäquivalent Salz gelöst in				
	125 ccm	250 ccm	500 ccm	1000 ccm	2500 ccm
Na-Azetat . . .	17,10	15,00	14,90	14,80	11,00
Ca-Azetat . . .	18,95	17,50	17,30	17,40	16,00

Die Verdünnung der Lösung von 125 auf 250 ccm ist nicht ohne Einfluß geblieben, dann aber ist bei weiterer Verdünnung bis auf 1000 ccm die Wirkung der steigenden Wassermengen äußerst bescheiden, erst bei der letzten Verdünnung von 1000 auf 2500 ccm tritt wieder eine deutliche Abnahme auf. In einem großen Verdünnungsgebiete weist also die Zersetzung der Azetate im wesentlichen Unabhängigkeit von der Konzentration auf, eine Tatsache, die viel mehr für den chemischen Charakter der Reaktion als für einen physikalischen spricht. Ginge der Prozeß der Basenbindung aus den Azetaten, der ja der ganzen Erscheinung zugrunde liegt, nur an der Oberfläche der Bodenteilchen vor sich, so sollte man, wie es bei den eigentlichen Adsorptionsvorgängen der Fall ist, eine größere Beeinträchtigung durch die Menge des Lösungsmittels, dessen Zunahme ja der Adsorption entgegenwirken muß, erwarten. Das eingetretene Gegenteil spricht also sicher nicht für das Stattfinden eines einfachen Adsorptionsvorganges, sondern zum mindesten für das Mitspielen chemischer Wirkungen. Wie wir uns diese chemischen Wirkungen und die Produkte vorzustellen haben, die dabei entstehen, werden wir gleich noch eingehender erörtern. Daß wirklich kein einfacher Adsorptionsvorgang bei der Zersetzung der Azetate vorliegt, dafür können auch weiter wohl die folgenden Versuche über die Beeinflussung der Reaktion durch Temperaturerhöhung ins Feld geführt werden.

Temperatur	Na-Azetat	Ca-Azetat
16⁰	11,80	13,65
32—33⁰	14,10	16,20
40—41⁰	15,40	18,05
50—51⁰	17,15	20,05
60—61⁰	18,60	22,05
70—71⁰	19,95	24,15

Die Versuchsbedingungen waren natürlich bei diesen Untersuchungen bis auf die variierte Temperatur gleich, und zwar übereinstimmend mit den Versuchen über den Einfluß der Zeit, die oben angegeben sind. Die Ergebnisse der Versuchsreihe zeigen die nebenstehende Tabelle und die graphische Darstellung in Abb. 7. Die Temperatur wurde zwischen 16⁰ und 70—71⁰ in verschiedenen Abstufungen variiert. Während eine Temperaturerhöhung bei einfachen Adsorptionsprozessen zumeist ohne oder sogar von negativem Einfluß auf die Menge der adsorbierten Substanz ist, müßten wir für die Zersetzung der Azetate durch den sauren Boden, wie die Titrationszahlen in der Tabelle zeigen, eine sehr bedenkliche Ausnahme von der Regel fordern, wenn wir sie nur als eine Adsorption der Base aus den Azetaten auffassen wollten. Wie die Kurven kundtun, haben wir eine der Temperatur direkt proportional ansteigende Zersetzung der Azetate zu verzeichnen, eine Tatsache, die eher für eine chemische als für eine kolloidchemische Deutung der Reaktion spricht, wenn man den bekannten reaktionsbeschleunigenden Einfluß ins Auge faßt, den eine Temperatursteigerung ganz allgemein bei chemischen Vorgängen ausübt. Im übrigen erscheint die Temperaturbeeinflussung des Vorganges aber doch nicht so groß, daß bei der Bestimmung der hydrolytischen

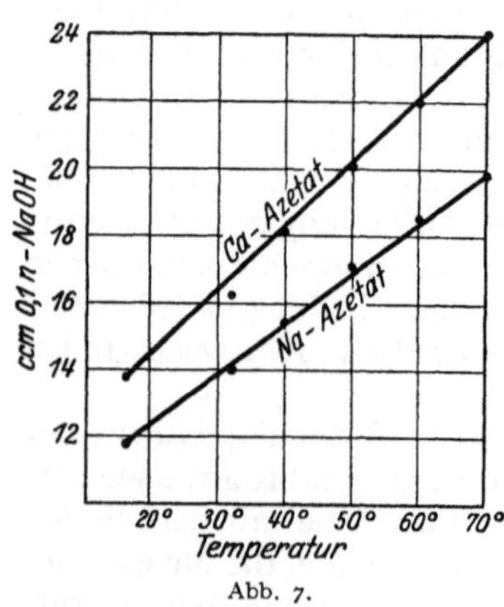

Abb. 7.

Azidität besondere Rücksicht darauf genommen werden müßte; beim Arbeiten bei Zimmertemperatur von ungefähr 18⁰ wird man ausreichend genaue Vergleichswerte erhalten.

Bei der Bestimmung der hydrolytischen Azidität wird man also zweckmäßig so verfahren können, daß man 100 g lufttrockenen Boden mit 250 ccm der normalen Kalziumazetatlösung eine Stunde im Schüttelapparat schüttelt und 125 ccm des Filtrates mit 0,1 n-Natronlauge titriert. In dieser Form ist die Methode von uns in zahlreichen Versuchen zur Anwendung gebracht worden, und sie hat uns dabei schon manche wertvollen Dienste geleistet. Als einen besonderen Vorzug der Methode möchten wir die Tatsache hervorheben, daß sie uns gestattet, schon den ersten Beginn der Bodenversauerung zu erfassen. Wenn ein Boden sich noch im Anfangsstadium der Basenverarmung befindet, zeigt die Behandlung mit der Azetatlösung seinen an Basen ungesättigten Zustand durch eine mehr oder weniger große Zersetzung des Azetates an. Am kleinsten ist die hydrolytische Azidität natürlich bei den Böden, die noch kohlensauren Kalk enthalten. Daß man bei solchen Böden überhaupt eine hydrolytische Azidität feststellen kann, könnte zunächst wohl ein wenig überraschen, wenn man aber daran denkt, daß in solchen Böden die zeolithischen Silikate nur im Gleichgewicht mit sehr verdünnten kohlensäurehaltigen Bikarbonatlösungen stehen, muß man zugeben, daß auch sie bereits einen gewissen Abbau der Basen durch die Bodenkohlensäure erlitten haben können, der bei der Prüfung mit der verhältnismäßig sehr konzentrierten Azetatlösung natürlich deutlich in die Erscheinung tritt. Vollständig mit Basen gesättigte Böden, die also überhaupt keine weiteren Mengen basischer Stoffe mehr zu binden vermögen, gibt es — darauf muß einmal klar hingewiesen werden — unter humiden Klimaverhältnissen in der Natur überhaupt nicht, ja, man kann auch, wenn man die ganze Art des Bodenbildungsprozesses ins Auge faßt, ruhig behaupten, daß solche völlig basengesättigte Böden niemals existiert haben können; denn stets sind ja bei der Bildung der Böden Wasser und Kohlensäure am Werke gewesen, und in deren Gegenwart ist an die Bildung voll gesättigter Silikate und Humate gar nicht zu denken. Es ist daher auch nichts, was gegen die Brauchbarkeit der Charakterisierung der Böden durch ihre hydrolytische Azidität spricht, wenn man bei ihnen trotz ihrer Befähigung zur Zersetzung von Azetatlösungen noch eine neutrale oder sogar alkalische Reaktion antrifft. Trotz alkalischer Reaktion kann ein Boden doch schon in das Stadium der Basenverarmung seiner zeolithischen Silikate und Humate eingetreten sein, und das ist es gerade, was durch die Bestimmung der hydrolytischen Azidität erfaßt werden soll. Wir möchten behaupten, daß darin ein Vorzug der Bestimmung der hydrolytischen Azidität vor der der p_H-Werte besteht, daß sie uns so frühzeitig kundgibt, wie es mit der Sättigung des Bodens mit Basen bestellt ist; längst bevor die Reaktionsbestimmung uns warnt, können wir schon aus der Höhe der hydrolytischen Azidität erfahren, wie es in dieser Richtung mit dem Boden steht.

Wie es im übrigen mit der Übereinstimmung zwischen den Werten für die hydrolytische Azidität der Böden und den anderen, die Reaktion des Bodens kennzeichnenden Werten bestellt ist, ist schon aus der Zusammenstellung der Zahlen zu entnehmen, die bei Gelegenheit der Besprechung des Pufferungsvermögens der Böden gegeben ist. Die Tabelle auf S. 85 weist noch eine verhältnismäßig gute Übereinstimmung zwischen der hydrolytischen Azidität, den p_H-Werten und den JENSENschen Pufferflächen auf, bei den folgenden, in der Tabelle auf S. 86 zusammengestellten Untersuchungsergebnissen ist die Übereinstimmung zwischen diesen verschiedenen Prüfungen sogar vollkommen. Woher das im letzten Falle kommt, ist aber klar. Es handelt sich hier um eine Versuchsreihe mit Böden, die von demselben Bodenmaterial stammten und künstlich sauer gemacht waren. Bei solchen gleichartigen Böden muß natürlich die hydrolytische Azidität zum wenigsten mit der Pufferfläche vollständig übereinstimmen, insofern natürlich, als die hydrolytische Azidität um so kleiner ist, je größer die Pufferfläche sich darstellt. Die eine Methode erfaßt ja die Basen, die noch im Boden vorhanden sind, die andere diejenigen, die der Boden schon verloren hat, die Werte beider Methoden müssen also im umgekehrten Verhältnis zueinander stehen. Zwischen den p_H-Werten und der hydrolytischen Azidität braucht aber selbst bei gleichartigen Böden kein einfacher und regelmäßiger Zusammenhang zu bestehen, denn die p_H-Werte sind, wie oben schon auseinandergesetzt, von verschiedenen Faktoren in ihrer Größe abhängig, so auch besonders von dem Elektrolytgehalt des Bodens, der natürlich sehr wechseln kann. In elektrolytarmem Zustande, allenfalls etwa nach Auswaschung mit Wasser, werden sich die die p_H-Werte ziemlich umgekehrt proportional den hydrolytischen Aziditäten ändern müssen, wie das die künstlich hergestellte Serie saurer Böden, bei der die Böden sehr vollkommen von der zur Säuerung benutzten Säure durch Auswaschen mit Wasser befreit waren, ja auch zeigt:

Mit Salzsäure gesäuerte Böden nach gründlichem Auswaschen.

	Unbehandelt	Säurekonzentration			
		n/100	n/50	n/25	n/10
Hydrolytische Azidität	3,7	6,8	7,5	17,5	20,0
p_H-Wert	6,6	6,6	6,0	5,3	4,3

Sonst aber, wenn man eine größere Serie von Böden verschiedener Herkunft auf den Zusammenhang zwischen den hydrolytischen Aziditäten und den anderen Aziditätswerten prüft, findet man oft klaffende Differenzen, wie das aus der folgenden Zusammenstellung hervorgeht, in der die Böden nach der Größe ihrer hydrolytischen Azidität geordnet und den p_H-Werten, gemessen in wässeriger Aufschlämmung 10 : 25, gegenübergestellt sind:

Bezeichnung des Bodens	Hydrolytische Azidität	p_H	Bezeichnung des Bodens	Hydrolytische Azidität	p_H
B 16	22,95	5,03	Röttgen	12,00	4,74
B 129	21,25	4,39	D 300	12,00	5,12
Röttgen 2a	20,50	4,34	Röttgen 9	11,75	4,62
Kottenforst	19,00	3,86	Opladen N 1 . . .	11,50	5,30
B 62	19,25	5,44	D 304	10,50	4,99
Opladen R	18,50	3,90	Annaberg 1	10,50	5,06
B 35	16,25	5,52	D 297	10,25	4,61
Neundorf 1	15,50	4,47	Annaberg W . . .	9,50	4,98
Opladen H	15,00	4,92	D 301	9,00	4,94
B 85	14,00	4,99	D 0	7,50	5,23
B 10	14,00	4,88	Annaberg 2	7,50	5,40
Mettmann 5	14,00	5,35	D 302	6,50	5,38
B 36	13,00	5,52	Mettmann 1	5,25	6,21
Neundorf 2	13,00	5,22	Eickel	3,50	6,77
D 303	12,95	4,80	H 1952	3,50	6,33
B 68	12,50	4,76	Versuchsfeld	1,25	7,65
D 299	12,50	5,07			

Gewiß lassen diese Zahlen erkennen, daß niedrigen Werten für die hydrolytische Azidität, die im übrigen bei diesen Versuchen noch unter Verwendung von Natriumazetat bestimmt war, auch die höchsten Reaktionszahlen entsprechen, aber ein genauerer, engerer Anschluß an die Reaktionszahlen findet gerade in dem sauren Gebiete ganz und gar nicht statt; bei 22,95 ccm hydrolytischer Azidität finden wir einen p_H-Wert von 5,03, bei 10,25 ccm sogar einen noch saureren Wert von 4,61. Es ist aber einleuchtend, daß solche Verschiedenheiten auftreten müssen; wir brauchen nur daran zu denken, daß die p_H-Zahlen überhaupt nicht mit dem Basenbindungsvermögen der Böden — und nichts anderes als das kommt ja in der hydrolytischen Azidität zum Ausdruck — Hand in Hand gehen müssen. Ein leichter Sandboden kann stark versauert sein, er kann infolgedessen eine sehr saure Reaktionszahl besitzen, und doch kann sein Basenbindungsvermögen, entsprechend seine hydrolytische Azidität, klein sein, umgekehrt kann ein schwerer Boden noch einen hohen p_H-Wert aufweisen, obgleich seine hydrolytische Azidität dabei wesentlich größer ist als die des nach seiner Reaktionszahl viel saureren Sandbodens. Basenbindungsvermögen und hydrolytische Azidität werden in ihrer Größe eben vornehmlich bestimmt von der Menge der vorhandenen zeolithischen Silikate und Humate. Bei Gegenwart großer Mengen von diesen Stoffen, wie sie in schweren Mineralböden und humusreichen Böden verwirklicht ist, kann die Aufnahmefähigkeit für Basen sehr groß sein, ohne daß die Entbasung der Silikate und Humate sonderlich weit vorgeschritten ist; man findet daher auch eine hohe hydrolytische Azidität. In Sandböden mit ihrem geringen Gehalt an zeolithischem Material kann dieses sehr weit an Basen verarmt sein, der Boden kann infolgedessen einen niedrigen, stark sauren p_H-Wert aufweisen, und doch ist infolge der geringen Menge an basenbindenden zeolithischen Silikaten die hydrolytische Azidität klein.

Die Bedeutung beider Werte, der hydrolytischen Azidität und der Reaktionszahlen, liegt in ganz verschiedenen Richtungen, sie ist auf ganz verschiedenen Gebieten zu suchen. Während nämlich die Reaktionszahlen eine fraglos große pflanzenphysiologische Bedeutung besitzen, auch als diagnostisches Mittel für die Erkennung der Bodenreaktion Hervorragendes leisten, vermitteln die Zahlen für die hydrolytische Azidität, ähnlich wie die Zahlen für das Basenbindungsvermögen, eine Vorstellung von dem Sättigungszustand der Basenträger des Bodens und damit von den Mengen an basischen Stoffen, die dem Boden fehlen. Die Bedeutung der Werte für die hydrolytische Azidität liegt also mehr auf dem Gebiete der Düngerlehre als auf dem der Bodenkunde. Allerdings besitzen sie auch in dieser Richtung zunächst nur Bedeutung als Vergleichswerte, wie aber noch näher auseinanderzusetzen sein wird, lassen sich die Werte für die hydrolytische Azidität gerade auf dem Gebiet, das hier in Frage steht, nämlich für die sauren Mineralböden, auch in quantitativer Richtung zur Bemessung der Kalkgaben mit Erfolg ausnutzen. Bevor wir uns dem Nachweis dieser Tatsache zuwenden, ist es wichtig, kurz auf unsere Bemühungen um eine Bestimmung der gesamten hydrolytischen Azidität des Bodens etwas näher einzugehen.

Die Befähigung der sauren Böden, essigsaure Salze zu zersetzen, ist nämlich keineswegs nach einer einzigen Schüttelung des Bodens mit der Azetatlösung erschöpft. Daß das nicht der Fall sein kann, daß vielmehr der Boden noch wesentlich größere Basemengen aus den Azetaten binden kann, geht ja auch schon aus der Tatsache hervor, daß steigende Konzentration der Azetatlösungen stets zu einer Erhöhung der aufgenommenen Basemengen führt. Wie sich die weitere Zersetzung der Azetatlösungen gestaltet, wenn der Boden immer wieder erneut mit frischer Lösung zusammengebracht wird, haben wir in derselben Weise studiert, wie — was nachher noch näher dargelegt werden wird — DAIKUHARA es bei der Einwirkung von Neutralsalzen auf die sauren Mineralböden getan hat. Je 100 g Boden wurden mit 250 ccm Kalziumazetatlösung 1 Stunde lang geschüttelt und weitere 18 Stunden sich selbst überlassen. Von der dann klar über dem Boden stehenden Lösung wurden 125 ccm abpipettiert und mit Natronlauge titriert. Die abgenommenen 125 ccm wurden durch 125 ccm frische Lösung ersetzt, und die Schüttelung wurde wiederholt. Nach 18 Stunden wurden abermals 125 ccm von der klar gewordenen Lösung abgenommen und titriert, 125 ccm frische Lösung wurden vor dem erneuten Schütteln wieder hinzugefügt, und das wurde zehnmal nacheinander in gleicher Weise ausgeführt. Nach dieser Behandlung wurden schließlich die Böden mit Wasser ausgewaschen, nach dem Trockenwerden wurde ihre Reaktionszahl mit der Chinhydronmethode bestimmt. In der folgenden Tabelle sind die bei 6 Böden auf diese Weise erhaltenen Werte zusammengestellt; die einzelnen Titrationswerte sind darin mit y_1, y_2 usw. bezeichnet:

Boden	Opladen	Versuchsfeld Bonn	Monreal	Arheilgen	B 35	Annaberg
y_1 · · · · · · · ·	11,90	7,15	10,00	10,05	16,90	15,95
y_2 · · · · · · · ·	9,10	5,70	7,25	7,40	11,50	10,80
y_3 · · · · · · · ·	6,90	4,45	5,70	5,40	8,75	7,45
y_4 · · · · · · · ·	5,60	3,35	4,85	4,10	6,75	5,75
y_5 · · · · · · · ·	4,95	3,15	3,90	3,40	5,75	4,30
y_6 · · · · · · · ·	4,40	2,85	3,55	2,90	4,75	4,05
y_7 · · · · · · · ·	4,05	2,35	3,05	2,70	4,05	3,70
y_8 · · · · · · · ·	3,65	2,15	2,85	2,25	3,75	3,20
y_9 · · · · · · · ·	3,45	2,20	2,75	2,15	3,55	2,85
y_{10} · · · · · · ·	3,35	2,10	2,55	2,05	3,45	2,40
Summe S_{10} · · ·	57,35	35,45	46,45	42,40	69,20	60,45
$S_{10} : y_1$ · · · · ·	4,82	4,96	4,65	4,22	4,10	3,79
p_H vorher · · ·	6,20	6,40	5,90	4,80	5,80	5,33
p_H nachher · · ·	7,88	7,96	8,00	7,91	7,94	7,80

Die Werte für die hydrolytische Azidität bei wiederholter Behandlung mit der Azetatlösung lassen erkennen, daß zunächst ein ziemlich steiler Abfall erfolgt, daß dann aber bei wiederholter Schüttelung die Unterschiede immer kleiner werden. Bei graphischer Darstellung, die nur für drei der Böden durchgeführt ist, Abb. 8, erkennt man, daß sich die Kurve von etwa der fünften Schüttelung ab asymptotisch der Abszisse nähert. Selbst nach 20- und 30facher Wiederholung der Schüttelung

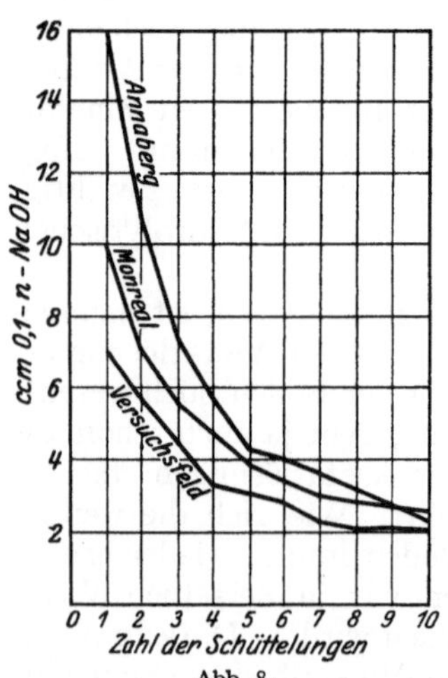

Abb. 8.

würde immer noch eine Zersetzung der Azetatlösung zu vermerken sein. Dabei war aber die Reaktion der Erdproben bereits nach dem zehnten Schütteln nicht nur neutral, sondern schon alkalisch geworden, und zwar war, wie die Zahlen zeigen, ziemlich gleichmäßig der Wert von 7,80—8,00 p_H erreicht. Da praktisch ein Aufhören der Einwirkung der Azetatlösung auf die Bodenproben somit nicht zu erzwingen, die Gesamtazidität also experimentell nicht zu bestimmen war, versuchten wir, sie unter Benutzung der von DAIKUHARA für die Bestimmung der Austauschazidität aufgestellten Formel zu berechnen. Diese Formel DAIKUHARAS lautet:

$$S = 2\left(y_1 + \frac{a_1}{1 - K}\right),$$

worin S die Gesamtazidität bedeutet, y_1 die Anzahl der bei der ersten Titration verbrauchten Kubikzentimeter Natronlauge, a_1 gleich $y_2 - \frac{1}{2} y_1$ ist. K ist eine Konstante, die sich als Quotient von $a_2 : a_1 = a_3 : a_2$ usw. ergibt. Für die Austauschazidität erhielt DAIKUHARA für diese Konstante im Mittel aus vielen Versuchen den Wert 0,85. Die aus den Zahlen der voraufgehenden Tabelle berechneten K-Werte für die hydrolytische Azidität haben wir in der Tabelle (s. S. 99) zusammengestellt, ebenso die mit ihrer Hilfe nach der DAIKUHARA-Formel berechneten Gesamtaziditäten. Die auf diese Weise gefundenen Einzelwerte für K schwanken nicht stärker als die von DAIKUHARA ermittelten, die Durchschnittswerte liegen für die verschiedenen Böden sogar näher beieinander, als das für die Werte DAIKUHARAS der Fall war. Auch der Größe nach weichen die Werte nicht erheblich voneinander

	Werte für K					
	Opladen	Versuchsfeld	Monreal	Arheilgen	B 35	Annaberg
$a_2 : a_1 = K_1$ . . .	0,75	0,75	0,92	0,72	0,98	0,73
$a_3 : a_2 = K_2$ . . .	0,91	0,70	0,96	0,81	0,79	0,99
$a_4 : a_3 = K_3$ . . .	1,00	1,31	0,74	0,96	1,00	0,70
$a_5 : a_4 = K_4$ . . .	0,89	0,87	1,09	0,89	0,79	1,33
$a_6 : a_5 = K_5$ . . .	0,96	0,73	0,86	1,42	0,89	0,88
$a_7 : a_6 = K_6$ . . .	0,88	1,05	0,96	0,72	1,03	0,81
$a_8 : a_7 = K_7$ . . .	1,00	1,15	1,00	1,14	0,97	0,93
$a_9 : a_8 = K_8$ . . .	1,00	0,89	0,89	0,95	1,00	0,78
K im Mittel . . .	0,92	0,93	0,93	0,95	0,93	0,89
Gesamtazidität $= S$	102,6	75,0	84,3	115,1	120,9	83,3
$S : y_1$	8,62	10,49	8,43	11,45	7,16	5,22
Gesamtazidität S_K						
mit $K = 0,92$.	102,6	67,4	76,3	79,5	110,1	102,5
$S_K : y_1$	8,62	9,43	7,63	7,91	6,51	6,43

ab, der Mittelwert beträgt bei uns 0,92 gegenüber 0,85 bei DAIKUHARA. Aus dieser Übereinstimmung darf wohl der Schluß gezogen werden, daß die Gesetzmäßigkeit, nach der sich beide Aziditätserscheinungen, die hydrolytische und die Austauschazidität, bei wiederholtem Schütteln ändern, die gleiche ist, eine Tatsache, die die Anwendung der DAIKUHARAschen Formel auf die Berechnung der hydrolytischen Azidität wohl nur rechtfertigen könnte. Abweichend von den Ergebnissen der DAIKUHARAschen Berechnung bei der Austauschazidität stehen nun aber unsere hydrolytischen Gesamtaziditäten nicht in demselben Verhältnis zu dem ersten Titrationswerte. Während sich nämlich bei DAIKUHARA herausstellte, daß die Gesamtazidität im Durchschnitt dem 3,5fachen des ersten Titrationswertes y_1 entsprach, finden wir bei der hydrolytischen Azidität viel höhere und dabei recht stark schwankende Werte. Besonders dann, wenn man die Berechnung der Gesamtazidität mit Hilfe der bei jedem einzelnen Boden gefundenen Durchschnittswerte für K durchführt, sind die Differenzen unter den Gesamtaziditäten und unter den Quotienten $\dfrac{S}{y_1}$ so groß, daß die ganze Methode als unbrauchbar erscheint, hat doch z. B. der Boden Opladen mit $y_1 = 11,90$ eine größere Gesamtazidität als der Boden von Annaberg mit $y_1 = 15,95$. Der Boden von Arheilgen wieder weist eine viel höhere Gesamtazidität auf als der Boden von Monreal, der einen mit ihm so gut wie ganz übereinstimmenden Wert für y_1 besitzt und sich auch bei den weiteren Ausschüttelungen, also in den Werten y_2, y_3 usw. in guter Übereinstimmung mit ihm befindet. Die beiden Böden B 35 und der von Annaberg, die sehr nahe beieinander liegende y_1-Werte haben, zeigen ebenfalls bei Berechnung mit ihren eigenen Mittelwerten für K starke Verschiedenheiten in den Gesamtaziditäten.

Ganz offenbar haben diese Verschiedenheiten in den Gesamtaziditäten darin ihren Grund, daß schon kleine Änderungen des K-Wertes zu großen Änderungen der Gesamtaziditäten führen, so daß von der Zuverlässigkeit dieses Wertes alles für unsere Methode abhängt. Das erkennt man deutlich, wenn man die in den beiden untersten Reihen der Tabelle stehenden Werte für die Gesamtaziditäten S_K und den Quotienten $\dfrac{S_K}{y_1}$ mit den darüberstehenden vergleicht. Diese zweiten Werte wurden unter Verwendung des Durchschnittswertes für K aus allen Bestimmungen 0,92 berechnet. Die unlogischen Differenzen unter den Gesamtaziditäten der Böden sind verschwunden, sie entsprechen jetzt in ihrer Höhe einigermaßen den y_1-Werten. Auch die Quotienten $\dfrac{S_K}{y_1}$ haben sich jetzt aus-

7*

geglichen, schwanken allerdings auch noch zwischen 9,4 und 6,4. Immerhin würde es möglich sein, mit Hilfe des K-Wertes 0,92 bei Ausführung von nur zwei Ausschüttelungen die gesamte hydrolytische Azidität eines Bodens mit einer vielleicht ausreichenden Annäherung richtig zu bestimmen und damit auch die Kalkmenge zu ermitteln, die zur Beseitigung der hydrolytischen Azidität notwendig ist. Für 100 g des untersuchten Bodens hätte man ja dann nur die Gesamtazidität mit 5 bzw. 2,8 zu multiplizieren, um die zu ihrer Beseitigung nötige Menge an Kalziumkarbonat oder an Kalziumoxyd in Milligramm zu erfahren. Diese Werte würden aber doch nur von wissenschaftlicher, nicht von praktischer Bedeutung sein; denn die volle Beseitigung der hydrolytischen Azidität eines Bodens kann kein Ziel für die Praxis der Kalkdüngung der Böden darstellen, weil dabei eine solche Sättigung der Böden mit Kalk stattfinden würde, wie sie niemals unter natürlichen Verhältnissen vorhanden ist. In wissenschaftlicher Beziehung können die Werte für die gesamte hydrolytische Azidität der Böden aber vielleicht noch Bedeutung gewinnen, denn sie müssen ihrer ganzen Natur nach im Zusammenhang mit dem Zustande der vollen Sättigung eines Bodens mit Basen stehen, wie er z. B. von HISSINK bestimmt wird; die Werte für die hydrolytische Gesamtazidität müssen uns einen Begriff von derjenigen Kalkmenge vermitteln, die von einem gegebenen Boden in austauschbarer Form im Höchstfalle aufgenommen werden kann. Wenn bei späteren Untersuchungen sich ein solcher Zusammenhang bestätigen wird, so könnten diese hydrolytischen Gesamtaziditäten vielleicht noch eine gewisse Bedeutung erlangen, zunächst aber ist mit ihnen keine bessere Charakterisierung des Versauerungszustandes des Bodens möglich, als mit den ersten Titrationswerten schon zu gewinnen ist.

In anderer Richtung hingegen läßt sich doch noch eine quantitative Auswertung der Bestimmung der hydrolytischen Azidität erreichen. Wie oben schon gesagt, ist bei allen geprüften Böden nach zehnmaliger Ausschüttelung mit Kalziumazetat und darauffolgendem gründlichen Auswaschen fast der gleiche p_H-Wert von 7,8 bis 8,0 festgestellt worden. Das ist nun der p_H-Wert, den man oft bei von Natur aus basenreichen Böden antrifft, und dieser Wert besitzt dadurch fraglos eine allgemeinere Bedeutung. Es kann also auch vom landwirtschaftlichen Gesichtspunkte aus wünschenswert sein, die Kalkmenge zu kennen, die einem sauren Boden bis zur Erreichung dieses Wertes fehlt. Das läßt sich nun dadurch wohl erreichen, daß man den in der Tabelle auf S. 98 verzeichneten Quotienten $\dfrac{S_{10}}{y_1}$ benutzt. Dieser Quotient nach zehnmaliger Ausschüttelung mit Kalziumazetatlösung zeichnet sich vor dem in der Tabelle auf S. 99 für die Gesamtazidität bestimmten durch eine bessere Übereinstimmung bei den verschiedenen Böden aus, so daß man hier bereits mit größerer Zuverlässigkeit durch Multiplikation des y_1-Wertes mit dem durchschnittlichen Wert dieses Quotienten von 4,43 die Kalkmenge erfassen kann, die zur Erreichung eines p_H-Wertes von 7,8 bis 8,0 dem Boden zuzuführen ist. Nicht weniger wichtig aber dürfte es sein, die Kalkmenge zu erfassen, die einem sauren Boden zur Erreichung des Neutralpunktes fehlt, und auch das sollte sich durch die Ermittlung der hydrolytischen Azidität möglich machen lassen. Wenn es nämlich einen Faktor gab, durch dessen Benutzung sich der p_H-Wert 7,8 bis 8,0 einstellen ließ, so mußte es auch einen Faktor für die Einstellung des Neutralpunktes geben. Dieser Wert mußte sich sogar mit noch größerer Genauigkeit ermitteln lassen, weil unsere Versuche zeigten, daß die Übereinstimmung zwischen den Quotienten $\dfrac{S}{y_1}$ um so besser wurde, je weniger Titrationsresultate zur Bildung von S benutzt wurden. Gebraucht man z. B. nur die 5 ersten Werte — und hierzu liegt deswegen besondere Veranlassung vor, weil die Hauptmenge der Basen, die ein Boden aus Kalziumazetat binden kann, bei den ersten 5 Ausschüttelungen bereits gebunden wird, wie die Zahlen in der Tabelle S. 98 und die darnach konstruierten Kurven zeigen — so erhält man die folgenden Werte:

Boden	Opladen	Versuchsfeld Bonn	Monreal	Arheilgen	B 35	Annaberg
S_5	38,45	23,80	31,70	30,40	48,65	44,25
$S_5 : y_1$	3,2	3,3	3,2	3,0	2,9	2,8

Die Quotienten liegen hier sämtlich zwischen den schon engeren Grenzen 2,8 und 3,3, ihr Mittelwert ist 3,1. Daß gerade dieser bei ca. 3 liegende Faktor für die Erreichung des eben genannten praktisch wichtigen Zieles, die Einstellung des Neutralpunktes, bei sauren Böden ganz besondere Bedeutung besitzen sollte, wurde allerdings erst, wie wir gleich noch sehen werden, bei andersartigen Untersuchungen zuverlässig erkannt. Hier muß zunächst die Tatsache vermerkt werden, daß schon vor uns von anderer Seite versucht worden ist, die hydrolytische Azidität zur Bestimmung des Kalkbedarfes saurer Böden und zu ihrer Einstellung auf neutrale Reaktion auszunutzen. Die Methode dazu wurde von JONES[1] ausgearbeitet und soll hier zunächst beschrieben werden.

Methode von JONES.

5,6 g Boden werden mit 0,5 g Kalziumazetat und 150 ccm Wasser versetzt und während 15 Minuten öfter geschüttelt. Nach Zugabe von weiteren 50 ccm Wasser und kräftigem Umschütteln wird durch ein Faltenfilter filtriert, 100 ccm des klaren Filtrates werden dann nach Zusatz von 2 Tropfen Phenolphthalein mit 1/100 n-Lauge titriert. Durch Multiplikation des Titrationswertes mit 2 erhält man die insgesamt durch 100 g Boden in Freiheit gesetzte Menge der Essigsäure bzw. die Laugemenge, die zu ihrer Neutralisation nötig ist. Aus dieser Gesamtazidität kann man die zur Düngung nötige Kalkmenge stöchiometrisch errechnen.

Diese Methode von JONES ist neuerdings von CARLETON[2] nachgeprüft worden unter gleichzeitiger Bestimmung der p_H-Werte, die nach dem Zusatz der nach JONES berechneten Kalkmengen die Böden annehmen. Dabei ergab sich, daß mit guter Annäherung die Reaktion der Böden neutral geworden war. Im einzelnen verfuhr CARLETON bei dieser Prüfung so, daß er zu 5 g Boden die nach JONES berechnete Kalkmenge in der Form von Kalkwasser hinzufügte, mit Wasser auf 50 ccm verdünnte und dann die p_H-Werte unter ständigem Rühren in der Suspension bestimmte.

In derselben Weise prüften wir einige unserer sauren Böden und erhielten dabei die folgenden Resultate:

Boden	1	2	14	8	9	7
p_H ohne Kalk	5,47	6,59	6,13	6,25	5,97	4,23
p_H mit Kalk nach JONES	6,60	7,29	6,91	7,38	6,76	6,01

Schon aus dem Ausfall dieser Versuche ist zu entnehmen, daß nur die ganz wenig sauren Böden durch die nach JONES berechnete Kalkmenge wirklich neutralisiert werden, bei den stärker sauren Böden langt aber die Kalkmenge bei weitem nicht, um den Neutralpunkt zu erreichen.

Bei einem zweiten Versuch verfuhren wir abweichend von CARLETON so, daß wir 100 g lufttrockenen Boden mit der nach JONES berechneten Kalkmenge innigst

---

[1] JONES, C. H.: J. Assoc. Off. Agr. Chem. 1, 43.
[2] CARLETON, E. A.: Soil Sci. 16, 87.

vermischten, in 200 ccm fassende Erlenmeyerkölbchen brachten und mit so viel Wasser versahen, als 60 % der vollen Wasserkapazität der Böden entsprach. .Die verschlossenen Kölbchen blieben dann bei Zimmertemperatur 11 Tage lang stehen. Darauf wurde in einer Suspension von 10 g Boden in 25 ccm Wasser nach der Chinhydronmethode die Reaktionszahl ermittelt. Die hierbei gefundenen Werte enthält die folgende Zusammenstellung:

Boden	1	2	7	8	14
p_H nach 11 Tagen	6,76	7,52	6,45	7,02	6,60

Die Werte sind hiernach nicht besser als bei der Art des Kalkzusatzes nach CARLETON, eher bleiben sie noch etwas mehr — mit Ausnahme natürlich von Boden 2, der von Haus aus schon dem Neutralpunkt nahestand und überneutralisiert erscheint — hinter dem Neutralpunkt zurück. Eine gewisse Brauchbarkeit mag der Methode von JONES zur Bestimmung des Kalkbedarfes saurer Böden mit Hilfe der Bestimmung der hydrolytischen Azidität wohl nicht abgesprochen werden können, aber sie schien doch nach dem Ausfall unserer Prüfungen noch verbesserungsbedürftig.

Ohne diese Methode von JONES und ihre Nachprüfung durch CARLETON zu kennen, hatten wir uns übrigens bereits um die Auswertung der Methode zur Bestimmung der hydrolytischen Azidität in quantitativer Richtung bemüht. Bei der Fortsetzung dieser Bemühungen gingen wir nun von der elektrometrischen Neutralisation der Böden unter Einhaltung der Vorschriften von S. T. JENSEN aus. Es wurden also je 10 g Boden mit 100 ccm von Lösungen geschüttelt, die 1, 2, 3 usw. ccm einer 0,1 n-Lösung entsprechenden Menge Kalziumhydroxyd gelöst enthielten. Unter häufigem Umschütteln blieben die Suspensionen 3 Tage lang stehen; dann wurden in ihnen die p_H-Werte gemessen. Von jedem Boden wurden so 2 Proben angesetzt, und von jeder Probe 2 Bestimmungen gemacht; die angegebenen Zahlen in der untenstehenden Tabelle sind die Mittelwerte aus diesen 4 Bestimmungen.

Mit diesen Werten wurden nun die Neutralisationskurven der Böden konstruiert, und daraus konnten die Mengen an Kalk ermittelt werden, die zur Neutralisation der Böden erforderlich waren. Es ergab sich dabei, daß diese Kalkmenge bei allen Böden ungefähr dem Dreifachen derjenigen Kalkmenge entsprach, die sich aus dem ersten Titrationswert bei der Bestimmung der hydrolytischen Azidität errechnen ließ. Diese Tatsache geht aus der Zusammenstellung in der folgenden Tabelle auf S. 103 oben deutlich hervor; y_1 bedeutet darin den ersten Titrationswert für die hydrolytische Azidität, p_{H_1} ist die Reaktionszahl der ursprünglichen

Boden Nr.	Austausch-azidität y_1	Hydrolytische Azidität y_1	p_H-Werte nach Zusatz von						
			0	1	2	3	4	5	6
1	1,1	16,0	5,26	5,78	5,89	6,29	6,52	6,87	7,20
16	0,5	12,0	5,96	6,36	6,57	6,89	7,11	7,21	7,47
2	0,3	7,0	6,21	6,74	6,92	7,20	7,28	7,30	7,63
4	9,1	17,4	4,70	5,20	5,74	6,13	6,61	6,87	7,10
5	1,4	10,5	5,66	6,52	6,91	7,17	7,44	7,63	7,78
6	4,1	13,4	5,50	5,84	6,50	6,85	7,17	7,38	7,56
11	13,0	43,5	4,52	4,86	5,04	5,20	5,38	5,49	5,64
12	1,2	8,8	5,74	6,26	6,64	7,14	7,32	7,49	7,74
13	6,5	15,8	5,21	5,59	6,09	6,58	6,83	7,09	7,22
3	13,6	24,7	4,66	—	—	—	—	6,45	6,67
7	19,6	31,0	4,47	—	—	—	—	—	6,26
9	25,4	45,6	4,11	—	—	—	—	—	—
10	4,2	9,8	6,17	6,61	6,90	7,16	—	—	—

Böden, $p_{H_{3y}}$ die Reaktionszahl nach dem Zusatz von so viel Kalziumhydroxyd-lösung, wie dem dreifachen Werte der ersten Titration (y_1) entsprach:

Nr.	y_1	p_{H_1}	$p_{H_{3y}}$	Art des Bodens	Nr.	y_1	p_{H_1}	$p_{H_{3y}}$	Art des Bodens
8	8,4	6,56	7,40	Lehm	1	16,0	5,28	6,80	Lehm
2	7,0	6,25	7,05	schwerer Lehm	13	15,8	5,23	7,06	Lehm
10	9,8	6,17	7,13	schwerer Lehm	4	17,4	4,70	6,94	Lehm
16	12,0	5,98	7,01	Lehm	3	24,7	4,63	6,95	Lehm
12	8,8	5,80	6,95	Sand	7	31,0	4,50	6,94	toniger Lehm
5	10,5	5,66	7,24	Sand	11	43,5	4,50	6,82	humoser Sand
6	13,4	5,52	7,10	toniger Lehm	9	45,6	4,10	6,78	humoser Sand

Aus dieser Zusammenstellung recht verschiedenartiger und auch in bezug auf ihren Reaktionszustand innerhalb einer recht weiten Spannung liegender Böden geht hervor, daß tatsächlich mit der Menge an Kalziumhydroxyd, die dem drei-fachen Werte der hydrolytischen Azidität entspricht, eine Reaktionsverschiebung erreicht wird, die alle Böden ziemlich gleichmäßig der neutralen Reaktion zuführt. Sind von Haus aus die Reaktionen nahe am Neutralpunkt, so führen die Kalk-zusätze zumeist zu Werten, die etwas darüber liegen, was besonders bei dem Boden Nr. 8 hervortritt, sonst aber, bei stärkeren Versauerungsgraden, bleiben die Werte ein wenig unter dem Neutralpunkt. Diese Über- oder Unterschreitungen dürfen aber wohl als wenig bedeutungsvoll anzusprechen sein.

Zur Nachprüfung dieser aus den Neutralisationskurven ermittelten, zur Neutralisation nötigen Kalkmengen haben wir zunächst, bevor wir die Erprobung unter mehr der Praxis angepaßten Versuchsbedingungen vornahmen, die Böden direkt mit den Mengen an Kalziumhydroxyd in Lösung versetzt, die dem drei-fachen Wert der hydrolytischen Azidität entsprachen, und haben nach 14 Tage langem Stehen die Reaktionszahlen ermittelt. Dabei erhielten wir die folgenden Werte:

Boden	3	4	5	6	7	8	9	10	13	15
p_H zu Anfang	4,53	4,76	5,70	5,52	4,41	6,56	4,03	6,12	5,29	6,55
p_H nach Kalkung	6,99	7,00	7,09	7,03	6,85	7,47	6,86	7,00	7,17	7,30

Die Übereinstimmung zwischen den aus den JENSENschen Neutralisationskurven und den nach Kalkzusatz gefundenen Werten ist sehr befriedigend. Man kann also wohl mit Bestimmtheit aussagen, daß der nach der Methode von JENSEN er-mittelte Kalkbedarf bis zur Neutralisation der Böden rund dem dreifachen Werte ihrer hydrolytischen Azidität entspricht. Damit erscheint eine Aufgabe von nicht geringer Bedeutung auf sehr einfachem Wege gelöst. Während man bisher unter

ccm $n/10$ $Ca(OH)_2$

7	8	9	10	11	12	13	14	15	16
7,57	7,63	7,65	7,91	—	—	—	—	—	—
7,71	7,77	7,91	7,99	—	—	—	—	—	—
7,74	7,84	7,86	7,91	—	—	—	—	—	—
7,36	7,58	7,69	7,81	—	—	—	—	—	—
8,03	8,06	8,12	8,22	—	—	—	—	—	—
7,75	7,80	8,01	8,15	—	—	—	—	—	—
5,68	5,85	6,22	6,30	6,50	6,61	6,77	6,91	7,02	7,08
7,86	7,84	7,88	7,96	—	—	—	—	—	—
7,42	7,55	7,56	7,60	—	—	—	—	—	—
6,86	7,18	7,34	—	—	—	—	—	—	—
6,55	6,76	6,98	7,14	—	—	—	—	—	—
—	—	5,90	6,25	6,46	6,59	6,77	6,84	6,94	—
—	—	—	—	—	—	—	—	—	—

Benutzung der Methode der elektrometrischen Neutralisation nach JENSEN eine ganze Reihe von einzelnen Versuchen mit steigenden Kalkzusätzen durchführen mußte, also auf die Anwendung einer ziemlich umständlichen Methode angewiesen war, um die zur Neutralisation des Bodens nötige Kalkmenge ausfindig zu machen, ist es jetzt nur erforderlich, eine einzige leicht auszuführende Bestimmung der hydrolytischen Azidität vorzunehmen, um diese unbedingt sehr wichtige Größe mit ausreichender Genauigkeit zu erfassen. Eine Frage mußte allerdings noch geklärt werden, bevor dieser Aussage praktische Gültigkeit zugesprochen werden konnte; es mußte nämlich der Nachweis dafür geführt werden, daß nicht nur unter den Bedingungen des JENSENschen Neutralisationsversuches, also bei Anwendung einer Lösung von Kalziumhydroxyd, sondern auch dann, wenn man den Boden mit festem Kalziumoxyd versetzte, die Neutralisation des Bodens mit gleichem Erfolge erreicht wurde. Daß besondere Untersuchungen in dieser Richtung nicht unangebracht waren, zeigen die folgenden Versuchsergebnisse.

Zunächst wurde eine Versuchsreihe angestellt, bei der die zur Neutralisation zugesetzten Mengen von reinem gebranntem Kalk noch derart abgestuft wurden, daß sie dem doppelten, dem dreifachen und dem vierfachen Werte der hydrolytischen Azidität der Böden entsprachen. Je 100 g Boden wurden mit den berechneten Kalkmengen im Mörser gründlich gemischt, darauf in Erlenmeyerkölbchen eingefüllt und auf 60% ihrer vollen Wasserkapazität gebracht. Die verschlossenen Kölbchen blieben bis zur Untersuchung 11 Tage lang bei Zimmertemperatur stehen. Außer den Reaktionszahlen wurden die Werte für die hydrolytische Azidität bestimmt. Zusammengestellt sind alle Untersuchungsergebnisse in der folgenden Tabelle; hinzugefügt sind noch, wenn sie auch an dieser Stelle nicht näher erörtert werden, die Werte für die Austauschaziditäten:

| | ohne Kalk | | | Kalkzusatz berechnet nach | | | | | |
| | | | | $2\,y_1$ | | $3\,y_1$ | | $4\,y_1$ | |
Boden	Austauschazidität y_1	Hydrol. Azidität y_1	p_H	p_H	Hydrol. Azidität	p_H	Hydrol. Azidität	p_H	Hydrol. Azidität
1	1,1	16,0	5,47	7,30	6,6	7,58	4,3	8,14	3,3
2	0,3	7,0	6,59	7,69	4,5	8,02	3,0	8,08	2,3
3	13,6	24,7	4,52	6,49	9,6	6,98	6,0	7,65	5,6
4	9,1	17,4	4,70	6,20	9,4	7,10	5,5	7,36	4,5
5	1,4	10,5	5,00	6,75	6,2	7,14	5,0	7,53	4,5
6	4,1	13,4	5,19	6,66	7,4	7,01	5,9	7,53	5,6
7	19,6	31,0	4,23	5,72	9,9	7,01	5,8	7,65	3,1
8	3,1	8,4	6,23	7,13	6,7	7,51	5,3	7,62	4,7
9	25,4	45,6	3,97	5,99	11,8	6,84	8,9	7,50	5,6
10	4,2	9,8	5,60	7,04	6,0	7,34	4,5	7,60	3,6
11	13,0	43,5	4,36	6,13	14,2	6,85	9,5	7,35	5,8
12	1,2	8,8	5,38	7,24	3,9	7,34	3,7	7,65	3,5
13	6,5	15,8	5,22	6,93	6,3	7,34	4,0	7,65	4,0
14	2,8	9,9	6,13	7,14	6,0	7,41	5,0	8,04	3,0

Die Versuche zeigen, daß die Neutralisation unter diesen mehr praktischen Bedingungen keineswegs so vollkommen verlaufen ist, wie unter den Bedingungen der elektrometrischen Neutralisation nach JENSEN. Die Reaktionszahlen in der Reihe mit der dreifachen Kalkgabe nach der hydrolytischen Azidität gehen zum Teil recht wesentlich über den Neutralpunkt hinaus, ja, bei einigen von diesen Böden genügt bereits die doppelte Kalkmenge, um ein Überschreiten des Neutralpunktes herbeizuführen. Da mit der Lösung des Kalziumhydroxyds die Neutralisation nun so verhältnismäßig exakt erfolgt war, lag der Schluß nahe, daß eben die feste Beschaffenheit und geringe Löslichkeit des Neutralisationsmittels bei diesen praktischen Versuchen der Neutralisation entgegengestanden habe. Beide Eigenschaften mußten die Verteilung des Kalkes im Boden nachteilig beeinflussen und dadurch die Umsetzung des Kalkes mit den Silikaten und Humaten verlangsamen; außerdem mußte aber auch noch der Übergang des gebrannten Kalkes in kohlensauren Kalk, der sich bekanntlich sehr schnell vollzieht, im Vergleich zum gelösten Kalziumhydroxyd, das schneller vom Boden gebunden wird, als es in Karbonat übergeht, dem Vorgang nachteilig sein. Bei längerer Versuchsdauer mußten also bessere Ergebnisse zu erwarten sein, was durch einen weiteren Versuch, allerdings nur unter Verwendung der dreifachen Kalkmenge, mit einer Auswahl von 6 Böden unter Beweis gestellt wurde. Die Proben wurden dabei genau wie beim ersten Versuch angesetzt und behandelt, aber in so vielen Einzelproben, daß die Untersuchung nach 1, 2, 3, 4 und 5 Wochen langer Einwirkung des Kalkes auf den Boden durchgeführt werden konnte. Die Ergebnisse enthält folgende Tabelle:

Nr.	Hydrol. Azidität y_1	p_H-Werte nach				
		1 Woche	2 Wochen	3 Wochen	4 Wochen	5 Wochen
1	16,0	7,89	7,46	7,34	7,32	7,27
2	7,0	7,95	7,58	7,41	7,45	7,44
15	9,0	7,74	7,00	6,80	6,85	6,83
13	15,8	7,41	7,12	6,91	6,85	6,73
11	43,5	6,89	6,68	6,74	6,82	6,61
7	31,0	7,29	6,99	6,98	6,94	6,98

Man ersieht aus den Zahlen der Tabelle, daß die Zeit tatsächlich in der erwarteten Weise wirksam ist. Erst nach 3 Wochen führt die Einwirkung des Kalkes auf den Boden zu einem Endzustande, der auch in der vierten und fünften Woche des Versuches aufrechterhalten bleibt. Bei Boden 1 und 2 ist allerdings dauernd eine kleine Überschreitung des Neutralpunktes vorhanden, deren Ursache nicht aufgeklärt werden konnte, die aber auch nicht so groß ist, daß sie besondere Bedenken erregen könnte. Wie die folgenden Prüfungen von weiteren 17 verschiedenen Böden belegen, kommen solche Abweichungen vom Neutralpunkt nach oben und unten immer wieder vor, es ist uns aber bisher nicht gelungen, eine Regelmäßigkeit in diesen Abweichungen zu entdecken, die auf die Spur ihrer Ursache hätte führen können. Auch die Ergebnisse an dieser Bodenserie seien hier zusammengestellt zum weiteren Beleg für die Brauchbarkeit der Methode:

Boden Nr.	Austausch-azidität y_1	Hydrolytische Azidität y_1	p_H vor der Kalkung	p_H nach der Kalkung
1	3,6 ccm	15,5 ccm	5,13—5,10	7,19—7,23
2	16,5 ,,	26,0 ,,	4,27—4,41	6,85—6,89
3	14,7 ,,	25,2 ,,	4,65—4,65	7,30—7,30
4	15,5 ,,	33,5 ,,	4,20—4,20	7,30—7,30
5	19,8 ,,	75,5 ,,	3,96—3,99	6,78—6,81
6	0,5 ,,	13,2 ,,	5,23—5,13	6,87—6,90
7	0,4 ,,	14,5 ,,	5,78—5,75	6,90—6,98
8	1,3 ,,	17,0 ,,	4,96—4,96	6,98—7,01
9	0,3 ,,	10,0 ,,	5,59—5,89	7,42—7,35
10	13,4 ,,	43,7 ,,	3,96—3,79	7,35—7,28
11	4,5 ,,	19,2 ,,	4,85—4,95	6,71—6,77
12	2,4 ,,	22,0 ,,	4,96—4,89	6,74—6,70
13	0,8 ,,	15,5 ,,	5,89—5,95	7,04—7,04
14	7,2 ,,	56,0 ,,	3,96—3,96	7,19—7,19
15	0,8 ,,	14,5 ,,	4,99—5,13	6,85—6,81
16	9,1 ,,	36,5 ,,	3,79—3,81	7,22—7,19
17	12,8 ,,	73,8 ,,	3,83—3,83	7,19—7,19

Die Tabelle enthält die verschiedenartigsten Böden, Sandböden, Lehmböden, Tonböden und, was besonders betont sein mag, auch ausgesprochene Humusböden, die an ihrer besonders hohen hydrolytischen Azidität zu erkennen sind; sie enthält auch Böden von den verschiedensten Reaktionsgraden, wenig saure und sehr stark saure. Im großen und ganzen kann man bei allen Böden mit dem Grade der Annäherung an den Neutralpunkt, die die Kalkgabe in Höhe des dreifachen Wertes der hydrolytischen Azidität herbeigeführt hat, wohl zufrieden sein; für praktische Verhältnisse der Landwirtschaft — und diese hat die vorliegende Arbeit ja ganz vornehmlich im Auge — dürfte die mit der Methode erreichbare Genauigkeit voll ausreichen. Mit 2 Böden wurde im übrigen noch zur Ergänzung eine Versuchsreihe durchgeführt, bei der verschiedene Kalkformen zur Neutralisation benutzt wurden; alle wurden natürlich unter denselben Bedingungen geprüft, die bei den Versuchen mit gebranntem Kalk eingehalten waren. Ein humoser Sandboden und ein Lehmboden wurden mit den nach der dreifachen hydrolytischen Azidität berechneten Mengen von reinem gebranntem Kalk, von Kalziumhydroxyd und von kohlensaurem Kalk versetzt und nach 3 Wochen auf den Erfolg der Neutralisation untersucht. Das Ergebnis weist die folgende Tabelle nach:

Boden	Austausch-azidität y_1	Hydrolytische Azidität y_1	p_H anfänglich	p_H nach Zusatz von		
				CaO	Ca(OH)$_2$	CaCO$_3$
Sandboden .	10,4 ccm	36,7 ccm	4,50	7,05—7,08	7,12—7,12	7,12—7,18
Lehmboden .	0,5 ,,	12,0 ,,	5,29	6,92—6,98	7,02—7,02	7,15—7,12

Man erkennt, daß die verschiedenen Kalkformen, die zur Neutralisation verwendet wurden, in den nach unserer Methode berechneten Gewichtsmengen eine sehr gute und dabei recht gleichmäßige Neutralisation der beiden in ihrem Aziditätszustande sehr voneinander abweichenden Böden bewirkt haben. Die Bestimmung der hydrolytischen Azidität, die bisher nur eine vergleichende Methode war, kann hiernach wohl als eine einigermaßen quantitative, für praktische Zwecke jedenfalls voll ausreichende Methode zur Ermittlung der zur Neutralisation saurer Böden erforderlichen Kalkmenge betrachtet werden. Voraussetzung für ihre Anwendung ist natürlich, daß der Boden, auf den sie angewendet werden soll, auch wirklich sauer ist; denn darauf ist ja schon früher aufmerksam gemacht, und es geht auch noch aus den Zahlen der Tabelle auf S. 85 deutlich hervor, daß auch solche Böden einen gewissen Grad von hydrolytischer Azidität aufweisen können, deren p_H-Werte schon auf der alkalischen Seite der Reaktionsskala liegen. Bei der Anwendung der Methode muß immer daran gedacht werden, daß die saure Reaktion des Bodens durch eine besondere Prüfung, wenn auch nur qualitativer Art, sicherzustellen ist, sonst könnte die Methode zu einer Überdüngung der Böden mit Kalk führen und eher Schaden als Nutzen stiften.

Im Kapitel VIII werden wir übrigens noch erfahren, daß die Bestimmung der hydrolytischen Azidität sich zur Einstellung jeder beliebigen über dem Neutralpunkt liegenden Reaktion ausnutzen läßt. Wir werden dort erkennen, daß mit dem Faktor 4 sich der p_H-Wert 7,5, mit dem Faktor 5 der p_H-Wert 8,0 und mit dem Faktor 6,5 der p_H-Wert 8,5 erreichen läßt. 8,5 ist nun ungefähr die Reaktion, die unter natürlichen Verhältnissen als höchste Bodenreaktion gefunden werden kann; bei dieser Reaktion muß also auch der Boden mit der höchsten Basenmenge beladen sein, die er unter natürlichen Bedingungen aufnehmen kann, er muß sich bei diesem p_H-Wert im Zustande der natürlichen Absättigung mit Basen befinden. Die Erfassung dieses Zustandes aber ermöglicht uns, wie wir nachher sehen werden, die Bestimmung einer sehr wichtigen Größe, nämlich des Sättigungsverhältnisses des Bodens oder seines Sättigungsgrades.

Das Wesen der hydrolytischen Azidität.

Bei der praktischen Bedeutung, die nach den obigen Auseinandersetzungen der Bestimmung der hydrolytischen Azidität zugebilligt werden kann, darf nun aber auch nicht versäumt werden, dem Wesen dieser Aziditätserscheinung näher nachzugehen. Wie schon dargelegt, ist die hydrolytische Azidität der Böden eine Eigenschaft, die sich in immer stärker werdendem Ausmaße mit der Entbasung der Böden einstellt. Künstliche Entbasungsversuche an Naturböden, die von Haus aus neutral oder schwach alkalisch waren, haben uns das ebenso gezeigt wie Entbasungsversuche mit dem Material, das bei so vielen bodenchemischen Untersuchungen erfolgreich Anwendung gefunden hat, dem Permutit. Diesen Zusammenhang geben die folgenden Zahlen noch einmal wieder:

	Unbehandelter Boden	Boden mit Salzsäure behandelt			
		n/100	n/50	n/25	n/10
Hydrolytische Azidität y_1	3,7	6,8	7,5	17,5	20,0
p_H-Wert	6,6	6,6	6,0	5,3	4,3
Austauschazidität y_1	—	—	0,5	5,5	9,1

Ganz deutlich zeigen die Zahlen, wie mit gesteigerter Säureeinwirkung die hydrolytischen Aziditäten mehr und mehr anwachsen, wie gleichzeitig damit die Reaktionszahlen abnehmen. Die Säurebehandlung führt also zu einer gleichzeitigen Steigerung sowohl des Basenbindungsvermögens, für das ja die hydrolytische Azidität ein Maß abgibt, als auch der Einlagerung von Wasserstoffionen in die Silikate bzw. auch in die Humate. Daß beide Erscheinungen in engstem Zusammenhange miteinander stehen müssen, ist ohne weiteres klar, nur handelt es sich darum, die Art dieses Zusammenhanges noch näher zu kennzeichnen. Betrachtet man den Vorgang der Einwirkung von Säuren auf die Bodensilikate kolloidchemisch, wie es z. B. WIEGNER und seine Schule tun, so hat man eine einfache Deutung schnell bei der Hand, denn dann kann man ihn unter die als Basen- oder Ionenaustausch längst bekannten und genau studierten Vorgänge einreihen. Es verdrängt dann eben das Wasserstoffion der zur Einwirkung gelangenden Säure die in den Bodensilikaten und Humaten enthaltenen Metallkationen und setzt sich an ihre Stelle. In bildlicher Darstellung vollzieht sich dieser Austausch beim Permutit, wenn wir uns H. JENNY[1] anschließen, wie es die folgenden Schemata (Abb. 9 auf S. 108) angeben.

Nach dieser Vorstellung denkt man sich die kleinsten Teilchen der Kolloide, in unserem Falle die des Permutits, von einer doppelten Schicht von Ionen umhüllt, und zwar nimmt man, da die Wanderung dieser Teilchen im elektrischen Strom anodisch erfolgt — also zum positiven Pol hin —, die innere festhaftende Schicht als aus OH-Ionen oder auch, bei dissozierenden Adsorbentien, aus deren Säurerestionen bestehend an. Diesen OH-Ionen steht in der äußeren, nicht festhaftenden, sondern beweglichen Schicht eine äquivalente Menge positiv geladener Ionen, also Kationen, gegenüber. Von dem kleinsten Teilchen, dem Ultramikron eines Kaliumpermutits, könnte man sich also ein Bild machen, wie es unter 1 dargestellt ist. Die Kationen der Außenschicht können nun durch die Kationen von Salzlösungen, mit denen der Permutit in Berührung gebracht wird, verdrängt werden, wobei die Kationen der Salzlösung die Stelle der ursprünglich dem Permutit locker anhaftenden Kationen einnehmen. Bei diesem Ionenaustausch wird z. B., wie es Schema 2 darstellt, aus dem Ammoniumpermutit unter dem Einfluß des Natriumchlorids ein Natriumpermutit, wenn man die Behandlung mit einer

---

[1] JENNY, H.: Kolloidchem. Beih. **23**, 454.

konzentrierten Natriumchloridlösung nur oft genug wiederholt. Bezüglich der Ein- und Austauschbarkeit der verschiedenen Kationen haben sich durch die Arbeiten von WIEGNER und seiner Schule eine Reihe höchst wichtiger Aufschlüsse beibringen lassen, auf die hier im einzelnen zwar nicht näher eingegangen werden kann, es ergab sich aber bei den Untersuchungen von H. JENNY eine Tatsache, die hier im Zusammenhange mit dem von uns behandelten Gegenstande besonders betont werden muß, nämlich die, daß von allen Kationen die Wasser-

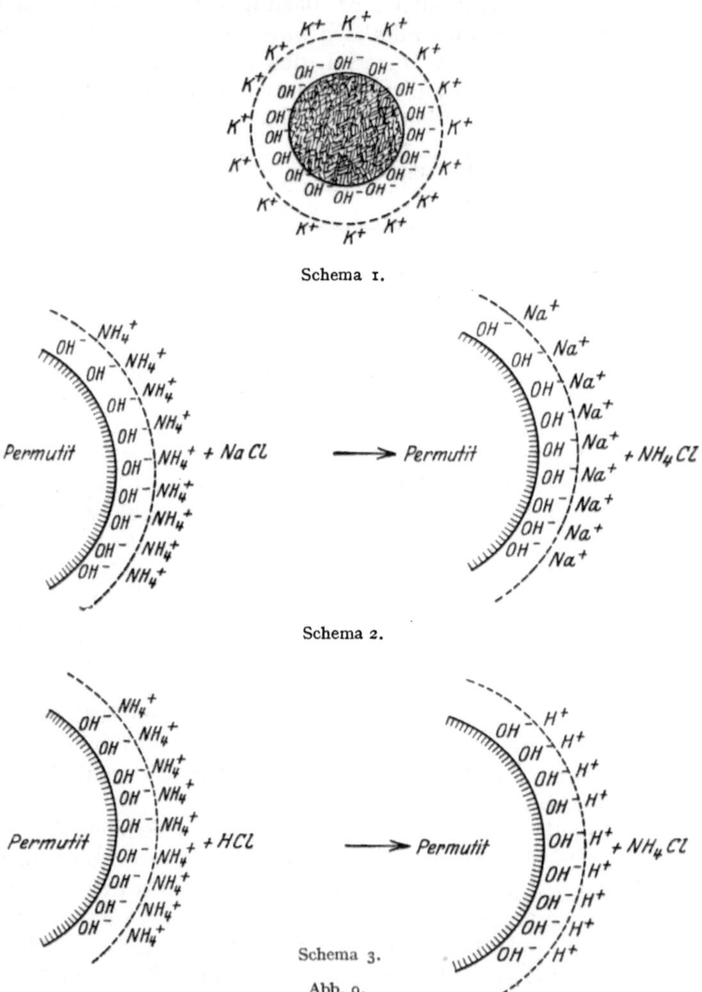

stoffionen am allerstärksten auf andere Ionen verdrängend einwirken, also am stärksten eingetauscht werden, daß sie aber auch von allen anderen Kationen am schwersten sich wieder austauschen lassen, also das geringste Austauschvermögen besitzen. Die durch das Schema 3 dargestellte Umsetzung, wobei auf einen Ammoniumpermutit die Lösung der Chlorwasserstoffsäure einwirkt, geht demnach von allen Umtauschreaktionen am leichtesten und vollständigsten vonstatten, und dabei entsteht dann eben ein Wasserstoffpermutit.

    Geradeso wie hier beim Permutit, diesem künstlich hergestellten, stark zum Austausch seiner Kationen neigenden Material, vollzieht sich nun nach den Vorstellungen der Kolloidchemiker der Austausch von Metallkationen gegen Wasserstoffionen bei anderen kolloiden Stoffen, wie den zeolithischen Silikaten und den Humaten des Ackerbodens. Der Vorgang der Bodenversauerung ist also, kolloidchemisch betrachtet, nichts anderes als ein Austausch der Wasserstoffionen der auf den Boden einwirkenden Säuren gegen die Kationen der Silikate und Humate.

Diese Auffassung ermöglicht nun auch eine ebenso einfache Darlegung des Wesens der hydrolytischen Azidität. Wenn nämlich die Bodenversauerung nichts anderes ist als der Eintausch von Wasserstoffionen gegen die Metallkationen der festen zum Austausch befähigten Stoffe des Bodens, so ist die Säuerung der Azetatlösung oder anderer Salzlösungen nichts anderes als die Folge des Wiederaustausches der Wasserstoffionen der versauerten Silikate und Humate gegen die Kationen der Salzlösung. Die Natrium- oder Kalziumionen der Azetatlösung verdrängen die Wasserstoffionen aus der Außenschicht der Bodenkolloide, und es entsteht als Folge davon in der umgebenden Lösung freie Essigsäure, die wir dann durch Titration ihrer Menge nach erfassen können. Je mehr Wasserstoffionen in der Außenschicht der Kolloide vorhanden sind, je weiter also der Versauerungsvorgang schon fortgeschritten ist, um so mehr Wasserstoffionen werden durch die Kationen der Azetatlösung verdrängt; die hydrolytische Azidität ist somit ein Maß für die verdrängbaren, d. h. ionogen von den Silikaten und Humaten gebundenen Wasserstoffionen.

So bestechend gerade infolge ihrer Einfachheit diese Anschauung von dem Wesen der hydrolytischen Azidität der Böden nun aber wirkt, so darf doch nicht verschwiegen werden, daß sie nicht unbedingt auch als die allein richtige Auffassung angesehen werden darf. Es gibt noch andere Erklärungsmöglichkeiten für die Erscheinung, die trotz ihrer vielleicht etwas komplizierteren Beschaffenheit nicht ohne weiteres abgelehnt werden können, doch werden wir darauf erst in dem folgenden Kapitel zu sprechen kommen, in dem das Verhalten der sauren Böden gegen die Lösungen von Neutralsalzen behandelt werden soll. Hierbei wird sich reichlich Gelegenheit bieten, die Anschauungen mitzuteilen, die neben der eben skizzierten kolloidchemischen Auffassung auch für die hydrolytische Azidität Bedeutung besitzen.

VI. Das Verhalten saurer Böden gegen Lösungen von Salzen II.

Die Austauschazidität.

Wie schon oben gesagt wurde, ändert sich das Verhalten der Böden nach ihrer Versauerung nicht nur gegenüber den Salzen schwacher Säuren und starker Basen, also den hydrolytisch gespaltenen Salzen gegenüber, sondern auch unter Umständen gegenüber den Lösungen echter Neutralsalze. Diese Änderung besteht darin, daß Lösungen der echten Neutralsalze, wie Natriumchlorid, Kaliumchlorid usw., bei der Berührung mit dem sauren Boden nicht nur in den bekannten Ionen- oder Basenumtausch mit den Kalzium- und Magnesiumionen eintreten, bei dem infolge der Äquivalenz der ausgetauschten Ionen die Reaktion der Neutralsalzlösung unverändert neutral bleibt, sondern daß daneben auch noch ein bei neutralen und alkalischen Böden vermißter Vorgang eintritt, der zu einer mehr oder weniger starken Ansäuerung der Neutralsalzlösung führt.

Daß es Böden gibt, die in Lösungen von Neutralsalzen eine saure Reaktion erzeugen, ist eine Tatsache, die schon recht lange bekannt ist. Bereits im Jahre 1902 haben amerikanische Forscher sogar eine Methode ausgearbeitet, mit deren

Hilfe es möglich war, die Gesamtmenge der Säure, die ein Boden bei der Behandlung mit neutralen Salzlösungen in ihnen entstehen ließ, zu ermitteln. Die Ansicht dieser Forscher von den Ursachen der Reaktion zwischen dem Boden und den Salzlösungen hielt sich aber noch in denselben Bahnen wie die anderer, die ähnliche Beobachtungen gemacht hatten. Bei sauren Humusböden war nämlich schon lange vorher die Fähigkeit erkannt worden, neutrale Salze unter Abscheidung der Säuren zu zersetzen, und hier hatte man aus den Beobachtungen die einfache chemische Schlußfolgerung gezogen, daß die Humussäuren es wären, die zu dieser Salzzersetzung Veranlassung gäben. Diese Annahme wurde auch noch 1902 von HOPKINS[1] und seinen Mitarbeitern geteilt. Eine ganz andersartige Auffassung äußerte aber kurz darauf ein anderer amerikanischer Agrikulturchemiker, nämlich VEITCH[2]. Er entdeckte, was seinen Vorgängern auf diesem Gebiete der Forschung bis dahin entgangen war, daß in den Lösungen, die durch die Einwirkung der Böden sauer geworden waren, die Säure nicht etwa in freiem Zustande vorhanden war, sondern in der Form von Salzen des Aluminiums, des Eisens, des Mangans und gelegentlich auch des Zinks. Die Salze aller dieser Metalle sind — die des Mangans allerdings am geringsten — in wäßriger Lösung hydrolytisch gespalten. Wie eingangs schon auseinandergesetzt, unterliegen der hydrolytischen Aufspaltung ja nicht nur die Salze, die aus einer starken Base und einer schwachen Säure bestehen — die Lösungen dieser Art von Salzen reagieren alkalisch—, sondern auch solche Salze werden durch das Wasser zerlegt, die aus einer starken Säure und einer schwachen Base zusammengesetzt sind. Diese Voraussetzung ist bei den genannten Salzen erfüllt, und weil die bei der Hydrolyse entstandenen Hydroxyde wenig löslich und als Basen nur sehr schwach sind, also kaum Hydroxylionen zu liefern imstande sind, überwiegt in den Lösungen dieser Salze das Wasserstoffion und erteilt ihnen eine saure Reaktion. Nicht also die Umsetzung der Neutralsalze mit Humussäuren, sondern die Umsetzung der Neutralsalze mit den sauren Silikaten des Bodens war nach VEITCH als die Ursache der sauren Reaktion der Mineralböden anzusehen. Als Beweis für diese Annahme galt VEITCH die Äquivalenz, die zwischen der Titrationsazidität der sauer gewordenen Neutralsalzlösungen und zwischen den Mengen an den genannten Metalloxyden, die darin bei der quantitativen Bestimmung gefunden wurden, herrschte. Wie VEITCH sich allerdings nun diese Umsetzung der Salze mit den Silikaten des Bodens im einzelnen vorstellte, ist nicht mit Bestimmtheit aus seinen Ausführungen zu entnehmen. Es scheint manchmal, als ob auch schon er die Erscheinung als Basenaustausch auffaßte; so bezeichnet er die Zersetzung des Natriumchlorids durch den Boden an einer Stelle als einen Teil der Absorptionskraft des Bodens und sagt weiter davon, daß sie von der Gegenwart gewisser Bodenkonstituenten, wie der leicht angreifbaren, wasserhaltigen und kolloiden Silikate und mancher nicht saurer organischer Stoffe abhänge, die eine große Affinität zu Kalium, Natrium, Kalzium und Magnesium hätten. Klar gekennzeichnet als Basenaustauschreaktion findet man die Erscheinung bei VEITCH aber nicht. Erst eine ganze Reihe von Jahren später stößt man auf ein näheres Eingehen auf die Natur dieses interessanten Vorganges in der Arbeit von DAIKUHARA[3], die als eine der gründlichsten Arbeiten anerkannt werden muß, die überhaupt jemals auf dem in Frage stehenden Gebiete ausgeführt worden sind. Wohl in allen Fragen dieser besonderen Erscheinungsform der Bodenazidität, die sich in der Reaktionsfähigkeit des Mineralbodens mit Neutralsalzlösungen äußert, wird man zu allererst auf diese

---

[1] HOPKINS, C. G.: Bur. of Chem., N. S. Dep. of Agricult., Bull. Nr 73.
[2] VEITCH, T. B.: J. amer. chem. Soc. 1904, 637.
[3] DAIKUHARA, G.: Bull. Imp. Centr. Agr. Exper. Stat. Japan 2, 18.

Arbeit von DAIKUHARA zurückgreifen müssen, und auch wir werden uns infolgedessen mit ihr besonders eingehend zu beschäftigen haben. Das erscheint auch deswegen sehr berechtigt, weil, wie wir später sehen werden, der hier behandelten Form der Bodenversauerung pflanzenphysiologisch die allergrößte Bedeutung zukommt. Vorweg bemerken wollen wir hier aber schon, daß wir diese Form der Bodenazidität im folgenden mit einem kurzen und durchaus berechtigten Ausdruck als „Austauschazidität" und solche Böden, die diese Eigenschaft besitzen, kurz als „austauschsaure" Böden bezeichnen wollen.

DAIKUHARA hat nun offenbar mit seiner Arbeit an die von HOPKINS und Mitarbeitern sowie an die von VEITCH angeknüpft, hat aber diese älteren Forscher mit den Ergebnissen seiner Untersuchungen weit überholt. Während HOPKINS noch die Ursache der Austauschazidität in der zersetzenden Wirkung von Humussäuren suchte, VEITCH nicht genauer charakterisierte zersetzende Einwirkungen der Salzlösungen auf gewisse Bodenbestandteile als Ursache annahm, findet sich bei DAIKUHARA, was die Ursache der ganzen Erscheinung angeht, zum erstenmal klar ausgesprochen, daß wir es bei ihr mit einer Absorptionserscheinung der Bodenkolloide zu tun haben. Allerdings bleibt bei DAIKUHARA in diesem Punkte ein Rest von Unklarheit, es ist nämlich auch bei ihm nicht mit Sicherheit zu erkennen, wie er sich das Zustandekommen der Eigenschaft der Austauschazidität gedacht hat. Mit VEITCH stimmt DAIKUHARA insofern ganz überein, als auch er die Ursache der sauren Reaktion der mit dem Boden in Berührung gewesenen Salzlösung in Aluminium- und Eisensalzen, in überragendem Ausmaße allerdings in den ersten, erkannt hat. Was aber die Art der Entstehung dieser Salze angeht, so wird zumeist von DAIKUHARA eine Auffassung geäußert, die ziemlich eng an eine Vorstellung anschließt, die sich schon VAN BEMMELEN[1] über die saure Reaktion einer mit Salzsäure behandelten Erde bei der nachfolgenden Behandlung mit Kaliumchloridlösung gemacht hatte. VAN BEMMELEN stellte sich das Zustandekommen dieser sauren Reaktion als Folge davon vor, daß bei der Säurebehandlung des Bodens entstandenes Aluminiumchlorid als basisches Salz $(Al_2Cl_6 \cdot xAl_2O_3 \cdot H_2O)$ von kolloiden Bodenbestandteilen festgehalten sei und sich mit dem Kaliumchlorid nun so umsetze, daß Aluminiumchlorid in die Lösung gedrängt und Kaliumchlorid von den Bodenkolloiden absorbiert würde. Es scheint nun so, als ob auch DAIKUHARA in gleicher Weise wie VAN BEMMELEN annimmt, daß die sauren Böden die kolloiden Verbindungen von Tonerde und Eisenoxyd absorptiv gebunden enthielten, und daß diese Aluminium- und Eisenverbindungen — DAIKUHARA sagt auch gelegentlich direkt Aluminium- und Eisensalze — sich nun derart mit den Neutralsalzlösungen umsetzen, daß ihre positiven Ionen, also die Kationen der adsorbierten Salze, durch die Base — also das Kation — der neutralen Salzlösung ersetzt werden. Wohl nimmt also DAIKUHARA bei der Einwirkung neutraler Salzlösungen einen Ionenaustausch an, durch den das Aluminium in die Salzlösung gedrängt wird, aber dieser Ionenaustausch vollzieht sich nicht direkt zwischen den zeolithischen Silikaten und Humaten des Bodens, sondern zwischen Aluminium- und Eisensalzen, die von diesen kolloiden Bestandteilen des Bodens adsorbiert sind.

Wie es zur Entstehung der sauren Böden in der Natur kommt, ist nach DAIKUHARA nun einfach so zu erklären, daß irgendwelche im Boden entstehende Säuren Veranlassung zur Bildung der Aluminium- oder Eisensalze geben, die dann von den kolloiden Bodenbestandteilen adsorptiv gebunden werden. Als besondere Stütze für die Richtigkeit dieser Vorstellung führte DAIKUHARA eine ganze Reihe

---

[1] BEMMELEN, J. M. VAN: Landw. Versuchsstat. 21, 116.

von Versuchen durch, bei denen sowohl Bodenproben als auch Mineralien, Gesteine und Humusstoffe mit den Lösungen von Aluminium- und Eisensalzen oder mit Säurelösungen, die solche Salze bei ihrer Einwirkung auf die genannten Stoffe entstehen ließen, behandelt wurden. Stets stellte sich als Erfolg dieser Behandlung dieselbe Eigenschaft ein, die einen von Natur aus austauschsauren Boden kennzeichnet, nämlich das Sauerwerden bei der Einwirkung von Kaliumchlorid auf die wieder ausgewaschenen Stoffe unter Bildung von Aluminium- oder von Eisensalzen.

Trotz dieser auf den ersten Blick recht überzeugend wirkenden Beweisführung erwies sich aber die Vorstellung DAIKUHARAS vom Zustandekommen und von der Art der Austauschazidität doch nicht als voll stichhaltig. Wenn nämlich bei der künstlichen Erzeugung der Austauschazidität, etwa unter Benutzung von Aluminiumchlorid, wirklich das ganze Salz von den Bodenkolloiden gebunden wurde, so hätte sich eine Abnahme auch des Chlorgehaltes der Aluminiumchloridlösung analytisch nachweisen lassen müssen. Das war aber nach den von uns[1] ausgeführten Versuchen nicht der Fall. Weder aus Aluminium- noch aus Eisenchlorid wurde bei der Einwirkung ihrer Lösungen auf den Boden Chlor gebunden, die DAIKUHARAsche Annahme, daß von den Bodenkolloiden adsorbierte Aluminium- und Eisenverbindungen (Salze) die Aziditätserscheinungen beim Schütteln mit Neutralsalzlösungen bedingten, mußte hiernach verworfen werden. Wurde nun aber aus einer Aluminiumchloridlösung bei dem Schütteln mit Boden kein Chlor aufgenommen, wohl aber, wie sich analytisch nachweisen ließ, Aluminium, und befand sich dieses Aluminium dann in einem solchen Zustande im Boden, daß es durch die Kationen von Neutralsalzlösungen wieder verdrängt wurde, so war keine andere Schlußfolgerung bezüglich des Zustandes des aufgenommenen Aluminiums in den Bodenkolloiden mehr übrig als die, daß es in derselben ionogenen Form gebunden war wie die übrigen austauschfähigen Kationen der Kolloide, wie Kalzium, Magnesium, Kalium und Natrium. Nicht durch einen Ionenaustausch zwischen absorbierten Aluminium- oder Eisenverbindungen, sondern nur durch den Austausch zwischen den Kationen der Salzlösung und den wiederaustauschbar gebundenen Aluminium- oder Eisenionen war also die Erscheinung der Austauschazidität zu erklären. Sowohl die Entstehung der Austauschazidität — Einlagerung der Aluminium- und Eisenionen in die zeolithischen Silikate und Humate — als auch die Auswirkung der Austauschazidität — Wiederverdrängung der Aluminium- oder Eisenionen durch die Kationen der Salzlösung — waren nur als Spezialfall des bei den Böden altbekannten Basen- oder Ionenaustausches aufzufassen. Der einzige Unterschied bestand eben gegenüber den früher studierten Austauschvorgängen darin, daß sich hier bei den austauschsauren Böden neben den gewöhnlich am Austausch beteiligten Ionen von Kalzium, Magnesium, Kalium und Natrium, die sämtlich mit den Anionen der Neutralsalzlösungen wieder neutral reagierende Salze bilden, auch solche Metallionen am Austausch beteiligten, die hydrolytisch spaltbare, sauer reagierende Salze liefern.

Es darf nun aber nicht unterlassen werden, schon gleich an dieser Stelle die Aufmerksamkeit darauf zu lenken, daß diese von uns vertretene Auffassung der Austauschazidität als Austausch von Aluminium- und, in untergeordnetem Ausmaße, auch von Eisenionen keineswegs von allen Seiten geteilt wurde. Man neigte vielfach zu einer anderen Auffassung der Erscheinung. Zwar handelt es sich nach dieser neueren Auffassung auch um einen Ionenaustausch, aber nicht um den Austausch von Aluminium- und Eisenionen, sondern um den von Wasserstoffionen. Betrachtet man die Formulierung der Einwirkung von Säuren auf

---

[1] KAPPEN, H.: Landw. Versuchsstat. **88**, 96.

die zeolithischen Silikate und Humate des Bodens, die bei der Behandlung der hydrolytischen Azidität im Anschluß an WIEGNERS Vorstellungen gegeben ist, so kann man sich recht gut denken, daß die Säuerung einer Neutralsalzlösung so zustande kommen kann, daß von den Wasserstoffionen, die der Boden bei dem Vorgange der Versauerung aufgenommen hat, nun durch das Kation der Neutralsalzlösung ein Teil verdrängt wird, geradeso wie andere ionogen gebundene Kationen dadurch verdrängt werden. Daß dieses Wasserstoffion in der Neutralsalzlösung nicht in seiner ganzen Menge vorgefunden wird, in der es durch das Neutralsalzkation verdrängt war, daß man an seiner Stelle vielmehr in der Hauptsache Aluminiumionen in der Neutralsalzlösung vorfindet und nur so viel Wasserstoffionen, als der hydrolytischen Spaltung des Aluminiumsalzes entspricht, das wäre chemisch wohl leicht zu erklären: es zerstört die beim Ionenaustausch entstandene Säure einen Teil des Aluminatsilikates des Bodens und geht dabei in Aluminiumsalz über. Auf diese Auffassung der Austauschazidität kommen wir nachher noch einmal eingehend zurück, denn von theoretischen Gesichtspunkten aus ist es unbedingt wünschenswert, daß eine Entscheidung zwischen diesen beiden Deutungsmöglichkeiten der Austauschazidität herbeigeführt werde, wenn es auch praktisch ohne jeden Belang ist, welche der beiden Auffassungen den größeren Anspruch auf Richtigkeit erheben darf, da ja in beiden Fällen die Produkte, die beim Ionenaustausch Entstehung nehmen — Aluminium- und Eisensalze —, dieselben sind. Wir können infolgedessen hier auch ohne weitere Bedenken die Frage, ob Aluminium- oder Wasserstoffionenaustausch vorliegt, noch zurückstellen und uns vorerst der genaueren Beschreibung der einzelnen Faktoren zuwenden, die für die Eigenschaft der Austauschazidität von Wichtigkeit sind.

Zunächst mögen DAIKUHARAS Versuche hier Platz finden, aus denen die Äquivalenz zwischen dem Gesamtsäuregehalt einer mit dem austauschsauren Boden in Berührung gewesenen Neutralsalzlösung und ihrem Gehalt an Aluminiumoxyd hervorgeht:

Boden	Neutral-salzlösung	Titrationsazidität der Lösung in ccm $0,1$ n-NaOH	Al_2O_3 in g	
			gefunden	berechnet
Niigata A . .	KCl	80,05	0,1496	0,1412
Nara A . . .	K_2SO_4	18,20	0,0310	0,0312
Nara B . . .	K_2SO_4	16,40	0,0279	0,0275
Nara C . . .	K_2SO_4	16,30	0,0278	0,0316
Nara D . . .	K_2SO_4	6,40	0,0109	0,0128
Niigata C . .	K_2SO_4	11,60	0,0197	0,0220
Nara A . . .	KNO_3	17,72	0,0302	0,0311
Nara E . . .	KNO_3	20,20	0,0344	0,0355
Niigata D . .	KNO_3	10,55	0,0179	0,0181
Nara A . . .	$KClO_4$	16,50	0,0281	0,0286
Nara B . . .	$KClO_4$	15,15	0,0258	0,0276

Die Übereinstimmung zwischen den Titrationswerten und den gefundenen und berechneten Aluminiumoxydmengen ist im allgemeinen recht befriedigend, so daß der Schluß, daß die saure Beschaffenheit der mit dem Boden in Berührung gewesenen Neutralsalzlösungen die Folge der Bildung eines Aluminiumsalzes sei, als durchaus berechtigt anerkannt werden muß.

Eine ganze Reihe von weiteren Untersuchungen ist nun nach verschiedenen Richtungen bereits von DAIKUHARA ausgeführt worden. So hat er den Einfluß festgestellt, den die Konzentration der Neutralsalzlösung auf die Reaktion ausübt. Auf je 100 g von drei verschiedenen Böden ließ DAIKUHARA 5 Tage lang unter wiederholtem Umschütteln 250 ccm Kaliumchloridlösung von verschiedenen

Konzentrationen einwirken und bestimmte dann in 125 ccm der Filtrate mit 0,10 n-Natronlauge die Titrationsazidität. Er erhielt die folgenden Werte.

Konzentration der KCl-Lösung	Niigata-Boden	Kumamoto-Boden	Shiga-Boden	Konzentration der KCl-Lösung	Niigata-Boden	Kumamoto-Boden	Shiga-Boden
$1/50$ normal	0,47	1,45	1,70	$1/2$ normal	9,17	18,85	17,93
$1/30$,,	0,90	2,50	3,25	$1/1$,,	10,92	20,95	18,45
$1/20$,,	1,50	3,80	5,30	$2/1$,,	11,55	21,72	18,40
$1/10$,,	3,57	7,72	9,80	$3/1$,,	11,90	21,67	—
$1/5$,,	5,55	11,75	14,68				

Die Kurven, die sich aus diesen Titrationswerten ergeben, sind, wie DAIKUHARA zeigte, den bekannten Absorptionskurven — wie wir sie auch bei der hydrolytischen Azidität kennengelernt haben — sehr ähnlich. Allerdings erhielt DAIKUHARA bei der Logarithmierung seiner Kurven keine in ihrer ganzen Erstreckung geraden Linien, sondern nur im Gebiete kleinerer Konzentrationen; bei stärkeren Konzentrationen gingen die Kurven ziemlich rasch in einen zur Abszisse parallelen Verlauf über. Wir haben an einigen Böden das Verhalten der Austauschazidität bei steigender Konzentration der Kaliumchloridlösung nachgeprüft und im wesentlichen dieselben Befunde zu verzeichnen gehabt wie DAIKUHARA. Man kann also doch annehmen, daß sich der Konzentrationseinfluß im großen und ganzen der FREUNDLICHschen Adsorptionsformel anschließt, sich also in derselben Weise geltend macht, wie es beim Austausch anderer Kationen nach den Arbeiten von WIEGNER und anderen der Fall ist.

Auch das Verhalten der Austauschazidität bei ihrer Aktivierung durch verschiedene Salze ist bereits durch DAIKUHARA studiert worden. Dabei wurden einmal bei gleichbleibendem Anion die Kationen variiert und in einer anderen Versuchsreihe bei gleichbleibendem Kation die Anionen. Bei Verwendung von Normallösungen verschiedener Chloride ergab sich, daß das Kaliumchlorid zu dem stärksten Umsatz mit dem austauschsauren Boden führte, daß dann das Ammoniumchlorid, das Natrium-, Magnesium- und Kalziumchlorid sich anschlossen, so daß, wenn die mit Kaliumchloridlösung erzeugte Austauschazidität gleich 100 gesetzt wurde, sich die folgenden Verhältniszahlen ergaben:

KCl	NH_4Cl	NaCl	$MgCl_2$	$CaCl_2$
100	99	51	46	45

Der Unterschied zwischen Kalium- und Ammoniumchlorid, ebenso der zwischen den Chloriden der zweiwertigen Metalle ist unbedeutend, der Abfall in der Reihe sonst aber sehr deutlich und, was hervorgehoben zu werden verdient, die Reihenfolge der Salze ist eine ganz andere als bei der hydrolytischen Azidität. Dort standen die Salze der zweiwertigen Metalle, Kalzium und Barium, an der Spitze, eine Tatsache, die zunächst eigentlich wenig für die Gleichartigkeit der beiden Vorgänge — beide sollen ja Austausch von Wasserstoffionen darstellen — ins Feld geführt werden kann. Darauf werden wir später noch zurückkommen. Bei weitem weniger als das Kation scheint nach den Untersuchungen von DAIKUHARA das Anion den Grad des Ionenaustausches bei der Austauschazidität zu beeinflussen. Wir beschränken uns auch hier darauf, die durchschnittlichen, bei der Untersuchung von 5 verschieden stark sauren Böden erzielten Verhältniszahlen für die Titrationsaziditäten anzugeben, und zwar für die Verwendung einer Reihe von Kalisalzen in normalen Lösungen.

KCl	KNO_3	$KClO_3$	K_2SO_4	KJ
100	99	90	80	76

Von den Kalisalzen bringt also das Kaliumchlorid den stärksten Austausch zuwege, und da es auch, wie die voraufgehende Tabelle zeigt, unter allen Chloriden am stärksten wirkt, so erscheint seine ausschließliche Anwendung bei der Bestimmung der Austauschazidität als sehr berechtigt. Besonders gegenüber dem von HOPKINS und Mitarbeitern benutzten Natriumchlorid ist das zu betonen, da dieses Salz nur die Hälfte der Wirkung des Kaliumchlorids besitzt und sich daher viel weniger als Kaliumchlorid zur Bestimmung der Austauschazidität eignet. Weiter aber ist das Kaliumchlorid zu diesem Zwecke anderen Salzen vorzuziehen, weil es einen wichtigen Bestandteil der zur Düngung benutzten Kalisalze bildet, und weil sich infolgedessen der gleiche Prozeß, der sich bei der Bestimmung der Austauschazidität abspielt — die Verdrängung von Wasserstoff- oder Aluminiumionen aus dem Boden in die Lösung —, auch bei der Düngung mit Kalisalzen im Boden vollzieht.

Eine andere für die Durchführung der Bestimmung der Austauschazidität wichtige Frage ist ebenfalls schon von DAIKUHARA beantwortet worden, nämlich die nach der Veränderlichkeit der Austauschazidität mit steigender Temperatur. Drei verschiedene austauschsaure Böden und ein austauschsaurer Kaolin wurden vor der Behandlung mit normaler Kaliumchloridlösung, die wieder unter Verwendung von 100 g Boden und 250 ccm Lösung geschah, 20 Stunden lang auf die aus der nachstehenden Tabelle zu entnehmenden Temperaturen erhitzt. Es ergaben sich dabei die folgenden Veränderungen der Austauschazidität:

Temperaturgrade	Kaolin	Nara-Boden	Shiga-Boden	Yoshino-Boden
nicht erhitzt	33,33	6,15	18,72	28,60
40^0	32,03	5,58	16,83	28,03
60^0	29,73	5,63	16,73	27,53
80^0	28,23	6,15	17,22	27,93
100^0	26,43	8,48	18,90	31,10
120^0	27,17	9,27	18,37	34,03
150^0	26,47	6,00	19,53	38,93
200^0	24,03	5,15	17,48	42,77
1 stünd. Glut	3,20	2,20	6,70	4,00
5 stünd. Glut	2,85	1,65	5,95	3,50

Temperaturen bis 200^0 gegenüber verhalten sich die Böden ziemlich verschieden. Bei dem sauren Kaolin nimmt der Ionenaustausch zunächst mit steigender Temperatur ab, bei 120^0 erfolgt vorübergehend ein kleiner Anstieg, darauf weiteres Sinken. Bei den drei sauren Böden dagegen setzt auf ein anfängliches Sinken der Austauschazidität bald ein solches Wiederansteigen ein, daß der Anfangswert deutlich überschritten wird. Bei dem Yoshino-Boden ist sogar bis zu einer Temperatur von 200^0 das Ansteigen der Austauschazidität noch im Gange, wohingegen bei den beiden anderen Böden ein Wiederabfall eingetreten ist. Der Temperatur der Rotglut hält dann allerdings die Austauschazidität nicht mehr stand, sie geht dabei sehr stark zurück. Wie das auffällige Verhalten der sauren Böden besonders bei Temperaturen bis 200^0 erklärt werden soll, steht noch gänzlich dahin. Auf jeden Fall zeigen DAIKUHARAS Versuche, daß die Austauschazidität keineswegs eine besonders empfindliche Bodeneigenschaft ist, auch nach unserer Meinung eine Tatsache, die bei der bekannten Empfindlichkeit kolloider Systeme gegen Temperaturerhöhungen wenig für die Auffassung der Austauschazidität als einer einfachen Adsorptionserscheinung spricht. Dabei haftet aber tatsächlich die Austauschazidität gerade an den kleinsten, also den kolloiden Bodenteilchen, wie ebenfalls durch eine Untersuchung von DAIKUHARA ermittelt wurde, bei der er die verschiedenen Korngrößen eines sauren Granitbodens auf den Grad ihrer Austauschazidität prüfte:

Mit abnehmender Korngröße nimmt, wie die Zahlen lehren, die Austauschazidität sehr stark zu. Wie sie sich allerdings bei noch feineren Teilchen verhält, ist aus DAIKUHARAS Versuchen nicht zu ersehen, doch ist anzunehmen, daß sie zumeist mit der Feinheit der Teilchen noch anwachsen wird.

Größe der Teilchen in mm	Austauschazidität in ccm 0,1 n-NaOH auf 125 ccm Filtrat
2,00—3,00	1,60
1,00—2,00	2,00
0,50—1,00	2,64
0,25—0,50	7,60
unter 0,25	21,90
Originalboden	6,90

Die sauren Eigenschaften der Böden sind hiernach wirklich mit den feinsten Teilchen unlöslich verknüpft, die gröberen Bestandteile haben daran nur insofern Anteil, als sie noch von feineren Bodenteilchen umhüllt werden. Diese Tatsache konnte ja auch schon oben für die Wasserstoffionenkonzentration vermerkt werden; auch sie ist mit den feineren Bodenbestandteilen in höherem Maße verbunden als mit den gröberen. Es sind eben die Verwitterungssilikate, die zeolithischen Silikate des Bodens, die ihrer ganzen Entstehung nach nicht anders als in sehr fein verteilter Form im Boden auftreten können, die Träger der Aziditätserscheinungen, wie wir das auch schon eingangs näher auseinandergesetzt haben.

Grundlegende Beiträge verdanken wir dann DAIKUHARA noch zu der Frage der Entstehung der Bodenazidität. Zwei Wege gibt es darnach, die sowohl in der Natur als auch im Laboratorium zur Entstehung bzw. Erzeugung der Austauschazidität führen. Der eine ist die Einwirkung von Säuren auf den Boden, der andere die Einwirkung von Aluminium- und Eisensalzen. Wurden z. B. 200 g Boden 3 Tage lang mit 100 ccm verschiedener organischer und anorganischer Säuren in einer Konzentration von 2 % in Berührung gelassen, dann ausgewaschen, getrocknet und in bekannter Weise auf ihre Austauschazidität geprüft, so ergaben sich die nebenstehenden Werte dafür.

Säure	Erzeugte Aziditäten in ccm 0,1 n-Natronlauge, 1. Titrationswert (y_1)	
	Kagawa-Boden	Hiogo-Boden
Ameisensäure . .	20,00	11,95
Essigsäure . . .	12,70	3,60
Oxalsäure . . .	1,85	0,50
Salzsäure. . . .	19,65	13,65
Schwefelsäure. .	19,60	12,75

Durch alle benutzten Säuren ist den Böden deutlich die Eigenschaft der Austauschazidität verliehen worden. Ameisensäure hat dabei nicht weniger gewirkt als die anorganischen Säuren, die wesentlich schwächere Essigsäure aber und auffallenderweise auch die wiederum viel stärkere Oxalsäure haben eine geringere Austauschazidität zuwege gebracht. Bei Nachprüfungen und Erweiterungen dieser Versuche über die Erzeugung der Austauschazidität durch Säurebehandlung neutaler Böden, die auf unsere Veranlassung von H. LIESEGANG[1] ausgeführt wurden, ergab sich eine volle Bestätigung dieser schwachen Wirkung der Oxalsäure. So wurden unter gleichen Versuchsbedingungen durch 0,05 normale Säuren die folgenden Austauschaziditäten bei einem Lehmboden erzeugt:

Säure	Austauschazidität ccm	Gelöste Oxyde von Aluminium und Eisen mg	Dissoziationskonstanten der Säuren
Oxalsäure	1,51 und 1,52	39,2	$3,8 \cdot 10^{-2}$
Ameisensäure	5,84 ,, 5,96	16,4	$2,14 \cdot 10^{-4}$
Milchsäure	6,58 ,, 6,62	68,0	$1,38 \cdot 10^{-4}$
Essigsäure	5,70 ,, 5,62	1,4	$1,8 \cdot 10^{-5}$

Zwischen der Stärke der Säuren und ihrer Fähigkeit zur Erzeugung der Austauschazidität sind hiernach aber keinerlei Beziehungen zu entdecken. Es spielen bei der

---

[1] KAPPEN, H. u. H. LIESEGANG: Landw. Versuchsstat. **99**, 191.

Verwendung der organischen Säuren noch andere Momente eine Rolle, unter anderen auch solche, die die besondere Art der lösenden Wirkung der Säure angehen.

Im übrigen findet sich auch schon bei DAIKUHARA der Hinweis darauf, daß zu intensive Einwirkung von Säuren auf den Boden die Austauschazidität wieder herabsetzen kann. Durch zu starke Säuren oder durch Säureeinwirkung in der Hitze wird eben schon das austauschsaure Silikat weitgehend zersetzt, was natürlich auch eine Herabsetzung der Austauscherscheinungen zur Folge haben muß. Andererseits ist es nicht unwichtig, festzustellen, daß schon recht niedrige Konzentrationen der Säuren genügen, einen Boden austauschsauer zu machen. So fand H. LIESEGANG bei Einwirkung von Ameisensäure und von Schwefelsäure folgende Aziditäten:

Ameisensäure 0,01 n . . 4,23 ccm	Schwefelsäure 0,01 n . . 7,64 ccm
,, 0,05 n . . 5,90 ,,	,, 0,05 n . . 7,28 ,,
,, 0,10 n . . 7,27 ,,	,, 0,10 n . . 4,25 ,,

Schon 0,01 normale Säuren können also einen recht bedeutenden Grad der Austauschazidität herbeiführen, wobei sich auch deutlich die größere Stärke der Schwefelsäure gegenüber der Ameisensäure bemerkbar macht. Während aber die Ameisensäure in höheren Konzentrationen noch eine Steigerung der Austauschazidität bewirkt, führen die höheren Konzentrationen der Schwefelsäure bereits zu Verminderungen der Austauschazidität, und die Ursache dafür kann nur in dem zersetzenden Einfluß gesucht werden, den diese starke Säure bei den angegebenen Konzentrationen auf die zeolithischen Silikate des Bodens ausübt. Ganz besonders wichtig für die Versauerung der Böden unter den natürlichen Verhältnissen ist aber noch der von DAIKUHARA allerdings nur für einige gesteinsbildende, unverwitterte Mineralien, von H. LIESEGANG aber auch für Böden geführte Nachweis, daß selbst die schwächste Säure, die unter natürlichen Verhältnissen sich am Versauerungsprozeß der Böden beteiligt, nämlich die Kohlensäure, dazu genügt, starke Austauschaziditäten bei neutralen Böden hervorzubringen. Bei Versuchen, bei denen 100 g Boden mit kohlensäuregesättigtem Wasser

	Menge der CO_2-Lösung	Austauschazidität	
		vorher	nachher
Boden 4 . .	4,2 l	0,14 ccm	2,24 ccm
Boden 5 . .	4,3 l	0,54 ,,	4,08 ,,

durchsickert wurden, traten die nebenstehenden Austauschaziditäten auf. Also auch die schwächsten Säuren können danach an der Entstehung der Austauschazidität in der Natur Anteil nehmen.

Wo aber nun Säuren im Boden entstehen oder von außen her auf ihn zur Einwirkung gebracht werden, bilden sich stets, wenn der Boden an Erdalkalien und an Alkalien einigermaßen erschöpft ist, also bei schon eingetretenem Basenabbau, Salze von Aluminium und von Eisen, und was die weitere Einwirkung dieser Salze auf den Boden angeht, so hat DAIKUHARA bereits den Beweis erbracht, daß durch sie der Boden ebenfalls austauschsauer gemacht werden kann. Einige Versuche hierzu seien nach DAIKUHARA in der folgenden Tabelle zusammengestellt:

Boden	Austauschaziditäten in ccm 0,1 n-Lauge für 100 g		
	unbehandelt	mit n-AlCl$_3$ behandelt	mit n-FeCl$_3$ behandelt
Hiogo-Boden . .	0,0	17,0	12,5
Ikoma-Boden . .	9,0	20,0	17,0
Yoshino-Boden .	26,0	30,5	26,0
Gainome-Boden .	0,0	36,0	41,0
Korea-Kaolin . .	0,75	52,0	50,0

Bei den von Haus aus neutralen, d. h. nicht austauschsauren Böden werden durch die Behandlung mit dem normalen Aluminium- und Eisenchlorid ganz erhebliche Aziditäten erzeugt, und bei den Böden, die schon austauschsauer sind, werden die vorhandenen Aziditäten noch gesteigert, geradeso wie auch nach Versuchen von DAIKUHARA die Behandlung austauschsaurer Böden mit Säuren zu einer Verstärkung der Aziditäten führt. Bemerkenswert ist übrigens schon bei diesen Versuchen von DAIKUHARA, daß die Behandlung mit dem Aluminiumchlorid zumeist zu einer höheren Austauschazidität führt als die mit Eisenchlorid von gleicher Konzentration. Diese später theoretisch noch tiefer auszuwertende Tatsache ist auch bei unseren Versuchen mit verschiedenen Salzlösungen stets bestätigt worden. So fanden wir[1] beim Vergleich verschiedener Eisen- und Aluminiumsalze unter sonst gleichen Versuchsbedingungen die folgenden Austauschaziditäten:

$AlCl_3$	. . . . . . 18,5 ccm	Ferriammonsulfat	. . . . 15,9 ccm
$FeCl_3$	. . . . . . 15,9 ,,	Kaliumaluminiumsulfat	. 20,1 ,,
$Fe(NO_3)_3$	. . . . . 13,5 ,,	Mangansulfat	. . . . . . 1,2 ,,

Aluminiumsalze erzeugen also bei gleichen Konzentrationsverhältnissen höhere Austauschaziditäten als Ferrisalze. Noch viel deutlicher tritt diese Tatsache in die Erscheinung bei Versuchen, die von B. FISCHER[2] mit Boden und mit einem besonders zeolithreichen bodenartigen Material, nämlich mit Traß, ausgeführt wurden. Bei den Versuchen mit Boden waren auf 100 g neutralen Lehmboden 0,5 molekulare Lösungen von Aluminium-, Ferri-, Ferro-, Kupfer- und Zinkchlorid 24 Stunden lang zur Einwirkung gebracht. Nach dem Auswaschen wurde die Gesamtmenge der mit den Salzlösungen behandelten Bodenproben in der gewöhnlichen Weise mit normaler Kaliumchloridlösung geschüttelt und in den Filtraten die vorhandene Titrationsazidität bestimmt. Bei den Versuchen mit Traß wurden nur 50 g angewandt. Die in der nebenstehenden Tabelle für diese Versuche angegebenen Aziditäten sind durch die 50 g in 125 ccm Kaliumchloridlösung hervorgebracht.

Zur Einwirkung gebrachte Lösungen	Erzeugte Austauschaziditäten in ccm 0,1 n-Lauge	
	Boden	Traß
Aluminiumchlorid .	12,83	66,00
Ferrichlorid	5,50	20,25
Ferrochlorid	10,10	44,20
Kupferchlorid . . .	9,17	51,25
Zinkchlorid	17,05	51,10

Trotz gleicher Konzentration erweist sich das Aluminiumsalz dem Ferrisalz gegenüber in bezug auf die Erzeugung der Austauschazidität als sehr stark überlegen, und zwar sowohl beim Boden als auch bei dem infolge seines hohen Zeolithgehaltes zu ganz besonders hoher Austauschazidität befähigten Traß. Schon hier mag aber auch hervorgehoben werden, daß die Behandlung mit den anderen Salzlösungen, die ebenfalls wie die Aluminium- und Eisenchloridlösung durch Hydrolyse sauer reagieren, grundsätzlich dieselbe Erscheinung beim Boden und beim Traß hervorgebracht hat, wie die durch die anderen Salze erzeugte ist. Dadurch, daß bei der Behandlung mit Kaliumchlorid das Kupferion, das Ferro- und das Zinkion aus den zeolithischen Silikaten verdrängt wurden, reagieren auch die Kaliumchloridextrakte in diesen Fällen, eben infolge der hydrolytischen Spaltung der in ihnen durch den Ionenaustausch entstandenen Salze, sauer und geben sogar höhere Titrationsaziditäten als die Filtrate von dem mit Ferrichlorid behandelten Boden. Wie nun bei den mit Kupfer- und mit Zinkchlorid behandelten Proben niemand daran zweifeln wird, daß man es mit einem richtigen Ionenaustauschvorgange zu tun hat, so sollte man eigentlich auch das gleiche für die mit Alumi-

---

[1] KAPPEN, H., Landw. Versuchsstationen **88**, 94.
[2] KAPPEN, H. u. B. FISCHER: Z. Pflanzenernährg, Düngg u. Bodenkde A **12**, 8.

nium- und Eisenchlorid behandelten Proben zugestehen. Austauschazidität wird eben durch alle die Salze erzeugt werden können, die durch Hydrolyse sauer reagieren, aber doch durch diesen Prozeß noch nicht so weit aufgespalten sind, daß die Metallionen verschwunden wären. Je weniger an Metallkationen in diesen Salzlösungen vorhanden ist, je weiter also die hydrolytische Aufspaltung geht, um so geringer muß natürlich die Austauschazidität, die sich erreichen läßt, werden; denn sie ist eine Funktion der Ionenkonzentration. Aus diesem Grunde bleibt ja auch die Austauschazidität bei dem Ferrichlorid so weit hinter den anderen Salzen zurück. Das Ferrichlorid ist von allen benutzten Salzen am weitesten hydrolytisch unter Bildung von freier Salzsäure und von Eisenhydroxyd aufgespalten, die Kationenkonzentration ist in seinen Lösungen am kleinsten; deshalb tritt am wenigsten von diesen Ionen in die zeolithischen Silikate ein, und die Austauschazidität bleibt am niedrigsten. Auch dies ist eine Erscheinung, auf die wir nachher noch einmal zurückzugreifen Veranlassung haben werden; hier sollten zunächst nur die Wege gekennzeichnet werden, auf denen es einerseits gelingt, die Austauschazidität beim Boden zu erzeugen, und von denen aus es uns andererseits auch möglich ist, in die Entstehungsursachen der Austauschazidität bei den Böden unter natürlichen Verhältnissen einzudringen. Was diesen Punkt betrifft, so dürfen wir wohl auf Grund der mitgeteilten Untersuchungen annehmen, daß tatsächlich unter natürlichen Verhältnissen die Entstehung der Austauschazidität auf denselben beiden Wegen vonstatten gehen kann, auf denen sie sich auch künstlich hervorbringen läßt. Einmal werden also alle in der Natur und auf dem Acker sich bildenden freien anorganischen Säuren, wie die Kohlensäure, die Salpetersäure und gelegentlich auch andere, wie die Schwefelsäure und Salzsäure, sodann aber auch alle etwa durch Mikroorganismenwirkung sich bildenden organischen Säuren Anteil an der Bildung der Austauschazidität haben können. Ferner müssen aber auch Aluminium- und Eisensalze, die unter dem Einfluß der genannten Säuren sich im Boden bilden, geradeso zur Entstehung der Austauschazidität führen, wie sie bei den künstlichen Versuchen es tun.

Nicht nur zu den Eigenschaften und der Entstehung der Austauschazidität haben aber DAIKUHARAS Untersuchungen wertvolle Beiträge geliefert, sondern auch die Beseitigung der Austauschazidität haben sie zum Gegenstand gehabt. Um dieser ohne Zweifel praktisch wichtigsten Frage näherzukommen, war es zunächst nötig, Auskunft über die Gesamtgröße der Austauschazidität zu erhalten, denn die einmalige Schüttelung des austauschsauren Bodens mit Kaliumchloridlösung gibt ja nur einen Bruchteil der vorhandenen austauschfähigen Wasserstoff- oder Aluminiumionen an. Schüttelt man den Boden zum zweitenmal unter denselben Bedingungen mit Kaliumchloridlösung aus, so wird wieder ein neues, allerdings geringeres Quantum von Ionen verdrängt, und erst nach sehr oft wiederholter Ausschüttelung werden sie praktisch vollkommen ausgetauscht. Die Summe aller bei diesen wiederholten Schüttelungen erhaltenen Titrationswerte stellt nun die Gesamtazidität dar. Zu ihrer genauen Ermittlung verfuhr DAIKUHARA in derselben Weise, wie schon vor ihm HOPKINS und seine Mitarbeiter bei ihrer Natriumchloridmethode verfahren waren. Er schüttelte 100 g Boden mit 250 ccm n-Kaliumchloridlösung in bekannter Weise, ließ dann den Boden sich absetzen, entnahm von der überstehenden klaren Lösung 125 ccm zur Titration, füllte wieder 125 ccm frischer Kaliumchloridlösung nach, schüttelte, entnahm wieder von der klar abgesetzten Lösung 125 ccm zur Titration und wiederholte das bis zum Verschwinden der Austauschazidität. Ein solches Verfahren würde aber infolge seiner Langwierigkeit praktische Bedeutung nicht erlangen können; denn je nach der Höhe des Aziditätsgrades müßte man dieses Ausschütteln wohl dreißig- bis vierzigmal, ja unter Umständen noch öfter, durchführen, bis der Austausch der die Säuerung der Kaliumchloridlösung bedingenden Ionen vollständig geworden wäre. Es gelang aber DAIKUHARA, die Methode zur Bestimmung der Gesamtazidität ganz wesentlich abzukürzen, er konnte nämlich aus dem Verlauf der Abnahme der Titrationsazidität bei wiederholtem Ausschütteln des Bodens eine Formel ermitteln, die für alle Böden geeignet war, und mit deren Hilfe sich auf Grund von nur zwei ausgeführten Schüttelungen nun die Gesamtazidität errechnen ließ. Diese Formel haben wir schon bei der Behandlung der hydrolytischen Azidität im vorigen Kapitel kennengelernt, sie lautet:

$$S = 2\left(y_1 + \frac{a_1}{1-k}\right).$$

S bedeutet in dieser Formel die Gesamtazidität, y_1 ist der erste Titrationswert in Kubikzentimetern 0,1-n-Natronlauge auf 125 ccm, a_1 ist gleich der Differenz des zweiten Titrationswertes y_2 und der Hälfte des ersten Titrationswertes, also gleich $y_2 - 1/2\, y_1$; k ist schließlich eine Konstante, die sich als Quotient von a_2/a_1, a_3/a_2, a_4/a_3 usw. ergibt, wobei $a_1 = y_2 - 1/2\, y_1$, $a_2 = y_3 - 1/2\, y_2$, $a_3 = y_4 - 1/2\, y_3$ usw. ist. Der durchschnittliche Wert von k hat sich bei DAIKUHARAS Versuchen zu 0,85 ergeben.

Das Zutreffen dieser Formel wurde von DAIKUHARA durch eine Prüfung an 6 Böden belegt, bei denen sowohl empirisch durch wiederholte Ausschüttelung als auch durch die Rechnung nach der angegebenen Formel die Gesamtazidität ermittelt wurde. In der folgenden Tabelle sind die auf diesen beiden Wegen erhaltenen Werte für die Gesamtazidität zusammengestellt:

Geologische Formation	Bodenart	Gesamtazidität		Wert von k
		gefunden	berechnet	
Granit	Sand	21,52	20,52	0,90
Alluvium	Lehm	37,07	37,80	0,85
Alluvium	Lehm	28,15	27,40	0,85
Paläozoisch	lehmiger Ton	86,42	96,20	0,80
Paläozoisch	lehmiger Ton	99,28	99,17	0,80
Mezozoisch	Ton	72,82	72,36	0,85

Vom Sand bis Ton, unabhängig von der geologischen Abstammung, sehen wir die beste Übereinstimmung zwischen den gefundenen und den berechneten Gesamtaziditäten. Die Brauchbarkeit der DAIKUHARASchen Formel erscheint damit zur Genüge belegt. Trotzdem wird diese Berechnung der Gesamtazidität praktisch wohl wenig ausgeführt werden, weil sich noch eine einfachere Möglichkeit zur Ermittlung der Gesamtazidität mit einer praktisch ausreichenden Genauigkeit ergeben hat. Bei 32 verschiedenen Böden stellte DAIKUHARA fest, daß zwischen der Gesamtazidität und zwischen dem ersten Titrationswert y_1 ein ziemlich konstantes Verhältnis bestand. Es ergab sich nämlich:

$$\frac{\text{Gesamtazidität}}{\text{1. Titration nach 1 Tage}} = 3,49 = \text{rund } 3,5.$$

Man braucht nach dieser Feststellung also, um die Gesamtazidität mit großer Annäherung richtig zu ermitteln, nur noch *eine* Schüttelung und Titration durchzuführen und hat den Titrationswert für 125 ccm des Filtrates (y_1) mit dem Faktor 3,5 zu multiplizieren. Die Ermittlung der zur Beseitigung der Austauschazidität nötigen Mengen an basischen Stoffen ist nun nichts anderes als eine einfache stöchiometrische Rechnung. 1 ccm bei der Titration verbrauchter 0,1 n-Lauge entsprechen:

4,0 mg NaOH, folglich 5,0 mg $CaCO_3$ oder 2,8 mg CaO.

Um in 100 g Boden die Austauschazidität zu beseitigen, braucht man also nur die aus dem Titrationswert y_1 berechnete Gesamtazidität mit 5,0 oder mit 2,8 zu multiplizieren, wenn man die zur Neutralisation der Austauschazidität nötige Menge an kohlensaurem Kalk oder an Branntkalk erfahren will. Von dieser Menge aus läßt sich dann unter Annahme eines durchschnittlichen Gewichtes von 3 Millionen Kilogramm je Hektar für die Ackerkrume der Mineralböden die Menge an Kalk in Kilogramm ausrechnen, die auf 1 ha Ackerfläche anzuwenden ist. Diese Rechnung ergibt, daß, wie 1 ccm der Gesamtazidität 5 mg $CaCO_3$ auf 100 g Boden entspricht, 1 ccm Gesamtazidität zu ihrer Beseitigung je Hektar bei 20 cm Krumentiefe 1,5 dz $CaCO_3$ verlangt. Um die zur Beseitigung der Austauschazidität nötige Menge an reinem $CaCO_3$ in Doppelzentnern je Hektar zu ermitteln, hat man also nur den 1. Titrationswert y_1 mit den beiden Faktoren 3,5 und 1,5, zusammen also mit dem einen Faktor 5,25 zu multiplizieren. Für die Verwendung von Branntkalk gilt dementsprechend der Faktor $3,5 \cdot 0,84 = 2,94$.

Aus allen diesen Versuchen geht deutlich hervor, daß die Beseitigung der Austauschazidität nach dem Berechnungsverfahren von DAIKUHARA mit genügender Genauigkeit zu erreichen ist, wenn kleine Erdproben mit der berechneten Kalkmenge gut vermischt werden. Daß die Methode für die Praxis nicht gleich zu demselben Ziele führt, ist natürlich klar. Man braucht nur an die immer bei der Düngung recht mangelhafte Verteilung des Kalkes in der Ackerkrume zu denken, um das einzusehen. Wenn es erforderlich ist, mit Rücksicht auf die anzubauenden Kulturpflanzen die Austauschazidität vollkommen zu beseitigen, so wird man in der Praxis daher wohl zweckmäßig eine größere Kalkmenge anwenden, als nach DAIKUHARA erforderlich sein würde. Zur sicheren Beseitigung der Austauschazidität wird man in solchen Fällen das Eineinhalbfache der DAIKUHARA-Menge ohne Bedenken anwenden können.

Alles Wesentliche, was die Erscheinung der Austauschazidität angeht, ist somit schon von DAIKUHARA der Bearbeitung unterworfen worden. Es ist daher auch eingangs sicherlich nicht zuviel damit gesagt worden, daß man bei jeder Behandlung der Austauschazidität auf DAIKUHARAS grundlegende Arbeiten zurückgreifen müsse. Trotzdem können wir aber die Behandlung dieser Aziditätserscheinung hier noch nicht abbrechen; es verbleibt nämlich noch ein nicht unerheblicher Rest in theoretischer Beziehung, der einer eingehenden Erörterung bedarf, und dieser sehr wichtige Rest betrifft das eigentliche Wesen der Austauschazidität.

Das Wesen der Austauschazidität. Zu diesem Gegenstande muß zu allererst die Tatsache herausgestellt werden, daß die Austauschazidität bei allen Böden stets erst dann in die Erscheinung tritt, wenn sie einen schon erheblichen Verlust an Basen erlitten haben. Der Beginn der Basenverarmung der zeolithischen Silikate und der Humate kommt bei der Behandlung des Bodens mit Neutralsalzlösungen nicht zum Ausdruck, zunächst wird bei der Basenverarmung vom Boden stets nur die Befähigung zur Zersetzung hydrolytisch spaltbarer Salze erworben, der Boden nimmt die Eigenschaft der hydrolytischen Azidität an. Erst wenn die hydrolytische Azidität einen gewissen, bei verschiedenen Böden allerdings verschieden hoch liegenden Wert erlangt hat, tritt die Austauschazidität zur hydrolytischen Azidität hinzu. Diese Tatsache kann besonders klar und deutlich an künstlich gesäuerten Böden und Permutiten erkannt werden. So fanden wir bei einer derartigen Bodenserie, natürlich nach möglichst vollkommener Auswaschung der bei der Säurebehandlung entstandenen Salze, die folgenden Aziditätswerte (s. Tabelle S. 122).

Die Austauschazidität stellte sich in diesem Falle also erst ein, nachdem die hydrolytische Azidität den Wert von $y_1 = 9,5$ erreicht hatte, wobei der p_H-Wert

	Un-behandelt	Mit steigenden Säuremengen behandelt				
Hydrolytische Azidität y_1 in ccm	2,8	3,1	5,7	9,5	16,7	27,3
Austauschazidität y_1 in ccm . .	—	—	—	0,3	1,3	9,7
p_H-Werte	7,75	7,54	6,81	6,03	4,91	4,25
Pufferfläche in qcm	84,2	72,2	61,8	47,8	26,0	12,9

und die Pufferfläche nach JENSEN in vollkommener Übereinstimmung mit der durch das Anwachsen der hydrolytischen Azidität gekennzeichneten Entbasung des Bodens bis auf 6,03 bzw. auf 47,8 qcm abgenommen hatten. Bei anderen Böden wurde das Ausmaß der hydrolytischen Azidität, bei dem sich die Austauschazidität bemerkbar zu machen begann, zumeist niedriger, zuweilen aber auch noch höher gefunden, eine Tatsache, für die die Erklärung in dem wechselnden Gehalte verschiedener Böden an zeolithischem Material und an Humaten erblickt werden muß. Enthält nämlich ein Boden viel von diesen Stoffen, so erzeugt bereits ein geringer Basenverlust aus ihnen hohe Grade der hydrolytischen Azidität, ohne daß schon Austauschazidität aufzutreten braucht; ist der Gehalt daran aber klein, so kann derselbe absolute Basenverlust schon bei geringer hydrolytischer Azidität so groß sein, daß auch Austauschazidität vorhanden ist. Die Austauschazidität tritt eben erst bei einem bestimmten Entbasungsgrade der zeolithischen Silikate und der Humate in die Erscheinung; läßt sich dieser Entbasungsgrad zur Zeit auch noch nicht schärfer erfassen und zahlenmäßig ausdrücken, so ist doch nach dem ganzen Verhalten der natürlich wie der künstlich sauren Böden nicht zu bezweifeln, daß von einer bestimmten Höhe des Entbasungsgrades das Auftreten der Austauschazidität abhängig ist.

Unter solchen Umständen wäre es wohl am einfachsten, wie es von OSUGI, VAN DER SPEK, PAGE, HISSINK, RAMANN, WIEGNER u. a. geschieht, anzunehmen, daß beide Aziditätsformen, die hydrolytische und die Austauschazidität, ursächlich identisch seien, daß sie nur quantitativ, aber nicht, wie wir es uns bisher vorgestellt haben, auch qualitativ voneinander verschieden seien. Nach der im Anschluß an VEITCH und DAIKUHARA von uns entwickelten Anschauung soll die Austauschazidität ja einen direkten Austausch von Aluminiumionen gegen die Kationen der Neutralsalzlösungen darstellen, wogegen von den anderen genannten Autoren die hydrolytische und die Austauschazidität in gleicher Weise auf den Austausch von Wasserstoffionen zurückgeführt werden. Daß in den zum Austausch benutzten Neutralsalzlösungen als Ursache ihrer sauren Reaktion immer Aluminiumsalze gefunden werden, soll nach den Genannten darauf beruhen, daß die durch den Wasserstoffionenaustausch entstandene Säure aus den Silikaten und Humaten des Bodens nachträglich Aluminiumoxyd zur Auflösung bringt. Einheitlicher gestaltet sich, darin muß man PAGE[1], der sich am eingehendsten zu diesen Dingen geäußert hat, Recht geben, die Deutung der gesamten Aziditätserscheinungen dann, wenn man sich auf den Boden der Annahme eines Wasserstoffionenaustausches stellt. Das Prinzip der Einfachheit allein darf aber nicht für die Deutung der Aziditätserscheinungen den Ausschlag beanspruchen; es würde nicht zum erstenmal geschehen, daß dieses Prinzip in die Irre führt. Um zur Klarheit zu gelangen, soll daher im folgenden, so kurz es der Gegenstand bei seiner nicht einfachen Natur gestattet, das zusammengestellt werden, was für oder gegen die eine und die andere Auffassung ins Feld geführt werden kann, und entsprechend unserer bisherigen Auffassung mag an die Spitze dieser Erörterung die Frage gestellt werden, ob Aluminiumionen sich überhaupt wie die Ionen anderer Metalle an dem Ionenaustausch der zeolithischen Silikate und Humate beteiligen

---

[1] PAGE, H. J.: Verh. 2. Komm. internat. bodenkundl. Ges. Groningen A **1926**, 232.

können, ob sie sich also so in diese Stoffe einlagern lassen, daß sie bei der Einwirkung von Neutralsalzlösungen wieder daraus verdrängt werden können.

Da soll nun zuerst hervorgehoben werden, daß die von DAIKUHARA und später von anderen beim Ionenaustausch der sauren Böden vorgefundene Äquivalenz zwischen titrationsfähiger Säure und Aluminiumoxyd in der Neutralsalzlösung nicht, wie das früher auch von uns geschehen ist, als ein Beweis für einen direkten Austausch von Aluminiumionen angesprochen werden kann. Diese Äquivalenz zwischen Titrationsazidität und Gehalt an Aluminiumoxyd in den Neutralsalzlösungen muß auch dann vorhanden sein, wenn reiner Austausch von Wasserstoffionen als Ursache der Austauschazidität angenommen wird, denn jede starke Säure, die in einer solchen Menge auf den Boden zur Einwirkung kommt, daß sie nicht vollständig durch die zwei- und einwertigen Basen des Bodens neutralisiert werden kann, setzt sich bei nicht zu großem Überschuß restlos mit den Aluminium- und Eisenverbindungen des Bodens unter Bildung von Aluminium- und Eisensalzen um. Erst bei Anwendung eines Säureüberschusses bleibt von ihr, wie schon OSUGI[1] durch Versuche belegt hat, ein Teil ohne Überführung in die genannten Salze wirklich in freier Form übrig, und da ein solcher Überschuß bei der Aktivierung der Austauschazidität durch Neutralsalze nicht entstehen kann, so muß auch dann vollkommene Äquivalenz zwischen Titrationsazidität und Aluminium- oder Eisenoxyd in der Neutralsalzlösung angetroffen werden, wenn nicht Aluminium- oder Eisenaustausch, sondern Wasserstoffionenaustausch Ursache der Azidität ist.

Als brauchbare Beweismittel für das Stattfinden eines Ein- und Austausches von Aluminium- und Eisenionen könnten aber wohl — so sollte man meinen — die Versuche angesprochen werden, die zuerst von DAIKUHARA und später von uns zur Erzeugung der Austauschazidität unter Verwendung von Aluminium- und von Eisensalzlösungen ausgeführt wurden. Die Ergebnisse dieser Versuche sind schon oben S. 117 u. 118 mitgeteilt worden. Immer wurden bei diesen Versuchen die gleichen Erscheinungen an den Böden künstlich hervorgerufen, die sie im natürlichen Zustande beim Vorhandensein von Austauschazidität aufwiesen. Diese Versuche möchte man daher wohl ohne weiteres als einen Beweis für die Möglichkeit ansprechen, daß das Aluminiumion geradeso wie andere Metallkationen wiederaustauschbar in den absorbierenden Komplex des Bodens eingelagert werden könnte. Auch dieser Versuch der Beweisführung aber stellt sich bei kritischer Betrachtung nicht als sofort überzeugend dar. Gegen ihn läßt sich nämlich vom Standpunkte des Wasserstoffionenaustausches der Einwand erheben, daß doch die Aluminiumsalzlösungen geradeso wie die Eisensalzlösungen hydrolytisch aufgespalten seien und infolgedessen sauer reagieren. Diese Lösungen besitzen also neben den Aluminium- und Eisenionen auch Wasserstoffionen. Daß diese Wasserstoffionen sich an der Erzeugung der Austauschazidität beteiligen können, erscheint keineswegs unmöglich. Ohne ausreichende Begründung kann man diesen Wasserstoffionen — wenn sie sich auch in vielen Beziehungen von den übrigen Kationen verschieden verhalten — die Fähigkeit, am Ionenaustausch teilzunehmen, gewiß nicht absprechen. Nach den neueren Untersuchungen von JENNY können die Wasserstoffionen sogar, weil sie bei der Einwirkung auf Boden und Permutit oft restlos verschwinden, als die am stärksten zum Eintausch, also zur Verdrängung anderer Ionen befähigten Ionen betrachtet werden, wie man von ihnen ja auch schon längst wußte, daß sie und ebenso die OH-Ionen die überhaupt am stärksten absorbierbaren Ionen darstellen. Es ist daher als möglich zu bezeichnen, daß bei der Behandlung von Boden oder Permutit mit Aluminium-

---

[1] OSUGI, S.: Ber. Ohara-Inst. I, 27.

salzlösungen nicht die Aluminium-, sondern die Wasserstoffionen es sind, die ionogen in den absorbierenden Komplex aufgenommen werden, es könnten daher auch die Wasserstoffionen sein, die bei der darauffolgenden Behandlung mit einer Neutralsalzlösung wieder ausgetauscht werden, und die nach Auflösung von Aluminiumoxyd aus dem absorbierenden Komplex dann die Azidität der Neutralsalzlösung bedingen.

Solchen Schlußfolgerungen kann aber auch Widerspruch entgegengestellt werden. Was man nämlich den Wasserstoffionen im vorliegenden Falle zuerkennt, das darf man ganz gewiß nicht den Aluminiumionen absprechen, und betrachtet man den Endzustand des Systems, der bei der Behandlung von Boden oder Permutit mit Aluminiumsalzlösungen erreicht wird, so wird man gar nicht mehr daran zweifeln dürfen, daß den Aluminiumionen auch ein Anteil am Ioneneintausch zukommt. In jedem Falle ist dieser Endzustand nämlich dadurch gekennzeichnet, daß der Boden mit einer Lösung im Gleichgewicht steht, die eine an Aluminiumionen stets viel höhere Konzentration besitzt als an Wasserstoffionen. Die hydrolytische Spaltung der Aluminiumsalze ist nämlich keineswegs groß; sie beträgt höchstens $3—4\%$. Messungen der Wasserstoffionenkonzentration von Aluminiumsalzlösungen sind im Zusammenhange mit der Frage der Bodenazidität in den letzten Jahren

Konzentration des $AlCl_3$	Wasserstoffionenkonzentration der Lösung	p_H der Lösung	Titrationsazidität von 100 ccm Lösung in ccm $\frac{n}{10}$-NaOH
1 %	$2{,}40 \cdot 10^{-4}$	3,62	115,50
0,5 %	$1{,}91 \cdot 10^{-4}$	3,72	57,70
0,1 %	$1{,}07 \cdot 10^{-4}$	3,97	11,55
0,05 %	$7{,}41 \cdot 10^{-5}$	4,13	5,80
0,01 %	$2{,}34 \cdot 10^{-5}$	4,63	1,30
0,001 %	$3{,}39 \cdot 10^{-6}$	5,47	0,12

mehrfach vorgenommen worden, so bereits 1916 von uns, später von NIKLAS und HOCK[1]. Die Messungen von NIKLAS und HOCK seien hier angeführt.

Man erkennt aus diesen Untersuchungen, daß tatsächlich die Konzentration an Wasserstoffionen im Vergleich zu der Konzentration an Aluminiumionen in einer Aluminiumsalzlösung immer nur von sehr kleinem Betrage ist; in einer 1 proz. Aluminiumchloridlösung wird sie um mehr als das Zehntausendfache von der Aluminiumionenkonzentration übertroffen. Die Vorstellung von einer weitgehenden Hydrolyse der Aluminiumsalzlösungen, die man zuweilen noch in der Literatur antrifft, ist also gar nicht zutreffend. Dieses Überwiegen der Aluminiumionen ist auch noch in sehr verdünnten Salzlösungen in starkem Ausmaße vorhanden. In jeder Aluminiumsalzlösung, die mit dem Boden im Austauschgleichgewicht steht, bleibt diese Überlegenheit des Aluminiumions über das Wasserstoffion in bezug auf die Konzentration bestehen.

Anerkanntermaßen ist nun der Basenaustausch von der Ionenkonzentration abhängig, und wenn auch Unterschiede in der Eintauschfähigkeit zwischen verschiedenen Ionen vorhanden sind, so wird man doch auf keinen Fall annehmen können, daß ein Boden im Gleichgewicht mit einer so relativ hohen Aluminiumionenkonzentration kein Aluminium im Ionenaustausch aufgenommen hätte. Gewiß wird auch das nach JENNY so besonders stark eintauschfähige Wasserstoffion in den absorbierenden Komplex Eingang dabei finden, den Eintritt der in viel größerer Menge vorhandenen Aluminiumionen wird es aber sicherlich nicht unmöglich machen können. Bei objektiver Würdigung der Konzentrationsverhältnisse von Wasserstoff- und Aluminiumionen in Aluminiumsalzlösungen wird man also doch zum mindesten dazu gezwungen sein, das Nebeneinanderbestehen beider Eintauschmöglichkeiten zuzugeben.

Daß nun bei der künstlichen Erzeugung der Austauschazidität durch Aluminiumsalzlösungen oder durch Lösungen anderer hydrolytisch gespaltener Salze

---

[1] NIKLAS, H., u. A. HOCK: Z. Pflanzenernährg u. Düngg A **5**, 373.

die Metallkationen tatsächlich eine nicht unbedeutende Rolle zu spielen vermögen, das geht aus einem Vergleich des Verhaltens von Aluminium- und Eisensalzlösungen bei der künstlichen Säuerung des Bodens klar hervor. Bei Verwendung gleicher Salzkonzentrationen fand, wie schon oben gesagt, DAIKUHARA, daß die durch Aluminiumsalzlösungen erzeugte Austauschazidität stets größer war als die durch Eisensalzlösung hervorgebrachte. Von uns ausgeführte Versuche haben, wie ebenfalls oben schon gesagt, diesen Befund voll bestätigt. Besonders deutlich geht diese Tatsache auch aus Versuchen hervor, die zusammen mit LIESEGANG dieser Erscheinung gewidmet wurden. Die unter ganz gleichen Versuchsbedingungen erzeugten Austauschaziditäten bei Verwendung von

Konzentration	$AlCl_3$	$FeCl_3$
0,01 n	5,9	5,3
0,02 n	11,8	9,0
0,10 n	14,6	9,8

Aluminium- und von Eisenchloridlösungen sind in der nebenstehenden Tabelle zusammengestellt. Die erzielte Austauschazidität (y_1) ist, wie diese Zahlen zeigen, tatsächlich bei Verwendung von Aluminiumchloridlösungen immer größer als bei der von Eisenchloridlösungen. Das haben wir aber nicht nur bei Mineralböden gefunden, sondern auch bei Humusböden. Bei einem Niederungsmoorboden, der mit 0,03 n-Aluminium- und Eisenchloridlösungen behandelt war, zeigten sich folgende Aziditäten beim Schütteln mit einer n-Kaliumsulfatlösung:

$$0,03 \text{ n-}AlCl_3 \qquad\qquad 0,03 \text{ n-}FeCl_3$$
$$4,0 \text{ und } 4,4 \text{ ccm} \qquad\qquad 2,0 \text{ und } 1,9 \text{ ccm } \frac{n}{10}\text{-NaOH.}$$

Ein vorher mit Basen angereicherter Hochmoorboden, der darauf mit Aluminium- und Eisensulfatlösung behandelt war, hatte dabei die folgenden Austauschaziditäten erworben:

$$0,03 \text{ n-}Al_2(SO_4)_3 \qquad\qquad 0,3 \text{ n-}Fe_2(SO_4)_3$$
$$5,9 \text{ und } 6,1 \text{ ccm} \qquad\qquad 2,8 \text{ und } 2,8 \text{ ccm } \frac{n}{10}\text{-NaOH.}$$

Ganz besonders deutlich zeigte sich diese Überlegenheit der Aluminiumsalzlösungen über die Eisensalzlösungen bei der Behandlung eines Niederungsmoorbodens mit steigenden Mengen von ziemlich verdünnten, nur 0,01-normalen Lösungen von Aluminium- und von Eisenchlorid. Die Austauschaziditäten, die dabei erworben wurden, gehen aus der folgenden Tabelle hervor:

500	1000	2500	5000	ccm	500	1000	2500	5000	ccm	
	Aluminiumchloridlösung					Eisenchloridlösung				
0,45	0,90	4,30	9,35	ccm	0,40	0,50	2,20	3,70	ccm	$\frac{n}{10}$-NaOH.

Ausgezeichnete Belege für die Überlegenheit der Aluminiumsalzlösungen sind weiterhin auch schon in den Versuchen mit Traß, die auf Seite 118 beschrieben sind, vorhanden.

Alle unsere Versuche mit Mineral- und Humusböden zeigen somit in voller Übereinstimmung, daß trotz ihrer wesentlich geringeren Wasserstoffionenkonzentrationen die Aluminiumsalzlösungen stets viel größere Austauschaziditäten zu erzeugen vermögen als die wegen ihrer stärkeren hydrolytischen Aufspaltung ganz bedeutend saureren Eisensalzlösungen. Gerade umgekehrt müßte sich das verhalten, wenn für die Erzeugung der Austauschazidität die Wasserstoffionen der Salzlösungen ausschlaggebend wären. Nur dann läßt sich eine Erklärung für die beobachtete Tatsache liefern, wenn man annimmt, daß eben nicht die Konzentration an Wasserstoffionen der benutzten Salzlösungen, sondern ihre Metallkationenkonzentration für die Erzeugung der Austauschazidität den Ausschlag gibt. Vom Standpunkte des Wasserstoffionenaustausches aus lassen sich die Ergebnisse unserer Versuche ganz und gar nicht deuten.

Daß sich den Aluminium- und Ferriionen eine Teilnahme am Ionenaustausch der zeolithischen Silikate und der Humate nicht absprechen läßt, geht aber auch aus dem Verhalten dieser Stoffe unter dem Einfluß der Lösungen von anderen hydrolytisch gespaltenen Salzen klar hervor. Zahlreiche mit RUNG[1] und mit FISCHER[2] durchgeführte Untersuchungen mit Ferro-, Kupfer- und Zinksalzlösungen haben den Nachweis erbracht, daß auch die Ionen dieser Salze sich ionogen sowohl in Permutit als auch in Traß und Boden und sogar in kristallisierte Zeolithe einlagern lassen, und bei dieser Einlagerung werden den behandelten Stoffen genau dieselben Eigenschaften erteilt, die man bei der Austauschazidität beobachtet. Beim Austausch gegen die Kationen von Neutralsalzlösungen bildet sich geradeso wie bei der Austauschazidität in den Salzlösungen eine Azidität heraus, die durch die hydrolytische Spaltung der Ferro-, Kupfer- und Zinksalze bedingt ist.

Wenn sich aber nun auch die Beteiligung der Kationen hydrolytisch gespaltener Salze und damit auch der Kationen von Aluminium und Eisen an der Erscheinung der Austauschazidität nicht in Abrede stellen läßt, so könnte doch immerhin der Einwand erhoben werden, daß die Ergebnisse von künstlichen Säuerungsversuchen mit Salzlösungen nicht auf die Entstehung der Austauschazidität unter natürlichen Verhältnissen übertragen werden könnten. Auch dieser Einwand kann jedoch nicht als stichhaltig angesehen werden, denn wenn man austauschsaure Böden auf die Zusammensetzung ihrer Bodenlösungen untersucht, so beobachtet man, daß in diesen Lösungen immer Aluminium als Ion enthalten ist, und daß die Azidität dieser Lösungen durch nichts anderes bedingt wird als durch das darin enthaltene Aluminiumsalz. Diese Tatsache ist von MAGISTAD[3] sichergestellt und von uns in verschiedenen Nachprüfungen bestätigt gefunden.

Nach MAGISTADS Untersuchungen ist die Existenz von Aluminiumionen von einer bestimmten Wasserstoffionenkonzentration der Lösung abhängig. An Lösungen von Aluminiumsulfat wurde diese Abhängigkeit genauer erfaßt, indem zu einer Lösung dieses Salzes in Wasser steigende Mengen von Natronlauge hinzugesetzt wurden. Diese Lösungen wurden dann nach einiger Zeit auf ihre Reaktion und auf ihren Gehalt an Aluminiumoxyd untersucht. Die Ergebnisse, die bei diesen Untersuchungen erzielt wurden, enthält die folgende Tabelle, jedoch beschränkt sich die Tabelle auf die Aufführung derjenigen Werte, die für die Frage der Bodenazidität von Interesse sind:

Gehalt von Wasser an Aluminiumoxyd in Abhängigkeit von der Wasserstoffionenkonzentration.

p_H-Wert	Gelöstes Al_2O_3	p_H-Wert	Gelöstes Al_2O_3
6,80	0,3 mg im Liter	4,27	43,0 mg im Liter
6,00	0,4 ,, ,, ,,	4,19	78,0 ,, ,, ,,
5,62	0,7 ,, ,, ,,	4,02	130,0 ,, ,, ,,
5,40	0,8 ,, ,, ,,	3,96	200,0 ,, ,, ,,
5,22	1,2 ,, ,, ,,	3,95	400,0 ,, ,, ,,
4,66	2,3 ,, ,, ,,	3,94	600,0 ,, ,, ,,
4,51	6,5 ,, ,, ,,	3,92	1000,0 ,, ,, ,,

Bis p_H 5,4 ist nach diesen Untersuchungen die Löslichkeit des Aluminiumoxyds in Wasser sehr klein, dann aber steigt sie mit sinkenden p_H-Werten schnell an und erreicht bei den p_H-Werten, die die stärker austauschsauren Böden auf-

---

[1] KAPPEN, H., u. F. RUNG: Z. Pflanzenernährg, Düngg u. Bodenkde A **8**, 345.
[2] KAPPEN, H., u. F. FISCHER: Ebenda **12**, 8.
[3] MAGISTAD, O. C.: Soil Sci. **20**, 181.

weisen, recht bedeutende Beträge. Bei Böden, die allerdings künstlich durch Zusatz von Schwefelsäure sauer gemacht waren, fand MAGISTAD seine an den Aluminiumsulfatlösungen gemachten Beobachtungen bestätigt. Die Bestimmungen des Aluminiumoxydes wurden bei diesen Prüfungen an den nach PARKER durch Verdrängung mit Alkohol gewonnenen Bodenlösungen angestellt:

	p_H-Wert	Al_2O_3 in mg im Liter		p_H-Wert	Al_2O_3 in mg im Liter
Miami silt loam	7,21	0,0	Plainfield fine sandy loam	4,06	182,0
Waukeha fine sandy loam	5,78	1,9	Miami silt loam	3,92	297,0
Plainfield fine sandy loam	4,64	1,4	Miami silt loam	3,72	351,0
Miami silt loam	4,50	3,0	Waukeha fine sandy loam	3,68	597,0
Miami silt loam	4,35	19,0	Miami silt loam	3,29	1860,0
Plainfield fine sandy loam	4,30	33,0			

An einem stark sauren Naturboden aus dem Kottenforst haben wir dieses Auftreten von Tonerde nachgeprüft. Die Bodenlösung wurde dabei in gleicher Weise wie von MAGISTAD hergestellt. Der p_H-Wert der Lösung ergab sich zu 4,06, die Titrationsazidität betrug für 20 ccm 3,3 und 3,4 ccm 0,1 n-NaOH. In 40 ccm der Bodenlösung wurden 12,6 mg Al_2O_3 gefunden, was 315 mg im Liter entspricht. Aus der Titrationsazidität errechnete sich der Gehalt an Al_2O_3 auf 11,4 mg; es bestand also befriedigende Äquivalenz, und die gesamte Menge der vorhandenen Azidität war somit auf das in der Lösung vorhandene Aluminiumsalz zurückzuführen.

In jedem austauschsauren Boden ist also in der Bodenlösung Aluminiumsalz vorhanden, und wie immer ist die Konzentration an Aluminiumionen derjenigen an Wasserstoffionen sehr stark überlegen. Daß also auch unter den natürlichen Verhältnissen die austauschsauren Böden im Gleichgewicht mit einer Aluminiumsalzlösung stehen, ist nicht zu bezweifeln, und damit erscheint die Annahme sehr wohl begründet, daß Aluminiumionen sich nicht nur in der Bodenlösung befinden, sondern auch in den zeolithischen Silikaten und den Humaten. Nur eine Tatsache gibt es, die sich auf den ersten Blick nicht mit der Annahme des Vorhandenseins austauschfähiger Aluminiumionen in austauschsauren Böden zu vereinigen scheint, und das ist die, daß auch schon die sehr schwache Kohlensäure zur Erzeugung der Austauschazidität befähigt ist, wenn man mit ihr den Boden längere Zeit hindurch behandelt. Die Kohlensäure bildet ja wegen ihrer schwachen Säurenatur keine Salze mit dem Aluminium und dem dreiwertigen Eisen, infolge der Hydrolyse werden solche Salze vollständig in die Hydroxyde und in Kohlensäure aufgespalten sein. Aluminium- und Eisenionen, die zur Erzeugung der Austauschazidität erforderlich sind, können also unter dem Einfluß der Kohlensäure im Boden eigentlich nicht entstehen, und man sollte daher meinen, wenn die Kohlensäure trotzdem zur Erzeugung der Austauschazidität befähigt ist, daß dann eben unbedingt die von ihr gelieferten Wasserstoffionen die Ursache der Austauschazidität sein müßten, die in diesem Falle mit Aluminiumionenaustausch nichts zu tun haben könne. Auch dieser Argumentation kann widersprochen werden, denn Tatsache ist doch, daß kohlensäurehaltiges Wasser aus dem Boden Aluminium herauszulösen vermag. Diese Lösung ist aber ganz undenkbar, ohne daß das Aluminium dabei wenigstens durch den Ionenzustand hindurchgeschritten ist. Keine Säure vermag Aluminium aus dem Bestand der zeolithischen Silikate aufzulösen, wenn nicht eine richtige Salzbildung dabei im Spiele ist, wenn also nicht der Ionenzustand des Metalls dabei auftritt. Dieser Ionenzustand mag schnell vorübergehen, aus den Ionen mag vielleicht sehr bald das Hydroxyd sich bilden, vorhanden gewesen sein muß der Ionenzustand für das gelöste Aluminium unbedingt. Ist das aber der Fall, so muß auch für die durch die Kohlensäure erzeugte Austauschazidität die Möglichkeit zugegeben werden, daß der Austausch von Aluminiumionen dabei eine Rolle spielt, denn wenn Aluminiumion auch nur vorübergehend in noch so kleiner Konzentration entsteht, so ist es immer wieder im Vergleich zu den gleichzeitig vorhandenen Wasserstoffionen in weit größerer Konzentration vorhanden, kann also auch dann von dem Boden ionogen aufgenommen worden sein. Die Tatsache der Erzeugung der Austauschazidität durch die Kohlensäure braucht also nicht als unlösbarer Widerspruch gegen die Annahme, daß unter den Verhältnissen in der Natur das Aluminiumion sich an der Erscheinung der Austauschazidität beteiligt, betrachtet zu werden.

Für die Annahme des Wasserstoffionenaustausches als Ursache der Austauschazidität liegen aber die Verhältnisse keineswegs ebenso klar und einfach. Während es für die Kationen der Metalle, wenn sie von dem absorbierenden Bodenkomplex aufgenommen werden, gar keine andere Art als die der ionogenen Bindung gibt, bestehen bei den Wasserstoffionen, die auf den Boden zur Einwirkung gelangen, verschiedene Möglichkeiten für ihre Bindung. Sie müssen keineswegs ionogen aufgenommen werden, sondern es gibt für sie auch andere Bindungsarten. Wir brauchen, um das zu erkennen, nur an das Verhalten eines einfachen Silikates gegen Säuren zu denken. Behandelt man z. B. Natriumsilikat oder Kalziumsilikat mit Säuren, so kann man aus ihnen wohl die ganze Menge der in ihnen enthaltenen Basen herauslösen, aber ein Ersatz der Basen durch Wasserstoff findet nicht in einer solchen Weise statt, daß die Endprodukte der Säurebehandlung nun die Eigenschaft der Austauschazidität besäßen. Das hängt in diesem Falle wohl damit zusammen, daß die Kieselsäure H_2SiO_3 bei der Entbasung der Silikate nur als leicht veränderliches Zwischenprodukt entsteht. Schnell geht sie in das Anhydrid und in Wasser über, womit ihr Säurewasserstoff und ihre Säureeigenschaften natürlich verschwunden sind. Daß solche aus Silikaten gewonnenen Kieselsäurepräparate ebenso wie die auf anderen Wegen, etwa aus Siliziumtetrachlorid oder -fluorid oder aus dem Äthylester der Kieselsäure gewonnenen Präparate, immer eine deutlich saure Reaktion aufweisen — p_H-Werte bis zu 3,5 — mag damit zusammenhängen, daß stets auch eine kleine Menge von wirklicher Kieselsäure, an deren Existenz man heute zumeist nicht mehr zweifelt, in den Präparaten vorhanden ist.

Ob nun allerdings bei den zeolithischen Silikaten gerade eine solche Möglichkeit für das Verschwinden der auf sie einwirkenden Wasserstoffionen gegeben ist, kann nicht behauptet werden, aber wenn sie hier fehlen sollte, so könnten noch andere Wege bestehen, auf denen die Beseitigung der Wasserstoffionen der Säuren herbeigeführt wird. Auf jeden Fall sind nämlich die Zeolithsäuren schwache Säuren, und wenn sie die Wasserstoffionen nicht durch Anhydrisierung, durch Übergang in die Anhydridform beseitigen, so können sie das durch ihren Übergang aus der leicht dissoziierenden Salzform in die Form der undissoziierten Säuremoleküle besorgen. Wie bei der Einwirkung von Salzsäure auf Natriumazetat die Wasserstoffionen dadurch verschwinden, daß sie in die Form der freien, wenig dissoziierten Essigsäure übergeführt werden, so kann das bei den zeolithischen Silikaten in derselben Weise durch die Bildung der noch schwächer dissoziierten Zeolithsäuren eintreten.

Dafür nun, daß tatsächlich in einer der hier angedeuteten wenigstens ähnlichen Art die Wasserstoffionen stärkerer Säuren bei ihrer Einwirkung auf zeolithische Silikate verschwinden, spricht die schon von GÜNTHER-SCHULZE[1] bei

---

[1] GÜNTHER-SCHULZE, A.: Z. Elektrochem. **25**, 331; **26**, 472; **27**, 292.

Bestimmung der elektrischen Leitfähigkeit von Permutiten gemachte Beobachtung, daß die Leitfähigkeit unmeßbar klein wird, wenn man die Permutite mit Säure behandelt, also die Metallkationen in ihnen durch Wasserstoff ersetzt. Dieser Befund GÜNTHER-SCHULZES erschien uns im Zusammenhang mit der vorliegenden Frage so interessant und wichtig, daß wir[1] ihn einer eingehenden Nachprüfung unterworfen haben. Die Methode, die dabei im Anschluß an GÜNTHER-SCHULZE in Anwendung gebracht wurde, war im Prinzip die folgende: Die fein gepulverten Stoffe werden in entsprechende Salz- oder Säurelösungen verschiedener Konzentration eingetragen, und es werden die Leitfähigkeiten der Lösungen und der Gemische bestimmt. Verändert das eingetragene Permutitpulver nicht mehr die Leitfähigkeit der Lösung, so stimmt eben die Leitfähigkeit des Permutits mit der der Lösung überein. Für Kaliumpermutit wird man eine Kalisalzlösung wählen, für Kalziumpermutit ein Kalziumsalz, und für den Wasserstoffpermutit eine Säurelösung.

Unsere Versuche mit einer Serie vorsichtig unter Anwendung von 0,1 n-Essigsäure abgebauter Permutite ergaben nun die folgenden Werte für die Leitfähigkeiten. Die Azititätswerte sind in der Tabelle mit diesen Leitfähigkeiten zusammengestellt, doch muß hervorgehoben werden, daß die p_H-Werte nicht mehr ganz richtig sind, weil sie erst nach längerem Lagern der Permutite gemessen wurden, bekanntlich aber beim Lagern der Permutite mit der Zeit abnehmen:

Zahl der Behandlungen	p_H-Werte	Austausch-azidität	Hydrolyt. Azidität	Leitfähigkeit $k \cdot 10^{-4}$
5 mal . . .	7,9	—	3,7	2,2
10 mal . . .	6,7	1,7	6,4	1,3
20 mal . . .	5,5	4,2	9,3	< 0,64
30 mal . . .	5,1	5,9	10,6	< 0,14
unbehandelt .	9,1	—	0,5	7,7

Die Versuche zeigen also, daß die Leitfähigkeit tatsächlich mit steigender Versauerung ganz bedeutend abnimmt. Das ist schwer zu vereinigen mit der Annahme, daß der Wasserstoff der einwirkenden Säure durch Ionenaustausch die Metallkationen verdrängt und dabei in gleicher Bindungsart an die Stelle dieser Kationen tritt. Täte er das wirklich, so müßte man gerade das entgegengesetzte Ergebnis erwarten wie das ist, das der Versuch gezeitigt hat, es müßten die Leitfähigkeiten bei der viel größeren Beweglichkeit des Wasserstoffions im Vergleich zu den anderen Kationen nicht abnehmen, sondern wachsen. Weil das nicht geschieht, muß geschlossen werden, daß die Wasserstoffionen, die an die Stelle der Kationen traten, doch in einer anderen Weise gebunden sind, und da ist es das Nächstliegende, sich diese Bindung so vorzustellen, wie es oben für die Bindung der Wasserstoffionen in der Essigsäure angegeben ist. Es bildet sich die sehr schwache und dabei noch sehr wenig lösliche Permutitsäure. Ob diese Säure zum Austausch ihres Säurewasserstoffs gegen die Kationen von Salzlösungen befähigt ist, muß aber nach den neueren Vorstellungen über die Natur des Wasserstoffs in den wasserfreien Säuren als zweifelhaft bezeichnet werden.

Grundsätzlich liegt also die Sache für den Wasserstoffionenaustausch wesentlich ungünstiger als für die Annahme des Austausches von Aluminiumionen. Während hier durch zahlreiche Versuche der Nachweis als voll erbracht angesehen werden konnte, daß zum mindesten in den künstlich mit Hilfe von Aluminiumsalzen oder mit Hilfe von Säuren, die ja doch immer Aluminiumsalze bildeten, austauschsauer gemachten Böden ein tatsächlicher Aluminiumionenaustausch

---

[1] OERTZEN, A. v.: Dissert., Bonn 1927, S. 27.

bei der Einwirkung von Neutralsalzlösungen stattfand, war für den Austausch von Wasserstoffionen ein bündiger, experimenteller Beweis noch nicht geführt. Vielfach haben wir uns selbst um die Führung eines derartigen Beweises bemüht. So glaubten wir in der zeitlichen Verfolgung der Einwirkung von Neutralsalzen auf austauschsaure Materialien die Möglichkeit einer Beweisführung ausfindig gemacht zu haben. Die elektrometrische Messung der Wasserstoffionenkonzentration nach der Chinhydronmethode machte ja infolge der sehr schnellen Potentialeinstellung die Beobachtung auch sehr schnell verlaufender Änderungen der Wasserstoffzahlen möglich. Das für die Entbindung von H-Ionen von uns erwartete Emporschnellen der Wasserstoffzahlen bei Zusatz von Neutralsalzen zum austauschsauren Permutit trat aber in der Rührelektrode nicht ein, von Anfang an waren die Wasserstoffzahlen so niedrig, daß sie wohl Aluminiumsalzen, aber nicht freien Säuren zugeschrieben werden konnten. Auch sonst scheint niemandem eine eigentliche Beweisführung für den Austausch von Wasserstoffionen geglückt zu sein, ja man hat den Beweis, wie es scheint, zumeist gar nicht für nötig gehalten, hat vielmehr nur vom Wasserstoffionenaustausch gesprochen, ohne sich um seinen experimentellen Nachweis zu bekümmern. Bei der prinzipiellen Bedeutung, die der Entscheidung in dieser Frage zukommt, haben wir nun jede Möglichkeit, sie herbeizuführen, ins Auge gefaßt, und es scheint so, als ob uns in letzter Zeit eine überzeugende Beweisführung dafür, daß auch der Austausch von Wasserstoffionen tatsächlich besteht, gelungen wäre. Diese Beweisführung schloß sich an Untersuchungen an, die von MATTSON[1] und von BRADFIELD[2] über die Einwirkung der Elektrodialyse auf den Boden ausgeführt wurden.

Die beiden genannten Forscher fanden, daß bei der Elektrodialyse des Bodens die in austauschbarer Form gebundenen Basen aus dem Boden entfernt wurden, indem sie zur Kathode des Dialysierapparates geführt und dort als Hydroxyde abgeschieden wurden. Bei dieser Entbasung nahm der Boden vollständig die Eigenschaften an, die man bei stark sauren Böden antrifft, er besaß also auch die Eigenschaft der Austauschazidität. Die Wirkung der Elektrodialyse sollte man sich nun eigentlich als eine hydrolytische Aufspaltung der leicht zersetzlichen Bodensilikate vorstellen, also der zeolithischen Silikate. Die OH-Ionen des Wassers vereinigen sich mit dem basischen Anteil der zeolithischen Silikate, und die Wasserstoffionen treten an Stelle der ausgetretenen Metallkationen in die Silikate ein. Für den einfachen Fall des Natriumsilikates gibt die folgende Gleichung den Verlauf dieser hydrolytischen Aufspaltung an:

$$Na_2SiO_3 + 2\,H \cdot OH \rightleftharpoons 2\,NaOH + H_2SiO_3 \,.$$

Mit fortschreitender Entbasung wird das Silikatmaterial infolge dieses Überganges in die Zeolithsäure immer saurer und saurer, ohne daß dabei aber in dem Wasser, in dem das Silikat suspendiert ist, sich eine saure Reaktion einzustellen braucht. Als wir aber bei Boden, der elektrodialysiert wurde, die Reaktion in der Mittelzelle des Elektrodialysators, in der sich der Boden befand, prüften, stellten wir fest, daß auch die Flüssigkeit dauernd eine stark saure Reaktion besaß.

Die Aziditätsverhältnisse in den verschiedenen Räumen des Elektrodialysators mag uns ein Versuch noch näher darlegen. Die Form des benutzten Apparates geht aus der Figur 10 klar hervor. Der Boden — 200 g — wurde in 650 ccm destillierten Wassers in der Mittelzelle mit Hilfe eines Rührers in Suspension gehalten. Die Scheidewände zwischen Mittelzelle und den Elektrodenräumen bestanden aus gut gewässertem Pergamentpapier. Die Wassermengen in den

---

[1] MATTSON, S.: J. agricult. Res. 33, 553.
[2] BRADFIELD, R.: Verh. 1. Internat. Kongr. Bodenkde, 2. Komm., Washington 1927, 75.

Elektrodenräumen betrugen ca. 300 ccm; dauernd trat frisches Wasser während der Dialyse in diese Elektrodenräume unten ein und floß oben wieder ab. Elektrodialysiert wurde mit einem Gleichstrom von 160 Volt Spannung. Während einer 15 Stunden dauernden Elektrodialyse wurden nun von M. Woll[1] die unten folgenden Reaktionsverhältnisse in den Elektrodenräumen und in der Mittelzelle gemessen. Die Reaktionszahlen an der Kathode sind zunächst infolge der dort vor sich gehenden Basenbildung stark alkalisch und nehmen mit dem Verschwinden der Basen aus dem Boden mehr und mehr ab. Nach 15 Stunden ist der Neutralpunkt erreicht, was als Zeichen dafür aufgefaßt werden kann, daß nennenswerte Mengen von Elektrolyten nun nicht mehr

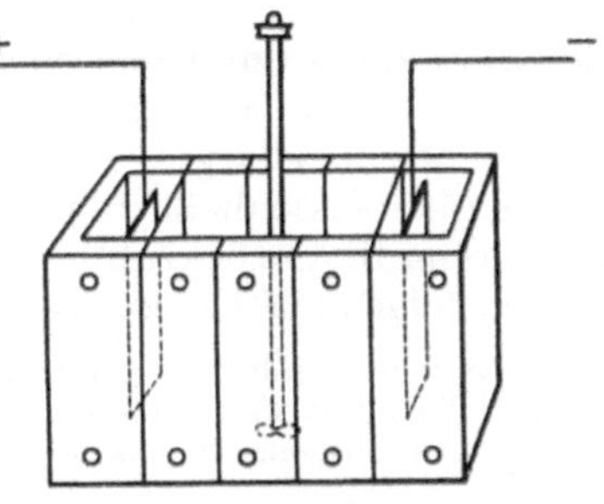

Abb. 10. Elektrodialysator.

durch die Dialyse aus dem Bodenmaterial abgespalten werden. An der Anode und ebenso in der Mittelzelle sind aber die Reaktionszahlen von Anfang an stark sauer, und in der Mittelzelle sind sie, was uns hier besonders angeht,

so stark sauer, daß die Existenz von Aluminiumionen hier nicht nur möglich, sondern sogar in erheblicher Konzentration als ganz sicher angenommen werden muß. Der ursprünglich

	An der Kathode	An der Anode	In der Mittelzelle
nach 5 Stunden	8,86	3,60	3,32
,, 6 ,,	8,18	3,82	3,31
,, 10 ,,	7,49	3,89	3,10
,, 15 ,,	6,91	3,92	3,10

neutrale Boden in der Mittelzelle war natürlich auch stark sauer geworden, er besaß eine Austauschazidität y_1 von 8,8 ccm und eine hydrolytische Azidität y_1 von 15,6 ccm. Die Menge der noch in ihm enthaltenen austauschbaren Basen betrug nur noch 0,2 Milligrammäquivalente. Da aber bei dem Sauerwerden des Bodens nicht nur Wasserstoffionen, sondern auch Aluminiumionen zugegen gewesen waren, konnte der Versuch doch nicht als ein Beweis für die ausschließliche Einlagerung von Wasserstoffionen angesprochen werden. Die Austauschazidität, die der Boden erworben hatte, konnte sowohl auf Wasserstoffionen- als auch auf Aluminiumionenaustausch beruhen, denn wo gleichzeitig beide Ionenarten zugegen sind, muß man stets damit rechnen, daß sie beide an dem Eintausch teilnehmen, und daß sie auch beide schließlich im Austausch wieder auftreten. Da es uns nun nicht gelang, diese starke, weit in das Existenzgebiet der Aluminiumionen hineinreichende Säuerung in der Mittelzelle bei Verwendung von Boden zu verhindern, so nahmen wir wieder unsere Zuflucht zu dem Material, das auch sonst schon bei unseren Arbeiten manche Dienste geleistet hat, nämlich zum Permutit. Dieses Material konnte ziemlich elektrolytfrei gewonnen werden, und es stand daher zu hoffen, daß die störenden Nebenerscheinungen bei der Elektrodialyse, wie sie beim Boden auftraten, hier in Wegfall kommen würden. Es wurden daher 20 g sehr gut ausgewaschenen, reinen Natriumpermutits 130 Stunden in der Mittelzelle des Apparates aufgeschlämmt der Elektrodialyse unterworfen. Die Reaktionsänderungen in der Mittelzelle, auf die es uns ja ankam, verliefen in dieser Zeit folgendermaßen:

ursprünglich	9,44	nach 50 Stunden . . .	8,07
nach 10 Stunden . . .	8,00	,, 60 ,, . . .	7,65
,, 20 ,, . . .	8,07	,, 70 ,, . . .	7,50
,, 30 ,, . . .	8,02	,, 80 ,, . . .	6,85

[1] Noch nicht veröffentlicht.

9*

<table>
<tr><td>nach 90 Stunden . . . 6,80</td><td>nach 120 Stunden . . . 6,80</td></tr>
<tr><td>,, 100 ,, . . . 6,80</td><td>,, 130 ,, . . . 6,76</td></tr>
<tr><td>,, 110 ,, . . . 6,80</td><td></td></tr>
</table>

Während der 130 stündigen Elektrodialyse war somit in der Mittelzelle die Reaktion kaum unter den Neutralpunkt gesunken, das Gebiet der Existenz von Aluminiumionen war also noch nicht erreicht worden. Stellten sich jetzt an dem elektrodialysierten Permutit deutliche Säureerscheinungen heraus, so mußten sie ausschließlich und allein auf Einlagerung von Wasserstoffionen in den Permutit zurückzuführen sein. Die Aziditätsuntersuchungen führten nun zu den folgenden Ergebnissen:

Hydrolytische Azidität (3 g mit 100 ccm n-Ca-Azetat) . . . . . . 10,8 ccm n/10-NaOH
Austauschazidität (3 g mit 100 ccm n-KCl). . . . . 3,1 ccm n/10-NaOH
p_H-Wert in Suspension gemessen 6,03

Analyse des Permutits vor und nach der Elektrodialyse:

	vorher	nachher		vorher	nachher
SiO_2	43,69 %	43,85 %	Na_2O	14,14 %	7,56 %
Al_2O_3	23,13 %	22,50 %	H_2O	19,04 %	26,10 %

Molekularverhältnis vorher: 3,20 SiO_2 : 1 Al_2O_3 : 1,00 Na_2O.
Molekularverhältnis nachher: 3,30 SiO_2 : 1 Al_2O_3 : 0,55 Na_2O.

Durch die Elektrodialyse war somit die Hälfte des ursprünglich vorhandenen Natriumoxyds aus dem Permutit weggeschafft worden, es war starke hydrolytische Azidität und eine ebenfalls starke — man denke daran, daß nur 3 g des Permutits verwendet waren — Austauschazidität erzeugt worden. Der p_H-Wert lag dabei auf einer ziemlich hohen Stufe, die noch weit vom Existenzgebiet der Aluminiumionen entfernt ist. Kein anderer Schluß kann nach allem aus dem Ausfall dieses Versuches gezogen werden als der, daß tatsächlich ausschließlich Wasserstoffionen die Ursache der Versauerung des Permutits abgegeben haben können, Wasserstoffionen, die wiederum auf nichts anderes als auf die kleinen Mengen daran zurückgeführt werden können, die das Wasser infolge seiner elektrolytischen Dissoziation geliefert hat. Noch viele andere von M. WOLL ausgeführte Versuche unter wechselnden Versuchsbedingungen lieferten immer dasselbe Ergebnis, und so kann denn auf Grund dieser Versuche nicht mehr daran gezweifelt werden, daß tatsächlich die Säureerscheinungen, die man bei den zum Ionenaustausch befähigten Silikaten beobachtet, in vollem Umfange auf das Wasserstoffion, das auch bei anderen Stoffen bedingend für ihren Säurecharakter ist, zurückgeführt werden können. Zum ersten Male war damit der experimentelle Nachweis dafür erbracht, daß es einen Wasserstoffionenumtausch, von dem bislang stets nur ohne Beweis gesprochen war, tatsächlich gab.

Als selbstverständliche Folge dieses Nachweises muß es aber nun auch gelten, daß die Erscheinung der Austauschazidität beim natürlichen Boden nicht mehr einseitig als Aluminiumionenaustausch aufgefaßt werden darf. Allerdings werden wir die Austauschazidität, weil im Boden ja stets auch in der Bodenlösung die Reaktion so sauer wird, daß Aluminiumionen auftreten können, nicht ausschließlich als Wasserstoffionenaustausch deuten dürfen. Wir müssen vielmehr bei dem augenblicklichen Zustande, bei dem es noch unmöglich ist, zwischen beiden Austauscherscheinungen quantitativ zu unterscheiden, die Austauschazidität als Wasserstoff- und, wenn auch nur dem Grade nach sehr untergeordnet, als Aluminiumaustausch bezeichnen, und wir werden uns in Zukunft darum bemühen müssen, eine bestimmtere quantitative Unterscheidung zwischen beiden Austauschvorgängen ihrem Ausmaße nach zu erreichen.

Ist es nun aber nicht zu umgehen, daß wir bei der Erscheinung der Austauschazidität den Wasserstoffionen eine wesentliche Rolle zuerkennen, so müssen wir das natürlich bei der hydrolytischen Azidität um so eher tun. Das Wesen dieser Erscheinungsform der Bodenazidität wurde früher ja auch in einer Weise gedeutet, in der der Säurewasserstoff der Bodensilikate keinerlei Rolle spielte. Baumann und Gully hielten die von ihnen eingehend studierte Einwirkung von Azetaten auf Humusstoffe für eine Adsorptionszersetzung, bei der die durch Hydrolyse abgespaltene Base von den Humusstoffen gebunden wurde. An eine solche hydrolytische Aufspaltung der Azetate konnte man damals mit Recht denken, denn nach den Untersuchungen von Freundlich und Losev[1] war die chemisch ziemlich indifferente Kohle dazu befähigt, hydrolytisch spaltbare Stoffe, wie basische Farbstoffe, so zu zersetzen, daß die Farbbase gebunden wurde und die Farbsäure in der Lösung zurückblieb. Ja sogar auf einem einfachen physikalischen Wege war diese Zerlegung möglich, nämlich, wie F. G. Donnan[2] gezeigt hatte, durch Dialyse. Kann die durch Hydrolyse entstandene Base oder Säure infolge ihrer kolloiden Beschaffenheit die Membran des Dialysators nicht durchwandern, so geht nur der diffusionsfähige Anteil der Verbindung hindurch, und unter Zurückbleiben des nicht diffusionsfähigen Anteils in der Dialysatorzelle wird schließlich der Stoff völlig aufgespalten. Das, was hier der Diffusionsprozeß durch eine Membran bewirkt, kann sicherlich auch das Basenbindungsvermögen des Bodens herbeiführen, besonders wenn man bedenkt, daß an stark entwickelten Oberflächen eine Verstärkung hydrolytischer Aufspaltungen vonstatten geht. Auch dann aber, wenn man eine solche Verstärkung der hydrolytischen Aufspaltung der Azetate an der Oberfläche des Bodens gar nicht zur Erklärung heranzieht, kann eine durchaus befriedigende Deutung des Wesens der hydrolytischen Azidität geliefert werden. In jeder Salzlösung sind nämlich neben den von dem Salz gelieferten Ionen auch die Ionen des Wassers zugegen, es sind also auch die Bestandteile einer Base vorhanden, das Metallkation und das Hydroxylion. Wenn nun beide von dem Boden gebunden werden können, so muß diese Bindung zu einer Aufspaltung des Salzes führen. In dieser Weise erklärt man sich ja auch, wie wir nachher noch sehen werden, die physiologisch-alkalische Reaktion, die gewisse Düngesalze aufweisen. Die hydrolytische Azidität als einfache Bindung der Base aus den hydrolytisch spaltbaren Salzen aufzufassen, wie es Baumann und Gully, ferner auch Osugi taten, kann daher keineswegs von vornherein als falsch bezeichnet werden.

Von unserer Seite aus wurde diese Anschauung noch weiter ausgebaut, indem wir an die besonders leichte Absorbierbarkeit des Hydroxylions anknüpften. In stark verdünnten Lösungen der Azetate handelt es sich nämlich, wenn wir von den ungespaltenen Wassermolekülen und sehr geringen Mengen an Essigsäuremolekülen absehen, um vier verschiedene Bestandteile, und zwar um die Anionen der Essigsäure, um das Kation des gelösten Azetates, um Hydroxylionen und um Wasserstoffionen. Von diesen vorhandenen Ionen werden nun bekanntlich die Hydroxylionen an sich schon sehr stark adsorbiert, und ihre Adsorption wird noch, wie Michaelis[3] nachgewiesen hat, durch die Gegenwart der Kationen verstärkt. Da Ionen wegen der elektrostatischen Anziehung, die zwischen ihnen herrscht, nur paarweise adsorbiert werden können, so führt die starke Adsorbierbarkeit der OH-Ionen in Gegenwart der Kationen dazu, daß die OH-Ionen die Kationen mit an die Oberfläche des adsorbierenden Stoffes schleppen, so daß es sich also schließlich immer in solchen Fällen um die Adsorp-

---

[1] Freundlich, H., u. G. Losev: Z. physik. Chem. 59, 284.
[2] Donnan, F. G.: Z. Elektrochem. 17, 572.
[3] Michaelis, L.: Die Wasserstoffionenkonzentration, S. 202. Berlin 1922.

tion von Basemolekülen handelt. Diese so zustande gekommene Adsorption der Base aus den Azetaten erschien uns selbst aber nur als der Weg, auf dem die Reaktion eingeleitet wird. Nach der Adsorption sollte nach unserer Auffassung dann die chemische Bindung der Base von seiten des Silikates oder der Humussäure erfolgen, während bekanntlich im Gegensatz dazu BAUMANN und GULLY die Bindung der Base aus den Azetaten als einen ausschließlich physikalischen Adsorptionsvorgang betrachteten.

Ohne Frage war unsere Auffassung von der hydrolytischen Azidität eine durchaus berechtigte, solange die Austauschbarkeit von Säurewasserstoff aus den zeolithischen Silikaten nicht experimentell bewiesen war. Nachdem dieser Beweis aber gelungen ist, gewinnt die Auffassung, die die hydrolytische Azidität als Wasserstoffionenaustausch und damit für wesensgleich mit der Austauschazidität erklärt, nicht nur an Boden, sondern, da sie als die wesentlich einfachere Erklärungsweise bezeichnet werden muß, wie das PAGE entwickelt hat, so muß dieser Erklärungsweise sogar der Vorzug vor der älteren gegeben werden. Wie wir uns das Sauerwerden eines Bodens vorstellen als eine Verdrängung der Kationen der zeolithischen Silikate unter Einlagerung von Wasserstoffionen der auf den Boden einwirkenden Säuren, so müssen wir dann die hydrolytische Azidität geradeso wie die Austauschazidität als den umgekehrten Vorgang auffassen, nämlich als die Wiederverdrängung der aufgenommenen Wasserstoffionen durch die in den Salzlösungen vorhandenen Metallkationen.

Von diesem Gesichtspunkt des Wasserstoffionenaustausches aus gewinnt das ganze Bild, das die Bodenazidität darbietet, wie PAGE schon auseinandergesetzt hat, wesentlich an Einfachheit und Klarheit. Andererseits bleibt aber auch bei dieser Vorstellungsweise noch manches erklärungsbedürftig. So ist an allererster Stelle darauf Antwort zu geben, warum das Wasserstofion im Ionenaustausch so manche Ausnahmestelle einnimmt. Daß das Wasserstoffion so außergewöhnlich stark unter Verdrängung der Kationen in die zeolithischen Silikate eintauscht, erklärt sich wohl ganz einfach, wenn wir an die besondere Bindungsart des Säurewasserstoffs in diesen Silikaten denken. Es wird ja, wie unsere Leitfähigkeitsuntersuchungen ergeben haben, damit zu rechnen sein, daß das Wasserstoffion beim Eintritt in das Zeolithmolekül seine leichte Beweglichkeit einbüßt, indem es Bestandteil der als schwache Säure nur sehr wenig zur elektrolytischen Dissoziation neigenden Zeolithsäure wird. Wie die Entfernung eines Gleichgewichtskomponenten aus einem chemischen Gleichgewicht den Ablauf der Reaktion nach einer bestimmten Seite hin begünstigt, so muß diese Veränderung, die bei der Bildung der Permutitsäure das Wasserstoffion erleidet, seinen Eintausch in das Silikat erleichtern, es muß also vollständiger eingetauscht werden als andere Ionen. Diese besondere Art der Bindung im Zeolithsäuremolekül kann aber auch wohl als die Ursache dafür angesprochen werden, daß das Wasserstoffion aus den sauren Silikaten so schwer wieder zum Austausch zu bringen ist, wenigstens hebt WIEGNER in seiner Arbeit mit JENNY diese schwierige Wiederaustauschbarkeit des Wasserstoffs hervor. Bei seinen sauren Permutiten war die Austauschbarkeit des Säurewasserstoffs nach JENNYs Angaben so erschwert, daß die Zunahme des Säurewasserstoffs in der Neutralsalzlösung nur durch die Messung der Wasserstoffionenkonzentration, aber nicht durch Titration erfaßbar war. So sehr schlimm scheint es uns allerdings um die Wiederaustauschbarkeit des Wasserstoffes aus den sauren Silikaten nicht bestellt zu sein, wenigstens haben wir immer bei ausreichend abgebauten Permutiten und ebenso bei abgebauten Böden eine sehr deutliche Titrationsazidität feststellen können. Der Grund dafür, daß bei dem Austausch des Wasserstoffes gewisse Besonderheiten bestehen — die tatsächlich nicht bestritten werden können — beruht nach unserer Meinung in etwas anderem. Wasserstoffionen werden erst dann in der Bodenlösung existenzfähig sein, wenn der Boden selbst oder das sonstige austauschende Material eine gewisse Anreicherung an Säurewasserstoff erfahren hat. Enthält dagegen das zeolithische Material noch eine größere Menge von Metallkationen, so wird sich ein Austausch von Wasserstoffionen nicht bemerkbar machen können, weil sie infolge ihres starken Eintauschbestrebens nach momentanem Austausch doch sofort wieder unter Metallkationenverdrängung in das Silikat zurückkehren würden. Es besteht also für die Wasserstoffionen etwas, was es bei den übrigen Kationen nicht gibt, nämlich eine Abhängigkeit ihres Austausches von ihrer Konzentration im austauschenden Material. Wenn auf einen aufs stärkste versauerten Boden, in dem also die Hauptmenge der austauschbaren Kationen durch Wasserstoff verdrängt und das austauschbare Kalzium und Magnesium bis auf kleinste Mengen verschwunden sind, eine Neutralsalzlösung zur Einwirkung kommt, findet man doch sofort Kalzium- und Magnesiumionen in der Lösung. Ihre Verdrängung erscheint sonach unabhängig von der Konzentration im austauschenden Material. Beim Wasserstoff ist das aber nicht der Fall, er gewinnt erst seine Austauschfähigkeit gegen Neutralsalzkationen, wenn er schon in größerer Konzentration im Austauschmaterial vorhanden ist, das bedeutet aber nichts anderes, als daß Wasserstoff in der Bodenlösung eben nur im Gleichgewicht mit stark entbasten Zeolithen, die also schon weitgehend in Zeolithsäuren übergegangen sind, beständig ist.

Solange nun dieser stärkere Entbasungsgrad, der sich bei weiteren Arbeiten wohl noch bestimmter erfassen lassen wird, als es bis jetzt möglich war, nicht vorhanden ist, ist der Wasserstoff nicht gegen die Kationen von Neutralsalzen, sondern nur gegen die von hydrolytisch spaltbaren Salze austauschbar, d. h. es besteht — wie wir uns auch ausdrücken können — noch keine Austauschazidität, wohl aber die hydrolytische Azidität. Hier müssen wir natürlich fragen, wie es kommt, daß der Wasserstoff bei geringerer Konzentration im austauschenden Material gegen Kationen hydrolytisch spaltbarer Salze austauschbar ist, während er in diesem Zustande gegen die der Neutralsalze noch nicht austauscht. Das hängt mit der besonderen Natur der Lösungen der hydrolytisch gespaltenen Salze zusammen. Wenn solchen Lösungen eine stärkere Säure zugesetzt wird, so verschwinden die Wasserstoffionen dieser Säure dadurch, daß sie — wir haben das schon oben bei der Pufferung besprochen — von den Anionen abgefangen und in Molekülen der wenig dissoziierten schwachen Säure festgelegt werden. Bei Azetatlösungen kann man diesen Vorgang leicht formulieren:

$$CH_3COONa + HCl = NaCl + CH_3COOH \quad \text{oder, in Ionenform geschrieben:}$$
$$CH_3COO' + Na^{\cdot} + H^{\cdot} + Cl' = CH_3COOH + Na^{\cdot} + Cl'.$$

Dieses Abfangen der Wasserstoffionen wird obendrein, wie wir auch schon früher erfahren haben, durch die Gegenwart von überschüssigem Azetat, das die Dissoziation der freien Essigsäure zurückdrängt, noch erheblich verstärkt.

Dasselbe, was der absichtlich zugesetzten Säure in den Azetatlösungen geschieht, widerfährt auch den Wasserstoffionen, die durch Ionenaustausch aus dem Boden bei der Behandlung mit Azetaten oder anderen hydrolytisch gespaltenen Salzen in Freiheit gesetzt werden. Sie verschwinden zwar nicht vollständig, aber doch sehr weitgehend, indem sie in der Form von Essigsäuremolekülen festgelegt werden, und diese sind im Gleichgewicht mit selbst wenig entbasten Böden, die also noch eine große Neutralisationskraft besitzen, beständig, während Wasserstoffionen sofort durch Eintausch in das Silikat zum Verschwinden gebracht werden würden. Die bei der hydrolytischen Azidität ausgetauschten Wasserstoffionen erwecken nun leicht den Eindruck, daß sie leichter austauschbar seien als die erst bei höheren Versauerungsgraden gegen Neutralsalze austauschbaren Wasserstoffionen. Man braucht aber gar nicht zwischen leichter und schwerer austauschbaren Wasserstoffionen im Boden zu unterscheiden, sondern es handelt sich bei der Behandlung der Böden mit hydrolytisch spaltbaren Salzen nur um eine Festlegung der ausgetauschten Wasserstoffionen, die bei Verwendung von Neutralsalzlösungen nicht möglich ist. Bei Anwendung dieser Lösungen erfährt der ausgetauschte Wasserstoff nicht die gleiche Veränderung wie bei der hydrolytischen Azidität; nur bei den schwachen Säuren, die den hydrolytisch spaltbaren Salzen zugrunde liegen, ist das Abgefangenwerden der Wasserstoffionen zu undissoziierten Säuremolekülen möglich. Dennoch ist auch bei der Reaktion des sauren Bodens mit Neutralsalzen etwas Ähnliches wie bei den hydrolytisch spaltbaren Salzen im Spiel, ohne das wahrscheinlich die Reaktion mit den Neutralsalzen überhaupt nicht zustande kommen könnte oder wenigstens viel geringer ausfallen würde, als man in Wirklichkeit findet, das ist die Rückwirkung der frei gewordenen starken Säure auf das Aluminiumsilikat des Bodens. Wir finden ja bei der Austauschazidität, wie wir oben auseinandergesetzt haben, fast immer eine Äquivalenz zwischen der entstandenen Titrationsazidität und dem Tonerdegehalt der Lösung, die uns als Beweis dafür gilt, daß die saure Reaktion der Lösung auf der Gegenwart eines Aluminiumsalzes beruht. Während wir früher annahmen, daß dieses Aluminiumsalz durch direkten Austausch von Aluminiumionen entstünde, muß im Lichte der Theorie des Wasserstoffionenaustausches dieses Tonerdesalz indirekt durch die Rückwirkung der beim Wasserstoffaustausch entstandenen, freien starken Säure auf tonerdehaltige Bodenbestandteile entstanden sein. Diese Aluminiumsalzbildung ist nun wahrscheinlich die Ursache dafür, daß wir überhaupt beim Mineralboden die Austauschazidität beobachten, denn diese Aluminiumsalzbildung führt geradeso wie die Gegenwart der hydrolytisch spaltbaren Salze bei der Bestimmung der hydrolytischen Azidität zu einer bedeutungsvollen Herabsetzung der Wasserstoffionenkonzentration, die hier wie dort als entscheidend sowohl für den Eintritt als auch für den Grad des Wasserstoffionenaustausches angesprochen werden muß.

Ist nun unter der Annahme des Wasserstoffionenaustausches die Bodenazidität eine einheitliche Erscheinung, die völlig wesensgleich ist bis auf die Beteiligung von kleinen Mengen an Aluminiumionen an der Austauschazidität, so erhebt sich natürlich die Frage, ob es denn überhaupt erlaubt ist, an der alten Einteilung der Bodenazidität in hydrolytische und in Austauschazidität festzuhalten. Da sind wir nun der Meinung, daß das nicht nur erlaubt, sondern auch sehr zweckmäßig ist. Erlaubt ist diese Einteilung vom wissenschaftlichen Standpunkte voll und ganz, wenn man sich die Aziditätsformen eben nicht als besondere wesensverschiedene Eigenschaften des Bodens vorstellt, sondern, wie es ursprünglich auch gemeint war, nur als verschiedene Erscheinungsformen ein und derselben Bodeneigenschaft, nämlich des Gehaltes der Böden an austauschbarem Säurewasserstoff. Zweckmäßig bleibt die Aufrechterhaltung dieser Einteilung immer, weil hydrolytische Azidität und Austauschazidität gerade für die Kennzeichnung des Versauerungszustandes der Böden eine große Bedeutung besitzen. Nach allem stellt ja doch, wie schon immer von uns hervorgehoben wurde, die hydrolytische Azidität — sofern sie allein bei einem Boden angetroffen wird, was ausdrücklich, um Mißverständnisse zu vermeiden, hier noch einmal hervorgehoben werden soll — das Anfangsstadium der Bodenversauerung dar. Dieses Anfangsstadium der Bodenversauerung ist chemisch dadurch ausgezeichnet, daß in ihm noch keine Wasserstoffionen im Überschuß in der Bodenlösung existenzfähig sind, daß also auch die bei der Düngung benutzten Neutralsalze, wie die Kalisalze usw., noch in keinen säureerzeugenden Ionenaustausch mit dem Boden treten können. Die hydrolytische Azidität ist zwar auch schon mit einer Steigerung der Wasserstoffzahlen des

Bodens verbunden, aber dieser Wasserstoff bleibt zunächst noch fest verankert in den zeolithischen Silikaten. Man kann daher auch zumeist mit Zuverlässigkeit aussagen, daß ein Boden, der sich erst im Zustande der hydrolytischen Azidität befindet, noch keinen Schaden an der Mehrzahl der landwirtschaftlichen Kulturpflanzen durch seine Versauerung anrichten kann. Nur bei den sehr gegen die Bodenversauerung empfindlichen Pflanzen, von denen später noch eingehender die Rede sein wird, kann die hydrolytische Azidität allein schon die Erträge herabsetzen. Immer ist das ausschließliche Vorhandensein der hydrolytischen Azidität aber ein Beleg dafür, daß der Entbasungsvorgang beim Boden sich noch im Anfangsstadium befindet, es ist somit auch die hydrolytische Azidität, sobald sie in etwas stärkerem Grade auftritt, ein Warnungssignal für den Landwirt, das ihn daran erinnert, daß es Zeit dafür ist, die Kalkversorgung seines Ackers ins Auge zu fassen. Kennzeichnet aber die hydrolytische Azidität das Anfangsstadium der Bodenversauerung, so weist das Vorhandensein der Austauschazidität nach, daß bereits eine ganz beträchtliche Erschöpfung des Bodens an basischen Stoffen und damit eine bedenkenerregende Einlagerung von Säurewasserstoff an deren Stelle erfolgt ist. Tatsächlich beginnt auch mit dem Eintritt der Austauschazidität erst für die meisten der landwirtschaftlichen Kulturpflanzen das gefährliche Stadium der Bodenversauerung. Jetzt ist der Boden eben dazu imstande, durch Umsetzung mit den in ihn bei der Düngung reichlich hineingeratenden Neutralsalzen in säureerzeugenden Ionenaustausch zu treten, was bei der hydrolytischen Azidität natürlich noch unmöglich war. Die Bodenlösung nimmt dabei Säuregrade an, die für das Gedeihen vieler Kulturpflanzen wachstumsschädigend sind, die unter Umständen sogar so wenig gegen die Bodenazidität empfindliche Pflanzen wie die Kartoffel in ihren Erträgen bedeutend beeinträchtigen können. Dabei scheint nicht nur der durch den Ionenaustausch bewirkte Eintritt von Wasserstoffionen in die Bodenlösung für die Gewächse gefahrdrohend zu werden, sondern auch das sich sekundär bildende Aluminiumion hat wohl auf verschiedene Kulturpflanzen einen ungünstigen Einfluß. Stets ist somit die Feststellung der Austauschazidität auf einem Boden ein Zeichen dafür, daß es höchste Zeit ist, der Versauerung im Interesse der Ernten entgegenzuarbeiten.

Beide Aziditätsformen sind also von größter diagnostischer Bedeutung für die Beurteilung des Versauerungszustandes des Bodens, und aus diesem Grunde erscheint es unbedingt zweckmäßig, an der Einteilung der Aziditätserscheinungen in die hydrolytische und in die Austauschazidität festzuhalten, wenn auch die Meinung, daß es sich bei ihnen um besondere, dem Wesen nach verschiedene Formen der Bodenazidität handelt, aufgegeben werden muß. Dabei empfiehlt es sich auch, an den Namen, die diese Erscheinungsformen der Bodenazidität nun einmal erhalten haben, nichts zu ändern. Man nimmt manchmal Anstoß daran, daß ein Boden für hydrolytisch-sauer erklärt werden muß, obgleich seine Reaktionszahl auf der alkalischen Seite liegt. Man meint, daß das einen Widerspruch bedeute. In Wirklichkeit ist das aber gar nicht der Fall. Man braucht nur an das schon einmal herangezogene Beispiel des Dikalziumphosphates zu denken, um das einzusehen. Das Dikalziumphosphat reagiert ja auch alkalisch und enthält doch noch ein ganzes Äquivalent an Säurewasserstoff, wie seine Formel $CaHPO_4$ zeigt. Ebenso kann ein im Boden enthaltenes zeolithisches Silikat eine alkalische Reaktion besitzen und dennoch in der hydrolytischen Azidität einen Gehalt an austauschbarem Wasserstoff zu erkennen geben. Diese kleine Schwierigkeit, die dem Verständnis der Aziditätsformen erwächst, braucht nicht dahin zu führen, daß man die für sie schon seit langer Zeit in Gebrauch befindlichen Bezeichnungen durch andere zu ersetzen versucht, zumal von diesen noch nicht der Nachweis erbracht ist, ob sie für den Gegenstand wirklich besser passen als die alten.

VII. Das Verhalten saurer Böden gegen Lösungen von Salzen. III.

a) Die Neutralsalzzersetzung durch Humusstoffe.

Ungleich länger als bei den Mineralböden ist die Fähigkeit, mit Neutralsalzen unter Säuerung der Lösung zu reagieren, bei den sauren Humusböden bekannt. Schon vor mehr als 50 Jahren machte EICHHORN auf diese Fähigkeit saurer Humusböden aufmerksam, und seit jener Zeit hat man sich in vielen eingehenden Arbeiten mit dieser Frage beschäftigt. Die älteren Forscher, wie KÖNIG, FLEISCHER und HESS, stimmten, was die Ursächlichkeit dieses Vorganges anging, mit der Meinung von EICHHORN überein, daß die Humussäuren, die man ja immer als die Verursacher der sauren Beschaffenheit der Humusböden ansah, die Neutralsalze einfach chemisch zersetzten, wie etwa jede stärkere Säure ein Salz einer schwächeren zu zersetzen imstande sei. Diese einfache chemische Deutung des Vorganges mußte aber doch Bedenken erregen, wenn man die Tatsache ins Auge faßte, daß die Humussäuren als organische Säuren eigentlich keine besonders starke Säuren sein konnten, obendrein aber auch durch ihre große Schwerlöslichkeit an der Betätigung der schwachen Säureeigenschaften, die man ihnen zubilligen konnte, behindert werden mußten. Solche Bedenken führten dazu, daß BAUMANN und GULLY in ihren Arbeiten den Nachweis dafür zu liefern versuchten, daß die Humussäuren überhaupt keine richtigen Säuren seien. Unter dem Eindruck der sich zur Zeit ihrer Arbeiten gerade zu neuer Blüte entwickelnden Kolloidchemie kamen diese beiden Forscher zu dem Ergebnis, daß die natürlich auch den älteren Forschern keineswegs unbekannt gebliebene kolloide Beschaffenheit der Humusstoffe den Säurecharakter nur vortäusche. In Wirklichkeit handele es sich bei den säureartigen Wirkungen der Humusstoffe um nichts anderes als um Adsorptionserscheinungen, bei denen die negativ elektrisch aufgeladenen Humuskolloide die OH-Ionen der Salzlösungen und damit die Basen adsorbierten.

Es ist bekannt, daß diese Arbeiten von BAUMANN und GULLY die Veranlassung zu einem eifrigen Studium der Frage nach der Natur der sauren Humusstoffe abgegeben haben, und als Erfolg aller dieser Arbeiten, die im einzelnen hier nicht angeführt werden können — verknüpft mit ihnen sind besonders die Namen von EHRENBERG und BAHR, SVEN ODÉN und TACKE und SÜCHTING —, kann heute mit aller Bestimmtheit ausgesprochen werden, daß die Humussäuren doch wirkliche Säuren sind, die sich im kolloiden Zustand der Stoffe befinden. Wir konnten eingangs ja auch bereits darauf hinweisen, daß man mit einiger Zuverlässigkeit heute sogar von dem wichtigsten Vertreter der Humussäuren, das ist die Huminsäure, aussagen darf, daß sie eine vierbasische Säure von der Formel $C_{61}H_{44}O_{22}(COOH)_4$ ist.

Im übrigen hatte aber der Kampf um die Aufklärung der Natur der Humussäure auf die praktisch so wichtige und wissenschaftlich so interessante Frage der Neutralsalzzersetzung durch die Humusstoffe kein neues Licht geworfen. In der Beurteilung dieser Frage war man sich keineswegs einig geworden.

Von TACKE und seiner Schule wurde die alte Auffassung einer einfachen chemischen Zersetung weiter aufrechterhalten. Von anderer gewichtiger Seite wurde dagegen die Annahme einer wirklichen Neutralsalzzersetzung durch die Humussäuren wieder vollkommen verworfen, nämlich von SVEN ODÉN[1]. Dieser Forscher stützte seine ablehnende Haltung gegen die Annahme der Neutralsalzzersetzung durch die Humussäuren auf die allerdings nicht abzuleugnende Tat-

---

[1] ODÉN, SVEN: Die Huminsäuren. Dresden u. Leipzig 1922.

:sache, daß alle Stoffe, denen man, wie dem schon von FRÉMY entdeckten roten
Mangansuperoxyd und auch den von BERTHELOT hergestellten künstlichen
Humussäuren, die Fähigkeit zur Neutralsalzzersetzung zuschrieb, bei ihrer Her-
:stellung mit anderen Säuren in Berührung gestanden hatten. Trotz bester Reini-
.gung sollten solche Stoffe aber stets etwas von diesen Säuren adsorbiert enthalten, und diese adsorbierten fremden Säuremengen sollten es nun sein, die bei
der Behandlung mit Neutralsalzen in die Lösung gedrängt würden. Genau das-
:selbe wie bei diesen Kunstprodukten sei aber auch bei den natürlichen Humus-
.säuren der Fall. Die natürlichen Humusstoffe bildeten sich ja in Gegenwart der
verschiedensten Säuren, wie Ameisensäure, Essigsäure, Propionsäure, Zitronen-
:säure usw. Bei der Neutralsalzzersetzung würden diese adsorbierten Säuren dann
— das war die Meinung SVEN ODÉNS — von der Oberfläche der kolloiden Humus-
:säuren verdrängt und täuschten die Neutralsalzzersetzung nur vor.

Die Frage nach der Neutralsalzzersetzung durch die Humusstoffe ist dann
von uns[1] im Zusammenhange mit der Frage der Bodenazidität, für die die Neu-
·tralsalzzersetzung durch die Humusstoffe eine leicht erkennbare Bedeutung be-
:sitzt, eingehend bearbeitet worden, und dabei hat sich zunächst mit aller Sicherheit ergeben, daß es sich bei der Einwirkung von Humussäuren, künstlich her-
.gestellter wie auch natürlicher, aus Moorboden gewonnener, auf die Neutralsalz-
.lösungen stets um eine ganz unbestreitbare Zersetzung der Neutralsalze unter
Entbindung freier Säuren und unter Bindung von äquivalenten Basenmengen
·durch die Humussäuren handelte.

Diese Tatsache sei bei ihrer grundsätzlichen Wichtigkeit durch die Angabe
·unserer Befunde zunächst belegt:

	Humussäure auf Torf	Humussäure aus Braunkohle	Humussäure aus Zucker	Humussäure aus Hydrochinon
Titrationsazidität des K_2SO_4-Extraktes + 10 ccm Waschwasser in 0,1 n-NaOH	19,0 ccm	21,6 ccm	11,1 ccm	22,1 ccm
Kali in der Asche der Humussäuren gefunden	88,2 mg	99,7 mg	49,6 mg	101,7 mg
berechnet aus der Azidität des Extraktes	89,2 mg	101,7 mg	52,3 mg	103,9 mg

Die Versuche, bei denen jedesmal 5 g der lufttrockenen Produkte mit 100 ccm
·einer kalt gesättigten Kaliumsulfatlösung 1 Stunde lang geschüttelt worden
waren, zeigen voll überzeugend, daß die Humussäuren wirklich zu einer Neutral-
:salzzersetzung befähigt sind. Nach diesen und nach anderen, ebenfalls zu einer
Widerlegung der SVEN ODÉNschen Anschauung führenden Versuchen konnten
wir erst zur Untersuchung der weiteren wichtigen Frage übergehen, auf welchem
Wege nun eigentlich diese Neutralsalzzersetzung durch die Humusstoffe herbeigeführt wurde.

Bei einer Prüfung der Faktoren, die auf den Vorgang der Neutralsalz-
.zersetzung Einfluß haben, wie Konzentration und Volum der Neutralsalzlösung,
Menge der Humussäure, Einfluß der Temperatur usw. fanden wir nun, daß sie
:sich in derselben Weise bei der Neutralsalzzersetzung äußerten, wie bei dem Vor-
.gange der Zersetzung hydrolytisch spaltbarer Salze, also bei der hydrolytischen
Azidität. Wir kamen infolgedessen zu einer Erklärung für die Neutralsalzzersetzung, die sich vollkommen mit der für die hydrolytische Azidität abge-
gebenen deckte. Da auch die verdünntesten Neutralsalzlösungen, und gerade
·diese sogar am vollkommensten, durch die Humussäure zersetzt wurden, und da

---

[1] KAPPEN, H., u. H. HEIMANN: Z. Pflanzenernährg u. Düngg A 1, 345.

es sich in einer solchen Lösung nur um die Ionen des Salzes und die des Wassers handelte, folgerten wir, daß die Neutralsalzzersetzung so zustande käme, daß die Humussäure die OH-Ionen des Wassers absorbiere und mit diesen zugleich die Kaliumionen, also wieder letzten Endes das Hydroxyd. Diese Adsorption sollte aber nur der Weg sein, auf dem die Bindung zustande kam, die absorbierten Basen sollten alsbald der chemischen Bindung durch die Humussäure unterliegen, wobei sich dann richtige humussaure Salze bildeten. Neutralsalzzersetzung und hydrolytische Azidität sollten darnach im Wesen identische Vorgänge sein.

Es ist aber nun klar, daß der im vorigen Kapitel geschilderte Nachweis der Möglichkeit des Wasserstoffionenaustausches und die darauf begründete Auffassung vom Wesen sowohl der hydrolytischen als auch der Austauschazidität als Wasserstoffionenaustausch nicht spurlos an der von uns gegebenen Deutung der Neutralsalzzersetzung durch die Humussäuren vorübergehen konnte. Bei der bekannten Fähigkeit der Humussäuren, die Basen so zu binden, daß sie gegen die Kationen von Salzlösungen leicht und vollständig ausgetauscht werden können, liegt hier, geradeso wie beim Mineralboden, die Deutung nahe, daß die Neutralsalzzersetzung auch nichts anderes sei als ein Austausch von Wasserstoffionen der Humussäuren gegen die Kationen der Salzlösung. Die Abweichungen von eigentlichen Ionenaustauschvorgängen, die bei der Neutralsalzzersetzung durch Humussäure beobachtet werden, lassen sich wohl unschwer aus der Welt schaffen. So fanden wir z. B., daß bei gleichbleibendem Salzgehalt, aber vergrößertem Volumen der Salzlösung die Zersetzung des Salzes bedeutend anstieg, ein Verhalten, das bei den eigentlichen Vorgängen des Ionenaustausches vermißt wird. Bei diesen ist für den erreichten Grad des Ionenaustausches nur der absolute Salzgehalt der Lösung ausschlaggebend. Ob man also eine bestimmte Menge von Kaliumchlorid in 100 ccm oder in 500 ccm Wasser gelöst auf eine bestimmte Menge von Permutit einwirken läßt, hat keinen Einfluß auf die Menge des eingetauschten Kaliums. Wird aber die gleiche Menge Kaliumchlorid in 100 und 500 ccm Wasser gelöst auf eine bestimmte Gewichtsmenge Humussäure zur Einwirkung gebracht, so ist die Menge des absorbierten Kaliums größer bei Verwendung der verdünnten Lösung als bei Verwendung der konzentrierten. In der verdünnten Lösung ist infolgedessen mehr freie Säure vorhanden als in der konzentrierten. Eine Versuchsreihe mit je 5 g Humussäure und verschiedenen Volumina der gleichen 0,5 n-Kaliumsulfatlösung dürfte dieses abweichende Verhalten der Humussäure bei der Neutralsalzzersetzung noch klarer machen, als Worte es vermögen:

	Un- verdünnt	Nach Verdünnung auf ccm				
ccm der 0,5 n-K_2SO_4-Lösung . .	25	50	75	100	200	300
Filtrat + 10 ccm Waschwasser verbraucht ccm n/10-NaOH .	4,15	5,3	6,3	6,9	8,6	9,4

Man sieht, daß durch die Verdünnung der Grad der Neutralsalzzersetzung von 4,1 ccm frei gemachter Säure auf 9,4 ccm erhöht, also mehr als verdoppelt wird.

Ein solcher Verdünnungseinfluß, wie er hier bei der Humussäure auftritt, ist weder bei dem Ionenaustausch neutraler Böden noch bei dem von austauschsauren Mineralböden von uns beobachtet worden, auch bei den hydrolytischsauren Böden gibt sich ein Verdünnungseinfluß erst bei sehr starker Verdünnung und dann nur in kleinem Ausmaße zu erkennen.

Diese Abweichung bei der Neutralsalzzersetzung läßt sich aber deuten. Daß zunächst überhaupt bei der Neutralsalzzersetzung durch Humussäure — bei dem gleichartigen durch Mangansuperoxyd hervorgebrachten Vorgange findet dasselbe statt — der Verdünnungseinfluß vorhanden ist, hängt sicherlich mit dem starken Eintauschbestreben derWasserstoffionen zusammen. Der Zustand, der sich beim Schütteln von Humussäure mit einer Neutralsalzlösung einstellt, ist ja doch ein dynamischer Gleichgewichtszustand, der sich aus dem geringeren Eintauschbestreben und der darauf beruhenden schwächeren Haftfestigkeit der Kaliumionen und dem starken Eintauschvermögen der verdrängtenWasserstoffionen der Humussäure ergibt. Wird nun die Salzlösung mit Wasser verdünnt, so wird die Konzentration der Wasserstoffionen in der Lösung herabgesetzt, das zuerst entstandene Umtauschgleichgewicht wird gestört, der Eintausch von Kaliumionen unter Verdrängung von Säurewasserstoff kann nun wieder weitergehen, und die Titrationsazidität der Lösung steigt an. Daß gegen diesen Verdünnungseinfluß die austauschsauren Stoffe und die nur hydrolytischsauren viel weniger empfindlich sind als die Humussäure und das Mangansuperoxyd, hängt mit der Erniedrigung der Wasserstoffionenkonzentration zusammen, die im ersten Falle durch die Bildung von Aluminiumsalzen, im zweiten Falle durch die Pufferwirkung der Azetatlösung bewirkt wird. Bei den verhältnismäßig niedrigen Wasserstoffzahlen, die in beiden Systemen infolge der guten Pufferung, die in ihnen herrscht, bestehen, hat die weitere Verdünnung keinen wesentlichen Einfluß auf die Wasserstoffionenkonzentration, und damit erfolgt dann auch kein Fortgang der Reaktion, die Verdünnung kann zu keinem weiteren Wasserstoffionenaustausch, zu keiner Zunahme der Titrationsazidität führen.

Auch die Veränderung in der Reihenfolge der Kationen bei der Neutralsalzzersetzung im Vergleich zur Austauschazidität braucht nicht als Widerspruch gegen die Möglichkeit des Wasserstoffionenaustausches bei der Humussäure aufgefaßt zu werden. Wenn es bei der Humussäure die zweiwertigen Kationen sind — Magnesium, Kalzium und Barium —, die am stärksten verdrängend auf den Säurewasserstoff wirken, während das bei den austauschsauren mineralischen Stoffen das Kaliumion ist, so mag das sehr leicht mit den Löslichkeitsverhältnissen der entstandenen Salze in Zusammenhang stehen; weiß man doch, daß Kalzium- und Bariumhumat im Vergleich zum Kaliumhumat sehr schwer löslich sind.

Wenn weiter, wie durch unsere Untersuchungen belegt ist und durch neuere Untersuchungen von ARND[1] bestätigt wurde, Kalium- und andere Sulfate durch neutralsalzzersetzende Stoffe stärker zersetzt wurden als die Chloride, während sich das bei den austauschsauren Mineralböden gerade umgekehrt verhält, so kann auch hierfür in der den Gleichgewichtszustand bestimmenden Wasserstoffionenkonzentration wohl die Ursache gefunden werden, denn im ersten Falle — beim Schütteln von Humussäure oder neutralsalzzersetzendem Moorboden mit Kaliumsulfat — ist die Wasserstoffionenkonzentration kleiner als beim Schütteln mit Kaliumchloridlösung. ARND gibt folgende Werte für Versuche mit 5 g Moorbodentrockensubstanz, die mit 250 ccm verschiedener normaler Kalisalzlösungen geschüttelt wurden, an:

Auszug mit Normallösung von	Titrationsazidität von 100 ccm mit 0,01 n-NaOH	p_H-Werte	Dissoziationsgrad
Kaliumsulfat	40,15 ccm	3,28	0,13
Kaliumchlorid	17,45 ,,	2,90	0,72
Kaliumnitrat	16,20 ,,	2,93	0,73

Man sieht, daß trotz der mehr als doppelt so hohen Titrationsazidität, die durch das Kaliumsulfat erzeugt ist, die Reaktionszahl größer ist als bei Kalium-

---

[1] TACKE, B., u. Th. ARND: Landw. Jb. 65 (Erg.-Bd. 1), 66.

chlorid und Kaliumnitrat. Das kann nur damit zusammenhängen, daß der Dissoziationsgrad der in den verschiedenen Fällen erzeugten Säure verschieden war, und die für ihn errechneten Werte zeigen dann auch klar, daß im Falle des Kaliumsulfates der Dissoziationsgrad für die erzeugte Säure bedeutend kleiner war als beim Chlorid und Nitrat. Wahrscheinlich hängt diese Verschiedenheit mit dem Auftreten von saurem Kaliumsulfat zusammen, das sich in der Kaliumsulfatlösung nach der Gleichung

$$K_2SO_4 + H_2SO_4 = 2\,KHSO_4$$

gebildet haben kann.

Auf jeden Fall zeigen diese Zahlen nun, daß die Zersetzung durch die Humussäure um so weiter gehen muß, je weiter der Dissoziationsgrad der entstehenden freien Säure herabgesetzt wird, und daß dort, wo die Möglichkeit für eine solche Herabsetzung fehlt oder in gleichem Ausmaße gegeben ist, wie beim Kaliumchlorid und dem Kaliumnitrat, die Zersetzung kleiner bzw., was hier besonders interessiert, von derselben Größe ist. Das letztere ist nämlich das, was bei der Austauschazidität verwirklicht ist. Hier wird die verschiedene Höhe der unter dem Einfluß von Kaliumsulfat und Kaliumchlorid entstehenden Wasserstoffionenkonzentrationen durch die Bildung von Aluminiumsulfat und von Aluminiumchlorid weitgehend ausgeglichen, und deshalb findet sich hier die verschiedene Wirkung von Sulfat- und Chloridlösungen, die bei der Humussäure so deutlich hervortritt, nicht wieder.

Auch bei der Humussäure selbst verschwindet nach unseren Untersuchungen die Verschiedenheit zwischen der Wirkung des Kaliumsulfates und Kaliumchlorides sofort vollständig, wenn man sie mit Tonerde beladen hat. Wir erreichten das durch Beseitigung der Neutralsalzzersetzung mit Hilfe einer oft wiederholten Kaliumsulfatbehandlung und darauffolgende Behandlung mit einer Aluminiumchloridlösung. Daß durch die dabei erfolgte Beladung mit Tonerde nun tatsächlich der Unterschied zwischen der Sulfat- und Chlorideinwirkung ausgeglichen wurde, zeigen die folgenden Zahlen:

	Bei Behandlung mit	
	K₂SO₄	KCl
Titrationsaziditäten in ccm 0,1 n-NaOH	18,20 ccm	18,85 ccm
gelöste Tonerde	31,9 mg	32,5 mg
berechnete Tonerde	30,8 mg	32,0 mg

War also dafür gesorgt, daß in der Salzlösung durch die neutralisierende Wirkung, die mit der Bildung der Aluminiumsalze verbunden ist, sich annähernd dieselbe Reaktionszahl von $p_H = 4{,}0$ bei der Behandlung mit Kaliumsulfat und Kaliumchlorid einstellen konnte, so waren auch die Titrationswerte gleich.

Ist das abweichende Verhalten von Humussäure und austauschsaurem Mineralboden aber in dieser Weise befriedigend aufgeklärt und damit der Widerspruch aus der Welt geschafft, so besteht um so weniger Veranlassung, an der Annahme zu zweifeln, daß Neutralsalzzersetzung in gleicher Weise Austausch von Wasserstoffionen ist, wie die Erscheinung der Austauschazidität bei den Mineralböden.

Am schwierigsten möchte es erscheinen, eine vierte Unstimmigkeit zwischen dem Ionenaustausch der Humussäure und dem der Mineralböden zum Ausgleich zu bringen. Bei der Neutralsalzzersetzung durch die Humussäure, ebenso bei der hydrolytischen Azidität, die natürlich außer von Mineralböden auch von der Humussäure betätigt wird, beobachtet man, daß eine Erhöhung der Temperatur die Titrationsazidität der Salzlösungen ansteigen läßt, daß also, wenn hier Wasserstoffionenaustausch angenommen wird, der Austausch dieses Ions durch Temperaturerhöhung verstärkt wird. Bei allen anderen Ionen tritt keine positive Temperatureinwirkung beim Ionenaustausch ein. Kalium-, Natrium-, Ammonium-, Kalzium- und Magnesiumaustausch bleiben trotz Temperatursteigerung unverändert. Es bleibt aber auch die Reaktion des austauschsauren Mineralbodens mit Neutralsalzen bei Temperaturerhöhung unveränderlich. Die Erscheinung der Verstärkung der Reaktion durch Temperaturerhöhung bei der Neutralsalzzersetzung und bei der hydrolytischen Azidität kann nun wohl in einfacher Weise erklärt werden, wenn man der Temperatursteigerung einen Einfluß auf die Lösungs- und die Dissoziationstendenz der festen Humussäure und der Zeolithsäure zuschreibt. Vermindert die Temperatursteigerung die Haftfestigkeit des Säurewasserstoffs in der Humus- und der Zeolithsäure, so muß eine stärkere Verdrängung des Wasserstoffs und damit eine verstärkte Ansäuerung der Salzlösung stattfinden. Eine solche Beeinflussung des Säurewasserstoffs in den genannten Stoffen erscheint durchaus möglich, wenn man daran denkt, daß nach unseren Leitfähigkeitsmessungen der Säurewasserstoff offenbar im Molekül der festen Säure in wenig dissoziierter Form gebunden ist. Die Temperatursteigerung kann sicherlich die Dissoziationstendenz der Humus- und Zeolithsäure verstärken, und damit wäre der positive Temperatureinfluß gut erklärt. Nur reiht sich das Verhalten der austauschsauren Stoffe in diese Erklärung nicht ohne weiteres ein. Liegt der hydrolytischen Azidität, der Austauschazidität und der Neutralsalzzersetzung der gleiche Vorgang des Wasserstoffionenaustausches zugrunde, so sollte erwartet werden, daß auch bei der Austauschazidität die Temperaturerhöhung einen positiven Einfluß auf die Abspaltung des Säurewasserstoffs ausüben sollte. Hier liegt noch eine Schwierigkeit vor, die zur Zeit nicht befriedigend gelöst werden kann. Ihretwegen allein aber die einheitliche Auffassung der Aziditätserscheinungen aufzugeben, kann wohl nicht verlangt werden, und so möchten wir uns denn auch für die Deutung der Neutralsalzzersetzung als Wasserstoffionenaustausch erklären, wenngleich nicht verhehlt werden soll, daß noch weitere Beweise dafür beizubringen sind, bevor man von ihr mit vollkommener Bestimmtheit als der wahren Ursache der Erscheinung der Neutralsalzzersetzung sprechen kann.

Nimmt man nun diesen Wasserstoffionenaustausch als Erklärung für das Wesen der Neutralsalzzersetzung an, so erhebt sich die Frage, ob es überhaupt noch angängig ist, wie das früher geschah, die Neutralsalzzersetzung als eine besondere Form der Bodenazidität anzusprechen.

An dieser Unterscheidung sollte man, um die Dinge nicht wieder zu verwirren, unbedingt festhalten, und man darf das auch von rein wissenschaftlichen Gesichtspunkten aus unbedenklich deswegen tun, weil die Erscheinung der Neutralsalzzersetzung bei den Humusböden doch etwas Besonderes an sich hat, das bei der ihr sonst ganz entsprechenden Austauschazidität der Mineralböden vermißt wird. Das ist nämlich dort, wo die Neutralsalzzersetzung in reiner Form vorhanden ist, die stark saure Reaktion, die sich bei ihrer Aktivierung durch Salze in der Bodenlösung einstellt. Diese Reaktion übertrifft bei weitem die saure Reaktion, die bei der Aktivierung der Austauschazidität angetroffen wird, und zwar deshalb, weil ja die Auflösung von Tonerde unter Bildung von Aluminiumsalzen beim Vorhandensein reiner Neutralsalzzersetzung ausscheidet. Es tritt hier die freigewordene Säure mit ihrer ganzen Stärke auf. Das belegen auch die erwähnten Untersuchungen von TACKE und ARND, bei denen die Behandlung von Hochmoorboden mit Salzlösungen zu Reaktionszahlen führte, die bis auf p_H 2,5 hinabgingen, während sie bei austauschsauren Mineralböden selten unter p_H 4,0 fallen.

Da nun diese Aktivierung der Neutralsalzzersetzung nicht nur bei ihrer Bestimmung erfolgt, sondern auch dann, wenn mit Düngesalzen gedüngt wird, so ist leicht einzusehen, daß auf neutralsalzzersetzenden Humusböden die Gefahr einer Pflanzenschädigung durch die hohe Wasserstoffionenkonzentration viel größer ist als auf den neutralsalzzersetzenden oder austauschsauren Mineralböden. Die Neutralsalzzersetzung stellt infolgedessen, wie wir schon immer betont haben, die pflanzenphysiologisch gefährlichste Erscheinungsform der Bodenazidität dar, und wegen der besonderen Bedeutung, die sie somit besitzt, erscheint es durchaus angebracht, auch in Zukunft trotz veränderter theoretischer Auffassung von ihrem Wesen an der Unterscheidung dieser Aziditätsform von den beiden anderen festzuhalten.

Auch noch ein anderer Grund ist es, der uns veranlaßt, diese alte Unterscheidung aufrechtzuerhalten. Er besteht darin, daß auf sauren Humusböden höchstwahrscheinlich auch die wirkliche, richtige Austauschazidität vorkommt, also der Austausch von Aluminiumionen gegen das einwirkende Neutralsalz. TACKE und ARND[1] haben zwar erst kürzlich noch in ausführlichen Darlegungen das Vorkommen dieser Erscheinungsform der Bodenazidität auf sauren Humusböden zu widerlegen versucht, aber ihre Ausführungen und Versuche machen unsere Meinung in dieser Sache nicht wankend. Daß in Moorbildungen wie in den typischen Hochmooren die Austauschazidität klein sein, die neutralsalzzersetzende Fähigkeit dieser Moore hauptsächlich auf reiner Neutralsalzzersetzung beruhen kann, soll gern zugegeben werden; aber daß Austauschazidität auf den Hochmoorböden gar nicht bestünde, wie ARND es meint, muß doch stark bestritten werden, weil wir uns in eingehenden Versuchen an Moorböden derselben Abstammung, wie ARND sie untersucht hat, mit aller Sicherheit von dem Stattfinden eines Aluminiumionenaustausches haben überzeugen können[2]. Dabei soll aber gar nicht argumentiert werden mit der Tatsache, daß in einer ganzen Reihe von Kaliumchloridextrakten aus sauren Hochmoorböden Aziditäten gefunden wurden, die bis zu $69^0/_0$ auf der Gegenwart von Aluminiumsalz beruhten. Was uns bestimmt, an der Annahme einer richtigen Austauschazidität auf Moorboden festzuhalten, das ist vielmehr die Tatsache, daß es mit Säuren nicht gelingt, Aluminiumoxyd aus dem Moorboden herauszulösen, während es mit der Kaliumchloridbehandlung leicht möglich ist[3]. Auf den Versuch, der das belegt, ist ARND gar nicht eingegangen, obgleich leicht zu erkennen war, daß gerade er die größte Wichtigkeit in der ganzen Frage beanspruchen konnte. Bei der Bedeutung, die diesem Versuche zuzumessen ist, sei er hier noch einmal mitgeteilt. 10 g Heiderohhumus aus dem Königsmoor bei Bremen wurden mit 400 ccm n-Kaliumchloridlösung geschüttelt, die außer dem Kaliumchlorid noch steigende, aus der Tabelle zu entnehmende Mengen von 0,1 n-Salzsäure enthielt. War die Tonerde, die von diesem Rohhumus an die Kaliumchloridlösung allein abgegeben wurde, durch die lösende Wirkung der infolge der Neutralsalzzersetzung entstandenen Salzsäure in Lösung gebracht, so mußte die überschüssig zu der Kaliumchloridlösung hinzugefügte Salzsäure die Menge der in Lösung gehenden Tonerde steigern. Was aber wirklich eintrat, zeigt der folgende Versuch (s. Tabelle S. 145).

Man sieht, daß die drei ersten Salzsäurezusätze, die die Kaliumchloridlösung erhalten hatte, ohne jeden Einfluß auf den Grad der Neutralsalzzersetzung geblieben sind; die Säure ist vollständig vom Rohhumus neutralisiert worden. Erst beim vierten Salzsäurezusatz, 25 ccm, beginnt ein deutliches Ansteigen der Titrations-

[1] TACKE, B., u. Th. ARND: Landw. Jb. 65 (Erg.-Bd. 1), 66.
[2] KAPPEN, H., u. M. ZAPFE: Landw. Versuchsstat. 90, 350.
[3] KAPPEN, H., u. H. HEIMANN: Z. Pflanzenernährg u. Düngg A 1, 345.

	Der Zusatz zur KCl-Lösung entsprach ccm 0,1 n-HCl							
	0,0	5,0	7,5	10	25	50	75	100
Titrationsazidität von 50 ccm der HCl-haltigen KCl-Lösung vor dem Schütteln in ccm 0,1 n-NaOH .	0,0	0,6	0,9	1,25	3,1	6,2	9,3	12,5
Dasselbe nach dem Schütteln mit dem Humus	3,45	3,65	3,65	3,65	4,35	5,95	7,23	9,20
mg Al_2O_3 in 250 ccm der HCl-haltigen KCl-Lösung nach dem Schütteln mit dem Rohhumus . .	16,0	14,3	14,5	17,1	15,6	13,4	13,2	14,8

werte, aber ein Teil der zugesetzten Salzsäure verschwindet auch bis zum höchsten Zusatz noch durch Neutralisation. Das Wichtigste bei dem Versuch ist natürlich die Tatsache, daß nun trotz des höchsten Säurezusatzes kein Ansteigen in den Werten für das in der Kaliumchloridlösung enthaltene Aluminium eingetreten ist; es zeigen sich im Gegensatz zu aller Erwartung, wenn man annimmt, daß die Tonerde durch die Wirkung der bei der Neutralsalzzersetzung frei gewordenen Salzsäure in Lösung gebracht sei, keinerlei wesentliche Veränderungen, gleichgültig ob Salzsäure der Kaliumchloridlösung zugesetzt war oder nicht. Betätigt sich nun aber keine lösende Wirkung der zugesetzten Salzsäure, so kann man unmöglich noch annehmen, daß die von Haus aus in der Kaliumchloridlösung vorgefundene Tonerde durch Neutralsalzzersetzung in sie hineingeraten sei; dann muß man vielmehr schlußfolgern, daß das durch Ionenaustausch geschehen ist. Eine andere Erklärung kann nicht dafür beigebracht werden.

Es läßt sich also wohl nicht leugnen, daß in diesem Falle bei dem Heiderohhumus beide Aziditätserscheinungen sich nebeneinander bei der Einwirkung der reinen Kaliumchloridlösung betätigen. Das braucht natürlich nicht bei allen Humusbildungen der Fall zu sein. Es gibt solche, die nur Spuren von Austauschazidität besitzen, andere aber auch, bei denen die Austauschazidität in einem recht großen Ausmaße an der Säuerung der Neutralsalzlösungen beteiligt ist oder sie sogar restlos bedingt. Daß sich im übrigen auch die reine, wirkliche Austauschazidität künstlichen und natürlichen Humussäuren durch geeignete Behandlung verleihen läßt, ist eine Tatsache, die ebenso sichergestellt ist wie die, daß Mineralböden und erdartigen Bildungen wie dem Traß durch Behandlung mit Aluminiumsalzlösungen die Erscheinung der wirklichen, auf Aluminiumionenaustausch beruhenden Austauschazidität erteilt werden kann.

Wir werden also daran festhalten müssen, daß gerade bei den sauren Humusböden beide Formen der Bodenazidität vorhanden sein können, Wasserstoffionen- und daneben Aluminiumionenaustausch. Diese Tatsache genügt aber völlig, um die Beibehaltung der Unterscheidung einer auch weiterhin als Neutralsalzzersetzung zu bezeichnenden Erscheinungsform der Bodenversauerung von dem als wirkliche Austauschazidität zu bezeichnenden Aluminiumionenaustausch zu rechtfertigen.

Mit den Aziditätsformen ist es sonach doch nicht so ganz einfach bestellt, wie es PAGE in seiner obengenannten Mitteilung, die nur theoretischen Inhalts ist und keinerlei neues experimentelles Material zur ganzen Frage beiträgt, darstellt. Das Prinzip der Einfachheit hat sicherlich viel Verlockendes, aber wollte man diesem Prinzip zuliebe bei den Humusstoffen auf die Annahme einer Azidität durch wirklichen Aluminiumionenaustausch verzichten, so würde man den Dingen gröbste Gewalt antun.

Zu der Untersuchung der Aziditätsverhältnisse bei den Humusstoffen kann man nach den obigen Auseinandersetzungen nun ganz einwandfrei dieselben Methoden anwenden, die auch bei den Mineralböden gebraucht werden, nämlich einmal die Bestimmung der hydrolytischen Azidität, und ferner die Behandlung mit Neutralsalzlösungen. Nur muß man sich darüber klar sein, was man mit diesen Bestimmungsmethoden eigentlich ermittelt. Dazu sei nun festgestellt, daß die Behandlung mit Kalziumazetatlösung — die Bestimmung der hydrolytischen Azidität — zur Erfassung aller beim Boden vorhandenen Aziditätsformen führt. Es wird also einmal der gesamte Säurewasserstoff, der in austauschbarer Form in den Humusstoffen steckt, bestimmt, weiter das etwa vorhandene austauschbare Aluminium und Eisen, selbstverständlich auch noch die zumeist aber nur in kleinen Mengen vorhandenen freien Säuren und sauren Salze, die der Humusboden enthalten kann, und die früher von uns als besondere Aziditätsform, nämlich als aktive Azidität, von den anderen unterschieden wurden. Natürlich wird die Gesamtheit dieser Erscheinungsformen der Azidität bei einmaliger Ausschüttelung mit der Azetatlösung hier bei den Humusböden ebensowenig erfaßt, wie das bei den Mineralböden möglich war. Um die Gesamtmenge des austauschbaren Wasserstoffs und Aluminiums zu erfahren, muß natürlich eine mehrmalige Ausschüttelung des Bodens vorgenommen werden, oder aber es muß, wie es DAIKUHARA gemacht hat, ein Faktor gesucht werden, mit Hilfe dessen aus den ersten Titrationen sich die Gesamtmenge an den genannten Stoffen ermitteln läßt. Versuche in dieser Richtung, die Bestimmung der hydrolytischen Azidität auszunutzen, sind bisher nur von ARND unternommen worden, haben aber noch zu keinem praktisch verwertbaren Ergebnis geführt. Trotzdem steht zu erwarten, daß es gelingen muß, die Methoden, die sich bei der Untersuchung der sauren Mineralböden bisher bestens bewährt haben, auch auf die sauren Humusböden in Anwendung zu bringen. Man wird auch die Behandlung der Humusböden mit Kaliumchlorid- oder auch -sulfatlösung für Fragen der Kalkdüngung der Moor- und Humusböden mit der Zeit auszunutzen lernen; gerade von dieser Methode erhoffen wir sogar noch vieles, weil sie eben diejenigen Aziditätserscheinungen in den Humusböden zu erfassen erlaubt, die sicherlich für die Kultur dieser Böden als die nachteiligsten betrachtet werden müssen, nämlich die Neutralsalzzersetzung, d. h. die Menge der gegen Neutralsalze austauschbaren Wasserstoffionen, und die wirkliche Austauschazidität, d. h. die Menge der austauschbaren Aluminiumionen. Mit der Beseitigung dieser Aziditätserscheinungen wird man sich bei den Moorböden wohl begnügen müssen, weil bei zu starker Kalkung und damit zu weitgehender Beseitigung des Säurewasserstoffs der Moorboden nach den Erfahrungen der praktischen Moorkultur Schaden leiden kann.

Daß man im übrigen sich bisher noch nicht sonderlich um die Anwendung der beim Mineralboden bewährten Untersuchungsmethoden auf den Moorboden bemüht hat, hat seinen besonderen Grund. Es ist nämlich seit langer Zeit für die Beurteilung der Kalkbedürftigkeit der Moorböden eine Methode in Benutzung, die in praktischer Beziehung alles erfüllt, was man von einer brauchbaren Methode nur verlangen kann. Diese Methode ist die Bestimmung der freien Humussäuren nach TACKE und SÜCHTING[1]. Wie bekannt, besteht diese Methode darin, daß der Moorboden mit einer überschüssigen Menge an kohlensaurem Kalk behandelt wird, wobei unter Entbindung von Kohlensäure die im Moorboden ent-

---

[1] TACKE, B., u. H. SÜCHTING: Z. angew. Chem. **21**, 151.

haltenen Säuren neutralisiert werden. Man ermittelt nun den bei dieser Umsetzung unverändert übriggebliebenen Kalk und kann aus der Menge des zersetzten Kalkes auf die neutralisierte Säure zurückrechnen. Diese alte Methode zur Bestimmung der Humussäuren ist letzten Endes nichts anderes, als die Behandlung des Moorbodens mit einem hydrolytisch spaltbaren Salze, das aber wegen der Schwerlöslichkeit des kohlensauren Kalkes trotz intermediärer Bildung von Bikarbonat stets nur in kleinsten Konzentrationen gelöst auf den Boden zur Einwirkung gelangen kann. Infolgedessen wird auch gar nicht die Gesamtheit des in den Humusstoffen steckenden Säurewasserstoffs bei dieser Methode erfaßt. Nach den Untersuchungen von ARND geht die Absättigung der Humusstoffe bei dieser Methode nur bis zur Erreichung des Neutralpunktes. Der wirkliche Sättigungspunkt der Humusstoffe mit Basen liegt aber unbedingt bei einer wesentlich höheren Reaktionszahl als p_H 7. Geradeso wie der Mineralboden bei dieser Reaktion noch Säurewasserstoff, der durch Basen ersetzt werden kann, enthält, ebenso ist das bei den Humusböden der Fall. Bei der Anwendung von Azetaten wird es gelingen, den Säurewasserstoff der Humusböden viel vollständiger zu erfassen und dadurch ein wissenschaftlich richtigeres Bild von dem Aziditätszustand der Humusböden zu erlangen. Nimmt man dann noch das Hilfsmittel der Bestimmung der Fähigkeit zur Neutralsalzzersetzung hinzu, wobei man auch auf die ausgetauschten Aluminiumionen achten soll, und berücksichtigt man außerdem die Reaktionszahl des Bodens, so wird man mit diesen Untersuchungsmitteln den Einblick in die Azidätserscheinungen der Humusböden vertiefen und die Kalkdüngung dieser Böden auf eine wissenschaftlich viel mehr befriedigende Grundlage stellen, als es mit der ausschließlichen Anwendung der älteren Methode von TACKE und SÜCHTING zur Zeit möglich ist. Wie überall ist auch hier das Bessere des Guten Feind.

Ein wesentlich tieferes Eindringen in die Frage der richtigen Kalkdüngung der sauren Humusböden, als es mit Hilfe der Bestimmung der freien Humussäuren möglich ist, läßt übrigens die erst der Neuzeit der bodenkundlichen Forschung entstammende Methode von HUDIG[1] zu. Die Azidätsformen, die auf den sauren Humusböden auftreten können, wie überhaupt jede Theorie der Bodenazidität läßt diese Methode von HUDIG allerdings unberücksichtigt. Sie beschränkt sich ganz und gar darauf, die Kalkbedürftigkeit der Humusböden zu ermitteln und den sogenannten „Kalkzustand" dieser Böden mit Rücksicht auf die Ansprüche der angebauten Pflanzen an die Bodenreaktion bzw. den Kalkbedarf festzustellen. Der technische Teil dieser Methode besteht in nichts anderem als einer elektrometrischen Neutralisation des Humusbodens mit Hilfe von Natronlauge. Dabei wird aber immer eine ganz bestimmte Menge Humus der Titration unterworfen. Es wird nämlich so viel von den zu untersuchenden Böden abgewogen, als 0,7 g Humus entspricht. Die erforderliche Humusbestimmung wird in der einfachsten Weise durch die Bestimmung des Glühverlustes ausgeführt, den der durch Trocknen bei 100⁰ von seinem Wassergehalt befreite Humusboden erleidet. Die elektrometrische Neutralisation liefert nun die Grundlage zur Beurteilung bzw. Errechnung der Kalkmenge, die dem Boden bis zur neutralen Reaktion fehlt. Diese Kalkmenge wird auf 1000 kg Humus umgerechnet und kennzeichnet dann den Kalkzustand des Bodens. Fehlen dem Boden auf 1000 kg seines Humus 5 kg Kalk in Form von Karbonat zur Neutralisation, so besitzt er einen Kalkzustand von —5, fehlen 10, 15, 20 usw. Kilogramm Kalk daran, so hat er einen Kalkzustand von —10, —15, —20 usw. Ist der Humusboden neutral oder alkalisch, so läßt sich sein Kalkzustand in ganz entsprechender Weise kennzeichnen. Man

---

[1] HUDIG, J., u. C. W. G. HETTERSCHY: Landw. Jb. **59**, 687.

muß dazu natürlich die elektrometrische Neutralisation statt mit einer Lauge mit einer Säure, etwa Salzsäure, vornehmen. Aus der Menge der Salzsäure, die der Boden verbraucht, um auf den Neutralpunkt gebracht zu werden, errechnet man die Menge an Kalk, die der Boden über den Neutralpunkt hinaus zu viel besitzt. Der Boden befindet sich daher in einem Kalkzustand von $+\,10$, wenn 1000 kg des in ihm enthaltenen Humus 10 kg Kalk entzogen werden müßten, damit er auf den Neutralpunkt gebracht würde.

Mit Hilfe dieser Methode hat HUDIG auf den holländischen Humusböden ohne Zweifel große Erfolge erzielt. Da durch Düngungsversuche der für die einzelnen Kulturpflanzen erforderliche Kalkzustand der Humusböden mit genügender Genauigkeit ermittelt ist, hat die Ertragssicherheit dieser Humusböden bedeutend zugenommen. Man fragt sich deshalb auch wohl in deutschen Kreisen, die mit den HUDIGschen Erfolgen in Holland Bekanntschaft gemacht haben, warum man nicht auch bei uns diese einfache und praktisch voll ausreichende Methode von HUDIG auf die sauren Böden in Anwendung bringt. Was diese Frage angeht, muß aber darauf hingewiesen werden, daß die HUDIGsche Methode einzig und allein auf solche Böden angewendet werden kann, in denen tatsächlich der Humus als der einzige Träger der Versauerungserscheinungen auftritt. Diese Forderung ist jedoch nur bei den reinen Humusböden, den Moorböden und den humusreichen Heideböden erfüllt. Nur bei diesen Böden gehen die Säureerscheinungen wirklich ausschließlich von den Humusstoffen aus. Diese Böden würden sich natürlich auch bei uns nach der HUDIGschen Methode behandeln lassen, und es stünde bei einer derartigen Behandlung zu erwarten, daß die Pflanzenkultur auf diesen Böden an Sicherheit wesentlich gewinnen würde. Solche für die Anwendung der HUDIGschen Methode in Betracht kommenden deutschen Böden sind aber schon auf Grund der nach der TACKE-SÜCHTINGschen Methode gewonnenen Düngungsvorschriften unter Zuhilfenahme der großen praktischen Erfahrungen, die den einschlägigen Beratungsstellen zur Verfügung stehen, mit ausreichender Zuverlässigkeit zu behandeln. Es erscheint somit die Übertragung der HUDIGschen Methoden auf die deutschen Humusböden nicht erforderlich. Was aber die übrigen sauren Böden in Deutschland angeht, so scheidet dafür die HUDIGsche Methode vollkommen aus. Die meisten sauren Böden, die es in Deutschland gibt, sind nämlich saure Mineralböden. In ihnen wird die Azidität nicht mehr allein durch die Humusstoffe bestimmt, sondern in überwiegendem Maße von den mineralischen sauren Bestandteilen, von den zeolithischen Silikaten. Würde man bei diesen Böden, die für Deutschland ebenso große Bedeutung besitzen wie für Holland die sauren Humusböden, die HUDIGsche Methode zur Beurteilung ihrer Kalkbedürftigkeit zugrunde legen, würde man also bei ihnen auf den durchaus untergeordneten Gehalt an Humusstoffen den Kalkbedarf beziehen, so würde man direkt falsch handeln. Die HUDIGsche Methode gehört ausschließlich auf die reinen Humusböden, und ihr Urheber selbst wäre wohl der letzte, der zu einer Übertragung auf die Mineralböden raten würde. Im übrigen zeigen die praktischen Erfolge, die sowohl von TACKE mit seiner Bestimmungsmethode der Humussäuren als auch von HUDIG mit seiner Bestimmung des Kalkzustandes zweifellos erreicht sind, daß es nicht eine Möglichkeit gibt, auf dem Gebiete der Bodenazidität zu anerkennenswerten Erfolgen zu gelangen, sondern mehrere.

b) Die aktive Azidität.

Im Anschluß an das, was auf den vorhergehenden Seiten über die Neutralsalzzersetzung durch die Humusstoffe gesagt ist, wäre nun auch noch der letzten der von uns unterschiedenen Aziditätsformen kurz zu gedenken. Neben der hydrolytischen Azidität, der Austauschazidität und der Azidität durch Neutralsalzzersetzung ist von uns[1] früher als vierte Erscheinungsform der Bodenazidität die aktive Azidität unterschieden worden, und zwar geschah das im Anschluß an VEITCH[2], der nur zwischen zwei Aziditätsformen unterschied, nämlich zwischen der inaktiven oder negativen Azidität, die sich bei der Behandlung eines Bodens mit Neutralsalzlösungen zu erkennen gibt — also die von uns unterschiedenen beiden Aziditätsformen der Austauschazidität und der Neutralsalzzersetzung umschließt —, und zwischen der aktiven Azidität, die schon bei der Behandlung des Bodens mit Wasser bemerkbar wird und auf der Gegenwart von löslichen organischen und anorganischen Säuren oder deren sauren Salzen beruht. Die Abgrenzung dieser Aziditätsform von den anderen, die ihr gegenüber durch einen mehr latenten Charakter ausgezeichnet sind, dürfte zweckmäßig beibehalten werden. Zumeist tritt zwar, besonders auf landwirtschaftlich genutzten Böden, die aktive Azidität hinter den anderen Aziditätsformen zurück; die Titrationsaziditäten, die wir an wässerigen Auszügen der Böden feststellen können, sind bei diesen Böden zumeist äußerst klein. Ohne Frage ist das auch sehr erfreulich, denn wo die aktive Azidität vorhanden ist, da muß natürlich der Aziditätsgrad der Böden stets außergewöhnlich hoch befunden werden. Nur da kann nämlich diese Aziditätsform auftreten, wo die Entbasung der Böden dermaßen angestiegen ist, daß sich in der Bodenlösung die Wasserstoffionen freier Säuren oder ihrer sauren Salze halten können, und bei dem starken Eintauschbestreben der Wasserstoffionen ist das eben nur dort möglich, wo in den Silikaten und Humaten des Bodens keine anderen Kationen zur Verdrängung durch die Wasserstoffionen mehr zur Verfügung stehen, wo also diese Stoffe schon sehr weitgehend in die freien Zeolith- und Humussäuren übergegangen sind. Im Gegensatz zu den in landwirtschaftlicher Kultur stehenden sauren Böden weisen nun aber die in der freien Natur angetroffenen zumeist doch eine deutliche aktive Azidität auf. Diese Tatsache geht besonders aus den Untersuchungen von KNICKMANN[3] an Wald- und an Heideböden hervor. Solange es sich allerdings um Sand- und um Lehmböden handelte, war auch nach KNICKMANNS Untersuchungen die aktive Azidität zumeist nur niedrig, sie schwankte zwischen Spuren und 0,9 ccm normaler Lauge auf 1000 g Boden. Die Untersuchung der Humusböden und der Humusschichten, die den Mineralböden auflagerten, ergab aber höhere Werte für diese Aziditätsform, hier waren Schwankungen zwischen den Werten 2,7—15,1 ccm normaler Lauge auf 1000 g Boden zu finden. Im übrigen zeigten die Profiluntersuchungen KNICKMANNS, daß der unter den Humusschichten lagernde Mineralboden stets wieder niedrigere aktive Aziditäten aufwies als die Humusschichten selbst. Eine Profiluntersuchung KNICKMANNS, die diese Tatsache besonders klar kennzeichnet, sei hier angegeben. Das Profil setzte sich folgendermaßen zusammen: bis 2 cm Tiefe loser Nadelabfall, 2—8 cm Trockentorf, 8—15 cm Moder, 15—25 cm graubrauner lehmiger Sand, 25—40 cm sehr steiniger rotbrauner Lehm, 40—60 cm rotgelber Lehm. Die Humusgehalte und die aktiven Aziditäten stellten sich in diesem Profil wie folgt:

	2—8 cm	8—15 cm	15—25 cm	25—40 cm	40—60 cm
Humusgehalt . . .	73,8 %	50,6 %	9,9 %	8,9 %	8,0 %
Aktive Azidität . .	14,2 ccm	9,4 ccm	3,2 ccm	2,8 ccm	0,8 ccm

[1] KAPPEN, H.: Landw. Versuchsstat. 94, 277.
[2] VEITCH, T. B.: J. amer. chem. Soc. 1904, 637.
[3] KNICKMANN, E.: Z. Pflanzenernährg u. Düngg A 5, 1.

Das Abfallen der aktiven Aziditäten mit den Humusgehalten ist so deutlich in diesem Profil zu erkennen, daß man nicht daran zweifeln kann, daß die aktiven Aziditäten vor allen Dingen mit dem Gehalt des Bodens an sauren Humusstoffen in engstem Zusammenhange stehen. Das zeigten KNICKMANNS Untersuchungen auch bei den Prüfungen, die sich auf das Verhalten der Aziditätsformen beim Erhitzen der Bodenproben erstreckten. Stets trat dort, wo höhere Humusgehalte vorhanden waren, eine bedeutende Steigerung der aktiven Aziditäten beim Erhitzen auf höhere Temperaturen — 50—110⁰ — ein. Offenbar spielen sich bei diesen Temperaturen, wie KNICKMANN sagt, Zersetzungsvorgänge ab, die zur Bildung saurer Produkte aus den Humusstoffen führen.

Aktive Azidität ist aber nicht immer ausschließlich an die Gegenwart löslicher saurer Humusstoffe gebunden. Wo wir sie in sauren Mineralböden antreffen, werden wir ihr bei der großen Schwerlöslichkeit der Ton- oder Zeolithsäuren doch wohl eine andere Ursache zuschreiben müssen. Sehr wahrscheinlich ist es nun, daß die aktive Azidität auf diesen Böden nichts anderes darstellt als aktivierte Austauschazidität. Frei von Salzen ist ja kein Boden; schon durch Vermittlung der Luft und des Regens gelangt immer etwas an Salzen, wie z. B. das überall gegenwärtige Kochsalz, in den Boden hinein und setzt sich mit den zum Austausch von Wasserstoff- und Aluminiumionen befähigten Böden derart um, daß Wasserstoffionen in die Bodenlösung gelangen. Bei allen stärker versauerten Böden ist infolgedessen die im Boden zirkulierende Lösung stets deutlich sauer durch die Gegenwart von sauer reagierenden Aluminiumsalzen. Was hier auf den Mineralböden vor sich geht, muß in gleicher Weise auf den durch Ionenaustausch sauren Humusböden stattfinden, so daß auch dort die aktive Azidität nicht ausschließlich auf löslichen Humusstoffen, sondern zum Teil ebenfalls auf aktivierter Austauschazidität oder Neutralsalzzersetzung beruht.

Auf landwirtschaftlich benutzten Böden spielen natürlich als solche Aktivatoren der Austauschazidität die zur Düngung benutzten Salze unter Umständen eine wesentliche Rolle; man wird daher auch die Bodenlösung auf austauschsauren Böden nach einer Düngung mit salzartigen Düngern stets saurer antreffen, als sie sonst ist. Bei der Verdünnung der im Ackerboden zirkulierenden Lösung wird aber doch die aktive Azidität keine hohen Werte annehmen können. Für gewöhnlich wird sie sogar so gering befunden, daß es nicht der Mühe lohnt, sie von der hydrolytischen oder von der Austauschazidität, mit denen sie natürlich immer gemeinsam beim Titrieren erfaßt wird, in Abzug zu bringen. Bei den natürlichen, jungfräulichen Böden, besonders den Humusböden, wo sie größere Werte annimmt, mag ihr Abzug von der Austauschazidität allerdings wohl, wie KNICKMANN vorschlägt, richtig sein. Für landwirtschaftliche Untersuchungen auf Bodenazidität macht sich dieser Abzug höchstens dann nötig, wenn es sich um Aziditätsprüfungen bei Vegetationsversuchen handelt. Bei Versuchen in Gefäßen pflegt man zumeist eine im Vergleich zu ihrer Anwendung in der landwirtschaftlichen Praxis so große Düngermenge anzuwenden, daß dadurch bereits eine leicht nachweisbare aktive Azidität erzeugt wird. Vegetationsversuche mit steigenden Kalisalzgaben haben uns[1] das noch kürzlich wieder gezeigt. Auf dem dabei benutzten Sandboden nahmen die aktiven Aziditäten und die Reaktionszahlen Werte an, wie sie die folgende Tabelle (S. 151) zu erkennen gibt.

Schon die aus Ammonsulfat und Superphosphat bestehende Grunddüngung hatte dem zum Versuche benutzten humosen Sandboden eine aktive Azidität verliehen, die sich mit steigender Kalisalzgabe mehr und mehr verstärkte. Daß sich dabei die aktuellen Aziditäten — die Reaktionszahlen — nur verhältnismäßig wenig änderten, hängt natürlich mit der schon angegebenen Ursache der

---

[1] KAPPEN, H.: Die Ernährung der Pflanze **25**, S. 6, 25.

Düngungsart	ohne Kalk		mit Kalk	
	p_H-Werte	Aktive Azidität ccm n/100-Lauge auf 50 g Boden	p_H-Werte	Aktive Azidität ccm n/100-Lauge auf 50 g Boden
Ohne Düngung	4,84	0,0	5,85	0,0
Saure Grunddüngung.	4,55	2,4	5,35	0,0
Grunddüngung $+$ 1 g KCl . . .	4,44	3,2	5,22	0,0
,, $+$ 2 g KCl . . .	4,48	4,3	5,26	0,0
,, $+$ 4 g KCl . . .	4,41	6,1	5,18	0,3
,, $+$ 6 g KCl . . .	4,44	6,2	5,11	0,4

aktuellen Azidität auf Mineralböden zusammen, nämlich der Aktivierung der Austauschazidität. Der ungedüngte Boden besaß infolge seines geringen Gehaltes an Salzen keine aktive Azidität, aber auch bei Gegenwart der Düngung trat keine aktive Azidität mehr auf, wenn der Boden durch Kalkzusatz auf einen p_H-Wert von 5,85 gebracht war. Durch die Grunddüngung machte sich aber auch bei diesem gekalkten Boden, wie unsere Zahlen zeigen, eine Versauerung bemerkbar, die ihm eine bereits im Gebiete der Austauschazidität liegende Reaktionszahl von 5,35 verschaffte; von der Reaktionszahl 5,18 ab trat daher auch wieder eine gewisse aktive Azidität bei diesem gekalkten Boden auf. Alle gemessenen aktiven Aziditäten sind übrigens in Kubikzentimetern 0,01 normaler Lauge ausgedrückt, und zwar für 125 ccm der Lösung, die sich beim Schütteln von 100 g Boden mit 250 ccm Wasser ergaben. Ein Lehmboden mit der gleichen Austauschazidität von 6,3 ccm 0,1 n-Lauge, die auch der Sandboden besaß, wies im wesentlichen dasselbe Verhalten bei diesem Versuche auf. Nur begann hier die aktive Azidität erst nach Zusatz der ersten Kalisalzgabe und stieg viel schwächer an, im höchsten Falle bis auf 2,2 ccm Lauge auf 50 g Boden. In der gekalkten Reihe bei diesem Boden, in der sich die Reaktionszahlen über dem Wert 5,5 hielten und die Austauschazidität bis auf 0,6 ccm (y_1) zum Verschwinden gelangt war, war unter dem Einfluß der zugesetzten Salze überhaupt noch keine aktive Azidität entstanden, was als Folge des trotz gleicher Austauschazidität weit besseren Pufferungsvermögens dieses Bodens anzusprechen ist.

Unsere Versuche zeigen also einmal, daß aktive Azidität bei den sauren Mineralböden nur dann angetroffen wird, wenn die Versauerung bereits bis zum Eintritt der Austauschazidität vorangeschritten ist, und in diesem Falle auch nur dann, wenn reichlichere Mengen an Salzen im Boden vorhanden sind, die die Austauschazidität aktivieren können, und wenn zugleich das Pufferungsvermögen des Bodens gering ist. Bei der Anstellung von Düngungsversuchen in Töpfen muß diese Möglichkeit des Auftretens der aktiven Azidität stets scharf im Auge behalten werden, aber auch in der landwirtschaftlichen Praxis ist bei der Düngung mit salzartigen Düngern das Auftreten aktiver Azidität im Boden nicht ausgeschlossen. Die Verteilung der Düngesalze vollzieht sich im Boden ja stets über die Bildung von zunächst recht konzentrierten Lösungen, die erst durch die Diffusion oder die Niederschläge verdünnt werden. Wenigstens örtlich muß es im Boden daher auch durch die Einwirkung einer solchen Salzlösung zu einer merkbaren Aktivierung der Austauschazidität und damit zur Ausbildung der aktiven Azidität kommen. Auch bei der Düngung von Humusböden, die noch die Fähigkeit zur Neutralsalzzersetzung besitzen, muß mit dieser Möglichkeit gerechnet werden. Besonders durch die Anwendung von Salzen zur Kopfdüngung wird man daher auch gelegentlich wohl die schädlichen Wirkungen der Azidität noch verstärken können. Für gewöhnlich ist aber die aktive Azidität auf den in Kultur stehenden sauren Mineralböden so gering, daß sie keine besondere Beachtung erforderlich macht.

VIII. Die Absorptionskraft der sauren Böden.

a) Die Absorption der Pflanzennährstoffe.

Wie eingangs auseinandergesetzt ist, steht die Erscheinung der Bodenazidität in innigstem Zusammenhange mit dem Gehalte der zeolithischen Silikate und der Humate der Böden an basischen Bestandteilen, und da eben diese Stoffe die Träger der Nährstoffabsorption der Böden sind, so war es möglich, daß ihre Verarmung an Basen bei dem Vorgang der Versauerung eine Schädigung der Nährstoffabsorption im Gefolge hatte. Tatsächlich hat auch schon VAN BEMMELEN[1] vor Jahren festgestellt, daß ein mit starker Säure in der Hitze behandelter Boden infolge der Zerstörung der zeolithischen Silikate seine Befähigung zu dem der Nährstoffabsorption zugrunde liegenden Basenaustausch vollständig verloren hatte. Wenn auch unter natürlichen Verhältnissen bei der Versauerung sicherlich die Veränderung der absorbierenden Stoffe nicht so weit geht wie bei VAN BEMMELENS Versuch, so besaß dieser Gegenstand doch Bedeutung genug, um eine genauere Klarstellung zu verlangen. Außer der Erfassung des Grades der nachteiligen Einwirkung der Bodenversauerung in ihren verschiedenen Erscheinungsformen auf die Nährstoffabsorption war aber auch die Feststellung wichtig, wie es bei der Beseitigung der Bodenazidität durch die Kalkdüngung mit dem Wiedererwerb der Befähigung zum Basenaustausch bestellt war, es war, mit anderen Worten gesagt, bedeutungsvoll, Auskunft darüber zu erhalten, ob bei einem versauerten Boden sich die ihm ursprünglich eigen gewesene Absorptionskraft wieder durch die Kalkdüngung voll herstellen lasse, oder ob etwa eine dauernde Schädigung dieser für den Ackerbau so außerordentlich wichtigen Eigenschaft des Bodens mit der Versauerung verknüpft war. Diesen Fragen näherzukommen, war das Ziel der im folgenden beschriebenen Untersuchungen.

Um nun die zwischen Bodenversauerung und Absorptionskraft der Böden bestehenden Abhängigkeiten möglichst genau und scharf zu erfassen, war es nicht empfehlenswert, einfach eine Reihe verschiedener Böden mit verschiedenen Aziditätsformen und -graden einer Prüfung auf ihr Absorptionsvermögen zu unterwerfen, sondern es erschien richtiger, von einem Boden in neutralem Zustande auszugehen, diesem durch Behandlung mit Säuren verschiedener Konzentration abgestufte Versauerungsgrade zu erteilen und an dieser Serie saurer Böden dann die Veränderung der Absorptionskraft zu studieren. Durch diese Art der Versuchsanstellung war die erste Vorbedingung für eine sichere und richtige Erfassung der Abhängigkeit beider Erscheinungen voneinander gewährleistet, denn bei einer derartigen Reihe künstlich versauerter Böden bestand im wesentlichen Gleichheit in bezug auf die vorhandene Menge der zeolithischen Silikate und der Humate; einzig und allein ihr Abbaugrad war es, der die verschiedenen Böden dieser Serie voneinander unterschied. Gewiß hätte sich auch bei Anwendung der ersten Methode der Einfluß der Versauerung auf die Absorptionsfähigkeit für Nährstoffe herausarbeiten lassen, aber da, wie schon an anderer Stelle auseinandergesetzt, der Aziditätsgrad der Böden nicht nur von dem Abbaugrade der zeolithischen Silikate und der Humate abhängig ist, sondern auch von ihrer Menge, so hätte doch leicht der an sich selbstverständliche Zusammenhang zwischen der Bodenversauerung und der Absorptionskraft bei dieser Art der Prüfung verschleiert werden können.

Wir stellten uns also[2] die zu unseren Versuchen nötige Bodenserie so her, daß wir jedesmal 1200 g eines neutralen Lehmbodens vom Versuchsfelde der land-

---

[1] BEMMELEN, J. M. VAN: Die Adsorption. Dresden 1910.
[2] HILLKOWITZ, W.: Z. Pflanzenernährg, Düngg u. Bodenkde A 11, 229f.

wirtschaftlichen Hochschule mit 2400 ccm Salzsäure von den Konzentrationen n/10, n/25, n/50 und n/100 24 Stunden unter häufigem Umschütteln behandelten. Die abfiltrierten Lösungen wurden auf die in Lösung gegangenen Stoffe untersucht, der Boden selbst wurde mit Wasser bis zum Verschwinden der Chlorreaktion ausgewaschen, an der Luft getrocknet und dann zu den verschiedenen Absorptionsversuchen benutzt. Bevor aber zu deren Beschreibung übergegangen wird, sollen die Ergebnisse der Analysen der Lösungen und die Aziditätsprüfungen an den verschieden behandelten Bodenmengen mitgeteilt werden:

Analysen der Bodenextrakte.

	Konzentration der angewendeten Säuren			
	n/100	n/50	n/25	n/10
SiO_2	0,0036 g	0,0052 g	0,0098 g	0,0268 g
Al_2O_3	0,0020 g	0,0030 g	0,0050 g	0,0640 g
Fe_2O_3	—	—	0,0064 g	0,0159 g
P_2O_5	—	—	0,0010 g	0,0170 g
CaO	0,0400 g	0,0584 g	0,0876 g	0,2418 g
MgO	0,0070 g	0,0100 g	0,0130 g	0,0310 g
K_2O	Spur	0,0020 g	verunglückt	0,0070 g
Gesamtverlust an Basen in Milligrammäquivalenten	1,78	2,63	3,78	10,34

Ganz entsprechend dem in Milligrammäquivalenten auf 100 g Boden ausgedrückten Basenverlust aus den verschieden behandelten Böden stellte sich dann auch, wie die folgenden Angaben belegen, ihr Aziditätszustand heraus:

	Boden Nr.				
	1	2	3	4	5
Konzentration der Säure bei der Vorbehandlung	0	n/100	n/50	n/25	n/10
Hydrolytische Azidität y_1 ccm . .	3,5	6,8	7,5	17,5	20,1
Austauschazidität y_1 ccm	0,0	0,0	0,5	5,5	9,1
Reaktionszahlen (p_H) in wässeriger Aufschlämmung	6,6	6,6	6,0	5,3	4,3
Pufferflächen in qcm	36,5	30,2	24,4	14,9	8,9

Außerordentlich klar und scharf läßt die Bestimmung der hydrolytischen Azidität nach dem Ausfall dieser Prüfungen den eingetretenen Basenverlust des Bodens erkennen, längst bevor der Boden mit einer Veränderung seiner p_H-Zahlen darauf reagiert. Austauschazidität tritt natürlich erst bei stärkeren Basenverlusten auf, erst bei Anwendung von n/25-Salzsäure nimmt sie größere Ausmaße an. Gerade so scharf wie die hydrolytischen Aziditäten folgen aber auch die Werte für die nach JENSEN bestimmten Pufferflächen den analytisch ermittelten Basenverlusten. In vollkommener Unstimmigkeit dazu besaß aber der am stärksten versauerte Boden eine ebenso große Pufferkraft wie der basenreiche unbehandelte Boden, wenn man nach ARRHENIUS die Pufferkraft durch die Verschiebung der Reaktionszahlen bei Zusatz von 1 ccm n/10-Säure kennzeichnet. Diese p_H-Verschiebungen betrugen für die 5 Böden, in derselben Reihenfolge wie oben geordnet:

0,64,   1,12,   1,27,   1,13,   0,63.

Man kann nicht darüber im Zweifel sein, welcher Methode zur Bestimmung des Pufferungsvermögens der Vorzug zu geben ist.

Mit diesen, in ihren Aziditätswerten gut abgestuften Böden wurden nun die Absorptionsversuche ausgeführt. Es wurde dabei in der bekannten einfachen Art und Weise verfahren, nämlich so, daß 50 g Boden mit 200 ccm 1/10 molarer

Lösungen von Ammonium- und von Kalisalzen 48 Stunden lang unter wiederholtem Umschütteln in Berührung gebracht wurden. In den Filtraten wurde dann die Abnahme des Ammoniakstickstoffs bzw. des Kalis analytisch bestimmt; auf 100 g Boden umgerechnet sind die absorbierten Mengen der Nährstoffe in den folgenden Tabellen angegeben:

Absorption von Stickstoff aus NH_4Cl und aus $(NH_4)_2SO_4$.

	Boden 1	Boden 2	Boden 3	Boden 4	Boden 5
Aus NH_4Cl in g	0,067	0,060	0,052	0,048	0,037
Aus $(NH_4)_2SO_4$ in g	0,086	0,084	0,068	0,067	0,054

Die Reihe der Böden in der Tabelle beginnt links mit dem neutralen (1) und endet rechts mit dem am stärksten sauren Boden (5). Wie zu erwarten war, ist mit ansteigender Entbasung oder Versauerung eine starke Abnahme des Absorptionsvermögens verbunden. Selbst bei dem am stärksten versauerten Boden 5, bei dem, wie spätere Untersuchungen noch belegen werden, durch die Behandlung mit der n/10-Salzsäure so gut wie sämtliche austauschfähigen Basen (Kalk, Magnesia, Kali, Natron) herausgelöst waren, ist aber die Absorptionskraft für Ammoniakstickstoff nicht einmal auf die Hälfte ihres ursprünglichen Wertes beschränkt, also doch noch ziemlich ansehnlich. Bei diesem sauersten Boden muß somit die Absorption durch Eintausch des Ammoniumions gegen den im Boden enthaltenen Säurewasserstoff vonstatten gegangen sein. Daß die Absorption aus dem Ammoniumsulfat größer ist als aus dem Chlorid, liegt in der verschiedenen Ionenkonzentration der 1/10 molar gewählten Lösungen begründet.

Die Abnahme des Absorptionsvermögens zeigte in derselben Weise wie der Versuch mit den Ammoniumsalzen ein Versuch mit Kaliumchlorid. Bei Anwendung von 200 ccm n/10-Lösung auf 50 g der Böden wurden die folgenden Mengen an Kaliumionen in Gramm gebunden:

	Boden 1	Boden 2	Boden 3	Boden 4	Boden 5
Absorbiertes Kalium in g auf 100 g Boden	0,2002	0,1905	0,1748	0,1304	0,1110

Es zeigt sich hier gleichfalls, daß die Absorptionskraft des Bodens mit zunehmender Versauerung mehr und mehr nachläßt, aber auch für das Kalium bleiben geradeso wie beim Ammoniumchloridversuch noch rund 55 % der Absorptionskraft des Bodens erhalten.

Daß tatsächlich für diese Erhaltung der Absorptionskraft das bei der Versauerung in den Zeolith- und Humatkomplex eingetretene Wasserstoff- oder Aluminiumion verantwortlich zu machen ist, geht aus dem folgenden Versuch deutlich hervor, der mit n/10-Kalziumchloridlösung unter sonst gleichen Bedingungen ausgeführt wurde:

	Boden 1	Boden 2	Boden 3	Boden 4	Boden 5
Absorbiertes Kalzium in g auf 100 g Boden	0,008	0,003	0,009	0,032	0,048

Hier sehen wir nämlich im Gegensatz zu den anderen Versuchen, daß die absorbierte Menge des Kalziums mit steigender Versauerung größer, und zwar beim am stärksten versauerten Boden sechsmal so groß ist wie bei dem neutralen. Die Ergebnisse des Versuches beweisen eben nur, daß für den Ionenaustausch oder die Absorptionskraft eines Bodens in der Hauptsache die Kalziumionen der zeolithischen Silikate und Humate in Frage kommen. Rund 84 % der austauschfähigen Basen bestanden nach unseren Untersuchungen bei dem benutzten Boden aus Kalk, 14,5 % aus Magnesia und nur 1,5 % aus Kali. Daher kann im neutralen Boden mit hohem Gehalte an diesen Bestandteilen gegen die Kalziumionen der Kalziumchloridlösung nur ein höchst bescheidener Magnesium-, Kalium- oder Natriumionenaustausch in Gang kommen. Sobald aber bei der Versauerung infolge des Ersatzes der Kalzium- durch Wasserstoff- und Aluminiumionen andere austauschfähige Ionen in den Boden eingeführt sind, ist die Möglichkeit des Eintausches von Kalziumionen aus der Kalziumchloridlösung gegeben, und es muß sich, wie der Versuch zeigt, mit zunehmender Versauerung eine ansteigende Absorption von Kalziumionen einstellen.

Außer der Absorption dieser drei als Nährstoffe der Pflanzen in Betracht kommenden Kationen prüften wir aber auch die Absorption von Phosphorsäure durch die versauerten Böden. Benutzt wurde dazu eine 0,01 molare Lösung von reinem Monokalziumphosphat, die in einer Menge von 200 ccm auf 50 g Boden in bekannter Weise zur Einwirkung gebracht wurde. Die folgende Tabelle enthält die Ergebnisse, zu denen diese Untersuchungen führten:

	Boden 1	Boden 2	Boden 3	Boden 4	Boden 5
Absorbierte P_2O_5 in mg auf 100 g Boden	77,6	76,8	76,4	86,4	128,8
Austauschazidität	0,0	0,0	0,5	5,5	9,1

Man erkennt hier die interessante Tatsache, daß die Phosphorsäureabsorption durch die ersten beiden Säurebehandlungen des Bodens noch nicht wesentlich beeinflußt ist; solange nur hydrolytische Azidität besteht, erweist sich die Phosphorsäureabsorption als noch nicht verändert. Sobald nun neben der hydrolytischen Azidität auch die Austauschazidität auftritt, ändert sich das Bild; es erfolgt aber nicht etwa eine Erniedrigung der Absorptionsfähigkeit für die Phosphorsäure, sondern im Gegenteil eine Erhöhung. Hinge die Austauschazidität mit nichts anderem zusammen als mit Wasserstoffionen, die in die zeolithischen Silikate Eingang gefunden haben, so wäre diese Tatsache der Steigerung der Phosphorsäureabsorption wohl sehr schwer zu deuten. Ist aber die Austauschazidität wenigstens zum Teil Aluminiumionenaustausch, so ist die Erscheinung ganz klar, denn indem das Aluminium aus seiner Bindung mit der Kieselsäure, also aus seiner Anionenstellung, in die Stellung der austauschbaren Kationen bei Eintritt der Austauschazidität übergeht, muß es eine größere Reaktionsfähigkeit gewinnen und zur Bindung der Phosphorsäure geeignet werden.

Das Verhalten der sauren Böden gegenüber löslichen Phosphaten ist aber keineswegs unter allen Umständen das gleiche. Bei der Fortsetzung unserer Versuche fanden wir z. B., daß die Phosphorsäureabsorption aus Diammoniumphosphat ganz anders verläuft als auch Monokalziumphosphat. Das Ergebnis dieses unter sonst ganz gleichen Versuchsbedingungen ausgeführten Versuches ist aus den Zahlen in der Tabelle zu entnehmen:

	Boden 1	Boden 2	Boden 3	Boden 4	Boden 5
Absorbierte P_2O_5 in g auf 100 g Boden	0,236	0,154	0,162	0,148	0,132
Absorbierter N in g auf 100 g Boden	0,1668	0,1212	0,1348	0,1464	0,1532

Sowohl für die Phosphorsäure- als auch für die Ammoniakabsorption beobachten wir hier gerade die umgekehrten Verhältnisse wie bei den bisherigen Versuchen; die Phosphorsäureabsorption sinkt mit steigender Azidität, die Ammoniakabsorption fällt zwar zunächst auch wie bei der Absorption aus dem Chlorid und dem

Sulfat, steigt dann aber wieder bei verstärkter Versauerung deutlich an. Was hier die Erscheinung in beiden Fällen verwickelter gestaltet, ist wohl nichts anderes als die besondere Beschaffenheit des Diammoniumphosphates. Dieses ist ein alkalisch reagierendes Salz, dessen Hydrolyse, geradeso wie das bei den Azetaten und den Karbonaten der Fall ist, durch die Absorptionswirkung des sauren Bodens verstärkt wird. Es kommt also sowohl Austausch von Ammoniumionen als auch Bindung von Ammoniak bzw. Bindung von Ammoniumhydroxyd bei unseren Versuchen in Frage. Unter dem Einfluß des Ammoniumhydroxyds wird nun offenbar das aktive Aluminium der versauerten Böden unter Bildung von Aluminiumhydroxyd beseitigt, und als Folge davon stellt sich die Verminderung der Absorptionskraft der Böden gegenüber der Phosphorsäure mit steigender Versauerung im Gegensatz zum Versuche mit Monokalziumphosphat ein. Bei der Ammoniakabsorption der Böden steht aber zunächst, solange der Boden noch neutral ist und damit nur eine geringe Befähigung zur Bindung von Ammoniumhydroxyd besitzen kann, der Eintausch von Ammoniumionen im Vordergrund der Erscheinung. Wie bei Ammoniumchlorid und -sulfat muß also auch zunächst bei Abnahme der austauschfähigen Ionen im Boden die Stickstoffabsorption heruntergehen. Sie würde auch bei weiterer Versauerung bei den Böden 3, 4 und 5 noch mehr sinken, wenn nicht eben die hydrolytische Spaltbarkeit des Diammonphosphates und die damit zusammenhängende Bildung von Ammoniumhydroxyd die Reaktion in eine andere Richtung verschöbe. Nicht nur die bei der fortschreitenden Versauerung auftretenden austauschfähigen Wasserstoff- und Aluminiumionen werden nämlich jetzt durch Austausch gegen Ammoniumionen beseitigt, sondern es vermag auch der Säurewasserstoff der Zeolithsäure und der Humussäuren direkt mit dem Ammoniumhydroxyd zu reagieren. Es muß auf diesem Wege dann zu einem Ansteigen der Ammoniakabsorption kommen.

Ob diesen Verschiedenheiten im Verhalten der sauren Böden gegenüber verschiedenartigen Ammoniumsalzen und Phosphaten praktische Bedeutung zuzuschreiben ist, läßt sich zur Zeit nicht mit Klarheit übersehen. Sowohl dem Anwachsen der Phosphorsäureabsorption aus dem Monokalziumphosphat, das sich bei der Verwendung von Superphosphat vielleicht wiederfinden wird, als auch der Abnahme der Phosphorsäurebindung bei Verwendung des hydrolytisch spaltbaren Diammonphosphates, die praktisch bei der Verwendung von Leunaphosphat und Nitrophoska in Frage kommen könnte, glauben wir keine wirkliche Bedeutung beilegen zu sollen; denn unter natürlichen Verhältnissen werden sich weder die Absorptionszunahme noch die -abnahme bemerkbar machen, weil bei der Anwendung dieser Dünger auch auf sauren Mineralböden stets so große Mengen zur Bindung der Phosphorsäure befähigter Stoffe im Ackerboden vorhanden sind, daß die vollständige Festlegung der in der Düngung verabreichten Phosphorsäure gewährleistet ist.

Bedeutungsvoll ist von den Veränderungen, die das Absorptionsvermögen des Bodens bei der Versauerung erfährt, praktisch wohl nur die Abnahme der Absorption des Ammoniumions und des Kaliumions. Aus Ammoniumsalzen wie auch aus Kalisalzen dürfte bei der Düngung die Absorption der Ionen auf sauren Böden nicht so vollkommen sein wie auf denselben Böden in neutralem Zustande; die Gefahr des Verlustes dieser Nährstoffe erscheint daher auf sauren Böden sicherlich vergrößert.

Um diese Schlußfolgerungen weiter zu stützen, haben wir auch in diesem Falle den Versuchen mit natürlichem Ackerboden entsprechende Versuche mit Permutiten verschiedener Versauerungsgrade angeschlossen. Durch Behandlung mit Essigsäure waren diese Permutite hergestellt; ihr Aziditätszustand ist aus der folgenden Tabelle zu entnehmen:

Nr. der Permutitprobe	1	2	3	4	5	6
Hydrolytische Azidität .	0,5	1,2	1,6	1,9	8,3	12,0
Austauschazidität	0,0	0,0	0,0	0,0	1,0	3,3

Die Wirkung des Abbaues des Permutits mit Essigsäure äußert sich darin, daß mit steigendem Basenverlust die hydrolytische Azidität kontinuierlich zunimmt, der sich dann, allerdings erst bei schon sehr weit vorgeschrittener Entbasung, die Austauschazidität hinzugesellt. Die Aziditätsbestimmungen wurden hier ausgeführt, indem 5 g der Permutite mit 100 ccm normaler Natriumazetatlösung bzw. Kaliumchloridlösung geschüttelt wurden. Die Titrationszahlen beziehen sich auf das gesamte Filtrat. Auch bei den Absorptionsversuchen mit Ammoniumsalz- und mit Kaliumsalzlösungen wurde dasselbe Mengenverhältnis von Permutit und Lösung wie hier eingehalten. Für die Absorption von Ammoniakstickstoff aus Ammoniumchlorid, von Kalium aus Kaliumchlorid und von Kalzium aus Kalziumchlorid sind die Resultate in der folgenden Tabelle zusammengefaßt, in der mit der Nummer 0 der zum Vergleich herangezogene Originalpermutit bezeichnet ist:

Absorbierte Stoffe	Permutitprobe						
	0	1	2	3	4	5	6
N aus NH_4Cl .	0,060	0,059	0,057	0,055	0,042	0,023	0,012
K aus KCl . .	0,216	0,194	0,191	0,182	0,110	0,041	0,026
Ca aus $CaCl_2$.	0,141	0,113	0,105	0,098	0,057	0,018	0,011

Des besseren Vergleichs wegen sind diese absorbierten Ionenmengen in Milligrammäquivalente umgerechnet noch einmal in der folgenden Tabelle aufgeführt:

Absorption in Milligr.-Äquivalenten	Permutitprobe						
	0	1	2	3	4	5	6
N aus NH_4Cl .	4,3	4,2	4,1	3,9	3,0	1,6	0,9
K aus KCl . .	5,5	5,0	4,9	4,7	2,8	1,0	0,7
Ca aus $CaCl_2$.	7,1	5,7	5,3	4,9	2,9	0,9	0,6

Aus dem angeführten Zahlenmaterial kann man erkennen, daß, geradeso wie beim Ackerboden, auch bei diesem konzentrierten zeolithischen Material in allen drei Fällen mit steigender Versauerung der Ionenumtausch stark abnimmt. Dabei beobachtet man aber mit zunehmender Entbasung eine sich allmählich vollziehende Veränderung des Permutits im Verhalten zu den verschiedenen Salzen. Im neutralen und dem nur schwach von Basen entkleideten Permutit ist die Absorption von Kalium größer als die von Ammonium, die von Kalzium wieder größer als die von Kalium. Dieselbe Reihenfolge in der Eintauschfähigkeit ist auch von HISSINK, WIEGNER und anderen schon beim Permutit beobachtet worden. Diese Reihenfolge ist aber nicht beständig; mit steigender Versauerung des Permutits verschiebt sie sich, wie unsere Zahlen zeigen; bei Permutit 3 haben sich die Unterschiede schon stark ausgeglichen, und bei Permutit 4 ist die Reihenfolge bereits umgekehrt, denn das Ammoniumion wird nun besser eingetauscht als die beiden anderen. Von Permutit 5 ab übertrifft auch das Kaliumion das Kalziumion in der Stärke des Eintausches. Die Eintauschfähigkeit der Ionen erweist sich somit als stark abhängig von dem Versauerungszustand, in dem sich das zeolithische Material befindet, oder, wenn wir uns genauer ausdrücken wollen, es hängt die Eintauschfähigkeit eines Ions ab von der Austauschfähigkeit oder der Haftfähigkeit des auszutauschenden Ions. Darin, in der Art des auszutauschenden Ions, ist ja gerade bei der Versauerung eine Veränderung eingetreten, indem an die Stelle der ursprünglich vorhandenen Natriumionen Wasserstoff- und Aluminiumionen in den Permutit eingetreten sind. Im übrigen hat schon längst für die austauschsauren Böden die größere Eintauschfähigkeit des Kaliumions DAIKUHARA nachgewiesen; auf diesen Nachweis gründet sich ja die von DAIKUHARA durchgeführte Benutzung des Kaliumchlorids zur Bestimmung der Austauchazidität.

Die mit den Permutiten verschiedener Reaktion ausgeführten Prüfungen bestätigen somit unsere Befunde bezüglich des Verhaltens der sauren Böden gegen die für die Düngung in Betracht kommenden Kationen vollständig.

Praktisch von größter Bedeutung ist dann aber, wie eingangs dieses Kapitels schon hervorgehoben wurde, die Frage, ob sich die Schädigung des Absorptionsvermögens gegenüber den Pflanzennährstoffen infolge der Versauerung durch die Maßnahmen zur Beseitigung der Bodenversauerung, also vornehmlich durch die Kalkdüngung, wieder aufheben läßt. Auch diese Frage haben wir an Boden und an Permutit studiert und teilen die wichtigsten Ergebnisse dieser Untersuchungen im folgenden mit.

Bei dem Wiederaufbau der durch die Versauerung an Basen verarmten zeolithischen Silikate und der Humate verfuhren wir so, daß wir die Böden mit einer solchen Menge an Ätzkalk gründlichst vermischten, daß die ursprünglich beim Ausgangsboden vorhanden gewesene Reaktionszahl nach zwei Wochen langem Stehen in angefeuchtetem Zustande wieder erreicht wurde. Die dazu nötige Kalkmenge war für jeden Boden nach dem Verfahren der elektrometrischen Neutralisation von S. T. JENSEN ermittelt worden. Die lufttrockenen Böden wurden dann in derselben Weise wie vorher auf ihre Absorptionskraft gegenüber einer Kalium- und einer Ammoniumchloridlösung geprüft. Mengen- und Konzentrationsverhältnisse stimmten hierbei mit denen bei den früheren Versuchen vollständig überein.

Nr.	Ursprünglich beim Abbau verwendete Säurekonzentration	Absorbierter N aus NH$_4$Cl in mg durch 100 g Boden	Absorbiertes K aus KCl in mg durch 100 g Boden
0	nicht abgebaut	71,2	200,4
1	n/100	65,4	190,8
2	n/50	64,2	195,0
3	n/25	64,0	192,6
4	n/10	62,8	190,0

Die Ergebnisse der Untersuchungen sind in der nebenstehenden Tabelle zusammengestellt.

Aus den Zahlen ist zu erkennen, daß der dem Boden ursprünglich eigen gewesene Absorptionswert nach dem Wiederaufbau der durch die Versauerung entbasten absorbierenden Stoffe nicht in seiner vollen Höhe wieder erreicht ist, und zwar weder für das Ammonium noch für das Kalium. Für die mit den höher konzentrierten Säuren behandelten Böden ist diese Tatsache nicht als verwunderlich zu bezeichnen, denn, wie aus den auf S. 153 angegebenen Analysen der Säureextrakte des Bodens hervorgeht, aus diesen Böden waren nicht nur Teile der Kieselsäure, sondern auch erhebliche Mengen an Aluminium außer den zweiwertigen Basen in Lösung gegangen, ein Zeichen dafür, daß bei diesen höheren Säurekonzentrationen bereits die Zeolithsäure selbst dem Angriff der Säure teilweise zum Opfer gefallen war. Mit der Zerstörung des absorbierenden Silikates mußte natürlich eine bleibende, nicht durch Kalkzufuhr reparierbare Abnahme des Absorptionsvermögens erfolgen. Bei dem mit der verdünntesten Säure behandelten Boden kann man aber einen solchen Vorgang nicht für die festgestellte Unvollständigkeit des Wiederaufbaues der absorbierenden Stoffe verantwortlich machen, es mögen hier doch vielleicht noch andere Dinge, die zur Zeit nicht überblickt werden können, im Spiele sein. Sonderlich stark ist das Zurückbleiben der Absorptionskraft der wieder aufgebauten Böden hinter dem unversauerten ja schließlich nicht, die Gefahr, daß bei der Versauerung die so wertvollen absorbierenden Stoffe des Bodens, die zeolithischen Silikate, eine dauernde, nicht wieder gutzumachende Schädigung erleiden könnten, ist deshalb auch nicht so groß. Dennoch wird man aber diese Möglichkeit bei weiteren Arbeiten im Auge behalten müssen, besonders da die mit Permutit ausgeführten Parallelversuche zu den Bodenversuchen, bei allerdings erheblich tiefer greifendem Abbau des Permutits, eine tatsächlich dauernde Schädigung des zeolithischen Materials beweisen.

Diese Versuche wurden mit einer neuen Serie versauerter Permutitproben ausgeführt, bei deren Herstellung an Stelle der früher (S. 156) verwendeten Essigsäure die starke Salzsäure in verschiedenen Konzentrationen benutzt war. 100 g Natriumpermutit waren bei dieser Versuchsreihe mit 1000 ccm n/10-Salzsäure 24 Stunden lang unter gelegentlichem Umschütteln behandelt und dies bei verschiedenen Permutitproben 3-, 6-, 9- und 12 mal wiederholt worden. Dadurch war bereits bei dem am mildesten behandelten Permutit der ganze Gehalt an Basen verschwunden, bei den anderen war sogar schon der Silikatrest, die Permutitsäure, stark angegriffen, wie sowohl aus den Analysen als auch aus den daraus berechneten Molekularverhältnissen, auf deren Angabe wir uns beschränken können, deutlich hervorgeht:

Molekularverhältnisse der abgebauten Permutite.

Nr. 0: unbehandelt	$SiO_2 : Al_2O_3 : Na_2O$	$= 3,3 : 1,0 : 1,1$
Nr. 1: 3 mal behandelt		$= 3,6 : 1,0 : 0,0$
Nr. 2: 6 mal ,,		$= 4,0 : 1,0 : 0,0$
Nr. 3: 9 mal ,,		$= 4,2 : 1,0 : 0,0$
Nr. 4: 12 mal ,,		$= 4,3 : 1,0 : 0,0$

Die hydrolytischen Aziditäten dieser Permutite bzw. Permutitreste waren, in ccm n/10-NaOH ausgedrückt, bei Anwendung der bekannten Methode folgende:

Nr. 0	1	2	3	4
0,45	5,05	9,2	12,4	13,8

Bis zur Kieselsäure abgebaut waren im übrigen diese Permutite noch nicht. Auch der letzte enthielt noch auf $31,2\%$ SiO_2 $11,82\%$ Al_2O_3. Beim Abbau bis zur Kieselsäure hätten ja auch die Aziditätswerte, wie aus Versuchen von A. v. OERTZEN[1] hervorgeht, wieder abnehmen müssen.

An diesen Permutiten wurde nun einmal in ihrem versauerten Zustande, sodann nach erfolgter Neutralisation mit Natronlauge, wodurch sie auf ihre ursprüngliche Reaktion von durchschnittlich 8,25 gebracht wurden, das Absorptionsvermögen gegen Ammonium aus Ammoniumchlorid bestimmt. Die von je 5 g Permutit aus 100 ccm n/10-Ammoniumchlorid-

Nr.	Absorbierter N vor der Neutralisation in mg	Absorbierter N nach der Neutralisation in mg	Reaktionszahlen nach Neutralisation
0	62,5	—	8,30
1	34,6	51,2	8,26
2	17,5	36,8	8,26
3	7,4	36,2	8,30
4	7,4	36,2	8,19

lösung absorbierten Mengen an Stickstoff sind in der obenstehenden Tabelle zusammengestellt. Bei dem am schwächsten abgebauten Permutit (1) ist, wie die Zahlen zeigen, der Wiederaufbau des Silikates am besten gelungen, aber schon bei Probe 2 steigt nach der Neutralisation die Ammoniakabsorption nur von 17,5 mg auf 36,8 mg, und auch bei Probe 3 und 4 erreicht sie keine höheren Werte. Der Permutit hat also auf jeden Fall eine durch die Hinzufügung von Alkalien nicht wieder ausgleichbare Schädigung seines Absorptionsvermögens erlitten. Ist auch,

---

[1] OERTZEN, A. v.: Dissert., Bonn 1927.

wie schon frühere Versuche zu bemerken Veranlassung gaben, der Permutit ein Material, das nicht direkt in seinem Verhalten den zeolithischen Silikaten des Bodens gleichzusetzen ist, ist er auch wohl wesentlich leichter zersetzlich als diese, so muß man doch den Verdacht hegen, daß bei den zeolithischen Silikaten der Ackerböden, wenn sie rücksichtslos der Versauerung überlassen werden, gleichfalls Schäden hervorgerufen werden können, die durch die gewöhnlichen Maßregeln zur Beseitigung der Bodenazidität, die Kalkung, nicht wieder gutgemacht werden können. Damit soll aber keineswegs gesagt sein, daß solche Schäden überhaupt nicht wieder beseitigt werden könnten. Das ist im Gegenteil sehr wohl möglich. Man braucht nur an Stelle der reinen Kalkdünger zur Beseitigung der Azidität tonhaltige Kalke, also Mergel, zu verwenden oder aber auf andere Weise, etwa durch die Düngung mit dem so zeolithreichen Traß, der auch schon früher als Kalktraß eine gewisse Verwendung gefunden hat, für einen Ersatz der zerstörten zeolithischen Silikate zu sorgen. Die Möglichkeit einer tiefer gehenden Schädigung der Bodenzeolithe ist im übrigen auch besonders bei Waldböden und überhaupt solchen Böden im Auge zu behalten, die unter dem Einfluß von sauren Humusstoffen stehen; infolge der vielfach recht hohen Aziditäten, die die Sickerwässer aus solchen Rohhumusbedeckungen besitzen, liegt in diesen Fällen die Gefahr einer schweren Bodenentwertung besonders nahe.

b) Die Charakterisierung saurer Böden durch die Bestimmung ihres Sättigungsgrades.

Die auf den vorhergehenden Seiten dargestellten Verhältnisse bei der Basenabsorption der versauerten Böden bieten uns nun auch die Grundlage zu einem klaren Verständnis der Möglichkeiten, den Versauerungszustand eines Bodens durch Bestimmung seines Austauschvermögens zu erfassen. Wie schon immer betont wurde, bedeutet ja Bodenversauerung eigentlich gar nichts anderes als Verarmung der zeolithischen Silikate und Humate an basischen, also zum Austausch mit den Kationen von Salzlösungen geeigneten Stoffen, und tatsächlich ist ja auch das, was wir in früheren Kapiteln als Austauschazidität geschildert haben, nur eine Bestimmung des Gehaltes der für den stärker versauerten Boden charakteristischen austauschbaren Wasserstoff- und Aluminiumionen. Wird aber einmal die Verarmung der zeolithischen Silikate und der Humate als die eigentliche Ursache aller Bodenazidität anerkannt, so muß man natürlich auch dadurch zu einer Bestimmung des Aziditätsgrades, der Stärke der Bodenversauerung, gelangen können, daß man die Menge der durch die Versauerung aus einem Boden verschwundenen austauschfähigen Basen ermittelt. Zu einer direkten Ermittlung der Menge der aus dem Boden verschwundenen Basen fehlt allerdings zumeist die eine Voraussetzung, nämlich die Kenntnis des Basengehaltes im noch nicht versauerten Boden. Die Bestimmung der zur Zeit der Untersuchung noch vorhandenen Basen ist dagegen stets ohne weiteres möglich, dazu ist ja nur eine ausgiebige Behandlung des Bodens mit einer Neutralsalzlösung erforderlich. Wie besonders aus den Untersuchungen von RAMANN und seinen Schülern bekannt ist, kann man bei genügend oft wiederholter Behandlung des Bodens mit einer Salzlösung die Gesamtmenge seiner zum Ionenaustausch befähigten Basen aus ihm herausdrängen, mit Ausnahme natürlich des Kations, das mit der Salzlösung zur Anwendung gelangt. Die Bestimmung der in einem versauerten Boden vorhandenen austauschfähigen Basen allein kann aber niemals zu einer vollständigen Charakterisierung des Versauerungszustandes des Bodens führen. Das ist ebensowenig der Fall, wie es möglich ist, bei einem austauschsauren Boden durch die Behandlung nach DAIKUHARA ein vollständiges Bild von seiner Versauerung zu erhalten, denn die gleiche Menge austauschfähiger Basen besitzt unter Umständen eine ganz verschiedene Bedeutung. Ein von Haus aus an zeolithischem Material armer Boden kann noch als wenig versauert gelten, ja kann noch neutral sein, wenn ein schwerer Lehmboden bei gleichem Gehalt an austauschfähigen Basen bereits hochgradig versauert erscheint. Es ist eben der Versauerungszustand eines Bodens, wie schon oft betont, abhängig von der Menge und dem Abbaugrade der Zeolithe und Humate; nur dann ist er vollständig charakterisiert, wenn man die Menge der zeolithischen Silikate oder überhaupt des zum Ionenaustausch befähigten Materials und dazu noch den Grad seiner Verarmung an Basen kennt. An Stelle der Gewichtsmenge der absorbierenden Stoffe des zum Basenaustausch befähigten Bodenkomplexes, die sich nur auf schwierigen analytischen Wegen und dann auch noch nicht einmal sicher bestimmen läßt, genügt es aber vollständig, die Menge an austauschfähigen Basen, die der Boden im Höchstfalle besitzen kann, zu kennen, und das ist eine Größe, die sich verhältnismäßig einfach ermitteln läßt. Kennt man diese beiden Größen — die zur Zeit noch vorhandene Menge an austauschbaren Basen und die Höchstmenge daran, die der Boden aufzunehmen vermag —, so ist der Versauerungszustand des Bodens durch das Verhältnis dieser beiden Größen zueinander fraglos gut gekennzeichnet. Um diese beiden Größen zu erfassen, ist man im einzelnen in verschiedener Weise vorgegangen, und davon soll im folgenden näher die Rede sein.

c) Die Bestimmung der austauschfähigen Basen, des S-Wertes nach HISSINK.

Die Bestimmung der in einem gegebenen Boden vorhandenen austauschfähigen Basen ist, wie schon oben angedeutet, im Prinzip eine ziemlich einfache Sache. Bereits von PILLITZ[1] ist diese Aufgabe gelöst. PILLITZ behandelte nämlich den Boden so lange nach dem Durchlaufverfahren mit einer Ammoniumchloridlösung von bestimmtem Gehalt, bis dieser Gehalt keine Veränderung mehr aufwies. Es waren dann in den Boden durch Basenaustausch solche Mengen an Ammoniumionen eingetreten, wie dem Gesamtgehalt des Bodens an austauschfähigen Basen entsprach. Unbrauchbar war diese Methode allerdings dann, wenn es sich um Boden mit einem Gehalt an kohlensaurem Kalk handelte. Dieser setzt sich bekanntlich mit Ammoniumchlorid um nach der Gleichung:

$$CaCO_3 + 2\,NH_4Cl = (NH_4)_2CO_3 + CaCl_2.$$

Es bildet sich also Ammoniumkarbonat, das durch Hydrolyse in Ammoniumhydroxyd und Kohlensäure gespalten ist, und der Boden vermag dann das Ammoniumhydroxyd zu binden, ohne daß Auswechslung von Basen dazu erforderlich wäre. In diesem Fall kann natürlich die Gesamtmenge des vom Boden aufgenommenen Ammoniums kein zuverlässiges Maß für die in ihm enthaltene Menge der austauschbaren Basen abgeben.

Genauere Methoden zur Bestimmung des Gehaltes an austauschbaren Basen wurden erst von HISSINK und später von GEDROIZ und GEHRING ausgearbeitet, nachdem allerdings schon 1914 von RAMANN eine Methode dazu vorgeschlagen war, wie auch zur Bestimmung der Maximalabsorption[2]. HISSINKS[3] Arbeiten mögen hier an erster Stelle näher dargelegt werden, weil von ihm auch eine sehr zweckmäßige Bezeichnungsweise dieser Dinge durchgeführt worden ist.

HISSINK bezeichnet die Gesamtmenge der austauschbaren Basen, die ein Boden besitzt, mit dem Buchstaben „S". Zur Bestimmung dieser wichtigen

---

[1] PILLITZ, W.: Z. analyt. Chem. **14**, 55.
[2] RAMANN, E.: Internat. Mitt. Bodenkde **5**, 42 (1915).
[3] HISSINK, D. J.: Z. Pflanzenernährg u. Düngg A **4**, 137.

Größe verfährt Hissink so, daß er 25 g oder bei humusreichen Böden 10 g der Feinerde in einem Becherglase mit 100 ccm einer 80—90° heißen normalen Kochsalzlösung übergießt und diese Mischung nach einigem Umschütteln über Nacht stehen läßt. Die Flüssigkeit wird am nächsten Tag durch ein Filter in einen Meßkolben von 1 Liter Inhalt abgegossen, der Boden wird aus dem Becherglase quantitativ auf das Filter gebracht und mit n-Natriumchloridlösung ausgewaschen. Ist der Kolben gefüllt, so wird der Trichter mit dem Boden auf einen zweiten Meßkolben von 1 Liter Inhalt gesetzt, und das Auswaschen mit Natriumchloridlösung wird fortgesetzt, bis auch dieser Kolben gefüllt ist. In beiden Litern wird darauf getrennt der Gehalt an Kalk bestimmt. Zieht man dann den Kalkgehalt des zweiten Liters von dem des ersten ab, so erhält man den Kalk, der im Boden in austauschfähiger Form gebunden war. Im Filtrat von den Kalkbestimmungen kann noch die austauschfähige Magnesia bestimmt werden.

Diesem Verfahren Hissinks liegt die Erfahrung zugrunde, daß aus Böden, die kohlensauren Kalk enthalten, bei der Behandlung mit Natriumchlorid zwar auch eine gewisse, allerdings viel geringere Menge davon in Lösung geht als bei der Behandlung mit Ammoniumchloridlösung, daß aber diese aus dem kohlensauren Kalk in Lösung gehende Kalkmenge genügend genau durch die Kalkmenge wiedergegeben wird, die sich in dem zweiten Liter der Natriumchloridlösung befindet. Die gleiche aus dem vorhandenen kohlensauren Kalk stammende Kalkmenge ist auch im ersten Liter der Natriumchloridlösung dem austauschfähigen Kalk beigemengt und wird eben durch den Abzug davon eliminiert. Der gesamte austauschfähige Kalk befindet sich dagegen im ersten Liter, im zweiten ist davon keine wesentliche Menge mehr enthalten. Daß er seine Methode in der Hauptsache auf die Ermittlung des austauschfähigen Kalkes beschränkt, rechtfertigt Hissink, während doch in Wirklichkeit der Boden auch austauschfähiges Magnesium, Natrium und Kalium enthält, durch den Hinweis darauf, daß in den von ihm untersuchten holländischen Mineralböden das Kalzium in durchaus dominierendem Ausmaße am Kationenaustausch beteiligt sei. Von 100 Teilen austauschbarer Basen kommen nach Hissinks Angaben auf Kalk allein bereits 79 Teile, auf Magnesia nur 13 und auf Natron 6 und Kali 2 Teile.

Wären diese Werte einigermaßen konstant, so könnte man die Hissinksche Beschränkung auf die Bestimmung des austauschbaren Kalkes wohl billigen, aber A. von 'Sigmond[1] hat schon darauf hingewiesen, daß dieses Kationenverhältnis doch keineswegs genügende Konstanz für alle Böden besitzt. Nach von von 'Sigmond angegebenen Untersuchungen Kelleys wurde z. B. für 7 kalifornische Böden nur eine Beteiligung des Kalziums an der Gesamtmenge der austauschbaren Ionen von 62% und bei sauren Böden noch weniger bestimmt.

Es scheint danach doch so, daß man die übrigen am Austausch beteiligten Basen nicht vernachlässigen darf, daß man also außer dem Kalzium auch das Magnesium, das Kalium und das Natrium bestimmen muß.

Diese Bestimmung ist ja leicht möglich, wenn man neben der Behandlung des Bodens mit Natriumchlorid auch eine entsprechende Behandlung mit Ammoniumchlorid vornimmt. In der Ammoniumchloridlösung kann dann die quantitative Bestimmung des austauschbaren Natriums und Kaliums erfolgen. Sicherlich wird man für den Wert S auf diese Weise zuverlässigere Zahlen erhalten, allerdings ist die aufzuwendende Arbeit aber auch doppelt so groß.

Das ist überhaupt ein wunder Punkt aller Methoden zur Bestimmung der austauschbaren Basen, daß zu deren quantitativer Auswaschung aus dem Boden sowohl große Lösungsmengen als auch lange Zeiten erforderlich sind. Zu-

---

[1] 'Sigmond, A. v.: Verh. 2. Komm. internat. bodenkundl. Ges. Groningen B **1927**, 130.

weilen kommt es nach den von uns gemachten Erfahrungen beim Auswaschen mit Natriumchloridlösung vor, daß das Filter sich zusetzt, und daß dann das restlose Ausbringen der Basen 8 und mehr Tage Zeit erfordert. Die quantitative Bestimmung der einzelnen Basen in den erhaltenen Extrakten macht auch viel Umstände und Arbeit, so daß man tatsächlich in diesen Methoden keineswegs solche vor sich hat, die den Anforderungen der Untersuchungsstationen an schnelle Ausführbarkeit entsprechen. Auch bei den Methoden, die zur Erreichung desselben Zieles von GEDROIZ ausgearbeitet sind, kann noch durchaus nicht von einer Erfüllung dieser Forderung nach rascher Ausführbarkeit die Rede sein.

GEDROIZ hat drei verschiedene Methoden zur Bestimmung der austauschbaren Basen vorgeschlagen, von denen zwei allerdings auf demselben Prinzip aufgebaut sind, nämlich dem der Austauschbarkeit der Basen durch Behandlung des Bodens mit normaler Ammoniumchloridlösung. Mit dieser Ammoniumchloridlösung wird der Boden (25 g lufttrockene Feinerde) so lange behandelt unter steter Erneuerung, bis eine Probe keine Reaktion auf Kalk mehr gibt. Nur die für analytische Zwecke vereinfachte Methode von GEDROIZ sei hier nach den Angaben von VON 'SIGMOND[1] näher dargelegt: 25 g lufttrockener Boden werden mit 250 ccm normaler Ammoniumchloridlösung einige Minuten geschüttelt, nach Absitzen und Klärung wird die Lösung abgegossen und möglichst vollständig durch ein Filtrierpapier Nr. 602 von Schleicher und Schüll mit 22 cm Durchmesser filtriert und in einem Stutzen von 500 ccm Inhalt gesammelt. Die Hälfte der Lösung wird zur Bestimmung der Gesamtmenge an austauschbaren Kationen in ein separates Becherglas gebracht, während je 50 ccm für die Bestimmung des Ca, Mg, K und Na benutzt werden. Sodann wird die Gesamtmenge des zurückgebliebenen Bodens mit 200 ccm n-Ammoniumchloridlösung auf das Filter gebracht. Von der abfließenden Lösung werden 100 ccm in das Sammelgefäß gebracht, das Übrige wird weggeschüttet. Der Boden auf dem Filter wird erneut mit 200 ccm n-Ammoniumchlorid ausgelaugt, 100 ccm des Filtrats zu der gesammelten Menge gegeben, der Rest weggegossen. Dies wird so lange wiederholt, bis das Filtrat frei von Kalzium ist. Nach GEDROIZ wird dies gewöhnlich nach der 5. bis 10. Behandlung erreicht. Dann wird das gesammelte Filtrat durchgemischt und analysiert. Die erhaltenen Werte ergeben, mit 2 multipliziert, die Gesamtmenge der austauschbaren Kationen in 25 g Boden. Will man die zuerst ausgetauschten Mengen nicht berücksichtigen, so genügen 10 g Boden, und die gesamten Filtrate können aufgefangen werden.

Mit Recht sagt VON 'SIGMOND von dieser Methode, daß sie trotz ihrer Bezeichnung als der „abgekürzten" noch schwierig und zeitraubend genug sei. Er weist besonders darauf hin, wie langwierig die Behandlung des Bodens bis zum Austausch der letzten nachweisbaren Spuren von Kalzium sei. Bei früheren Untersuchungen von ihm selbst mit Ammoniumnitratlösungen habe der Austausch bis zum Verschwinden des Kalziums nicht weniger als 10—11 Tage gedauert. Nach unserer Meinung dürfte die Methode selbst dann, wenn es gelingen sollte, die Zeit des Austausches wesentlich abzukürzen, doch noch zu unhandlich bleiben.

Weniger soll nach VON 'SIGMOND die von KELLEY durchgeführte Kombination der Methoden von HISSINK und von GEDROIZ unter diesem Nachteil der Umständlichkeit leiden. KELLEY läßt 25 g Boden nach gutem Durchschütteln mit 250 ccm n-NH$_4$Cl-Lösung über Nacht stehen, filtriert dann und wäscht den Bodenrückstand auf dem Filter mit n-NH$_4$Cl-Lösung so lange aus, bis ein Volumen von 1000 ccm erreicht ist. 800 ccm des Filtrates werden darauf unter

---

[1] 'SIGMOND, A. v.: a. a. O., S. 131.

Zusatz von 50—75 ccm konz. Salpetersäure zur Trockne verdampft, die Kieselsäure wird mit Salzsäure abgeschieden, und in der salzsauren Lösung werden die Kationen in bekannter Weise bestimmt. Der auf dem Filter zurückgebliebene Boden wird mit Wasser bis zum Verschwinden der Chlorreaktion ausgewaschen und in einen Destillationskolben übergeführt. Nach Zusatz von 400 ccm Wasser wird mit 50 ccm konz. Natronlauge das im Boden enthaltene Ammoniak in titrierte Schwefelsäure übergetrieben. Durch diese Bestimmung erfährt man die Gesamtmenge des in den Boden eingetauschten Ammoniums, also auch der aus dem Boden ausgetauschten Basen, d. h. den Wert S von HISSINK. Die chemische Untersuchung des NH_4Cl-Extraktes gewährt die Möglichkeit, die Menge der einzelnen Kationen, die am Austausch beteiligt sind, zu erfassen. Nach VON 'SIGMOND ergibt sich allerdings die aus dem Ammoniak bestimmte Gesamtmenge der austauschbaren Kationen immer etwas kleiner, als die Summe der einzeln analytisch bestimmten Kationen ist. Im allgemeinen soll aber doch die Annäherung beider Werte ausreichend sein. Als besonders vorteilhaft hebt VON 'SIGMOND bei dieser Methode KELLEYs hervor, daß sie es erlaube, die Gesamtmenge der austauschbaren Kationen S auf einmal zu bestimmen, und daß diese Bestimmung ziemlich einfach auszuführen sei.

Daß zum Austausch der im Boden in auswechselbarer Form vorhandenen Basen natürlich außer dem Natrium- und Ammoniumchlorid auch die Lösungen anderer Salze brauchbar sind, ist selbstverständlich. So ist z. B. noch zu diesem Zwecke das Bariumchlorid empfohlen und angewendet worden. BOBKO und ASKINASI[1] verrühren 10 g lufttrockene Feinerde in einer Porzellanschale mit ein wenig n-Bariumchloridlösung, bringen den Boden dann auf ein Filter und waschen ihn mit Bariumchloridlösung bis zum Verschwinden der Kalziumionen im Filtrat aus. Darauf wird der Boden wiederum bis zum Verschwinden der Bariumionen mit Wasser behandelt. Er enthält also nur noch Barium, das an Stelle der ursprünglich vorhanden gewesenen Ionen in die absorbierenden Bodenbestandteile Eingang gefunden hat. Die Menge des in den Boden eingetretenen Bariums entspricht der Gesamtmenge der im Boden vorhandenen austauschbaren Kationen, also dem Werte für S. Diesen Wert erhält man nun durch die chemische Bestimmung des im Boden enthaltenen Bariums. Dazu wird der Boden mit n-Salzsäure behandelt, die alles Barium aus ihm herauslöst. Aus der Menge des in bekannter Weise zu bestimmenden Bariums erhält man nach Umrechnung in Äquivalente die Gesamtkationenmenge, und durch Umrechnung auf Kalzium und 10 g Erde die „Absorptionskapazität" des Bodens nach ASKINASI. Die von VON 'SIGMOND an der Verwendung von Bariumchlorid, das wegen der Schnelligkeit und Vollständigkeit des Austausches gegen andere Kationen einen Vorzug besitzt, getadelte Schwierigkeit der Bestimmung kleiner Kationenmengen neben viel Barium fällt also bei der Art der Verwendung des Bariumchlorids nach BOBKO und ASKINASI fort, so daß an und für sich diese Methode empfehlenswert erscheint. BOBKO und ASKINASI glauben sie auch bei Gegenwart von Kalziumsulfat im Boden anwenden zu können, da das bei der Umsetzung dieses Stoffes mit Bariumchlorid entstehende Bariumsulfat bei der Behandlung des Bodens mit Salzsäure nicht in Lösung gebracht wird. Bei Anwesenheit von Kalziumkarbonat muß dagegen die Methode abgeändert werden, weil Bariumchlorid sich mit Kalziumkarbonat unter Bildung von Bariumkarbonat umsetzen kann, das bei der Säurebehandlung des Bodens in Lösung geht und den S-Wert fälschlich erhöht. Den hier entstehenden Fehler kann man nach BOBKO und ASKINASI aber umgehen, wenn man an Stelle der Salzsäure zur Verdrängung des aufgenommenen Bariums sich einer Lösung von Natriumchlorid bedient.

---

[1] BOBKO, E. W., u. D. L. ASKINASI: Z. Pflanzenernährg u. Düngg A **6**, 99.

Wie man sieht, gibt es Methoden genug, mit deren Hilfe die Gesamtmenge der in einem Boden vorhandenen austauschbaren Basen erfaßt werden kann, aber die hier mit Absicht ziemlich ausführlich geschilderten bisherigen Methoden sind doch alle mit dem Nachteil großer Umständlichkeit behaftet. Für eine schnelle Ermittlung der austauschbaren Basen, wie sie etwa der Betrieb einer Untersuchungsanstalt verlangt, ist selbst die einfachste von ihnen noch keineswegs geeignet. Auf der Suche nach einer wirklich einfachen, schnell durchführbaren Methode ließen wir uns zunächst von demselben Gedanken führen, der bereits der Bestimmung der Austauschazidität nach der Methode von Daikuhara zugrunde liegt. Mag das Kaliumchlorid dabei nun Wasserstoffionen oder Aluminiumionen verdrängen, Tatsache ist, daß nach dieser Methode nicht nur ein Vergleich verschiedener Böden in bezug auf die Menge dieser austauschbaren Ionen möglich ist, sondern daß es auch mit ihr gelingt, die Gesamtmenge dieser Ionen in einem Boden ziemlich quantitativ zu bestimmen. Daikuhara ist ja eigentlich der erste, der das auch bei den vorstehend geschilderten Untersuchungsmethoden benutzte Prinzip der vollkommenen Verdrängung der absorbierten Ionen praktisch durchgeführt und sogar diese Methode einer Berechnung zugänglich gemacht hat. Es scheint aber, daß man in Fachkreisen dieser Tatsache nicht die verdiente Aufmerksamkeit geschenkt hat, denn von keinem der vorgenannten Forscher, die sich mit der quantitativen Bestimmung absorbierter Ionen beschäftigt haben, werden Daikuharas Untersuchungen ausgewertet. Eine nähere Darlegung der Methode Daikuharas ist im übrigen schon im Kapitel VI dieses Buches geliefert worden, so daß hier darauf verwiesen werden kann. Wir arbeiteten in gleicher Weise wie Daikuhara und versuchten, dabei die austauschbare Menge der Kationen von Kalzium und Magnesium, also auch wie Hissink, in der Hauptsache den Wert S zu erfassen.

An zwei verschiedenen Böden wurden diese Versuche durchgeführt, an einem neutral reagierenden Boden vom Bonner Versuchsfeld und an einem stark sauren Boden von Röttgen bei Bonn. 100 g davon wurden ebenso wie bei Daikuhara mit 250 ccm normaler Kaliumchloridlösung durch einstündiges Schütteln im Rotierapparat behandelt, nach Absitzen über Nacht heberten wir 125 ccm der Lösung ab und untersuchten sie auf ausgetauschten Kalk. Zum Boden wurden wieder 125 ccm frische Lösung gegeben, es wurde erneut geschüttelt und nach dem Absetzenlassen wieder in 125 ccm Lösung das vorhandene ausgetauschte Kalzium bestimmt. Die Kalkbestimmungen entsprechen also den verschiedenen Titrationen bei der Bestimmung der Gesamtazidität nach Daikuhara; wir bezeichnen sie demgemäß als y_1, y_2, y_3 usw. Diese Werte sind in der folgenden Tabelle zusammengestellt, dazu sind in ihr die Werte für a_1, a_2 usw. aufgeführt, die natürlich auch dieselbe Bedeutung haben wie bei der Daikuharaschen Bestimmung der Gesamtazidität:

Neutraler Versuchsfeldboden		Saurer Boden	
Werte für y	Werte für a	Werte für y	Werte für a
$y_1 = 0{,}0818$ g CaO	$a_1 = 0{,}0033$	0,0296 g CaO	0,0044
$y_2 = 0{,}0442$ g CaO	$a_2 = 0{,}0025$	0,0192 g CaO	0,0003
$y_3 = 0{,}0246$ g CaO	$a_3 = 0{,}0028$	0,0099 g CaO	0,0021
$y_4 = 0{,}0151$ g CaO	$a_4 = 0{,}0037$	0,0070 g CaO	0,0013
$y_5 = 0{,}0112$ g CaO	$a_5 = 0{,}0017$	0,0048 g CaO	0,0010
$y_6 = 0{,}0073$ g CaO	$a_6 = 0{,}0014$	0,0034 g CaO	
$y_7 = 0{,}0050$ g CaO			
$y_8 = 0{,}0050$ g CaO			

Schlösse sich die Bestimmung der Gesamtmenge von austauschbarem Kalk genau der Bestimmung der Gesamtaustauschazidität, also der Bestimmung des austauschbaren H oder Al, nach DAIKUHARA an, so müßten sich für die Quotienten $a_2 : a_1$, $a_3 : a_2$, $a_4 : a_3$ usw. konstante. Zahlen ergeben. Wir erhalten hier aber für den neutralen Boden die Werte 0,76, 1,1 und 1,3, also ziemlich wenig übereinstimmende Zahlen. Damit ist aber noch nicht gesagt, daß die Berechnungsweise DAIKUHARAS nicht ebensogut auf die Bestimmung des austauschbaren Kalkes wie auf die des Wasserstoffs oder des Aluminiums anwendbar sei. Schon bei Arbeiten mit RUNG (s. S. 126) haben wir an Kupfer- und ¡an Zinkpermutiten nachgewiesen, daß auch bei diesen sich das austauschbare Kation einigermaßen richtig nach der DAIKUHARAschen Methode ermitteln läßt, und es war daher anzunehmen, daß das auch bei anderen Kationen möglich sein würde. Was hier bei der Bestimmung des austauschbaren Kalkes die Unstimmigkeit des in die Formel

$$S = 2\left(y_1 + \frac{a_1}{1 - K}\right)$$

einzusetzenden Wertes für K herbeiführt, kann im übrigen schon in den unvermeidbaren kleinen analytischen Schwankungen bei der Bestimmung des Kalziums begründet liegen. Schon innerhalb der Fehlergrenzen liegende Abweichungen können Schwankungen im K-Wert von der Größe der beobachteten herbeiführen, und diese Fehlerquelle wird naturgemäß sich um so mehr auswirken, je kleiner die vorgefundene Menge an austauschbarem Kalzium wird. Es ließen sich daher auch bei dem zweiten Boden keine besseren Werte für K ermitteln. Bei diesem sauren Boden sind die Werte für K noch viel unsicherer als beim neutralen Boden. Schon eine Abweichung um 0,0002 g CaO bewirkt, wie eine einfache Rechnung erweist, eine Erniedrigung des K-Wertes von 0,07 auf 0,023. Mit Hilfe der DAIKUHARAschen Formel dürfte hiernach die an sich nicht unmögliche Ermittlung der Gesamtmenge an austauschbarem Kalk auf größte technische Schwierigkeiten stoßen.

DAIKUHARA hat nun aber schon dargelegt, daß ein bestimmtes Verhältnis zwischen der Gesamtazidität und der ersten Titration bestand; durch die Multiplikation des ersten Titrationswertes y_1 mit der Zahl 3,5 ließ sich bei Mineralböden mit hinreichender Genauigkeit die Gesamtazidität bestimmen. Nach dieser Richtung haben wir nun unsere Versuche fortgesetzt und geprüft, ob sich vielleicht für die austauschfähige Menge an Kalk ebenfalls ein einigermaßen konstantes Verhältnis zu derjenigen Menge ergäbe, die bei der ersten Ausschüttelung des Bodens mit Kaliumchloridlösung ausgetauscht wurde. Dazu haben wir an neun verschiedenen Böden nach der Methode von HISSINK mit Natriumchlorid die Gesamtmenge an austauschbarem Kalk ermittelt und diese Menge verglichen mit der bei einmaliger Ausschüttelung nach DAIKUHARA ausgetauschten Menge. Wir erhielten dabei die folgenden Zahlen:

	Boden 1	Boden 2	Boden 3	Boden 4	Boden 5	Boden 6	Boden 7	Boden 8	Boden 9
Wert für y_1 .	0,0818	0,0296	0,0385	0,0251	0,0940	0,0200	0,0063	0,0304	0,0461
Gesamtkalk .	0,2050	0,0749	0,0992	0,0653	0,2256	0,0563	0,0152	0,0752	0,1160
Quotient . . .	2,51	2,53	2,58	2,60	2,40	2,81	2,41	2,50	2,52

Sieht man von Boden 6 ab, so muß man zugeben, daß eine verhältnismäßig gute Übereinstimmung zwischen den Quotienten vorhanden ist; im Durchschnitt beträgt der Wert dafür 2,5. Mit dieser Zahl würde man also die bei einmaliger Behandlung des Bodens nach DAIKUHARA ausgetauschte Kalkmenge multiplizieren müssen, wenn man die Gesamtmenge an austauschfähigem Kalk bestimmen will. Der Faktor ist im Vergleich zu dem von DAIKUHARA für die Bestimmung der Gesamtazidität ermittelten Faktor von 3,5 zwar wesentlich kleiner, aber die Größe der Quotienten oder Faktoren, wie wir diese Zahlen ja auch in Ansehung ihrer Benutzung nennen können, ist sicherlich für die verschiedenen Kationen verschieden, denn diese Faktoren sind offenbar auch ein Ausdruck für die Haftfestigkeit der Kationen. Je stärker ein Kation vom absorbierenden Komplex festgehalten wird, um so weniger geht beim ersten Male davon in Lösung, desto größer wird dann auch der Faktor sein, der zur Errechnung der Gesamtmenge des Kations angewendet werden muß. Das Kalzium sitzt im Vergleich zum Kalium daher weniger fest im Komplex als das bei Daikuhara bestimmte Wasserstoff- oder Aluminiumion. Diese Tatsache umschließt natürlich für die Benutzung der Methode eine Beschränkung, denn man muß für jedes ausgetauschte Kation den ihm eigentümlichen Austauschfaktor kennen. Dieser wird sich aber, da die Mengen der anderen austauschbaren Basen nur sehr klein sind, wohl noch schwieriger genau ermitteln lassen, als das beim Kalzium der Fall ist. Immerhin wird man den Ausbau dieser Methode auch für die Bestimmung anderer Kationen, gegebenenfalls unter Verwendung anderer Salzlösungen, im Auge behalten müssen. Für die Bestimmung des austauschbaren Kalkes erlaubt unsere Methode jedenfalls jetzt schon Werte zu erhalten, die mit den durch langwieriges Auswaschen nach Hissink erhaltenen gute, oder wenigstens für die Zwecke der praktischen Bodenkunde sicherlich ausreichende Übereinstimmung aufweisen. Natürlich wird man sich auch dafür noch um eine genauere Normierung des Faktors durch weitere Untersuchungen bemühen müssen. Hingewiesen werden muß aber darauf, daß die Anwendung dieser schnell ausführbaren Methode bei Gegenwart von kohlensaurem Kalk im Boden ausgeschlossen ist, denn die daraus in Lösung gegangene Kalkmenge kann nicht in Rechnung gesetzt werden, da sie nicht bestimmbar ist. Die Verwendbarkeit unserer Methode ist also auf diejenigen Böden beschränkt, die Gegenstand dieses Buches sind, nämlich vornehmlich auf die sauren Böden; doch werden sich auch die neutralen Böden, wenn sie frei von Karbonat sind, mit gleichem Erfolge nach dieser Methode untersuchen lassen.

Trotz der Vereinfachung, die diese Methode für die Bestimmung des austauschbaren Kalziums und anderer Kationen offenbar schon in sich birgt, haben wir nach weiterer Abkürzung gestrebt, und wir glauben auch, eine Methode gefunden zu haben, die es gestattet, noch schneller und einfacher die am Ionenaustausch beteiligten Kationen zu erfassen. Dazu haben wir angeknüpft an die Methoden von Gedroiz und die von Bobko und Askinasi, bei denen zur Bestimmung der austauschbaren Basen eine Säure, nämlich Salzsäure, in Anwendung kommt, wie das oben bereits für die Methoden von Bobko und Askinasi beschrieben ist. Gedroiz verfährt bei seiner Salzsäuremethode folgendermaßen: 5—25 g Boden — je nach der Menge der absorbierten Basen — werden in der Kälte mit 2—50 ccm 0,05 n-Salzsäure in einer kleinen Porzellanschale behandelt und dann auf dem Filter so lange mit derselben Säure ausgewaschen, bis im Filtrat kein Kalzium mehr nachweisbar ist. Man prüft auf Kalzium, wenn etwa 300 ccm Säure durchgelaufen sind. Dabei ist darauf zu achten, daß das in Lösung gegangene Aluminium den Nachweis von Kalzium nicht stört. Man soll deshalb auf Kalzium so prüfen, daß man mit Ammoniumhydroxyd neutralisiert, bis zum Kochen erwärmt, die ausgeschiedene Tonerde mit Oxalsäure wieder in Lösung bringt, und dann erst mit Ammoniumoxalat auf das Vorhandensein von Kalk untersucht. Wie bei der Behandlung von sauren Bodenextrakten wird dann die Lösung unter Zusatz von Salpetersäure zur Trockne verdampft und die organische Substanz mit Königswasser zerstört. Der Rückstand wird 30 Minuten bei 125—150⁰ getrocknet und mit verdünnter Salzsäure in der Wärme gelöst; ungelöste Kieselsäure wird abfiltriert. In dem so erhaltenen Filtrat werden dann nach den von der Bodenanalyse her bekannten Methoden die Bestimmungen des Kalkes, der Magnesia, des Kalis und des Natrons vorgenommen. GEDROIZ nimmt von diesen Basen an, daß sie im Boden in austauschbarer Form vorher gebunden waren, daß sich also bei der Verwendung dieser ziemlich verdünnten Salzsäure nur die austauschfähigen Basen in Lösung begeben, aber noch keine aus anderen Silikaten stammenden, sonst nicht am normalen Basenaustausch beteiligten Basen. VON 'SIGMOND weist nun darauf hin, daß bereits noch verdünntere Salzsäure den Absorptionskomplex des Bodens zersetze. Es gehe das sowohl aus Arbeiten von MILNE[1] als auch aus Beobachtungen von KELLEY[2] hervor. Diese Tatsache zeigt natürlich ebenso deutlich auch schon die Beschreibung der Methode, die GEDROIZ selbst gibt, denn stets geht bei der Säurebehandlung Tonerde und auch Eisenoxyd in Lösung. Die Tonerde wird und kann kaum anderwärts herstammen als aus dem Absorptionskomplex, den Verwitterungssilikaten, daß aber deshalb, wie VON 'SIGMOND meint, diese Methode überhaupt auszuschalten ist, scheint uns nicht ohne weiteres zutreffend zu sein. Die Zerstörung des Absorptionskomplexes ist an sich völlig nebensächlich und unbedeutend, wenn nur die Extraktion mit der Salzsäure die Forderung erfüllt, daß alle und dabei natürlich nur allein die austauschfähigen Basen durch sie in Lösung gebracht werden. Ob dieses Ziel mit oder ohne Zersetzung des Verwitterungssilikates erreicht wird, ist für den Erfolg ohne jede Bedeutung. Nach unserer Auffassung dürfte von allen bekannten Methoden gerade diese Salzsäuremethode von GEDROIZ wegen ihrer verhältnismäßig einfachen Ausführung noch die zweckmäßigste sein, aber auch sie ist immer noch so umständlich, daß sie zu einer ausgedehnten praktischen Anwendung bei Bodenuntersuchungen wenig geeignet erscheint. Sie barg indessen nach unserer Auffassung doch den Kern einer einfachen Schnellmethode in sich, und diesen Kern glauben wir aus ihr herausgeschält zu haben. Wenn es nämlich nach GEDROIZ möglich war, mit einer sehr verdünnten Säure durch fortgesetztes Auswaschen alle austauschfähigen Basen in Lösung zu überführen, ohne daß, wie GEDROIZ allerdings wohl etwas irrtümlich annimmt, der absorbierende Komplex wesentlich angegriffen wird, so mußte es doch auch gelingen, mit einer einmaligen Säurebehandlung unter Verwendung einer konzentrierteren Säure alle austauschbaren Kationen zu erfassen. Fraglich war dabei nur, ob nicht auch die nichtaustauschfähigen Basen, die in noch unverwitterten Silikaten des Bodens stecken, in einer Menge mit herausgelöst wurden, daß der Wert für die nur austauschfähigen allzusehr davon beeinflußt wurde. Daß säurelösliche Basen, die nicht zu den austauschbaren Basen zu rechnen sind, im Boden vorhanden sind, ist von HISSINK bereits näher dargelegt worden. Um diese Tatsache zu erkennen, braucht man nur den Boden mit einer stärkeren Säure zu behandeln und die durch Austausch etwa nach HISSINK bestimmte Menge der austauschbaren Basen hiermit zu vergleichen. Bei der Untersuchung von sieben Böden erhielt HISSINK für die Mengen an austauschfähigen und an säurelöslichen wie auch an Gesamtbasen die folgenden Werte:

	100 g lufttrockener Boden enthält Milligrammäquivalente an				
	CaO	MgO	K_2O	Na_2O	Gesamtbasen
1. In austauschfähiger Form . .	29,8	4,0	6,5	1,1	35,4
2. In säurelöslicher Form	9,0	67,0	17,6	8,7	102,3
3. Insgesamt (1 + 2)	38,8	71,0	18,1	9,8	137,7

Vom Kalk ist die Hauptmenge, die der Boden überhaupt enthält, in der Form

---

[1] MILNE, G.: Verh. 2. Komm. internat. bodenkundl. Ges. Groningen A **1926**, 126.
[2] KELLEY, W. P.: Univ. California Techn. Paper, Nr 15.

austauschfähigen Kalziums, also verbunden mit den zeolithischen Silikaten — die untersuchten Böden waren Tonböden — vorhanden. Bei der Magnesia treffen wir die umgekehrten Verhältnisse an, hier ist die Menge des säurelöslichen Anteils ganz erheblich größer als die des austauschfähigen, und dasselbe gilt für das Natrium und Kalium.

Gab es nun eine Säurekonzentration, die alle austauschfähigen Basen erfaßte, ohne die säurelöslichen mitzutreffen, so ließ sich die Bestimmung der austauschfähigen Basen zurückführen auf eine einfache Ausschüttelung des Bodens mit dieser Säure und Zurücktitrieren des unverbrauchten Säurerestes. Ob bei einer solchen Säurebehandlung des Bodens die zeolithischen Silikate selbst mehr oder weniger zersetzt wurden, konnte für die Bestimmung ebensowenig Bedeutung gewinnen wie bei der Methode von Bobko und Askinasi. Die Aluminium- und Eisensalze, die sich bei der Zersetzung der zeolithischen Silikate bilden konnten, wurden ja für die Titration ohne Einfluß infolge ihrer Hydrolyse. Ausschließlich die Säureabnahme, die auf der Lösung von ein- und zweiwertigen Metallen aus dem leicht angreifbaren, zum Basenaustausch befähigten Bodenkomplex beruhte, somit auf Bildung von Natrium-, Kalium-, Magnesium- und Kalziumsalzen, wird durch die Bestimmung des Neutralisationsgrades der angewendeten Salzsäure ermittelt. Über die Möglichkeit der Erfassung der austauschbaren Basen auf diesem einfachen Wege konnte natürlich nur der Versuch selbst Auskunft geben. Aus den folgenden Ergebnissen unserer Untersuchungen wird man aber den Eindruck gewinnen, daß sie zugunsten der Methode entscheiden.

Ausgeführt wurden unsere Versuche so, daß wir 50 g Boden mit 250 ccm n/10-Salzsäure versetzten und nach einstündigem Schütteln über Nacht stehen ließen. 125 ccm der überstehenden klaren Lösung wurden dann abgehebert und unter Verwendung von Phenolphthalein als Indikator titriert. Aus der durch den Boden verbrauchten Menge Säure wurde auf die dazu nötige Menge an Basen zurückgerechnet; diese Menge wurde in Milligrammäquivalente auf 100 g Boden umgerechnet und dann mit den nach Bobko und Askinasi ermittelten und ebenfalls in Milligrammäquivalenten auf 100 g Boden ausgedrückten Mengen der austauschbaren Basen verglichen. Diese Untersuchungen führten zu den nebenstehenden Ergebnissen.

Herkunft des Bodens	Austauschfähige Basen in Milligrammäquivalenten		
	aus der absoluten Neutralisation	nach Bobko und Askinasi	p_H der Suspension
Eifel 1	14,4	15,5	6,8
	14,3	15,4	6,7
Kottenforst . .	5,5	5,5	5,6
	5,3	5,6	5,6
Meckenheim . .	7,0	7,1	5,8
	7,0	7,1	5,9
Eifel 2	7,8	8,0	6,5
	7,9	8,0	6,5
Röttgen . . .	1,8	6,6	3,2
	1,8	6,7	3,4
Annaberg . . .	6,6	8,6	4,7
	6,6	8,5	4,8
Benrath . . .	8,9	8,8	6,6
	8,9	8,8	6,6

Wie aus den Zahlen der Tabelle zu entnehmen ist, stimmen in einigen Fällen die nach den beiden Methoden ermittelten Werte für den Gehalt an austauschbaren Basen sehr gut überein, aber es gibt auch Abweichungen. Für die bei dem ersten Boden, der einen fast neutralen Reaktionswert besitzt, gefundenen Abweichungen können wir den Grund zur Zeit noch nicht mit Sicherheit angeben. Wären hier bei der Bestimmung nach der absoluten Neutralisation, wie wir die von uns angewendete Methode am kürzesten bezeichnen können, höhere Werte als nach Bobko und Askinasi gefunden worden, so hätte man vielleicht an die Gegenwart geringer Mengen von anderen säureneutralisierenden Stoffen, wie Kalziumkarbonat und Kalziumphosphat, denken können; diese Stoffe müßten ja die Neutralisationswerte positiv beeinflussen. So können wir zur Zeit noch keine genauere Auskunft über die Gründe dieser vielleicht aber überhaupt nicht sehr ins Gewicht fallenden Abweichung geben. Wohl ist das aber in den beiden anderen Fällen möglich, nämlich bei dem Boden aus Röttgen und dem aus Annaberg. Diese beiden Böden waren deutlich austauschsauer, sie enthielten also neben den anderen Basen auch austauschbares Aluminium bzw. austauschbaren Wasserstoff, die beide nicht bei der Behandlung mit Säure, wohl aber bei der Behandlung der Böden mit Bariumchlorid nach Bobko und Askinasi erfaßt werden. Wird nun dieser Tatsache Rechnung getragen, addiert man also die Milligrammäquivalente für diesen Wasserstoff oder dieses Aluminium zu den bei der absoluten Neutralisation ermittelten Basen,

Herkunft des Bodens	Milligrammäquivalente aus absoluter Neutralisation	Milligrammäquivalente aus der Austauschazidität	Summe beider
Röttgen . . .	1,8	4,8	6,6
Annaberg . . .	6,6	1,8	8,4

so stellt sich, wie die nebenstehenden Zahlen zeigen, auch hier eine durchaus befriedigende Übereinstimmung zwischen den beiden Methoden heraus.

Es scheint somit, daß man mit dieser einfachen Bestimmung der absoluten Neutralisation ein brauchbares Mittel in der Hand hat, die Gesamtmenge der austauschbaren Basen schnell und mit genügender Sicherheit zu ermitteln. Sobald es sich allerdings um Böden mit einem Gehalt an Kalziumkarbonat handelt, ist die Methode nicht anwendbar, doch ist das ja ein Mangel, der für die Böden, mit denen wir es in dieser Abhandlung zu tun haben, ohne Bedeutung ist. Störungen würden aber auch, wie schon oben gesagt, eigentlich von einem Gehalte an Kalziumphosphat zu erwarten sein. Daß aber solche Störungen, wie die Versuche beweisen, trotz des analytisch festgestellten verschieden hohen Gehaltes der geprüften Böden an Phosphorsäure nicht eingetreten sind, hängt wohl damit zusammen, daß die Phosphorsäure in sauren Böden in einer Bindungsform vorliegt, die weniger leicht in der angewendeten Salzsäure löslich ist. Der Überschuß dieser Salzsäure, der nicht durch ein- und zweiwertige Basen neutralisiert wird, geht ja durch Auflösung von Tonerde sehr schnell in Aluminiumchlorid über, das infolge seiner niedrigen Wasserstoffionenkonzentration nur ein sehr geringes Lösungsvermögen besitzen kann. Bei neutralen und alkalischen Böden, bei denen die Phosphorsäure unter Umständen in einer leichter löslichen Form, nämlich der des Trikalziumphosphates, vorhanden sein kann, wird unsere Methode vielleicht versagen, wenn es nicht gelingt, die gelöste Phosphorsäure in Rechnung zu setzen. Dieser Übertragung der Methode auf andere als saure Böden wird man noch eingehendere Arbeit widmen müssen, für die sauren Böden wird unsere absolute Neutralisation wohl von allen Methoden am schnellsten in der Lage sein, die austauschbaren Basen in ihrer Gesamtheit mit einer Genauigkeit zu erfassen, die für die praktische Auswertung der Versuchsergebnisse ausreichend ist. Eine Verbreiterung der experimentellen Grundlagen ist aber auch noch für die sauren Böden natürlich wünschenswert.

d) Die Ermittlung des Wertes T von Hissink.

Stehen nach den obigen Darlegungen der Ermittlung der Gesamtmenge der in einem Boden vorhandenen austauschbaren Basen zur Zeit wohl keine Schwierigkeiten mehr entgegen, so ist damit für die schärfere Festlegung des Versauerungszustandes oder, wenn wir dafür die reziproke Bezeichnung wählen wollen, des Sättigungszustandes, noch nicht alles gewonnen. Zur Erfassung dieses Zustandes ist ja, wie oben angegeben, außer der Menge der vorhandenen austauschbaren Basen auch noch die Kenntnis derjenigen Menge an diesen Stoffen unerläßlich, die der Boden im Höchstfalle besitzen kann, eine Größe, die von Hissink als T bezeichnet ist. Erst das Verhältnis der vorhandenen austauschfähigen Basen zu der Menge der Basen, die der Boden im Höchstfalle in austauschfähiger Form zu binden vermag, kann den Sättigungs- oder den Versauerungszustand des Bodens scharf definieren. Auch für die Bestimmung der Größe T gibt es zwar schon Methoden, aber ihre Brauchbarkeit ist bei weitem nicht so gesichert, wie es für die Bestimmung des Wertes S der Fall ist. Ist ein in der Natur auftretender Boden einmal wirklich mit Basen absorptiv gesättigt, so deckt sich natürlich die Bestimmungsmethode dieses Höchstwertes der Sättigung, wobei $S : T = 1$ ist, mit den Methoden, die zur Ermittlung von S in den obigen Ausführungen beschrieben sind. Ist aber das Sättigungsverhältnis kleiner als 1, so ist keine dieser Methoden ohne weiteres anwendbar. Die Gründe dafür müssen etwas näher auseinandergesetzt werden, weil ihre Nichtbeachtung auf diesem Gebiete manche Unklarheiten im Gefolge gehabt hat und auch heute noch aufrechterhält.

Wenn ein an Basen gesättigter Boden der Versauerung, also der Basenverarmung, unterliegt, so tritt, wie eingangs bei der Besprechung der Entstehung der sauren Böden schon auseinandergesetzt ist, an die Stelle der in Verlust geratenden Basen der Wasserstoff der diesen Verlust bewirkenden Säuren. Es tritt also ein Austausch des Wasserstoffs der Säure gegen die austauschfähigen Kationen des Absorptionskomplexes ein. Nach unserer Auffassung dieses Vorganges werden dabei die Wasserstoffionen der einwirkenden Säure von den zeolithischen Silikaten — die Mitwirkung der Humate mag hierbei einmal der Einfachheit halber außer acht gelassen werden — abgefangen, wie das alle Salze schwacher Säuren tun, unter Überführung in die freien, elektrolytisch wenig dissoziierten Säuren. Es entstehen also im Boden aus den zeolithischen Silikaten etwa die freien Aluminiumkieselsäuren. Der Säurewasserstoff der freien Kieselsäuren läßt sich nun nicht durch die Einwirkung von neutralen Salzlösungen vollständig aus ihnen wieder verdrängen, er ist nur dann in diesen Säuren durch Metallkationen restlos ersetzbar, wenn man entweder direkt freie Basen auf den Boden zur Einwirkung bringt oder — man denke an die Bestimmung der hydrolytischen Azidität — die Lösungen von Salzen schwacher Säuren mit starken Basen verwendet. Nur durch diese Stoffe können die an Basen verarmten zeolithischen Silikate wieder von ihrem Säurewasserstoff befreit und in den gesättigten Zustand übergeführt werden. Mit den Neutralsalzen reagiert ja der Boden erst, wenn er bei schon erheblich vorgeschrittenem Basenverlust in das Stadium der Austauschazidität übergegangen ist. In diesem Zustande kann man durch Anwendung neutraler Salze einmal alle in ihm noch etwa enthaltenen Metallkationen, also Kalzium, Magnesium, Natrium und Kalium, außerdem die austauschfähigen Wasserstoff- oder Aluminiumionen aus ihm verdrängen. Eine volle Auffüllung mit Basen bis zur Sättigung kann man mit der Neutralsalzbehandlung aber niemals erreichen. Sie führt nur zur Beseitigung der Austauschazidität, läßt aber einen großen Teil der hydrolytischen Azidität unabgesättigt zurück. Die gesamte hydrolytische Azidität eines Bodens ist nun gar nichts anderes als der Wert $T - S$ von Hissink. Beide Werte — hydrolytische Azidität und $T - S$ nach Hissink — bedeuten dasselbe, nämlich die Gesamtmenge des in einem Boden vorhandenen Säurewasserstoffs in der Form von Zeolith- und Humussäuren oder von sauren Salzen dieser Säuren. Dieser Säurewasserstoff muß beseitigt werden, wenn man den Zustand der Sättigung des Bodens mit austauschfähigen Basen erreichen will, den Hissinkschen Wert T. Auf die engen Beziehungen, die nach diesen Darlegungen zwischen den HISSINKschen Werten und den von uns unterschiedenen Azidiätsformen ganz offenkundig bestehen, soll nachher noch einmal zurückgegriffen werden; hier mögen zunächst die Methoden beschrieben werden, die zur Bestimmung dieses Wertes $T - S$ bisher in Anwendung gebracht sind[1].

Nichts kennzeichnet nun die Verwirrung, die in dieser Frage der Bestimmung von $T - S$ besteht, besser als die Tatsache, daß sogar an dieser Stelle eine Methode zur Bestimmung dieses Wertes beschrieben ist, mit der ganz unmöglich das gesteckte Ziel erreicht werden kann, nämlich die Methode von BOBKO und ASKINASI. Diese Methode haben wir schon oben dargelegt, aber am richtigen Orte; denn sie kann ihrer ganzen Art nach zu gar nichts anderem gebraucht werden als zur Bestimmung des Wertes S. Es wird nämlich bei dieser Methode gerade ein Neutralsalz angewendet, und damit kann man nur, wie oben gesagt, die vorhandenen Kationen der Metalle und dazu den kleinen Teil des Säurewasserstoffs (oder der Aluminiumionen) ermitteln, die sich in austauschbarer Stellung befinden. Man kann aber nie, und wenn man den Boden noch solange damit auswäscht, den gesamten Säurewasserstoff bestimmen, der in den Ton- oder Humussäuren steckt, denn dieser läßt sich, weil er eben nicht vollständig in austauschbarer Form vorhanden ist, mit Neutralsalzlösungen nicht restlos auswaschen. Diese Methode von BOBKO und ASKINASI gehört also nicht unter die Methoden zur Bestimmung von $T - S$. Mit Recht darunter einzureihen sind nur die weiter unten beschriebenen Methoden von HISSINK und von GEHRING. Nur diese beiden Methoden vermögen infolge der Verwendung von starken Basen die ganze Menge des im Boden vorhandenen Säurewasserstoffs zu beseitigen, nicht nur, wie die Neutralsalzlösungen verwendenden Methoden, einen kleinen Teil davon. Bei der Bedeutung, die diesen Methoden von HISSINK und GEHRING unbedingt zuzuerkennen ist, müssen wir sie mit derselben Ausführlichkeit, wie sie an genannter Stelle mitgeteilt sind, auch hier angeben.

Vorher muß aber auch noch darauf hingewiesen werden, daß derselbe Irrtum, der der Einreihung der Methode von ASKINASI zugrunde liegt, auch der Bestimmung anhaftet, die von GEDROIZ zur Ermittlung des Ungesättigtseins eines Bodens ausgearbeitet ist. Diese Methode will die unvollständige Sättigung des Bodens nämlich gleichfalls nur durch die Behandlung mit Bariumchlorid bestimmen; sie übersieht also auch gänzlich, daß immer nur ein Teil des Säurewasserstoffs der ungesättigten Böden durch Neutralsalzlösungen verdrängbar ist. Die Methode von GEDROIZ deckt sich im Prinzip vollständig mit derjenigen, die schon seit mehr als einem Jahrzehnt als die DAIKUHARA-Methode sich in vielfacher Benutzung befindet, denn GEDROIZ bestimmt mit ihr gar nichts anderes als die DAIKUHARAsche Gesamtazidität.

Bestimmung von $T - S$ nach HISSINK. Für die Bestimmung von $T - S$ kann, wie oben auseinandergesetzt, nur die Behandlung des Bodens mit einer Lauge in Frage kommen, und man könnte meinen, daß durch einfachen Zusatz steigender Mengen davon sich der Sättigungspunkt leicht erfassen lassen würde. Das ist aber keineswegs der Fall. Der Boden hat nämlich die unangenehme Eigenschaft, keinen scharfen Endpunkt für die Bindung der zugesetzten Lauge zu erkennen zu geben; immer wird noch von der erneut zugesetzten Lauge ein kleiner Teil gebunden, wenn schon längst eine alkalische Reaktion in der Lösung vorhanden ist. Von dieser Tatsache kann jeder Titrationsversuch an Boden unter Verwendung von Lauge leicht überzeugen. Auf einem kleinen

---

[1] Vgl. Verh. 2. Komm. internat. bodenkundl. Ges. Groningen.

Umwege, der erst über die konduktometrische Methode führte, kam HISSINK dann aber doch zur Bestimmung des Sättigungspunktes mit Hilfe einer einfachen Titrationsmethode. Eine ungefähr 2,5 g Ton entsprechende Menge lufttrockener Feinerde wird nach HISSINKS Vorschrift in gut verschlossenen weiten Reagenzröhren mit zunehmenden Mengen 0,1 n-Barytlösung versetzt, mit Wasser auf 50 ccm aufgefüllt und zeitweilig während drei Tagen geschüttelt. Nach vier Tagen wird mittels Pipette und Saugpumpe die klare überstehende Flüssigkeit aus den Röhren entnommen und mit Säure gegen Phenolphthalein titriert. Die abgeheberten Lösungen aus den trüb gebliebenen Röhren brauchen dabei nicht mittitriert zu werden, da sie doch nur sehr geringe Spuren an Baryt enthalten und stets schon mit 1—2 Tropfen Säure den Farbenumschlag ergeben. In einer graphischen Darstellung werden nun die hinzugefügten Mengen Baryt auf der Abszisse, die in Lösung gebliebenen Mengen daran auf der Ordinate aufgetragen, die so erhaltene Kurve ist der Kurve der Leitfähigkeitstitration ähnlich. Der gerade Teil dieser Kurve, der dadurch entsteht, daß von einem bestimmten Zusatz ab die in Lösung bleibende Barytmenge proportional mit der zugesetzten wächst, wird die Barytgerade genannt. Sie wird bis zur Abszisse verlängert, und ihr Schnittpunkt mit der Abszisse wird als der „Äquivalenz- oder Sättigungspunkt" angenommen (Wert $T — S$). Dieser Wert wird in Milligrammäquivalente Baryt auf 100 g bei 105° C getrockneten Boden umgerechnet.

Daß die bei dieser Methode zur Anwendung gelangenden Bodenmengen dem Tongehalt und auch dem Humusgehalt des Bodens angepaßt werden müssen, beruht darauf, daß sich bei wechselnden Mengen desselben Bodens, also bei verschiedenen Mengen von Ton und Humus, etwas voneinander abweichende Werte bei HISSINKs Versuchen ergaben. Dieser Abhängigkeit kann dadurch Rechnung getragen werden, daß der Bestimmung möglichst gleiche Mengen an Ton und Humus zugrunde gelegt werden. Bei Mineralböden nimmt man, wie schon oben gesagt, so viel, daß die Tonmenge darin etwa 2,5 g beträgt, bei Humusböden schlägt HISSINK die Benutzung einer Bodenmenge vor, die 0,25 g Humus auf 50 ccm der angewendeten Barytlösung gleichkommt. Die Bestimmung verlangt also die Kenntnis dieser Gehalte an Ton und Humus.

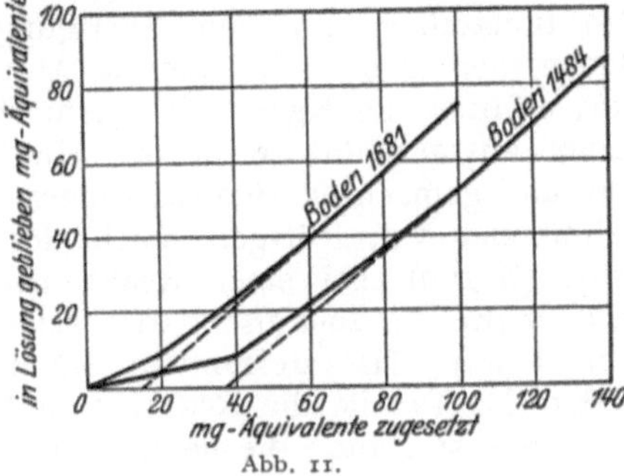

Abb. 11.

Die Ermittlung des Sättigungspunktes nach dieser Methode von HISSINK geht am klarsten aus der graphischen Darstellung (s. Abb. 11) hervor, die sich auf zwei Versuche von HISSINK selbst bezieht.

Zur Kennzeichnung dieses Äquivalenz- oder Sättigungspunktes nach HISSINK sei noch gesagt, daß er erst bei einer schon sehr stark alkalischen Reaktion des Bodens gefunden wird. Die Reaktionszahl bei diesem Punkte liegt nach HISSINK gewöhnlich bei 11. Das ist eine Reaktionszahl, die niemals von einem Boden in der Natur aufgewiesen wird, und es erscheint daher fraglich, ob es wohl zweckmäßig ist, für praktischen Zwecken dienende Untersuchungen eine so weitgehende Beladung des Bodens mit Basen vorzunehmen. Naturgemäßer würde es sein, den Boden nicht weiter zu sättigen, als es die unter humiden Verhältnissen auftretende alkalische Höchstreaktion von etwa 8,5 p_H verlangt. Doch darüber können erst weitere Untersuchungen entscheiden; HISSINK hebt ja auch selbst hervor, daß er mit seiner Methode zur Bestimmung von $T — S$ noch keineswegs etwas Vollkommenes zu bringen vermag, daß vielmehr damit nur der erste Schritt zu dem erstrebten Ziele unternommen sei. Auf jeden Fall ist es nun aber möglich, nach Hissinks Methode zu einer genaueren Charakterisierung des Sättigungszustandes zu gelangen, als es bisher möglich war. Der Wert S wird zu diesem Zwecke nach der schon oben beschriebenen Methode durch Auslaugen mit Natriumchloridlösung ermittelt, den Wert $T - S$, also den vorhandenen Säurewasserstoff, erhält man nach der vorstehenden Titrationsmethode. T ist dann gleich der Summe von Säurewasserstoff und noch vorhandenen austauschbaren Kationen, somit gleich $(T - S) + S$, und der Sättigungsgrad V nach Hissink ist nichts anderes als das Verhältnis von S zu T in Prozenten angegeben, also $V = 100 \cdot \dfrac{S}{T}$.

Was diesen Wert V nun angeht, so interessiert uns an dieser Stelle am meisten, in welcher Beziehung er zu dem Versauerungszustand des Bodens, ausgedrückt etwa durch die Bodenreaktion, steht. An zehn von Hissink durchgeführten Untersuchungen mag diese Frage etwas näher dargelegt werden.

Boden Nr.	S	$T - S$	T	V	p_H	Ton %
238	0	11	11	0	4,52	22,7
1482	27,1	42,6	69,7	38,8	5,89	64,7
1483	28,3	41,1	69,4	40,8	5,96	67,5
1484	33,0	40,9	73,9	44,7	6,25	78,6
790	32,3	36,7	69,0	46,8	7,03	74,2
1458	12,2	35,1	47,3	25,8	7,49	83,0
1459	36,3	32,5	68,8	52,8	7,59	74,5
1681	19,7	15,3	35,0	56,4	7,61	41,1
1679	20,5	18,9	39,4	52,0	7,67	35,9
1680	23,0	19,2	42,2	54,5	7,70	43,5

Bei Betrachtung dieser Zahlen scheint ein Zusammenhang zwischen den Reaktionszahlen und dem Sättigungszustand V unverkennbar. Der sauerste Boden, der auch nach Hissinks Untersuchung bereits deutlich austauschsauer war, eröffnet die Reihe mit einem Wert für V von 0. Daß dieser Boden gar keinen austauschfähigen Kalk mehr besessen haben soll, erscheint uns nach den von uns gemachten Beobachtungen allerdings recht auffällig; hatte doch ein Lehmboden von Röttgen, nach der Methode von Bobko und Askinasi geprüft (S. 169), bei einer Reaktionszahl von 3,2 sogar noch 6,6 Milligrammäquivalente an austauschbaren Basen, unter denen sicherlich Kalk vorherrschend war. Mit steigendem Sättigungsgrad nimmt nun bei den folgenden Böden der Tabelle die Reaktionszahl ganz sinngemäß mehr und mehr zu; mit $V = 46,8$ ist gerade die neutrale Reaktion erreicht. Dann kommt aber ein erheblicher Rückschlag in den V-Werten trotz steigender Reaktionszahl. Der Boden 1458 bildet eine ganz auffallende Ausnahme, und das besonders deshalb, weil der eine der experimentell bestimmten Werte, der Wert $T - S$, ganz gut in die Reihe paßt. Bis zum Neutralpunkt sprechen die Hissinkschen Zahlen jedenfalls deutlich für eine Abhängigkeit der Reaktionszahlen von dem Sättigungszustand, wie das auch bei der ziemlichen Gleichartigkeit der Böden in ihrer mechanischen Zusammensetzung — mit Ausnahme von Boden 238 sind die ersten sieben Böden der Tabelle schwere Tonböden — eigentlich erwartet werden muß. Es sprechen aber auch die Ergebnisse, die bei den drei letzten Böden erhalten wurden, keineswegs gegen diesen Zusammenhang von Sättigungswerten und Reaktionszahlen, denn die V-Werte kann man innerhalb der Fehlergrenzen der Bestimmung als nur sehr wenig voneinander abweichend betrachten, auch die Reaktionszahlen liegen nicht wesentlich voneinander entfernt. Gerade die letzten drei Böden scheinen aber noch eine andere, sehr wichtige Tatsache in wünschenswerter Weise zu belegen, nämlich die, daß die V-Werte und ihr Zusammenhang mit der Bodenreaktion weitgehend unabhängig sind von der mechanischen Beschaffenheit der Böden. Der Tongehalt der drei letzten Böden beträgt nur etwa die Hälfte der bei den sechs darüber stehenden Böden daran vorhandenen Menge; S-Werte und $T-S$-Werte sinken infolgedessen zwar absolut stark, aber fast im gleichen Verhältnis, und deswegen bleiben die V-Werte und die Reaktionszahlen davon ziemlich unbeeinflußt. In dieser Tatsache, die natürlich noch weiterer Belege bedarf, ist einer der Hauptvorzüge, die der HISSINKschen Bezeichnungsweise eigentümlich sind, zu erblicken. Während die hydrolytische Azidität und die Austauschazidität immer nur bei mechanisch gleichartigen Böden den Reaktionszustand richtig zu vergleichen gestatten — entspricht doch die hydrolytische Azidität, wenn sie quantitativ bestimmt wird, voll und ganz den Werten für $T-S$ nach HISSINK, die auch für sich allein keine Vergleichung des Aziditätszustandes ermöglichen, weil sie eben nur den vorhandenen Säurewasserstoff angeben —, haben die V-Werte HISSINKS Geltung für alle Böden. Jeder Boden, der nach HISSINK den aus der Tabelle hervorgehenden V-Wert von etwa 47 überschreitet, scheint auf der alkalischen Seite, jeder Boden, der darunterbleibt, auf der sauren Seite der Reaktionsskala zu liegen.

e) Die Bestimmung des Sättigungsgrades nach GEHRING und WEHRMANN[1].

Die zweite bisher eingehend ausgearbeitete Methode zur Bestimmung des Sättigungszustandes des Bodens ist die von GEHRING und WEHRMANN. Sie ist in einer Beziehung durchaus von der HISSINKschen Methode verschieden, wenn sie auch sonst direkt auf der HISSINKschen Methode zur Bestimmung von S aufgebaut ist. GEHRING bestimmt nämlich den Sättigungswert T nicht wie HISSINK aus der Rücktitration der auf den Boden zur Einwirkung gebrachten und unverbraucht gebliebenen Laugemenge, sondern er sättigt den Boden in gleich näher zu erörternder Weise mit Basen und wendet auch auf den gesättigten Boden das Auswaschverfahren von HISSINK mit Natriumchloridlösung an. Vielleicht hat das Verfahren von GEHRING vor dem HISSINKschen insofern einen Vorzug, als er einmal eine Base zur Sättigung anwendet, die auch in der landwirtschaftlichen Praxis benutzt wird, nämlich den Kalk, dann aber vermeidet GEHRING die starke Übersättigung des Bodens mit Basen, die bei HISSINKS Titriermethode zweifellos vorhanden ist. Im einzelnen verfährt GEHRING nun wie folgt:

25 g lufttrockner Boden werden mit 100 ccm gesättigter Kalziumhydroxydlösung versetzt und unter genauer Beobachtung mit dem Thermometer vorsichtig auf 60^0 erwärmt. Nach Erreichung dieser Temperatur wird das Thermometer mit 5 ccm Wasser abgespült, so daß jetzt eine Flüssigkeitsmenge von 105 ccm dem Boden zugefügt worden ist. Nach etwa 24 stündiger Einwirkung des Kalkwassers wird nach Zusatz von Phenolphthalein vorsichtig Kohlendioxyd bis zur Entfärbung des Phenolphthaleins eingeleitet. Dann wird gründlich zum Kochen erhitzt zur Umwandlung etwa vorhandenen Kalziumbikarbonates und dem Boden so viel Kochsalz zugefügt, als nötig ist, um die Flüssigkeitsmenge von 105 ccm normal daran zu machen. Diese Lösung wird nach etwa 12 stündiger Einwirkung auf den Boden abfiltriert und der Boden weiterhin mit Natriumchloridlösung, entsprechend den HISSINKschen Angaben über die Bestimmung des absorptiv gebundenen Kalkes im Boden, behandelt. Es wird sowohl im 1. Liter wie im 2. Liter die vorhandene Menge an CaO bestimmt. Vermindert man die im

---

[1] GEHRING, A., u. O. WEHRMANN: Z. Pflanzenernährg, Düngg u. Bodenkde A **8**, 321.

1. Liter enthaltene Menge an Kalk um die Menge, welche im 2. Liter enthalten ist, so erhält man die vom Boden im höchsten Falle in absorptiver Bindung aufnehmbare Menge an CaO.

Zu dieser Methode sind von GEHRING und seinen Mitarbeitern selbst eine Reihe Untersuchungen ausgeführt worden, die eine genauere Ermittlung der Bedeutung zum Ziele hatten, die die einzelnen Maßnahmen der Methode auf ihre Brauchbarkeit ausüben. Ganz besonders wurde die Berechtigung der Anschauung von HISSINK, auf die sich geradeso wie HISSINKS Methode auch die von GEHRING stützt, daß nämlich im 1. Liter der Natriumchloridlösung aus dem Boden tatsächlich die ganze Menge des in austauschfähiger Form vorhandenen Kalkes gelöst wurde, einer eingehenden Prüfung unterworfen. GEHRING kommt dabei zu dem Ergebnis, daß die Auffassung wohl berechtigt sei, daß im 1. Liter der austauschfähige Kalk vollständig ausgewaschen werde, im 2. dagegen nur noch Umsetzungen mit dem etwa vorhandenen kohlensauren Kalk des Bodens sich vollziehen. An derselben Stelle werden von den Genannten auch andere methodologische Fragen geprüft, so die über die Einwirkung des Kochens nach erfolgter Behandlung mit Kohlensäure. Die richtige Durchführung dieser Maßnahme scheint sehr wichtig für die Erzielung zutreffender Ergebnisse zu sein, z. B. erhielt GEHRING bei Einleiten der Kohlensäure gerade bis zur Entfärbung der Flüssigkeit eine Menge an austauschfähigem Kalk von 0,0320 g, bei $\frac{1}{4}$ Stunde langem Einleiten der Kohlensäure ohne gründliches Erwärmen 0,0385 g, und bei derselben $\frac{1}{4}$ stündigen Einleitung der Kohlensäure, aber mit gründlichem Erwärmen, 0,0310 g austauschfähigen Kalk. Bei genauer Beachtung der Vorschriften über die Art der Kohlensäurebehandlung erhält man aber nach GEHRINGS Angaben im allgemeinen gut übereinstimmende Werte.

Vergleichende Untersuchungen über die nach den Methoden von HISSINK und GEHRING erhaltenen Werte für den Sättigungsgrad der Böden liegen bisher in nur sehr beschränkter Anzahl vor. Von GERICKE sind solche Untersuchungen angestellt worden[1]; sie führten aber, wie die beistehende Zusammenstellung

Boden	Im Höchstfalle wurden von 100 g Boden absorbiert mg CaO nach		
	HISSINK	GEHRING	BOBKO
Nr. 1830 . .	2296,6	1152,0	1081,5
Tonboden . .	667,3	808,0	327,0
Nr. 52 . . .	736,4	550,0	364,0
Nr. 53 . . .	870,4	691,0	278,1
Nr. 54 . . .	743,4	776,0	441,7
Nr. 55 . . .	767,4	700,0	480,0
Nr. 62 . . .	920,9	460,0	450,2

kundtut, zu keineswegs übereinstimmenden Ergebnissen.

Im allgemeinen zeigt, wie GERICKE schlußfolgert, sich hiernach zwischen den Ergebnissen nach den verschiedenen Methoden keinerlei Übereinstimmung. Direkte Übereinstimmung kann natürlich auch gar nicht erwartet werden bei der Verschiedenartigkeit der angewandten Methoden. So dürfen die Werte nach BOBKO überhaupt nicht mit den Werten nach den beiden anderen Methoden, die wenigstens eine gewisse Übereinstimmung in ihrer Ausführung erkennen lassen, verglichen werden, denn BOBKOS Bestimmung ist ja nichts als die Bestimmung der gerade noch vorhandenen austauschfähigen Basen unter Zuzug des austauschbaren Wasserstoffes oder Aluminiums, sie umfaßt also den Wert S und einen kleinen Teil von $T-S$. HISSINKS und GEHRINGS Werte dagegen entsprechen in gleicher Weise einem Wert T. Daß im übrigen aber auch die Werte von HISSINK und GEHRING Übereinstimmung vermissen lassen, ist selbstverständlich deswegen der Fall, weil HISSINKS Werte bei einem starken Basenüberschuß gewonnen werden, GEHRING dagegen den an Stelle von Bariumhydroxyd aus Kalziumhydroxyd bestehenden Basenüberschuß durch das Einleiten der Kohlensäure beseitigt. Beide

---

[1] GERICKE, S.: Z. Pflanzenernährg, Düngg u. Bodenkde A **9**, 32.

stellen also ihre Werte bei einem ganz verschiedenen Gleichgewicht fest. Erwarten sollte man allerdings, daß nach HISSINKS Methode immer mehr austauschfähige Basen, ein höherer T-Wert, erhalten würde. Daß das nach GERICKES Zahlen nicht der Fall ist, erregt Bedenken, die wohl erst durch weitere Vergleichsuntersuchungen behoben werden können.

Im übrigen ist, was leicht erkannt werden kann, die Bestimmung des Sättigungswertes T für alle Methoden zur Bestimmung des Sättigungszustandes der springende Punkt. Die zuverlässige, sicher reproduzierbare Erfassung dieses Punktes ist ausschlaggebend für die Brauchbarkeit der Methode. Vielleicht ist es unter Berücksichtigung der praktischen Verhältnisse, bei denen eine Sättigung wie nach HISSINKS Methode niemals vorhanden sein kann, richtiger, was auch schon GERICKE vorschlägt, die Methode von GEHRING allgemein anzuwenden. Sie führt zu einer Sättigung des Bodens, wie sie etwa nach Zusatz einer überschüssigen Menge von kohlensaurem Kalk ebenfalls gefunden werden würde, entspricht also noch am ersten einigermaßen natürlichen Bedingungen. Auch RAMANN hat übrigens die Benutzung der stark absorbierbaren zweiwertigen Hydroxyde, wie Barium- und Kalziumhydroxyd, aus denselben Gründen bemängelt; die Sättigungswerte, die mit diesen Hydroxyden erhalten werden, sollen nach ihm nur zur Hälfte eingesetzt werden, was allerdings ziemlich willkürlich sein dürfte[1]. Die an derselben Stelle von RAMANN ausgesprochene Forderung nach Ausarbeitung einer brauchbaren Methode zur Bestimmung des Sättigungsgrades der Böden schien uns besonders deswegen am ersten durch die Methode von GEHRING erfüllt zu sein, weil erwartet werden konnte, daß bei ihr die Absättigung des Bodens mit Kalk infolge der Kohlensäurebehandlung bei einer Reaktion erfolgte, die auch bei den unter natürlichen Verhältnissen mit Basen gesättigten Böden angetroffen wird. Daß diese Erwartung wirklich zutrifft, haben Versuche, die von uns[2] ausgeführt wurden, zuverlässig belegt. Hierbei verfolgte KUTSCHINSKY die in den einzelnen Phasen der GEHRINGschen Methode auftretenden Reaktionszahlen und fand dabei folgende Werte:

Phasen der Behandlung	Boden				
	1	2	3	4	5
Nach Zusatz der gesättigten Kalziumhydroxydlösung.	11,87	11,87	12,01	12,09	11,73
Nach dem Erhitzen auf 60° und erfolgter Abkühlung	12,11	11,61	12,08	12,65	11,10
Nach 24stündigem Stehen unter öfterem Umschütteln	12,04	11,13	11,83	11,85	10,19
Nach CO_2-Behandlung bis zur Phenolphthaleinentfärbung	7,12	8,07	7,78	7,03	7,07
Nach dem Aufkochen zur Zerstörung des Bikarbonates	8,11	8,23	8,15	8,26	8,50
Nach Zusatz der Kochsalzlösung .	8,01	8,08	8,00	8,18	8,26
Nach 12stündiger Einwirkung der NaCl-Lösung	8,21	8,25	8,18	8,28	8,38

Die Sättigung des Bodens mit Basen wird danach mit der Methode von GEHRING letzten Endes tatsächlich bei einer Reaktionszahl erreicht, die mit ihrem Wert von rund 8,25 der in der Natur im humiden Klima angetroffenen höchsten Reaktionszahl von 8,5 sehr nahekommt, ja ihr recht gut entspricht, wenn man den dafür von WIEGNER angegebenen Höchstwert von 8,3 als den richtigen annimmt. Sicherlich ist in Anbetracht dieser Übereinstimmung die Methode von

---

[1] RAMANN, E.: Z. Pflanzenernährg u. Düngg A **3**, 263.

[2] KUTSCHINSKY, P.: Z. Pflanzenernährg, Düngg u. Bodenkde A **12**, 392f.

Gehring diejenige, die von unserem praktisch eingestellten Gesichtspunkte aus als die brauchbarste erscheinen muß. Auch diese Methode krankt aber leider an demselben Übelstande, der auch der Methode von Hissink und ebenso allen anderen Durchlaufmethoden anhängt, nämlich an der Umständlichkeit und Langwierigkeit der Durchführung. Trotz ihrer Vorzüge enthebt uns die Methode von Gehring doch noch nicht der Notwendigkeit, nach anderen, und zwar weniger umständlichen Methoden zu suchen, und da glauben wir, im folgenden noch einige Vorschläge machen zu sollen, die die Verwendung der bei der Bestimmung der hydrolytischen Azidität erhaltenen Werte zur Ermittlung des Wertes $T-S$ von Hissink zum Gegenstand haben. Im Verein mit der Bestimmung von S nach der Methode der absoluten Neutralisation kann uns die Bestimmung der hydrolytischen Azidität, wie wir sehen werden, zu einer schnellen und dabei doch ausreichend genauen Ermittlung von V, dem Sättigungsverhältnis des Bodens, und damit zu einer sehr wertvollen Charakterisierung des Versauerungsgrades eines Bodens verhelfen.

f) Die Bestimmung des Sättigungsgrades der Böden mit Hilfe der hydrolytischen Azidität und der absoluten Neutralisationskraft.

Bereits im Kapitel von der hydrolytischen Azidität ist dargelegt worden, daß sich aus dem bei der Bestimmung der hydrolytischen Azidität mit Hilfe einer normalen Kalziumazetatlösung erhaltenen ersten Titrationswert y_1 durch einfache Multiplikation mit dem Faktor 3 eine Art von hydrolytischer Gesamtazidität errechnen läßt, und daß diese Gesamtazidität, mit dem Faktor 1,5 multipliziert, die Kalkmenge als kohlensauren Kalk angibt, die unter Annahme eines Bodengewichtes von 3 Millionen Kilogramm je Hektar erforderlich ist, um die Reaktion des Bodens auf den Neutralpunkt zu bringen. Diese Kalkmenge, wie auch schon die mit dem Faktor 3 multiplizierte Titrationszahl entspricht dem Gehalt des Bodens an Säurewasserstoff bis zu seinem Neutralpunkt. Es stellt also dieser Wert nichts anderes dar als den Wert $T-S$ von Hissink, mit dem Unterschied allerdings, daß Hissink zu seiner Bestimmung sich nicht mit einer Basenbeladung des Bodens bis zu seinem Neutralpunkt begnügt, sondern darüber hinaus den Boden bis zu einer Reaktionszahl von 10—11 mit Basen absättigt. Beschränkt man sich nun aber auf eine Absättigung des Bodens bis zum Neutralpunkt, so kann man, was leicht einzusehen ist, die hydrolytische Azidität direkt zur Bestimmung des Wertes $T-S$ ausnutzen. In der Bestimmung der absoluten Neutralisation hat man nun weiter ein Mittel in der Hand, um recht genau und einfach den Hissinkschen Wert S — die zur Zeit der Untersuchung im Boden vorhandene Menge der austauschbaren Basen — zu bestimmen. Damit hat man dann aber auch den Sättigungsgrad oder das Sättigungsverhältnis des Bodens erfaßt, denn aus $T-S$ und S erfährt man ja durch Addition den Wert T und kann nun leicht $V = 100\,S : T$ berechnen. Nehmen wir z. B. an, ein Boden von der Reaktionszahl $p_H = 5,1$ habe eine hydrolytische Azidität von $y_1 = 14,6$ ccm, so entspricht sein Gehalt an Säurewasserstoff bis zum Neutralpunkt $3 \cdot 14,6$ ccm 1/10 n-Natronlauge auf 100 g Boden, also 43,8 ccm. Drückt man diesen Gehalt an Säurewasserstoff in Milligrammäquivalenten aus, so enthält der Boden, da 10 ccm einer 1/10 n-Lauge 1 Milligrammäquivalent an Säurewasserstoff gleich sind, 4,38 Milligrammäquivalente Säurewasserstoff. Die Bestimmung der absoluten Neutralisation nach der oben angegebenen Methode habe nun einen Säureverbrauch von 30,2 ccm 1/10 n-Salzsäure auf 100 g Boden ergeben, was 3,02 Milligrammäquivalenten an Basen entspricht und den Wert S nach Hissink bedeutet. Aus $T-S = 4,38$ und $S = 3,02$ erhält man nun durch Addition T, das ist die Gesamtmenge der von dem Boden aufnehmbaren Basen bis zum Neutralpunkt in Milligrammäquivalenten = 7,4. V ist dann = 100 · 3,02 : 7,4 = 40,8. Von den Basen, die der Boden bis zum Neutralpunkt aufnehmen kann, besitzt er also nur 40,8 %.

Sicherlich ist eine derartige Charakterisierung der Böden durch ihr Sättigungsverhältnis für die Fragen der Bodenversauerung sehr wertvoll, besonders dann, wenn es gelingt, den Sättigungsgrad mit dem praktischen Kalkbedarf des Bodens in Verbindung zu bringen. Bei der beschriebenen Methode könnte man aber die Einwendung machen, daß das Zugrundelegen des Neutralpunktes als Sättigungsreaktion nicht zweckmäßig sei, weil ja auch noch über diesen Punkt hinaus Säurewasserstoff in den zeolithischen Silikaten und Humaten des Bodens vorhanden ist. Einer solchen Beanstandung kann unsere Methode aber leicht Rechnung tragen, denn die Bestimmung der hydrolytischen Azidität ermöglicht es uns, die zur Einstellung jeder beliebigen Reaktion des Bodens nötige Kalkmenge zu ermitteln, also auch etwa den Kalkbedarf festzustellen, der zu einer Reaktionsverschiebung bis auf den p_H-Wert 8,5, der Reaktion, bei der praktisch die Sättigung eines Bodens mit Kalk erreicht ist, erforderlich ist. Die Belegversuche für diese Möglichkeit sind ebenfalls von KUTSCHINSKY ausgeführt worden und mögen hier zunächst folgen. Vier verschiedene Böden wurden von KUTSCHINSKY zu diesen Versuchen benutzt; ihren Reaktionszustand kann man aus den Zahlen der folgenden Zusammenstellung erkennen:

	Boden 1	Boden 2	Boden 3	Boden 4
Reaktionszahlen	4,65	5,04	5,07	4,38
Pufferflächen gegen Lauge in qcm	102,2	76,4	75,2	103,6
Pufferflächen gegen Säure in qcm	21,5	22,5	13,3	16,3
Hydrolytische Azidität y_1 in ccm 0,1 n-Lauge.	29,29	12,09	9,72	34,12
Austauschazidität y_1 in ccm 0,1 n-Lauge.	11,38	0,69	5,39	8,61

Aus den Neutralisationskurven dieser vier Böden nach JENSEN wurden zunächst die Mengen an Kalziumhydroxyd ermittelt, die zur Einstellung der Reaktionen p_H 7,0, ferner von p_H 7,5, p_H 8,0 und von p_H 8,5 erforderlich waren. Diese Kalkmengen entsprachen nun im Mittel denjenigen, die sich aus der hydrolytischen Azidität y_1 unter Benutzung der Faktoren 3, 4, 5 und 6,5 errechnen ließen. Diese aus den hydrolytischen Aziditäten errechneten Kalkmengen wurden dann den Böden in Form von Kalziumhydroxyd zugesetzt. Nach 24 stündigem Stehen wurden die Böden auf ihre Reaktionen geprüft, wobei nebenstehende Zahlen festgestellt wurden. Aus der

Kalziumhydroxyd nach der hydrolytischen Azidität	Boden 1	Boden 2	Boden 3	Boden 4
y_1 mal 3,0 . .	7,02	7,02	7,06	6,91
y_1 ,, 4,0 . .	7,54	7,47	7,56	7,43
y_1 ,, 5,0 . .	8,05	7,94	8,05	7,91
y_1 ,, 6,5 . .	8,61	8,46	8,51	8,51

Tabelle ersieht man, daß die Bestimmung der hydrolytischen Azidität uns wirklich ein Mittel an die Hand gibt, einem sauren Boden durch Zusatz von Kalk eine beliebige gewünschte Reaktion zu verleihen. Die nach dem Kalkzusatz gefundenen Werte stimmen in sehr befriedigender Weise mit denen überein, die aus den Neutralisationskurven der Böden entnommen waren. Was hier nun im Zusammenhange mit der Ermittlung des Sättigungsverhältnisses der Böden uns am meisten interessiert, ist die Tatsache, daß es mit Hilfe des Faktors 6,5 gut zu gelingen scheint, die zur Herbeiführung des p_H-Wertes 8,5, der natürlichen Höchstsättigungsreaktion, nötige Kalkmenge auf dem denkbar kürzesten

Wege zu erfassen. Die bis zu dieser Reaktion vom Boden aufgenommene Kalkmenge dürfen wir noch restlos als in austauschbarer Form gebunden betrachten, es entspricht also auch diese Kalkmenge dem Wert $T-S$ von HISSINK bis zur natürlichen Höchstsättigung unter humiden Verhältnissen. Für die Ermittlung des Sättigungsgrades der Böden wird dieser Wert wohl noch eher brauchbar sein als der oben dafür angegebene, nur bis zum Neutralpunkt reichende dreifache y_1-Wert. Der Wert, den man mit dem Faktor 6,5 aus der hydrolytischen Azidität des Bodens errechnen kann, wird auch sicher mit dem Sättigungsverhältnis nach GEHRING wesentlich bessere Übereinstimmung aufweisen als der Wert für den Sättigungsgrad, den man etwa nach HISSINK erhält. Für die vier obigen Böden sind von KUTSCHINSKY alle drei Verfahren zur Bestimmung des Sättigungs-

V nach der Methode von	Boden 1	Boden 2	Boden 3	Boden 4
HISSINK . . .	18,7	30,5	19,3	4,2
GEHRING . .	28,2	38,5	28,6	5,6
KAPPEN . .	22,1	41,3	36,6	5,7

zustandes geprüft worden, und dabei ergaben sich die Zahlen, die in der nebenstehenden Tabelle zusammengestellt sind.

Nach der Methode von HISSINK stellt sich das Sättigungsverhältnis für alle Böden niedriger heraus als nach den beiden anderen Methoden. Das ist ganz natürlich, weil ja die Beladung mit Basen nach HISSINK bei einer viel stärker alkalischen Reaktion erfolgt als bei den beiden anderen Methoden. Volle Übereinstimmung weisen auch die Methoden von GEHRING und KAPPEN nicht untereinander auf, aber die Anpassung der Werte dieser beiden Methoden ist doch schon annehmbar und läßt hoffen, worauf wir in dem Kapitel über die Beseitigung der Bodenazidität noch näher eingehen werden, daß beide Methoden auch mit ähnlichem Erfolge für die Bestimmung der zur Düngung erforderlichen Kalkmengen sich ausnutzen lassen werden.

Was im übrigen unsere auf die hydrolytische Azidität und die absolute Neutralisationskraft des Bodens sich gründende Methode zur Bestimmung des Sättigungsverhältnisses des Bodens vor den Methoden von HISSINK und von GEHRING besonders auszeichnen dürfte, ist die Tatsache, daß sie schnell zum Ziele führt. Was man nach HISSINK und nach GEHRING erst nach mehreren, unter Umständen sogar erst nach vielen Tagen erreicht, das erhält man nach unserer Methode bei geringstem Arbeitsaufwande in wenigen Stunden. Das ist aber ein so großer Vorteil, daß selbst dann unsere Methode ihre Überlegenheit über die anderen behalten würde, wenn sie in ihren Ergebnissen etwas weniger genau sein sollte als jene. Weitere Untersuchungen an möglichst verschiedenartigen sauren Böden werden die Anwendungsmöglichkeiten unserer Methode allerdings noch schärfer umgrenzen müssen; besonders wird noch zu prüfen sein, wieweit sie sich auch auf die humusreichen sauren Böden anwenden lassen wird. Für die sauren Mineralböden glauben wir aber schon jetzt in ihr ein sehr brauchbares Mittel für die Bestimmung des Sättigungsgrades zu besitzen.

IX. Die Bedeutung der Versauerung für die physikalischen Bodeneigenschaften.

Die Bedeutung, die die physikalischen Eigenschaften der Böden für die Pflanzenkultur besitzen, ist so groß, daß wir hier die Erörterung der Frage nicht umgehen können, wie die Versauerung eines Bodens, der ja so vielfache Veränderungen folgen, auf seine physikalischen Eigenschaften einwirkt.

Wie die Kolloidchemie gelehrt hat, hängen die physikalischen Eigenschaften mit dem Dispersitätszustande der festen Bodenteilchen auf das engste zusammen. Nach dem Vorschlag von ATTERBERG unterscheidet man bodenkundlich unter den Bodenteilchen, die vornehmlich für die physikalischen Eigenschaften, insbesondere für die so wichtige Wasserbewegung im Boden, in Frage kommen, die folgenden Abstufungen nach ihren Dispersitätsgraden:

als Grobsand die Teilchen mit 0,2—0,02 cm Durchmesser,
als Feinsand die Teilchen mit 0,02—0,002 cm Durchmesser,
als Schluff die Teilchen mit 0,002—0,0002 cm Durchmesser,
als Rohton oder Kolloidton die Teilchen mit einem Durchmesser,
der kleiner ist als 0,0002 cm oder 0,2 μ.

In welcher Weise das Vorherrschen des einen oder anderen Dispersitätsgrades bei den Bodenteilchen die physikalischen Bodeneigenschaften beeinflußt, ist sehr übersichtlich bei WIEGNER[1] zusammengestellt. Die hohen Dispersitätsgrade der Bodenteilchen bedingen bei ihrem Vorherrschen die große Wasserkapazität und die schlechte Wasserführung des Bodens, die hohe Kohäsion und die dadurch erschwerte Bearbeitbarkeit, auch als Folgen dieser physikalisch nachteiligen Eigenschaften die geringe bakterielle Aktivität, während das Vorherrschen der gröberen Dispersitäten, Feinsand und Grobsand, im großen und ganzen gerade die gegenteiligen Eigenschaften zur Folge hat. Die mittleren Dispersitätsgrade, Schluff und Feinsand, sind diejenigen, die bei den Ackerböden die günstigsten Eigenschaften in bezug auf Wasserführung und Bearbeitbarkeit, bakterielle Aktivität usw. hervorrufen.

Der Dispersitätszustand eines Bodens, wie er uns bei der Untersuchung nach der Schlämmethode oder bei Sedimentierversuchen entgegentritt, stellt aber nun keineswegs eine für den Boden unter allen Umständen unveränderliche Größe dar, man muß im Gegenteil vielmehr aussagen, daß dieser Dispersitätszustand mannigfachen Änderungen ausgesetzt ist. WIEGNER konnte z. B. zeigen, daß der Zusatz von Kaliumchlorid zum Schlämmwasser bei Benutzung seiner neuen Art der Schlämmanalyse eine sehr bedeutsame Verschiebung des Dispersitätszustandes des Bodens herbeiführen konnte. Wurde in reinem Wasser und in Kaliumchloridlösungen von verschiedenen Konzentrationen geschlämmt, so wurden für die verschiedenen Fraktionen des Bodens die folgenden Werte erhalten:

	Löß und Wasser	Löß und n/100-KCl	Löß und n/10-KCl	Löß und n/1-KCl
Rohton	ca. 10 %	keiner	keiner	keiner
Schluff und Staub	ca. 40 %	ca. 55 %	keiner	keiner
Feiner Sand	ca. 50 %	ca. 45 %	100 %	100 %

Der Salzzusatz bewirkte also hier bei der Schlämmanalyse eine Vergröberung der Teilchen, und zwar derart, daß der Boden aus der Kategorie, in die er nach dem Ausfall des Schlämmens in reinem Wasser eigentlich gehörte, in eine ganz andere Kategorie verschoben wurde. „Der Boden, aus Ton, Schluff und Feinsand gemischt, wird zu einem Gemisch aus Schluff und Sand, bei weiterem Zusatz von Kaliumchlorid entsteht eine Zerteilung, die nur noch, physikalisch gesprochen, Feinsand enthält."

Worauf diese Verschiebung des Dispersitätsgrades des Bodens durch den Zusatz des Kaliumchlorids zurückgeführt werden muß, ist längst bekannt, es ist die Koagulation der feinsten Teilchen durch die Elektrolyte. Unter dem Einfluß des Kaliumchlorids wie auch anderer Salze tritt eine Vereinigung kleiner Teilchen

---

[1] WIEGNER, G.: Boden und Bodenbildung, S. 14. Dresden u. Leipzig 1926.

zu größeren, eine Ausflockung und Zusammenballung von Ton zu Schluff oder Staub und weiter von Schluff zu Feinsand ein, und als Folge davon fallen die größer und schwerer gewordenen Teilchenaggregate mit vergrößerter Geschwindigkeit unter dem Einfluß der Schwerkraft zu Boden. Damit ist aber noch nicht der Endzustand erreicht, zu dem die Einwirkung der Salze auf den Boden führt, sondern in den zusammengeballten, festen Flocken setzen sich die Wirkungen der Elektrolyte fort. Die Vergröberung der Teilchen schreitet auch dann noch weiter fort, wenn sie unter dem Einfluß der Elektrolyte ausgeflockt und zu Boden gesunken sind. Aus Arbeiten von VAN BEMMELEN, ZSIGMONDY, MECKLENBURG, FREUNDLICH und anderen Autoren geht diese Tatsache deutlich hervor, und sie ist, wie das von WIEGNER mit Recht betont wird, von großer Wichtigkeit, denn erst durch sie gewinnen die Untersuchungsergebnisse, die bei Schlämm- und Sedimentationsversuchen gewonnen worden sind, ihre Bedeutung auch für die Verhältnisse, unter denen der Boden in der Natur lagert.

In der Natur, beim festen Boden, spielt ja das Wasser nicht mehr die gleiche Rolle wie bei den Schlämm- und Sedimentierversuchen. Ist hier das Wasser das Dispersionsmittel und der feste Boden der dispergierte Stoff, so ist das im natürlich gelagerten Boden umgekehrt, der Boden kann als Dispersionsmittel und das Wasser in ihm als die disperse Phase betrachtet werden. Man könnte daher wohl meinen, daß unter derart veränderten Verhältnissen die Gesetzmäßigkeiten, die bei den Sedimentierversuchen in Gegenwart großer Wassermengen erkannt werden konnten, keine oder höchstens eine sehr verringerte Bedeutung für den Boden in fester Lagerung besitzen würden. Gerade die Tatsache aber, daß gleichsinnige weitere Dispersitätsänderungen, wie sie in Bodensuspensionen beobachtet wurden, auch noch in den daraus erhaltenen Koagulaten sich fortsetzen, macht die Übertragung der im ersten Falle gewonnenen Erkenntnisse auf den festen Boden nicht nur möglich, sondern läßt sie voll berechtigt erscheinen. Wir dürfen daher annehmen, daß die Teilchenvergröberung, die unter dem Einfluß von Kationen an der Bodensuspension vonstatten geht, auch an den Teilchen des festlagernden Bodens sich vollzieht, und daß die zerteilende Wirkung anderer Ionenarten, die bei Sedimentierversuchen beobachtet wurde, auch beim Boden in natürlicher Lagerung stattfindet. Die wichtigen Beobachtungen bei Sedimentier- und Schlämmversuchen werden somit als übertragbar auf den festen Boden angesehen werden können, es gewinnen, wie WIEGNER sagt, die Dispersitätsstudien an flüssigen Dispersionen, die qualitativ recht vollkommene, quantitativ abgestufte Analoga zu denen in festen Dispersionen darstellen, auch für feste Systeme an Bedeutung und Beweiskraft.

Man wird bei dieser Übertragbarkeit der Befunde von Sedimentierversuchen auf die festen Dispersionen daher auch ohne weiteres folgern dürfen, daß die Art der Wirkung der Elektrolyte bei festen Böden keine andere ist wie bei den flüssigen Dispersionen. Hier stellt man sich das Zustandekommen des Einflusses der Elektrolyte auf die Suspensionen nun so vor, daß die Ionen der Elektrolyte in Wechselwirkung mit den Ionen treten, die an der Oberfläche der festen Teilchen vorhanden sind. Diese Ionen können auf verschiedenen Wegen an die Oberfläche der Teilchen gelangt sein, sie können durch Adsorption von gelösten Stoffen an die Oberfläche gezogen sein, sie können aber auch dem Material der festen Teilchen selbst entstammen, indem dieses z. B. durch Hydrolyse Ionen bildet, von denen das eine infolge seiner Löslichkeit in die das feste Teilchen umhüllende Wasseroberfläche einzudringen bestrebt ist, während das andere infolge seiner Schwerlöslichkeit den festen Rest des Teilchens darstellt oder mit ihm vereinigt bleibt. In beiden Fällen bildet sich eine elektrische Ladung an dem festen Teilchen heraus, und diese Ladung ist es auch, die es dem Teilchen gestattet, im Dispersionsmittel suspendiert zu bleiben und einer Teilchenvergröberung durch Zusammenballung mit anderen Teilchen zu widerstreben. Erst die Zerstörung dieser elektrischen Ladung durch die zugesetzten Elektrolyte führt die Koagulation, die Ausflockung, herbei. Diese elektrische Ladung stellt man sich am besten als eine elektrische Doppelschicht vor, die das suspendierte Teilchen umhüllt. Bei Wasser als Dispersionsmittel ist die dem Teilchen direkt anliegende Schicht diejenige, die bei den hier für uns in Frage stehenden Bodenteilchen eine negative Ladung trägt, nach außen hin folgt auf diese negativ geladene Schicht eine zweite, die positive Ladung trägt, und die ohne weitere scharfe Abgrenzung in das elektrisch neutrale Wasser oder in die elektrisch neutrale Lösung übergeht, in der die Teilchen suspendiert sind. Schematisch kann man sich ein solches Teilchen mit seiner elektrischen Doppelschicht so vorstellen, wie es auf S. 108 angegeben ist.

Mit der Annahme der Existenz dieser elektrischen Doppelschicht sind die Vorstellungen, die man sich über zwei sehr wichtige Erscheinungen bei den Kolloiden gemacht hat, nämlich über die Koagulation oder Teilchenvergröberung und über die Peptisation oder Teilchenverkleinerung, innig verknüpft insofern als, wie schon angegeben, die Zerstörung dieser elektrischen Doppelschicht oder die Verkleinerung ihrer Ladung zur Koagulation und die Wiederaufladung oder Verstärkung der Ladung zu einer Teilchenverkleinerung, zur Peptisation führt.

Zu den Mitteln nun, die zu einer Teilchenvergröberung führen, gehören an erster Stelle die Salze. Man braucht nur zu einem in Suspension befindlichen Boden eine kleine Menge eines Salzes hinzuzufügen, um eine schnell einsetzende Vereinigung der suspendierten Teilchen zu größeren, zu Boden sinkenden Krümeln herbeizuführen. Allerdings muß der Salzzusatz, damit er diese Folge habe und eine zur Koagulation der Teilchen führende Entladung bewirke, eine gewisse Konzentration, die von BODLÄNDER als der Schwellenwert bezeichnet worden ist, überschreiten. Bei den negativ geladenen Kolloiden ist es natürlich das selbst positiv geladene Kation, das die Entladung herbeiführt und das Kolloid in den isoelektrischen Zustand verbringt, in dem es keine Wanderung im elektrischen Stromgefälle mehr aufweist. Das hervorragendste Mittel, um eine Teilchenverfeinerung zu erreichen, besteht in dem Zusatz von Laugen zu den Suspensionen. Da alle Laugen diese dispergierende Wirkung auf feste kolloide Teilchen ausüben, so muß es natürlich das ihnen allen gemeinsame OH-Ion sein, dem im besonderen diese Wirkung zuzusprechen ist. Durch viele Versuche, auch gerade an Bodensuspensionen, ist diese Tatsache der peptisierenden Wirkung der OH-Ionen belegt. Sie kommt dadurch zustande, daß die selbst negativ geladenen OH-Ionen von den festen Teilchen, die an sich auch schon negativ geladen sind, absorbiert werden, was die negative Ladung verstärkt und den Widerstand der Teilchen gegen das Zubodensinken vergrößert.

Ohne Frage spielen nun aber für den uns hier beschäftigenden Gegenstand, die Bodenversauerung, weniger die Salze und die Basen als die Säuren eine Rolle, und es muß daher danach gefragt werden, wie es mit der Wirkung dieser Stoffe auf das Verhalten der Kolloide bestellt ist. Da kann nun schon von vornherein die Aussage gemacht werden, daß die Säuren geradeso wie die Salze koagulierend wirken müssen, denn sie enthalten ja als Bestandteil, der ihre Eigenschaften vorzugsweise bestimmt, das Wasserstoffion, und dieses Wasserstoffion ist wie die bei den Salzen wirksamen Metallionen ein Kation, trägt also eine positive Ladung. Überdies ist das Wasserstoffion, wie die Kolloidchemie längst gelehrt hat, ein noch viel stärker adsorbierbares Ion als das OH-Ion der Basen. Es ist also anzunehmen, daß das Wasserstoffion, indem es von den Kolloiden absorbiert wird, geradeso zu einer Entladung führen muß, wie es die anderen Kationen tun. Die Säuren müssen also koagulierend auf den Boden wirken.

Das ist denn auch schon längst bewiesen worden. Wie EHRENBERG[1] angibt, hat schon BODLÄNDER Untersuchungen über die Koagulation von Kaolin durch Säuren ausgeführt und dabei gefunden, daß die anorganischen Säuren starke Koagulationswirkungen ausübten. Organische Säuren dagegen wirkten bedeutend schwächer, was vielleicht als eine Folge der Gegenwirkung des organischen Säureanions aufzufassen ist. Auch A. D. HALL und C. G. T. MORISON haben an Kaolin solche Versuche gemacht und den stark fällenden Einfluß der anorganischen Säuren wie auch den bedeutend geringeren der organischen wiedergefunden. Sie stellten die folgenden ausflockenden Wirkungen der verschiedenen Säuren in willkürlichen Einheiten, für äquimolekulare Lösungen ausgedrückt, fest:

Salzsäure 20	Essigsäure 9
Salpetersäure 19	Weinsäure 2,5
Schwefelsäure 13	Zitronensäure 0

Das Abfallen der flockenden Wirkung der organischen Säuren im Vergleich

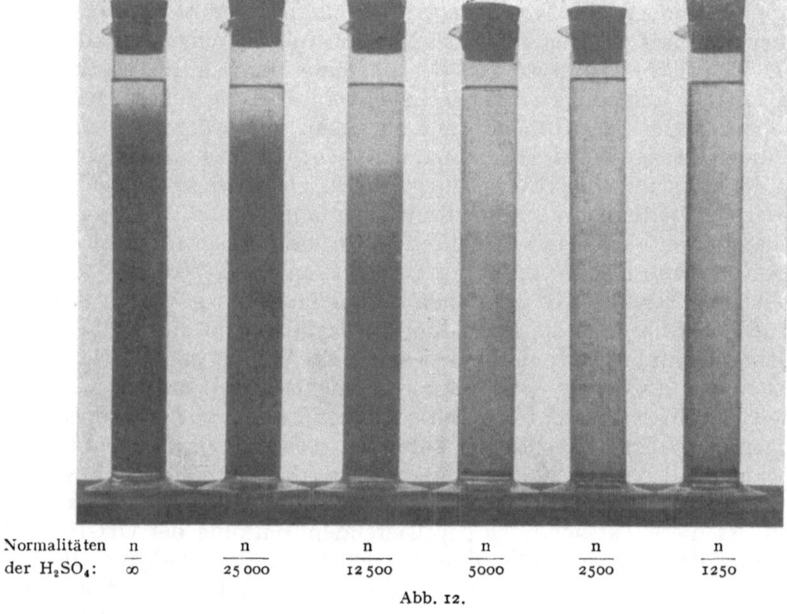

Abb. 12.

zu den anorganischen geht deutlich aus diesen Versuchen hervor; die Zitronensäure besaß überhaupt keine Wirkung mehr.

Um die starke Koagulationskraft anorganischer Säuren hier überzeugend vor Augen führen zu können, haben wir noch einen besonderen Versuch mit rotem Mangansuperoxyd ausgeführt, bei dem je 0,5 g dieses Stoffes in Wasser und in Schwefelsäure verschiedener Konzentration aufgeschlämmt wurde. Das Bild 12 zeigt deutlich, wie mit steigender Konzentration der fällende Einfluß der Säure anwächst. Die Abhängigkeit von der Konzentration hängt damit zusammen, daß die Adsorption der Wasserstoffionen in dem äußeren Ionenschwarm der festen Superoxydteilchen mit steigender Konzentration größer wird, wodurch dann die Teilchen fortschreitend ihrer elektrischen Ladungen beraubt werden. In neuerer Zeit ausgeführte Versuche von P. TUORILA mit Quarzsandsuspensionen weisen

<hr>

[1] EHRENBERG, P.: Die Bodenkolloide, S. 135. Dresden u. Leipzig 1922.

die stark fällende Wirkung der Säuren und damit des Wasserstoffions ebenfalls deutlich nach[1].

Alle genannten Versuche sind aber nun mit Stoffen ausgeführt, die vom Boden, mit dem wir es zu tun haben, sehr wesentlich verschieden sind. Es handelt sich beim Kaolin, Quarzsand und Mangansuperoxyd um Stoffe, bei denen der Basenaustausch keine Rolle spielt, während das bei den kolloiden Bestandteilen des Bodens in sehr hohem Maße der Fall ist. Es werden also bei der Koagulation der oben benutzten Stoffe durch das fällende Wasserstoffion keine anderen Ionen im Austausch in die Lösung gedrängt, nur die reine Wirkung der Wasserstoffionen kommt dabei zum Ausdruck. Beim Boden muß man aber bei der Einwirkung von Säuren mit der Verdrängung anderer Ionen durch das Wasserstoffion rechnen, und das ganz besonders auch deshalb, weil das Wasserstoffion ja von allen Ionen im Ionenaustausch am stärksten verdrängend auf andere Ionen einwirkt. In welchem Ausmaße das der Fall ist, zeigen am einfachsten die Kurvenbilder in Abb. 13, in denen von JENNY[2] das Umtauschvermögen verschiedener Ionen in einen reinen Ammoniumpermutit dargestellt sind.

Auf der Ordinate sind in diesem Bilde die y-Werte, das sind die umgetauschten Mengen der Kationen in Prozenten der überhaupt im angewandten Permutit vorhandenen umtauschmöglichen angegeben. Auf der Abszisse dagegen sind die Werte $\dfrac{c}{a-c}$ aus der WIEGNERschen Umtauschisotherme $y = K\left(\dfrac{c}{a-c}\right)^{\frac{1}{p}}$ aufgetragen, worin c die Konzentration der Kationen nach Einstellung des Gleichgewichtes und $a-c$ die umgetauschte Menge der Kationen in Millimolen bedeuten. Aus dem Verlaufe der Kurven ist nun leicht zu entnehmen, daß das Wasserstoffion von allen Ionen tatsächlich am stärksten in den Permutit eintauscht und ver-

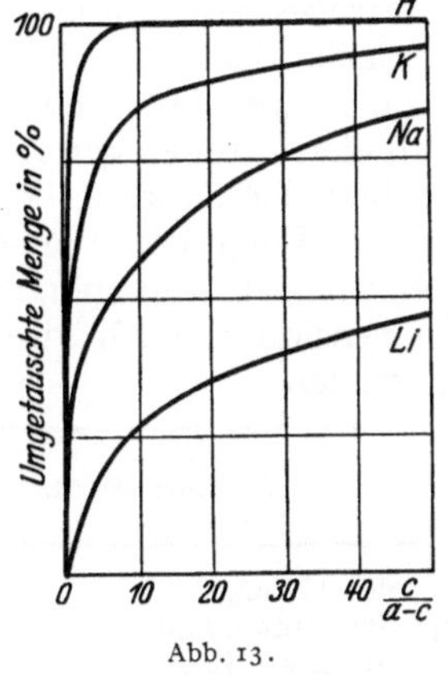

Abb. 13.

drängend auf die vorhandenen Kationen einwirkt. Hat man eine Suspension des Ammoniumpermutits, so muß nach diesem Ionenaustausch die Stabilität, wenn wir WIEGNERS Darlegungen zu diesem Gegenstande folgen, abhängig sein von den Wasserstoff- und Ammoniumionen des äußeren Ionenschwarmes, der die Teilchen umhüllt. Da Ammonium als stärker hydratisiertes Ion eine schwächere koagulierende Wirkung als das Wasserstoffion besitzt, so muß in diesem Falle der Ionenaustausch die fällende Wirkung des Wasserstoffions herabsetzen, und das muß natürlich, da eben der Wasserstoff besser eintauscht als alle anderen Ionen, auch Geltung für die Bodensuspensionen haben. Als austauschbare Ionen kommen in diesem Falle in der Hauptsache Kalzium- und Magnesiumionen in Frage, nur untergeordnet auch Natrium- und Kaliumionen. Der das elektrische Potential der Teilchen und damit ihre Stabilität bedingende äußere Ionenschwarm wird also nach Einwirkung einer Säure auf die Bodenteilchen aus einem Gemisch aller dieser Kationen bestehen, und die Folge davon muß sein, daß die koagulierende Wirkung der Säuren beim Boden durch diesen Ionenaustausch ebenfalls geschwächt wird. Die reine Wasserstoffionenwirkung wird man bei dem Boden wohl überhaupt nicht erfassen können, denn dort, wo sie auftreten könnte — bei dem vollständig durch Eintausch von Säurewasserstoff seiner ein- und zweiwertigen Basen beraubten Boden — wird immer wieder das Aluminiumion, das in

---

[1] TUORILA, P.: Kolloidchem. Beih. **24**, 1.
[2] JENNY, H.: Kolloidchem. Beih. **23**, 454.

jeder mit dem Boden im Gleichgewicht stehenden Säurelösung von einer Reaktionszahl unter 5,5 enthalten ist, die Verhältnisse verschleiern, außerdem wird
dabei noch das in einer solchen Lösung stets vorhandene Aluminiumhydroxyd
mitwirken. Die reine Wasserstoffionenwirkung läßt sich also bei einem so stark
zum Ionenaustausch befähigten Material wie dem Boden gar nicht experimentell
herausarbeiten. Wir haben trotzdem einmal einen Versuch mit zwei verschiedenen
Böden angestellt, von denen einer neutral reagierte, also noch keine wesentliche
Anreicherung mit Säurewasserstoff erfahren hatte, und von denen der zweite
bereits sehr stark versauert, also schon recht wasserstoffreich war. Je 10 g
Boden wurden dabei in Meßzylindern mit 250 ccm Wasser bzw. mit 250 ccm
Schwefelsäure, die 1/1000, 1/5000, 1/10000 und 1/50000 normal waren, über-
gossen. Die Mischungen wurden 5 Minuten lang geschüttelt und dann der
Sedimentation überlassen. Es zeigte sich dabei, daß der neutrale Boden in allen
Reihen, mit und ohne Säurezusatz, zu einer schnellen, in 3 Stunden vollkommen
beendeten Koagulation kam, während der saure Boden mit und ohne Säure-
zusatz wesentlich länger suspendiert blieb. Allmählich machte sich aber bei diesem
Versuche doch eine fällende Wirkung der zugesetzten Säure bemerkbar, insofern
nämlich, als die Durchsichtigkeit der Suspensionen in den mit Säure angesetzten
Zylindern größer wurde als in dem säurefreien. Wenn es also auch unter dem
Einfluß der Säure zu keiner schnellen Koagulation kam, so war doch der Sinn
der Wirkung der Wasserstoffionen in diesem Falle deutlich erkennbar. Die
Reaktionsabstufungen, die sich unter dem Einfluß der zugesetzten Säuren in den
Suspensionen nach dreistündigem Stehen herausgebildet hatten, waren die
folgenden:

Normalitäten der H_2SO_4	$\dfrac{n}{\infty}$	$\dfrac{n}{50\,000}$	$\dfrac{n}{10\,000}$	$\dfrac{n}{5000}$	$\dfrac{n}{1000}$
p_H der H_2SO_4	—	ca. 4,7	4,0	3,7	3,0
p_H der Flüssigkeiten über den aus- geflockten Böden:					
saurer Boden	5,40	5,21	5,00	4,80	4,23
neutraler Boden	6,08	5,88	5,85	5,85	4,84

Die Säuren, die mit dem Boden in Berührung gebracht wurden, haben eine starke
Neutralisation erfahren, und da wir diese Neutralisation als einen Eintausch von
Wasserstoffionen gegen andere Kationen betrachten, so müßte doch eigentlich
eine starke Anreicherung des Kationenschwarmes um die Bodenteilchen mit
Wasserstoffionen eingetreten sein, die wiederum eine schnell verlaufende Koagulation zur Folge haben müßte. Daß es bei dem sauren Boden dennoch nur zu
einer langsamen Koagulation der Teilchen kam, hängt vielleicht mit der Kom-
pliziertheit des chemischen Systems, das sich nach Zusatz einer Säure zum Boden
ausbildet, zusammen. Die p_H-Werte der Schlämmflüssigkeit liegen bei dem sauren
Boden ja sämtlich auf einer Höhe, bei der unter dem Einfluß einer zum Boden
hinzugefügten Säure stets neben dem Eintausch der Wasserstoffionen auch die
Bildung von Aluminiumsalzen einhergeht. Dieses Aluminiumsalz kann zwar durch
seine stark fällend wirkenden dreiwertigen Aluminiumionen die Koagulation
negativ geladener Bodenteilchen beschleunigen, aber es kann auch durch die
Absorption des aus ihm sich bildenden Aluminiumhydroxydes im umgekehrten
Sinne wirken, wenn gleichzeitig Säure zugegen ist. Das absorbierte Aluminiumhydroxyd kann nämlich die negativen Bodenteilchen umladen, ist das aber der
Fall, so muß, wie bei anderen positiv geladenen Kolloiden, das Wasserstoffion
stabilisierend, der Koagulation also direkt entgegenwirken. Es soll nicht gesagt
sein, daß sich in unserem Falle diese Wirkung des Aluminiumhydroxyds voll-

ständig in dem beschriebenen Sinne betätigt habe, aber es ist leicht zu erkennen, daß, wenn auch nur eine teilweise Auswirkung der bei Säurezusatz entstandenen Aluminiumsalze in dem angegebenen Sinne sich vollzogen hat, dann doch schon eine Verwischung der sonst so eindeutig bei Suspensionskolloiden zu erkennenden koagulierenden Wirkung der Wasserstoffionen eingetreten sein kann. Beim Boden liegen eben doch zu wenig übersichtliche Systeme nach erfolgtem Säurezusatz vor, als daß eine leichte Aufklärung der hierbei beobachteten Erscheinungen möglich wäre. Auch der neutrale Boden gibt uns ja noch zunächst ein Rätsel zu lösen auf. Die Säure verschwindet hier viel schneller als bei dem sauren Boden, die Anreicherung des äußeren Kationenschwarmes der Teilchen mit Wasserstoffionen sollte somit noch stärker sein als beim sauren Boden, aber trotz seiner stark fällenden Wirkung beschleunigt das Wasserstoffion die Koagulation bei diesem Boden nicht. Es kann sein, daß bei diesem Versuchsfeldboden bereits zur Koagulation voll ausreichende Elektrolytmengen von früherer Düngung vorhanden waren, aber dennoch hätte das Wasserstoffion bei seinem so starken Eintauschbestreben doch einen Einfluß auf das elektrische Potential der Bodenteilchen gewinnen und eine Beschleunigung der Koagulation herbeiführen müssen.

Bedenken und Überlegungen gleicher Art machen es auch unmöglich, aus den Versuchen, die schon längere Zeit vor den unsrigen ausgeführt waren, über das wirkliche Verhalten der versauerten Böden in physikalischer Beziehung auch nur einigermaßen zutreffende Schlußfolgerungen zu ziehen. Auch aus Versuchen von Arrhenius[1] geht nämlich klar hervor, daß die zugesetzte Säure keinen fällenden Einfluß auf den Ton ausgeübt hat. Die Geschwindigkeit des Absatzes in seinen Tonsuspensionen nahm vielmehr mit steigendem Säurezusatz und damit fallender Reaktionszahl schon vom Neutralpunkt aus mehr und mehr ab, von einem p_H-Wert von etwa 6,0 ab wirkte die Säure deutlich peptisierend, geradeso wie ein Zusatz von Lauge peptisierend wirkte. Dementsprechend nahm die Höhe der Sedimente mit steigender Wasserstoffionenkonzentration zu, und in demselben Sinne veränderte sich auch die Viskosität einer 10proz. Tonsuspension bei Säurezusatz. Für diese Untersuchungen gelten aber alle die Bedenken, die wir bei unseren eigenen ausgesprochen haben, und aus diesem Grunde sind sie ebenso wie diese zu genaueren Schlußfolgerungen auf die Veränderungen der physikalischen Bodeneigenschaften beim Vorgang der Versauerung nicht brauchbar. Die Wirkung der Versauerung kann sich in Gegenwart der Umsetzungsprodukte, die der Boden mit der zugefügten Säure liefert, nicht in richtiger Weise zu erkennen geben. Wir gingen daher zu Versuchen mit solchen Böden über, die, von Haus aus sauer, durch Kalkdüngung in ihrer Azidität abgestuft waren. Hier waren die störenden Elektrolyte nicht vorhanden, und hier mußte sich die Wirkung der Versauerung am zuverlässigsten zu erkennen geben.

Bei der einen dieser Reihen handelte es sich um einen Lehmboden, der 20 % Ton nach Atterberg besaß. Die Kalkung hatte diesem Boden die folgenden Aziditätswerte verliehen:

	A. A. y_1	H. A. y_1	p_H
Unbehandelter Boden . .	12,00 ccm	24,75 ccm	4,56
Gekalkter Boden 1 . . .	0,65 ,,	13,10 ,,	5,37
Gekalkter Boden 2 . . .	0,10 ,,	7,70 ,,	6,12
Gekalkter Boden 3 . . .	0,30 ,,	2,75 ,,	7,67

Von diesem Boden wurden in destilliertem Wasser in Meßzylindern von 250 ccm

[1] Arrhenius, O.: Geologiska Foreningens, Stockholm, Forhandlingar Nov./Dez. 1922, S. 745—749, nach Internat. Mitt. Bodenkde 13, 217 (1923).

Inhalt 10 g aufgeschlämmt und der Sedimentation überlassen. Das Absetzen der suspendierten Bestandteile erfolgte bei diesen Böden derart gleichmäßig, daß mit aller Bestimmtheit ausgesagt werden kann, daß der verschiedene Azidiitätszustand ohne erkennbaren Einfluß auf diesen Vorgang war. Es ist also für diese vier Böden, die sich durch nichts voneinander unterschieden als dadurch, daß in ihnen in steigendem Maße die Wasserstoffionen oder der Säurewasserstoff durch Kalzium ersetzt waren, mit Bezug auf das Verhalten ihrer Aufschlämmungen in Wasser vollkommen gleichgültig gewesen, ob Wasserstoffionen oder Kalziumionen den Hauptbestandteil im äußeren Kationenschwarm der festen Teilchen ausmachten.

Ein zweiter Versuch derselben Art, bei dem aber nicht wie eben ungedüngte, sondern mit einer physiologisch-sauren Volldüngung versehene Böden zur Verwendung gelangten, die außerdem noch steigende Kalkgaben erhalten hatten, führte zu etwas anderem Resultat. Die Azidiitätswerte dieser Bodenreihe waren die folgenden:

	A. A.	H. A.	p_H
Ungedüngt	4,6	7,6	5,27
Physiologisch-sauer gedüngt	5,1	8,0	4,88
Physiologisch-sauer + Kalk 1 . . .	0,3	4,7	5,61
Physiologisch-sauer + Kalk 2 . . .	0,1	2,7	6,48
Physiologisch-sauer + Kalk 3 . . .	0,1	2,0	7,11
Physiologisch-sauer + Kalk 4 . . .	0,2	1,7	7,37

Von diesen Böden koagulierte der physiologisch-sauer gedüngte am schnellsten, der ungedüngte und die gekalkten Böden wiesen fast die gleiche Koagulationsgeschwindigkeit auf. Die Verstärkung der Koagulationsgeschwindigkeit durch die Grunddüngung kann nur als eine Wirkung der in der Grunddüngung zugesetzten Salze aufgefaßt werden, und diese ist offenbar größer als die Wirkung der durch die steigenden Kalkgaben herbeigeführte Beseitigung der Wasserstoffionen. Das ist sicherlich ein merkwürdiges Ergebnis, daß die Kalkdüngung, die doch viel vollkommener die Beseitigung der Wasserstoffionen aus dem Ionenschwarm der suspendierten Teilchen bewirkt haben muß, als die im Vergleich zur Kalkdüngung immer nur geringe Menge der Elektrolyte der Grunddüngung das vermocht hat, keine entsprechende Einwirkung auf die Suspendierbarkeit der Bodenteilchen gewinnt. Eine Erklärung hierfür werden wir nachher noch beizubringen versuchen, aber auch jetzt schon scheint man in Anbetracht dieser letzten beiden Koagulationsversuche doch aussprechen zu dürfen, daß der Ersatz der Wasserstoffionen in den versauerten Böden durch die Kalziumionen keinen wesentlichen Einfluß auf die Koagulation der Suspensionen ausübt.

Ob wir aber weitere Schlußfolgerungen aus diesem Verhalten der sauren Böden bei der Aufschlämmung und Sedimentation auf ihre physikalischen Eigenschaften ziehen konnten, erschien uns trotz der von WIEGNER und anderen angenommenen Übertragbarkeit von Ergebnissen der Sedimentier- und Schlämmuntersuchungen auf das Verhalten des Bodens in natürlicher Lagerung doch bei der Ungewöhnlichkeit unseres Befundes nicht sicher genug zu sein. Wir haben daher noch besondere Versuche angestellt, bei denen wir an einer Reihe von gleichartigen Böden mit verschiedenen Reaktionen einige physikalische Eigenschaften experimentell ermittelten. Diese Versuche sind zwar noch nicht abgeschlossen, aber soweit ihre Ergebnisse überblickt werden können, sollen sie doch an dieser Stelle schon mitgeteilt werden. Als wichtigste physikalische Eigenschaft der Böden haben wir zunächst ihr Verhalten gegen Wasser studiert, indem wir in Röhren von entsprechendem Durchmesser je 300 g Boden einfüllten, so daß die Bodenschicht rund 25 cm hoch darin stand. Die Füllung geschah so, daß eine möglichst gleichartige Lagerung der Böden zu erwarten war. Die Böden in den Sickerröhren wurden dann in gleichmäßiger Weise unter gleichem Druck der Wassersäule, die dauernd über der Bodenoberfläche stand, mit destilliertem Wasser besickert, und von Zeit zu Zeit wurde die in 24 Stunden durchgelaufene Wassermenge gemessen. Die Azididätsverhältnisse der einen Bodenserie, die in dieser Weise geprüft wurde, waren die nebenstehenden.

Die Reaktionsabstufungen waren bei den Füllungen der Röhren 4—9 mit Hilfe von reinem gefälltem kohlensaurem Kalk, bei den Röhren 10—15 aber durch Zusatz von Branntkalk vorgenommen worden. Es handelte sich also um denselben Boden ohne weitere Düngung in verschiedenen Reaktionszuständen. Die

Röhre	Hydrolyt. Azidität y_1	Austausch- Azidität y_1	p_H
1—3	11,90	5,75	5,01
4—6	8,95	0,45	6,50
7—9	6,95	0,40	7,41
10—12	5,65	0,0	6,69
13—15	0,30	0,0	7,91

Sickerversuche mit diesen Böden verliefen nun zwar keineswegs zu unserer vollen Zufriedenheit. Es ist offenbar schwer, die Füllung der Röhren so vorzunehmen, daß wirklich in allen Röhren dieselbe gleichmäßige Lagerung des Bodens erzeugt wird. Es mußten daher in den zusammengehörigen Reihen ziemlich große Unterschiede in den Mengen des durchgelaufenen Sickerwassers in Kauf genommen werden, eine Tatsache, mit der auch HAGER[1] bei Sickerversuchen zu kämpfen hatte, und die sich wohl kaum ganz aus der Welt schaffen läßt. Trotzdem stellten sich aber doch, sowohl wenn man die Einzelwerte als auch wenn man die Durchschnittswerte für die Sickerwassermengen, auf deren Angabe wir uns hier der Kürze halber beschränken, ins Auge faßt, recht deutliche Wirkungen des verschiedenen Aziditätszustandes der Böden heraus:

Sickerwassermengen in 24 Stunden zu verschiedenen Zeiten (ccm).

Röhre	1. Tag	4. Tag	8. Tag	12. Tag	16. Tag	20. Tag	26. Tag
1—3	233	201	184	182	144	168	188
4—6	292	255	231	261	277	268	247
7—9	252	225	198	221	242	244	245
10—12	196	181	157	173	159	154	164
13—15	138	127	125	132	165	173	196

Zwei Tatsachen lassen sich mit voller Sicherheit aus den Zahlenreihen ableiten, nämlich einmal die, daß die Beseitigung der Azidität durch Zusatz von kohlensaurem Kalk die Durchlässigkeit für Wasser erhöht hat, und zweitens die, daß die Verwendung von Branntkalk zu demselben Zweck das Gegenteil herbeigeführt hat. Den durch die verschiedenen Zusätze hervorgerufenen ungleichen Aziditätsänderungen für die verschiedene Auswirkung der Neutralisationsmittel eine Schuld beizulegen, geht in diesem Falle nicht an; die Reaktionszahlen für die aus den Röhren nach Beendigung des Versuches entnommenen Bodenproben verhindern das durchaus. Es wurden nämlich gemessen:

$$\text{Röhren } 1—\ 3: \quad p_H = 5,31$$
$$,, \qquad 4—\ 6: \quad p_H = 6,34$$
$$,, \qquad 7—\ 9: \quad p_H = 7,67$$
$$,, \qquad 10—12: \quad p_H = 6,68$$
$$,, \qquad 13—15: \quad p_H = 8,10$$

Bei der Reaktionszahl von 7,67, die unter Verwendung von kohlensaurem Kalk erreicht war, erschien somit der Durchfluß verstärkt, bei der Reaktionszahl von 6,68, also bei einer zehnmal größeren Wasserstoffionenkonzentration, war der

---

[1] HAGER, G., u. J. KERN: Journal f. Landwirtschaft **64**, 325.

Durchlauf verringert, wenn Branntkalk zur Neutralisation gebraucht war. Wäre die Reaktionsverschiebung nach der alkalischen Seite hin beim Branntkalk die einzige Ursache für seine bodenverdichtende Wirkung gewesen, so hätte dieselbe Verdichtung bei dem durch kohlensauren Kalk bewirkten viel höheren p_H-Wert noch verstärkt auftreten müssen. Es muß hier noch etwas anderes im Spiele gewesen sein, und da nun kohlensaurer Kalk und Branntkalk sich, kolloidchemisch betrachtet, vor allem dadurch voneinander unterscheiden, daß der eine durch Hydrolyse der Lieferant einer nur recht kleinen, der Branntkalk aber als starke Base der Lieferant einer großen Menge von OH-Ionen ist, so möchte man wohl die verdichtende Wirkung des Branntkalkes als Folge der peptisierenden Wirkung eben dieser OH-Ionen ansprechen, und die deutlich positive, bodenlockernde Wirkung des kohlensauren Kalkes könnte man dann den aus ihm zur Wirkung gelangenden Kalziumionen zuschreiben. Es lohnt aber nicht, bei diesem Versuche sich mit langen theoretischen Überlegungen aufzuhalten. Mehrere andere Versuche, bei denen zur Neutralisation des Bodens nur kohlensaurer Kalk angewendet worden war, lassen nämlich die günstige Wirkung dieser Kalkform wieder völlig vermissen. Das zeigt uns zunächst ein weiterer Sickerversuch mit einem Boden von einem Vegetationsversuch, der mit saurer und alkalischer Grunddüngung und mit steigenden Kalkgaben bei alkalischer Düngung ausgeführt war.

Die Aziditätsverhältnisse dieser Bodenserie gehen aus der folgenden Zusammenstellung hervor:

	Nummer der Sickerröhren	H. A.	A. A.	p_H
Ungedüngt	1— 4	12,1	5,75	5,01
Physiologisch-alkalisch	5— 8	10,3	3,45	5,48
Physiologisch-alkalisch + Kalk 1 . . .	9—12	4,90	0,30	6,43
Physiologisch-alkalisch + Kalk 2 . . .	13—16	2,85	0,15	6,53
Physiologisch-alkalisch + Kalk 3 . . .	17—20	1,90	0,20	7,61
Physiologisch-alkalisch + Kalk 4 . . .	21—24	1,40	0,20	8,11
Physiologisch-sauer	25—28	12,35	6,25	5,36

Die Versuchsanstellung war die gleiche wie bei dem obigen Sickerversuch. Auch hier ließ die Übereinstimmung zwischen den einzelnen Versuchen, von denen je vier mit dem Streben nach größter Gleichmäßigkeit angesetzt waren, zu wünschen übrig. In der Reihe ohne Düngung mußte eine Röhre, die vollkommen versagte, sogar ganz ausgeschaltet werden. Trotzdem lieferte aber der Versuch doch noch ein brauchbares Ergebnis. Um die Nachprüfung der nach unserem Ermessen zu ziehenden Schlußfolgerungen zu ermöglichen, sollen alle Einzelergebnisse hier ihren Platz finden (s. Tabelle S. 191).

Trotz aller Schwankungen in den Einzelwerten läßt sich als Ergebnis aus den Sickerversuchen ableiten, daß — wenn man die erste Messung nach einem Tag außer Betracht läßt — nur die Düngung mit der sauren und alkalischen Düngerkombination einen nachhaltigen Einfluß auf die Durchlässigkeit des Bodens ausgeübt wird. Auch noch nach 43 tägigem Sickern lassen die gedüngten Böden mehr Wasser durch als die ungedüngten. Der Zusatz des Kalkes zur alkalischen Grunddüngung hat dagegen keinen gleichbleibenden Einfluß auf die Durchlässigkeit ausgeübt. In den ersten 8 Tagen des Sickerns scheint zwar die Kalkung einen günstigen Einfluß auf die Durchlässigkeit des Bodens besessen zu haben, aber nach 15 Tagen tritt die Überlegenheit der gekalkten Böden bereits zurück, und an den weiteren Prüfungsterminen liefern die gekalkten Böden weniger Sickerwasser als die ungekalkten; es ist also sogar die günstige Wirkung der Grunddüngung in den gekalkten Reihen durch den Kalk zunichte gemacht worden.

Sickerversuche.
Sickerwassermengen in 24 Stunden zu den angegebenen Prüfungszeiten in ccm.

Nummer der Röhren	1. Tag	8. Tag	15. Tag	25. Tag	35. Tag	43. Tag
1	457	265	278	250	241	200
2	656	297	343	337	321	286
3	(280)	(211)	(236)	(213)	(220)	(190)
4	608	322	369	354	344	298
Mittelwerte	567	295	330	314	302	295
5	554	387	395	374	369	325
6	624	391	399	373	371	327
7	671	362	379	359	357	309
8	682	371	374	352	358	320
Mittelwerte	632	378	387	364	364	320
9	550	477	388	325	306	259
10	347	420	340	285	267	237
11	410	462	365	306	275	241
12	429	388	313	293	282	255
Mittelwerte	434	437	351	302	282	248
13	424	436	330	259	239	215
14	533	511	361	280	271	243
15	611	534	400	317	306	266
16	429	461	338	266	255	225
Mittelwerte	499	485	332	280	268	237
17	571	519	392	309	284	262
18	544	609	434	314	296	265
19	500	478	364	287	267	243
20	400	455	335	263	240	217
Mittelwerte	504	515	381	293	272	248
21	362	432	342	286	262	234
22	330	381	308	247	232	200
23	488	539	416	321	286	245
24	334	388	297	248	226	191
Mittelwerte	404	435	341	275	251	217
25	1108	345	406	397	359	336
26	916	336	359	393	376	328
27	1053	349	431	434	393	350
28	748	279	293	274	259	241
Mittelwerte	956	327	372	374	347	314

Um eine möglichst gesicherte Grundlage für die Beurteilung dieser eigentümlichen Versuchsergebnisse zu schaffen, wurden auch nach dem Versuche die Aziditäten der Böden bestimmt und die letzten Sickerwässer auf ihre Reaktion und ihre Leitfähigkeit untersucht. Es ergaben sich dabei die folgenden Zahlen:

Art der Düngung	p_H der Böden	p_H der Sickerwässer	Leitfähigkeit der Sickerwässer
Ungedüngt	5,34	6,88	$2,249 \cdot 10^{-5}$
Physiologisch-alkalisch	5,45	6,93	$2,149 \cdot 10^{-5}$
Physiologisch-alkalisch + Kalk 1	5,94	7,34	$4,397 \cdot 10^{-5}$
Physiologisch-alkalisch + Kalk 2	6,53	7,39	$6,507 \cdot 10^{-5}$
Physiologisch-alkalisch + Kalk 3	7,61	7,48	$7,222 \cdot 10^{-5}$
Physiologisch-alkalisch + Kalk 4	8,05	7,57	$9,437 \cdot 10^{-5}$
Physiologisch-sauer	5,36	6,71	$2,105 \cdot 10^{-5}$

Die Aziditätsverschiedenheiten in den Böden sind also während der Sickerzeit nur unwesentlich verändert worden, wobei die Reaktionszahlen der Sickerwässer trotz saurer Reaktion der Bodenproben so gut wie neutral geworden sind und in den gekalkten Reihen sogar einen über dem Neutralpunkt liegenden Wert angenommen haben. Die durch die Grunddüngung in den Boden gebrachten Elektrolyte sind, wie die Leitfähigkeitszahlen zeigen, vollständig beim Sickern ausgewaschen worden, in den gekalkten Reihen aber sind die Leitfähigkeiten größer als in den ungekalkten. Das kann nur mit der Einwirkung des Sickerwassers auf die durch die Kalkdüngung in ihrem Basengehalt verbesserten zeolithischen Silikate zurückzuführen sein. Die Wasserstoffionen des Sickerwassers tauschten schon wieder gegen Kalziumionen der Böden ein, und das bewirkt sowohl das Ansteigen der Leitfähigkeit als auch die alkalische Reaktion der Sickerwässer. Damit, mit der alkalischen Reaktion der Sickerwässer, ist vielleicht auch die Verminderung der Wasserdurchlässigkeit verbunden. Es erfolgt eben in einer allerdings im einzelnen noch näher aufzuklärenden Weise eine Peptisation der Bodenteilchen bei dieser alkalischen Reaktion des Sickerwassers, und diese Verfeinerung führt zur Bodenverdichtung.

Zu genau dem gleichen Ergebnis wie der vorige Versuch führte dann auch noch ein weiterer, bei dem ebenfalls von einem Vegetationsversuch stammendes Bodenmaterial aber ohne jede weitere Düngung als derjenigen, die in Gestalt von kohlensaurem Kalk zur Abstufung des Aziditätsgrades verwendet war, benutzt wurde. Die Versuchsanstellung bei der Sickerung war ebenfalls dieselbe wie vorher. Hier wurde nun beobachtet, daß von Anfang an die Röhren mit dem sauersten Boden besser sickerten als die mit dem gekalkten Boden. Dieselben Böden, in Sedimentierungsversuchen geprüft, zeigten ein Verhalten, das sich nicht wesentlich gegeneinander unterschied. Vielleicht blieb eine geringe Menge feinster Teilchen bei den Böden mit den höchsten Kalkzusätzen etwas länger in Suspension als bei den sauren Böden. Die deutliche Überlegenheit des sauersten Bodens mit der größten Wasserdurchlässigkeit im Sickerversuch war aber mit bezug auf seine Koagulationsgeschwindigkeit nicht festzustellen.

Bei der zum vorletzten Sickerversuch benutzten Bodenserie wurde übrigens auch noch der Versuch gemacht, durch Ermittlung der Kohäsion einen Einfluß des Versauerungsgrades auf die physikalische Beschaffenheit des Bodens zu erfassen. Dazu wurde verfahren, wie man es bei der Bestimmung der Kohäsion von Ton macht. Es wurden sog. Achterformen aus Mischungen unserer Böden mit 75 % Glassand hergestellt und nach 14 tägiger Lagerung an der Luft auf ihre Zugfestigkeit geprüft. Dabei zeigte sich, daß zum Zerreißen der Formen die folgenden Gewichte in Kilogramm nötig waren; die vier Einzelbestimmungen wiesen eine verhältnismäßig gute Übereinstimmung untereinander auf:

Ungedüngt	Phys.-alkal.	Phys.-alkalische Düngung und				Phys.-sauer
		Kalk 1	Kalk 2	Kalk 3	Kalk 4	
17,54	13,95	21,53	17,53	21,53	20,33	17,23

Eine deutliche Herabsetzung der Zugfestigkeit der Probekörper hat nur die physiologisch-alkalische Düngung zuwege gebracht; die Kalkung hat statt einer Verringerung der Festigkeit eher eine Vergrößerung bewirkt, wobei allerdings der Wert für die zweifache Kalkgabe aus der Reihe fällt. Im großen und ganzen liegt aber die Art der Kalkwirkung doch wieder in derselben Richtung wie bei den Sickerversuchen: eine Verfeinerung der Bodenteilchen ist unter dem Einfluß der Kalkung eingetreten und damit eine Erhöhung der Kohäsion.

Ganz ohne Frage bedürfen die Versuche über den Zusammenhang der Bodenversauerung mit den physikalischen Eigenschaften des Bodens noch einer sehr gründlichen Weiterbearbeitung, wobei auch verschiedenartige Böden der Prüfung unterzogen werden müssen, da durchaus die Möglichkeit besteht, daß sie sich recht verschieden verhalten können. Wenn wir aber die Ergebnisse der vorstehenden Versuche überblicken, so drängt sich uns doch jetzt schon die Auffassung auf, daß die Einwirkung des Versauerungsvorganges auf die physikalischen Eigenschaften der besseren, schwereren Mineralböden nicht überschätzt werden darf. Von großem Nachteil, wie man bisher wohl annahm, ist die Versauerung für diese Böden in physikalischer Richtung offenbar nicht, denn wenn die Zufuhr von Kalk zu einem stark sauren Boden bis zu neutraler und alkalischer Reaktion keine nachweisbare Verbesserung des Bodens herbeiführt, so ist man wohl zu der Annahme berechtigt, daß kein wesentlicher Schaden zu verbessern war. Wünschenswert wäre es aber nun gewiß, wenn für diese voraussichtliche Einflußlosigkeit des Versauerungsvorganges auf die physikalischen Bodeneigenschaften eine ausreichende Erklärung geliefert werden könnte. Ist das experimentelle Material auch noch so dürftig, das uns bislang zur Verfügung steht, so ist es trotzdem möglich, schon jetzt zu einer befriedigenden Erklärung zu kommen, und zwar gelingt das im Anschluß an die Anschauungen, die von den Kolloidchemikern für das elektrische Verhalten der Suspensionskolloide angenommen sind. Schreiben wir, wie Wiegner es für Permutit tut, ein kleinstes Teilchen eines mit Kalk gesättigten zeolithischen Silikates des Bodens, wie es in dem folgenden Schema, Abb. 14, geschieht, aber doch auch abweichend von Wiegner derart, daß nicht eine Belegung von OH-Ionen die negative elektrische Ladung des Teilchens bedingt, sondern Anionen der Zeolithsäure, die durch hydrolytische Spaltung ihres Kalziumsalzes entstanden sind, und läßt

man nun auf ein solches Teilchen eine Säure einwirken, so verdrängt das Wasserstoffion die Kalziumionen aus dem Außenschwarm und tritt an deren Stelle.

Wäre mit dieser Ionenkonfiguration um das Teilchen herum nun aber schon das Ende der Veränderungen erreicht, die es unter dem Einfluß der Wasserstoffionen

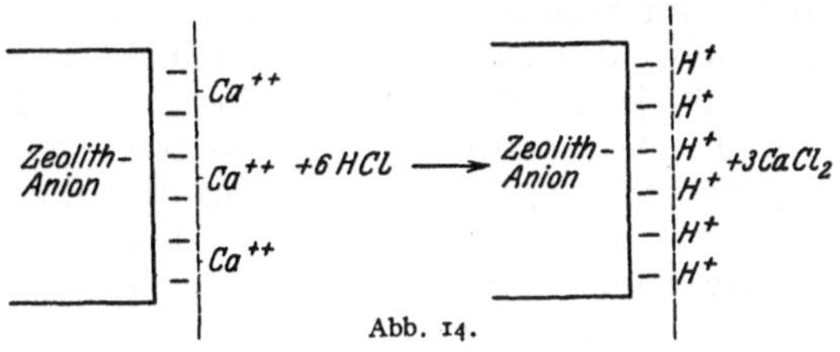

Abb. 14.

erleidet, so wäre an dem elektrischen Zustande und damit an dem Dispersitätsgrade des Teilchens nicht viel geändert. Damit der Dispersitätsgrad der Teilchen sich ändern kann, muß vielmehr Wasserstoff aus der Außenschicht verschwinden, und das kann er leicht, denn nach der chemischen Auffassung der stellen die Stoffe, um die es sich hier handelt, die zeolithischen Silikate und auch die Humate, schwache Säuren dar. Die absorbierten Wasserstoffionen verschwinden daher, indem sie in das feste Teilchen selbst eintreten und dort mit den vorhandenen Anionen zu einem nur sehr wenig dissoziierten Molekül der festen Säure zusammentreten. Dadurch erfolgt nun eine mehr und mehr fortschreitende elektrische Neutralisation der Teilchen. Schließlich wird die elektrische Ladung verschwinden oder doch so klein werden, daß die Aneinanderlagerung der Teilchen zu größeren Flocken erfolgen kann; der Boden koaguliert dann, wenn er in Suspension vorhanden war oder, wenn er in fester Lagerung vorliegt wie in der Natur, aus den mit Wasser gefüllten Hohlräumen verschwinden die darin suspendierten Teilchen durch Bildung von Aggregaten, und der Weg wird für das Wasser frei, der Boden läßt das Wasser leichter hindurch. Diese Auffassung des Versauerungsvorganges erscheint bestens gestützt durch die Messungen der elektrischen Leitfähigkeit, die von uns an sauer gemachten Permutiten und an sauren Böden vorgenommen wurden. Wie oben schon erwähnt wurde, nimmt die Leitfähigkeit der Böden mit der Versauerung ab. Das kann nur dann eintreten, wenn die Wasserstoffionen, die bei der Versauerung aufgenommen werden, nicht einfach an den Platz der verdrängten Kalziumionen treten — denn dann müßte die Leitfähigkeit infolge der schnelleren Wanderung der Wasserstoffionen steigen —, sondern wenn die Wasserstoffionen als solche ganz verschwinden. Dieses Verschwinden ist nun am besten erklärt durch den Übergang in die undissoziierte Form der Säure.

Umgekehrt gestaltet sich natürlich der Einfluß der Kalkung auf einen sauren Boden. Das infolge der geringen Dissoziation nur sehr kleine elektrische Potential der Bodenteilchen wird wegen der Verdrängung des Wasserstoffs aus der Zeolithsäure durch die Kalziumionen, also durch die Neutralisation, erhöht, denn das Salz ist ja viel stärker elektrisch und dazu noch hydrolytisch dissoziiert als die Säure. Die festgehaltenen Silikatanionen laden das Teilchen stärker und stärker negativ auf, bis schließlich seine Loslösung von den anderen Teilchen, mit denen es zusammengeballt war, erfolgen kann. Beim Sedimentierungsversuch geht jetzt die Peptisation vor sich, im fest gelagerten Boden aber erfolgt durch die Verfeinerung der Teilchen — die vielleicht auch noch durch Quellung ihr Volumen vergrößern, wie sie beim Sauerwerden durch Schrumpfung ihr Volumen vielleicht verkleinern können — eine Verstopfung der Hohlräume, durch die bis dahin das Wasser abfließen konnte; der Boden läßt das Wasser somit nach erfolgter Neutralisation schlechter als vorher durchlaufen.

Dieses hier in kurzen Strichen entworfene Bild des Verhaltens der anorganischen Bodenkolloide bei der Versauerung und Neutralisation läßt sich übrigens auf die organischen Kolloide, die Humusstoffe, ziemlich vollständig übertragen. Daß die Humusstoffe leicht kolloide Lösungen, Sole, bilden, wenn sie durch OH-Ionen aufgeladen werden, ist eine allbekannte Tatsache. Die Darstellung dieser Stoffe fußt ja auf ihrer leichten Peptisationsfähigkeit durch Alkalien, also OH-Ionen. Die Wasserstoffionen der Säuren üben bei den Humusstoffen auch wieder ihre ganz normale, fällende Wirkung aus; durch Zusatz von Säuren schlägt man ja die Humussäuren aus den kolloiden Lösungen ihrer Salze nieder. Die ausgeflockte Humussäure ist dann entweder ohne elektrische Ladung oder sie besitzt sie nur in geringem Grade, weil auch sie eine schwache Säure ist und die H-Ionen der elektrischen Außenschicht unter Bildung von wenig dissoziierter Humussäure zum Verschwinden bringt. Erst bei der Salzbildung gewinnt die Humussäure eine stärkere elektrische Aufladung, und da mit steigender Ladung in Suspensionen die Stabilität der Teilchen steigt, in fester Lagerung aber das Streben nach kolloider Zerteilung, nach Teilchenverfeinerung, wächst, steht zu erwarten, daß die Humussäure sich zu den physikalischen Bodeneigenschaften geradeso verhält, wie die zeolithischen Silikate es tun. In ladungsarmer Form, bei oder nahe bei ihrem isoelektrischen Punkte, wird die Humussäure das Verhalten des Bodens zum Wasser nur in dem Sinne beeinflussen können, daß die Wasserdurchlässigkeit erhöht wird. Je mehr Metallkationen aber in die Humussäure an Stelle des Säurewasserstoffs eintreten, um so mehr wird sie zur Peptisation neigen, und in um so höherem Grade wird sie zu einer Behinderung der Wasserdurchlässigkeit führen. Daher denn auch der Nutzen für den Wasserhaushalt der leichten Böden, der den Humusstoffen in der Form des milden, d. h. mit Basen angereicherten Humus zugesprochen werden muß. Andererseits muß von diesem Gesichtspunkte aber auch die Versauerung der leichten Böden als nachteilig für ihre die Wasserführung angehenden physikalischen Eigenschaften erklärt werden. Da die wenigen anorganischen Kolloide in demselben Sinne durch die Versauerung verändert werden wie die Humuskolloide, so muß die Versauerung der leichten Böden als eine starke Gefährdung ihres Wasserhaushaltes angesehen werden. In diesem Falle kann man also gewiß von einer Verschlechterung der physikalischen

Eigenschaften des Bodens sprechen, das aber geschieht dann doch im umgekehrten Sinne zu der früheren Anschauung, denn man befürchtete sonst immer, daß die Bodenversauerung die besseren Böden nachteilig beeinflusse, was offenbar nach unseren Untersuchungen nicht der Fall ist; ihre Wasserführung wird ja durch die Versauerung eher verbessert als verschlechtert. Da nun die Bodenversauerung eine Erscheinung ist, die in viel höherem Maße die leichten als die schweren Böden in Mitleidenschaft zieht, so kommen wir zum Schluß doch zu dem Ergebnis, daß die Auswirkung der Bodenversauerung auf die physikalischen Bodeneigenschaften letzten Endes mehr Übles als Gutes stiften wird.

Die Sicherheit dieses Urteils steigt noch sehr wesentlich, wenn wir bedenken, daß die kolloidchemische Beschaffenheit der Tonteilchen eines Bodens nicht das allein Bedingende für die physikalischen Eigenschaften eines Bodens ausmacht. Wir brauchen nur an den allerdings schwer zu erklärenden Begriff der Bodengare zu denken, um einzusehen, daß die Beschaffenheit eines Bodens nicht das ausschließliche Resultat einfacher kolloidchemischer Einwirkungen ist. Es spielen für das, was der Landwirt als Bodengare bezeichnet, auch Wirkungen eine große Rolle, die wir zwar im einzelnen noch nicht ausreichend übersehen, die aber fraglos doch nicht einfache chemische oder physikalische, sondern biologische sind, Wirkungen also, die mit dem Leben der Mikroorganismen im Boden im Zusammenhang stehen. Erst die richtige Mitarbeit der den Boden bewohnenden niederen Pflanzen, der Bakterien und Pilze, sichert oder verschafft dem Boden jenen günstigsten physikalischen Zustand, den man als die Bodengare bezeichnet. In dieser Richtung wird aber der saure Boden immer hinter dem neutralen oder schwach alkalisch reagierenden zurückstehen, denn gerade eine der wichtigsten Veränderungen, die der Boden bei der Versauerung erfährt, ist die, daß er nicht mehr in der Lage ist, dem Leben und Wirken der Mikroorganismen eine günstige Stätte zu bieten. Selbst wenn die Basenverarmung des Bodens, der Ersatz der Basen durch Säurewasserstoff, auch gar keine direkte, kolloidchemisch zustande kommende Schädigung der physikalischen Bodeneigenschaften im Gefolge haben sollte, so verhindert sie doch, daß der Boden in den richtigen Zustand der Gare verbracht werden kann. Alle Bemühungen in dieser Richtung werden zur Erfolglosigkeit verurteilt sein, wenn nicht vorher die Bedingungen für die normale Tätigkeit der Bodenmikroorganismen wiederhergestellt sind, wenn nicht die Bodenazidität vorher beseitigt ist. Hält man einmal diese unbestreitbare Bedeutung der biologischen Faktoren für die Erzeugung der Bodengare im Auge, und stellt man dazu die Abhängigkeit der Bodenbakterien von der Reaktion, dann werden auch die praktischen Feststellungen auf sauren Böden verständlich, nach denen eine günstige physikalische Beschaffenheit oft vermißt wird. Können wir auch als Folge der Versauerung im Laboratorium keine wesentlich nachteilige Beeinflussung der physikalischen Bodeneigenschaften nachweisen, so erkennt der Erfahrene doch an den sauren Böden in natürlicher Lagerung das Fehlen der Gare; saure Böden sind tote Böden und müssen erst durch Förderung der Mikroorganismenwirkungen wieder zum Leben erweckt werden.

Dieses Kapitel von dem Einfluß der Bodenversauerung auf die physikalischen Bodeneigenschaften kann nun aber nicht abgeschlossen werden, ohne daß noch einmal auf die relative Unsicherheit hingewiesen wird, die bis jetzt in der Beurteilung der Verhältnisse herrscht. Man wird noch intensive Arbeit leisten müssen, bis hier eine ganz gesicherte Grundlage gewonnen ist, aber dennoch glauben wir, daß an den vorstehenden Darlegungen, wenn sie selbstverständlich sowohl experimentell als auch theoretisch noch erheblich ausgebaut werden müssen, sich im großen und ganzen nicht viel ändern wird.

X. Der Einfluß der Reaktion auf die Mikroorganismen des Bodens.

Einem jeden, der sich einmal mit der Kultur von Mikroorganismen beschäftigt hat, ist bekannt, daß man bei der Herstellung der Nährböden, auf denen die Mikroorganismen gezogen werden sollen, mit allergrößter Vorsicht die Reaktion zu regeln hat. Ein Tröpfchen zugesetztes Alkali zuviel oder zuwenig kann sich in bezug auf die Art und die Zahl der auf dem Nährboden anwachsenden Kolonien der Mikroorganismen außerordentlich stark auswirken. Bei besonderen Versuchen, die auf den Einfluß der Reaktion der Nährböden gerichtet waren, hat man in der Bakteriologie daher auch schon vor langer Zeit die Tatsache sichergestellt, daß im allgemeinen auf schwach alkalischen Nährböden das Wachstum der Bakterien, auf schwach sauren Nährböden das der Pilze begünstigt wurde. Damit soll natürlich keineswegs gesagt sein, daß Bakterien nur bei alkalischer und die Pilze nur bei saurer Reaktion ihr Fortkommen fänden; daß das nicht der Fall ist, lehren ja schon eindringlich genug die Gärungsvorgänge, die mit der Bildung von Säuren verknüpft sind, wie die Milchsäuregärung oder die Buttersäure- und Essigsäuregärung. Im großen und ganzen aber findet man doch, daß mit steigender Säuerung der Nährböden die Wachstumsbedingungen für die Mehrzahl der Bakterien ungünstiger, für die Pilze günstiger werden.

Dieser Einfluß der Reaktion auf das Mikroorganismenwachstum macht sich selbstverständlich nicht nur in den künstlichen Nährböden, sondern auch in den natürlichen Substraten geltend, in denen die Mikroorganismen leben, und gerade beim Boden erfuhr man sehr bald, nachdem man angefangen hatte, sich um seinen Mikroorganismenbestand zu kümmern, daß auch bei ihm, hervorgerufen durch die Reaktion, eine Verschiedenheit in dem eben bezeichneten Sinne vorhanden war, daß also bei den sauren Böden, wie den typischen sauren Moor- und Rohhumusbildungen, die Pilze an Zahl überwogen, daß aber auf den eigentlichen Mineralböden die zu den Bakterien gehörenden Mikroorganismen in der Überhand waren.

Wie sehr das Wachstum von Bakterien und von Pilzen auf die Veränderungen, die die Reaktion des Bodens erleidet, reagiert, zeigen sehr schön die Untersuchungen von S. A. WAKSMAN[1]. In dem einen Falle, bei der Zählung der Bakterien, war durch Düngung mit Schwefel, der bei seiner Oxydation im Boden Schwefelsäure liefert und dadurch den Boden zur Versauerung bringt, eine abgestufte Reaktion im Boden erzeugt, im anderen Falle, bei dem die Pilze gezählt wurden, waren die Reaktionsverschiebungen des Bodens durch Düngemittel wie Ammoniumsulfat, Natriumnitrat und Kalk herbeigeführt worden.

Die Zahl der Bakterien und der Pilze, die in diesen beiden Böden vorhanden waren, sind aus der Zusammenstellung zu entnehmen.

p_H-Wert	Bakterien in 1 g Boden	p_H-Wert	Pilze in 1 g Boden
6,2	13 600 000	6,6	26 200
5,6	12 600 000	6,2	39 100
5,1	4 800 000	5,8	73 000
4,8	4 000 000	4,0	110 000

Sehr deutlich tritt uns in diesen Zahlen die gegensätzliche Wirkung vor Augen, die von der Bodenversauerung auf die Bakterien und die Pilze des Bodens ausgeht; während die Zahl der Bakterien durch die Versauerung stark vermindert wird, tritt bei den Pilzen eine Vermehrung ein.

Die Mikroorganismenkunde des Bodens konnte sich aber nicht mit dieser Feststellung des Einflusses, den die Reaktion auf die Art der Mikroorganismen

---

[1] WAKSMAN, S. A.: Soil Sci. 19, 74, 157.

und auf ihre Zahl ausübt, begnügen. Was not tat, war die Erfassung des Einflusses, den die Bodenreaktion auf die Leistungsfähigkeit der verschiedenen
landwirtschaftlich wichtigen Mikroorganismengruppen ausübt. Man mußte erfahren, wie der für die Pflanzenernährung so wichtige Vorgang der Nitrifikation
des Ammoniakstickstoffs, wie die Stickstoffsammlung der freilebenden Stickstoffsammler und der Leguminosenbakterien beeinflußt wurde, man mußte sich
Rechenschaft darüber geben, wie der Vorgang der Denitrifikation des Salpeters
und wie andere wichtige bakterielle Vorgänge im Boden, z. B. die Fäulnis, sich
zu der Änderung der Reaktion des Bodens bei seiner Versauerung stellten.
Über das, was bisher in diesen Fragen an Erkenntnissen gewonnen ist, soll im
folgenden ein Überblick gegeben werden.

a) Die Nitrifikation und die Denitrifikation in sauren Böden.

Daß die durch Nitrifikationsbakterien bewirkte Oxydation des Ammoniakstickstoffs zu Salpeterstickstoff ein Vorgang ist, der durch die im Boden herrschende
Reaktion stark beeinflußt werden kann, geht ganz zuverlässig aus den Beobachtungen hervor, die über die Nitrifikation in sauren Humusböden ausgeführt
worden sind. RITTER, CHRISTENSEN, ARND und andere fanden z. B., daß in
sauren Hochmoorböden die Nitrifikation vollständig fehlen konnte. Auch in
Niederungsmoorböden konnte das der Fall sein, wenn sie stärker sauer waren,
und ebenso bei anderen Rohhumusbildungen, wie z. B. dem immer stark sauren
Nadelwaldhumus. Solche Befunde über das vollkommene Fehlen der Nitrifikation in stark sauren Humusböden haben nun aber offenbar dazu geführt,
den Einfluß der Bodenversauerung auf die Nitrifikation in den Mineralböden
ein wenig zu überschätzen; man neigt leicht dazu, die Nitrifikation hier in allen
Fällen als höchst unbedeutend anzusehen. Diese Annahme ist aber wohl nicht
ganz richtig. Es wurde besonders von amerikanischen Forschern immer wieder
darauf aufmerksam gemacht, daß die Bodenversauerung keineswegs als absolutes
Hindernis für den Eintritt einer weitgehenden Nitrifikation betrachtet werden
dürfte. Außer BARTHEL und TEMPLE weisen besonders ausführlich auf die Möglichkeit der Nitrifikation in sauren Böden NOYES und CONNER[1] hin. Schon im
Jahre 1872 ist nach den Literaturangaben dieser Forscher von HOUZEAU in
sauren Böden Nitrifikation vorgefunden worden. Die eigenen Untersuchungen von
NOYES und CONNER führten nun zu dem Ergebnis, daß auf den von ihnen untersuchten Böden die Nitrifikation in keinem Zusammenhange mit der Azidität
stand, daß vielmehr andere Faktoren, wie der Gesamtstickstoffgehalt der Böden
und ihr Gehalt an organischen Stoffen, eher in Beziehung zur Nitrifikation zu
bringen waren als gerade die Bodenversauerung. Um die gleiche Zeit kam auch
BEAR zu denselben Feststellungen wie NOYES und CONNER. Auch er fand, daß
der Nitratgehalt und die nitrifizierende Kraft der sauren Böden mehr mit der
organischen Masse und dem Gesamtstickstoff als mit der Bodenazidität schwankten. Wenn nun aber auch in den Versuchen dieser amerikanischen Forscher die
Bedeutung, die der Versauerungszustand des Bodens für die Nitrifikation besitzt, offenbar nur abgeschwächt in die Erscheinung trat, so wird von allen
doch anerkannt, daß die Kalkung des Bodens die Nitrifikationskraft stets günstig
beeinflußt hat. Eine Versuchsreihe, die über den Einfluß des Kalkes von
F. E. BEAR[2] ausgeführt wurde, mag hier zunächst noch ihren Platz finden. Es
handelte sich bei diesen Versuchen um zwei saure Mineralböden, die von Dauerdüngungsversuchen stammten und seit langen Jahren keinerlei Düngung er-

---

[1] NOYES, H. A., u. S. D. CONNER: J. agricult. Res. **16**, 27.
[2] BEAR, F. E.: Soil Sci. **4**, 442.

halten hatten. Für die Nitrifikationsversuche wurden die Böden mit Kalk in verschiedenen Mengen vermischt, erhielten dazu einen Zusatz von Monokalziumphosphat und wurden nach 12 wöchiger Lagerung zu je 100 g mit 20 mg Stickstoff in der Form von Ammonsulfat und von Ammonkarbonat versetzt. In der folgenden Tabelle nach BEAR haben wir uns auf die Angabe eines Teiles der vorgenommenen Kalkabstufungen beschränkt, da auch so der Einfluß der Kalkgaben auf die Nitrifikation deutlich genug zu erkennen ist:

Kalziumkarbonat auf 2 000 000 Pounds Boden	Gefunden Salpeterstickstoff in 100 g Boden in mg			
	Stickstoffquelle $(NH_4)_2SO_4$		Stickstoffquelle $(NH_4)_2CO_3$	
	Boden 1	Boden 2	Boden 1	Boden 2
1 000 Pounds	4,06	6,07	7,22	7,50
	5,24	6,75	9,52	8,55
3 000 ,,	9,34	10,48	15,30	12,50
5 000 ,,	13,86	15,00	18,00	18,75
10 000 ,,	19,35	15,98	20,00	16,16
40 000 ,,	22,55	15,00	23,30	15,00

Ohne Frage belegen die vorstehenden Versuche deutlich den starken Einfluß, den die Zufügung des Kalkes und damit die Verschiebung der Reaktion der Böden nach der alkalischen Seite auf die Nitrifikation des Ammoniakstickstoffs ausgeübt hat. Die beiden Böden verhielten sich allerdings trotz ihres ursprünglich gleichen — nach der Methode von VEITCH bestimmten — Kalkbedarfs nicht ganz übereinstimmend, was aber hier, wo es nur auf die nitrifikationssteigernde Wirkung des Zusatzes von Kalk ankommt, unerörtert bleiben kann. Zu bedauern ist aber bei diesen wie auch bei vielen anderen älteren Versuchen, die den günstigen Einfluß des Kalkes auf die Nitrifikation belegen, daß keine genaueren Angaben über die Bodenreaktion, die bei den einzelnen Versuchen bestand, gemacht worden sind. Sicherlich würde eine genauere Kennzeichnung des Aziditätszustandes der benutzten Böden vor und nach ihrer Vermischung mit Kalk wesentlich zur Erlangung eindeutiger Ergebnisse bei den Nitrifikationsuntersuchungen beigetragen haben. Weiterhin würde die Berücksichtigung der von TEMPLE[1] zuerst erkannten und auch von FRED und GRAUL[2] betonten Tatsache, daß die Nitrifikation in den sauren Böden von der Art der zu nitrifizierenden stickstoffhaltigen Substanz abhängig ist, von günstiger Wirkung in derselben Richtung gewesen sein. Ist der zu nitrifizierende Stoff nämlich ein anorganisches Ammoniumsalz, wie Ammoniumsulfat, so geht die Nitrifikation auf stärker versauerten Böden nur langsam vor sich und bleibt schwach, handelt es sich aber um die Nitrifikation einer der Ammonisation leicht zugänglichen organischen stickstoffhaltigen Substanz, so erfolgt die Nitrifikation auch in stark sauren Böden wesentlich schneller und vollständiger. Infolge dieses unterschiedlichen Verhaltens verschiedener Stickstoffquellen fällt natürlich auch bei der Nitrifikation in sauren Böden die Wirkung der Kalkung zuweilen ganz wechselnd aus; organische Stickstoffverbindungen werden nur vorübergehend in ihrer Nitrifikationsfähigkeit durch die Kalkdüngung begünstigt, anorganische dagegen stark. Auch die Unkenntnis dieser Tatsache hat sicherlich dazu beigetragen, daß es nur langsam gelang, den Einfluß der Bodenversauerung einerseits und den Einfluß der Kalkung andererseits auf die Nitrifikation klarzustellen.

Tiefer als FRED und GRAUL drang bei seinen Untersuchungen über die Nitrifikation S. A. WAKSMAN[3] in die Ursachen ein, die bei Nitrifikationsversuchen

---

[1] TEMPLE, J. C.: Ga. Agr. Exp. Stat. Bull. **103**, 14.
[2] FRED, E. B., u. E. J. GRAUL: Soil Sci. **1**, 317.
[3] WAKSMAN, S. A.: Söil Sci. **15**, 248.

an sauren Böden zu auseinandergehenden Ergebnissen führen können. WAKS-
MANS Versuche sind aber auch deshalb noch besonders wertvoll, weil sie mit
Messungen der Reaktionswerte der Böden verbunden wurden. Die in der
folgenden Tabelle zusammengestellten Zahlen gehören zu einem Versuche, bei
dem je 100 g verschiedener von einem Dauerdüngungsversuch stammender
Bodenproben in der einen Versuchsreihe mit Ammonsulfat, in der anderen mit
trockenem Blut versetzt waren, bei dem also eine anorganische und eine organische Stickstoffquelle verwendet wurde; in beiden Fällen wurde eine Versuchsreihe auch nach Zusatz von gebranntem Kalk zum Boden durchgeführt:

Boden	Boden ohne Zusatz		50 mg N als Ammonsulfat		50 mg N als Ammonsulfat + CaO		1% getrocknetes Blut			1% getrocknetes Blut + CaO		
Nr.	p_H	NO_3-N mg	p_H	NO_3-N mg	p_H	NO_3-N mg	p_H	NH_3-N mg	NO_3-N mg	p_H	NH_3-N mg	NO_3-N mg
4 A	5,6	2,5	4,8	2,5	4,9	34,2	5,4	38,1	21,6	7,9	56,7	0,8
5 A	5,4	5,5	4,7	5,2	5,1	56,8	5,0	29,7	39,5	6,4	3,2	54,2
7 A	4,8	1,3	4,8	0,8	7,4	0,6	7,0	47,7	0,5	8,2	42,2	0,0
9 A	5,8	2,2	5,0	8,5	6,1	27,2	6,0	32,9	26,8	8,5	44,6	0,0
11 A	4,6	0,8	4,6	0,2	6,2	19,2	6,9	64,1	0,8	7,8	48,3	0,0
18 A	5,5	2,4	4,9	11,2	5,0	52,6	5,0	28,3	45,5	6,2	4,6	40,4
19 A	5,4	1,1	4,9	2,2	6,1	12,4	6,6	47,8	12,8	8,2	39,2	0,0
5 B	6,5	2,8	4,8	37,3	5,0	41,8	5,7	13,4	16,6	6,2	2,7	30,8
7 B	6,0	1,5	4,9	9,6	5,1	33,1	7,2	37,9	2,4	7,9	35,6	0,0
11 B	5,6	3,7	4,8	7,3	4,9	37,7	5,3	10,2	21,2	6,2	10,9	29,4
19 B	6,2	3,2	4,9	20,2	5,0	29,2	7,0	35,8	0,8	7,8	35,2	0,4

Bei Betrachtung dieser Zahlen muß man WAKSMAN Recht geben, wenn er
sagt, daß sowohl die Anfangsreaktion als auch die Endreaktion, die der Boden
nach Ablauf des Nitrifikationsvorganges besitzt, die Menge an Nitratstickstoff
bestimmen, die sich aus dem zugesetzten Ammonsulfat bilden kann, Liegt die
anfängliche Reaktion niedrig, wie bei Boden 7 A und 11 A, so bleibt die Nitrifikation des Ammonsulfates aus oder kann wenigstens ausbleiben. Steigt der
p_H-Wert an, so wächst damit auch die Nitrifikationskraft des Bodens, wofür die
Böden 5 A und 5 B, ferner 19 A und 19 B gute Beispiele abgeben, denn sie unterscheiden sich voneinander nur durch eine bei 5 B und 19 B vorgenommene Kalkdüngung. Daß die Pufferkraft des Bodens von ausschlaggebender Bedeutung
für die Nitrifikation sein kann, zeigt das Verhalten des Bodens 7 zum Ammonsulfat. Obgleich er von Haus aus stark sauer war, wurde seine Nitrifikationskraft
durch den Kalkzusatz nicht nennenswert verbessert. Offenbar hatte das darin
seinen Grund, daß der Boden schlecht pufferte. Durch den Kalkzusatz wurde
nämlich seine Reaktion nach dem Nitrifikationsversuche zu p_H 7,0 gefunden,
sie muß daher im Anfang nach Zusatz des gebrannten Kalkes noch wesentlich höher gelegen haben, und zwar so hoch, daß aus dem Ammonsulfat freies
Ammoniak sich bilden konnte, das bekanntlich für die Nitrifikationsbakterien
sehr giftig ist. Die Überkalkung infolge schlechter Pufferung des Bodens
gegen Basen hatte also in diesem Falle die Wirkungslosigkeit der Kalkdüngung
auf den Verlauf der Nitrifikation im Gefolge.
　Daß diese Deutung richtig ist, belegen die Versuche mit dem getrockneten
Blut. Überall, wo die Endreaktion nach der Nitrifikation noch bei p_H 7,0 oder
darüber liegt, ist keine Nitrifikation erfolgt. Man erkennt das sowohl an den
Zahlen der kalkfreien Reihe als an denen der gekalkten. Dort dagegen, wo trotz
Kalkzusatz der p_H-Wert noch unter dem Neutralpunkt verblieben ist, hat auch
bei dem organisch gebundenen Stickstoff des Blutmehles der Kalkzusatz eine
Verstärkung der Nitrifikation zuwege gebracht.

Es bestehen also bei der Durchführung von Versuchen über die Nitrifikation und besonders über den Kalkeinfluß auf diesen Vorgang gewisse Hindernisse, die leicht zu ganz verschiedenartigen Versuchsergebnissen Veranlassung werden können und sicherlich auch bei älteren Versuchen infolge ihrer Nichtbeachtung geworden sind. Bei unseren eigenen Versuchen über die Nitrifikation in sauren Böden glauben wir diese Hindernisse glücklich überwunden zu haben, indem wir einerseits nie gebrannten Kalk, der leicht zur Herausbildung einer zu stark alkalischen Reaktion führen kann, sondern den ungefährlichen kohlensauren Kalk verwendet haben, und indem wir andererseits nie den Zusatz dieser Kalkform so hoch wählten, daß eine Überschreitung des Neutralpunktes mit ihren nachteiligen Folgen eintreten konnte. Allerdings haben wir uns seinerzeit bei der Ausführung dieser Versuche zumeist noch auf die Bestimmung der hydrolytischen Azidität und der Austauschazidität beschränkt. Der Bestimmung der Reaktionszahlen der Böden wandten wir damals noch nicht in ausreichendem Maße unsere Aufmerksamkeit zu. Die Wasserstoffionenkonzentration ist aber sicherlich die Eigenschaft der sauren Böden, die sich am deutlichsten auf ihre Nitrifikationskraft auswirken muß. Wir haben jedoch die Möglichkeit, aus den Werten für die Aziditätsformen einen Rückschluß auf die im Boden herrschende Wasserstoffionenkonzentration zu ziehen, und so werden wir aus den folgenden Untersuchungsergebnissen doch die Abhängigkeit der Nitrifikation von der Bodenreaktion erkennen können. Unsere Nitrifikationsversuche[1] führten wir so aus, daß jedesmal 100 g der Böden mit 30,6 mg Stickstoff in der Form von Ammonsulfat versetzt wurden. Nach sechswöchiger Ruhezeit bei Zimmertemperatur unter Erhaltung einer Wassermenge, die 60% der vollen Wasserkapazität entsprach, wurde die Menge des entstandenen Salpeterstickstoffs bestimmt. Die ersten Versuche dieser Art sind in der nachstehenden Tabelle zusammengestellt. In einer Versuchsreihe waren dabei die Aziditätsformen durch Kalkzusatz zwar nicht beseitigt, aber doch stark herabgesetzt worden:

Boden	Hydrolytische Azidität ccm		Austauschazidität ccm		In 6 Wochen entstandener NO_3-N mg	
	ungekalkt	gekalkt	ungekalkt	gekalkt	ohne Kalkzusatz	mit Kalkzusatz
1	3,5	1,2	—	—	13,1	19,7
2	12,3	11,7	1,5	0,7	5,3	8,7
3	13,2	10,0	3,2	0,3	3,1	7,8
4	13,8	8,8	5,2	0,3	3,5	12,8

Die Reaktionszahlen dieser Böden ohne Kalkzusatz waren nun, schätzungsweise angegeben, in derselben Reihenfolge, in der sie in der Tabelle stehen: 7,5 — 5,0 — 4,8 — 4,6.

Es kann also gefolgert werden, daß erstens die Nitrifikation doch weitgehend abhängig ist von dem Reaktionszustand, denn nur der bereits schwach alkalische Boden 1 hat eine befriedigende Nitrifikationskraft bewiesen, die sauren Böden dagegen eine viel schlechtere. Es zeigt der Versuch aber weiter, daß in allen Fällen, auch bei dem alkalischen Boden, die Zugabe von kohlensaurem Kalk die Nitrifikationskraft des Bodens verstärkt hat. Nach den Kalkgaben waren die Reaktionszahlen bei den Böden erhöht und betrugen schätzungsweise bei Boden 1: 8,0, bei 2, 3 und 4 aber lagen sie etwa bei 6,0—6,5. Wir werden daher schließen dürfen, daß bei den drei letzten Böden eine verstärkte Kalkung auch noch eine Steigerung der Nitrifikation zuwege gebracht haben würde.

Bei weiteren Versuchen fanden wir dann aber auch die unbedingte Überlegenheit des organisch gebundenen Stickstoffs über den anorganischen in bezug

---

[1] ELBERT, W.: Dissert., Landw. Hochschule Bonn 1924.

auf Nitrifizierbarkeit bestätigt. Bei diesen Versuchen wurden drei austauschsaure Böden mit steigender Azidität verwendet. Sie erhielten gleiche Zusätze von Stickstoff in der Form von Ammonsulfat und von Harnstoff, wurden daneben noch in einer Reihe gekalkt und erhielten in einer weiteren Reihe überdies eine Impfung mit einer Aufschwemmung gut nitrifizierender Ackererde. Die Durchschnittswerte für den nach fünf Wochen langer Aufbewahrung der Proben bei Zimmertemperaturen entstandenen Salpeterstickstoff enthält folgende Tabelle:

Boden	Austausch-azidität ccm	In 5 Wochen in 100 g Erde entstandener Salpeter-N					
		ungekalkt aber geimpft		gekalkt und geimpft		gekalkt aber ungeimpft	
		Ammonsulfat mg	Harnstoff mg	Ammonsulfat mg	Harnstoff mg	Ammonsulfat mg	Harnstoff mg
1	1,1	6,6	21,5	21,1	23,4	10,6	25,1
2	5,8	2,6	16,5	17,5	26,0	19,4	23,1
3	12,2	1,3	12,2	10,5	23,5	19,2	25,3

Die Reaktionszahlen dieser drei Böden, die wir auch in diesem Falle leider nur aus den Austauschaziditäten schätzen können, betrugen etwa 5,0, 4,5 und 4,0. Mit fallender Reaktionszahl, also steigender Versauerung, nimmt somit wieder die Nitrifikationskraft der Böden gegen Ammonsulfat wie auch gegen Harnstoff trotz Zufuhr lebenskräftiger Bakterien mit der Bodenaufschwemmung stark ab. Der Einfluß des Versauerungszustandes und besonders eben der Wasserstoffionenkonzentration auf die Leistungsfähigkeit der Nitrifikationsbakterien läßt sich also nicht abstreiten. Es zeigen aber auch gleich die beiden ersten Spalten unserer Tabelle, daß der organisch gebundene Stickstoff im Harnstoff wesentlich leichter der Nitrifikation zugänglich ist als der im Ammonsulfat gebundene Stickstoff, und diese Verschiedenheit zwischen beiden Stickstofformen erhält sich auch, wenn gekalkt wurde. Gleichgültig, ob zu dieser Kalkung noch eine Impfung erfolgte oder nicht, ist die Nitrifikation des Harnstoffs stets der des Ammonsulfates derart überlegen, daß von einer fast quantitativen Nitrifikation des Harnstoffstickstoffs gesprochen werden kann. Da nun die Impfung selbst in keinem Falle irgendeine Bedeutung für den Grad der Nitrifikation erlangt hat, so kann aus dem Versuche der Schluß gezogen werden, daß die Bakterien der Nitrifikation trotz starker Versauerung des Bodens nicht in ihm zugrunde gehen, sondern daß ihre Tätigkeit durch die Bodenazidität nur lahmgelegt wird. Es bedarf also auf sauren Böden auch nur einer Beseitigung der hemmenden Azidität, um eine kräftige Nitrifikation in die Erscheinung treten zu lassen; die Zufuhr von nitrifizierenden Bakterien durch eine Impfung ist nicht erforderlich. Daß schließlich auch noch in den gekalkten Reihen die leichtere Nitrifizierbarkeit des Harnstoffs so deutlich sich bemerkbar macht, hängt sicherlich mit der alkalisierenden Wirkung zusammen, die der Harnstoff bei seiner Umwandlung in Ammonkarbonat, die sehr schnell vonstatten geht, auf den Boden ausübt. Das Ammonsulfat bewirkt ja infolge seiner physiologisch-sauren Beschaffenheit, von der später noch eingehender zu sprechen sein wird, gerade das Gegenteil. Hier mag zu diesem Punkt noch gesagt werden, daß die Bakterien der Nitrifikation das Ammonsulfat überhaupt nur so weit in Salpeter zu überführen vermögen, als es durch Umsatz mit Karbonaten in Ammonkarbonat oder durch Umsatz mit zeolithischen Silikaten oder Humaten in Ammoniumzeolith und Ammoniumhumat übergegangen ist. Bei den schon stärker versauerten, den austauschsauren Böden tritt auch noch ein anderes Hindernis für die Nitrifikation auf, das ist der Austausch von Wasserstoff- und Aluminiumionen aus den versauerten Silikaten und Humaten gegen die Ammoniumionen der Ammoniumsalze, und durch diesen Austausch wird die im Boden umlaufende Lösung zum Schaden der Nitrifikationsbakterien versauert.

Wenn nun auch die vorstehenden Versuche deutlich genug zu erkennen geben, daß die Bodenversauerung als ein starkes Hindernis für den normalen Verlauf des so wichtigen Vorganges der Nitrifikation im Boden betrachtet werden muß, so können wir uns doch nicht bei dieser praktisch zwar ausreichenden Feststellung beruhigen. Wir müssen von wissenschaftlichen Gesichtspunkten aus noch tiefer in die Frage einzudringen und uns Klarheit darüber zu verschaffen suchen, wie es mit der Empfindlichkeit der einzelnen beim Nitrifikationsvorgange in Aktion tretenden Bakterienarten — es handelt sich ja dabei um die Nitrit- und die Nitratbakterien — bestellt ist. GAARDER und HAGEM[1], die diese beiden

	Minimum p_H	Optimum p_H	Maximum p_H
Nitritbildner . .	7,0	7,8	8,6
Nitratbildner . .	6,5	7,1	7,8

Bakterienarten in Reinkulturen nach dieser Richtung hin studiert haben, fanden nun die nebenstehenden Werte. Darnach wären die Grenzen für die Wirkung der Nitrifikationsbakterien sehr eng gezogen, und man dürfte eigentlich gar nicht damit rechnen, daß in den sauren Böden, deren p_H-Werte doch stets wesentlich unter den von GAARDER und HAGEM angegebenen Minimumwerten für das Wachstum der Bakterien liegen, überhaupt noch Nitrifikation stattfände. Da sie nach den oben mitgeteilten Versuchen dennoch in sauren Böden erfolgt, mögen diese Zahlen wohl für die Versuchsbedingungen der beiden genannten Autoren stimmen, können aber nicht für die Nitrifikationsbakterien unter natürlichen Verhältnissen Geltung beanspruchen. Tatsächlich werden auch in der Literatur noch andere Angaben über die den genannten Bakterien zusagenden Wasserstoffionenkonzentrationen gemacht. So fand MEYERHOF[2] bei Respirationsstudien an den Nitrifikationsbakterien, daß in Lösungskulturen die Nitratbakterien zwischen den p_H-Werten 5,3—10,3 zu leben vermochten, und daß sie ihr Optimum bei den p_H-Werten 8,4—9,3 besaßen. Das Optimum für die Nitritbakterien lag in Übereinstimmung mit den Befunden von GAARDER und HAGEM tiefer als bei den Nitratbakterien, nämlich zwischen p_H 8,4 und 8,8. Wieder andere Werte fand nach WAKSMANS Angaben GERRETSEN[3] bei Lösungskulturversuchen. Den sauren Grenzwert für die Nitrifikation fand er bei wesentlich niedrigeren p_H-Werten, nämlich bei p_H 3,9—4,5; der Grenzwert nach der alkalischen Seite der Reaktion lag dagegen bei p_H 8,9—9,0. Worauf diese Verschiedenheiten in den Befunden der verschiedenen Autoren zurückzuführen sind, läßt sich im einzelnen nicht genau angeben, doch hängt der Grund sicherlich, wie WAKSMAN bereits sagte, mit der verschiedenen Art der Versuchsanstellung zusammen, andererseits kann auch im Boden bei dem doch sehr langsam verlaufenden Versauerungsprozeß eine allmähliche Anpassung der Nitrifikationsbakterien an höhere Säuregrade erfolgen. Auf jeden Fall überzeugen uns die mit Harnstoff ausgeführten Versuche, ebenso aber auch die Versuche von WAKSMAN davon, daß selbst bei sehr niedrigen p_H-Werten noch reichliche Mengen von wirkungsfähigen Nitrifikanten im Boden leben. Wenn man aber auch gar nicht dazu neigt, die Abhängigkeit des Nitrifikationsvorganges von der Wasserstoffionenkonzentration zu überschätzen, so muß man doch anerkennen, daß die Bodenversauerung ein Hindernis für den im Interesse der Ernährung der meisten Kulturpflanzen wünschenswerten glatten Ablauf des Nitrifikationsvorganges darstellt, und daß man daher alle Veranlassung hat,

[1] GAARDER, T., u. O. HAGEM: Bergens Mus. Aarbok 1919/20, Nr. 6, 25.
[2] MEYERHOF, O.: Pflügers Arch. 164, 353; 165, 229; 166, 240.
[3] GERRETSEN, F. C.: Arch. Suikerind. Nederlandsch-Indie 29, 1397.

durch eine geeignete Kalkdüngung für eine Verstärkung der Nitrifikation in den versauerten Böden zu sorgen. Das scheint besonders auch deshalb ratsam zu sein, weil durch diese Maßnahme der Landwirt sich eine größere Freiheit in der Verwendung der Stickstoffdünger verschaffen kann und die langsamer nitrifizierbaren Ammoniakdünger nicht hinter schneller nitrifizierbaren Düngern, wie Harnstoff und Kalkstickstoff, oder den teureren, den Stickstoff schon von Haus aus in Nitratform enthaltenden Salpeterdüngern zurückzusetzen gezwungen ist.

Was dann den der Salpeterbildung chemisch entgegengesetzten Vorgang angeht, die Salpeterzerstörung oder die Denitrifikation, so liegen dazu Versuche mit Reinkulturen von T. M. SACHAROWA[1] vor. Benutzt wurden bei diesen Versuchen einmal die VAN ITERSONschen Denitrifikationsbakterien, die bekanntlich als Energiematerial auch die Zellulose ausnutzen können und daher für die Denitrifikation im Stallmist und im Ackerboden wohl besonders wichtig erscheinen, und außer diesen Bakterien noch das Bact. Stutzeri. Die Nährlösungen, in denen diese Bakterien auf ihre denitrifizierende Kraft untersucht wurden, waren durch Puffergemische auf verschiedene Reaktionen gebracht und wurden durch geeignete Zusätze während des Versuches auch darauf gehalten. Es ergab sich nun für die VAN ITERSONschen Bakterien, daß bei einer Wasserstoffionenkonzentration der Lösung von 5,5—6,1 bereits der Vorgang der Denitrifikation erheblich gehemmt wurde. Wesentlich intensiver verläuft die Denitrifikation durch diese Bakterien bei einem p_H-Wert von 6,4, das Optimum wird bei 7,0—8,2 p_H erreicht. Ähnlich lagen die Verhältnisse für das Bact. Stutzeri. Bei einer Reaktionszahl der Nährlösung von 5,2—5,8 war die Denitrifikation schon sehr stark geschwächt, bei p_H 6,1 wuchs sie dann erheblich an und wurde beim Ansteigen der p_H-Werte noch stark beschleunigt. Die optimale Wirkung des Bact. Stutzeri lag mit der der VAN ITERSONschen Bakterien auf gleicher Höhe. Stärker alkalische Reaktionen sind für die Wirkung beider Bakterienarten von Nachteil, p_H-Werte von 9,6 bis 9,8 bringen die Denitrifikation vollständig zum Stillstand.

Diesen Versuchen mit Reinkulturen, aus denen somit eine starke Reaktionsabhängigkeit der Denitrifikanten hervorgeht, stehen nun allerdings Versuche mit Boden widerspruchsvoll entgegen, die von J. STEINBERG[2] ausgeführt wurden. Bei diesen Versuchen wurde eine größere Bodenmenge mit den Bestandteilen der Giltay-Lösung derart versetzt, daß die Konzentration der Bodenlösung der der Giltay-Lösung entsprechen mußte. Die Böden, die gebraucht wurden, besaßen eine verschiedene Reaktion, die ihnen künstlich durch Zusatz von Säuren oder Basen verliehen war. Der eine Boden war stark austauschsauer, hatte somit einen p_H-Wert von etwa 4,5, ein anderer Boden war schwach austauschsauer und besaß wohl einen p_H-Wert von etwa 5,0, der dritte und der vierte Boden waren schwach bzw. stark alkalisch. In diesen fest in Glasgefäße eingefüllten Böden wurde in Abständen von 10 Tagen 4 Monate lang der Verlauf der Denitrifikation verfolgt, indem kleinere Proben von 20 g entnommen und auf die Gegenwart von Nitrat-, Nitrit- und Ammoniakstickstoff geprüft wurden. Aus diesen Untersuchungen ergab sich nun, daß die Denitrifikation durch die saure Beschaffenheit der Böden auf keinen Fall gehemmt wurde, eher erschien sie dadurch sogar gefördert. Eine weitere Versuchsreihe, bei der den Böden als Energiematerial für die Denitrifikanten Strohmehl neben der Giltay-Lösung zugesetzt war, führte zu dem Ergebnis, daß innerhalb der gewählten Reaktionsgrenzen — und diese umfassen die praktisch bei unseren Ackerböden vorkommenden Reaktionen — kein Einfluß von der Bodenreaktion auf den Verlauf der Denitrifikation aus-

---

[1] SACHAROWA, T. M.: Zbl. Bakter. II 65, 15.
[2] STEINBERG, J.: Dissert., Bonn-Poppelsdorf 1926.

ging. Alles in allem, so lauten die Schlußfolgerungen STEINBERGS, ergab sich also eine bemerkenswerte Unabhängigkeit der Salpeterzerstörung von der Bodenreaktion.

Der Widerspruch zwischen den Ergebnissen der Untersuchungen unter Verwendung von Reinkulturen und denen der Bodenversuche veranlaßte uns, noch einige Nachprüfungen mit Bodenkulturen anzustellen. Sie wurden in der älteren Weise als Lösungskulturen unter Beimpfung mit 10 % verschieden reagierender Böden durchgeführt. Diese Untersuchungen lieferten in Übereinstimmung mit den Reinkulturversuchen von SACHAROWA das Ergebnis, daß ein allerdings nur schwacher Einfluß der Reaktion bestand, und zwar in dem Sinne, daß die Denitrifikation bei saurer Reaktion geschwächt wurde. Die Ergebnisse von STEINBERG werden dadurch aber keineswegs hinfällig, denn es scheinen die Dinge doch in Wirklichkeit so zu liegen, daß die Reaktionsempfindlichkeit der Denitrifikationsbakterien sehr stark von den Kulturbedingungen abhängig ist. Die unnatürlichste Kulturart, nämlich die in Reinkulturen, weist einen starken Reaktionseinfluß auf; die schon wenigstens etwas sich den natürlichen Bedingungen nähernde Lösungskultur, die wir benutzten, läßt diesen Reaktionseinfluß nur noch abgeschwächt erkennen, und bei der von STEINBERG benutzten Versuchsanstellung, die sich den natürlichen Lebensbedingungen der Denitrifikationsbakterien im Boden am weitesten anpaßt, erscheint die Reaktionsempfindlichkeit so gut wie ausgelöscht. Man sieht an diesem Beispiel, daß Befunde, die man mit Mikroorganismen in Reinkulturen erhält, keineswegs den Befunden voll entsprechen müssen, die in gemischten Kulturen unter völlig veränderten Lebensbedingungen erhalten werden. Daß die auf die letzte Weise erhaltenen Ergebnisse diejenigen sind, die von praktischen Gesichtspunkten aus als die richtigsten anzusprechen sind, braucht wohl nicht besonders hervorgehoben zu werden. Hat nun mit diesen Untersuchungen von STEINBERG die Frage der Reaktionsabhängigkeit des Denitrifikationsvorganges im Boden auch gewiß noch keine endgültige Beantwortung erfahren — mehr quantitative Untersuchungen sind hier sicherlich noch sehr erwünscht —, so darf man doch schließen, daß die Bodenversauerung die Gefahr einer Denitrifikation des Salpeterstickstoffs nicht erhöht.

b) Der Vorgang der Fäulnis.

Ein anderer für den Kreislauf des Stickstoffs im Ackerboden wie überhaupt in der Natur wichtiger Vorgang wird dem Anschein nach wieder stärker von der Bodenversauerung betroffen, nämlich der Vorgang der Fäulnis stickstoffhaltiger Stoffe. Pflanzen und Tiere, die nach dem Absterben im Boden verbleiben, oder Pflanzenteile, die, wie die Wurzeln und Stoppeln, nach der Ernte im Boden zurückbleiben, ebenso aber auch manche Düngestoffe, wie Hornmehl, Blutmehl und andere, enthalten Stickstoff in organischer Bindung in der Form von Eiweiß und dem Eiweiß nahestehenden Verbindungen. Dieser Stickstoff kann erst dann wieder in den Kreislauf eintreten, wenn er aus der organischen Bindung befreit und in die Form von Ammoniakstickstoff übergeführt ist. Dieser wichtige Prozeß wird im Boden von den Fäulnisbakterien vollzogen, und diese arbeiten, wie es scheint, nicht unbeeinflußt von der Reaktion, die im Boden herrscht, wenigstens hat STEINBERG auch bei diesem Vorgang eine zwar nicht weitgehende, aber doch deutlich erkennbare Abhängigkeit von der Reaktion feststellen können. Allerdings erwies es sich auch, daß die Bodenversauerung in ihrer Einwirkung auf den Abbau der stickstoffhaltigen organischen Stoffe abhängig war von der geringeren oder größeren Angreifbarkeit dieser Stoffe. So war die abbauhemmende Wirkung der Bodenversauerung viel weniger deutlich beim Pepton als bei der Gelatine, und man kann diese Verschiedenheit wohl nur, wie das STEINBERG tut, auf die an und für sich schon geringere Angreifbarkeit der Gelatine durch die Fäulnisbakterien zurückführen. Das leicht ammonisierbare Pepton ist eben eine so vorzügliche Nährstoffquelle für die Fäulnisbakterien, daß sofort auf seine Kosten eine gewaltige Vermehrung dieser Bakterien stattfindet, wodurch Unterschiede in der Fäulniskraft verschiedener Böden ausgeglichen werden oder zum wenigsten verwischt werden können. Das Verhalten von Pepton und Gelatine unter dem Einfluß der Böden von verschiedenen Versauerungsgraden geht aus STEINBERGS Versuchen sehr klar hervor, wie das die folgende Zusammenstellung zeigt:

Reaktionsstufe	Vom zugesetzten Stickstoff war in Prozenten ammonisiert		
	Pepton	Gelatine	
	am 4. Tage	am 5. Tage	am 10. Tage
1. Stark sauer	52,4	19,6	60,6
2. Schwach austauschsauer	51,9	29,7	75,9
3. Schwach alkalisch	60,6	48,2	87,6
4. Deutlich alkalisch	59,8	51,6	91,6

Bei der Peptonfäulnis sind die Differenzen bei saurer und alkalischer Reaktion, wie man sieht, nicht besonders groß, Verschiedenheiten zwischen den Reaktionsstufen 1 und 2 einerseits, 3 und 4 andererseits fehlen gänzlich. Bei der Gelatine aber zeigt sich doch eine deutliche Abnahme der Fäulniskraft des Bodens mit zunehmender Versauerung, und zwar sowohl nach 5 als auch nach 10 Tagen. Ob dieser Einfluß der Bodenreaktion auf die Fäulniskraft aber unter den Verhältnissen der praktischen Landwirtschaft Bedeutung beanspruchen kann, erscheint doch zweifelhaft, denn man sieht ja, wie stark die Fäulnis mit der Zeit fortschreitet; im sauersten Boden, der schon etwas aktive Azidität besaß und sicherlich einen p_H-Wert von wenigstens 4 aufzuweisen hatte, ist die Fäulniskraft vom 5. zum 10. Tage verdreifacht. Durch das bei der Fäulnis entstandene Ammoniak wird aber der schädliche Einfluß der Bodenversauerung gemildert, infolgedessen muß auch die weitere Zersetzung der Gelatine in beschleunigtem Tempo erfolgen. An eine ins Gewicht fallende Verzögerung der Umwandlung fäulnisfähiger stickstoffhaltiger Stoffe oder gar an eine Anhäufung solcher Stoffe unter dem Einfluß der Bodenversauerung ist unter normalen praktischen Verhältnissen daher wohl kaum zu denken, es sei denn, daß besonders schwer zersetzliche stickstoffhaltige Stoffe dem Ackerboden in größeren Mengen einverleibt würden, wie etwa Ledermehl. In der freien Natur dagegen kann es unter Umständen bei Bestehen einer stärker sauren Reaktion wohl zu einer Anreicherung des Stickstoffes in den schwer zersetzlichen Humusstoffen kommen, und tatsächlich gibt es Untersuchungen, die einen größeren Stickstoffgehalt bei dem Humus aus einem versauerten Boden als bei dem aus einem nicht oder weniger versauerten Boden deutlich erkennen lassen. Vielleicht darf man aber diese Erscheinung nicht so sehr als alleinige Folge der Benachteiligung der Fäulnisbakterien des Bodens durch die Versauerung auffassen wie vielmehr als Folge des allgemeinen Darniederliegens der bakteriellen Aktivität des Bodens.

c) Die stickstoffsammelnden Bakterien.

1. **Die freilebenden Stickstoffsammler.** Unter den stickstoffsammelnden Bakterien des Bodens spielen die Azotobakterarten und die Knöllchenbakterien eine überragende Rolle. Ihr Verhalten gegenüber der Bodenversauerung zu kennen, ist daher von großer praktischer Bedeutung. Weiß man auch, was zu-

nächst die Azotobakterorganismen angeht, nicht mit Zuverlässigkeit, wieviel Stickstoff sie aus der Atmosphäre dem Boden zuführen, so weiß man doch ganz bestimmt, daß sie unter günstigen Lebensbedingungen im Sinne einer Bereicherung des Bodens mit gebundenem Stickstoff wirken. Es liegt daher unbedingt im Interesse des Landwirtes, alle Mittel auszunutzen, die das normale Gedeihen dieser Mikroorganismen sicherstellen. Daß zu diesen Mitteln nun an allererster Stelle die Schaffung einer den Azotobakterarten zusagenden Bodenreaktion gehört, ist eineTatsache, die schon sehr lange bekannt ist. Fand doch schon H. Fischer, daß auf den Parzellen des Dauerdüngungsversuches in Poppelsdorf nur dann Azotobakter angetroffen wurde, wenn die Parzellen ausreichend mit Kalk versehen waren. Diese Abhängigkeit der Stickstoffsammler von einem ausreichenden Kalkgehalt des Bodens ist später immer wieder festgestellt worden. In besonders eingehenden Arbeiten hat sich Christensen[1] mit diesem Gegenstande beschäftigt. Zur Kontrolle der Abhängigkeit des Azotobakterwachstums vom Kalkzustand und der Bodenreaktion benutzte Christensen zwar zunächst keine sonderlich scharfe Methode der Reaktionsbestimmung. Er arbeitete nur unter Verwendung von Lackmusfarbstoff, aber auch dabei konnte er mit Sicherheit erkennen, daß das Azotobakterwachstum erheblichen Schaden litt, wenn die Bodenreaktion unter den Umschlagspunkt des Lackmusfarbstoffs, also unter p_H 6,5, herabsank. Keiner der deutlich gegen Lackmus sauren Böden ließ eine Entwicklung von Azotobakter erkennen. Bei genaueren kolorimetrischen Reaktionsprüfungen stellte sich bei Christensens Untersuchungen heraus, daß zwischen den Reaktionszahlen 6,1—6,8 eine Unsicherheit darüber bestand, ob Azotobakter sich entwickelte oder nicht, hier mußte daher stets die Kulturprobe auf Azotobakter die endgültige Entscheidung bringen. Böden mit höheren Reaktionszahlen als 6,8 gaben aber bei Christensens Untersuchungen immer eine Vegetation von Azotobakter, während die Böden mit einer Reaktionszahl unter 6,1 sie mit Regelmäßigkeit vermissen ließen. Nach Christensen kann somit diese Reaktionszahl als die untere Grenze für das Vorkommen von Azotobakter in Ackerböden angesprochen werden, es ist also eine sehr große Aziditätsempfindlichkeit beim Azotobakter vorhanden.

Sehr eingehend beschäftigte sich weiter P. L. Gainey[2] mit dem Einfluß der sauren Reaktion auf das Wachstum von Azotobakter. Er studierte auch das Verhalten von Reinkulturen, die aus verschiedenen Böden von ihm gezüchtet waren. Die Abhängigkeit von der Reaktion der Nährlösung, in der diese Kulturen wuchsen,

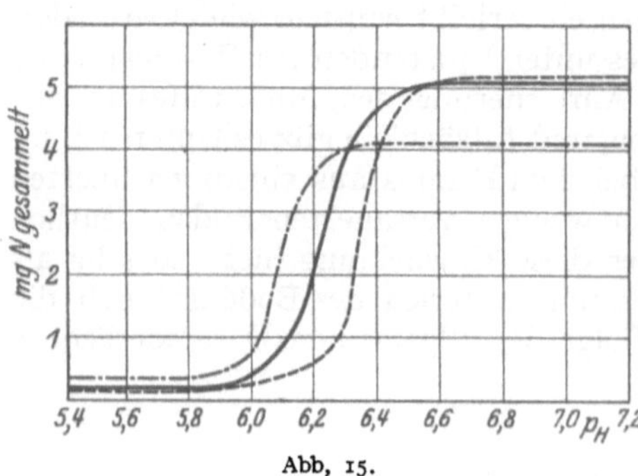

Abb, 15.

erwies sich bei diesen Versuchen als sehr bestimmt. Unterhalb einer Reaktionszahl von 5,9—6,0 trat keine Entwicklung der Azotobakterorganismen ein, erst oberhalb von p_H 6,0 wurden kräftiges Wachstum und starke Stickstoffsammlung beobachtet. Diesen ausschlaggebenden Einfluß auf die Stickstoffsammlung, die praktisch natürlich das Wichtigste ist, zeigt sehr deutlich für drei verschiedene Böden das Kurvenbild, Abb. 15, in dem auf der Abszisse die Reaktionszahlen und auf der Ordinate die Mengen des gebundenen Stickstoffs in Milligrammen angegeben sind. Gaineys Versuche mit Reinkulturen führten somit zu Ergeb-

---

[1] Christensen, H. R.: Zbl. Bakter. II **43**, 1.
[2] Gainey, P. L.: J. agricult. Res. **24**, 765.

nissen, die mit den von CHRISTENSEN erhaltenen recht gut übereinstimmten, höchstens die Wachstumsgrenze ein wenig nach der sauren Seite hin verlegten.

Bei der Prüfung der gefundenen Grenzzahl an einer großen Anzahl von Böden ergab sich aber, daß die Gebundenheit des Azotobaktervorkommens an die bei den Reinkulturen gefundene Reaktionsgrenze doch nicht so streng war. Das zeigt die folgende Übersicht, der die Untersuchung von 374 Bodenproben zugrunde lag:

Man ersieht aus den Zahlen der Tabelle, daß es auch Fälle gibt, wo Azotobakter bei einer Reaktion über p_H 6,00 nicht angetroffen wird, was mit CHRISTENSENS Befunden im Einklang steht, von dem ja auch eine Unsicherheit bezüglich der Azotobakterentwicklung bei p_H-Werten von 6,1—6,8 festgestellt wurde. Wenn von GAINEY aber ein Fehlen von Azotobakter bei Reaktionszahlen von 7,0—7,49 angetroffen wurde, so müssen in

Reaktionszahl des Wasserauszuges	Zahl der Böden	Azotobakter vorhanden %	Azotobakter nicht vorhanden %
über 7,50 . .	57	100	—
7,00—7,49 . .	49	92	8
6,50—6,99 . .	33	82	18
6,00—6,49 . .	38	80	20
5,50—5,99 . .	64	34	66
5,00—5,49 . .	75	9	91
4,50—4,99 . .	42	12	88
unter 4,50 . .	16	—	100
Total	374	193	181

diesen Fällen doch wohl ganz besondere Umstände die Entwicklung von Azotobakter verhindert haben. Vielleicht handelte es sich hier um Böden, die, von Haus aus sauer, erst jüngst durch Kalkung in ihrer Reaktion verändert waren. Ganz scharf ist die Reaktionsgrenze für das Wachstum von Azotobakter aber auch nach unten hin nicht. Unter p_H 6,0 erfolgt zwar ein sehr steiles Abfallen des Vorkommens von Azotobakter, aber noch zwischen 5,5 und 4,5 p_H wurde Azotobakter angetroffen, wenn auch mehr und mehr vereinzelt. Erst bei Reaktionen unter 4,5 stellte sich in allen untersuchten Fällen das Fehlen des Azotobakter heraus. Ist darnach das Vorhandensein oder Fehlen des Azotobakter auch keineswegs ein zuverlässiges Kennzeichen einer bestimmten Bodenreaktion, so kann man doch GAINEY folgen, wenn er sagt, daß die Wasserstoffionenkonzentration des Bodens das Bestimmende für das Auftreten von Azotobakterorganismen ist, und daß die höchste Wasserstoffionenkonzentration, die von dieser Mikroorganismengruppe ertragen werden kann, im allgemeinen nahe bei der Reaktionszahl 6,0 liegt.

Diese Reaktionszahl ist daher auch diejenige, die man einem sauren Boden mindestens erteilen muß, wenn man auf den Nutzen, der aus der Wirksamkeit der Azotobakterorganismen entspringt, nicht verzichten will. Auch das zeigen sehr deutlich Versuche, die von GAINEY ausgeführt wurden. Er setzte sauren Böden, die keine Azotobakterentwicklung in der Mannitlösung aufkommen ließen, in abgestuften Mengen Kalzium-, Magnesium- und Natriumkarbonat zu, impfte diese Böden mit einer Azotobakterkultur und verfolgte nun das Verhalten des Azotobakters in diesen Mischungen. Dabei stellte sich mit voller Klarheit heraus, daß nur dann das Azotobakter anwuchs und am Leben blieb, wenn die Zusätze die Bodenreaktion auf etwa 6,0 p_H gebracht hatten. Dabei war es gleichgültig, ob diese Reaktionsänderung durch Zusatz von Kalzium- oder Magnesiumkarbonat zustande gekommen war; beim Natriumkarbonat wurden dagegen keine eindeutigen Ergebnisse erhalten, denn in einem Versuch mit einem Boden, der eine Reaktionszahl von 4,3 besaß, kam durch Abstumpfung der Azidität mit Natriumkarbonat gar keine Azotobakterentwicklung in Gang, während das bei dem anderen untersuchten Boden mit einem p_H-Wert von 5,8 der Fall war. Dieser Versuch zeigte im übrigen auch, daß Reaktionszahlen, die über 8,6 hinausgingen, die Azotobakterorganismen auf die Dauer wieder vernichteten.

Nicht ohne praktische Bedeutung dürfte nun bei dieser großen Empfindlichkeit des Azotobakter gegenüber der Bodenreaktion die Beantwortung der Frage sein, ob es in allen Fällen genügt, einen Boden auf die dem Azotobakter angenehme Reaktion zu bringen, um auch die volle Sicherheit dafür zu haben, daß es sich nun in diesem Boden wirklich entwickele, oder ob die künstliche Zufuhr von Azotobakter durch Impfung dafür erforderlich ist. Ein von uns bereits im Jahre 1916 zu dieser Frage mitgeteilter Versuch, der mit einem austauschsauren Boden von $y_1 = 5{,}0$ ccm n/10-NaOH ausgeführt wurde, was einem p_H-Wert von etwa 5,0 entspricht, zeigte, daß auch ohne Impfung bei ausschließlicher Düngung mit Kalk nach 8 Monate langer Aufbewahrung im Brutschrank Azotobakterentwicklung vorhanden war. Da eine Übertragung durch die Luft in diesem Falle wohl als ausgeschlossen gelten konnte, wurde angenommen, daß das Azotobakter in dem zum Versuch benutzten Boden nicht völlig vernichtet war, sondern sich in einem abgeschwächten Lebenszustande befunden und nach Korrektur der Reaktion wieder erholt habe. GAINEY ist allerdings der Meinung, daß in sauren Böden, die keine Azotobakterentwicklung in der Nährlösung aufkommen lassen, die Kalkdüngung allein nicht genüge, um das Azotobakterwachstum darin wieder in Gang zu setzen, dazu sei vielmehr eine natürliche oder künstliche Einimpfung von Azotobakterorganismen nötig. Vielleicht sind Versuche unter verschiedenen Reaktionsbedingungen nötig, um diese Frage ganz aufzuklären, denn es ist die Möglichkeit nicht von der Hand zu weisen, daß das Azotobakter erst in Böden mit sehr hoher Azidität völlig abstirbt, daß es aber in Böden mit geringerem Versauerungsgrade, wenn auch in einem geschwächten Zustande, so doch noch regenerierbar vorhanden ist. Im übrigen scheint die Frage einer künstlichen Impfung der sauren Böden mit Azotobakter doch praktisch keine Bedeutung zu besitzen, denn auch ohne sie stellt sich das Azotobakter ziemlich schnell in den gekalkten sauren Böden durch natürliche Impfung ein. Die Geschwindigkeit, mit der sich diese Übertragung von Azotobakterorganismen auf den davon freien Boden vollzieht, hängt, wie GAINEY auseinandergesetzt hat, natürlich von mancherlei äußeren Umständen ab, wie von der Nähe azotobakterhaltiger Böden, vom Winde, von der Möglichkeit der Keimübertragung durch Menschen und Tiere, besonders aber auch durch die zur Bodenbearbeitung benutzten Maschinen und Geräte. Sind Böden mit Azotobakter in der Nähe der entsäuerten azotobakterfreien Böden vorhanden, so vollzieht sich nach GAINEY die Übertragung der Azotobakterorganismen sehr schnell. Es kann diese Übertragung sich aber unter Umständen auch hinausziehen, wenn etwa die gekalkten Felder auf weite Erstreckung hin von azotobakterfreien Feldern mit saurer Reaktion umschlossen sind. Da aber dieser Fall für unsere europäischen Verhältnisse, wo Bodenazidität und -alkalität, wo Gegenwart und Abwesenheit von Azotobakter auf nur sehr geringe Entfernungen wechseln, keine Verwirklichung finden dürfte, so kann man hier wohl ohne künstliche Zufuhr von Azotobakterkulturen auskommen, man kann es der natürlichen Infektion überlassen, für das Anwachsen dieser Organismen zu sorgen.

Es wäre nun aber ganz falsch, wenn man annehmen wollte, daß auf allen jenen Böden, auf denen das Azotobakterwachstum durch die Versauerung behindert ist, auch die Stickstoffsammlung aus der Luft vollständig fehle. Das ist deshalb nicht der Fall, weil ja noch andere Organismen an diesem wichtigen Vorgange beteiligt sind. Neben den die annähernd neutrale Reaktion bevorzugenden Azotobakterarten leben im Boden auch noch die stickstoffsammelnden Clostridien und andere mit der Befähigung zur Stickstoffsammlung ausgestattete Mikroorganismen, die weniger unter der Versauerung zu leiden haben. Es wird daher auch in den Kulturen, in denen kein Azotobakter zum Anwachsen gelangt, keineswegs die Stickstoffsammlung vermißt, und wir dürfen daraus schließen, daß auch im sauren Ackerboden immer noch der Vorgang der Stickstoffsammlung vonstatten geht. Allerdings, das läßt sich wohl nicht leugnen, verläuft er in Abwesenheit von Azotobakter viel weniger einträglich als bei seiner Anwesenheit. Die anderen stickstoffsammelnden Bakterien vermögen eben die organischen Stoffe, die immer zur Bindung des Stickstoffs der Luft als Energiequellen erforderlich sind, nicht so ökonomisch zu verwerten wie die Azotobakterarten. Diese Tatsache ist schon von CHRISTENSEN festgestellt worden, sie ist auch bereits bei unseren ersten Aziditätsstudien deutlich in die Erscheinung getreten, ferner ist sie von GAINEY und anderen Autoren erkannt worden. Ist eine kräftige Azotobakterentwicklung vorhanden, erkennbar an der Ausbildung einer dicken zusammenhängenden Decke auf der Kulturlösung, so ist die Stickstoffsammlung auch stets am höchsten. Wir fanden in solchen Fällen (siehe die folgende Tabelle S. 210) in 100 ccm 2 proz. Mannitlösung nach Impfung mit 10 g Erde Stickstoffgewinne bis zu 23 mg in 14 Tagen, bei weniger stark entwickelter Azotobakterdecke stellten sich nur etwa 13 bis 17 mg Stickstoff als Gewinn ein. War trotz nichtsaurer Reaktion die Azotobakterdecke schwach entwickelt, so war auch die Stickstoffsammlung abgeschwächt, sie betrug nur etwa 11 mg, und damit näherte sie sich dann schon den Stickstoffgewinnen, die auch ohne Azotobakterentwicklung erhalten werden konnten, also den Stickstoffgewinnen, die durch die Clostridiumarten und andere stickstoffsammelnde Bakterien hervorgebracht werden konnten. Bei einer Austauschazidität von $y_1 = 2{,}2$ ccm n/10-NaOH (Boden 24) fanden wir noch im Mittel 8,6 mg Stickstoff, ohne daß dabei eine Spur von Azotobakter in der Lösung angewachsen war, bei einem alkalisch reagierenden Ackerboden (Boden 33), der eine hydrolytische Azidität von $y_1 = 3{,}2$ ccm und keine Austauschazidität besaß, war nur eine sehr schwache Entwicklung von Azotobakter festzustellen, und der Stickstoffgewinn war in diesem Falle kleiner als bei saurer Reaktion, er betrug nur 7,3 mg. Es können also unter Umständen trotz Fehlens von Azotobakter die Stickstoffgewinne in einem Boden ebenso groß oder sogar größer sein als bei Gegenwart von Azotobakter, aber sie sind auf jeden Fall sehr viel kleiner als in den Fällen, in denen Azotobakter in reichlichen Mengen vorhanden ist. Darüber orientieren uns ganz gut die Zahlen, die in der folgenden Tabelle zusammengestellt sind; es wurden allerdings dabei nicht Reaktionszahlen, sondern die hydrolytischen Aziditäten der Böden bestimmt. Da aber die hydrolytischen Aziditäten ein brauchbares Maß für den Versauerungszustand des Bodens abgeben, das sich, wie wir schon erfahren haben, auch für die Ermittlung des Kalkbedarfs ausnutzen läßt, was bei den p_H-Werten nicht der Fall ist, so ist es nicht ohne Interesse, von dem Zahlenmaterial (Tabelle S. 210) etwas nähere Kenntnis zu nehmen. Trotz gleichen Gehaltes der Böden an Säurewasserstoff kann, wie die Zahlen der Tabelle lehren, die Entwicklung des Azotobakter und damit die Stickstoffsammlung von sehr verschiedenem Ausmaße sein. Man braucht nur Boden 4 und Boden 33 miteinander zu vergleichen, um das zu erkennen. Beide besitzen die gleiche hydrolytische Azidität, also den gleichen Gehalt an Säurewasserstoff, die Reaktion beider Böden muß bei dem niedrigen Grade der hydrolytischen Azidität deutlich alkalisch sein — der p_H-Wert des Wasserauszuges von 4 hatte die Reaktionszahl 7,6 —, trotzdem hatte der Boden 4 eine starke Azotobakterentwicklung aufzuweisen und dementsprechend eine starke Stickstoffsammlung, der Boden 33 dagegen zeigte eine nur schwache Azotobakterdecke, und die Stickstoffsammlung betrug nur ein Drittel der des Bodens 4. Außer der für das Wachstum günstigen Reaktion müssen also doch noch andere Faktoren mitwirken, wenn die volle Leistungsfähigkeit der Azotobakterorganismen ausgenutzt werden soll. Tat-

Nummer des Bodens	Azotobakterdecke	Stickstoffgewinn in mg		Hydrolytische Azidität y_1	Austausch-Azidität y_1
1	—	5,9	und 6,5	6,0	0,1
4	sehr stark	22,3	,, 23,2	3,4	0,1
7	stark	12,9	,, 14,1	3,2	0,1
8	stark	17,2	,, 17,8	3,0	0,1
9	stark	15,7	,, 15,8	2,5	0,1
10	stark	17,6	,, 16,7	3,5	0,1
11	—	7,0	,, 7,6	10,0	0,2
12	mäßig	13,5	,, 14,5	2,3	0,1
13	stark	17,1	,, 17,1	2,3	0,1
14	—	2,9	,, 2,6	9,0	0,2
15	—	5,6	,, 5,7	7,2	0,3
16	—	5,5	,, 6,3	12,0	0,3
17	stark	17,5	,, 17,5	3,0	0,1
18	stark	17,6	,, 17,8	2,5	0,2
19	—	2,7	,, 3,0	5,2	0,2
20	—	8,8	,, 6,5	4,0	0,3
21	—	6,5	,, 6,5	6,6	0,1
22	stark	16,6	,, 14,1	4,0	0,1
23	stark	13,7	,, 15,7	3,3	0,1
24	—	9,0	,, 8,2	5,5	2,2
31	—	4,1	,, 4,0	4,9	0,1
33	schwach	7,2	,, 7,5	3,2	0,2
34	mäßig	15,3	,, 15,8	3,2	0,2

sächlich ist ja auch schon aus einer Reihe von Untersuchungen bekannt, daß gewisse Bodenbestandteile, wie z. B. die Humusstoffe, ebenso aber gewisse anorganische Stoffe, auf das Ausmaß der Stickstoffsammlung durch das Azotobakter großen Einfluß ausüben können. Das Fehlen solcher Stoffe mag wohl das Zurückbleiben der Stickstoffsammlung bei dem mit Basen ausreichend gesättigten und Azotobakter enthaltenden Boden 33 bedingt haben. So kommt es dann wohl zustande, daß die Grenze, die die Azotobakter enthaltenden Böden von den davon freien trennt, nicht scharf ist, und zwar weder dann, wenn man die p_H-Zahlen zur Charakterisierung des Versauerungszustandes der Beurteilung zugrunde legt, noch dann, wenn man, wie in der Tabelle geschehen, die hydrolytische Azidität dazu benutzt. Immerhin kann man aber aus den Zahlen der Tabelle herleiten, daß auch bei den hydrolytischen Aziditäten eine Grenze besteht, oberhalb deren ein Wachstum des Azotobakters nicht mehr erfolgt, und zwar kann man unter den Verhältnissen der bei den vorliegenden Versuchen benutzten Ausführungsart der Bestimmung der hydrolytischen Azidität annehmen, daß diese Grenze bei etwa 5—6 ccm für den ersten Titrationswert y_1 liegt. Geradeso wie bei den azotobakterhaltigen Böden schwankt nun aber bei den azotobakterfreien sauren Böden die Höhe der Stickstoffsammlung nicht in eindeutigem Zusammenhange mit dem Versauerungsgrade, sondern auch hier machen sich noch andere Einflüsse geltend, wie die Böden 31 und 19 im Vergleich zu etwa 21 und 1 deutlich zeigen. Von welcher Art diese Einflüsse bei den azotobakterfreien sauren Böden sind, läßt sich zur Zeit nicht angeben. Auf jeden Fall weisen die vorstehenden Untersuchungen nach, daß die Stickstoffsammlung in azotobakterhaltigen neutralen und alkalischen Böden unter Umständen geradeso schlecht sein kann wie in azotobakterfreien neutralen und sauren Böden. Wenn daher auch für das Azotobakterwachstum die Reaktion des Bodens gewiß eine prominente Bedeutung besitzt, so ist sie letzten Endes doch nicht als das allein Wirksame zu bezeichnen; wahrscheinlich spielen außer der Reaktion auch alle jene Faktoren, die bedeutungsvoll für die Hervorbringung des Zustandes der

Ackergare sind, in das Wachstum und die Leistungsfähigkeit der Azotobakterarten mit hinein. Auf jeden Fall muß man aber, wenn die volle Leistungsfähigkeit des Azotobakter erreicht werden soll, zu allererst dafür sorgen, daß die
Bodenreaktion bis zu einem ihm behagenden Grade verschoben wird; ohne Einstellung einer Reaktion von rund p_H 7 kann keine volle Ausnutzung der stickstoffsammelnden Kraft dieser Organismen erwartet werden, weil unterhalb dieser
Reaktion die Wasserstoffionenkonzentration sich stets als Beschränkungsfaktor
auswirkt.

    2. Die Leguminosenbakterien. Nicht minder wichtig als die Kenntnis des
Verhaltens der frei im Boden lebenden stickstoffsammelnden Bakterien zur
Bodenreaktion ist die des Verhaltens der in Symbiose mit den Leguminosen
lebenden Knöllchenbakterien. Mancherlei Beobachtungen über die Säure- und
Alkaliempfindlichkeit dieser Mikroorganismen liegen schon aus der älteren
Literatur vor. BEIJERINCK, der das Rhizobium leguminosarum als erster in
Reinkulturen züchtete, wies schon auf die Reaktionsansprüche dieser Organismen
hin. MAZÉ glaubte annehmen zu sollen, daß es zwei große Gruppen von Knöllchenbakterien gäbe, eine, die an das Leben in sauren Böden, eine andere, die an
das Leben in alkalischen Böden angepaßt sei. Auch noch eine Reihe anderer
Autoren, wie SÜCHTING, MOORE, ZIPFEL haben, nach den Mitteilungen von FRED
und DAVENPORT[1], denen wir hier bezüglich der Literaturangaben folgen, die Abhängigkeit des Wachstums der Knöllchenbakterien von dem Säure- oder Basengehalt der Substrate, auf denen sie kultiviert wurden, erörtert, aber eine präzise
Angabe über den Einfluß der Wasserstoffionenkonzentration läßt sich auf Grund
dieser älteren Versuche nicht machen, und zwar deshalb nicht, weil man einmal
unter zumeist unvergleichbaren Versuchsbedingungen arbeitete, und weil man
zum anderen die besondere Abhängigkeit des Mikroorganismenwachstums
von der Wasserstoffionenkonzentration in jenen Zeiten der Forschung überhaupt
noch nicht genügend beachtete. Erst in den Arbeiten von E. B. FRED und
A. DAVENPORT wurde dem Einfluß der Wasserstoffionenkonzentration Rechnung getragen; diese Arbeiten sind daher die ersten, die wir hier zur Beantwortung der Frage nach der Reaktionsabhängigkeit der Knöllchenbakterien
heranziehen können. Aus Leguminosenpflanzen züchteten diese Forscher die
Knöllchenbakterien in Reinkulturen und unterwarfen diese Kulturen in Nährlösungen, denen durch Zusatz von Schwefelsäure oder von Alkalien verschiedene
Reaktion verliehen war, dem Einfluß abgestufter Wasserstoffionenkonzentrationen. In solchen Lösungen beließen sie die Mikroorganismen vier Wochen
lang bei einer Temperatur von 28° C. Am Ende dieser Inkubationszeit wurde die
Gegenwart oder die Abwesenheit der Bakterien durch mikroskopische Untersuchung der Lösungen und durch Impfungen auf Mannitagarplatten sichergestellt. Aus den Befunden bei diesen Prüfungen konnte dann der Schluß gezogen werden, daß die Knöllchenbakterien von verschiedenen Leguminosen sich
gegen die Wasserstoffionenkonzentrationen der Nährlösungen verschieden verhielten. Die Zusammenstellung auf S. 212 läßt diese Verschiedenheiten erkennen.
In Übereinstimmung mit den Reaktionsansprüchen, die die Wirtspflanzen bei
ihrer Kultur an den Boden stellen, sind die Knöllchenbakterien der Luzerne nach
dem Ausfall der Untersuchungen von FRED und DAVENPORT die gegen die Azidität empfindlichsten, die Bakterien der Lupine die widerstandsfähigsten; die
anderen Knöllchenbakterien reihen sich zwischen diese beiden ein. Die Unterschiede zwischen den einzelnen Stämmen sind im übrigen deutlich, aber alle
kritischen Reaktionen liegen bei Werten, bei denen an ein Wachstum der Wirts-

---

[1] FRED, E. B., u. A. DAVENPORT: J. agricult. Res. **14**, 317.

	p_H-Werte		Kritischer p_H-Wert
	Wachstum	kein Wachstum	
Rhizobium leguminosarum, Luzerne	5,0	4,8	4,9
,, ,, Süßklee	5,0	4,8	4,9
,, ,, Gartenerbse . . .	4,8	4,6	4,7
,, ,, Felderbse	4,8	4,6	4,7
,, ,, Wicke	4,8	4,6	4,7
,, ,, Rotklee	4,3	4,1	4,2
,, ,, Bohne	4,3	4,1	4,2
,, ,, Sojabohne	3,4	3,2	3,3
,, ,, Sammetbohne . .	3,4	3,2	3,3
,, ,, Lupine	3,2	3,1	3,15

pflanzen überhaupt nicht mehr zu denken ist. Nach der alkalischen Seite der Reaktionsskala hin stellten sich bei den Versuchen der genannten Autoren dagegen keine so wesentlichen Verschiedenheiten zwischen den Bakterien der verschiedenen Leguminosen heraus. Bis p_H 9 zeigten sowohl die Bakterien der Luzerne als auch die der Lupine noch Wachstum. Um eine ähnliche Schädigung wie durch Säurezusatz zu erzielen, war eine rund 10 mal größere Menge an Alkali als an Säure erforderlich. Man darf also aus diesen Versuchen folgern, daß unter praktischen Verhältnissen bei starker Bodenversauerung wohl ein Absterben der empfindlicheren unter den Leguminosenbakterien eintreten kann; dadurch wird auch verständlich, daß sich die Impfung mit diesen Bakterien unter Umständen als sehr lohnend erweist. Nur die Bakterien der Sojabohne und der Lupine dürften, da ihre kritischen Reaktionszahlen bei Werten liegen, die doch nur äußerst selten auf landwirtschaftlich benutzten Böden anzutreffen sind, noch überall am Leben bleiben.

Unter Kontrolle der Befähigung zur Knöllchenbildung bei den verschiedenen Reaktionszahlen hat sich dann noch O. C. BRYAN[1] mit derselben Frage beschäftigt. Hauptsächlich dienten ihm die Luzerne, der Rotklee und die Sojabohne zu seinen Untersuchungen. Die relativen Verschiedenheiten in der Widerstandsfähigkeit gegen die Wasserstoffionen, die aus den Versuchen von FRED und DAVENPORT hervorgehen, konnte auch dieser Autor feststellen, aber seine kritischen Reaktionszahlen für die untersuchten Leguminosen liegen doch etwas höher, als FRED und DAVENPORT sie fanden. Die Luzernebakterien, die er in verschieden stark saure Böden einimpfte und auf ihr Knöllchenbildungsvermögen darin untersuchte, starben unterhalb eines p_H-Wertes von 5,0 ab, die Rotkleebakterien und die der Sojabohne bei p_H 4,5—4,7 bzw. bei 3,5—3,9. Ungefähr die gleichen Werte fand BRYAN auch bei der Züchtung der Bakterien in Reinkulturen. Er stellte weiter fest, daß die Bodenstruktur keinen nennenswerten Einfluß auf die kritischen Wasserstoffionenkonzentrationen für die von ihm studierten Bakterien besaß.

Eine noch größere Reaktionsempfindlichkeit fand bei den Knöllchenbakterien O. ARRHENIUS[2]. Aus seinen Beobachtungen geht hervor, daß die stärkste Knöllchenentwicklung an den Wurzeln der Leguminosen bei einer Reaktion von $p_H = 5$—6 vor sich ging, mit Ausnahme allerdings der Lupine, bei der merkwürdigerweise und im Gegensatz zu den Befunden der anderen genannten Autoren die Bakterien bereits bei p_H 5 in der Knöllchenbildung stark versagten und bei p_H 4 schon gar keine Knöllchen mehr zur Ausbildung gelangen ließen.

Bestehen nach diesen verschiedenen Untersuchungen nun auch gewiß noch Unsicherheiten in bezug auf die genaue Lage der kritischen Reaktionszahlen für

---

[1] BRYAN, O. C.: Soil Sci. 15, 23, 37.
[2] ARRHENIUS, O.: Z. Pflanzenernährg u. Düngg A 4, 348.

die einzelnen Arten der Knöllchenbakterien, so kann man doch aussprechen, daß die Bodenversauerung auf jeden Fall auch für diese Art von Mikroorganismen eine ungünstige Veränderung des Bodens darstellt, daß sie daher im Interesse des so wichtigen Anbaues der Leguminosen, ja oft sogar im Interesse der unter ihnen gegen die Bodenazidität am wenigsten empfindlichen Lupine, bekämpft werden muß.

d) Die Umwandlung des Kalkstickstoffs in sauren Böden.

Die Frage nach dem Einfluß, den die Bodenversauerung auf die Umwandlungen ausübt, die der Kalkstickstoff im Boden durchzumachen hat, bis er eine für die Pflanzen geeignete Form angenommen hat, gehört nur teilweise in das Kapitel über die Einwirkung der Bodenversauerung auf die Mikroorganismen, denn es ist ja bekannt, daß diese Umwandlungen nicht das ausschließliche Werk der Bodenmikroorganismen sind, sondern daß auch rein chemische Wirkungen dabei eine große Rolle spielen. Besonders ist der erste Teil der Kalkstickstoffumwandlung, nämlich der Übergang des Cyanamids in Harnstoff, von Mikroorganismen weitgehend unabhängig. Es kann als feststehend betrachtet werden, daß diese Harnstoffbildung nicht von Mikroorganismen herbeigeführt wird — obwohl es Mikroorganismen im Boden gibt, die zu dieser Umwandlung befähigt sind —, sondern daß in den meisten Böden bereits die darin enthaltenen kolloiden Stoffe durch eine Wirkung, die man als Adsorptions- oder Oberflächenkatalyse bezeichnen kann, die Umwandlung des Cyanamids in Harnstoff verursachen. Der weitere Umwandlungsprozeß aber, der sich an die Harnstoffbildung anschließt, und der in der Umbildung des Harnstoffs zu Ammoniumkarbonat besteht, ist sicherlich restlos das Werk von Bakterien, und daher ist es berechtigt, wenn wir auch die Umwandlung des Kalkstickstoffs in sauren Böden an dieser Stelle behandeln; dabei werden wir aber außerdem noch die Umwandlung des Cyanamids ins Auge fassen müssen, um ein vollständiges Bild vom Verhalten des Kalkstickstoffs in den sauren Böden zu erlangen.

Zunächst mag nun darauf aufmerksam gemacht werden, daß man im allgemeinen in den Anwendungsvorschriften für den Kalkstickstoff immer schon die Angabe finden konnte, daß er kein für saure Böden empfehlenswerter Dünger sei; nur für die tätigen, besseren Böden wurde seine Anwendung empfohlen. Diese Warnung vor der Verwendung des Kalkstickstoffs auf sauren Böden stammt aber aus einer Zeit, in der man noch nicht so eingehend mit der Verbreitung der Bodenversauerung auf den Mineralböden bekannt war, wie das heute der Fall ist. Man hatte damals, wenn man von sauren Böden sprach, fast ausschließlich die sauren Moorböden und die sauren, humusreichen Heideböden im Auge, und tatsächlich, das läßt sich wohl nicht leugnen, hat man bei der Verwendung des Kalkstickstoffs auf solchen Böden des öfteren Mißerfolge zu verzeichnen gehabt. Ihren Ursachen ist man aber, wenn man auch wohl vermutete, daß die Umwandlungen des Kalkstickstoffs in diesen Böden nicht in der normalen Weise abliefen, im einzelnen nicht nachgegangen, und so ist man auch heute noch darüber nicht im klaren. Wir mußten daher, um zu einer zuverlässigen Beurteilung der Frage zu gelangen, eigene Untersuchungen über die Umwandlung des Kalkstickstoffs ausführen, und darüber sei nun im folgenden ein kurzer Bericht gegeben.

Boden Nr.	Hydrolytische Azidität y_1 ccm	Austauschazidität y_1 ccm	p_H-Werte
I	65,7	11,2	4,57
II	37,4	8,7	4,59
III	33,8	15,6	4,29
IV	25,4	10,2	4,65
V	13,2	2,7	5,33
VI	11,3	7,2	5,11

Sechs verschiedene Böden wurden zu diesen Untersuchungen, die von M. Blömer[1] ausgeführt wurden, verwendet. Der erste Boden war ein reiner saurer Humusboden vom Hohen Venn, der zweite ein humoser saurer Sandboden aus der Gegend von Opladen, der dritte ein saurer, bisher unkultivierter Lehmboden, der vierte und fünfte Boden waren kultivierte Lehmböden aus der Nähe von Bonn, und schließlich der sechste ein Lehmboden von Hangelar. Die Aziditätswerte dieser 6 Böden sind in der Tabelle auf S. 213 zusammengestellt. In der dort angegebenen Reihenfolge sind die Böden weiterhin immer mit den Zahlen I, II, III, IV, V und VI bezeichnet. Die Gehalte an Ton und Humus ersieht man aus der folgenden Zusammenstellung:

Boden	I	II	III	IV	V	VI
Humus in %	37,50	5,30	4,30	2,60	1,60	0,20
Ton in %	—	4,76	5,57	11,50	12,48	23,57

Von jedem dieser 6 Böden wurden durch Zusatz von steigenden Mengen $CaCO_3$ 4 Reihen hergestellt, einschließlich der ungekalkten Böden standen also von jeder Bodenart 5 physikalisch annähernd gleichartige, aber in bezug auf Reaktion und Aziditätswerte gut abgestufte Proben zur Untersuchung. Je 200 g aller dieser Böden erhielten nun einmal einen Zusatz von 30 mg Stickstoff in der Form von Kalkstickstoff, drei der Böden in einer anderen Versuchsreihe dieselbe Stickstoffmenge in der Form von freiem Cyanamid. Die Umwandlung des Cyanamids in Harnstoff wurde durch Bestimmung des nach 24 Stunden noch vorhandenen Cyanamidstickstoffs ermittelt. Die Zahlen für die umgewandelte Menge des Cyanamidstickstoffs in Milligrammen sind in den folgenden Tabellen neben den Reaktionswerten, die den Böden durch Zusatz von Kalk verliehen waren, zur Übersicht vereinigt:

Umwandlung von Kalkstickstoff in Harnstoff bei verschiedenen Reaktionen. 200 g Boden und 30 mg Cyanamid-N als Kalkstickstoff. Untersuchung nach 24 Stunden.

Boden I	p_H-Werte	Umgewandelter Cyanamid-N in mg	Boden II	p_H-Werte	Umgewandelter Cyanamid-N in mg	Boden III	p_H-Werte	Umgewandelter Cyanamid-N in mg
1	4,57	17,1	1	4,59	8,7	1	4,29	15,4
2	5,00	16,9	2	5,44	9,1	2	5,77	15,9
3	5,43	17,9	3	6,02	9,8	3	6,88	17,6
4	6,47	16,4	4	6,67	10,3	4	7,02	17,6
5	7,47	11,7	5	7,98	11,2	5	7,99	16,5
Boden IV			Boden V			Boden VI		
1	4,65	11,9	1	5,33	9,7	1	5,11	15,6
2	5,74	13,7	2	5,69	10,3	2	6,35	15,9
3	6,95	15,1	3	6,12	10,6	3	7,49	15,7
4	7,65	15,7	4	7,03	11,3	4	7,92	13,7
5	—	—	5	7,75	5,6	5	8,14	13,7

Man kann aus den Zahlen der Tabellen entnehmen, daß die Reaktion der verschiedenen Böden nicht ganz ohne Einfluß auf die Umwandlungsgeschwindigkeit des Cyanamidstickstoffs sowohl in der Form des freien Cyanamids als auch in seiner an Kalk gebundenen Form geblieben ist, aber der Einfluß äußert sich nicht immer in gleicher Richtung. Bei Boden I ist eine erkennbare Verlangsamung der Umsetzung des Kalkstickstoffs und des Cyanamids mit Überschreitung des Neutralpunktes nach der alkalischen Seite eingetreten, bei Boden II dagegen ist eine, wenn auch nur kleine Steigerung der Umsetzungsgeschwindigkeit bemerkbar.

[1] Blömer, M.: Dissert., Bonn-Poppelsdorf 1929.

Umwandlung von reinem Cyanamid in Harnstoff bei verschiedenen Reaktionen. 200 g Boden und 30 mg Cyanamid-N.

Boden I	1	2	3	4	5
p_H-Werte	4,57	5,00	5,43	6,47	7,47
Umgewandelter Cyanamid-N nach 24 Stunden	22,6 mg	13,9 mg	11,3 mg	9,8 mg	8,7 mg
Umgewandelter Cyanamid-N nach 3 Tagen	29,6 ,,	29,6 ,,	29,6 ,,	29,6 ,,	29,6 ,,
Boden II					
p_H-Werte	4,59	5,44	6,02	6,67	7,98
Umgewandelter Cyanamid-N nach 24 Stunden	10,1 mg	12,4 mg	11,7 mg	15,7 mg	17,1 mg
Umgewandelter Cyanamid-N nach 3 Tagen	22,6 ,,	22,4 ,,	21,3 ,,	20,4 ,,	19,7 ,,
Boden VI					
p_H-Werte	5,11	6,35	7,49	7,92	8,14
Umgewandelter Cyanamid-N nach 24 Stunden	11,6 mg	13,6 mg	14,1 mg	13,0 mg	12,9 mg
Umgewandelter Cyanamid-N nach 3 Tagen	23,5 ,,	20,2 ,,	20,9 ,,	20,2 ,,	17,6 ,,

Boden III zeigt keine zuverlässige Beeinflussung der Umwandlung durch die Reaktionsveränderung, und das gleiche kann man von Boden VI sagen; Boden IV weist eine kleine Zunahme der Umwandlungsgeschwindigkeit auf, und Boden V schließlich wieder wie Boden I ein deutliches Nachlassen der Umwandlung mit Erreichung bzw. Überschreitung des Neutralpunktes.

Der Aufklärung dieser Verschiedenheit in der Umwandlungsgeschwindigkeit bei den einzelnen Böden näher nachzugehen, haben wir aber für überflüssig erachtet, denn schon nach 3 Tagen war bei keinem der untersuchten Böden noch so viel Cyanamid vorhanden, daß seine quantitative Bestimmung möglich gewesen wäre. Sind also auch vielleicht im Anfang der sehr schnell verlaufenden Cyanamidumwandlung kleine Unterschiede vorhanden, die aber nicht einmal bei steigenden Reaktionszahlen in gleicher Richtung liegen, so verwischen sich diese Verschiedenheiten beim Fortschreiten der Umwandlung derart schnell, daß sie für die Praxis der Anwendung des Kalkstickstoffs gar keine Bedeutung haben. Wir dürfen also ruhig aussprechen, daß die Umwandlung des Kalkstickstoffs wie die des freien Cyanamids praktisch unabhängig von der Bodenreaktion ist. Ein nachteiliger Einfluß der sauren Reaktion des Bodens stand übrigens auch für den ersten Teil der Umwandlung des Kalkstickstoffs im Boden theoretisch gar nicht zu erwarten, denn bei den von uns vor Jahren schon durchgeführten Versuchen über die Katalyse des Cyanamids zu Harnstoff hatte sich stets ergeben, daß eine saure Reaktion des Mediums die Umwandlungsgeschwindigkeit stark erhöhte. Da der Umwandlungsprozeß des Cyanamids im Boden nicht anders verläuft als unter dem Einfluß von Katalysatoren, wie Mangansuperoxyd und Eisenoxyd, bei Laboratoriumsversuchen, so mußte von vornherein ein nachteiliger Einfluß der sauren Bodenreaktion auf die Cyanamidumwandlung als unwahrscheinlich betrachtet werden. Wie es aber mit dem zweiten Teil des Umwandlungsprozesses bestellt war, der nicht mehr wie der erste rein chemischer, sondern mikrobieller Natur ist — die Umwandlung des katalytisch entstandenen Harnstoffs in Ammoniumkarbonat —, das konnte nicht von vornherein abgesehen, sondern mußte durch besondere Versuche erst klargestellt werden.

Dazu wurde nun in den mit Kalkstickstoff versetzten Bodenproben nach verschiedenen Zeiten die Menge des Ammoniakstickstoffs bestimmt, der sich aus dem zugesetzten Kalkstickstoff — 30 mg N auf 200 g Boden — gebildet hatte. Daneben wurde aber auch noch in besonderen Versuchen mit denselben Böden die Umwandlung von reinem Harnstoff in der gleichen Weise ermittelt. Die Ergebnisse dieser Versuche für zwei der benutzten Böden sind in der folgenden Tabelle enthalten:

| | NH$_3$-Stickstoff in mg nach | | | | | | | | | |
| | 3 Tagen | | | | | 8 Tagen | | | | |
	1	2	3	4	5	1	2	3	4	5
Boden I										
Kalkstickstoff .	19,2	19,7	22,6	18,0	15,4	22,4	26,0	23,7	26,3	23,4
Harnstoff . . .	17,7	17,7	18,8	16,2	21,8	31,6	26,9	25,6	24,2	28,2
Boden III										
Kalkstickstoff .	17,8	20,2	20,5	20,6	16,3	16,9	22,9	22,9	21,5	17,8
Harnstoff . . .	19,7	23,8	24,6	26,0	24,4	16,2	23,2	22,0	21,6	20,7

Kalkstickstoff- und Harnstoffumwandlung verlaufen in dem sauren Humusboden (I) wie in dem sauren Mineralboden (III) gleichsinnig und völlig unbeeinflußt vom Azititätsgrade der Böden. Der normale Ablauf der Umwandlungen des Kalkstickstoffs wird also in keiner Weise durch die saure Beschaffenheit der Böden gestört. Da nun weiter, wie wir oben schon gesehen haben, die Nitrifikation in den sauren Böden auch keineswegs so sehr daniederliegt, wie man früher wohl annahm, so ist kein Grund dafür ersichtlich, von der Verwendung des Kalkstickstoffs auf sauren Böden, zum wenigsten auf den sauren Mineralböden, abzuraten. Auf humosen Böden wie den humusreichen Heideböden wird man, da auch dafür ein anormaler Verlauf der Kalkstickstoffumwandlung ausgeschlossen erscheint, ebenfalls nicht auf die Anwendung des Kalkstickstoffs zu verzichten brauchen. Schon die Vegetationsversuche von RÖSSLER haben denn auch das Ergebnis gezeitigt, daß die Düngewirkung des Kalkstickstoffs auf sauren Mineralböden nicht geringer war als auf normalen Böden. Auch unsere eigenen Vegetationsversuche mit dem Boden I und dem Boden III haben keine Abhängigkeit der Kalkstickstoffwirkung von der Bodenreaktion erkennen lassen, doch sollen diese Versuche erst näher in dem Kapitel über Zusammenhang zwischen Bodenreaktion und Düngung besprochen werden.

e) Weitere mikrobielle Einflüsse der Bodenversauerung.

Überblicken wir zum Schluß unserer Ausführungen über die Wirkung der Bodenversauerung auf die mikrobiellen Vorgänge im Boden noch einmal die geschilderten Ergebnisse der darauf gerichteten Untersuchungen, so müssen wir zugeben, daß die Bodenversauerung für manche, aber nicht für alle im Boden verlaufenden mikrobiellen Vorgänge ein Hindernis darstellt. Die Vorgänge, die zur Ammoniakbildung aus stickstoffhaltigen Stoffen führen, wie der Fäulnisvorgang und die Harnstoffumwandlung, werden offenbar nicht nachteilig durch die Versauerung beeinflußt, aber der Vorgang der Nitrifikation, der auf jeden Fall als ein für die Pflanzenernährung sehr wichtiger Vorgang im Kreislauf des Stickstoffs betrachtet werden muß, erscheint durch die Bodenversauerung, besonders wenn man die künstlichen, salzartigen Stickstoffdüngemittel dabei ins Auge faßt, nicht unerheblich gestört. Noch schwerer als der Schaden, den die Nitrifikation durch die Versauerung erleidet, fällt aber die Benachteiligung des Vorganges der Stickstoffsammlung durch die im Boden frei lebenden Bakterien ins Gewicht, und das ungünstige Bild von der Auswirkung der Bodenversauerung auf die Mikroorganismen im Boden verstärkt sich noch, wenn wir an ihren Einfluß auf die Knöllchenbakterien denken. Ohne Frage erfährt also der Kreislauf des Stickstoffs im Ackerboden und natürlich auch der in der Natur überhaupt eine schwerwiegende Schädigung durch die Bodenversauerung. Darüber hinaus aber werden auch noch andere mikrobielle Prozesse, die nicht in den Stickstoffkreislauf eingreifen, jedoch für die normale Beschaffenheit des Bodens keineswegs bedeutungslos sind, durch die Bodenversauerung nachteilig betroffen. Zu denken ist da vor allem noch an die Umsetzungen der stickstofffreien organischen Stoffe, die im Boden nach den Ernten zurückbleiben oder sonst absichtlich ihm einverleibt werden. Genauere Untersuchungen zu dieser Frage, wie etwa zur Zerstörung der Zellulose im sauren Ackerboden, liegen allerdings unseres Wissens zur Zeit noch nicht vor. Man braucht aber nur an das Verhalten der Zellulose in den sauren Hochmoorböden zu denken, um zugeben zu müssen, daß auch in den sauren Mineralböden die Umwandlung dieses Stoffes, wie auch der anderen Bestandteile der Zellwandungen der Pflanzen, verzögert und in falsche Bahnen gelenkt werden kann. Die Anhäufung saurer Humusstoffe ist ja auch bei den versauerten Mineralböden eine Erscheinung, die nicht selten zur Beobachtung gelangt, und die den Versauerungszustand des Bodens mehr und mehr steigert. Bodenversauerung bedeutet doch in mikrobieller Beziehung letzten Endes nicht nur eine Schädigung einzelner Mikroorganismengruppen, sondern eine allgemeine Beeinträchtigung der mikrobiellen Leistungen. Die sauren Böden gelten mit vollem Recht als bakteriell wenig tätige Böden, und das macht sich auch im Experiment deutlich bemerkbar, wenn man als Kennzeichen der bakteriellen Tätigkeit die Kohlensäureproduktion der Böden als Maß ausnutzt. Immer schon war bekannt, daß die Zufuhr von Kalk zum Boden die Lebenstätigkeit der Mikroorganismen stark anzuregen pflegt. Das beobachtet man auch sehr deutlich gerade an sauren Böden. Wir fanden z. B. folgendes Ansteigen der Kohlensäureproduktion eines humosen sauren Bodens, wenn wir ihn in Abstufungen mit Kalk versetzt hatten:

CO_2-Entwicklung aus einem humosen Sandboden (300 g).

	Ungekalkt	Kalkgabe 1	Kalkgabe 2	Kalkgabe 3
Austauschazidität y_1	11,6 ccm	0,3 ccm	0,0 ccm	0,0 ccm
Hydrolytische Azidität y_1	41,5 ,,	19,9 ,,	10,6 ,,	7,0 ,,
p_H-Wert	3,97	6,11	6,80	7,18
CO_2 in mg (in 17 Tagen)	116,6	146,2	257,6	341,4

Schon die Beseitigung der Austauschazidität durch die erste Kalkgabe hat hiernach die Kohlensäureproduktion des Bodens deutlich gehoben, aber der Umsatz der Kohlenstoffverbindungen des Bodens nimmt mit steigenden Kalkgaben bis zur Erreichung des Neutralpunktes noch sehr bedeutend zu. Ohne Frage muß der allgemeinen Begünstigung des Bakterienlebens im Boden durch die Beseitigung der ihm hinderlichen sauren Reaktion diese Hebung der Kohlensäureproduktion zugeschrieben werden. Auch an anderen sauren Böden haben wir unter dem Einfluß der Kalkdüngung stets diese Zunahme der bakteriellen Aktivität feststellen können, das eine Mal in stärkerem, das andere Mal in schwächerem Grade. Mineralböden, die an sich arm an Kohlenstoffverbindungen sind, die den Mikroorganismen zur Nahrung dienen können, zeigen natürlich wesentlich niedrigere Zahlen für die Steigerung der Kohlensäureproduktion als Böden, die über einen Vorrat an organischen Nährstoffen verfügen. In solchen armen Böden wird man daher auch niemals durch die Kalkdüngung allein die volle mögliche bakterielle Aktivität wiederherstellen können. Hier müssen Kalkdüngung und Zufuhr von organischen Stoffen in der Stallmistdüngung zusammenwirken, um den Boden wieder auf die Höhe seiner mikrobiellen Lebenstätigkeit zu bringen. Durch den Gebrauch beider Mittel hat man es aber ohne Frage mit Sicherheit in der Hand, sehr schnell einen durch Versauerung in seiner bakteriellen Tätigkeit heruntergekommenen Boden wieder auf seinen ursprünglichen günstigen Zustand zurückzuführen. Was das aber für den Fruchtbarkeitszustand des Bodens bedeutet, braucht hier gar nicht näher erörtert zu werden; das eine Wörtchen „Gare" sagt uns da mehr als langwierige Auseinandersetzungen.

Die Bedeutung der Bodenreaktion für den mikrobiellen Zustand des Bodens ist aber nun mit dem, was wir bisher davon gesagt haben, noch keineswegs erschöpft. Den Landwirt interessieren nicht nur die Bakterien, die den Kreislauf des Kohlenstoffs und des Stickstoffs im Ackerboden bestimmen, sondern auch jene Mikroorganismen, die als Erreger von Pflanzenkrankheiten Bedeutung besitzen. Eine Reihe von Untersuchungen liegt auch schon über die Beziehungen vor, die zwischen der Bodenreaktion und dem Wachstum solcher pathogenen Mikroorganismen bestehen, besonders amerikanische Forscher haben sich auf diesem Gebiete erfolgreich betätigt. Ihre Untersuchungen haben, was bei der allgemeinen Reaktionsempfindlichkeit der Organismen nicht anders zu erwarten stand, ergeben, daß tatsächlich das Wachstum auch dieser pathogenen Organismen stark unter dem Einfluß der Reaktion steht. Alle diese Untersuchungen hier im einzelnen aufzuzählen, würde zu weit führen und auch aus dem Rahmen dieses Buches herausfallen. Auf einige besondere Fälle muß aber doch die Aufmerksamkeit auch hier gelenkt werden, um das Bild von der Bedeutung der Bodenversauerung für die Mikroorganismen zu vervollständigen.

Zuerst wäre von der Empfindlichkeit der Mikroorganismen zu reden, die den Kartoffelschorf hervorrufen. Schon längst war es bekannt, daß diese krankhafte Veränderung der Kartoffelknollen vorzugsweise auf den besseren, neutralen oder alkalischen Böden, nur selten auf den leichten, humusreichen und zumeist sauren Sandböden anzutreffen war. Bestimmtere Beziehungen zwischen dem Auftreten dieser Krankheit und der Bodenreaktion wurden aber doch erst von GILLESPIE und HURST[1] aufgedeckt. Bei der Untersuchung einer großen Anzahl von Lehmböden fanden diese Forscher, daß zwischen der Wasserstoffionenkonzentration der Böden und dem Auftreten des gemeinen Kartoffelschorfes enge Beziehungen bestanden. War die Reaktionszahl niedriger als 5,2, so wuchsen auf den Böden nur sehr selten schorfige Kartoffeln, war sie dagegen höher, so waren die Kartoffeln zumeist schorfig. Diese Beziehung wurde bei Böden verschiedenen Ursprungs und verschiedener Art gefunden, so daß in ihr wohl recht zuverlässig die Abhängigkeit des Wachstums der schorferregenden Mikroorganismen von der Bodenreaktion zum Ausdruck kommen dürfte. Diesen Erreger des Kartoffelschorfes, den Strahlenpilz Actinomyces chromogenus, haben dann andere Forscher, wie WAKSMAN und JOFFÉ[2], in künstlichen Kulturen auf seine Reaktionsansprüche geprüft und tatsächlich auch in Bestätigung der Versuchsergebnisse von GILLESPIE und HURST gefunden, daß die untere Wachstumsgrenze für eine große Anzahl verschiedener Stämme dieses Pilzes bei p_H 5,0—5,2 lag.

Mit einem anderen Kartoffelschädling hat sich, wie wir den Angaben von MEVIUS[3] entnehmen, MATSUMOTO beschäftigt, nämlich mit Rhizoctonia solani. Das günstigste Wachstum fand dieser Pilz hiernach bei Reaktionszahlen von 2,8 bis 3,9, während er bei 2,6 bereits die unterste Grenze seines Wachstums aufwies. Neuere Untersuchungen über das Verhalten dieses Pilzes zur Bodenreaktion sind

---

[1] GILLESPIE, L. J., u. L. A. HURST: Soil Sci. 6, 219.
[2] WAKSMAN, S. A., u. J. S. JOFFÉ: Soil Sci. 14, 61.
[3] MEVIUS, W.: Reaktion des Bodens und Pflanzenwachstum. Freising-München 1927.

von MEYER-HERMANN[1] ausgeführt, doch stellten sich dabei andere Ergebnisse heraus. Am besten wuchs Rhizoctonia nach diesen Untersuchungen bei p_H 7,06 und 7,33, am schlechtesten bei p_H 4,39. Die Ergebnisse widersprechen sich recht stark und bedürfen daher weiterer Nachprüfungen. Bei Rhizoctonia violacea fand MEYER-HERMANN übrigens eine starke Widerstandsfähigkeit gegen saure Reaktion; für diesen Pilz wurde nämlich das Optimum seines Wachstums in Boden-kulturen bei dem p_H-Wert 4,16 gefunden.

Für einen dritten, die Ernten der Kartoffeln oft stark gefährdenden Pilz, den Erreger des Kartoffelkrebses, Synchytrium endobioticum Schilb., sind bisher keine Beziehungen seines Wachstums zur Bodenreaktion aufgefunden worden. ESMARCH kam schon zu dem Ergebnis, daß die Bodenreaktion für diesen Pilz keine Rolle spiele, und von WEISS wurde das Auftreten der Krebskrankheit auf Böden von p_H 3,9—8,5 beobachtet. Das Infektionsoptimum soll nach WEISS allerdings bei dem p_H-Wert 5,0 liegen. Eingehende Untersuchungen von MEYER-HERMANN bestätigten die Annahme, daß der Bodenreaktion keine praktische Bedeutung für das Auftreten und die Bekämpfung dieses Pilzes zukommt.

Deutliche Abhängigkeit von der Bodenreaktion weist dann aber eine bei der Rübe auftretende Krankheit auf, nämlich der Wurzelbrand oder die Schwarz-beinigkeit der Rübe. O. ARRHENIUS hat über das Auftreten dieser Krankheit und über ihren Erreger, wie wir den Angaben von MEVIUS entnehmen, eingehende Untersuchungen angestellt, die zu der Erkenntnis führten, daß diese Krankheit tatsächlich nur auf sauren Böden in die Erscheinung tritt, und daß sie durch Kalkung vollständig vermieden werden kann. Der von ARRHENIUS als Erreger der Krankheit angesprochene Pilz, Pythium de Baryanum, hatte sein Wachs-tumsoptimum bei p_H 5—6. Die Wechselbeziehungen zwischen der Bodenreaktion und der Erregung des Wurzelbrandes der Rübe durch den Pilz Phoma betae stellte auch MEYER-HERMANN neuerdings in seinen Arbeiten fest. Bei Infektions-versuchen mit einer durch Kalkzusatz in der Reaktion abgestuften Reihe von Böden zeigte sich deutlich, daß bei einem p_H-Wert von 5,39—5,93 die Krank-heitserscheinung bei den Rübenpflänzchen viel häufiger auftrat als bei höheren Reaktionszahlen. Die saure Reaktion begünstigt somit fraglos die Infektion der Rübenpflanzen durch den Pilz. Bei Wachstumsversuchen auf Böden ohne Wirts-pflanze war allerdings kein wesentlicher Unterschied in der Entwicklung des Pilzes bei saurer und neutraler Reaktion zu entdecken, so daß doch, da auch andere Versuche in dieselbe Richtung weisen, die Möglichkeit besteht, daß weniger die Begünstigung des Pilzes als vielmehr die Benachteiligung des Wachs-tums der Rüben durch die saure Bodenreaktion die Hauptschuld an dem stärkeren Befall der Rübenpflanzen durch den Wurzelbrand auf sauren Böden trägt. Eine andere Rübenkrankheit, die Herzfäule der Rüben, ist von der Boden-reaktion im umgekehrten Sinne abhängig, sie wird deutlich durch die alkalische Reaktion der Böden verstärkt und durch saure Reaktion verhindert. Nach Untersuchungen von GÄUMANN[2] soll bei Reaktionszahlen der Böden unter 6,7 keine Herzkrankheit bei den Zucker- und Runkelrüben auftreten.

Zahlreiche andere Angaben über die Bedeutung der Bodenreaktion für das Wachstum der pathogenen Mikroorganismen findet man noch bei MEVIUS. Für praktische Verhältnisse am wichtigsten scheinen nach MEVIUS' Angaben die Untersuchungen von FARIS und von REED und FARIS zu sein, die bei Gerste, Hirse und Hafer Versuche mit Ustilagoarten ausführten und bezüglich der durch diese Pilze bewirkten Infektion zum Teil deutliche Reaktionsabhängigkeiten er-

---

[1] MEYER-HERMANN, K.: Dissert., Bonn-Poppelsdorf 1929.
[2] GÄUMANN, E.: Vjschr. naturforsch. Ges. Zürich 1925, Beiblatt 7.

kannten. Die Arbeit von MEYER-HERMANN bringt noch zahlreiche Angaben über die Beziehungen von verschiedenen Fusariumarten und von Helminthosporium zur Bodenreaktion.

Ob aus allen diesen Untersuchungen wirklich praktisch verwertbare Ergebnisse hervorgehen werden, läßt sich zur Zeit noch nicht mit Sicherheit beurteilen. Nur wenn die Reaktionsoptima für den Pilz und die von ihm gefährdete Kulturpflanze weit auseinanderliegen, wird man aus der Kenntnis der Abhängigkeit des Befalles von der Bodenreaktion Nutzen ziehen können. Zur Zeit sind solche günstigen Verhältnisse nur zwischen dem Schorferreger der Kartoffeln sowie den Erregern des Wurzelbrandes der Rüben und zwischen der Bodenreaktion bekannt, und bei diesen Pflanzen kann sicherlich schon aus der Kenntnis der Reaktionsansprüche ihrer Feinde praktischer Nutzen gezogen werden. Bei vielen anderen Kulturpflanzen und ihren Krankheitserregern sind solche günstigen Verhältnisse aber nicht immer anzutreffen, und man wird infolgedessen nicht viel praktisch Verwertbares aus der Kenntnis der Reaktionsansprüche der Pilze herleiten können. Immerhin muß aber doch die Berücksichtigung der Reaktionsansprüche von Pilz und Pflanze als ein Mittel anerkannt werden, das unter Umständen im Kampfe gegen die Feinde unserer Kulturpflanzen unter Bakterien und Pilzen Nützliches leisten kann; man wird daher auch alle Mühe darauf verwenden müssen, die Kenntnisse in dieser Frage immer mehr auszubauen und sicherer zu gestalten. Man wird aber auch bei der Erforschung des tierischen Lebens im Boden in Zukunft auf die Zusammenhänge, die es mit der Bodenreaktion aufweist, zu achten haben. Auch bei diesen Lebewesen wird man, wie die Untersuchungen von O. ARRHENIUS bereits für die Regenwürmer und die von ATKINS und LEBOUR für eine Reihe von Schneckenarten dargetan haben, Abhängigkeiten von der Reaktion finden. Das Wasserstoffion ist eben infolge seiner besonderen Eigenschaften dasjenige Ion, das von den unter natürlichen Lebensbedingungen der Organismen auftretenden Ionen die stärksten Einwirkungen auszuüben vermag; wir werden daher auch erwarten müssen, daß nicht nur die niederen, sondern auch die höheren Lebewesen stark unter dem Einfluß dieses Ions stehen, und was die höheren Pflanzen angeht, so werden uns die Seiten des folgenden Kapitels über diesen Einfluß noch eingehend belehren.

XI. Die pflanzenphysiologische Bedeutung der Bodenreaktion.

a) Die Bedeutung der Bodenreaktion für die Verbreitung der Pflanzen in der Natur.

Bei dem im vorigen Kapitel geschilderten großen Einfluß der Bodenreaktion auf die Wirkungen der Mikroorganismen des Bodens erscheint es selbstverständlich, daß auch die höheren Pflanzen stark unter der Einwirkung der Reaktion ihres Standortes stehen. Für die wild wachsenden Pflanzen, von denen hier zunächst die Rede sein soll, ist das auch tatsächlich schon seit langer Zeit bekannt, denn wenn man früher von der Bodenstetigkeit gewisser Pflanzen, oder in neuerer Zeit von kalkholden und kalkliebenden oder von kalkfeindlichen und kalkfliehenden Pflanzen sprach, so ist das nach unserer heutigen Erkenntnis — wenn auch nicht ausschließlich, so doch zu einem guten Teil — ein Ausdruck für die Abhängigkeit gewesen, in der die Verteilung der Pflanzen in der Natur von der Bodenreaktion steht. Diese Abhängigkeit schärfer herausgearbeitet zu haben, ist allerdings erst ein Verdienst der neuesten Forschungen. WHERRY hat seit 1916 an ganzen Reihen verschiedener Pflanzenfamilien den Einfluß der Bodenreaktion auf ihre Verbreitung in der Natur systematisch verfolgt und konnte dabei sehr deutliche Beziehungen beider sicherstellen. Mit gleichen Studien hat sich auch ARRHENIUS befaßt, ebenso MOORE und TAYLOR, ATKINS, SALISBURY und KELLEY. Besonders eingehende Untersuchungen sind von C. OLSEN[1] diesem Gegenstande gewidmet worden, und von diesen soll zunächst etwas ausführlicher gesprochen werden.

Pflanzenwuchs und Bodenreaktion — gemessen wurde die Reaktion elektrometrisch in Bodenauszügen mit Wasser — wurden von OLSEN an zahlreichen Standorten auf Wiesen, in Wäldern und auf Moor- und Mineralböden eingehend studiert und dabei die durchschnittliche Häufigkeit festgestellt, mit der die verschiedenen Pflanzen bei bestimmten Wasserstoffionenkonzentrationen der Böden angetroffen wurden. Wie OLSENS Angaben zu entnehmen ist, sind seine Zahlen so ermittelt, daß nach der formationsstatistischen Methode von RAUNKJAER an den verschiedenen Örtlichkeiten, an denen die Untersuchungen stattfanden, 10 kleine Versuchsflächen von 0,1 qm ausgewählt und einerseits der botanischen Analyse unterworfen, andererseits auf ihre Reaktion geprüft worden. Aus den 10 botanischen Untersuchungen wurde die prozentische Beteiligung der Pflanzenarten an der Zusammensetzung der Formation bei der gefundenen Reaktionszahl ermittelt, und aus diesen Prozentzahlen wurden dann schließlich die Mittelwerte für einzelne, jedesmal 0,5 p_H-Einheiten umfassende Reaktionsklassen berechnet.

Zweifellos geht aus OLSENS Untersuchungen hervor, daß enge Beziehungen zwischen der Reaktion des Bodens und der Verteilung der Pflanzen in der Natur bestehen. Es gibt gewisse Pflanzenarten, die vornehmlich ihr Fortkommen bei saurer Reaktion des Bodens finden, andere Pflanzenarten, die auf alkalische Reaktion des Bodens angewiesen sind, und wiederum andere, die eine mehr neutrale Bodenreaktion bevorzugen. Diese Abhängigkeit von der Bodenreaktion geht, wie OLSEN annimmt, sogar so weit, daß man aus dem Vorkommen bestimmter Pflanzenarten auf einem Boden direkt auf seine Reaktion zurückschließen darf. So zeigt das Vorkommen von Cirsium oleraceum (Kohldistel), von Angelika silvestris, von Agrostis alba (Fioringras) und von Tussilago farfara (Huflattich) eine zwischen p_H 8,0 und 6,5 schwankende Reaktionszahl des Bodens an. Deschampsia cäspitosa (Rasenschmiele) zeigt, besonders wenn sie starke Büschel bildet, eine Reaktionszahl von 6,5 bis 5,5 an, und schließlich ist Molinia coerulea (Pfeifengras) charakteristisch für eine Reaktionszahl des Bodens zwischen 4,5 und 3,0. Eine Pflanzenart, die besonders charakteristisch für das p_H-Gebiet von 5,5 bis 4,4 gewesen wäre, wurde von OLSEN nicht aufgefunden. Die angeführten Pflanzenarten können aber nach OLSEN direkt als Leitpflanzen für die Bodenreaktion angesprochen werden, vorausgesetzt allerdings, daß sie mit genügender Häufigkeit auf einem Boden angetroffen werden. Das ist das eigentlich Entscheidende für einen Rückschluß von dem Vorkommen einer Pflanzenart auf einem Boden auf seine Reaktion. Ganz verkehrt wäre es nämlich, anzunehmen, daß schon das vereinzelte Vorkommen einer Pflanzenart auf einem Boden an eine bestimmte Reaktionszahl gebunden sei. Das ist durchaus nicht der Fall. Molinia coerulea tritt z. B. mit einer durchschnittlichen Häufigkeit von 50 in der p_H-Klasse 6,0 bis 6,4 auf, mit der Häufigkeit von 40 war sie in der p_H-Klasse 6,5 bis 6,9 anzutreffen; aber sogar noch bei p_H 7,0 bis 7,4 wurde sie mit einer Häufigkeit von 20 gefunden. Nach OLSEN umfaßt also das p_H-Gebiet für diese Pflanze eine große Spanne von 3,5 bis 7,5. Dennoch ist Molinia coerulea eine Leitpflanze für die schon stärker versauerten Böden, weil sie mit der größten Häufigkeit (94 und 84) in den p_H-Klassen 3,5 bis 3,9 und 4,0 bis 4,5 angetroffen wird. Diese durchschnittlich größte Häufigkeit oder, was damit gleichbedeutend ist, die Lage des Hauptverbreitungsgebietes auf der p_H-Skala, bedingt allein die Eignung einer Pflanze als Leitpflanze zur Beurteilung der Bodenreaktion. Je enger begrenzt dabei

[1] OLSEN, C.: Studies on the hydrogenion concentration of the soil and its significance to the vegetation. C. r. du Labor. Carlsberg 15₁ (1923).

das p_H-Intervall ist, in dem die Leitpflanze angetroffen wird, um so wertvoller wird natürlich die Leitpflanze für die Reaktionsbeurteilung des Bodens sein, denn um so zuverlässiger muß die Aussage über die Reaktionszahl des Bodens ausfallen.

Daß nun in der freien Natur keine noch schärfere Differenzierung des Pflanzenbestandes nach der Bodenreaktion beobachtet wird, als OLSEN sie bei seinen Untersuchungen vorgefunden hat, liegt sicherlich daran, daß die Wasserstoffionenkonzentration eben nicht der einzige Faktor ist, der die Verteilung der Pflanzen in der Natur bedingt. Von diesem Gesichtspunkte aus wenden sich daher auch O. ARRHENIUS und H. LUNDEGÅRDH[1] gegen eine Überschätzung der Wasserstoffionenkonzentration als bestimmenden Faktor für dieVerbreitung der Pflanzenarten in der Natur. Gewiß berechtigen auch nach ihrer Auffassung die Untersuchungen OLSENS und anderer Autoren zu der Schlußfolgerung, daß die p_H-Grenzen, innerhalb deren die Pflanzen zu leben vermögen, für verschiedene Arten verschieden sind, und daß infolgedessen die Wasserstoffionenkonzentration des Bodens einen wichtigen Wachstumsfaktor darstellt. Wohl niemals aber sind die Wasserstoffionen die einzigen Faktoren, von denen dasVorkommen von bestimmten Pflanzen auf Böden von bestimmter Reaktion abhängt. Die Pflanzen stehen stets, auch auf sauren Böden, unter der Einwirkung eines ganzen Komplexes von Wachstumsfaktoren, die mehr oder weniger weitgehend mit der Reaktionszahl in Beziehung stehen. Die Durchlüftung des Bodens, seine Wasserführung und andere Eigenschaften wirken stark mitbestimmend in ökologischer Richtung. Es werden aber auch die Wasserstoffionen nach LUNDEGÅRDHs Auffassung wiederum durch Ionen von Salzen mehr oder weniger stark beeinflußt. Als Standortsfaktor interferieren, wie LUNDEGÅRDH sagt, die H-Ionen daher immer mit den anderen Ionen der Bodenlösung, und ein Urteil über die ökologische Wirkung der ersteren kann erst nach vollständiger Analyse der verfüglichen Salzbestände des Bodens gefällt werden. Die H-Ionen beeinflussen aber auch rein chemisch die Löslichkeit gewisser Stoffe im Boden, wie z. B. der Aluminium- und Eisenverbindungen. Hierdurch entstehen — man denke nur an das Vorhandensein von Aluminiumsalzen in der Bodenlösung — indirekte Wirkungen, die leicht mit direkter Wasserstoffionenwirkung verwechselt werden können.

Wenn man sich diesen von LUNDEGÅRDH entwickelten Anschauungen auch wohl ziemlich vorbehaltlos anschließen darf, wenn also keineswegs für die Ausbildung bestimmter Pflanzengesellschaften in der Natur die Konzentrationen an H-Ionen allein ausschlaggebend sind, so bleibt dieser Faktor doch stets ein stark mitbestimmender, und da er sich viel einfacher erfassen läßt als die anderen, zum Teil von ihm abhängigen Faktoren, wie Nährstoffgehalt, physikalische und biologische Eigenschaften, so wird er ein stets sehr willkommenes Charakteristikum der Böden in ökologischer Beziehung abgeben. In gewissen Grenzen wird daher auch ein Rückschluß aus der Pflanzengesellschaft eines Bodens auf seinen Reaktionszustand stets erlaubt bleiben, und das ist eine Tatsache, die landwirtschaftlich ausgenutzt werden kann, wenn es sich darum handelt, aus der Unkrautflora eines Ackerbodens auf seinen Reaktionszustand eine Folgerung zu ziehen. Schon immer hat erfahrungsgemäß das Auftreten gewisser Unkräuter als Kennzeichen eingetretener Bodenversauerung gegolten, aber erst in neuester Zeit sind tiefer schürfende Untersuchungen ausgeführt worden, um den Zusammenhang zwischen der Unkrautflora eines Ackerbodens und seinem Reaktionszustande sicherzustellen. Die umfangreichsten Untersuchungen hierüber sind wohl von N. C. NIELSEN[2] vorgenommen worden.

---

[1] LUNDEGÅRDH, H.: Klima und Boden. Jena 1925. S. 310.
[2] NIELSEN, N. C.: Unkrudsvegetationen som Vejledning ved Undersögelser over. Mineraljorders Kalktrang.

NIELSEN stellte in Dänemark die Beziehungen fest, die zwischen der Reaktion der Äcker und ihrem Unkrautbestand vorhanden waren; im wesentlichen wendete er dabei wohl die gleiche Methode an wie OLSEN, er kam also auch zur Angabe der durchschnittlichen Häufigkeit des Auftretens der Unkräuter in bestimmten Reaktionsintervallen. Die Zusammenfassung seiner Untersuchungsergebnisse ist nach EICHINGER[1] in der folgenden Tabelle wiedergegeben:

Häufigkeit des Auftretens von Ackerunkräutern auf Böden verschiedener Reaktionszahl in Prozenten.

	Reaktion des Bodens					
	sauer			neutral		alkalisch	schlecht-weg sauer
	Reaktionszahl p_H						
	unter 5,6	5,6—6,0	6,1—6,3	6,6—7,0	7,1—7,5	über 7,5	unter 6,6
Sandstiefmütterchen . . .	55	28	17	—	—	—	100
Waldruhekraut	31	46	23	—	—	—	100
Hederich	—	20	80	—	—	—	100
Kleiner Sauerampfer . . .	42	38	18	2	—	—	98
Ackermaul	54	23	17	6	—	—	94
Ackerspörgel	50	22	22	6	—	—	94
Hasenlattich.	—	59	25	16	—	—	84
Ackerhundskamille	45	18	17	5	9	6	80
Spitzwegerich	12	33	27	14	—	14	72
Ackerstiefmütterchen . . .	15	8	6	11	35	25	29
Ackersenf	—	—	18	16	30	36	18
Geruchlose Kamille . . .	5	1	9	21	23	41	15
Ackerwinde	3	6	2	15	30	44	11
Huflattich.	6	1	3	22	41	27	10
Gelbklee, Hopfenluzerne .	—	1	—	5	63	31	1

Der Zusammenhang des Auftretens der Unkräuter mit der Bodenreaktion geht deutlich aus der Tabelle hervor. Man wird deshalb auch die Unkräuter als Leitpflanzen für die Beurteilung der Bodenreaktion benutzen können; aber man muß, wie EICHINGER auf Grund seiner Erfahrungen mit Nachdruck hervorhebt, bei der Beurteilung des Unkrautbestandes eines Feldes mit gewisser Vorsicht vorgehen. Durch das Auftreten einzelner Unkrautpflanzen darf man sich noch nicht zu bestimmten Schlußfolgerungen verleiten lassen, denn das Verbreitungsgebiet ist bei manchen Unkräutern sehr groß. Ackerhundskamille und Spitzwegerich kommen, wie aus der Tabelle hervorgeht, auch noch auf neutralen und alkalischen Böden vor. Zu einer einigermaßen gesicherten Schlußfolgerung kann immer nur die Berücksichtigung des Unkrautbestandes eines Feldes in seiner Gesamtheit und die Beachtung der Häufigkeit des Vorkommens der Leitpflanzen führen. Immerhin wird der Pflanzenkundige doch mancherlei Vorteil bei der Beurteilung des Reaktionszustandes eines Bodens aus der Beachtung des Auftretens der Unkräuter ziehen können. Dazu ist aber natürlich erstes Erfordernis, daß die Unkräuter genau bekannt sind und auch in ihren verschiedenen Wachstumsstadien unterschieden werden können. Mit Recht sagt EICHINGER, daß viele Unkräuter auf den Äckern den Landwirten nicht einmal dem Namen nach bekannt seien und auch in der landwirtschaftlichen Literatur nicht immer richtig gewürdigt würden. Diesen Mängeln wird sicherlich EICHINGERS Schrift erheblich Abbruch tun, denn die für die Bodenreaktion in Frage kommenden Leitpflanzen unter den Ackerunkräutern erfahren darin eine durch

---

[1] EICHINGER, A.: Die Unkrautpflanzen des kalkarmen Ackerbodens. Berlin 1927.

gute Abbildungen unterstützte genaue Beschreibung, in die die eigenen Erfahrungen EICHINGERS über die Bedeutung der einzelnen Pflanzenarten für den Reaktionszustand hineinverflochten sind. In der folgenden Tabelle versuchte EICHINGER auch, seine Erfahrungen bezüglich der Bedeutung der verschiedenen Leitpflanzen für den Kalkzustand der Böden übersichtlich zusammenzufassen. Es soll diese Tabelle keinen Anspruch auf mathematische Genauigkeit erheben, sondern nur einen ungefähren Überblick über das Hauptvorkommen der Leitpflanzen bringen. Das Hauptvorkommen der Pflanzen auf einer bestimmten Bodenart wurde mit einem + gekennzeichnet. An Stelle der Bezeichnungen für die verschiedenen Bodenzustände, die EICHINGER in seiner Tabelle angibt — mit genügendem Kalkgehalt, mit beginnendem, ausgeprägtem und mit starkem Kalkmangel —, wird man auch wohl die Bezeichnungen alkalisch-neutral, schwach-, mittel- und starksauer setzen können, Bezeichnungen, die EICHINGER aus bestimmten, nach unserer Meinung nicht ganz zu rechtfertigenden Gründen vermeiden zu sollen glaubt.

Pflanzennamen	mit genügendem Kalkgehalt	Hauptvorkommen auf Böden mit Kalkmangel		
		beginnend	ausgeprägt	stark
Silbergras (Weingaertneria canescens)			+	+
Ackerhoniggras (Holcus mollis)			+	+
Frühlingsspörgel (Spergula Morisonii)			+	+
Tisdalie (Teesdalia nudicaulis)			+	+
Sandstiefmütterchen (Viola tricolor-vulgaris)			+	+
Hasenklee (Trifolium arvense)			+	+
Sandwegerich (Plantago ramosa)			+	+
Bergsandglöckchen (Jasione montana)			+	+
Kleines Schimmelkraut (Filago minima)			+	+
Ackerschimmelkraut (Filago arvensis)			+	+
Deutsches Schimmelkraut (Filago germanica)			+	+
Saatwucherblume (Chrysanthemum segetum)			+	+
Kleiner Sauerampfer (Rumex acetosella)		+	+	+
Ackerspörgel (Spergula arvensis)		+	+	+
Ackerknaul (Scleranthus annuus)		+	+	+
Hasenlattich (Hypochoeris glabra)		+	+	+
Lämmersalat (Hyoseris minima)		+	+	+
Ackergipskraut (Gypsophila muralis)		+	+	
Rote Schuppenniere (Spergularia rubra)		+	+	
Bruchkraut (Herniaria glabra)		+	+	
Knorpelblume (Illecebrum verticillatum)		+	+	
Hederich (Raphanus Raphanistrum)		+	+	
Gelbes Ruhrkraut (Gnaphallum luteo-album)		+	+	
Grüner Fennich (Setaria viridis)	+	+	+	+
Bluthirse (Panicum sanguinale)	+	+	+	+
Vogelknöterich (Polygonum aviculare)	+	+	+	+
Steifer Sauerklee (Oxalis stricta)	+	+	+	+
Weiße Tagnelke (Melandryum album)	+	+	+	+
Reiherschnabel (Erodium cicutarium)	+	+	+	+
Ackerschöterich (Erysimum cheiranthoides)	+	+	+	
Feldstiefmütterchen (Viola tricolor arvensis)	+	+	+	
Kanadisches Berufskraut (Erigeron canadensis)	+	+	+	
Spitzwegerich (Plantago lanceolata)	+	+	+	
Franzosenkraut (Galinsoga parviflora)	+	+	+	
Ackerhundskamille (Anthemis arvensis)	+	+	+	
Mäuseschwänzchen (Myosurus minimus)	+	+		
Thals Schmalwand (Arabidopsis Thaliana)	+	+		
Ackersenf (Sinapis arvensis)	+	+		
Sumpfruhrkraut (Gnaphalium uliginosum)	+	+		
Geruchlose Kamille (Chamomilla inodora)	+	+		

Den Inhalt dieser Tabelle darf man wohl als den Niederschlag unseres gesamten gesicherten Wissens von der Abhängigkeit des Unkräuterwachstums von der Bodenreaktion auffassen, soweit es sich praktisch für landwirtschaftliche Zwecke verwerten läßt. Wir werden bei vorsichtiger Ausnutzung dessen, was nach den bisherigen Ausführungen sichergestellt ist, durch die Beobachtuug des Unkrautbestandes zu einer Vorstellung von dem wahrscheinlichen ungefähren Reaktionszustande eines Bodens gelangen können. Darüber hinaus werden wir aber keinen weiteren Nutzen aus ihr ziehen können, besonders wird auch die genaueste Beobachtung des Unkrautbestandes keinen Ersatz für die chemische Reaktionsbestimmung am Boden selbst bieten können. Wenn aber der Landwirt durch Erkennung der Veränderung im Unkräuterbestand seiner Felder auch nur daran erinnert wird, daß er im Begriffe steht, die Kalkdüngung zu vernachlässigen, oder wenn ihm das Auftreten der für den sauren Boden charakteristischen Unkrautpflanzen gar sagt, daß er den Kalkzustand seines Bodens schon sehr vernachlässigt hat, so hätte sich die Mühe, die auf die Verbreitung der Kenntnis der Unkrautpflanzen verwendet werden muß, schon reichlich gelohnt. Der einsichtige Landwirt wird es dann nicht versäumen, sich durch eine genaue Untersuchung volle Klarheit über den Reaktionszustand seines Bodens zu verschaffen, und er wird dann auch die Mittel anwenden, die ihm zur Verbesserung seines Bodens von den Untersuchungsstellen angeraten werden.

b) Die Bedeutung der Bodenreaktion für die Kulturpflanzen.

Daß die Reaktion des Substrates, in dem sie wachsen, auch für die Kulturpflanzen von einschneidender Bedeutung ist, kann als eine Tatsache bezeichnet werden, die schon seit den ernährungsphysiologischen Versuchen von Knop, Nobbe, Rautenberg und Kühn und anderen älteren Agrikulturchemikern bekannt ist. Beobachteten doch schon diese Forscher, daß Pflanzen in Nährlösungen, die Ammoniumsalze als Stickstoffquelle enthielten, durch das Sauerwerden dieser Lösungen schnell zugrunde gingen, und daß sie auch in Nährlösungen mit Salpeter als Stickstoffquelle infolge des Alkalischwerdens der Lösungen oft zu keiner normalen Entwicklung gelangten. Nur dann konnten mit Sicherheit normal entwickelte Pflanzen nach dieser Methode der Lösungskulturen gezogen werden, wenn durch eine geeignete Zugabe von Basen oder von Säuren dafür Sorge getragen wurde, daß die Nährlösungen vor dem Eintritt einer deutlich sauren oder alkalischen Reaktion bewahrt blieben. Wenn aber nun auch die erste Erkenntnis der Bedeutung der Reaktion für die Pflanzenentwicklung schon recht früh erworben wurde, so kam es doch zu genaueren Untersuchungen über die Empfindlichkeit der Kulturpflanzen gegenüber der sauren und alkalischen Reaktion erst wesentlich später. So bemühten sich im Jahre 1896 Kahlenberg und True, Heald, Maxwell und nach diesen eine ganze Anzahl anderer Forscher um eine schärfere Erfassung des Einflusses, den Säuren und Basen auf die Entwicklung der Kulturpflanzen ausübten. Die Ergebnisse dieser Untersuchungen waren aber oft voller Widerspruch gegeneinander, und das hing vor allem damit zusammen, daß sie alle unter einem gemeinsamen Mangel litten, nämlich dem, daß sie ohne Berücksichtigung der Lehre von der elektrolytischen Dissoziation ausgeführt worden waren. Es wurden immer bei den Versuchen nur Lösungen von bestimmter Normalität oder Molarität in ihren Wirkungen auf die Pflanzen miteinander verglichen; solche Lösungen waren dann wohl bezüglich der Gesamtmenge der in ihnen enthaltenen Säuren oder Basen vergleichbar, infolge des verschiedenen Grades der elektrolytischen Dissoziation war aber die Menge derjenigen Bestandteile, auf die es gerade besonders ankam, nämlich die Menge der

H- und OH-Ionen, vollständig voneinander verschieden, in diesem Hauptpunkte waren also die verwendeten Säure- und Baselösungen ganz unvergleichbar.

Trotz des Fehlens genauer Messungen der Reaktion sind diese älteren Untersuchungen aber nicht wertlos; denn aus den angewandten Konzentrationen der Säuren und Basen lassen sich ja unter Berücksichtigung der Dissoziationskonstanten der gelösten Stoffe die Konzentrationen an wirksamen Ionen berechnen. So fand z. B. MAXWELL[1] bei seinen Versuchen über die Wirkung von Säuren auf die Pflanzen, daß eine Zitronensäurelösung mit einem Gehalt von $^1/_{50}\%$ schon von den meisten Pflanzen nicht ohne wesentliche Schädigung ertragen wurde. Einer Zitronensäurelösung von der angegebenen Konzentration kommt aber eine Wasserstoffzahl von $5 \cdot 10^{-4}$, entsprechend einem p_H-Wert von 3,30, zu. Dann stellte STIEHR[2], der allerdings nur den Einfluß von Säuren auf die Wurzelhaare der Pflanzen untersuchte, fest, daß in den Lösungen von starken anorganischen Säuren, die einen Gehalt von $0,075\text{—}0,150\%_{00}$ besaßen, die Zellen der Wurzelhaare abgetötet wurden. Freie organische Säuren wirkten deutlich schwächer, hier waren Konzentrationen von $0,2\text{—}0,4\%_{00}$ zur Tötung der Zellen erforderlich. Eine direkte Proportionalität zwischen der Wirkung der Säuren auf die Wurzelhaare und zwischen ihrem Dissoziationsgrade und damit ihrer Wasserstoffionenkonzentration konnte STIEHR zwar bei seinen Versuchen nicht nachweisen, dennoch geht klar aus der gefundenen tödlichen Säurekonzentration hervor, daß die Hauptwirkung der Säuren von ihrem Gehalte an Wasserstoffionen ausgeht. Nebenbei mögen allerdings auch wohl noch die Anionen der Säuren nicht ganz ohne Einfluß gewesen sein.

Von später ausgeführten Untersuchungen über den Einfluß von Säuren auf das Wachstum der höheren Pflanzen seien dann zunächst die Wasserkulturversuche von HARTWELL und PEMBER[3] genannt. Bei diesen Versuchen ergab sich, daß die Ernte im Mittel einer größeren Anzahl von Versuchen mit verschiedenen Pflanzenarten in folgendem Verhältnis zu den Säuregehalten der Nährlösungen abnahm:

$$0 : \frac{n}{5000} : \frac{n}{2500} : \frac{n}{1667} : \frac{n}{1250} = 100 : 93 : 81 : 64 : 37 \, .$$

Säuregehalt   Pflanzenerträge

Für die angegebenen Säuregehalte der Lösungen lassen sich aber unter der Annahme, daß es sich um starke, also in verdünnter Lösung ziemlich vollständig dissoziierte Säuren handelt, die folgenden Wasserstoff- bzw. Reaktionszahlen berechnen:

		$\frac{n}{5000}$	$\frac{n}{2500}$	$\frac{n}{1667}$	$\frac{n}{1250}$
Säuregehalt	0	5000	2500	1667	1250
Wasserstoffzahl	$1 \cdot 10^{-7}$	$2 \cdot 10^{-4}$	$4 \cdot 10^{-4}$	$6 \cdot 10^{-4}$	$8 \cdot 10^{-4}$
Reaktionszahl	7,0	3,70	3,40	3,22	3,10

Man muß nach diesen Versuchen also bereits eine Reaktionszahl von $p_H = 3,70$ als deutlich schädigend bezeichnen.

Zu einem ganz hiermit übereinstimmenden Ergebnis kamen dann durch Vegetationsversuche in Töpfen, bei denen Timotheegras als Versuchspflanze diente, CROWTHER und RUSTON[4]. Wurde nämlich bei diesen Versuchen zur Bewässerung dauernd ein Wasser benutzt, das in 100 000 Teilen 1 Teil Schwefelsäure enthielt, so gingen die Pflanzen zugrunde. Eine Schwefelsäurelösung, wie die

---

[1] MAXWELL, W.: Landw. Versuchsstat. **51**, 325—330.

[2] STIEHR, G.: Dissert., Kiel 1903.

[3] HARTWELL, B. L., u. F. R. PEMBER: Rep. agricult. exper. Stat. Kingelin **1907**, 355—380; Zbl. Agrikulturchem. **1909**, 737.

[4] CROWTHER, Ch., u. A. G. RUSTON: J. agricult. Sci. **1911** 4, 25—65.

hier benutzte, hat nun eine Wasserstoffzahl von ungefähr $2 \cdot 10^{-4}$ ($p_H = 3{,}70$), eine Zahl, die mit der aus den Versuchen von HARTWELL und PEMBER ermittelten recht gut übereinstimmt, so daß wir sicher aus diesen Versuchen bereits den Schluß ziehen dürfen, daß von den meisten Pflanzen eine Wasserstoffionenkonzentration von $2 \cdot 10^{-4}$ nicht mehr ohne Schaden vertragen wird.

Wenn nun auch schon aus solchen älteren Versuchen sich gewisse Anhaltspunkte für die Beurteilung der Säureempfindlichkeit der Pflanzen herleiten lassen, so genügen sie doch noch nicht, um unsere Frage nach der Bedeutung der Wasserstoffionen für die Pflanzen klar und zuverlässig zu beantworten. Leider liegt aber in der neueren Literatur noch nicht allzuviel Material vor, aus dem sichere Schlußfolgerungen gezogen werden könnten. Entweder sind die Untersuchungen nur auf bestimmte Entwicklungsstadien der Pflanzen beschränkt, wie auf Keimungsversuche oder Versuche mit jungen Keimpflanzen, oder es sind bei längeren Versuchen die Veränderungen, die die Pflanzen selbst in den Nährlösungen hervorzubringen vermögen, unberücksichtigt geblieben, und daher die Versuchsergebnisse unsicher. Als wissenschaftlich einwandfreie Untersuchungen können auf diesem Gebiete nur die angesprochen werden, bei denen Gewißheit dafür vorhanden war, daß die Wasserstoffzahlen, unter denen der Versuch begonnen wurde, auch während der ganzen Wachstumsdauer der Pflanzen unverändert aufrechterhalten blieben. Man kann, um dieses Konstantbleiben der Reaktion zu erreichen, nun einmal so verfahren, daß man die Nährlösungen, in denen man die Pflanzen zieht, sehr oft wechselt und dadurch der Veränderung vorbeugt, oder daß man die Methode der *strömenden* Lösungskultur anwendet. Diese letzte Methode ist wohl von OLSEN zuerst in Anwendung gebracht. OLSEN verfuhr dabei so, daß er die Kulturgefäße mit großen Vorratsgefäßen für die verschiedenen Nährlösungen derart in Verbindung setzte, daß ein dauerndes Durchströmen der Kulturgefäße stattfand, so daß innerhalb 24 Stunden eine dreimalige Erneuerung der Kulturflüssigkeit vor sich ging. ARRHENIUS hat dieselbe Methode auch auf Kulturen in Quarzsand ausgedehnt, indem er den Quarzsand ständig mit den Nährlösungen von bestimmter Reaktion durchsickerte.

Außer durch Benutzung dieser für rein wissenschaftliche Untersuchungen wohl am ersten in Betracht kommenden Versuchsanstellungen kann man der Frage der Reaktionsempfindlichkeit der Pflanzen natürlich auch noch auf anderen Wegen beikommen, wenn es sich um die Erlangung zwar weniger exakter, aber dafür zumeist praktisch brauchbarer Ergebnisse handelt. So kann man von alkalischen Böden ausgehen und durch Zusatz von Säuren sich Böden mit verschiedenen Reaktionen herstellen, man kann aber auch umgekehrt verfahren und sich durch Zusatz von Basen zu einem sauren Boden eine Bodenserie mit verschiedener Reaktion verschaffen. Man kann natürlich auch die zu prüfende Pflanze in natürlichen Böden von verschiedenen Aziditätsgraden wachsen lassen. Der wissenschaftliche Wert solcher Versuchsreihen wird jedoch recht verschieden sein. Am wenigstens zuverlässige Ergebnisse muß die letzte Art der Versuchsanstellung liefern, denn, wie wir gehört haben, auf verschieden stark sauren natürlichen Böden bestimmt die Reaktion keineswegs allein das Wachstum der Pflanzen, vielmehr gibt es eine ganze Anzahl von Faktoren, die neben der Reaktion auf natürlichen Böden mitbestimmend in das Wachstum der Pflanzen eingreifen, und diese Faktoren wechseln auf verschiedenen Böden. Man darf infolgedessen das Wachstum einer Pflanzenart auf natürlichen Böden mit verschiedener Azidität nicht als ausschließliches Zeichen für den Einfluß der Wasserstoff- oder Hydroxylionen ansprechen. Für die von uns hier besonders im Auge zu behaltenden landwirtschaftlichen Verhältnisse wird diejenige Versuchsanstellung allen anderen vorzuziehen sein, bei der man von einem natürlichen sauren Boden ausgeht und diesem durch das praktisch allein in Frage kommende Neutralisationsmittel, nämlich durch Kalk, eine Stufenfolge verschiedener Reaktionen verleiht. Bei Anwendung dieses Verfahrens bringt man die auf ihre Reaktionsansprüche zu prüfenden Pflanzen dann unter genau die Bedingungen, denen sie auch bei der landwirtschaftlichen Kultur unterstehen. Die Ergebnisse bei dieser Art der Versuchsanstellung werden deshalb praktisch vom agrikulturchemischen Gesichtspunkte aus die zuverlässigsten sein müssen. Schon mit geringerer Sicherheit läßt sich das von der Methode annehmen, bei der man von einem alkalischen Boden ausgeht und diesem durch abgestufte Säurezusätze eine Reihe von verschiedenen Reaktionsgraden erteilt. Verhältnismäßig brauchbare Ergebnisse können solche Versuche zwar noch liefern, wenn die Reaktionsprodukte zwischen der zugesetzten Säure und dem Boden vor der Bepflanzung wieder aus dem Boden durch gründliches Auswaschen entfernt sind. Ist das aber nicht geschehen, bleiben die Reaktionsprodukte, durch die die Bodenlösung an sonst nicht oder nur in Spuren in ihr enthaltenen Bestandteilen — wie Ca-, Mg-, Al- und Fe-Salze — angereichert wird, in dem Boden zurück, so kann man die Änderung des Pflanzenwuchses auf solchen künstlich präparierten Böden nicht mehr mit Sicherheit als Folge der Reaktion des Bodens ansprechen.

Was haben uns nun die nach der einen oder anderen dieser Methoden durchgeführten Versuche Wissenswertes gebracht? Nur die wichtigsten der einschlägigen Untersuchungen können hier natürlich ausgewertet werden, und das sind die von OLSEN, BRYAN und von ARRHENIUS ausgeführten. Sie haben vor anderen auch den Vorzug, daß sie sich über eine längere Versuchszeit, zum Teil über eine ganze Vegetationsperiode, erstrecken. Bei einzelnen Pflanzen werden wir auch aus unseren eigenen Versuchen heraus die Angaben der genannten Autoren ergänzen können. Vor diesen hat allerdings schon, wenn wir den Literaturangaben folgen, die W. MEVIUS in seinem Buche ,,Reaktion des Bodens und Pflanzenwachstum" geliefert hat, J. S. JOFFÉ[1] in künstlich angesäuerten Böden die Abhängigkeit des Wachstums der Luzerne von der Bodenreaktion untersucht, und zwar innerhalb eines p_H-Bereiches von 3,0 bis 7,1. Bei diesen Versuchen von JOFFÉ kam bei einem p_H von 3,8 die Luzerne noch eben zum Wachstum, mit steigendem p_H-Wert nahm das Wachstum zu und erreichte bei 6,5 bis 7,1 das Optimum.

Aus Untersuchungen von BRYAN unter Verwendung von Sandkulturen ergab sich aber, daß auch noch über den p_H-Wert 7 hinaus bis p_H 8 eine Begünstigung des Wachstums der Luzerne erkennbar war. Beim p_H-Wert 9, der praktisch schon keine Bedeutung mehr besitzt, weil er unter normalen Verhältnissen unseres humiden Klimas weder in der Natur noch in der landwirtschaftlichen Praxis auftreten kann, war aber wieder eine starke Depression des Wachstums der Luzerne zu beobachten, wie aus dem folgenden Bilde 16 von BRYAN hervorgeht, das Pflanzenproben von seinen Sandkulturen — nicht die Kulturen selbst — darstellt.

Von weiteren Arbeiten, die zur Charakterisierung der Empfindlichkeit der Pflanzen gegenüber der Konzentration an Wasserstoffionen ausgeführt wurden, wären zunächst noch Versuche von BRYAN[2] mit Kleearten, Trifolium hybridum und Trifolium pratense, zu nennen, aus denen hervorgeht, daß die erste Kleeart in vollkommener Übereinstimmung mit der Luzerne ihr Wachstumsoptimum bei p_H 8 aufwies und schon bei p_H 9 deutlichen Schaden erlitt, während bei der zweiten Kleeart nach dem von BRYAN seiner Veröffentlichung beigegebenen Bilde schwer zu entscheiden ist, ob das bessere Wachstum bei p_H 6, 7 oder 8 liegt. BRYAN

---

[1] JOFFÉ, J. S.: Soil Sci. 10, 301.   [2] BRYAN, O. C.: Soil Sci. 15, 23.

selbst bezeichnet bei allen p_H-Werten das Wachstum als gut. Ohne daß Wägungen der geernteten Trockensubstanzmassen vorliegen, läßt sich meist eine sichere Entscheidung über die günstigste Reaktionsart nicht fällen, und unter diesem Mangel der Durchführung leiden viele sonst wertvolle Untersuchungen über unseren Gegenstand.

Bei Versuchen mit Hafer und Weizen sind von BRYAN aber auch diese wichtigen Daten wenigstens für vier Pflanzen angegeben; die Resultate dieses Versuches seien daher vollständig hier aufgeführt:

Trockensubstanzernten in g:

p_H -Werte	3,3	3,9	5,0	6,0	6,9	7,8	8,8	9,6
Hafer	2,4	4,4	8,8	10,7	10,0	5,3	4,3	1,4
Weizen	2,8	2,8	6,5	9,5	9,4	5,1	3,8	0,9

Man sieht, wie der Hafer in voller Übereinstimmung mit seiner bekannten, viel größeren Verträglichkeit gegenüber der Bodenversauerung mit abnehmender

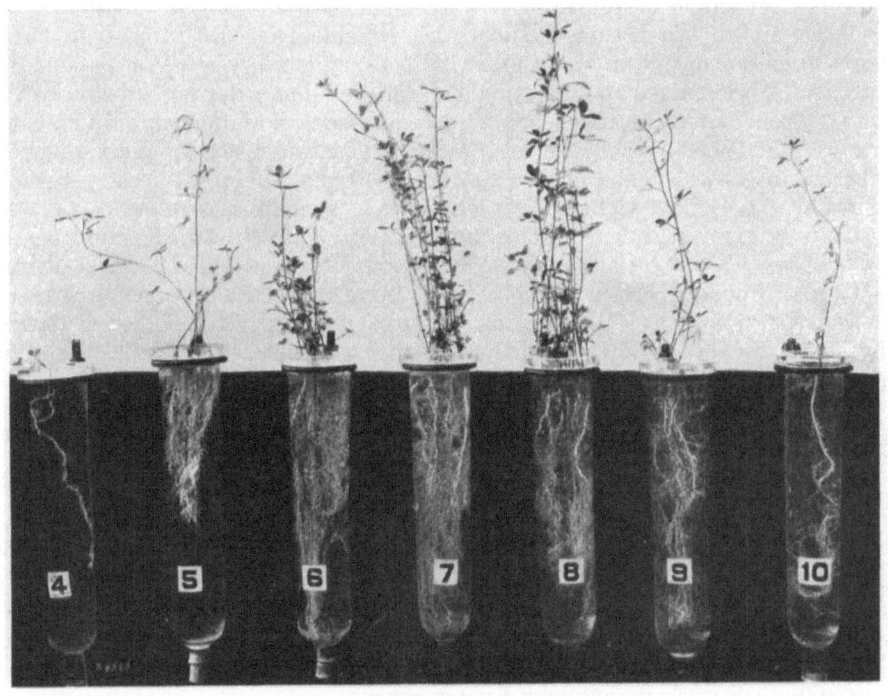

Abb. 16.

Azidität einen deutlich schnelleren Ertragszuwachs erfährt als der empfindlichere Weizen. Bei p_H 6—7 würde nun für beide Pflanzen nach diesem Versuche von BRYAN das Optimum des Wachstums liegen, was aber weder mit der landwirtschaftlichen Erfahrung noch mit den Ergebnissen von Vegetations- und Feldversuchen in Übereinstimmung zu bringen ist, wie wir noch sehen werden. Auch der katastrophale Absturz des Wachstums bei einem p_H-Wert von 7,8 stimmt mit dem Verhalten der Pflanzen beim Anbau in der landwirtschaftlichen Praxis ganz und gar nicht überein; der Hafer kann beim Anbau auf Böden mit einem p_H-Wert von 7,8 noch gute Ernten liefern, ohne eine Spur von Schädigung aufzuweisen, und für den Weizen gehören Böden mit dem angegebenen p_H-Wert zu den besten, die es für ihn überhaupt gibt. Die Zahlen von BRYAN zeigen, wenn man das bedenkt, nichts anderes als die Tatsache, daß eine Abhängigkeit des Wachstums von Hafer und Weizen von der Reaktion existiert, daß aber diese Abhängigkeit richtig, d. h. in einer Weise erfaßt wäre, die sich in Übereinstimmung mit den Verhältnissen beim landwirtschaftlichen Anbau dieser Pflanzen befindet, kann man nicht behaupten. Hierauf kommt es uns aber bei einer Betrachtung der Frage der Bodenversauerung vom agrikulturchemisch-landwirtschaftlichen Gesichtspunkte in ganz besonderem Maße an. Daß gerade nach dieser so wichtigen Richtung hin so wenig Anschluß an die praktischen Erfahrungen besteht, hängt sicherlich mit der Art der Versuchsanstellung zusammen. BRYAN arbeitete mit Sandkulturen, die mit den auf bestimmte Reaktionen eingestellten Lösungen durchtränkt wurden, also mit einem Substrat, das sich von dem natürlichen Boden in vielen für die vorliegende Frage in Betracht kommenden Punkten unterscheidet, von dem man daher auch abweichende Versuchsergebnisse erwarten muß. Auf diese Möglichkeit, daß die Verschiedenartigkeit der Versuchsdurchführung die Versuchsergebnisse sehr stark beeinflussen kann, weist übrigens auch W. MEVIUS bei seiner Besprechung der Untersuchungsergebnisse von OLSEN hin.

OLSEN stellte Wachstumsversuche bei verschiedenen Reaktionen in natürlichen sauren Böden und in strömenden, also bezüglich ihres p_H-Wertes konstant gehaltenen Nährlösungen an und kam dabei für dieselben Pflanzen, die von BRYAN geprüft wurden, zu recht abweichenden Ergebnissen. So fand sich bei Versuchen mit sauren Böden als Wachstumsoptimum für Tussilago der p_H-Wert 7,6, beim Wachstum in Nährlösungen aber schon der Wert 6,5. Beim p_H-Wert 7,5 war in diesem Fall das Grüngewicht auf 2,1 g gesunken, gegenüber 35 g bei p_H 6,5. Bei Aira flexuosa lag im Boden das Optimum bei $p_H = 5,2$, in Nährlösung aber bei $p_H = 4,5$; bei $p_H = 7,6$ im Boden war noch ein Grüngewicht bei dieser Pflanze von 8,3 g zu finden, in Nährlösung war bei p_H 7,5 diese Pflanze schon tot. Ein noch charakteristischeres Beispiel, das MEVIUS nicht nennt, sei hier weiter angefügt, weil es eine landwirtschaftliche Kulturpflanze betrifft, die zweizeilige Gerste:

Grüngewicht in Nährlösung.

p_H	3,5	4,5	5,5	6,5	7,5	8,0
Gewicht einer Pflanze in g	3,0	45,0	86,0	88,0	10,0	4,0

Relatives Trockengewicht in Humusboden.

p_H	4,06	5,22	6,25	7,16	7,63
Relatives Trockengewicht	46,9	75,9	93,1	94,0	100,0

Während im Boden sich das beste Wachstum bei p_H 7,63 einstellte, lag es in Nährlösungen bei 6,5, bei 7,5 war schon ein gewaltiger Absturz des Wachstums erfolgt, und bei p_H 8,0 war keine nennenswerte Entwicklung mehr zu verzeichnen, während man bei diesem p_H-Wert unter praktischen Verhältnissen der Pflanzenkultur sicherlich noch vorzügliche Ernten erzeugt.

Schon MEVIUS hat sich die Frage gestellt, worauf diese Unstimmigkeiten zurückzuführen seien, und er vermutet, daß bei OLSENs Untersuchungen in Lösungen mit höherer Wasserstoffionenkonzentration eine Beeinflussung der Versuchsergebnisse durch den Mangel an Eisen stattgefunden habe. Diese Erklärung ist sehr einleuchtend, vielleicht gilt sie auch für den bei BRYANs Versuchen in Sandkulturen oberhalb des Neutralpunktes so plötzlich einsetzenden stärkeren Ernteabfall bei Hafer und Weizen. Sind solche Einflüsse des Eisens oder auch anderer Bestandteile der Nährlösungen aber möglich, so können uns besonders für das neutrale bis alkalische Reaktionsgebiet die mit Nährlösungen durchgeführten

Versuche keine zuverlässigen Anhaltspunkte für die Reaktionsempfindlichkeit der Pflanzen liefern. Schlußfolgerungen von praktischer landwirtschaftlicher Bedeutung können jedenfalls aus den Ergebnissen der Lösungskulturversuche nicht abgeleitet werden. Es scheint daher auch zwecklos, an dieser Stelle weiter auf die Ergebnisse solcher Versuche einzugehen, diejenigen dagegen, die bisher mit Boden ausgeführt wurden, bedürfen noch einer eingehenderen Besprechung.

Unter diesen Versuchen mit sauren Böden von verschiedener p_H-Zahl können wir allerdings auch die übergehen, die — wie eine Reihe von OLSEN ausgeführter Versuche — mit Böden von unbekannten, sicherlich aber untereinander recht abweichenden physikalischen und chemischen Eigenschaften, ausgeführt wurden. Das unterschiedliche Wachstum der Pflanzen auf so verschiedenen Bodenarten kann man, wie oben schon gesagt, nicht eindeutig als Folge der Wasserstoffzahlen auffassen. Mit demselben Boden, also unter Gleichstellung der physikalischen und chemischen Wachstumsfaktoren, kann man aber nur Versuche so durchführen, daß man die Reaktion durch geeignete Zusätze von Säuren oder Basen künstlich ändert. In dieser Weise sind besonders in den Jahren 1923 und 1924 von O. ARRHENIUS[1] zahlreiche Kulturversuche durchgeführt worden. Er benutzte dabei einen humusreichen, relativ kalkarmen Lehm. Für diesen Boden wurde die Titrationskurve bestimmt und daraus die Menge von Base und Säure berechnet, die in den verschiedenen Fällen zugesetzt werden sollte. Die zur Ansäuerung benutzte Säure war Schwefelsäure; andere Säuren, organische Säuren, auch Salz- oder Salpetersäure, wurden von ARRHENIUS mit Recht aus selbstverständlichen Gründen zu diesem Zweck verworfen. Von den Alkalisierungsmitteln kam für O. ARRHENIUS nur das NaOH in Betracht, weil die übrigen sich nach seiner Meinung durch ihre Nährwirkung (KOH, NH_4OH, $Ca(OH)_2$) unmöglich machen. Der Kalk als Neutralisierungsmittel wird von ARRHENIUS aber im besonderen auch seiner Nebenwirkungen wegen, die den Erfolg der durch ihn bewirkten Beseitigung der H-Ionen verschleiern können, abgelehnt. Die so behandelten und gut durchmischten, gegebenenfalls in ihren p_H-Werten noch durch nachträglichen Säure- oder Basezusatz korrigierten Böden kamen nun in Topfversuchen zur Anwendung. Für zwei Kulturpflanzen, den Goldregenhafer und die Goldgerste, seien die Ergebnisse der Versuche hier wiedergegeben:

Relative Erträge bei verschiedenen Reaktionen.

p_H	4,0	4,2	4,5	4,8	4,9	5,4	5,7	6,6	7,2	7,7	8,0	8,4	9,0	9,4	9,5
Goldregenhafer 1923 Korn	—	29	72	—	95	—	100	—	78	—	100	—	78	—	80
Goldregenhafer 1923 Mittlerer Fehler	—	4	11	—	5	—	9	—	4	—	9	—	10	—	15
Goldregenhafer 1923 Stroh	—	52	72	—	81	—	84	—	70	—	84	—	93	—	83
Goldregenhafer 1924 Korn	31	—	—	70	—	80	—	45	—	86	—	100	—	1	—
Goldregenhafer 1924 Mittlerer Fehler	2	—	—	2	—	3	—	2	—	2	—	1	—	0,2	—
Goldregenhafer 1924 Stroh	47	—	—	77	—	76	—	77	—	98	—	100	—	18	—

p_H	3,8	4,2	—	—	4,9	—	6,0	—	7,4	—	8,0	—	8,6	—	9,5
Goldgerste 1923 Korn	0	0	—	—	17	—	49	—	100	—	60	—	82	—	28
Goldgerste 1923 Mittlerer Fehler	—	—	—	—	2	—	3	—	7	—	4	—	4	—	6
Goldgerste 1923 Stroh	0	0	—	—	32	—	64	—	100	—	55	—	79	—	41

Verfolgt man bei diesen und den zahlreichen übrigen von ARRHENIUS ausgeführten Vegetationsversuchen die Veränderungen des Wachstums im Vergleich zu den p_H-Werten, so erkennt man, daß ganz offenbar die Reaktionsansprüche der landwirtschaftlichen Kulturpflanzen sehr verschieden sind. Bei

---

[1] ARRHENIUS, O.: Kalkfrage, Bodenreaktion und Pflanzenwachstum. Leipzig 1926.

vielen der geprüften Pflanzen stoßen wir aber auch auf die auffällige Erscheinung, daß sie zwei verschiedene Optima für ihr Wachstum besitzen. Die Wachstumskurven dieser Pflanzen, die man nach den Zahlen von ARRHENIUS aufzeichnen kann, sind infolgedessen zweigipflig, wie die beiden folgenden Kurvenbilder in Abb. 17 für die Kornerträge des Goldregenhafers und der Goldgerste besonders deutlich erkennen lassen.

Charakteristisch für das eine Wachstumsmaximum ist die Tatsache, daß es sich bei allen Pflanzen bei einer sehr hohen Reaktionszahl findet, wie die folgende Zusammenstellung nach MEVIUS belegt:

Pflanze	I. Maximum bei p_H	II. Maximum	Pflanze	I. Maximum bei p_H	II. Maximum
Dalahafer	5,4—5,7	8,4—9,0	Bangholenkohlrübe . .	6,1—6,3	8,5—8,8
Goldregenhafer . . .	5,4—5,7	8,0—8,4	Rotklee	ca. 6,0	8,0
Klockhafer	4,9—5,4	8,4—9,0	Zuckerrübe	ca. 6,0	8,3—9,0
Gelbgerste	7,2	8,5	Erbse	6,5	8,5—9,0
Bortfelder Wasserrübe	5,3	9,0			

Auch die Kartoffel zeigt nach ARRHENIUS den Ansatz zu einer zweigipfligen Wachstumskurve; sie hat ein Optimum bei niedrigem p_H — 5 bis 6 —, zeigt darauf einen geradezu katastrophalen Abfall im p_H-Intervall von 6 bis 7, um dann mit ihren Erträgen von p_H 7 bis 9 wieder sehr stark in die Höhe zu gehen. Eingipflige Wachstumskurven lieferten nur der Fyrishafer, 8,4 bis 9,0 p_H, Rubin-Sommerweizen, 6,5 bis 7,2, und ägyptischer Klee (8,5).

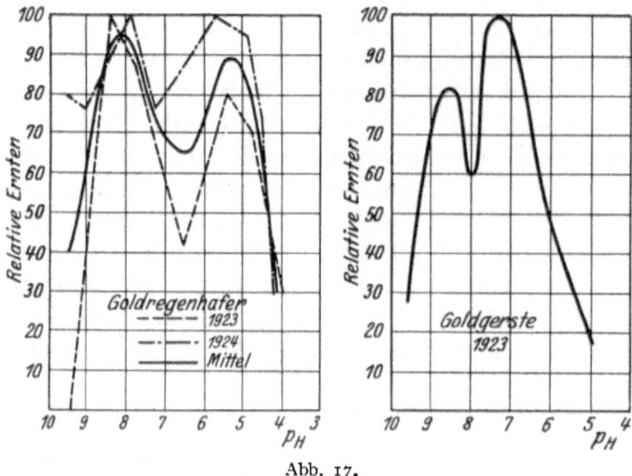

Abb. 17.

Die Zweigipfligkeit der Kurven ist von ARRHENIUS auch schon bei früheren Versuchen gefunden worden (1922), bei kurzfristigen Versuchen hat sie auch HIXON festgestellt für Hafer, Mais und Weizen. Den Befunden von ARRHENIUS ist aber auch widersprochen worden, so wendet sich OLSEN auf Grund einer Reihe von Versuchen gegen die Existenz der Zweigipfligkeit der Kurven. Seine sehr exakt durchgeführten Versuche mögen ebenfalls hier etwas näher dargelegt werden.

OLSEN stellte sich bei der Durchführung der hier zu erörternden Versuche auf den Standpunkt, den wir bei unserer Betrachtungsart nur billigen können, daß der Versuchsboden in einer Weise für die Versuche vorzubereiten sei, die sich nicht allzusehr von der praktisch üblichen Behandlung unterscheidet. Er hielt es daher für richtiger, nicht, wie ARRHENIUS, zur Einstellung der verschiedenen Reaktionszahlen Schwefelsäure und Natronlauge zu benutzen, sondern Kalziumkarbonat, und versetzte also einen leichten Sandboden, der von Haus aus stark sauer war ($p_H = 4{,}0$ im Wasserextrakt), mit steigenden Mengen von Kalk. Der in einer Menge von 4 kg in Gefäße eingefüllte Boden erhielt weiter eine Düngung, die in 0,5 g KNO_3 und 0,5 g KH_2PO_4 bestand und in Wasser gelöst gegeben wurde. Später wurde noch einmal 0,5 g KH_2PO_4 hinzugefügt, bei ausdauernden Pflanzen wurde aber auch im Verlaufe des Versuches dreimal mit einer Nährlösung gegossen, die 0,5 g KNO_3, 0,25 g $CaSO_4 \cdot 2\,H_2O$, 0,25 g KH_2PO_4, 0,25 g $MgSO \cdot 7H_2O$ und 0,05 g NaCl enthielt. Beim Anbau der Luzerne wurde allerdings bei dem zweiten und dritten Nährstoffzusatz der Salpeter weggelassen. Im übrigen wurden die üblichen Versuchsbedingungen für die sachgemäße Durchführung von Vegetationsversuchen eingehalten. Der Prüfung wurden folgende Pflanzen unterworfen: Luzerne, Medicago lupulina, zweizeilige Gerste, Roggen und Buchweizen. Die in den folgenden Tabellen zusammengestellten Trockensubstanzernten sind Mittelwerte aus drei durchweg gut untereinander übereinstimmenden Einzelermittlungen; die p_H-Werte sind Mittel aus den vor und nach den Ernten ausgeführten Bestimmungen, die meist nur wenig voneinander abweichen:

Versuchspflanze: *Luzerne.*

p_H-Werte	4,20	5,20	6,25	6,65	7,10	7,65	8,35
Trockensubstanzernten in g	1,62	3,48	5,97	6,74	6,42	6,04	4,47
Relatives Gewicht der Trockenernte	24,00	51,60	88,60	100,00	95,20	89,60	66,30

Versuchspflanze: *Medicago lupulina.*

p_H-Werte	3,97	5,07	—	6,88	—	7,46	—
Trockensubstanzernten in g . . .	5,57	26,00	—	41,70	—	37,00	—
Relatives Gewicht der Trockenernte	13,40	62,40	—	100,00	—	88,70	—

Versuchspflanze: *Zweizeilige Gerste.*

p_H-Werte	3,95	5,05	6,10	—	7,10	7,78	—
Trockensubstanzernten in g	3,75	6,07	7,45	—	7,52	8,00	—
Relatives Gewicht der Trockenernte	46,90	75,90	93,10	—	94,00	100,00	—

Versuchspflanze: *Roggen.*

p_H-Werte	4,66	5,22	6,25	—	7,16	7,63	—
Trockensubstanzernten in g . . .	14,70	16,20	17,80	—	16,10	15,90	—
Relatives Gewicht der Trockenernte	82,60	91,00	100,00	—	90,90	89,30	—

Versuchspflanze: *Buchweizen.*

p_H-Werte	3,95	5,00	6,15	—	7,08	7,79	—
Trockensubstanzernten in g . . .	4,73	5,12	5,27	—	5,32	4,52	—
Relatives Gewicht der Trockenernte	88,90	96,20	99,10	—	100,00	85,00	—

Aus diesen Versuchsergebnissen OLSENs ist zu entnehmen, daß die fünf untersuchten Pflanzen der Wasserstoffionenkonzentration des Bodens gegenüber sehr verschieden eingestellt sind. Das Wachstumsoptimum liegt für Luzerne und Medicago lupulina allerdings ziemlich in gleicher Höhe bei 6,65 bzw. 6,88, bei weiter steigenden p_H-Werten sinken die Ernten wieder. Für Gerste findet sich das Optimum noch höher als für die genannten, bekanntlich besonders kalkbedürftigen Pflanzen, nämlich bei 7,78. Der Rogen hat das Optimum seines Wachstums bereits bei 6,25 p_H, der Buchweizen bei 7,08. Aus den Daten kann man aber noch mehr ablesen, nämlich, daß von den fünf Pflanzen die Luzerne am empfindlichsten auf eine Sinken des p_H-Wertes unter den optimalen reagiert, daß Klee schon etwas weniger, die Gerste aber deutlich weniger empfindlich dagegen ist. Bei dem Roggen zeigen uns dann die Zahlen, daß er selbst unter starker Versauerung verhältnismäßig wenig leidet, und noch weniger macht die Versauerung für den Buchweizen aus.

OLSENs Versuche zeigen uns aber auch, daß die von ARRHENIUS gefundene Zweigipfligkeit der Wachstumskurven nicht in die Erscheinung tritt; für alle vier Pflanzen ergeben sich nur eingipflige Kurven. Indessen kann man bei OLSENs Versuchen den Einwand machen, daß er mit seinen Böden nicht die hohen p_H-Werte erreicht hat, bei denen nach ARRHENIUS das zweite Optimum gelegen ist. Die Auffassung von ARRHENIUS von der Existenz zweier Reaktions-optima erscheint aber doch ziemlich erschüttert, wenn man weiter hört, was H. OSVALD[1] in dem zusammenfassenden Bericht über die Ergebnisse seiner nach der von ARRHENIUS angewandten Methode angestellten Vegetationsversuche sagt. Schon früher (1923) hatte H. OSVALD in Übereinstimmung mit ARRHENIUS zwei-gipflige Wachstumskurven bei einer Reihe von Kulturpflanzen angetroffen. Auch seine neuen Versuche führten wieder zu der gleichen Feststellung, aber er beurteilt sie nun ganz anders. Er ist jetzt der Meinung, daß einige von den Resultaten, die mit der von ARRHENIUS und von ihm befolgten Methode erzielt worden sind, Versuchsfehlern zuzuschreiben seien. Diese Fehler aber erblickt er, wie OLSEN das schon getan hat, und wie es wohl jeder mit der Anstellung von Vegetations-versuchen Vertraute ohne weiteres tut, in der Vorbereitung des Bodens für den Versuch. Die Behandlung mit Schwefelsäure oder mit Natronlauge verschiebt nicht nur die Reaktion, sondern es werden dadurch gleichzeitig auch noch mehrere andere Veränderungen im Boden hervorgerufen. Die große Menge leichtlöslicher Salze, die durch jene Mittel im Boden entsteht, kann für die Versuchsergebnisse eine große Rolle spielen. OSVALD kommt schließlich zu der Feststellung, daß die meisten Pflanzen doch nur *ein* Optimum besitzen dürften.

Die von ARRHENIUS ins Rollen gebrachte Frage nach der Zweigipfligkeit der Ertragskurven mit steigender Reaktionszahl hat nun fraglos eine große praktische landwirtschaftliche Bedeutung; denn besteht die Zweigipfligkeit wirklich, so wird die Frage der Kalkdüngung der sauren Böden zu einem sehr schwierigen Problem. Die Einstellung des sauren Bodens auf die für die verschiedenen Pflanzen von ARRHENIUS gefundene zweite optimale Reaktion kommt zwar land-wirtschaftlich wegen der dazu nötigen meist ungeheuer großen Kalkmengen gar nicht in Frage, aber wie leicht wäre es möglich, daß man mit der Kalkdüngung in das zwischen den beiden Optima liegende Minimum gerät. Man könnte dann unter Umständen durch die Kalkdüngung der sauren Böden eher eine Verminderung als eine Erhöhung der Ernten erreichen. Das Gespenst dieser besonderen Art von Überkalkung würde jede tatkräftige Bekämpfung der Bodenversauerung, die doch so sehr im Interesse unserer Ernten liegt, hemmen und lähmen. Es muß daher eine zuverlässige Entscheidung angestrebt werden, und da uns bisher andere Ver-suche, die hierzu beitragen können, nicht bekannt sind, sei das aus den von uns durchgeführten Vegetationsversuchen hier angegeben, was zu einer Klarstellung dieser wichtigen Frage beitragen kann. Brauchbar können in dieser Sache natür-lich nur solche Versuche sein, bei denen die Variation der p_H-Werte sich über ein möglichst großes Gebiet der p_H-Skala erstreckt, sonst könnte der Einwand er-hoben werden, daß vielleicht die Reaktion für das zweite Optimum nicht erreicht sei. Auch Versuche mit einem engeren p_H-Intervall aber können uns noch dann recht gute Dienste leisten, wenn sie wenigstens das p_H-Gebiet umfassen, in dem nach ARRHENIUS auf das erste Optimum der Absturz der Erträge folgt. Zum Teil zeichnet sich dieser Absturz ja bei den Versuchen von ARRHENIUS durch eine geradezu katastrophale Steilheit aus, so z. B. beim Dalahafer, der vom ersten Optimum bei 5,4 auf ein Minimum bei 6,7 herabsinkt, bei dem die Ernte nur noch 42 % der optimalen ausmacht. Zumeist liegt dieses Minimum nun noch unterhalb des Neutralpunktes und wird infolgedessen auch von den meisten der folgenden Versuche noch umschlossen.

Als erster sei nun ein von KIRSTE[2] mit Senf — einer von ARRHENIUS allerdings nicht zu seinen Versuchen herangezogenen Pflanze — angestellter Versuch mitgeteilt.

---

[1] OSVALD, H.: Sveriges Allmänna Landtbrukssällskaps Schriften **1926**, Nr 29.
[2] KIRSTE, H.: Z. Pflanzenernährg u. Düngg A **5**, 129f.

Er wurde, geradeso wie die noch folgenden, unter Einhaltung aller bei exakten Vegetationsversuchen vorgeschriebenen Bedingungen ausgeführt. Hervorgehoben werden mag nur dazu noch, daß die Düngermengen in der Form der üblichen Düngemittel und in solchen Mengen gegeben waren, daß eine schädliche Wirkung

Abb. 18.

durch sie nicht hervorgebracht werden konnte. Zudem wurden die Dünger in doppelter Form, einer sauren und einer alkalisch reagierenden Kombination, wovon später noch mehr zu reden sein wird, dem Boden beigemischt. Der Boden war ein Lehmboden.

Versuch mit Senf.

Ernten an Trockensubstanz in Gramm im Mittel.

Sauer gedüngt, Ernte	2,64	4,97	7,37	10,62	12,55
p_H-Werte	4,51	4,89	5,32	5,97	6,96
Alkalisch gedüngt, Ernte . .	3,63	5,49	8,94	12,29	13,90
p_H-Werte	4,80	5,63	6,40	6,73	8,03

Abb. 19.

Außer in den Ernteergebnissen kommt das Wachstum des Senfs unter den verschiedenen Reaktionsverhältnissen auch in den beiden Abbildungen zum Ausdruck, von denen Abb. 18 die sauer gedüngte, Abb. 19 die alkalisch gedüngte Reihe wiedergibt.

Zwischen p_H 4,51—8,03 weisen diese Vegetationsversuche keinen Rückschlag in der Steigerung der Ernten mit steigenden p_H-Werten auf; eine Abnahme der Ernten kann erst bei so hohen p_H-Werten beim Senf erfolgen, daß sie landwirtschaftlich gar nicht in Frage kommen.

Andere Versuche, die sich über ein engeres p_H-Gebiet erstrecken, wurden von

Abb. 20.

HAASTERT[1] ausgeführt; verschiedene Kulturpflanzen wurden benutzt, die Düngung war wieder sauer und alkalisch.

Versuch mit Luzerne.
Ernten an Trockensubstanz in Gramm im Mittel.

Sauer gedüngt, Ernte	14,89	17,85	20,00	21,01	23,79
p_H-Werte	4,78	5,43	5,82	6,34	6,25
Alkalisch gedüngt, Ernte . .	16,46	18,30	20,81	22,19	24,70
p_H-Werte	4,96	5,36	5,99	6,40	6,66

Abb. 21.

Auch hier können die Zahlen der Tabelle durch Bilder vom Wachstum der Luzerne belegt werden. Abb. 20 gibt die sauer, Abb. 21 die alkalisch gedüngte Serie wieder.

Innerhalb der p_H-Werte 4,78—6,66 weist hiernach die Luzerne eine ununterbrochene Steigerung der Erträge auf, die sicherlich auch noch mit steigendem p_H-Wert weiter zunehmen würde. Bei der Prüfung im Jahre 1923 fand ARRHENIUS für die Luzerne eine zweigipflige Ertragskurve mit einem ersten Optimum bei

---

[1] HAASTERT, H.: Z. Pflanzenernährg, Düngg u. Bodenkde A **9**, 265 f.

ungefähr 5,5 und einem Minimum bei ungefähr 6,5; das zweite Optimum lag bei etwa 7,9, worauf ein steiler Ertragsabfall erfolgte, so daß die relative Ernte bei 8,6 nur noch 42 % ausmachte. Bei der Prüfung im zweiten Versuchsjahr 1924 war der erste Gipfel verschwunden, das Optimum lag schon

Abb. 22.

bei 7,5, und der Ertragsabfall vollzog sich gelinder, so daß bei p_H 9,0 noch etwa 71 % des Höchstertrages geerntet wurden. Eine Zweigipfligkeit existiert somit, wenn man die bisher vorliegenden Versuchsergebnisse zusammenfaßt, für die Luzerne nicht.

Versuch mit Hafer.
Ernten an Trockensubstanz in Gramm im Mittel.

Sauer gedüngt, Ernte	38,97	38,24	38,28	38,72	38,86
p_H-Werte	4,87	5,28	5,76	6,29	6,23
Alkalisch gedüngt, Ernte . .	35,81	34,44	35,43	37,16	39,22
p_H-Werte	4,94	5,66	6,17	6,58	6,55

Die Zahlen der Tabelle beweisen die sehr geringe Abhängigkeit des Hafers von der Bodenreaktion, was auch in der Abb. 22 zum Ausdruck kommt, die den Hafer in seinem Wachstum bei physiologisch-saurer Düngung in verschiedenen Reaktionsstufen zeigt.

In der sauer gedüngten Reihe ist überhaupt keine Wirkung der durch die Kalkdüngung herbeigeführten Steigerung der Reaktionszahlen zu erkennen, in der alkalisch gedüngten tritt eine kleine Erntezunahme ein. Von einem Absturz der Erträge, der nach ARRHENIUS bei dem p_H-Wert von 5,4—5,7 einsetzte, ist nichts zu merken.

Versuch mit Mais.
Ernten an Trockensubstanz in Gramm im Mittel.

Sauer gedüngt, Ernte	60,58	67,03	65,93	65,77	70,86
p_H-Werte	4,69	5,20	5,75	6,00	6,24
Alkalisch gedüngt, Ernte . .	62,73	64,95	61,63	67,70	69,01
p_H-Werte	4,85	5,36	5,74	6,16	6,70

In beiden Reihen findet sich bei p_H 5,75 bzw. 5,74 ein kleiner Rückgang in den Ernten; ihn als ein Minimum in der Ertragskurve zu deuten, dürfte aber kaum angehen. Im übrigen erweist sich der Mais deutlich als zu denjenigen Kulturpflanzen gehörig, die nur sehr wenig auf saure Reaktion reagieren. Das zeigt neben den Erntezahlen auch das Wachstumsbild 23 von der physiologisch-sauer gedüngten Reihe.

Abb. 23.

Versuch mit Serradella.
Ernten an Trockensubstanz in Gramm im Mittel.

Sauer gedüngt, Ernte	59,01	57,75	55,29	58,70	60,41
p_H-Werte	4,84	5,05	5,68	5,91	6,26
Alkalisch gedüngt, Ernte . .	64,27	63,04	61,25	64,01	58,72
p_H-Werte	4,82	5,47	6,31	6,29	6,28

Die Reaktion hat in dem vom Versuch umschlossenen Reaktionsgebiet keinen sicher erfaßbaren Einfluß auf die Höhe der Ernten bei der Serradella ausgeübt, wie auch die Abb. 24 zeigt, auf der, von links nach rechts, folgende, auch in der Tabelle sich findende Reaktionsstufen in den Töpfen vorhanden sind:

Abb. 24.

Die Serradella gehört zu den wenig gegen saure Reaktion empfindlichen Pflanzen, von bedeutender Empfindlichkeit erwies sich dagegen die folgende Kulturpflanze, die Zuckerrübe.

Versuch mit Zuckerrübe.
Gesamternte in Gramm im Mittel.

Sauer gedüngt, Ernte	64,46	83,05	80,42	86,91	100,90
p_H-Werte	4,75	4,99	5,46	5,81	6,17
Alkalisch gedüngt, Ernte . .	83,40	96,88	96,23	112,04	123,02
p_H-Werte	4,90	5,32	5,82	5,94	6,67

Von dem Wachstum der Zuckerrübe bei verschiedener Düngung und wechselnder Reaktion vermitteln auch die folgenden Abbildungen eine Vorstellung. Abb. 25 zeigt die physiologisch-sauer gedüngte Serie im Jugendstadium, während in Abb. 26 die Gefäße mit ihren Reaktionszahlen nach weiterer Entwicklung der Pflanzen zusammengestellt sind:

Abb. 25.

p_H-Werte   4,75   4,90   4,99   5,46   5,81   6,17

Abb. 26.

In beiden Reihen, mit saurer und mit alkalischer Düngung, stellen sich bei der Zuckerrübe mit steigender p_H-Zahl hohe Ertragszunahmen ein; die alkalisch gedüngte Reihe ist der sauren aber stets erheblich überlegen, was zum Teil sicher den höheren p_H-Werten, zum Teil aber auch der Stickstoffernährung mit Salpeter zuzuschreiben ist, den die Zuckerrübe bekanntlich besser als den in der sauren Düngung enthaltenen Ammoniakstickstoff verwertet. Zu der Frage des zweifachen Optimums bietet der Versuch allerdings keinen Beitrag; denn auch bei ARRHENIUS ist bis ca. 7,4—7,5 p_H noch ein normales Ansteigen der Ernten mit steigenden p_H-Werten zu vermerken, dann erst erfolgt das Abfallen der Ertragskurve zu einem Minimum, das bei p_H 7,8 liegt. Der relative Ertrag sinkt dabei von 100 auf ungefähr 73, um bei weiterer Steigerung des p_H-Wertes um nur 0,5 p_H wieder bis auf 100 hinaufzugehen. Existierte dieses Minimum in Wirklichkeit, so wäre das für die Kultur der Zuckerrübe fraglos sehr bedeutungsvoll, aber große Wahrscheinlichkeit hat die Existenz dieses Minimums nicht für sich.

Aus dem Jahre 1927 steht uns dann noch eine zur Beurteilung der vorliegenden Frage geeignete Versuchsreihe mit zwei Hafersorten zur Verfügung, bei der zu einer aus Natronsalpeter, Thomasmehl und 40 proz. Kalisalz bestehenden physiologisch-alkalischen Grunddüngung in einer doppelten feldmäßigen Durchschnittsmenge durch steigende Gaben an kohlensaurem Kalk die p_H-Werte der Böden — ein Lehmboden und ein leichter humusreicher Sandboden — abgestuft waren. Die verwendeten Hafersorten waren Weiß- und Gelbhafer. Die geernteten Trockensubstanzerträge an Körnern und an Stroh sind aus den folgenden Tabellen zu entnehmen:

Versuch mit Weißhafer (Original Svalöfs Siegeshafer) auf Lehmboden.

p_H-Werte	5,42	6,43	7,21	7,71	8,01
Körner in g	14,50	17,86	17,87	17,95	17,14
Stroh in g	18,76	19,44	23,46	22,74	23,24
Gesamternte in g	33,26	37,30	41,33	40,69	40,38

Korn- und Strohgewicht werden hier etwas verschieden durch die Steigerung der p_H-Werte beeinflußt insofern, als die Strohernten ein stärkeres Ansteigen aufweisen. Obgleich aber nun der höchste p_H-Wert — nach der Ernte gemessen — schon 8,01 betrug, ist kein wesentlicher Abfall der Ernte eingetreten; von einem Minimum zwischen p_H 6—7 ist nichts zu merken.

Versuch mit Gelbhafer (Original Svalöfs Goldregenhafer) auf Lehmboden.

p_H-Werte	5,36	6,49	7,18	7,69	8,20
Körner in g	14,74	15,86	19,79	18,15	23,73
Stroh in g	16,42	18,54	20,93	20,71	23,29
Gesamternte in g	31,16	34,40	40,72	38,86	47,06

Auch bei dieser Hafersorte zeigt sich gerade in dem p_H-Gebiet, in dem nach ARRHENIUS das Ertragsminimum für die Hafersorten liegen soll — p_H 6 bis 7 — keine Verminderung, sondern eine Erhöhung der Ernten, und zwar sowohl an Körnern als auch an Stroh. Die Höchsternte für beide wird erst bei p_H 8,20 erreicht.

Versuch mit Weißhafer auf leichtem, humosem Sand.

p_H-Werte	5,08	5,98	7,06	8,29	8,38
Körner in g	12,65	19,55	19,70	18,96	17,57
Stroh in g	15,24	26,58	27,74	27,76	25,91
Gesamternte in g	27,89	46,13	47,44	46,72	43,48

Versuch mit Gelbhafer auf leichtem, humosem Sand (vgl. auch Abb. 27).

p_H-Werte	5,04	5,89	7,06	8,32	8,44
Körner in g	13,24	18,35	18,96	17,94	19,82
Stroh in g	16,03	26,70	29,91	29,87	28,77
Gesamternte in g	29,27	45,05	48,87	47,81	48,59

Abb. 27.

Die Erträge an Körnern sind bei diesen beiden Versuchen nicht wesentlich anders als bei den Versuchen auf dem humusarmen Lehmboden, die Stroherträge sind dagegen in den gekalkten Reihen, also von p_H 5,89 ab, erheblich höher. Da

---

[1] Dieser Topf erhielt physiologisch-alkalische Düngung und ist in der Tabelle nicht aufgeführt.

alle übrigen Wachstumsbedingungen sonst gleich waren, muß diese Erscheinung wohl mit der physikalischen Beschaffenheit der Böden direkt oder indirekt in Zusammenhang stehen (Wasserkapazität). Ein Ernteminimum zwischen p_H 6 bis 7 weisen auch diese Versuche nicht auf. Von p_H 6 ab ist allerdings auch keine nennenswerte Steigerung der Ernte mehr zu erkennen, wenigstens nicht beim Weißhafer; bei p_H 8,29 setzt hier eine Abnahme der Ernte ein, was mit dem Verhalten dieser Hafersorte auf dem Lehmboden ganz im Einklang steht. Auch das Verhalten des Gelbhafers auf Sandboden stimmt mit dem Verhalten beim Versuche auf Lehmboden voll überein; das Optimum des Wachstums liegt bei der am stärksten alkalischen Reaktion von p_H 8,20 bzw. 8,44. Vor dieser Höchsternte des Gelbhafers auf Sandboden liegt allerdings ein Ertrag an Körnern von 17,94, der aber nicht als ein Minimum betrachtet werden darf, wenn man seine verhältnismäßig geringe Abweichung von den anderen Werten ins Auge faßt und an die Fehler denkt, die auch bei noch so exakt ausgeführten Vegetationsversuchen gelegentlich unterlaufen können.

Nach allen diesen Belegen zu urteilen, ist es wohl unnötig, daß wir uns wegen der doppelten Optima der Kulturpflanzen Sorge machen. Sie sind, wie es auch TRÉNEL[1] ausspricht, bisher in ausgeprägter Form allein von ARRHENIUS gefunden worden. OSVALD, der in gleicher Weise wie ARRHENIUS arbeitete und auch erst doppelte Optima fand, hält sie heute nur noch für Kunstprodukte, verursacht durch die wenig zweckmäßige Art der Versuchsanstellung. Gewiß wird man auch noch in weiteren Untersuchungen die Möglichkeit der Existenz solcher doppelter Optima bei unseren Kulturpflanzen im Auge behalten müssen; die Wahrscheinlichkeit für ihr Auftreten unter praktischen Anbauverhältnissen dürfte aber wohl nur sehr gering sein. Die Arbeit, die geleistet werden muß — nämlich die Feststellung der Reaktionsoptima für unsere Kulturpflanzen — wird unter diesen Umständen wesentlich erleichtert. Ungefähre Anhaltspunkte für diese so wichtigen Werte lassen sich zwar auch auf dem wesentlich einfacheren Weg der statistischen Ermittlung, wie wir gleich noch sehen werden, gewinnen; genauere Angaben über die Reaktionsoptima können aber wohl ausschließlich durch den agrikulturchemischen, exakt durchgeführten Vegetationsversuch erzielt werden, bei dem man, von einem sauren Boden ausgehend, die Reaktionszahlen durch Kalkzusatz zum Boden abstuft. Dabei müssen die Reaktionswerte aber so weit in das alkalische Gebiet hineinreichen, daß sich eine wirkliche Optimumkurve ergibt.

Diese Bedingungen erfüllen von allen bisher ausgeführten Versuchen in vollem Maße nur die oben angeführten Versuche von OLSEN mit Luzerne, Gerste, Medicago lupulina, Roggen und Buchweizen. Bei der Gerste ist allerdings auch hier noch kein eigentliches Wachstumsoptimum zu erkennen. Darüber hinaus sind uns keine Untersuchungen bekannt, bei denen die genannten Voraussetzungen erfüllt wären, auch bei den von uns bisher ausgeführten Untersuchungen ist die Kalkdüngung niemals so weit getrieben worden, daß deutliche Ernteverminderungen stattgefunden hätten. Immerhin mag das, was sich aus den bisherigen Vegetationsversuchen über die Reaktionsansprüche unserer Kulturpflanzen ableiten läßt, hier nun aufgeführt werden, damit, soweit dies überhaupt möglich ist, ein Vergleich dieser Werte mit den auf statistischem Wege erhaltenen gezogen werden kann.

Nach OLSEN liegt für die Luzerne das Optimum der Entwicklung bei p_H 6,65; schon bei 6,25 beträgt die relative Ernte nur noch 88,6 %, bei einem p_H-Wert von rund 4,00 sank der Ertrag auf 24,0 %, die Empfindlichkeit der Luzerne gegen Wasserstoffionen erscheint danach sehr groß. Für OLSENS optimale Reaktions-

---

[1] TRÉNEL, M.: Die wissenschaftlichen Grundlagen der Bodensäurefrage. Berlin 1927.

zahl kann nun wohl der von uns durchgeführte Vegetationsversuch als eine Stütze
insofern betrachtet werden, als bei allen unter 6,66 liegenden p_H-Werten Ernte-
rückgänge gegenüber den bei diesem Werte erzielten festzustellen war. Ob der
Abfall der Erträge nach der alkalischen Seite immer so schnell einsetzt, wie er bei
OLSENS Versuchen eintrat, scheint uns dagegen zweifelhaft. Die Luzerne gedeiht
in der Praxis am besten und sichersten auf tiefgründigen, kalkhaltigen Böden,
also sicherlich noch bei p_H-Werten, die dicht um 8 liegen. Das Reaktionsoptimum
muß daher breiter sein, als es nach OLSENS Versuchen erscheint. So fand ja auch,
wie oben erwähnt, BRYAN bei Sandkulturversuchen den Wert für das Optimum
bei p_H 7—8.

Für die Hopfenluzerne, Medicago lupulina, liegen nur OLSENS Untersuchungen
vor; bei dieser Pflanze, die im Gegensatz zur eigentlichen Luzerne, Medicago
sativa, auch noch auf leichtem Sandboden gute Erträge liefern soll, könnte das
niedrige Reaktionsoptimum von p_H 6,88 gewiß eher zutreffen als bei der kalkliebenden Luzerne; die Reaktionsempfindlichkeit der Hopfenluzerne ist aber nicht
geringer, sondern noch stärker ausgeprägt als bei der eigentlichen Luzerne.

Die Gerste wies bei OLSENS Versuch ihren höchsten Ertrag erst bei p_H 7,78
auf, und dieser Wert ist vielleicht noch nicht einmal der Höchstwert. Bekanntlich
ist die Gerste eine derjenigen Kulturpflanzen, die am stärksten durch saure
Bodenreaktion mitgenommen werden. Nach den von KIRSTE ausgeführten
Untersuchungen glauben wir aber annehmen zu sollen, daß die Gerste nicht empfindlicher dagegen ist als die Luzerne. Das ist auch ein Grund dafür, daß wir das
Optimum bei der Luzerne von OLSEN für zu niedrig angesetzt halten.

Für die nächste von OLSEN geprüfte Kulturpflanze, den Roggen, lag das Reak-
tionsoptimum bei p_H 6,25; sank die Reaktionszahl auf 5,22 oder stieg sie auf 7,16,
so war das Erntegewicht schon um rund 10 % kleiner, bei weiterer Abnahme der
Reaktionszahlen sank der Ertrag weiter, aber selbst bei p_H 4,00 betrug die relative
Ernte an Trockensubstanz noch immer 82,6 %. Nach diesen Untersuchungen von
OLSEN zu urteilen muß der Roggen, der ja auch neben der Kartoffel und dem
Hafer eine bevorzugte Kulturpflanze für die oft versauerten leichten Böden ist,
als ziemlich wenig empfindlich gegen die saure Bodenreaktion bezeichnet werden.
In Übereinstimmung damit wurden von HAASTERT bei einem Vegetationsversuch,
der allerdings mit einem Lehmboden durchgeführt wurde, die folgenden Trocken-
substanzerträge an Winterroggen erzielt:

p_H-Werte	4,07	4,34	4,84	5,32
Trockensubstanz in g	21,85 ± 0,16	21,08 ± 0,06	19,25 ± 0,32	19,70 ± 0,39

Trotz der durch Kalkzusatz bewirkten Steigerung der Reaktionszahlen von
4,07 bis auf 5,32 macht sich keine Zunahme der Ernte bemerkbar, eher eine allerdings wenig gesicherte Abnahme. Gewiß darf man annehmen, daß auch eine
weitere Steigerung der Reaktionszahlen keine Zunahme der Ernten im Gefolge
gehabt haben würde. Daß bei diesem Versuch die von OLSEN innerhalb desselben
p_H-Intervalles beobachtete Ernteerhöhung von ungefähr 12 % bei unserem Versuche nicht eintrat, hängt gewiß mit der Verschiedenartigkeit der benutzten Böden
zusammen. OLSENS Boden war ein humusreicher Lehmboden, der von uns benutzte aber ein reiner, humusarmer Lehm, und bei gleichem Versauerungsgrade
können sich solche Verschiedenheiten auch auf die Höhe der zu erzielenden
Ernten auswirken. Auf jeden Fall können wir aus dem von uns ausgeführten
Versuche den Schluß ziehen, daß die Bodenversauerung die Erträge an Roggen
nicht leicht zu beeinträchtigen vermag.

Noch weniger scheint das nach OLSENS Versuch bei der vierten von ihm geprüften Kulturpflanze, dem Buchweizen, der Fall zu sein. Das Reaktionsoptimum

lag für diese Pflanze bei $p_H = 7{,}0$. Darüber hinaus nach der alkalischen Seite erfolgte ein schneller Ertragsabfall, bis 7,75 p_H um 15 %. Nach der sauren Seite zeigte sich aber eine nur sehr langsame Abnahme der Erntegewichte mit abnehmenden Reaktionszahlen. Bei $p_H = 6{,}15$ war der Ertrag noch unverändert, bei p_H 5,00 war er nur um etwa 4 %, bei p_H 4,00 erst um 11 % vermindert. Wir haben danach im Buchweizen eine nur sehr wenig gegen die saure Bodenreaktion empfindliche Pflanze vor uns, die sogar den Roggen in dieser Hinsicht übertrifft. Das Ergebnis eines von HAASTERT ausgeführten Vegetationsversuches mit Buchweizen auf demselben Boden, der auch zu dem oben beschriebenen Versuch mit Winterroggen diente, stimmt mit diesem Befund allerdings nicht überein; es wurden dabei erhebliche Ertragssteigerungen bei steigenden Reaktionszahlen gefunden:

p_H-Werte	4,07	4,34	4,84	5,32
Trockensubstanz in g . . .	9,60 ± 0,94	9,51 ± 0,15	11,31 ± 0,63	13,14 ± 0,56
Relative Gewichte an geernteter Trockensubstanz .	68	67	85	100

Innerhalb des kleinen p_H-Intervalles von 4,07 bis 5,32 ist hier eine fast 50proz. Ertragssteigerung eingetreten. Man muß daraus auf eine größere Empfindlichkeit des Buchweizens gegenüber der sauren Reaktion schließen, als sie der Roggen besitzt, vorausgesetzt, daß nicht andere, uns unbekannt gebliebene Veränderungen des Bodens die Steigerung der Ernten herbeigeführt haben.

Für den Hafer ergibt sich dann aus unseren Versuchen, daß er innerhalb sehr weiter Grenzen von der Bodenazidität unbeeinflußte Erträge zu liefern vermag. Allerdings bestehen hier offenbar Einflüsse von Sorte und Düngung. So vermag der von uns benutzte Gelbhafer höhere alkalische Reaktion besser zu vertragen als der Weißhafer. Bei physiologisch-alkalischer Düngung lag für den Gelbhafer und Weißhafer das Optimum für die Kornerträge bei den folgenden Reaktionszahlen:

	Weißhafer	Gelbhafer
Lehmboden	6,43—8,01	7,18—8,20
Humoser Sandboden .	5,98—8,29	7,06—8,44

Die Verschiedenheit ist deutlich, und wohl mit Recht als Sorteneigentümlichkeit anzusprechen.

Daß die Art der Düngung, von der bei Versuchen für landwirtschaftliche Zwecke natürlich nicht abgesehen werden kann, die Feststellung eines Reaktionsoptimums stark beeinflussen wird, geht einmal aus dem von HAASTERT zu Hafer ausgeführten Düngungsversuch, der auf S. 237 in seinen Ergebnissen schon dargestellt ist, klar hervor. Es wurden dort bei physiologisch-saurer Düngung bei einem p_H-Wert von 4,87 bereits die gleichen Gesamterträge erzielt wie bei p_H 6,23. Genau dasselbe stellt sich beim Weiß- und beim Gelbhaferversuch auf Lehmboden heraus. Physiologisch-sauer gedüngt besaß der Lehmboden eine Reaktionszahl von 4,85, und die Ernten an Trockensubstanz betrugen im Mittel von drei Gefäßen:

	Weißhafer	Gelbhafer
Körner in g . .	18,64	19,83
Stroh in g . . .	22,72	24,51

Sicherlich wären auch bei diesen Versuchen durch Steigerung der p_H-Zahlen mit Hilfe einer Kalkdüngung ebensowenig höhere Erträge erzeugt worden wie bei dem Versuch von HAASTERT. Auf jeden Fall waren bei dieser Düngungsart die Erträge trotz Herabsetzung der Reaktionszahlen auf den Wert von 4,85 ebensogut wie bei alkalischer Düngerkombination bei der optimalen Reaktion. Dabei waren durch die physiologisch-saure Düngung allein schon sehr hohe Mehrerträge erzielt, wie die folgenden Zahlen für die ohne jede Düngung geerntete Trockensubstanz angeben:

	Weißhafer	Gelbhafer
Körner in g . .	4,34	5,44
Stroh in g . . .	6,91	6,26

Wenn die Düngung derartigen Einfluß auf das Gedeihen des Hafers — sicherlich auch anderer Kulturpflanzen — auf sauren Böden ausüben kann, so ist klar, daß es äußerst schwierig sein muß, zuverlässige, praktisch gültige Auskunft über die Reaktionsansprüche der Kulturpflanzen zu erlangen. Trotzdem muß aber diese Methode auf die übrigen Kulturpflanzen, auf die sie bisher nicht angewendet wurde, weiter ausgedehnt werden, wobei dann auch der Einfluß der Düngung auf die Reaktionsempfindlichkeit der Pflanzen näher aufgeklärt werden muß.

Der dritte Weg, der uns zur Erlangung von Angaben über die Reaktionsoptima der Kulturpflanzen zur Verfügung steht, ist dann die statistische Methode. Sie entspricht der obengenannten formationsstatistischen Methode, mit deren Hilfe die ökologische Bedeutung der Wasserstoffzahlen studiert wird, aber sie ist wesentlich einfacher als diese, denn an Stelle der nur schwierig feststellbaren Häufigkeit des Vorkommens der Pflanzen treten hier bei den landwirtschaftlichen Kulturpflanzen ihre Erträge. Man braucht also bei der Anwendung der statistischen Methode auf die landwirtschaftlichen Kulturpflanzen nur die Erträge zu ermitteln, die von verschiedenen Kulturpflanzen auf Böden mit verschiedener Reaktion geliefert werden. Die Zuverlässigkeit der Aussagen, die diese Methode bietet, wird natürlich stark von verschiedenen Faktoren beeinflußt werden. Einmal wird die Feststellung der Ernten — ob durch Schätzung oder durch wirkliche Wägung vorgenommen — großen Einfluß auf das Ergebnis gewinnen können, und weiterhin brauchen wir nur an das zu denken, was oben bei der Besprechung der Gefäßversuche über die Wirkung der Düngemittel gesagt ist, um zu erkennen, daß auch die Art der Düngung die Ergebnisse wesentlich zu verschieben imstande ist. Dennoch wird man, je zahlreicher die vorgenommenen Prüfungen werden, um so sicherer ein Reaktionsgebiet ermitteln können, in dem unsere Kulturpflanzen die besten Erträge liefern, und für praktische Verhältnisse werden diese Angaben sicherlich schon große Dienste zu leisten vermögen.

Die ersten systematischen Untersuchungen nach der statistischen Methode rühren von HILTNER[1] her. Die Ergebnisse seiner Untersuchungen sind in der folgenden Tabelle schematisch wiedergegeben. Die ausgezogene Linie bedeutet darin gutes, die punktierte Linie schlechtes Wachstum.

Unsere Kulturpflanzen in Beziehung zur Bodenreaktion.

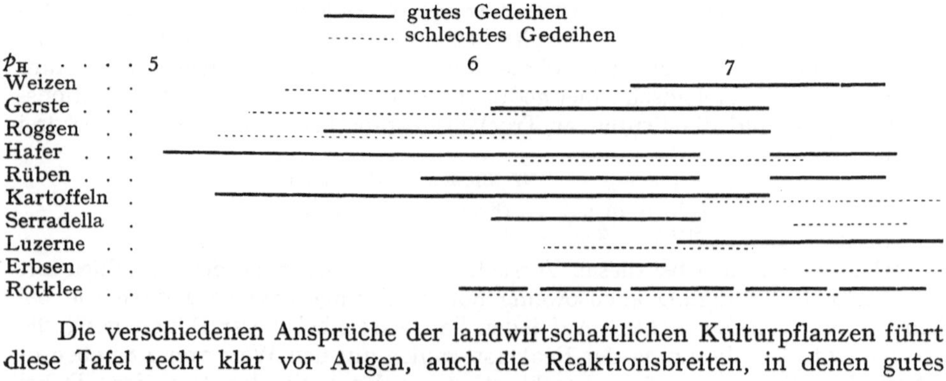

Die verschiedenen Ansprüche der landwirtschaftlichen Kulturpflanzen führt diese Tafel recht klar vor Augen, auch die Reaktionsbreiten, in denen gutes

---

[1] HILTNER, E.: Prakt. Bl. bayer. Landesanst. 1924.

Wachstum vorhanden ist, treten deutlich hervor. Das günstige Reaktionsgebiet für den Weizen liegt ungefähr zwischen den p_H-Werten 6,7 und 8, für Gerste liegt es etwas mehr nach der sauren Seite, was bei der bekannten, so besonders großen Azidätsempfindlichkeit der Gerste allerdings etwas unwahrscheinlich ist. Der Roggen wächst gut zwischen p_H 5,5 und 7,0, der Hafer zwischen p_H 5 bis 7,5, beide Kulturpflanzen besitzen sonach, was auch OLSENS und unsere Vegetationsversuche durchaus bestätigen, eine recht geringe Abhängigkeit von der Reaktion. Für die Rüben fand HILTNER das Reaktionsgebiet guten Wachstums zwischen p_H 6 und 7,5, doch dürfte die Reaktionszahl 6 zu niedrig sein. Gewiß können bei p_H 6 gute Rübenernten erzielt werden, aber sie lassen sich — wie unser oben angegebener Vegetationsversuch beweist — noch durch Erhöhung des p_H-Wertes über 6 hinaus wesentlich steigern. Man wird die optimale Reaktionsbreite erst bei p_H 6,5 beginnen lassen dürfen, nach den gleich noch näher zu besprechenden Untersuchungen von ARRHENIUS sogar erst bei p_H 7,0. Die Kartoffel erstreckt dann, etwa in demselben Ausmaße wie der Roggen, ihr Reaktionsgebiet für gutes Gedeihen weit in den sauren Teil der p_H-Skala hinein, zwischen p_H 5,3 bis 7 zeigt sie gutes Wachstum, darüber hinaus auf der alkalischen Seite wird sie aber geschädigt. Für die Luzerne fand HILTNER die Reaktion zwischen p_H 6,8 bis 8,0 als die beste, für die Erbse zwischen p_H 6 und 7, und für den Rotklee zwischen p_H 6 und 8.

Eine sehr umfangreiche Erhebung über die relativen Zuckerrübenernten in ihrer Abhängigkeit von der Bodenreaktion ist dann für schwedische Böden von O. ARRHENIUS vorgenommen worden. 70000 Bodenproben von 15000 Landwirten der verschiedenen schwedischen Distrikte wurden bei dieser Erhebung untersucht, und es ergaben sich dabei die folgenden Mittelzahlen für die relativen Ernten, die bei den verschiedenen p_H-Werten angetroffen wurden:

p_H-Werte	6,0	6,2	6,4	6,6	6,8	7,0	7,2	7,4	7,6	7,8	8,0
Mittel	78	81	86	90	93	96	97	99	97	93	—

Ihr bestes Wachstum hat nach dieser Erhebung die Zuckerrübe in dem Gebiete zwischen p_H 7 und 7,5. Solche umfangreichen Erhebungen wären sicherlich auch für unsere anderen Kulturpflanzen sehr wünschenswert.

Der Saatenstand bzw. der Ertrag einer Reihe von landwirtschaftlichen Kulturpflanzen ist dann auch in zahlreichen Beobachtungen von TRÉNEL in Beziehung zur Bodenreaktion gesetzt worden. Kartoffeln und Hafer zeigen danach ein Optimum zwischen p_H 5 und 6. Die Empfindlichkeit der Kartoffel gegenüber der Bodenversauerung ist aber geringer als die des Hafers, denn günstige Beurteilungen finden sich bei der Kartoffel bei stärker saurer Reaktion (p_H 4 bis 5) häufiger, als das beim Hafer der Fall ist. Beim Hafer ist im Gegensatz dazu die günstige Beurteilung bei p_H 6 bis 7 häufiger als bei p_H 4 bis 5. Der Winterroggen zeigt nach TRÉNEL kein ausgesprochenes Reaktionsoptimum, er verhält sich ziemlich gleichgültig gegenüber der Bodenreaktion. Diese Beurteilung stellt sich als durchaus zutreffend heraus, wenn man die Ertragszahlen für den Roggen nach OLSEN betrachtet (S. 233). Schmälere Vegetationsbreiten mit ausgesprochenen Optima zwischen p_H 6 und 7 weisen nach TRÉNELS Erhebungen Weizen, Gerste und Zuckerrüben auf. Unterhalb p_H 6 finden sich bei diesen Pflanzen häufig ungünstige Beurteilungen. Bei Gerste und Zuckerrübe sind die Vegetationsbreiten deutlich über den Neutralpunkt ins schwach alkalische Gebiet verschoben. Für Gerste liegt das Optimum zwischen p_H 7 bis 8; sie ist merklich empfindlicher gegen die saure Reaktion als der Weizen, was mit unseren Erfahrungen, nach denen die Gerste stets am empfindlichsten von den Zerealien reagierte, bestens übereinstimmt. Für Rotklee und Erbse kam TRÉNEL zu den Werten p_H 6 bis 7 als den günstigsten, für die Lupine zu dem allerdings infolge zu geringer Beobachtungsmöglichkeiten noch unsicheren Wert von p_H 4 bis 5.

Die letzten umfangreicheren Angaben über die Reaktionsoptima für die Kulturpflanzen stammen dann wieder von O. ARRHENIUS. Hierzu sind offenbar alle von ihm bisher gesammelten Erfahrungen über unseren Gegenstand zusammen verarbeitet worden, sowohl diejenigen, die er bei seinen Topfversuchen mit künstlich gesäuertem oder alkalisch gemachtem Boden gewonnen hatte, als auch diejenigen, die er auf statistischem Wege bei der Untersuchung von Bodenproben von 200 schwedischen Gütern sammeln konnte. Diese Zahlen sind in der folgenden Tabelle mit den von den anderen oben genannten Autoren angegebenen des Vergleiches wegen zusammengestellt:

Pflanze	Reaktionsbreiten in p_H für Erzielung guter Ernten				
	ARRHENIUS	HILTNER	TRÉNEL	OLSEN	OSVALD
Winterweizen	6,3 —7,6	6,8—8	6—7	—	—
Zuckerrüben	7,0 —7,5	6—8	6—7	—	—
Sommerweizen	6,6 —7,3	—	6—7	—	—
Gerste	7,0 —7,8	6—7	7—8	6,5—8,0	7—8
Luzerne	7,3 —8,1	6,8—8	7—8	6,5—7,0	über 7
Wasserrüben	5,7 —6,6	—	—	—	—
Rotklee	5,8 —6,5	6—8	6—7	—	über 7
Buchweizen	—	—	—	6,0—7,0	—
Wiesenfuchsschwanz .	5,5 —6,3	—	—	—	—
Serradella	5,4 —6,5	—	—	—	—
Erbse	5,5 —6,4	6—7	6—7	—	—
Roggen	5,0 —6,0	5—7	4—7	6,0—6,5	—
Swedes	4,9 —5,5	—	—	—	—
Kartoffeln	4,85—5,6	—	5—6	—	—
Lupinen	4,0 —6,0	—	4—5	—	—
Hafer	—	5—8	5—6	—	5—6
Fyris Hafer	7,1 —8,0	—	—	—	—
Dala Hafer	5,5 —6,0	—	—	—	—
Goldregen Hafer . . .	5,0 —6,0	—	—	—	—
Klock III Hafer . . .	4,85—5,4	—	—	—	—
Timothee	4,9 —5,5	—	—	—	—

Sicherlich gibt ein Vergleich der von den verschiedenen Autoren angegebenen Werte bei genauer Abwägung gegeneinander manche kleinere Unstimmigkeiten zu erkennen; diese zu diskutieren, kann aber bei dem heutigen Stande der Frage unmöglich Wert haben. Wir müssen uns vielmehr damit begnügen, festzustellen, daß wenigstens im großen und ganzen Übereinstimmung zwischen den Angaben vorwaltet. So sehen wir, daß Weizen, Zuckerrübe — man darf hier auch unbedenklich die Futterrübe einreihen — Gerste, Luzerne eine neutrale bis schwach alkalische Reaktion des Bodens zu gutem Wachstum benötigen. Die Wasserrübe, der Rotklee, die Erbse und die nach unseren Erfahrungen hierher gehörige Buschbohne, ferner der Buchweizen weisen ihr optimales Wachstum schon bei niedrigeren p_H-Werten (5,5 bis 6,5) auf; sie vermitteln den Übergang zu den am wenigsten gegen die Bodenazidität empfindlichen und damit schon bei niedrigen p_H-Werten zu hohen Erträgen befähigten Pflanzen. Diese sind der Hafer, der Roggen und die Kartoffel. Zu diesen letzten Pflanzen muß aber auch die Serradella hinzugerechnet werden, die, wenigstens nach unseren Topfversuchen, zwischen den p_H-Werten 5 und 6 gleich hohe Erträge lieferte. Nach O. ARRHENIUS wird die Serradella mit der Erbse in bezug auf ihre Reaktionsansprüche gleichgestellt, was bei dem bekannten gegensätzlichen Verhalten beider Pflanzen zum Kalk nicht sonderlich wahrscheinlich ist. Am niedrigsten liegt das Reaktionsoptimum für die Lupine, was auch ganz mit ihrer häufigen Verwendung als erste Frucht auf noch sauren Heideböden im Einklang steht. Von anderen Kulturpflanzen, die nicht in der obigen Zusammenstellung enthalten sind, mit denen also genauere Untersuchungen bislang nicht angestellt wurden, mögen noch der Raps und der Senf genannt werden als Pflanzen, die der ersten Reihe, den empfindlichen Pflanzen mit hochliegendem Reaktionsoptimum, zuzurechnen sind; ihr Wachstumsoptimum dürfte bei p_H 7 bis 8 liegen. Auf derselben Stufe wie der Hafer steht dann wohl noch der Mais. Die Mehrzahl unserer Kulturpflanzen ist somit nach allem, was wir zur Zeit über ihre Reaktionsempfindlichkeit aussagen können, zu gutem Wachstum befähigt, wenn die Bodenreaktion in der Nähe des Neutralpunktes liegt, nämlich Weizen, Rüben, Rotklee, Erbsen, Bohnen. Eine nach der alkalischen Seite hin über den Neutralpunkt verschobene Reaktion wird dem Wachstum der Luzerne und der Gerste, des Rapses und des Senfes am besten bekommen. Mais, Hafer, Roggen und Kartoffeln gedeihen auch noch gut bei saurer Reaktion, doch wohl allein die Kartoffel ist es, die sauren Boden in ausgesprochener Weise einem neutralen vorzieht. Mais, Hafer und Roggen erscheinen aber nicht an sauren Boden gebunden, vielmehr vermögen sie alle auch bei neutraler Reaktion Höchsterträge zu liefern. Ob alkalische Reaktion zwischen p_H 7 und 8 diesen Pflanzen unter praktischen Anbauverhältnissen schadet, muß wohl noch sichergestellt werden.

Was an zuverlässigen Schlußfolgerungen aus den bisherigen Untersuchungen über den Einfluß der Bodenreaktion auf das Pflanzenwachstum für landwirtschaftliche Verhältnisse abgeleitet werden kann, ist somit noch verhältnismäßig dürftig und wenig exakt. Viele tiefschürfende und umfangreiche Untersuchungen wird es noch erfordern, bis wir zur schärferen Erfassung der wirklichen Reaktionsoptima durchgedrungen sind. Bewahrheitet es sich weiter dabei — worauf die Untersuchungsergebnisse von O. ARRHENIUS an verschiedenen Hafersorten hinweisen —, daß sogar verschiedene Sorten derselben Kulturpflanze starke Verschiedenheiten in ihren Reaktionsansprüchen aufweisen, so wird die Arbeit, die geleistet werden muß, noch wesentlich größer werden. Von höchstem wissenschaftlichen Interesse ist es jedenfalls, daß diese Arbeit recht bald in Angriff genommen wird, und zwar unter Benutzung des Vegetationsversuches bei abgestuften Reaktionen des verwendeten, ursprünglich möglichst stark sauren Bodens und unter Benutzung der statistischen Methode, die sich beide gegenseitig bestens ergänzen. Inzwischen wird sich die landwirtschaftliche Praxis mit dem begnügen müssen, was die Wissenschaft bisher auf diesem Gebiete zutage gefördert hat. Wir werden später sehen, daß auch damit schon ein ziemlich erträgliches Auskommen zu finden ist.

Trotz unseres mehr praktisch eingestellten Standpunktes, von dem aus wir die Frage der Bodenazidität hier behandeln, ist es bei der nicht zu leugnenden großen Bedeutung, die die Bodenreaktion für das Gedeihen der Pflanzen in Feld und Wald, auf Wiese und Weide besitzt, unumgänglich notwendig, nun auch, wennschon nur kurz, danach zu fragen, wie eigentlich die Bodenreaktion den starken Einfluß auf die Pflanzen — ebenso natürlich auch auf die Mikroorganismen — gewinnt.

Hier könnte man nun wohl an allererster Stelle daran denken, daß bei saurer Bodenreaktion die Wasserstoffionen in die Wurzelzellen der Pflanzen eindringen und dort Störungen irgendwelcher Art — Koagulation von Eiweißstoffen, Beeinflussung der Enzymtätigkeit, mit der ja die meisten chemischen Vorgänge in der Pflanze zusammenhängen, oder auch andere schädliche Wirkungen — hervorbringen. Dieser Überlegung ist man auch experimentell bereits nachgegangen. So wurden schon 1918 und 1919 von uns[1] elektrometrische Reaktionsbestim-

---

[1] KAPPEN, H.: Landw. Versuchsstat. **91**, 1 f.

mungen an der gelben Lupine vorgenommen, die auf ungekalktem, schwach saurem und auf stark gekalktem Boden gewachsen war. Aus den Wurzeln der Pflanzen und aus den Blättern und Stengeln wurden durch Auspressen Säfte gewonnen und mit folgendem Ergebnis auf ihre Reaktion untersucht:

1. Preßsaft aus Lupinenwurzeln:

Reaktionen		Titrationswerte in 0,1 n-NaOH	
ungekalkt	gekalkt	ungekalkt	gekalkt
$1,9 \cdot 10^{-6}$	$1,4 \cdot 10^{-6}$	1,40 ccm	1,41 ccm

2. Preßsaft aus Lupinenblättern:

Reaktionen		Titrationswerte in 0,1 n-NaOH	
$1,05 \cdot 10^{-5}$	$5,7 \cdot 10^{-6}$	2,9 ccm	2,7 ccm

In den Aziditätswerten der Wurzelpreßsäfte ist keine Einwirkung der Reaktionsänderung des Bodens durch die starke Kalkdüngung in einer Höhe von 100 dz kohlensaurem Kalk je Hektar zu erkennen, bei den an sich stärker sauren Preßsäften aus den Blättern ist dagegen wohl wenigstens eine Andeutung für eine Reaktionsverschiebung durch die Kalkdüngung bemerkbar.

Eine wesentliche Abhängigkeit der Reaktion der Preßsäfte von der Bodenreaktion, die doch sehr stark verschieden war, ergab sich also bei diesen Versuchen nicht. Spätere Untersucher haben dieses Ergebnis zum Teil bestätigt, zum Teil nicht bestätigt gefunden, aber auch von demselben Forscher wurden bei verschiedenen Pflanzen ganz verschiedene Ergebnisse erzielt. So fand nach MEVIUS bei 24 verschiedenen Pflanzen HAAS 17 Fälle, in denen durch eine Kalkdüngung der p_H-Wert erhöht wurde, 2 Fälle, in denen er unverändert blieb, und 5 Fälle, in denen sogar eine Herabsetzung, also durch die Kalkung eine Aziditätssteigerung erfolgte. Dieser letzte Befund ist gewiß dazu angetan, sämtliche an Pflanzenpreßsäften ausgeführten Untersuchungen, was ihre Zuverlässigkeit angeht, verdächtig erscheinen zu lassen, und tatsächlich läßt sich auch sehr viel gegen diese Preßsaftmethode einwenden. Einmal erhält man dabei stets einen Mischsaft aus den verschiedenartigen Zellen, die am Aufbau des Pflanzenkörpers beteiligt sind, und es ist doch von vornherein unwahrscheinlich, daß alle Zellen gleichen Zellsaft enthalten, oder daß der Saft aller Zellenarten durch Aufnahme basischer Stoffe in gleicher Weise verändert würde. Dann ist aber auch in dem aus den verschiedenartigen Zellen und Geweben der Pflanzen gewonnenen Preßsaft sicherlich die Gelegenheit zu chemischen und kolloidchemischen Umsetzungen gegeben, die zu einer Veränderung der Reaktion führen können. Das ganze Streben späterer Untersucher mußte daher darauf gerichtet sein, zunächst einmal die wirkliche Reaktion des in den verschiedenen Zellarten und Geweben enthaltenen Saftes sicherer zu erfassen; erst dann konnte man über die Beeinflussung der Zellsaftreaktion durch die Reaktion des Außenmediums eine Entscheidung fällen. Es gelang auch, eine Methode auszuarbeiten, die es gestattete, in der lebenden Zelle die Reaktionszahl des Saftes zu ermitteln, und zwar gelang das mit Hilfe einer Reihe von Indikatoren, wie Methylrot, Diäthylrot, Neutralrot, Bromkresolpurpur und Bromthymolblau. Diese Indikatoren dringen bei Anwendung bestimmter Konzentrationen in die Pflanzenzellen, die mit ihnen behandelt werden, ein und färben den Zellsaft so, wie es seiner Reaktionszahl entspricht. Unter dem Mikroskop kann die Färbung des Zellsaftes leicht erkannt werden. Bei Pflanzen mit sehr großen Zellen ist es aber auch gelungen, direkt durch Anstechen der saftführenden Zelle mit einer Glaskapillare den Zellsaft zu entnehmen und ihn dann außerhalb der Pflanze zu untersuchen. Bei solchen Untersuchungen wurde nun gefunden, daß tatsächlich die Reaktion in verschiedenen Zellen ganz verschieden war. Beim Weizen wurden z. B., um nur einen Fall anzuführen, von ARRHENIUS Schwankungen bei verschiedenen Zellarten von p_H 4,1 bis 6,5 aufgefunden. Daß unter solchen Umständen der p_H-Wert von Preßsäften nur ein sehr fragwürdiges Charakteristikum für eine Pflanze darstellen muß, kann kaum geleugnet werden. Diese nun mit der Indikatorenmethode an einzelnen Zellen von Pflanzen, die unter dem Einfluß sehr verschiedener Reaktionszahlen des Außenmediums gestanden hatten, vorgenommenen Untersuchungen führten aber doch zu keinem anderen Ergebnis als das war, das an Preßsäften bei dem oben näher beschriebenen Düngungsversuch erhalten wurde: selbst bei starken Differenzen der p_H-Werte innerhalb und außerhalb der Zellen wurde kein Einfluß der Außenreaktion auf die Zellsaftreaktion entdeckt, solange nicht so hohe Wasserstoffionenkonzentrationen zur Anwendung gelangten, daß eine Lebensschädigung der Zellen eintrat. Nennenswerte Mengen von Wasserstoffionen konnten also keinen Eingang in den Zellsaft gefunden haben, denn wenn auch der Zellsaft infolge seiner vorwiegenden Zusammensetzung aus organischen Säuren und ihren Neutralsalzen eine nicht unbedeutende Pufferung auszuüben vermag, so kann er doch dem Eindringen von Wasserstoffionen auf die Dauer nicht ohne nachweisbare Veränderung widerstehen. Für gewisse Verhältnisse ist aber bewiesen — z. B. für Valoniazellen im Meerwasser —, daß dauernde starke Differenzen zwischen Zellsaftreaktion und Reaktion des Außenmediums ohne Veränderung der Zellsaftreaktion ertragen werden. Der Protoplast der Zellen macht also offenbar den Eintritt von Wasserstoffionen, wenn auch vielleicht nicht vollständig, so aber doch innerhalb einer breiten Reaktionsspanne so weit unmöglich, daß eine Veränderung der Zellsaftreaktion mit ihren Folgewirkungen nicht als Ursache der Wachstumsschädigung durch Wasserstoffionen in Frage kommen kann.

Man ist daher heute der Meinung, daß die Ursache für die schädigenden Einwirkungen der H-Ionen auf die Pflanzenzellen mehr in sekundären Vorgängen zu suchen ist. Auf Grund von Versuchen und Überlegungen glaubt man heute, die pflanzenschädliche Wirkung der Wasserstoffionen mit ihrem Einfluß auf die Permeabilität der Pflanzenzellen in Verbindung bringen zu müssen. O. ARRHENIUS schreibt z. B., daß der Säuregrad der Nährlösung einen gewissen Schwächezustand in der Grenzschicht verursache; diese lasse dann große Quantitäten von Salz durch, und die Funktionen der Zelle würden durch die abnorme Salzaufnahme gestört. W. MEVIUS faßt die Sache ähnlich, aber doch auch wiederum ein wenig anders auf. Die Reaktion der Nährlösung ist auch nach ihm mitbestimmend für die Permeabilität der Pflanzenzelle. In der Nähe der p_H-Wachstumsgrenzen erfolge eine derartige Permeabilitätssteigerung, daß mehr oder weniger starke Exosmose aus den Zellen eintrete. Nach O. ARRHENIUS müßte also eine Überschwemmung der Zellen mit Salzen, somit eine Salzanreicherung, als Folge schädlicher Wasserstoffionenkonzentration sich ergeben, nach W. MEVIUS dagegen das Gegenteil, nämlich eine Entleerung durch die Begünstigung des exosmotischen Vorganges. O. ARRHENIUS stützt seine Hypothese auf die Ionenaufnahme, die er bei Versuchen mit Weizen und Radieschen in Nährlösungen von verschiedenen, aber konstant gehaltenen p_H-Werten bei sonst gleicher Zusammensetzung feststellte. Sonderlich überzeugend vermögen diese Versuchsergebnisse allerdings nicht zu wirken. Genauere Untersuchungen über den Aschengehalt der Pflanzen bei verschiedener Bodenreaktion, aus denen man auf das Zutreffen dieser von ARRHENIUS und MEVIUS aufgestellten Hypothesen Schlüsse ziehen könnte, liegen allerdings nur in geringer Zahl vor. H. OSVALD hat bei Roggen, Hafer, Klee und Luzerne solche Untersuchungen durchgeführt. Andeutungen für das Zutreffen der Vorstellung von ARRHENIUS sind bei den für den Gehalt des Roggens an Kali und Kalk angeführten Zahlen vielleicht zu erkennen, insofern nämlich, als hier bei der bereits schädlichen Reaktion von p_H 4,8 die höchsten Gehalte daran im Stroh angetroffen wurden. Nur bei Hafer, Klee und der Luzerne sind die Befunde im Sinne der Hypothese von ARRHENIUS nicht eindeutig. Doch auch dann, wenn sie es wären, müßte man, wie OSVALD selbst anerkennt, Bedenken haben, weil die Böden künstlich durch Schwefelsäurezusatz gesäuert waren. OSVALD schreibt: „Wenn auch die Möglichkeit besteht, daß die Reaktion einen direkten Einfluß auf die Nährstoffaufnahme der Pflanzen ausübt, so können wir doch nicht umhin, z. B. für die sauren Böden das Ergebnis mit dem großen Gehalt an leicht löslichen Salzen, den die Schwefelsäurebehandlung zur Folge haben muß, in Zusammenhang zu bringen. Hierdurch weichen auch diese künstlich sauren Böden sehr stark von den natürlichen sauren Böden ab, die fast immer nährstoffärmer sind als die neutralen."

Daß OSVALDS Bedenken berechtigt sind, und daß unter normalen Ernährungsbedingungen weder etwas von einer Salzüberschwemmung noch von einer Auswanderung der Salze zu merken ist, belegen deutlich die Kulturversuche von OLSEN mit Luzerne. In der Trockensubstanz wurden allerdings nur die Gehalte an Phosphorsäure, Kalk und Stickstoff bestimmt, der Kaligehalt, der vielleicht besonders charakteristisch hätte sein können, blieb unbestimmt:

p_H-Werte	4,20	5,20	6,25	6,65	7,10	7,65	8,35
Relative Erntegewichte an Trockensubstanz	24,00	51,60	88,60	100,00	45,20	89,60	66,30
Gehalt der Trockensubstanz in % an:							
P_2O_5	0,51	0,58	0,57	0,56	0,58	0,53	0,41
Ca	1,60	1,70	1,60	1,70	1,70	2,00	2,20
N	3,00	3,20	3,20	3,20	3,20	3,30	3,20

Der Phosphorsäuregehalt ist zwar bei der niedrigsten und ebenso bei der höchsten Reaktionszahl merklich geringer als in den Zwischenlagen. Die Abnahme bei höherer Reaktionszahl kann aber eher auf die durch den Kalkzusatz bedingte Erschwerung der Phosphorsäureaufnahme zurückgeführt werden als auf eine Exosmose, der ja auch die Phosphorsäure infolge ihrer Bindungsform im Pflanzenkörper nicht leicht unterliegen kann; auch der bei der sauersten Reaktion eingetretenen Abnahme des Phosphorsäuregehaltes ist keine Bedeutung beizumessen, wenn man die Tatsache ins Auge faßt, daß bei p_H 5,2, wo die Ernte bereits auf die Hälfte der optimalen gesunken ist, der Phosphorsäuregehalt den höchsten Wert aufweist. Auch was den Kalkgehalt angeht, kann man innerhalb der p_H-Werte 4,2 bis 7,1 von keiner Beziehung zwischen ihm und der Wasserstoffionenkonzentration sprechen. Bei p_H 7,65 und 8,35 ist das Ansteigen des Kalziumgehaltes der Luzerne allerdings unverkennbar, aber an eine Überschwemmung mit Kalk als Folge einer schädlichen Permeabilitätsänderung der Pflanze braucht man hier noch nicht unbedingt zu denken. Die Mengen an kohlensaurem Kalk, die zur Einstellung dieser alkalischen Reaktion nötig waren, sind so groß, daß die Pflanzen ohne Schädigung der Permeabilität ihrer Wurzelzellen größere Mengen davon aufnehmen konnten und mußten. Die Ernteabnahmen können in diesen beiden Fällen sekundärer Natur sein, bedingt durch indirekte Wirkungen der niedrigen Wasserstoffionenkonzentrationen. Auch der Stickstoffgehalt der Ernten läßt kaum die Deutung zu, daß eine Überschwemmung mit Salzen oder eine Exosmose stattgefunden hätte.

Die Zusammenhänge, die nach den Auffassungen von O. ARRHENIUS und W. MEVIUS zwischen Wasserstoffionenkonzentration und Permeabilität der Pflanzenzellen bestehen sollen, sind also, wenn wir uns ganz vorsichtig ausdrücken, zur Zeit noch so wenig experimentell gesichert, daß sie uns nicht als eine ausreichende Erklärung der schädlichen Einwirkungen der Wasserstoffionen auf die Pflanzen gelten können. Ebensowenig gibt es zur Zeit allerdings andere stichhaltige Erklärungen, und so müssen wir denn zugestehen, daß die Ursachen der direkten schädlichen Einwirkung der Wasserstoffionen auf das Pflanzenwachstum zunächst noch ziemlich in Dunkel gehüllt sind. Es wird vieler und tiefschürfender Untersuchungen bedürfen, bis wir hier zu klarer Einsicht gelangt sind.

Bei diesem Stande der Frage ist es nicht erstaunlich, daß man auch der Möglichkeit indirekter Wirkungen der Wasserstoffionen Aufmerksamkeit zuwendet. Von solchen indirekten Wirkungen kann es sowohl im sauren als auch im alkalischen Reaktionsgebiet sicherlich verschiedene geben. Im alkalischen Reaktionsgebiet mag wohl die Löslichkeitsbehinderung wichtiger Pflanzennährstoffe eine Rolle spielen. Man braucht nur an die besonders bei Nährlösungskulturen der verschiedensten Pflanzen so leicht auftretende, auf Mangel an Eisen beruhende Chlorose zu denken, um gleich einen der wichtigsten Fälle indirekt schädlicher Wirkung der Wasserstoffionenkonzentration vor Augen zu haben. Auch die Beeinträchtigung der Phosphorsäureaufnahme bei zu hohen Reaktionszahlen ist ein Gegenstand, der in das Gebiet der indirekten Wirkungen der Wasserstoffionen einzureihen ist. Auf diese Verhältnisse brauchen wir aber hier, wo es sich vor allen Dingen um die Darstellung der Bodenazidätserscheinung handelt, nicht näher einzugehen. Nur auf die Möglichkeit eines sehr störenden Einflusses dieser beiden indirekten Wirkungen muß auch hier noch hingewiesen werden. Bei der Ermittlung der Reaktionsoptima können sie nämlich im Spiele sein, indem der Verlauf der Ertragskurve auf der alkalischen Seite der Reaktionsskala durch sie bestimmt wird und nicht, wie es eigentlich für eine richtige Reaktionswachstumskurve doch der Fall sein sollte, durch die Wasserstoff- oder die Hydroxylionenkonzentration.

Eine im sauren Reaktionsgebiet liegende indirekte Wirkung der Wasserstoffionen kann nun darin zutage treten, daß von ihnen die Bildung anderer, und zwar unter Umständen toxisch wirkender Ionen begünstigt werden kann. So finden z. B. Aluminium- und Eisenionen, deren Auftreten als Kationen bei alkalischer und neutraler Reaktion als ausgeschlossen bezeichnet werden kann, bei saurer Reaktion von einem gewissen Reaktionsgrade ab immer günstiger werdende Entstehungsbedingungen. Besonders für das Aluminiumion ist diese Tatsache von Wichtigkeit, weil es längst bekannt ist, daß von ihm nachteilige Wirkungen auf das Wachstum von Pflanzen ausgehen können. Ganz einig sind die verschiedenen Autoren, die sich mit Versuchen zu dieser Frage beschäftigt haben, allerdings nicht. Die Widersprüche, die hier bestehen, lösen sich aber wohl, wenn man berücksichtigt, daß von den verschiedenen Versuchsanstellern sowohl mit verschieden konzentrierten Aluminiumsalzlösungen als auch mit verschiedenen Pflanzenarten experimentiert worden ist. In jüngster Zeit hat sich vom Standpunkt der Bodenazidätsfrage aus eingehend O. C. MAGISTAD[1] mit dem Aluminium beschäftigt; seine Untersuchungen beanspruchen nach verschiedenen Richtungen hin unser besonderes Interesse. Er legte sich zunächst die für uns wichtigste Frage vor, wie es überhaupt im Boden mit den Existenzmöglichkeiten für das Aluminiumion bestellt sei. Durch Untersuchung verschiedener Salze des Aluminiums umgrenzte er dazu erst das Gebiet der Wasserstoffionenkonzentration, in dem Aluminiumionen in wässerigen Lösungen auftreten konnten, und fand dabei, daß nur äußerst kleine Mengen an Aluminium zwischen den Reaktionszahlen 5,8 und 7,0 in Lösung bestehen können, ein Befund, der mit dem von BRADFIELD[2] erhaltenen bestens übereinstimmt, nach dem zwischen den Reak-

---

[1] MAGISTAD, O. C.: Soil Sci. 20, 181.   [2] BRADFIELD, R.: Soil Sci. 17, 417.

tionszahlen 5,7 und 7,3 die geringste Löslichkeit für Aluminium besteht. Wird die Reaktion saurer oder alkalischer, als diese Werte angeben, so steigt die Menge des Aluminiums, die sich in wässeriger Lösung befinden kann, an: auf der alkalischen Seite infolge der Bildung wasserlöslicher Aluminate, in denen das Aluminium Bestandteil des Anions ist, was uns an dieser Stelle nicht weiter interessiert, auf der sauren Seite natürlich infolge steigender Salzbildung. In einer Aluminiumsulfatlösung, der durch Zusatz von Natriumhydroxyd die verschiedensten p_H-Werte verliehen waren, fand MAGISTAD z. B. die nebenstehenden gelösten Mengen an Aluminium, berechnet als Aluminiumoxyd. Die Zahlen, die Teile Al_2O_3 in Millionen Teilen der Lösung bedeuten, zeigen an, daß bei p_H-Werten von 6,8 bis 4,51 nur äußerst kleine Mengen sich in Lösung befinden können, daß davon aber mit weiter fallenden p_H-Werten die gelösten Mengen stark

Reaktions-zahlen	Teile Al_2O_3 in Lösung	Reaktions-zahlen	Teile Al_2O_3 in Lösung
3,92	1000,0	4,51	6,5
3,94	600,0	4,66	2,3
3,95	400,0	5,22	1,2
3,96	200,0	5,40	0,8
4,02	130,0	5,62	0,7
4,19	79,0	6,00	0,4
4,27	43,0	6,80	0,3

zunehmen. In allen Fällen übertreffen jedoch, was hervorzuheben ist, die gelösten Aluminiummengen die Wasserstoffionenkonzentrationen ganz bedeutend.

Ganz ähnliche Werte wie bei den Untersuchungen an der Aluminiumsulfatlösung erhielt MAGISTAD auch, wenn er sich durch Säurezusätze eine Serie von zunehmend sauren Böden herstellte, aus diesen Böden die Bodenlösung verdrängte und auf ihren Gehalt an Aluminiumionen untersuchte. Die folgenden Angaben mögen dafür als Beleg dienen:

Reaktionszahlen der Böden	Gelöstes Al_2O_3 in der Bodenlösung	Reaktionszahlen der Böden	Gelöstes Al_2O_3 in der Bodenlösung
3,29	1860,0	4,35	19,0
3,68	597,0	4,50	3,0
3,72	351,0	4,64	1,4
3,92	297,0	5,78	1,9
4,06	182,0	7,21	0,0
4,30	33,0		

Diese Befunde an den Bodenlösungen stimmen zwar keineswegs genau, aber doch so weit mit den an den reinen Aluminiumsalzlösungen gewonnenen überein, daß nicht daran gezweifelt werden kann, daß die Reaktion der Bodenlösung in der Hauptsache durch die Gegenwart von Aluminiumsalzen bedingt wird. Nach MAGISTAD soll man sogar mit einiger Sicherheit aus den p_H-Werten der Bodenlösung auf ihren Gehalt an löslichen Aluminium zurückschließen können. Dafür, daß das auch bei Böden zutrifft, die von Natur aus sauer sind, liegen allerdings bisher nur recht wenige Belege vor. So fand MAGISTAD bei Bodenlösungen aus Naturböden die folgenden Werte:

Reaktions-zahlen	Al_2O_3 in Millionen Teilen Bodenlösung	Reaktions-zahlen	Al_2O_3 in Millionen Teilen Bodenlösung
4,87	1,2	5,50	0,3
5,14	2,0	6,90	0,7
5,30	0,7		

Muß man auch zugeben, daß für die natürlichen Böden noch eingehende und zahlreiche Beleguntersuchungen zu der Frage nach dem Aluminiumgehalt der Bodenlösung auszuführen sind, so ist doch schon jetzt anzuerkennen, daß bei den stark sauren Böden — erst mit der Austauschazidität wird bei den Böden der Übertritt von Aluminium in die Bodenlösung erfolgen — tatsächlich die Azidität der Bodenlösung auf der Gegenwart von Aluminiumverbindungen beruht. Wir selbst haben gelegentlich, wie schon an früherer Stelle angegeben worden ist, die nach PARKER verdrängte Lösung aus einem stark sauren Boden untersucht und, in Übereinstimmung mit MAGISTAD, festgestellt, daß die Azidität dieser Lösung restlos auf die Gegenwart eines mit Lauge titrierbaren Aluminiumsalzes zurückzuführen war. Durch Dialysierversuche hat MAGISTAD übrigens auch noch den Beweis dafür erbracht, daß das von ihm in der Bodenlösung gefundene Aluminium wirklich in der Form von Aluminiumionen und nicht etwa in Form von kolloid gelöstem Aluminiumhydroxyd vorhanden war. Außerdem — und damit kommen wir dann erst zu der richtigen Einschätzung der Bedeutung des Vorkommens von Aluminiumionen in den Lösungen der stark sauren Böden — hat MAGISTAD an einer Reihe von Kulturpflanzen Ernährungsversuche in Sandkulturen gemacht, die mit aluminiumhaltigen und aluminiumfreien Nährlösungen begossen wurden. Der Sand war mit Säure ausgewaschen und besaß ein nur sehr schwaches Puffervermögen, so daß er kaum einen Einfluß auf die Reaktionen der Nährlösungen, die durch Säure- und Laugezusatz abgestuft waren, gewinnen konnte. Bei den mit Luzerne, Gerste und Reis ausgeführten Versuchen waren die Reaktionen der angewendeten Nährlösungen und die in den aluminiumhaltigen Reihen vorhandenen Mengen an gelöstem Aluminium die folgenden:

p_H-Werte 4,0   4,2   5,0   6,0   7,0   8,0   9,0   9,5
Teile Al$_2$O$_3$ in Millionen
    Teilen Lösung 100,0   50,0   3,0   0,0   0,0   5,0   40,0   100,0

Bei den hohen Säuregraden von p_H 4,0 und 4,2 starben die Luzernepflanzen sämtlich ab, aber in Gegenwart von Aluminium trat der Tod schneller ein als in seiner Abwesenheit. Bei Gerste und bei Reis blieben die Pflanzen während 33 tägiger Kultur bei denselben p_H-Werten am Leben, die Ernten waren aber in der aluminiumhaltigen Nährlösung geringer als in der aluminiumfreien. Ohne Frage hatte somit bei diesen Versuchen die Gegenwart von Aluminium giftig gewirkt. Das zeigte sich auch noch bei der Kultur von vier anderen Pflanzen, nämlich von Mais, Hafer, Sojabohnen und Klee. In allen Fällen fielen die Ernten bei gleich saurer Reaktion geringer aus, wenn gleichzeitig neben den Wasserstoffionen auch Aluminiumionen zugegen waren. MAGISTAD faßt das Ergebnis des für uns hier wichtigsten Teiles seiner Untersuchungen dahin zusammen, daß bei allen von ihm geprüften Pflanzen das Aluminium dann eine ausgesprochen giftige Wirkung entfaltete, wenn es in Mengen von 50—100 Teilen pro Million Teile der Nährlösung zugegen war, was eben bei den p_H-Werten von 4,0 bis 4,2 der Fall war.

Bestätigen diese Untersuchungen von MAGISTAD die schon von anderen Autoren, wie CONNER, LEMMERMANN, STOKLASA und von uns selbst vertretene Auffassung, daß die Aluminiumionen an den Pflanzenschädigungen auf sauren Böden, wenn auch nicht ausschließlich, so doch neben den Wasserstoffionen als Ursachen beteiligt sind, so darf auch nicht unerwähnt bleiben, daß von anderen Autoren, wie z. B. von BOHLMANN[1], diese Auffassung bestritten wird. Es werden wohl zur endgültigen Klärung dieser Frage weitere Versuche ausgeführt werden müssen, auf jeden Fall kann zur Zeit nur ausgesagt werden, daß Aluminiumionen als schädigende Bestandteile bei stark sauren Böden sehr wohl in Frage kommen können, und daß man ihre Mitwirkung bei den Säureschäden zunächst noch nicht, trotz der Untersuchungen von BOHLMANN, aus dem Auge lassen darf.

Daß außer den Wasserstoffionen und Aluminiumionen nun auch noch andere Schadensursachen bei den sauren Böden bestehen können, ist durchaus möglich,

---

[1] BOHLMANN, H.: Dissert., Jena 1926.

doch läßt sich zur Zeit darüber noch weniger mitteilen als über die schädliche Wirkung der genannten Ionen. Eine weitere Vertiefung in diese Fragen scheint daher an dieser Stelle wenig angebracht zu sein. Vielleicht werden sich später bestimmtere Angaben über die wahren Ursachen der pflanzenschädlichen Beschaffenheit der sauren Böden machen lassen, wenngleich die Aussichten dafür nicht gerade sehr günstig sind. Wir brauchen nur daran zu denken, wie lange man schon die Tatsache der Unentbehrlichkeit der Kalzium- und Kaliumionen für das Wachstum der Pflanzen kennt, und wie wenig Zuverlässiges man auch heute erst über die Funktionen dieser Ionen im Pflanzenkörper aussagen kann, um einzusehen, daß wir unsere Hoffnungen auf eine baldige, restlose Aufklärung über die Ursachen der schädlichen Einwirkungen saurer Böden auf die Pflanzen nicht überspannen dürfen.

XII. Vorkommen und Verbreitung der Bodenversauerung.

Nachdem wir in den vorigen Kapiteln die nachteiligen Veränderungen kennengelernt haben, die der Boden unter dem Einfluß der Versauerung nach den verschiedenen Richtungen hin erfahren kann, müssen wir, bevor wir die wichtige praktische Frage der Beseitigung der Bodenazidität in Angriff nehmen, unsere Aufmerksamkeit auf das Vorkommen und die Verbreitung der Bodenversauerung richten, denn es ist klar, daß unser Interesse an der Beseitigung der Bodenazidität nur gering sein kann, wenn das Vorkommen selten und die Verbreitung der Versauerung unbedeutend wäre. Über diese beiden Punkte müssen wir also noch Klarheit zu gewinnen suchen.

a) Das Vorkommen der Bodenversauerung.

Was hier nun zunächst die Frage nach dem Vorkommen der Bodenversauerung angeht, so liegt schon nach dem, was im I. Kapitel von den chemischen Grundlagen der Entstehung der Bodenversauerung gesagt wurde, nahe, daß es mehrere Faktoren gibt, die die Entstehungsmöglichkeiten der Bodenversauerung beeinflussen und somit für das Vorkommen saurer Böden ausschlaggebend sind. An allererster Stelle muß der chemische Grundcharakter des Gesteins, aus dem der Boden sich gebildet hat, großen Einfluß auf das Vorkommen der Bodenversauerung ausüben. Schon DAIKUHARA hat diese Abhängigkeit des Vorkommens saurer Böden von der chemischen Beschaffenheit des bodenbildenden Gesteins erkannt und durch Untersuchungen belegt. Bei Böden, die aus Japan und Korea stammten, fand er die folgenden Verhältnisse:

Art des Muttergesteins	Zahl der Bodenprüfungen		Prozentzahl der sauren Böden	
	Japan	Korea	Japan	Korea
Saure Gesteine	96	41	68	93
Basische Gesteine	72	11	50	73
Lava und Aschen	55	—	22	—

Unter den aus sauren Gesteinen entstandenen Böden befanden sich also nach diesen Prüfungen wesentlich mehr saure Böden als unter den aus den basischen Muttergesteinen entstandenen; die aus noch nicht stark verwitterter Lava und Asche gebildeten Böden wiesen dagegen den geringsten Prozentsatz an sauren Böden auf.

DAIKUHARA richtete seine Aufmerksamkeit aber auch schon auf die Zusammenhänge, die etwa zwischen der geologischen Formation und dem Vorkommen saurer Böden angetroffen werden konnten. Die Ergebnisse dieser Untersuchungen sind aus der folgenden Zusammenstellung zu entnehmen:

Geologische Formation		Zahl der Bodenprüfungen	Saure Böden			
			Gegen Lackmuspapier		Bei Behandlung mit Kalisalzlösung	
			Zahl	Prozente	Zahl	Prozente
Paläozoische Formation		31	27	87	17	55
Mesozoische Formation		27	26	96	21	78
Neozoische Formation	Tertiär	129	107	83	94	73
	Quartär { Diluvium . .	170	147	86	82	48
	Quartär { Alluvium . .	307	224	78	120	39

Die Prozentzahl der sauren Böden ist hiernach in allen Formationen recht groß. Durch die Prüfung mit Lackmuspapier, bei der auch noch die schwächer sauren Böden miterfaßt werden, sind allerdings wesentliche Unterschiede zwischen den einzelnen Formationen nicht deutlich zu erkennen, nur die mesozoische Formation übertrifft hier merklich die anderen. Bei der Prüfung unter Verwendung von Kalisalzlösungen, wobei nur die austauschsauren, also schon stärker versauerten Böden erfaßt werden, treten aber deutliche Unterschiede auf, und zwar übertrifft der Prozentsatz der aus der mesozoischen und der Tertiärformation stammenden sauren Böden die den anderen Formationen angehörenden schon ganz wesentlich. Der geringste Prozentsatz an sauren Böden wurde im Alluvium angetroffen.

Diese Befunde DAIKUHARAS bezüglich der Abhängigkeit des Vorkommens saurer Böden von der chemischen Beschaffenheit des Muttergesteins und von der geologischen Formation sind später mehrfach bestätigt und noch wesentlich erweitert worden. So fand J. SCHWÖRER[1], der die Böden des Oberrheintales und des südlichen Schwarzwaldes untersuchte, die aus der folgenden Tabelle hervorgehenden Zusammenhänge zwischen der Bodenazidität und dem Muttergestein der Böden:

Reaktion	Granit %	Gneis %	Rheinschotter %	Muschelkalk %	Schwarzwaldschotter %	Buntsandstein %
Sauer	86,4	75,0	14,0	2,7	50,0	63,3
Neutral	19,4	25,0	44,0	8,3	25,0	36,6
Alkalisch	—	—	42,0	88,8	25,0	—
Zahl der Böden . . .	29	36	57	36	12	30

Die sauren Urgesteine und der Buntsandstein weisen hiernach die größten Prozentzahlen an sauren Böden auf. Daß SCHWÖRER unter den Muschelkalkböden den kleinsten Prozentsatz an sauren Böden antraf, ist klar; eine Mittelstellung nehmen die Schotterböden ein. Die Gesamtzahl der sauren Böden machte bei SCHWÖRERS Untersuchungen 34,9% der untersuchten aus. Dabei ist noch zu beachten, daß von SCHWÖRER nur diejenigen Böden als sauer angegeben sind, die eine Austauschazidität über 1,0 ccm 0,1 n-Lauge bei der Titration aufwiesen, als neutral diejenigen, deren Austauschazidität kleiner als 1,0 ccm war; bei Anwendung schärferer Unterscheidungen würde sicherlich noch eine ganze Reihe der neutralen Böden sauer befunden sein.

Interessante Zahlen über den Zusammenhang zwischen Ursprungsgestein und geologischer Formation mit dem Vorkommen saurer Böden gibt auch

---

[1] SCHWÖRER, J.: Dissert., Hohenheim 1924.

A. C. WOLF[1] an. Bei den von WOLF insgesamt untersuchten 8000 Bodenproben handelt es sich um Ackerböden Württembergs. Unter den untersuchten geologischen Bildungen steht hier bezüglich des Vorkommens saurer Böden der Keuper an der Spitze. Von vier verschiedenen Untersuchungsgebieten im Keuper hatte das eine einen Prozentsatz von nicht weniger als 98,5 an sauren Böden mit Reaktionszahlen zwischen 6,4 und 4,6 aufzuweisen, ein anderes Keupergebiet allerdings nur 50 %. Auch im Jura war nach den Untersuchungen von WOLF das Vorkommen saurer Böden sehr verbreitet, die Höchstzahl in einem Untersuchungsgebiet betrug 86,5 %, die niedrigste Zahl in einem anderen Gebiet 43,5 %. In dem einzigen von ihm untersuchten Buntsandsteingebiet traf WOLF 92,6 % saure Böden mit einer unter p_H 6,4 liegenden Reaktion an. In dem zur Untersuchung gelangten Quartärgebiet waren die meisten der angetroffenen sauren Böden Moräneböden und Böden der Hochterrassenschotter. Die Lößlehmböden standen in ihrer Reaktion ziemlich auf derselben Stufe wie die Muschelkalkböden; mit Ausnahme eines Muschelkalkgebietes bei Bodendorf überwogen bei den Muschelkalkböden ebenso wie bei den Lößlehmböden die Reaktionszahlen zwischen 6,5 bis 7,4, sie besaßen also neutrale bis alkalische Reaktionen. Die Mehrzahl aller sauer befundenen Böden hatte aber nach WOLFs Untersuchungen nur einen geringen Aziditätsgrad, der zwischen den p_H-Werten 6,4 bis 5,3 schwankte, woraus zu schließen ist, daß doch die meisten sauren Böden nur hydrolytisch sauer und noch nicht austauschsauer war. Die prozentische Verteilung der 8000 Bodenproben auf die verschiedenen p_H-Bereiche war die folgende:

p_H-Werte	7,5	7,4—6,5	6,4—5,3	5,2—4,6	4,5—4,1	4,0
	5,8 %	49,7 %	38,3 %	4,2 %	1,7 %	0,3 %

Stärker saure Böden mit einer deutlichen, erst unterhalb des p_H-Wertes 5,5 einsetzenden Austauschazidität waren somit nur in recht geringer Anzahl unter den geprüften 8000 Böden vorhanden. Allerdings werden auch in der Reaktionsgruppe von p_H 6,4—5,3 bereits austauschsaure Böden stehen, so daß die schon stärker sauren Böden mit dem Prozentsatz von 4,2 bei den Reaktionszahlen zwischen 5,2 bis 4,6 doch etwas zu niedrig erfaßt sind. Richtiger wäre es wohl, wenn man bei solchen Reaktionsprüfungen eine Gruppeneinteilung nach den p_H-Werten einhielte, aus der das Auftreten der Austauschazidität beim p_H-Wert 5,5 bestimmter hervorginge.

Es gibt auch noch andere Untersuchungen, aus denen in ähnlicher Weise wie aus den von SCHWÖRER und von WOLF angestellten der Zusammenhang zwischen Bodenazidität und Beschaffenheit des Muttergesteins der Böden hervorgeht. Besonders zu nennen wären noch die eingehenden Untersuchungen von E. FRANK[2], der das Auftreten der Bodenazidität allerdings nicht an Ackerböden, sondern an forstwirtschaftlich genutzten Böden untersuchte. Im großen und ganzen lassen die Untersuchungen von FRANK gute Übereinstimmung mit den von SCHWÖRER ausgeführten erkennen. Interessant sind unter vielen anderen Angaben FRANKs diejenigen, die sich auf die Reaktion eines Gneisgesteins in verschieden weit vorgeschrittenem Verwitterungszustand beziehen. Frischer, unverwitterter Gneis hatte in fein gepulvertem Zustand einen p_H-Wert von 7,2, leicht verwittert sank die Reaktion aber auf 6,5, und bei starker Verwitterung betrug sie 5,8. Mit fortschreitender Verwitterung wurde also das ursprünglich neutrale Gestein mehr und mehr sauer; daß es dann schließlich einen sauren Boden liefern mußte, ist klar.

---

[1] WOLF, A. C.: Z. Pflanzenernährg, Düngg u. Bodenkde B 7, 483.
[2] FRANK, E.: Über Bodenazidität im Walde. Freiburg 1927.

Natürlich besteht ein solcher Zusammenhang aber immer nur insofern, als bestimmte geologische Formationen durch das Vorwalten von basenarmen oder basenreichen Böden gekennzeichnet sind. Letzten Endes ist es also stets nur der chemische Charakter der Ursprungsgesteine der Böden, mit dem das Vorkommen der Bodenazidität in verschiedenen geologischen Formationen ursächlich verbunden ist. Dieser Zusammenhang ist aber doch gar nicht so bindend, wie man auf den ersten Blick wohl annehmen möchte. Ständen alle Böden in gleicher Weise unter dem Einfluß derselben Verwitterungsfaktoren, so müßte natürlich stets die größere oder geringere Basizität der Muttergesteine eindeutig zum Ausdruck kommen. Die Verwitterungsfaktoren sind aber an verschiedenen Orten von verschiedener Art, sie sind auch in verschiedenem Grade wirksam, und dadurch wird die Abhängigkeit des Vorkommens der Bodenazidität vom Muttergestein oft stark verändert. Besonders ein Faktor ist es, der in dieser Richtung von allerstärkster Wirkung sich erweist, und den wir auch noch etwas näher ins Auge fassen müssen, nämlich die Beteiligung von Humusstoffen an dem Verwitterungsvorgang. Die Einwirkungen, die von der Humusdecke auf die unter ihr liegenden Böden ausgehen, sind so bedeutend, daß sie oft als viel wesentlicher für das Vorkommen der Bodenazidität angesprochen werden müssen als der chemische Charakter des Muttergesteins.

Der große Einfluß, den die Humusstoffe auf den Verwitterungsvorgang der Böden ausüben können, ist natürlich längst bekannt. Man weiß schon seit langem, daß die weitgehende Zersetzung, die die Böden unter Humusbedeckung erleiden, den Säuren zuzuschreiben sind, die in dem auflagernden Humus ihre Entstehung nehmen. Diese Säuren führen außer den Oxyden des Kalziums, Magnesiums, des Kaliums und Natriums auch die des dreiwertigen Aluminiums und des Eisens mit sich fort, so daß der unter dem Humus liegende Boden eine weißgraue Farbe annimmt. Besonders deutlich wird diese Veränderung des Bodens an den typischen Heideböden beobachtet, wo man die von ihrem Eisenoxydgehalt befreite oberste Schicht als Bleichsand bezeichnet. Bald fand man aber solche ausgebleichte Böden auch unter den schwereren Bodentypen, und heute weiß man, daß sie überall zu finden sind, wo eine ausgesprochene Verwitterung unter dem Einfluß von saurem Humus, Rohhumus, stattgefunden hat. Für weite Gebiete Nord- und Mitteleuropas stellt diese Bleicherde- oder Podsolbildung, wie sie von russischen Forschern genannt wird, eine sehr charakteristische Form der Verwitterung dar. Die Mineralböden nun, die unter dem Einfluß solcher saurer Humusanhäufungen gestanden haben, sind stets sehr stark versauert. Das kann man leicht an jedem in ungestörter Lagerung befindlichen derartigen Boden nachweisen. So fanden wir[1] bei der Untersuchung eines typischen Heideprofils in Westfalen die folgenden Aziditätswerte:

Schicht cm		Austausch-azidität ccm (y_1)
0— 70	homogene dunkle Bleichsandschicht	6,3
70— 80	hellere Bleichsandschicht	4,4
80— 85	durch Humus fast schwarz gefärbte Schicht	6,9
85— 95	harter schwarzbrauner Ortstein	9,2
95—105	hellerer brauner Ortstein	5,8
140—200	hellgelber loser Sand unter dem Ortstein	0,8

Durch das ganze Profil hindurch war also bis in den zu unterst liegenden, von Humusstoffen so gut wie freien Sand hinein die von der Humusdecke aus-

---

[1] KAPPEN, H.: Landw. Versuchsstat. **89**, 45.

gehende Versauerung vorgedrungen. Ganz entsprechende Feststellungen hat neuerdings an Buntsandsteinprofilen E. FRANK machen können; er hat dabei auch die Reaktionszahlen bestimmt, weshalb hier einer seiner Versuche noch genauer angegeben sein mag:

Tiefe der Schicht cm	Art der Probe	p_H-Wert	Austausch-azidität ccm
10	humoser Sand	4,1	6,0
30	Bleichsand	4,6	2,0
70	schwarze Orterde	3,9	22,0
100	brauner Ortstein	5,1	28,0
140	ortähnliche Verdichtung	6,1	4,0
180	ortähnliche Verdichtung	5,9	2,0
230	Untergrund	5,5	2,0

Wie bei unserem Profil besitzt der Ortstein die höchste Azidität, die Schichten über und unter ihm sind schwächer sauer. In den p_H-Werten kommt der Versauerungsgrad der Schichten, wie man sieht, aber nicht so deutlich zum Ausdruck wie in den Austauschaziditäten. Die schwarze Orterde, die über dem eigentlichen Ortstein liegt, hat trotz geringerer Austauschazidität eine saurere Reaktionszahl als der Ortstein selbst, was sicher als die Folge der stärkeren Beteiligung der sauren, neutralsalzzersetzenden Humusstoffe an der Zusammensetzung dieser Schicht aufzufassen ist. Im tonerde- und eisenreichen Ortstein sind infolge seines stärkeren Pufferungsvermögens die Reaktionszahlen wohl immer höher als in den darüber liegenden basenarmen Schichten, die ihre Azidität zum großen Teil den vorhandenen Humussäuren verdanken. Man hat hier ein gutes Beispiel für die Tatsache, daß die Austauschaziditäten für den wahren Versauerungsgrad der Böden ein besseres Maß abgeben als die Reaktionszahlen. Im übrigen belegt die Untersuchung von E. FRANK geradeso wie die unsrige die Tatsache, daß die Auswirkungen der auf einem Boden lagernden sauren Humusmassen sich bis tief in den Boden hinein erstrecken können. Wie tief im gegebenen Falle die Versauerung durch den aufliegenden Rohhumus reicht, muß natürlich von verschiedenen Umständen abhängig sein. Die Beschaffenheit des Bodens wird hierfür Bedeutung besitzen, ob er nämlich sandig und leicht durchlässig oder tonig und schwer durchlässig ist. Es wird auch die Stärke der Bedeckung mit Rohhumus und ebenso die Dauer dieser Bedeckung Einfluß erlangen können, nicht zuletzt natürlich auch die Menge der Niederschläge, auf denen die Lösung der Säuren aus dem Rohhumus beruht. In einer Tongrube fanden wir, um noch ein weiteres Beispiel für die versauernde Wirkung der Rohhumusbedeckung anzugeben, an

Schicht cm	Austausch-azidität y_1 ccm	Schicht cm	Austausch-azidität y_1 ccm
0—50	15,8	90—150	1,2
50—90	12,2	150—450	0,0

einem Profil die nebenstehenden Versauerungsgrade. Hier, bei dem schweren Boden, war die Azidität bereits bei einer Tiefe unter 1,5 m verschwunden, und damit stimmten auch die sichtbaren Veränderungen überein, die von dem Humus auf das Aussehen der einzelnen Schichten ausgegangen waren. An einer anderen Stelle desselben tertiären Untersuchungsgebietes fanden wir dagegen in einer Kies- und Sandgrube noch starke Aziditäten bei einer Tiefe von 3 m. Diese verschiedene Tiefenwirkung der Humusbedeckung läßt sich wohl am einfachsten und am richtigsten aus der verschiedenen physikalischen Beschaffenheit der Böden, denen der Humus auflag, erklären.

Im allgemeinen nehmen also die Aziditätsgrade mit der tieferen Lage der Bodenschicht ab, und das erscheint selbstverständlich, wenn, wie es doch stets der Fall ist, die Versauerung von oben ihren Ausgang nimmt. Auf kleinere Erstreckungen des Profils werden natürlich wohl Störungen dieser Regelmäßigkeit auftreten können, wie das ja auch deutlich unser Heidebodenprofil zeigt, bei dem nach einer anfänglichen Abnahme der Azidität von 80 cm Tiefe ab wieder ein starkes Ansteigen der Austauschazidität erfolgt. Hier hing diese Erscheinung aber in einer dem Auge sichtbaren Weise mit der Ansammlung von humosen Stoffen in den stärker sauren, tieferen Schichten zusammen. Dieselbe Erklärung ist auch von E. Frank für die von ihm gemachte Beobachtung abgegeben worden, daß bis in die Tiefen von 5—15 cm oft eine Zunahme der Bodenazidität vorhanden war; auch dafür wird wohl die Hinabschwemmung von Humusstoffen aus den auflagernden Humusschichten die Ursache sein. Überall aber, wo man Bodenprofile in ungestörter und gleichmäßiger Lagerung auf ihre Azidität bis auf größere Tiefen hinab untersucht, wird man immer eine allmähliche Abnahme der Azidität erwarten dürfen. Dort allerdings, wo in einem Profil die Beschaffenheit der Bodenschichten nicht einheitlich ist, da wird man auch trotz dieser bei Betrachtung des Gesamtprofiles sicher anzutreffenden Abnahme der Azidität auch auf einen gewissen Wechsel in ihrem Ausmaße stoßen können. Auf landwirtschaftlich benutzten Böden wird man im Gegensatz zu den in natürlicher Lagerung befindlichen wohl oft Abweichungen von der dort geltenden Regel antreffen, und zwar in dem Sinne, daß der Untergrund stärker sauer ist als die Ackerkrume. Wo das der Fall ist, sind zumeist landwirtschaftliche Maßnahmen Ursache der Erscheinung, besonders die Vornahme einer Kalkdüngung.

Außer den schon genannten Faktoren, die die versauernde Wirkung des Humus auf die darunterliegenden Mineralböden beeinflussen, wird natürlich von besonderer Bedeutung auch die Beschaffenheit des auflagernden Humus selbst sein. Man unterscheidet ja schon immer zwischen saurem Rohhumus und zwischen dem weniger sauren oder sogar neutralen milden Humus, den man auch Mull oder Moder nennt. Die Verschiedenheit dieser Humusformen hängt zum guten Teil von den Pflanzen ab, denen er entstammt, und darum gewinnen die auf einem Boden wachsenden Pflanzen eine, wenn auch nur sekundäre Bedeutung für das Vorkommen der Bodenazidität. So gelten als Lieferanten eines milden Humus vorzugsweise die Laubhölzer, während der saure Humus besonders von den Nadelhölzern gebildet wird. Solche Verschiedenheiten müssen sich natürlich auch in dem Versauerungsgrade der Böden aus Laub- und Nadelwäldern zu erkennen geben, und tatsächlich haben bereits Nemeč und Kvapil[1], ferner Krauss[2] und E. Frank[3] feststellen können, daß im allgemeinen Nadelwaldböden wesentlich saurer sind als Laubwaldböden. Die sauersten Böden, die je bei unseren eigenen Untersuchungen angetroffen wurden, waren auch stets solche, die aus Kiefern- oder Fichtenwaldungen stammten. Austauschaziditäten von 15—21 ccm bei der ersten Titration waren bei solchen Böden gar nichts Seltenes. Wohl erklärlich wird diese starke Versauerung, wenn man an die von uns[4] festgestellte Tatsache denkt, daß aus einem Walde aufgenommene, wenig veränderte Fichtennadeln beim Extrahieren mit Wasser im Verhältnis von 1 : 20 Lösungen lieferten, die einen p_H-Wert von rund 4,0 aufwiesen. Daß so stark saure Lösungen beim Durchsickern durch den Boden eine schnelle und starke Versauerung herbeiführen müssen, ist wohl ohne weiteres klar, und daß ferner aus einem schon von Haus aus so sauren Ausgangsmaterial ein Humus von stark saurer Beschaffenheit sich ergeben muß, ist nicht zu bezweifeln. Auch andere, für saure Böden charakteristische Pflanzen, wie Vaccinium

[1] Nemeč, A. M., u. K. Kvapil: Z. Forst- u. Jagdwes. 1924, 324.
[2] Krauss, G.: Forstw. Zbl. 1924, 85.　　[3] Frank, E.: a. a. O.
[4] Kappen, H., u. M. Zapfe: Landw. Versuchsstat. 90, 361.

myrtillus und Calluna vulgaris, lieferten uns einen stark sauren Wasserauszug, und von ihnen ist ja längst bekannt, daß sie einen stark sauren Humus bei ihrer Zersetzung ergeben. Weiter muß manchen Moosen eine bodenversauernde Wirkung zugesprochen werden, ganz besonders den verschiedenen Sphagnumarten. In dem aus einem Sphagnum acutifolium unter gelindem Druck abgepreßten, ihm also nur äußerlich anhaftenden Wasser fanden wir einen p_H-Wert von 3,58, ein anderes Sphagnummoos aus einem norddeutschen Hochmoor lieferte sogar in der ihm anhaftenden Flüssigkeit einen p_H-Wert von 3,37. Der Auszug aus einem Polytrichummoos, das auf Buntsandstein gewachsen war, erwies sich dagegen als so gut wie neutral. Daß allen diesen Moosen, wo sie in größeren Mengen vorkommen, ein stark versauernder Einfluß auf den unter ihnen lagernden Mineralboden zukommt, kann als ausgemacht gelten, denn sie liefern sämtlich einen stark sauren Humus, eine Tatsache, die auch durch die Untersuchungen von E. FRANK bestätigt wird. Am Schönberg bei Freiburg stellte er Verhältnisse fest, die den versauernden Einfluß einer Moosdecke auf das darunterliegende Gestein, das in diesem Falle sogar ein Kalkgestein war, vorzüglich klarstellen.

Er fand nämlich die nebenstehenden Reaktionszahlen auf diesem Boden bei verschiedener Pflanzenbedeckung. Die Probenahmestellen lagen nur je 2 m voneinander entfernt,

	Nackter Boden	Boden unter Hypnum cupressiforme	Boden unter Gras Festuca
0— 5 cm tief . .	7,1	5,1	6,7
5—15 ,, ,, . .	6,8	5,2	7,0

und sie zeigen, abgesehen von der versauernden Wirkung des Mooses, deutlich, was E. FRANK mit Recht hervorhebt, daß auf kleinstem Raume die Bodenazidität starke Schwankungen aufweist, die auf nichts anderem beruhen als auf dem Pflanzenbestande, der den Boden deckte.

Von besonderem Interesse ist bei diesen Befunden von E. FRANK aber auch die Tatsache, daß die Bedeckung mit Gras zu keiner Versauerung des Bodens geführt hat. Beobachtungen von SCHWÖRER deuten sogar darauf hin, daß unter einer Grasnarbe die Bodenazidität langsam wieder sinkt. Er glaubt, daß das Vorherrschen der Feldgraswirtschaft in stark versauerten Gebieten hiermit in Zusammenhang zu bringen sei. Eine gewisse Stütze für eine solche Auffassung liefern die Versuche von KÖNIG und HASENBÄUMER[1], die bei Vegetationsversuchen fanden, daß angebautes Gras, außerdem der Hafer und der Mais, keine nennenswerte Bodenversauerung zustande kommen ließen, während unter Erbsen, Lupinen, Senf und Buchweizen eine deutliche Versauerung auftrat. Einen direkten reaktionsändernden Einfluß des Graswuchses nach der alkalischen Seite hin möchten wir aber doch nicht durch diese Versuche als bewiesen betrachten, ebensowenig wie das von E. FRANK geschieht. Die Tatsache, daß auch in der freien Natur die Gräser die Pflanzen mit größerer Aziditätsverträglichkeit im Standort ablösen, wie von E. FRANK vermerkt wird — das entspricht ganz der von SCHWÖRER beobachteten zunehmenden Graswüchsigkeit landwirtschaftlich benutzter Böden mit Zunahme der Bodenversauerung —, hängt sicher nicht mit einem positiven aziditätsvermindernden Einfluß der Gräser zusammen. Sehr schwer, wenn nicht unmöglich, dürfte es auch sein, für eine derartige Annahme eine wissenschaftliche Begründung abzugeben, denn die Grasnutzung saurer Böden kann doch stets nur zu einer weiteren Entbasung des Bodens, also zu einer steigenden Versauerung führen, wenn nicht durch besondere Düngungsmaßnahmen ihr entgegengearbeitet wird. Wir möchten uns daher der Erklärung von E. FRANK anschließen, nach der in solchen Fällen nicht der direkte Einfluß der Gräser die Abnahme der Ver-

---

[1] KÖNIG, J., u. J. HASENBÄUMER: Z. Pflanzenernährg u. Düngg A 1, 3.

sauerung herbeiführt, sondern nach der es Einwirkungen anderer Art sind, die diese Abnahme zeitigen. E. FRANK denkt hierbei für die Verhältnisse in der freien Natur an Klimawirkungen, für die Verhältnisse in der Landwirtschaft werden auch von SCHWÖRER keineswegs übersehene Änderungen in der Bodenbearbeitung und Düngung (Jauche und Thomasmehl), weiter die verringerte Auswaschung unter der Wiesennarbe, ferner die Nachlieferung basischer Stoffe durch Weiterverwitterung der Mineralbestandteile für die beobachtete Erscheinung eine Rolle spielen. Sicherlich besitzt aber auch die geringe Azititätsempfindlichkeit der Gräser selbst für das Aufeinanderfolgen der Pflanzen auf versauerndem Boden Bedeutung.

Außer der Natur des Muttergesteins und der Art der Humusbildung, die beide wohl als die wichtigsten Faktoren für die Entstehung und damit für das Vorkommen saurer Böden anzusprechen sind, gibt es natürlich noch andere, die Einfluß auf das Vorkommen saurer Böden gewinnen können. E. FRANK erörtert in seiner Abhandlung über die Bodenazidität im Walde eingehend, welche Bedeutung die Höhenlage der Böden, ihre Exposition, die Bodenausformung, der Bestand, Lichtungen und meteorologische Faktoren besitzen, bei den meisten dieser Faktoren führt eine genauere Betrachtung aber immer wieder zu der Erkenntnis, daß es sich bei ihnen doch nur um nach der einen oder anderen Richtung modifizierte Wirkungen des Humus und zweier anderer Faktoren, nämlich des Wassers und der Wärme, handelt.

Daß das Wasser auf die Ausbildung der Bodenazidität einen starken Einfluß ausüben muß, haben wir schon eingangs bei Darlegung der Faktoren der Verwitterung hervorgehoben. Die spaltende Einwirkung des Wassers auf die Bodensilikate und die Humate ist ja vielleicht der wichtigste unter allen Verwitterungsfaktoren. Es gelingt auch im Experiment, nämlich durch die schon obenerwähnte Elektrodialyse, mit Hilfe der alleinigen Einwirkung des Wassers einen Boden von seinen im Kolloidkomplex enthaltenen Basen zu befreien und ihn damit auf den höchsten Grad der Versauerung zu bringen, der bei ihm erreichbar ist. Nicht immer aber muß die spaltende Einwirkung des Wassers zur Versauerung führen; offenbar ist das nur dann der Fall, wenn gleichzeitig, wie bei der Dialyse, für die Entfernung der hydrolytisch abgespaltenen Basen Gelegenheit geboten ist. Nur unter solchen Bedingungen wird das Gleichgewicht der hydrolytischen Aufspaltung im Boden gestört, und es kann bei dem unterstützenden Einfluß von Kohlensäure und Humusstoffen nun zu einer weitgehenden Versauerung kommen. Wo starke Durchlässigkeit des Bodens und damit leichte Auswaschung vorhanden ist, wird sich die versauernde Wirkung des Wassers ungehemmt entfalten können, es ist infolgedessen klar, daß die Höhe der Niederschläge mitbestimmend für das Auftreten der Bodenazidität sein muß. Das macht sich scheinbar auch unter den Verhältnissen der praktischen Landwirtschaft bemerkbar, denn aus regenreichen Jahren werden meist stärkere Azititätsschädigungen an den Kulturpflanzen gemeldet als aus trockenen Jahren. Mit dem Wassergehalt der Ackerkrume selbst kann diese verstärkte Schädigung nicht in Zusammenhang stehen, denn dadurch kann doch nur eine Verdünnung der sauren Bodenlösung, also eher eine Milderung als eine Verstärkung der Azititätsschäden stattfinden. Durch einen Vegetationsversuch auf saurem Boden mit Gerste, bei dem der Wassergehalt des Bodens bei gleicher Düngung verändert wurde, haben wir übrigens auch diese naheliegende Einflußlosigkeit höheren Wassergehaltes der Krume auf die Azititätsschädigung experimentell nachweisen können. Es wurden bei verschiedenen Wassergehalten die folgenden Mengen an Trockensubstanz geerntet. Die Zahlen sind Mittelwerte von drei Töpfen:

Art der Düngung	Prozente der vollen Wasserkapazität							
	40%		60%		80%		100%	
	Körner g	Stroh g	Körner g	Stroh g	Körner g	Stroh g	Körner g	Stroh g
Ungedüngt	4,1	3,9	6,2	5,1	6,4	6,0	5,1	5,0
Sauer gedüngt. . . .	9,0	7,7	11,0	8,7	8,7	8,9	6,0	10,9
Alkalisch gedüngt . .	11,7	8,4	19,2	16,0	21,2	18,2	14,2	14,4
Sauer + Kalk 1 . . .	17,8	17,0	23,8	24,0	17,5	16,8	19,4	19,1
Sauer + Kalk 2 . . .	17,9	18,9	24,5	28,3	22,4	27,3	18,4	21,6

Die zu den verschiedenen Düngungen gehörigen Reaktionszahlen des Bodens gehen aus der folgenden Tabelle hervor:

Art der Düngung	Prozente der vollen Wasserkapazität											
	40 %			60 %			80 %			100 %		
	p_H	A. A.	H. A.	p_H	A. A.	H. A.	p_H	A. A.	H. A.	p_H	A. A.	H. A.
Ungedüngt	5,44	4,5	11,5	5,53	3,8	11,1	5,53	3,0	10,2	5,58	2,9	9,8
Sauer gedüngt . .	5,23	5,0	11,9	5,29	4,7	11,9	5,32	4,2	11,6	5,26	3,5	10,3
Alkalisch gedüngt.	5,53	2,7	10,4	5,74	1,8	8,8	5,85	1,5	8,6	5,86	0,7	7,0
Sauer + Kalk 1 .	6,05	0,4	6,6	6,23	0,4	6,1	6,30	0,1	6,0	6,41	0,1	5,3
Sauer + Kalk 2 .	6,83	0,3	4,4	7,01	0,2	3,8	7,18	0,2	3,0	7,24	0,0	3,1

Bei 60 % der vollen Wasserkapazität sind die höchsten Ernten erreicht, bei geringeren und auch bei höheren Wassergehalten sind die Erträge kleiner, aber beide Erscheinungen sind nicht nur bei saurer Reaktion vorhanden, sondern sie setzen sich durch die ganzen Reihen mit verschiedenen Reaktionen fort; es kommt also darin gar keine Abhängigkeit vom Reaktionsgrade des Bodens zum Ausdruck. Daß das mit höherem Wassergehalt einsetzende Sinken der Erträge überhaupt nicht mit der Bodenreaktion in Zusammenhang stehen kann, wird zweifelsfrei durch die Tatsache belegt, daß in allen fünf Reihen die Reaktion mit steigendem Wassergehalt des Bodens alkalischer wird. Wenn man daher beobachtet, daß Säureschäden zu Zeiten starker Niederschläge verstärkt auftreten, so kann das nach dem Ausfall unserer Untersuchungen nicht mit dem höheren Wassergehalt der Ackerkrume in Zusammenhang gebracht werden, sondern es muß mit anderen Dingen verknüpft sein, vielleicht mit der bei hohen Niederschlagsmengen verstärkten Auswaschung der Basen aus den Böden. Diese Deutung kann aber für die Erscheinung nur mit allem Vorbehalt abgegeben werden, denn daß die Folgen der Auswaschung sich so schnell steigern sollten, erscheint doch zunächst noch etwas zweifelhaft.

Nach dem Ausfall unseres Versuches mit verschiedenen Wassergehalten kann man aber auch die oft zu findende Annahme, daß stagnierendes Wasser eine Veranlassung zur Versauerung des Bodens bilde, nicht ohne weiteres als zutreffend bezeichnen. Bei einem Wassergehalt, der, wie bei unserem Versuch, 100 % der vollen Wasserkapazität entspricht, kann man ja wohl schon von einem Stagnieren des Wassers sprechen, und dennoch sehen wir, daß keine Zunahme der Versauerung stattgefunden hat, sondern im Gegenteil eine Abnahme. Wenn Böden unter stagnierendem Wasser oft sauer befunden werden, so muß diese Tatsache, die an sich nicht bezweifelt werden soll, doch noch mit anderen Dingen ursächlich verknüpft sein. Vielleicht spielen auch hier wieder die Humusstoffe hinein.

Daß schließlich, wie E. Frank fand, fließendes Wasser säureerniedrigend wirken kann, wird man wohl zugeben können, aber nicht, daß es immer in dieser

Weise wirken muß. Die chemische Beschaffenheit, der Gehalt an Bikarbonaten von Kalk und Magnesia wird hierfür wohl eine ausschlaggebende Rolle spielen.

Es gibt also eine Reihe von Faktoren, die in der freien Natur für das Vorkommen der Bodenazidität bestimmend oder wenigstens mitbestimmend sind. Die Wirkung dieser Faktoren erstreckt sich aber auch in das landwirtschaftliche Vorkommen der Bodenversauerung hinein. Wir werden ganz allgemein annehmen dürfen, daß die leichten, sandigen Böden, ob sie nun aus Granitverwitterung oder aus der des Buntsandsteins hervorgegangen sind, oder ob sie uns als diluviale oder alluviale Bildungen entgegentreten, infolge ihres zumeist geringen Gehaltes an basischen Stoffen leicht zur Versauerung geneigt sind, während der höhere Gehalt an basischen Stoffen die schweren Böden längere Zeit hindurch vor dem Eintritt der Versauerung schützen kann. Die Pufferkraft der Böden wird also das Vorkommen saurer Böden stark beeinflussen. Geradeso wie in der freien Natur spielt aber auch der saure Humus für das Vorkommen saurer Böden in der Landwirtschaft eine ausschlaggebende Rolle, denn die Sand-, Lehm- und Tonböden, die wir heute mit saurer Beschaffenheit auf landwirtschaftlich benutztem Gelände antreffen, sind wohl in ihrer überwiegenden Mehrzahl früher Waldböden gewesen und waren als solche lange Zeit hindurch von saurem Humus bedeckt. Dieser Rohhumus mag seit der Kultivierung dieser Böden manchmal durch die Veränderung der klimatischen Faktoren völlig zum Verschwinden gekommen sein — bei den sauren Sandböden bildet er auch heute noch oft die Hauptursache ihrer Azidität —, er ist es aber, dem die heute noch bei vielen Böden zu beobachtende Versauerung ursächlich zuzuschreiben ist. Vielfach sind diese Böden auch noch niemals durch die landwirtschaftliche Kultur vollständig von ihrer Versauerung befreit gewesen, so daß sie z. T. heute noch ihre ursprüngliche, durch die Rohhumusbedeckung erworbene Azidität in mehr oder weniger hohem Grade aufweisen. Oft mögen sie auch vorübergehend entsäuert gewesen sein und sind dann durch die langjährige Vernachlässigung der Kalkdüngung und andere falsche Düngungsmaßnahmen wieder sauer geworden. Daß solche von Haus aus sauer gewesene Böden leicht wieder unter falscher Behandlung zur sauren Reaktion zurückkehren werden, ist ja leicht einzusehen, wenn wir an die doch zumeist nur verhältnismäßig kleinen Kalkmengen denken, die den Böden bei der gebräuchlichen Art der Bodenkultur zugeführt werden. Der wichtigste Faktor der Bodenversauerung, die Ausbildung von saurem Humus auf den Böden, erstreckt sich also in seinen Auswirkungen auch heute noch weit und breit in bestimmendem Ausmaße in das landwirtschaftliche Vorkommen der sauren Böden hinein. Wenn wir hier diese Meinung äußern, so soll damit allerdings keineswegs gesagt sein, daß die sauren Böden von heute sich schon sämtlich vor ihrer Kultivierung in saurem Zustande befunden hätten. Diese Meinung wäre gewiß falsch, denn es gibt auch viele saure Böden, die vor ihrer Kultivierung eine neutrale oder sogar alkalische Reaktion besessen haben. In diesen Fällen hat eine unzweckmäßige landwirtschaftliche Kultur die Versauerung bedingt, denn es ist klar, daß man nicht jahrzehntelang Ernten von den Feldern entnehmen und sie der Auswaschung überlassen kann, ohne sie an basischen Stoffen zu erschöpfen; es müssen die Felder also, wenn diese basischen Stoffe ihnen nicht in der Düngung ersetzt werden, langsam, aber sicher der Versauerung anheimfallen. Vielfach hat man auch diese natürlich eintretende Versauerung noch durch Anwendung ungeeigneter Düngemittel gesteigert. Von dieser Beteiligung künstlicher Düngemittel an der Versauerung ist viel die Rede gewesen, und sie steht auch heute bei der Bedeutung, die die Anwendung künstlicher Düngemittel in der Landwirtschaft besitzt, im Brennpunkt des Interesses. Bei dem Umfang, den die zu diesem Punkte nötigen Ausführungen beanspruchen, soll aber nicht an dieser Stelle weiter davon gesprochen werden, sondern es soll das ganze folgende Kapitel der Erörterung der Bedeutung, die die künstlichen wie auch die natürlichen Düngemittel für das Vorkommen saurer Böden besitzen, gewidmet werden. Hier soll noch, nachdem wir das Vorkommen der sauren Böden in seinen ursächlichen Zusammenhängen zwar nicht in allen Einzelheiten erschöpfend, so doch für unsere Bedürfnisse ausreichend besprochen haben, die Aufmerksamkeit auf die Verbreitung der Bodenversauerung in der Landwirtschaft gelenkt werden.

b) Die Verbreitung der Bodenazidität in der Landwirtschaft.

Überall, wo man nähere Untersuchungen zur Frage der Verbreitung der Bodenazidität auf landwirtschaftlich benutzten Böden angestellt hat, ist man zur Feststellung der Tatsache gelangt, daß die Bodenversauerung viel weiter verbreitet ist, als früher auch nur im entferntesten geahnt wurde. Zwar haben schon vor längerer Zeit TACKE und ebenso auch IMMENDORFF darauf hingewiesen, daß die Bodenversauerung keineswegs auf die Moorböden und die anmoorigen Heideböden beschränkt sei, sondern auch auf reinen Mineralböden verbreitet vorkomme, aber an eine derartige Verbreitung, wie sie die genaueren Untersuchungen des letzten Jahrzehntes nachgewiesen haben, ist von den Genannten sicherlich nicht gedacht worden. Auf Grund der neueren Untersuchungen werden heute über die Verbreitung der Bodenazidität auf unseren Feldern, Weiden und Wiesen Zahlen angegeben, nach denen man annehmen muß, daß rund die Hälfte aller unserer Kulturböden der Versauerung anheimgefallen ist. Denken wir an die geschilderten Nachteile und Gefahren, die mit der Bodenversauerung verknüpft sind, so werden wir zugeben müssen, daß die Verbreitung der Bodenversauerung danach tatsächlich einen bedrohlichen Umfang angenommen hat.

Ganz so schlimm, wie man nach diesen Angaben annehmen sollte, liegt die Sache in Wirklichkeit aber doch wohl nicht. Einmal sind nämlich bei diesen Angaben über die Versauerung auch alle die Fälle einbegriffen, bei denen nur eine recht schwache Versauerung vorhanden ist. Von einer Versauerung, die sich zwischen Reaktionszahlen von etwa 7 bis 6 hält, sind aber wohl noch keine besonderen Gefahren für die Höhe unserer Ernten zu erwarten, wenn es sich nicht gerade um den Anbau der gegen die Bodenazidität empfindlichen Kulturpflanzen handelt. Die wirkliche Gefahr für das Gedeihen der Kulturpflanzen beginnt doch erst mit dem Eintritt der Austauschazidität, also dann, wenn die Reaktionszahlen unter 5,5 gesunken sind. Auf diese Aziditätsgröße beschränkt, dürfte der Prozentsatz saurer Böden doch schon wesentlich geringer sein, als er sich nach den bekannten Angaben stellt. Auch noch ein anderes Bedenken gibt es, das diese Angaben als zu hoch gegriffen erscheinen läßt, das ist die Art und Weise, in der die bisher über die Verbreitung der Bodenversauerung gemachten Angaben zustande gekommen sind. Es gründen sich nämlich diese Angaben zumeist auf die Untersuchung der an die Versuchsstationen oder an andere Untersuchungsanstalten zur Prüfung von seiten der Landwirte eingesandten Bodenproben, und es ist klar, daß bei solchen Einsendungen immer eine Auswahl zugunsten der versauerten Böden stattfindet. Dasselbe ist auch dann der Fall, wenn von den Versuchsanstalten zur Einsendung von Bodenproben zur Untersuchung auf Versauerung aufgefordert wird. Auch in diesem Fall wird stets die Auswahl der Bodenproben zugunsten der versauerten ausfallen müssen, denn der Landwirt bevorzugt bei der Einsendung fraglos die Proben solcher Schläge, von denen er annimmt, daß sie schon versauert sind oder der Versauerung zuneigen. Die Zahlenangaben über die Verbreitung saurer Böden, für die in solcher Weise die Grundlage gewonnen wurden, sind zwar keineswegs wegen dieser Unsicherheit wertlos, es wäre aber doch erwünscht, wenn man über einwandfreieres statistisches Material für die Beurteilung dieser Frage verfügen könnte. Es mag daher auch genügen, wenn wir an dieser Stelle von den Angaben über die Verbreitung der Bodenazidität diejenigen anführen, die von den landwirtschaftlichen Versuchsstationen auf Grund einer allgemeinen Aufforderung zur Einsendung von Bodenproben zur Prüfung auf Versauerung gemacht und von LIEHR[1] übersichtlich zusammengestellt sind:

Länder	Zahl der untersuchten Proben	Reaktion der Böden		
		basisch bis neutral %	neutral bis schwach sauer %	mittel bis stark sauer %
Preußen	28 157	22,6	53,1	24,3
Bayern	12 886	33,5	43,3	23,2
Sachsen	357	59,4	22,7	17,9
Württemberg	885	68,7	25,5	5,8
Baden	1 748	60,9	24,1	15,0
Hessen	326	4,0	71,5	24,5
Thüringen	2 463	22,5	68,4	9,1
Mecklenburg-Schwerin	484	53,5	32,6	13,9
Mecklenburg-Strelitz	382	42,4	39,0	18,6
Oldenburg	345	28,1	20,6	51,3
Braunschweig	486	35,2	43,8	21,0
Anhalt	49	91,8	6,1	2,1
Lippe-Detmold	4	—	25,0	75,0
Hamburg	171	35,1	36,8	28,1
Lübeck	351	4,0	57,0	39,0
Deutsches Reich	49 094	28,4	49,4	22,2

Rechnet man, wie es O. LEMMERMANN[2] schon getan hat, um nur zwei Gruppen zu erhalten, die neutral bis schwach sauer reagierenden Böden zur Hälfte den neutralen und zur Hälfte den sauren Böden zu, so ergibt sich nach diesen umfassendsten von allen bisher ausgeführten Untersuchungen, daß tatsächlich 46,9 % aller untersuchten Böden versauert waren. Selbst wenn man von dieser Zahl in Anbetracht der zugunsten der versauerten Böden getroffenen Auswahl einen, natürlich ziemlich willkürlichen Abzug von etwa einem Drittel macht, so würde immer als Resultat bestehen bleiben, daß rund 30 % aller deutschen Böden mehr oder weniger weitgehend der Versauerung anheimgefallen sind. Das ist immer noch eine Zahl, die große Bedenken bezüglich der Auswirkung der Bodenversauerung auf die Höhe unserer Ernten auslösen muß, und die es wohl berechtigt erscheinen läßt, wenn man überall der Bodenversauerung die größte Aufmerksamkeit zuwendet und ihre Bekämpfung auf das energischste betreibt. Wünschenswert bleibt es im übrigen, die statistische Erfassung der versauerten Böden genauer zu gestalten, um von den trotz aller bisher ausgeführten Untersuchungen doch nur unsicheren Schätzungsziffern freizukommen. Eine genauere Statistik läßt sich aber nur erreichen, wenn die Untersuchungen in einer anderen Form durchgeführt werden, nämlich in der Form regelrechter kartographischer Reaktionsaufnahmen der Böden.

Vorbildlich in dieser Richtung sind die geologischen Landesaufnahmen, die, wie bekannt, bereits manche in landwirtschaftlicher Beziehung wertvollen Angaben enthalten. Hätte man bei der geologischen Kartierung seinerzeit auch auf die Bodenreaktion geachtet, so würden die Karten fraglos noch wertvoller für die Landwirtschaft geworden sein, aber man dachte früher noch nicht

---

[1] LIEHR, O.: Z. Pflanzenernährg, Düngg u. Bodenkde B **7**, 201.
[2] LEMMERMANN, O.: Z. Pflanzenernährg u. Düngg A **3**, 240.

daran, welche Bedeutung die Bodenreaktion erlangen würde. Nachträglich diesen Mangel zu beseitigen, ist eine außerordentlich schwierige Aufgabe. Von manchen Seiten wird nun eine der geologischen entsprechende allgemeine kartographische Aufnahme nach der Bodenreaktion gewünscht, aber uns scheint es, als ob man diesen Bestrebungen nicht Vorschub leisten solle. Verschiedene Gründe lassen sich gegen eine derartige, nur von seiten des Staates durchzuführende Bodenkartierung nach der Reaktion ins Feld führen. Einmal sind es die sehr großen Unkosten, die eine solche Aufnahme, wenn sie schnell und umfassend bewerkstelligt werden soll, verursachen würde. In kürzester Zeit müßten dafür viel größere Mittel aufgebracht werden, als für die geologische Landesaufnahme in Jahrzehnten notwendig waren. Das Ergebnis, das man dann erhält, unterscheidet sich aber sehr wesentlich von dem bei der geologischen Landesaufnahme erhaltenen. Dieses hat einen dauernden Wert, weil sich die geologischen Grundlagen der Aufnahme nicht ändern können, jenes dagegen hat nur einen vorübergehenden Wert. So paradox es klingen mag, muß man aussprechen, daß der Wert dieser Kartierung gerade darin bestehen würde, daß sie so schnell wie möglich entwertet würde, denn der Landwirt soll sich ja die Ergebnisse der Reaktionskartierung umgehend zunutze machen und dafür Sorge tragen, daß die Karten nicht mehr stimmen. Es muß also, wenn sich der dafür gemachte Aufwand überhaupt lohnen soll, dafür gesorgt werden, daß diese kostspieligen Karten schnellstens ungültig werden. Man kann dieser Überlegung zwar entgegenhalten, daß es doch möglich sei, durch fortgesetzte Revision den Wert dieser Karten zu erhalten. Das ist gewiß möglich, aber doch nur unter Aufrechterhaltung eines sehr kostspieligen Apparates. Mit demselben Recht übrigens wie eine Kartierung nach der Bodenreaktion könnte man dann auch eine Kartierung nach dem Düngerbedürfnis für Stickstoff, Kali oder Phosphorsäure verlangen. Düngerbedürfnis und Bodenreaktion sind aber doch viel zu leicht veränderliche Größen bei den Böden, als daß sie als geeignete Grundlagen für kostspielige Kartierungen in Frage kämen.

Eine Kartierung im Maßstabe der geologischen Landesaufnahmen würde übrigens den landwirtschaftlichen Bedürfnissen auch noch viel zu wenig Rechnung tragen. Es soll doch die Reaktionskartierung die Grundlage für die Kalkdüngung der Böden abgeben. Jeder, der einmal Felduntersuchungen auf Bodenreaktion durchgeführt hat, weiß nun aber, wie sehr selbst auf kleinste Erstreckungen hin die Bodenreaktion stärkstem Wechsel unterworfen ist. Schon bei der Anlage von Felddüngungsversuchen auf sauren Böden können dem Versuchsansteller die Reaktionsverschiedenheiten höchst peinlich werden. Mit der Aufnahme weniger Bodenproben von größeren Flächen, wie sie bei einer allgemeinen Kartierung nach der Reaktion doch allein möglich sein würde, ist dem praktischen Bedürfnis des Landwirts daher wohl nur selten, nämlich nur bei einer ausnahmsweise vorhandenen Gleichmäßigkeit der Reaktion auf größeren Flächen, gedient. In der Mehrzahl der Fälle würde dagegen von der Reaktionskarte der schnelle Wechsel der Reaktion auf kleinste Entfernungen hin gar nicht erfaßt werden. Der Landwirt würde, wenn er nach der Reaktionskarte düngen wollte, Kalkmengen anwenden, die vielleicht auf dem Nachbargrundstück, aber nicht auf dem seinen angebracht wären. Würde also auch wohl die Statistik der Bodenversauerung durch eine Aufnahme im Ausmaß der geologischen eine wesentliche Sicherung erfahren, wofür als Beleg die von Niklas[1] und seinen Mitarbeitern auf Grund der Untersuchung von 21432 Böden hergestellte Reaktionskarte von Bayern gelten kann, so würde doch letzten Endes der praktische Wert der Karten, auf den es

---

[1] Übersichtskarte der kalkbedürftigen Böden Bayerns. Verlag des Agrikulturchem. Inst. der Hochschule Weihenstephan.

ankommt, nur recht problematisch bleiben. Soll die Anlegung von Reaktionskarten wirklich praktischen Wert haben, so müssen die Karten unter Zugrundelegung eines sehr dichten Netzes von Probenahmestellen in einem so großen Maßstabe angefertigt werden, daß auch eine zuverlässige Ausführung der Kalkdüngung danach möglich ist. Eine solche Kartierung wird aber nicht in der Form einer staatlichen Maßnahme durchgeführt werden können, sondern sie muß wohl der privaten Initiative derjenigen überlassen bleiben, die auch den direkten Nutzen davon genießen, nämlich der einzelnen Landwirte selbst. Für sie kommt nur die Kartierung in der Form von Gutskarten in Frage, wie sie zuerst wohl von O. ARRHENIUS, später aber auch von anderen in vorbildlicher Weise ausgeführt worden ist, so von WOLF und von NIKLAS. Wie man bei der Herstellung solcher Gutskarten verfahren soll, bedürfte noch in manchen Einzelheiten einer bestimmteren Festlegung, wünschenswert wäre es sicher, wenn Einheitlichkeit in dieser Arbeit erzielt würde. Ganz besonders müßte zuerst vereinbart werden, wieviel Proben von einer bestimmten Fläche zweckmäßig zu entnehmen sind. NIKLAS glaubt, daß es im allgemeinen genüge, wenn auf 1 ha 1—2 Durchschnittsproben aus vielen auf den entsprechenden Schlägen genommenen Einzelproben zusammengemischt und untersucht würden. Das scheint uns nach unseren Erfahrungen aber nicht auszureichen. NIKLAS selbst sagt zwar auch schon, daß Fälle auftreten könnten, wo auf kleinem Raum eine ziemlich große Anzahl von Bodenproben notwendig sei, um die Übergänge und den Wechsel in den Bodenverhältnissen genauer zu erfassen, daß dagegen manchmal große einheitliche Flächen mit bedeutend weniger Proben ebenso genau untersucht werden könnten. Der erste Teil dieses Satzes ist sicherlich viel allgemeingültiger als der zweite. Große Flächen mit einer einheitlichen Bodenreaktion sind uns bei unseren Arbeiten eigentlich noch nie begegnet. Stets wird daher nur dann eine Reaktionskarte Anspruch auf praktische Brauchbarkeit machen können, wenn sie auf einer möglichst großen, durch Erfahrungen und Versuche noch genauer festzulegenden Anzahl von Probenahmestellen aufgebaut ist.

Von nicht minder großer Bedeutung dürfte aber auch die Einheitlichkeit der bei der Untersuchung der Bodenproben anzuwendenden Methoden sein. Der ausschließliche Aufbau der Reaktionskarten auf die Messung von Wasserstoffionenkonzentrationen wäre als durchaus sinnlos zu bezeichnen, weil diese Größen uns keinerlei zuverlässige Antwort auf die praktisch wichtige Frage nach dem Kalkbedarf der Böden geben können. Die ganze Neutralisationskurve der Bodenproben zu bestimmen, würde gewiß das am meisten Wünschenswerte sein, wird aber wohl wegen der gewaltigen Häufung der Arbeit, die damit verbunden ist, unausführbar bleiben. Es muß aber wenigstens eine Methode zur Anwendung gelangen, die es gestattet, diese praktische Frage nach dem Kalkbedarf zu beantworten, und da scheint uns, wie in den noch folgenden Auseinandersetzungen im Kapitel XIV über die Beseitigung der Bodenversauerung näher belegt werden wird, die Anwendung der Bestimmung der Austauschazidität und der der hydrolytischen Azidität das einzig Mögliche zu sein, um dieses Ziel bei geringstem Arbeitsaufwand doch mit ausreichender Genauigkeit zu erreichen.

Wie man ferner die Kennzeichnung der bei der Untersuchung vorgefundenen Reaktionsverhältnisse auf der Karte bewirken will, ist natürlich auch eine in verschiedener Weise lösbare Aufgabe. Da die Karten nur Wert haben, wenn sie wirklichen praktischen Nutzen zu stiften imstande sind, so wird man wohl auf eine möglichst einfache, auch dem wenig vorgebildeten Landwirt verständliche Darstellungsweise allergrößtes Gewicht zu legen haben. Man muß daher auch auf den für den Praktiker bestimmten Karten alles unnötige wissenschaftliche Beiwerk, wie die Reaktionszahlen usw., weglassen, sich auf die Angabe weniger, durch Farben gekennzeichneter Reaktionsstufen beschränken, dafür aber die wahrscheinliche Kalkbedürftigkeit deutlich hervorheben. Natürlich kann in diese Karten nicht die Kalkbedürftigkeit des Bodens in Doppelzentnern auf den Hektar ausgedrückt eingezeichnet werden. Das ist schon deshalb unmöglich, weil sich ja die Kalkbedürftigkeit stark nach den anzubauenden Kulturpflanzen richtet. Die im Einzelfalle anzuwendenden Kalkmengen erfährt der Landwirt aber leicht durch eine Anfrage bei der Untersuchungsstelle, von der die Karten angefertigt sind. Hier müssen auf das genaueste alle Untersuchungsergebnisse registriert werden.

Von den uns bisher zu Gesicht gekommenen Reaktionskarten scheinen nun die von NIKLAS[1] ausgearbeiteten am besten den geschilderten Bedürfnissen zu entsprechen. Zwei auf den Maßstab von 1 : 10000 verkleinerte Gutskarten nach NIKLAS sind als empfehlenswerte Beispiele für die Ausführung solcher Kartierungsarbeiten am Schluß des Buches beigefügt worden. Deutlich zeigen uns diese Karten, welch überraschendem Wechsel die Reaktionsverhältnisse der Schläge eines Gutes oft unterworfen sein können. Auf dem Gute Inkofen mit vorwiegender, durch die roten Farben gekennzeichneter saurer Reaktion liegen ohne Übergang plötzlich alkalisch reagierende Schläge neben den sauren, wie an den Probenahmestellen 10—15, oder es treten innerhalb einer Fläche von ziemlich gleichmäßiger Reaktion unerwartet inselartige Flächen von deutlich abweichender Reaktion auf, wie bei der Probenahmestelle 117. Das Kartenbild des Gutes Herrngiersdorf gibt ein schönes Beispiel dafür ab, wie auf einem in der Hauptsache alkalisch und neutral reagierenden Gelände doch auch schon versauerte Schläge auftreten können. Gewiß werden solche Reaktionskarten sehr oft zu einem den Landwirt recht überraschenden Ergebnis führen, erst durch sie wird er über eine der wichtigsten Eigenschaften seiner Böden in richtiger und vollständiger Weise aufgeklärt werden. Alle seine Maßnahmen, sowohl bei der Pflanzenkultur als auch bei der Düngung, werden eine größere Zielsicherheit erlangen, und das muß letzten Endes derart zum Nutzen der Erträge ausschlagen, daß der für die Kartierung gemachte Aufwand sich sehr bald bezahlt gemacht haben dürfte.

XIII. Der Einfluß der Düngemittel auf die Bodenazidität.

Bedenkt man, daß unter den Düngemitteln solche mit alkalischer und saurer Reaktion neben solchen mit neutraler vorhanden sind, so möchte man es schon von vornherein als sehr wahrscheinlich betrachten, daß von der Verwendung der verschiedenen Düngemittel auch sehr verschiedene Einwirkungen auf den Aziditätszustand des Bodens ausgehen können. Es wäre aber nun durchaus irrig, anzunehmen, daß die Beeinflussung der Böden durch die Düngemittel auch eindeutig im Sinne ihrer Reaktion erfolgte, so daß also etwa die neutral reagierenden Düngemittel nun tatsächlich unter allen Umständen die Reaktion des Bodens unverändert lassen würden, daß aber ein sauer reagierendes Düngemittel, wie z. B. das Superphosphat, unbedingt den Boden versauern oder die Bodenversauerung verstärken müsse. So einfach liegen die Verhältnisse hier doch nicht. Von der den Düngemitteln eigentümlichen Reaktion kann man in zuverlässiger Weise keinen Schluß auf ihr Verhalten zum Reaktionszustand des Bodens ziehen. Es spielen einige besondere Momente in diese Frage hinein, die sie erheblich komplizieren und eine allgemeingültige Beantwortung der Frage nach dem Einfluß der Düngestoffe auf die Bodenazidität unmöglich machen. Dieser

---

[1] Die Reaktions- und Nährstoffkarten des Agrikulturchemischen Instituts der Hochschule Weihenstephan von H. NIKLAS u. A. HOCK. Weihenstephan 1927.

Sachlage und der unverkennbaren Bedeutung der Frage wird es daher entsprechen, wenn wir den Einfluß, den die Düngemittel auf die Bodenreaktion ausüben, für jede Gruppe von Düngemitteln einzeln erörtern. Dabei beginnen wir zweckmäßig, denn die Verhältnisse liegen hier am einfachsten, bei den künstlichen Düngemitteln, schließen aber von ihnen zunächst eins, nämlich den Kalk in seinen verschiedenen Formen, von der Betrachtung aus, weil ihm, als dem wichtigsten Mittel für die Beseitigung der Bodenazidität, doch noch ein besonderes Kapitel gewidmet werden muß. An die Darlegung der Verhältnisse bei den künstlichen Düngemitteln soll sich dann das Wenige anschließen, was sich über die Wirkung der natürlichen Dünger, der Jauche, des Stallmistes und der Gründünger, auf die Bodenreaktion aussagen läßt. Den gesamten Darlegungen vorausschicken müssen wir aber die Behandlung einer Theorie, ohne die in das richtige Verständnis des Einflusses der Düngestoffe auf die Bodenreaktion kaum einzudringen ist, nämlich die Theorie von der physiologischen Reaktion der Düngestoffe.

a) Die physiologische Reaktion der Düngemittel.

Die experimentellen Erfahrungen, die der Theorie der physiologischen Reaktion der Düngemittel zugrunde liegen, reichen bis in die Frühzeit der agrikulturchemischen Forschungen über die Ernährung der Pflanzen zurück. Als man mit der „durchsichtigen" Methode der Pflanzenernährung in wässerigen Nährlösungen zu arbeiten begann, beobachtete man bald, daß in verschieden zusammengesetzten Nährlösungen unter dem Einfluß der wachsenden Pflanzen Reaktionsänderungen nach der alkalischen oder nach der sauren Seite hin erfolgten. KNOP[1] war es wohl, der bei Vorhandensein von salpetersauren Salzen als Stickstoffnahrung in den Nährlösungen ein mit steigender Entwicklung der Pflanzen zunehmendes Alkalischwerden der Lösung erkannte. Die alkalische Reaktion nahm dabei oft solche Grade an, daß die Pflanzen unter den Erscheinungen der Chlorose erkrankten und abstarben. Andererseits machten bei Kulturversuchen in Nährlösungen RAUTENBERG und KÜHN[2] die Beobachtung, daß Nährlösungen, die Ammoniumchlorid als Stickstoffquelle enthielten, unter dem Einfluß der wachsenden Pflanzen saurer und saurer wurden, bis die Pflanzen der Einwirkung der sauren Reaktion erlagen. RAUTENBERG und KÜHN machten sich auch schon ganz brauchbare Vorstellungen über das Zustandekommen dieser Säuerung der Nährlösungen bei Verwendung von Ammoniumsalzen. Sie sagten, daß die Pflanzen von den Ammoniumsalzen eben nur das Ammoniak, aber nicht den Säureanteil im Stoffwechsel verwerten könnten, daß die Säure infolgedessen in der Nährlösung zurückbleibe. Wie die Pflanzen allerdings die Trennung der Salzbestandteile vornahmen, darüber konnten in jener Zeit noch keine zutreffenden Vorstellungen gewonnen werden, denn zur richtigen Deutung dieses Vorganges war die Kenntnis einer damals noch unbekannten chemisch-physikalischen Theorie unerläßlich, nämlich der Theorie der elektrolytischen Dissoziation der Salze in wäßriger Lösung. Wir werden gleich noch sehen, daß tatsächlich erst unter Zuhilfenahme dieser Theorie sich eine Erklärung für die in Frage stehende Erscheinung abgeben läßt.

Die Beobachtungen über die Zerlegung von Nährsalzen durch die wachsenden Pflanzen, die von den obengenannten Forschern zuerst gemacht waren, wurden von vielen anderen, die sich mit Ernährungsversuchen an Pflanzen in Lösungen beschäftigten, bestätigt und weiter verfolgt, aber erst im Jahre 1881 kam es

---

[1] KNOP, W.: Landw. Versuchsstat. 3, 295.
[2] RAUTENBERG, F., u. G. KÜHN: Landw. Versuchsstat. 6, 385.

zu einer Zusammenfassung aller Beobachtungen durch A. MAYER[1]. Damals veröffentlichte dieser Forscher eine Arbeit über die Düngung mit Kalisalzen, und er versuchte darin die nicht immer befriedigende Wirkung der Kalisalze für das Pflanzenwachstum zu erklären durch die Annahme, daß die Kalisalze von den Pflanzen nur in der Weise ausgenutzt würden, daß das Kalium in die Pflanze eintrete, die mit ihm in dem Salz verbundene Säure aber im Boden mehr oder weniger vollständig zurückbleibe und den Boden, damit indirekt auch das Pflanzenwachstum, schädige. In dieser Arbeit findet sich nun auch die Theorie der physiologischen Reaktion der Düngemittel zum erstenmal klar ausgesprochen. A. MAYER teilte die Düngemittel ein in physiologisch-saure, in physiologisch-neutrale und in physiologisch-alkalische. Physiologisch-sauer waren nach ihm alle die Düngemittel, bei denen die Aufnahme des basischen Bestandteils derjenigen des sauren voraneilte, so daß also im Boden eine freie Säure zurückblieb. Zu den physiologisch-alkalischen Düngemitteln gehörten dagegen diejenigen, von denen die Pflanzen den sauren Anteil in stärkerem Ausmaß aufnahmen als den basischen, was zur Folge hatte, daß eine Base im Boden zurückblieb. Als neutral in physiologischer Beziehung waren schließlich nach A. MAYER die Düngestoffe anzusprechen, bei denen der saure und der basische Bestandteil in gleichem Ausmaß von den Pflanzen aufgenommen wurden, so daß also weder eine Säure noch eine Base im Boden verbleiben konnte. Im einzelnen rechnete A. MAYER den drei verschiedenen Klassen die folgenden Düngestoffe zu:

1. Physiologisch-saure Düngemittel: Chlorammonium, Chlorkalium, Chlormagnesium, schwefelsaures Ammonium, schwefelsaures Kalium, Staßfurter Salze überhaupt, Kalisuperphosphat.

2. Physiologisch-neutrale Düngemittel: schwefelsaurer Kalk, schwefelsaure Magnesia, Chlornatrium, Superphosphat, Ammoniaksuperphosphat, aufgelöster (aufgeschlossener) Peruguano, Kalisalpeter.

3. Physiologisch-alkalische oder -basische Düngemittel: kohlensaures Kalium, Holzasche, Ätzkalk, kohlensaurer Kalk, Kalkphosphat ohne Schwefelsäure, Chilesalpeter, Chilesalpetersuperphosphat, roher Peruguano, Knochenmehl.

Faßt man die von A. MAYER selbst gegebene Begriffsbestimmung ins Auge, so leuchtet ohne weiteres ein, daß in diese Zusammenstellung Stoffe aufgenommen sind, die eigentlich gar nicht hineingehören. So sind die in der letzten Gruppe stehenden Stoffe, wie Holzasche, Ätzkalk, kohlensaurer Kalk und kohlensaures Kalium, sämtlich solche, die der Begriffsbestimmung wenig entsprechen. Alle reagieren nämlich schon von Haus aus alkalisch und brauchen dazu nicht erst einer physiologischen Beeinflussung durch die Pflanzen zu unterliegen. Bei konsequenter Anwendung des Begriffes der physiologischen Reaktion sind diese Stoffe also sämtlich von der Liste der physiologisch reagierenden Stoffe zu streichen. Kalkphosphat, roher Peruguano und Knochenmehl entsprechen auch keineswegs der Definition, denn infolge der Hydrolyse, die sie erleiden, reagieren sie ebenfalls schon von Haus aus alkalisch, bedürfen dazu also nicht erst der physiologischen Einwirkung der Pflanzen. Man braucht sie aber nicht unbedingt von der Liste der physiologisch-alkalischen Dünger abzusetzen, denn man kann sich immerhin vorstellen, daß gelegentlich auch einmal ihre basische Wirkung durch bevorzugte Aufnahme der in ihnen enthaltenen Phosphorsäure durch die Pflanze noch etwas verstärkt werden könnte. Sie mögen also ihren Platz unter den physiologisch-alkalischen Düngemitteln noch behalten. Nach ähnlichen Gesichtspunkten mag es auch angängig sein, die von A. MAYER nicht erwähnten, ebenfalls schon von Haus aus stark alkalischen Phosphorsäuredünger, das Thomas-

---

[1] MAYER, A.: Landw. Versuchsstat. **26**, 77f.

mehl und das Rhenaniaphosphat, in der Gruppe der physiologisch-alkalischen Dünger unterzubringen. Mit vollem Recht steht aber bei scharfer Fassung des Begriffes der physiologischen Reaktion der Düngesalze nur der Chilesalpeter auf der Liste der physiologisch-basischen Dünger. Der Chile- oder Natronsalpeter ist überhaupt als das typische physiologisch-basische Düngesalz anzusprechen, weil die Pflanzen für den sauren Bestandteil dieses Salzes ein sehr großes Verwendungsvermögen haben, für den basischen Anteil aber nur ein sehr geringes.

In A. MAYERS Zusammenstellung der physiologisch-basischen Düngemittel steht aber nun nicht nur eine Reihe von Düngemitteln ohne innere Berechtigung, sondern es fehlen in ihr auch solche, die notwendigerweise in sie eingereiht werden müssen, nämlich das Kaliumnitrat und das Kalziumnitrat. Kalziumnitrat wird von A. MAYER wohl deswegen nicht erwähnt, weil es zur Zeit der Aufstellung des Schemas noch keine Verwendung fand, das Kaliumnitrat ordnete A. MAYER aber merkwürdigerweise bei den physiologisch-neutralen Düngern ein, bemerkt allerdings zu dieser Einordnung, daß es sich schon ganz den Stoffen der 3. Gruppe, also den physiologisch-alkalischen Stoffen, nähere. Zieht man aber die Tatsache in Berücksichtigung, daß der Salpeterstickstoff doch stets sehr schnell und dabei auch der Menge nach sehr weitgehend von den Pflanzen aufgenommen wird, während das Kalium nur zu einem geringen Prozentsatz ausgenutzt wird — bei Salpeterstickstoff kann man mit einer Ausnutzung von 70%, beim Kali aber nur mit einer solchen von etwa 12 % rechnen —, so sieht man sich doch gezwungen, dieses Salz zu den physiologisch-alkalischen Düngern zu rechnen, eine Maßnahme, die durch die nachher noch mitzuteilenden Versuche in Nährlösungen durchaus gerechtfertigt wird. Diese Versuche werden übrigens zeigen, daß auch der Kalksalpeter zu den physiologisch-basischen Düngestoffen gerechnet werden muß.

Wie die von uns zur Frage der physiologischen Reaktion ausgeführten Untersuchungen gezeigt haben, sind dann aber auch noch an den von A. MAYER gegebenen Zusammenstellungen der physiologisch-neutralen und physiologisch-sauren Düngemittel wesentliche Änderungen vorzunehmen. Von wirklicher physiologischer Neutralität kann man wahrscheinlich überhaupt nicht bei den meisten der in diese Gruppe aufgenommenen Stoffe sprechen, und auch bei den von A. MAYER als physiologisch-sauer bezeichneten Düngern liegen die Dinge vom Standpunkt unserer neueren Erfahrungen aus beurteilt, so, daß die Zugehörigkeit der meisten dieser Gruppe zugeteilten Salze als zum mindesten recht zweifelhaft bezeichnet werden muß.

Die alte Einteilung der Düngemittel von A. MAYER kann uns daher heute nicht mehr befriedigen, wir müssen vielmehr, wollen wir die Bedeutung der physiologischen Reaktion der Düngemittel für die Frage der Bodenreaktion richtig erfassen, erst besser gesicherte Vorstellungen über diese Eigenschaft der verschiedenen Düngesalze erwerben. Dazu haben wir viele Versuche sowohl in Nährlösungen als auch im Boden durchführen müssen; von ihren Ergebnissen sei hier zunächst kurz gesprochen.

Versuche in Nährlösungen[1]. Die Versuche, die wir ausführten, verfolgten zunächst das Ziel, festzustellen, wieweit die Reaktionsänderungen bei den in ihrer physiologischen Reaktion so verschieden zu bewertenden stickstoffhaltigen Düngemitteln, den Salpeterdüngern einerseits und den Ammoniumsalzen andererseits, gingen. Dazu wurden in Nährlösungen, die in der Hauptsache nach den Angaben von VON DER CRONE hergestellt waren, und die als Stickstoffquellen gleiche Stickstoffmengen in der Form von Kalium-, Natrium- und Kalziumnitrat, außerdem

---

[1] KAPPEN, H., u. M. LUKACS: Z. Pflanzenernährg u. Düngg A 5, 249.

von Ammoniumsulfat, Ammoniumchlorid und Ammoniumnitrat enthielten, Maispflanzen gezogen. Zu Beginn der Versuche und am Ende wurden elektrometrisch die Reaktionszahlen in den Nährlösungen, die während der Versuche nicht erneuert, sondern nur mit Wasser immer auf ihrem ursprünglichen Volumen

Abb. 28.

gehalten wurden, bestimmt. Ein zweiter Versuch mit gleichen Nährlösungen wurde so ausgeführt, daß als Standort für den Mais reiner Glassand diente, der mit den Nährlösungen befeuchtet wurde. Nach Beendigung dieser Versuchsreihe,

Abb. 29.

die den Pflanzen etwas natürlichere Standortsbedingungen gewähren sollte, als es die Methode der Kultur in Nährlösungen vermag, wurde der Glassand mit einer bestimmten Wassermenge ausgewaschen, und in der Waschflüssigkeit wurden dann die Reaktionszahlen ermittelt. Von dem Wachstum der Maispflanzen in diesen beiden Versuchen geben die Bilder 28 und 29 die beste Vorstellung. Die drei links auf den Bildern stehenden Gefäßgruppen oder Gefäße waren mit den darunter angegebenen Nitraten als Stickstoffquelle versehen, das vierte mit Ammonsulfat, das fünfte mit Ammonchlorid und das sechste mit Ammonnitrat. Das Wachstum gestaltete sich nun so, wie es nach den Angaben von KNOP, RAUTENBERG und KÜHN zu erwarten war. Die Pflanzen in den Nitratlösungen gediehen prächtig und blieben bis zur Beendigung der Versuche gesund, die Pflanzen in den Ammoniumsalzlösungen dagegen kümmerten von Anfang an und gingen in den Sulfat- und Chloridlösungen nach einigen Wochen ein. Die Pflanzen in den Ammonnitratlösungen wuchsen dagegen weiter, ohne allerdings den Pflanzen in den Nitratlösungen von Kalzium, Kalium und Natrium gleichkommen zu können.

Die Reaktionsveränderungen, die sich bei diesen Kulturversuchen einstellten, sind nun aus den Zahlen der Tabelle zu entnehmen:

Art der Kultur	Art der in der Nährlösung verwendeten Stickstoffquelle					
	KNO_3	$Ca(NO_3)_2$	$NaNO_3$	NH_4Cl	$(NH_4)_2SO_4$	NH_4NO_3
Lösungskultur:						
p_H zu Anfang	6,38	6,37	6,37	4,54	5,48	5,31
p_H am Ende	7,40	7,55	7,66	3,16	3,34	3,59
Glassandkultur:						
p_H zu Anfang	neutral	neutral	neutral	5,26	5,26	5,26
p_H am Ende	6,16	6,48	5,78	3,28	2,76	4,84

Der Lösungsversuch zeigt deutlich die starke Verschiebung der Reaktion der Nitratlösungen in das alkalische Gebiet, also die physiologisch-alkalische Reaktion der Nitrate. Ebenso deutlich tritt aber auch die physiologisch-saure Reaktion der Ammoniumsalze in die Erscheinung, wobei besonders darauf hinzuweisen ist, daß auch das Ammonnitrat eine deutlich physiologisch-saure Reaktion aufweist, wenn auch die Pflanzen in beiden Versuchsreihen bei der Ernährung mit Ammonnitrat weniger stark geschädigt erschienen als bei der Ernährung mit den anderen Ammoniumsalzen. In Übereinstimmung mit den Ergebnissen der Kulturen in Nährlösung befinden sich, was die Ammoniumsalze angeht, auch die Ergebnisse der Glassandkulturen. Die stärkste Säuerung hat hier, was später immer wieder von uns bestätigt wurde, aber nicht etwa das Ammonchlorid hervorgebracht, was bei der stärkeren elektrolytischen Dissoziation der Salzsäure im Vergleich zur Schwefelsäure eigentlich zu erwarten gewesen wäre, sondern das Ammonsulfat. Diese stärker versauernde Wirkung des Ammonsulfats im Vergleich zu dem Ammonchlorid tritt auch in den Titrationswerten der Nährlösungen nach Einwirkung der Pflanzen deutlich zutage. Das geht aus einem Versuche hervor, der auch deswegen hier noch seinen Platz finden mag, weil daraus ein Einblick in den Verlauf des Säuerungsvorganges der Nährlösungen gewonnen werden kann[1] (s. Tabelle auf S. 274).

Man erkennt, daß die Säuerung mit der Zeit ganz bedeutende Werte erreicht, und daß sie auch in den Titrationsaziditäten der Nährlösung deutlich hervortritt. Die Lösung mit Ammonsulfat hat sich dabei in Übereinstimmung mit der Reaktionszahl als die sauerste herausgestellt, die Ammonnitratlösung wies dagegen die schwächste Azidität auf. Damit in Zusammenhang steht es gewiß auch, daß die Pflanzen in der Ammonnitratlösung nicht zugrunde gegangen waren wie in den beiden anderen Ammoniumsalzlösungen, sondern trotz der sauren Endreaktion ein noch verhältnismäßig gutes Wachstum aufwiesen.

---

[1] KLOPSCH, S.: Dissert. Bonn-Poppelsdorf 1927.

Säuerungsverlauf der Ammoniumsalzlösungen.

	Art der Stickstoffquelle					
	NH_4Cl		$(NH_4)_2SO_4$		NH_4NO_3	
Zu Anfang	5,96		5,97		5,39	
Nach 20 Tagen	4,09	3,64	3,61	3,22	4,64	4,41
Nach 35 Tagen	3,27	3,03	2,96	2,86	4,05	3,60
Nach 60 Tagen	2,89	2,89	2,38	2,38	2,99	2,89
Titrationswerte nach 60 Tagen in ccm $\frac{n}{100}$ NaOH auf 100 ccm Lösung	42,0		54,5		20,0	25,0

Es mag aber auch bei dem Verhalten der Pflanzen in der Ammonnitratlösung noch anderes mitgespielt haben, so die langsamer eintretende Säuerung und die durch andere unserer Versuche belegte Tatsache, daß beim Ammonnitrat die Möglichkeit eines gewissen Wechsels in der Reaktion vorhanden ist, der dadurch zustande kommt, daß die Pflanzen das Kation und Anion in der Aufnahme wechselweise bevorzugen. Die praktisch sicherlich nicht unwichtige Tatsache, daß die Säuerung bei Verwendung des Ammonsulfats stets weitergeht als bei Verwendung von Ammonchlorid, konnte nicht restlos experimentell aufgeklärt werden, dürfte aber mit der verschiedenen Aufnahme der Anionen durch die Pflanze verknüpft sein. Das Chlorion — dafür sprechen auch noch die gleich zu erörternden Versuche mit Kalisalzen — scheint leichter und vollständiger Eingang in die Pflanze zu finden als das Schwefelsäureion. Daher bleibt die Schwefelsäure in größerer Menge in der Nährlösung zurück als die Salzsäure, und trotz geringerer elektrolytischer Dissoziation der Schwefelsäure findet man dann doch in der Ammonsulfatlösung eine saurere Reaktionszahl als in der Ammonchloridlösung.

Während nun aber nach dem Ausfall aller unserer Untersuchungen die physiologische Rolle des Ammonsulfats und des -chlorids als ganz zweifellos in allen Fällen sauer, und zwar als stark sauer bezeichnet werden kann — was in voller Übereinstimmung mit den von C. OLSEN[1] und von PRJANISCHNIKOW[2] zu derselben Frage ausgeführten Prüfungen steht —, erscheint die Rolle des Ammonnitrats noch etwas zweifelhaft. MAYER hat in der Annahme, daß die Pflanzen von diesem Salz nicht nur den basischen, sondern auch den sauren Anteil zu ihrer Ernährung mit Stickstoff ausnutzen könnten, den Schluß gezogen, daß das Ammonnitrat physiologisch-neutral sein müsse. PRJANISCHNIKOW dagegen glaubte eine Zeitlang, daß Ammonnitrat amphoter in physiologischer Beziehung sei, daß es sowohl sauer als auch alkalisch reagieren könne. Unsere Untersuchungen zeigten zumeist einen deutlich physiologisch-sauren Charakter bei diesem Salz; nur ein einziges Mal haben wir eine physiologisch-alkalische Reaktion bei Verwendung von Ammonnitrat in Nährlösung feststellen können, doch haben wir bei Wiederholungen der Versuche diesen Befund niemals wieder erhalten, so daß wir selbst glauben, daß sekundäre Erscheinungen, wie Pilzbildung oder Fäulnis, ihn nur vorgetäuscht haben. PRJANISCHNIKOW hat später seine Meinung von der amphoteren Natur des Ammonnitrats auch nicht aufrechterhalten, und so dürfen wir, wenn auch ein Schwanken der physiologischen Reaktion beim Ammonnitrat innerhalb gewisser Grenzen anzunehmen ist, dennoch aussprechen, daß es zu den physiologisch-sauren Düngesalzen zu rechnen ist. Unsere Ver-

---

[1] OLSEN, C.: C. r. Labor. Carlsberg. 15, 137.
[2] PRJANISCHNIKOW, D. N.: Z. Pflanzenernährg u. Düngg A 4, 242 u. Zbl. Agrikulturchem. 1925, 63.

suche mit Ammonnitrat im natürlichen Boden werden uns gleich noch von der Richtigkeit dieser Schlußfolgerung völlig überzeugen; wir werden aus diesen Versuchen sogar den Schluß ziehen, daß letzten Endes alle Ammoniumsalze, gleichgültig, mit welchem Anion das Ammonium im Salz verbunden ist, eine physiologisch-saure Reaktion besitzen.

Bezüglich der stickstoffhaltigen Düngesalze ist die Frage der physiologischen Reaktion daher als zuverlässig entschieden zu betrachten. Die Nitrate reagieren, mit Ausnahme des Ammoniumnitrats, alkalisch, wobei dem Natriumnitrat infolge des geringen Bedarfs, den die Pflanzen für Natrium besitzen, wohl die am stärksten ausgeprägte physiologisch-alkalische Reaktion zugeschrieben werden kann. Die beiden anderen Nitrate, das Kalzium- und Kaliumnitrat, mögen vielleicht etwas weniger stark physiologisch-alkalisch reagieren, weil hier auch eine stärkere Aufnahme des Kations durch die Pflanze ins Spiel geraten kann. Die Art der Reaktion ist aber bei allen drei Nitraten in keiner Weise zweifelhaft. Von den Ammoniumverbindungen muß dagegen ausgesagt werden, daß sie in allen Fällen als physiologisch-sauer anzusprechen sind. Die Ergebnisse unserer Versuche stimmen also mit den von A. MAYER über die physiologische Reaktion der Nitrate und der Ammoniumsalze gemachten Angaben überein.

A. MAYER hat nun aber auch die Kalisalze und im besonderen alle Staßfurter Salze in die Gruppe der physiologisch-sauren Düngesalze eingereiht. Besondere Untersuchungen scheint A. MAYER allerdings zu dieser Frage nicht ausgeführt zu haben, er hat vielmehr die physiologisch-saure Beschaffenheit dieser Salze aus der theoretischen Überlegung erschlossen, daß die Pflanzen von den Bestandteilen dieser Salze durchweg nur das Kation, eben das Kalium, nicht dagegen oder nur in untergeordnetem Ausmaße das Anion benötigen. So richtig diese Ableitung auch dem Anschein nach ist, haben wir doch die Frage der physiologischen Reaktion der Kalisalze noch einer besonderen Prüfung unterworfen, bei der wir die von SCHULOW im Laboratorium von PRJANISCHNIKOW[1] schon früher zu anderen Zwecken ausgearbeitete Methode der Wurzeltrennung verwendeten. Bei Anwendung vollständiger Nährlösungen, die auch die in physiologischer Richtung sich so stark auswirkenden Salpeter- oder Ammoniumsalze enthalten, war die Frage der physiologischen Reaktion der Kalisalze nämlich nicht zuverlässig zu prüfen. Nur wenn man einen Teil der Pflanzenwurzeln in der reinen Kalisalzlösung, den anderen Teil in der alle übrigen Nährstoffe enthaltenden Restlösung wachsen ließ, konnte eine klare Entscheidung über die Reaktion der Kalisalze erwartet werden. Daß allerdings derartige Kulturbedingungen gerade besonders natürliche gewesen seien, soll keineswegs behauptet werden, im Gegenteil, man kann nicht daran zweifeln, daß diese Versuchsbedingungen den natürlichen Ernährungsverhältnissen der Pflanze recht wenig entsprachen. Wir haben aber diese Art der Versuchsanstellung noch durch eine andere, der dieser Vorwurf nicht in dem gleichen Maße gemacht werden kann, kontrolliert. Wir verfuhren nämlich in anderen Versuchsreihen so, daß wir bereits etwas ältere, und zwar bis dahin in normalen Nährlösungen ernährte Pflanzen in eine reine Kalisalzlösung stellten und ihre Einwirkung auf die Reaktion dieser Lösung ermittelten. In beiden Fällen erwies es sich, daß die Pflanzen aus den ihnen angebotenen Kalisalzlösungen niemals das Kation und Anion in chemisch äquivalenten Mengen in sich aufnahmen, sondern daß sie das Kation stets bevorzugten; die Kalisalze konnten infolgedessen auch nicht anders wie als physiologisch-sauer angesprochen werden. Die Ergebnisse, die wir bei der Prüfung mit getrennten Nährlösungen erhielten, mögen hier zunächst mitgeteilt werden:

---

[1] PRJANISCHNIKOW, D. N.: Die Düngerlehre, S. 288. Berlin 1923.

18*

Art des Kalisalzes	p_H-Werte			Titrationswerte von 100 ccm der Lösungen in ccm 0,01 n-NaCH		
	zu Anfang	am Ende		zu Anfang	am Ende	
		a	b		a	b
Kaliumsulfat	6,13	3,05	2,94	0,0	14,8	16,8
Schwefelsaure Kalimagnesia . .	6,13	2,83	2,80	0,0	20,4	21,2
Kaliumchlorid	5,92	3,26	3,22	0,0	6,4	6,4
40proz. Kalisalz	5,92	3,15	3,29	0,0	7,2	5,2
Kainit	5,46	3,08	3,04	0,0	10,0	10,4

Alle Kalisalze verhielten sich somit bei diesen Prüfungen in Nährlösungen deutlich physiologisch-sauer, aber es waren auch gewisse Unterschiede in ihrem Verhalten zu erkennen. Die schwefelsaure Kalimagnesia äußerte die größte physiologische Azidität, dann folgten das Kaliumsulfat, der Kainit, das 40proz. Kalisalz, und am Schluß stand das reine Kaliumchlorid.

Mit derselben Methode der getrennten Ernährung der Pflanzen gingen wir dann auch an die Feststellung des physiologischen Verhaltens der Phosphate heran. Dabei wurde einem Teil der Pflanzenwurzeln das in Wasser gelöste oder darin aufgeschwemmte Phosphat angeboten, dem anderen Wurzelteil die Lösung der übrigen Nährstoffe. Die Ergebnisse der Aziditätsprüfungen enthält folgende Tabelle:

Nr.	Art des Phosphates	p_H-Werte			Titrationswerte von 100 ccm der Lösungen in ccm 0,01 n-NaOH		
		zu Anfang	am Schluß		zu Anfang	am Schluß	
			a	b		a	b
1	Dikaliumphosphat	7,98	3,15	3,26	—19,2	9,6	6,4
2	Monokaliumphosphat . . .	4,40	3,15	3,08	7,2	13,2	13,6
3	Trikalziumphosphat . . .	6,79	6,99	6,99	—2,8	—6,8	—5,2
4	Dikalziumphosphat	6,54	6,35	6,28	—1,6	—2,4	—2,8
5	Monokalziumphosphat . .	4,15	4,57	4,82	12,8	2,0	0,4
6	Diammonphosphat	7,95	3,45	3,41	—42,2	12,0	10,2
7	Monoammonphosphat . .	4,73	—	3,14	20,0	—	22,0
8	Molekulares Gemisch von 6 und 7	6,93	2,96	2,96	—20,0	32,0	33,2
9	Gemisch von Nr. 8 und von Ammonsulfat 1 : 3 . . .	6,99	3,06	3,17	—4,4	14,8	11,6
10	Gemisch von Nr. 8 und von Ammonsulfat 1 : 1 . . .	6,99	2,99	3,10	—8,0	20,0	13,2
11	Leunaphosphat	7,27	3,38	3,55	—6,8	10,2	7,6

Die negativen Titrationswerte bedeuten, daß die Lösung (gegen Methylrot) alkalisch reagierte, und sie drücken dementsprechend den Verbrauch von ccm 0,01 n-Säure aus.

Man kann aus den Zahlen der Tabelle entnehmen, daß die Kaliumphosphate geradeso wie alle anderen Kalisalze deutlich physiologisch-sauer reagiert haben. Dasselbe ist auch bei beiden Ammoniumphosphaten der Fall. Bei Verabreichung der Kalziumphosphate haben dagegen die Pflanzen die Reaktion der Lösung verhältnismäßig sehr wenig beeinflußt. Beim Trikalziumphosphat hat eine kleine Verschiebung der p_H-Werte zur alkalischen Seite hin stattgefunden, wobei auch die Titrationsaziditäten in übereinstimmender Weise beeinflußt erscheinen. Beim Dikalziumphosphat ist die Sachlage nicht ganz geklärt, weil der kleinen Verschiebung der Reaktion nach der sauren Seite hin keine entsprechende Änderung der Titrationsazidität folgt. Beim Monokalziumphosphat, dem Hauptbestandteil des Superphosphates, ist dagegen wieder volle Übereinstimmung zwischen beiden Aziditätsangaben zu finden. Hier zeigt sich nun in voller Klarheit eine Reaktionsverschiebung nach der alkalischen Seite; trotz seiner an sich sauren Reaktion ist das Monokalziumphosphat also nicht als physiologisch-sauer, sondern eher als physiologisch-alkalisch zu bezeichnen. Man erkennt deutlich an diesem Versuchsergebnis, daß die den Stoffen von Haus aus eigene Reaktion keinerlei Bedeutung für die physiologische Reaktion, die sie aufweisen, besitzt. Schließlich geht aus den Zahlen der Tabelle noch hervor, daß auch das Leunaphosphat, das bekanntlich einen Teil seines Stickstoffs in der Form von Ammonphosphat enthält, wie alle Ammoniumsalze physiologisch-sauer reagiert.

Unter den zur Pflanzenernährung erforderlichen Stoffen spielen nun aber weiterhin noch die Kalzium- und Magnesiumsalze eine wichtige Rolle, wenn sie auch als eigentliche Düngesalze nicht besonders in Frage kommen. Wir haben daher mit diesen Salzen ebenfalls einige Versuche nach der Methode der isolierten Ernährung durchgeführt, deren Ergebnisse nachstehende Tabelle enthält:

Art des Salzes	p_H-Werte				Titrationswerte von 100 ccm der Lösungen in ccm 0,01 n-NaOH		
	zu Anfang	am Schluß			zu Anfang	am Schluß	
		a	b	nach 10 Minuten langem Auskochen		a	b
Magnesiumchlorid . .	6,05	4,17	4,34	4,81	0,0	0,4	0,4
Magnesiumsulfat . . .	6,12	3,86	3,86	4,14	0,0	1,6	1,6
Kalziumchlorid . . .	6,16	4,52	4,41	4,74	0,0	0,4	0,4
Kalziumsulfat	6,08	4,40	4,43	4,85	0,0	0,4	0,4

Ohne Frage erleiden auch diese Salze, die Chloride und Sulfate des Kalziums und des Magnesiums, eine deutliche Reaktionsverschiebung nach der sauren Seite hin, wie theoretisch wohl zu erwarten stand. Die Versauerung der Nährlösung erreicht aber doch bei weitem bei diesen Salzen nicht das Ausmaß, das bei den Kali- und den Ammoniumsalzen festzustellen war. Die p_H-Verschiebungen waren an und für sich zwar nicht gering, aber der erreichte Säuregrad am Ende der Versuche war doch so niedrig, daß möglicherweise schon die Kohlensäurebildung bei der Atmung der Wurzelzellen einen Einfluß auf das Ergebnis haben konnte. Besondere Versuche zeigten jedoch, daß auch das Auskochen der Lösung zur Entfernung der Kohlensäure das Resultat nicht wesentlich zu ändern vermochte, so daß an der Annahme einer physiologisch-sauren Reaktion dieser Salze nicht gezweifelt werden kann.

Unsere Versuche erlauben uns somit in ihrer Gesamtheit, die folgende Gruppierung der für die Düngung in Frage kommenden Salze nach ihrer physiologischen Reaktion vorzunehmen.

Als physiologisch-alkalische Düngesalze haben zu gelten: Die Nitrate von Natrium, Kalium, Kalzium, ferner das Monophosphat des Kalziums. Das Ammonnitrat läßt sich dieser Gruppe nicht einreihen, weil es niemals eine Verschiebung der Reaktion in das alkalische Gebiet bewirkt hat; macht es in einer Nährlösung auch wohl ein gewisses Schwanken der Reaktion, eine abwechselnde Säuerung und Wiederverminderung dieser Säuerung möglich, so gehört es doch damit noch nicht in die Gruppe der physiologisch-alkalischen Düngesalze.

Zur Gruppe der physiologisch-sauer reagierenden Düngesalze gehören dann die folgenden: 1. Ammonsulfat, 2. Ammonchlorid, 3. Ammonsulfatsalpeter, 4. schwefelsaure Kalimagnesia, 5. Kaliumsulfat, 6. Kainit, 7. Monoammoniumphosphat, 8. Monokaliumphosphat, 9. Diammoniumphosphat, 10. Dikaliumphosphat, 11. Leunaphosphat, 12. Kaliammonsalpeter, 13. 40proz. Kalisalz, 14. Kaliumchlorid, 15. Magnesiumchlorid, 16. Kalziumsulfat, 17. Kalziumchlorid, 18. Ammoniumnitrat.

Diese Reihe beginnt mit den Salzen, die nach unseren Befunden die stärkste Säuerung in den Nährlösungen bei den angewendeten Methoden hervorgerufen haben, und führt über die Salze mit schwächer ausgebildeter physiologischer Azidität zum Ammonnitrat, dessen Stellung infolge der bei ihm möglichen wechselweisen Aufnahme von Kation und Anion ein wenig unscharf ist, das aber auf jeden Fall mit Recht der Gruppe der physiologisch-sauer reagierenden Salze eingereiht werden muß. Auch nach den neueren Untersuchungen von PRJANISCH-NIKOW haben die Pflanzen ja eine größere Neigung zur Ausnutzung des Ammoniakstickstoffs als des Salpeterstickstoffs dieses Salzes gezeigt.

Bei dieser so wichtigen Frage der physiologischen Reaktion der Düngesalze müssen wir natürlich nun auch Auskunft darüber zu erhalten suchen, auf welchem Wege eine ausgesprochen einseitige physiologische Reaktion, wie bei den Nitraten und den Ammoniumsalzen, eigentlich zustande kommt. Schon die ersten Beobachter dieser Erscheinung, wie KNOP, RAUTENBERG und KÜHN, ebenso STOHMANN[1], BIEDERMANN[2] und WOLF[3] haben sich diese Frage vorgelegt, konnten aber zu einer klaren Antwort nicht gelangen, ja, sie konnten nicht einmal einen eindeutigen Aufschluß darüber geben, wo überhaupt die Trennung der Salzbestandteile, die doch offensichtlich mit der physiologischen Einwirkung der Pflanze verbunden war, vor sich ging. Ob außerhalb der Pflanze, an der Oberfläche der Wurzeln, oder ob innerhalb der Pflanze diese Zersetzung stattfand, darüber wurde in jener Zeit keine Einigung erzielt und konnte auch gar nicht erzielt werden; denn zu jener Zeit der ersten Beobachtungen und Experimente über die physiologische Reaktion der Düngesalze fehlte noch die wichtigste Handhabe zu ihrer Aufklärung, die Theorie der elektrolytischen Dissoziation der Lösungen bzw. der gelösten Stoffe. Erst diese von SVANTE ARRHENIUS im Jahre 1887 aufgestellte Theorie konnte eine brauchbare Grundlage für die Erklärung der physiologischen Reaktion der Düngesalze wie überhaupt für die Erklärung der Mineralstoffernährung der Pflanzen abgeben. Zufolge dieser Theorie, nach der, wie in Kapitel II bereits näher dargelegt wurde, in verdünnten Lösungen der Elektrolyte, d. h. der Salze, Säuren und Basen, vornehmlich die Ionen dieser Stoffe enthalten sind, standen die Pflanzen gar nicht mehr der Notwendigkeit gegenüber, ganze Moleküle der Nährsalze in sich aufzunehmen und diese nach ihren Bedürfnissen im Innern der Zellen zu zerlegen, um den unbrauchbaren Anteil dann vielleicht wieder nach außen abzuscheiden, sondern die Pflanzen konnten gleich bei der Aufnahme der Nährstoffe eine gewisse Auswahl unter ihnen treffen, sie konnten die einen sich einverleiben und die anderen in der Nährlösung zurücklassen. Allerdings befähigt der Ionenzustand der Nährsalze die Pflanzen zu einer solchen Trennung nicht ohne weiteres, sondern etwas anderes muß noch notwendig hinzukommen, um ihnen diese Trennung der Salzbestandteile zu ermöglichen. Wenn nämlich auch die Ionen eines Salzes eine gewisse Beweglichkeit gegeneinander besitzen, so ist eine vollständige Trennung der Ionen dennoch ein Vorgang, der den Aufwand bedeutender Energiemengen zur Voraussetzung hat, Energiemengen von solcher Größe, wie sie den Pflanzen sicherlich nicht zur Verfügung stehen. Dieser Aufwand von Energie zur Trennung der Ionen voneinander wird aber nach der Theorie von PANTANELLI[4], der sich wohl bisher am eingehendsten mit der Anwendung der elektrolytischen Dissoziation auf die Pflanzenernährung beschäftigt hat, unnötig gemacht durch die Gegenwart der Ionen des Wassers. Wie schon oben dargelegt, liefert ja auch das Wasser, wenn auch nur in sehr geringen Mengen, sowohl

---

[1] STOHMANN, F.: Landw. Versuchsstat. 6, 347.
[2] BIEDERMANN, R.: Ebenda 9, 312.   [3] WOLF, W.: Ebenda 6, 209.
[4] PANTANELLI, E.: Jb. Bot. 56, 689.

H- als auch OH-Ionen. Dazu kommen noch in den Nährlösungen durch die Kohlensäureausscheidung der Pflanzenwurzeln die Ionen der Kohlensäure, H-, HCO_3- und CO_3-Ionen. Die Gegenwart dieser Ionen ermöglicht nun der Pflanze eine so gut wie kräftefreie Trennung der Ionen der Nährsalze. Sie braucht ja z. B. das Ammoniumion der Ammoniumsalze nur zusammen mit dem vom Wasser dargebotenen OH-Ion aufzunehmen, das NO_3-Ion des Salpeters zusammen mit dem vom Wasser gelieferten H-Ion. Es bleibt dann im ersten Falle das Anion des Salzes mit dem H-Ion des Wassers in der Lösung zurück, im zweiten Falle das Kation des Nährsalzes mit dem OH-Ion des Wassers. Die Pflanze braucht damit gar nicht die ihr aus elektrostatischen Gründen unmögliche Trennung der Ionen des Salzes auszuführen, sondern infolge der Dissoziation des Wassers selbst handelt es sich für die Pflanze dann letzten Endes nur um die Aufnahme äquivalenter Mengen entgegengesetzt geladener Ionen, also eigentlich nur um die Aufnahme von ganzen Säure- oder Basemolekülen. Die Streitfrage, ob die Zerlegung der Salze durch die Pflanzenwurzeln innerhalb oder außerhalb der Zellen erfolgt, muß man, wenn man dieser PANTANELLISchen Erklärung des Zustandekommens der Ionenaufnahme durch die Pflanzen folgt, dann natürlich als zugunsten der letzten Annahme entschieden betrachten. Auf jeden Fall läßt sich nur unter Zuhilfenahme der elektrolytischen Dissoziation des Wassers und der Salze die physiologische Reaktion der Düngemittel dem Verständnis nahebringen.

b) Die Einwirkung der Kunstdünger auf die Bodenreaktion.

Die im vorstehenden gebrachten Untersuchungen und Darlegungen über die physiologische Reaktion der Düngesalze sollten nun eigentlich schon eine ausreichende Grundlage für die Beurteilung der praktisch sicherlich nicht unwichtigen Frage liefern, welcher Einfluß von der Verwendung der verschiedenen Düngesalze auf die Reaktion und den Versauerungszustand des Bodens ausgehen kann. Erwarten sollte man natürlich, daß ganz allgemein von den physiologisch-alkalischen Düngern, unter denen der Natron- oder Chilesalpeter und der Kalksalpeter praktisch die Hauptrolle spielen, eine Verminderung der Bodenazidität ausgehen, und daß ebenso von den physiologisch-sauren Düngern, wie den Ammonium- und den Kalisalzen, eine Versauerung des Bodens bewirkt werden müsse; denn die ersten lassen ja bei ihrer Aufnahme durch die Pflanze basische, also neutralisierend wirkende Stoffe im Boden zurück, die physiologisch-sauren Salze dagegen eine Säure, wie die Salz- oder die Schwefelsäure, von der natürlich nur eine Einwirkung auf den Boden erwartet werden kann, die in der Richtung der Versauerung liegt. Wir werden aber im Gegensatz zu diesen theoretisch scheinbar berechtigten Erwartungen gleich erkennen, daß auch bei den Düngesalzen mit einer ausgesprochenen physiologischen Reaktion die Wirkung auf den Boden nicht unbedingt in der durch die physiologische Reaktion gekennzeichneten Richtung liegen muß. Ebensowenig wie es möglich ist, aus der dem Düngestoff von Haus aus eigenen Reaktion auf seine physiologische Reaktion zu schlußfolgern — erwies sich doch das stark saure Monokalziumphosphat bei unseren Prüfungen keineswegs als physiologisch-sauer, sondern eher als physiologisch-alkalisch —, ebensowenig gestattet uns in allen Fällen die physiologische Reaktion, die die Düngesalze in Nährlösungskulturen aufweisen, eine bindende Voraussage für die Wirkung eines Düngesalzes auf die Bodenreaktion. Es ist daher auch nicht möglich, diese Frage im folgenden in einer allgemeineren Form darzulegen, wir müssen vielmehr, wie schon eingangs dieses Kapitels gesagt, die gebräuchlichen Düngestoffe gruppenweise auf ihren Einfluß auf die Bodenreaktion untersuchen.

1. Wirkung der Stickstoffdünger auf die Bodenreaktion. Vorausschicken müssen wir diesen Untersuchungen einige Bemerkungen über die Art ihrer Durchführung, die auch für die übrigen noch folgenden Versuche mit den anderen Düngemitteln Gültigkeit haben. Die Versuche wurden in Anlehnung an die Ausführung der Prüfungen auf wurzellösliche Nährstoffe nach NEUBAUER angestellt. 500 g Boden wurden dazu in Glasschalen mit Düngermengen versetzt, die dem Dreifachen der in der landwirtschaftlichen Praxis gebräuchlichen Mengen entsprachen. In diese Schalen wurden dann, um die Einwirkung der Pflanzenwurzeln recht stark zu gestalten, 100 Samen ausgesät, und auf den so beschickten Schalen wurden unter Erhaltung eines Wassergehaltes von 60 % der vollen Wasserkapazität die Pflanzen durchschnittlich 3—4 Wochen lang kultiviert und darauf abgeerntet. Der Boden wurde von den Wurzeln befreit, auf die Veränderung seiner Aziditätswerte untersucht und zu einem zweiten Kulturversuche unter wiederholter Düngung verwendet. Fünfmal wurde so derselbe Boden bei dauernder Kontrolle der Veränderungen, die er unter dem Einfluß der Düngung und der wachsenden Pflanzen erlitt, wieder benutzt, und diese Anordnung wurde deswegen gewählt, um eine wiederholte einseitige Düngung des Bodens mit demselben Düngesalz, die in der landwirtschaftlichen Praxis keineswegs etwas Ungewöhnliches ist, nachzunahmen. Bei der Verwendung der verschiedenen Salpeterformen wurden nun die in der folgenden Tabelle zusammengestellten Veränderungen des anfänglich vorhanden gewesenen Azidätszustandes eines lehmigen Sandbodens vorgefunden:

Art der Düngung	1. Bepflanzung		3. Bepflanzung		5. Bepflanzung	
	H. A.	p_H	H. A.	p_H	H. A.	p_H
Ohne Düngung	9,5	6,3	9,6	6,2	9,0	6,3
Kaliumnitrat	9,2	6,4	8,6	6,3	7,0	6,6
Kalziumnitrat	8,8	6,4	7,7	6,4	6,2	6,4
Natriumnitrat	8,8	6,4	7,3	6,9	6,8	7,0
Ammonsalpeter	9,8	6,3	11,6	5,8	13,1	5,7
Kaliammonsalpeter . . .	10,6	6,0	13,8	5,4	16,4	5,0

Die Verschiebungen der Reaktion, die die Nitrate von Kalium, Kalzium und Natrium bewirken, sind nach dem Ausfall dieser Versuche nicht sehr groß, sind aber doch beim Natriumnitrat schon immerhin bemerkenswert. Während am Ende der Versuche nach fünfmaliger Bepflanzung die hydrolytische Azidität ohne Düngung 9,0 ccm ausmacht, ist sie beim Natriumnitrat auf 6,8 ccm gesunken, während der p_H-Wert von 6,3 auf 7,0 angestiegen ist. In der Abnahme der hydrolytischen Azidität macht sich im übrigen die alkalisierende Wirkung der Nitrate besser bemerkbar als in der Verschiebung der p_H-Werte. Die Aufnahme des Ammonsalpeters und des Kaliammonsalpeters in die Versuchsreihe läßt deutlich den großen Unterschied, der zwischen den eigentlichen Salpeterformen und diesen ammoniakhaltigen besteht, erkennen. Die ammoniakhaltigen Salpeterarten beeinflussen die Bodenreaktion in einer unvergleichlich stärkeren Weise als die reinen Salpeterformen, natürlich in der entgegengesetzten Richtung, nämlich nach der sauren Seite hin. Beim Vergleich der Wirkung der Ammoniaksalpeter und der der eigentlichen Salpeterdünger muß aber doch zugegeben werden, daß die Beeinflussung der Bodenreaktion durch die eigentlichen Salpeterarten ein wenig enttäuscht. Auch schon bei früheren von BERGEDER[1] ausgeführten Versuchen derselben Art mit Natronsalpeter ließ sich eine stärker neutralisierende Wirkung des Salpeters auf den Boden nicht erkennen. Es scheint so — und darauf lassen auch die Wachstumsversuche in Lösungen mit Salpeter als Stickstoffquelle

---

[1] KAPPEN H., u. W. BERGEDER: Z. Pflanzenernährg, Düngg u. Bodenkde A **7**, 291.

schließen —, daß die Aufnahme des Salpeterstickstoffs doch zum größten Teil zugleich mit den Kationen erfolgt, so daß es zu einer weitgehenden Zerlegung unter Bildung von Natriumhydroxyd oder -karbonat gar nicht kommt. Wäre es anders, wäre die physiologische Aufspaltung des Salpeters vollständiger, so müßte sich auch eine stärkere Verschiebung der Reaktion bemerkbar machen, als sie sich in Wirklichkeit bei unseren Versuchen gezeigt hat. Die Bedeutung der physiologisch-alkalischen Reaktion des Salpeters darf also nicht überschätzt werden, zu einer wirksamen Bodenneutralisation führt sie auch bei reichlicher Anwendung von Salpeter nicht. Trotzdem vermag die Salpeteranwendung auf sauren Böden, wie wir nachher noch sehen werden, das Pflanzenwachstum unter Umständen wesentlich zu begünstigen. Den Grund für diese Einwirkung wird man wohl mit Recht darin erblicken dürfen, daß die Zerlegung des Salpeters, wenn sie auch nur unvollständig ist, dennoch eine Verminderung der sauren Reaktion des Bodens gerade an der Stelle zuwege bringt, an der sie von allergrößter Wirkung sein muß, nämlich an der Oberfläche der wachsenden Pflanzenwurzeln. Wie Säuren, die auf den Boden einwirken, gleich an der Oberfläche durch eine sehr dünne Schicht des Bodens vollständig gebunden und festgehalten werden, und wie dasselbe bei sauren Böden mit einwirkenden Basen geschieht, so muß man auch annehmen, daß die an der Oberfläche der Pflanzenwurzeln aus den Düngesalzen frei werdenden Säuren und Basen gleich von den direkt den Wurzeln anliegenden Bodenteilchen so gut wie vollständig gebunden werden. Bei Anwendung von physiologisch-alkalischem Salpeter wird sich also auf saurem Boden um die Pflanzenwurzeln herum eine Schicht mit verminderter Azidität herausbilden, und diese Tatsache kann sehr wohl als die Ursache der günstigeren Wirkung des Salpeters auf sauren Böden angesprochen werden. In der entgegengesetzten Richtung müssen natürlich die physiologisch-sauren Düngesalze wirken, sie müssen gerade in der Wurzelregion der Pflanzen die Azidität noch steigern, und darauf wird auch wohl die katastrophale Wirkung zurückzuführen sein, die sich nach Düngungen, und zwar besonders nach Kopfdüngungen mit Ammoniumsalzen auf stärker versauerten Böden zuweilen zeigt. Der Wirkung der Ammoniumverbindungen auf den Boden wenden wir uns nun zunächst weiter zu und betrachten die Zahlen der folgenden Tabelle, die auf demselben Wege wie bei den Salpeterdüngern erhalten wurden:

Art der Düngung	1. Bepflanzung			3. Bepflanzung			5. Bepflanzung		
	H. A.	A. A.	p_H	H. A.	A. A.	p_H	H. A.	A. A.	p_H
Ohne Düngung	8,6	0,2	6,4	9,4	0,2	5,7	9,8	0,2	6,0
Ammonsulfat	9,2	0,2	6,2	13,3	0,2	5,4	18,3	3,4	4,9
Ammonchlorid	8,6	0,2	6,6	10,2	0,6	5,8	13,3	1,2	5,3
Ammonnitrat	8,5	0,2	6,4	9,9	0,5	5,9	12,5	0,6	5,5
Monoammonphosphat . .	9,1	0,2	6,3	14,0	0,7	5,6	19,8	2,0	4,7
Diammonphosphat . . .	9,4	0,2	6,3	13,1	0,5	5,8	17,5	0,8	5,6
Ammoniaksuperphosphat	9,0	0,3	6,3	14,0	1,2	5,2	20,1	4,0	4,8

Nach der ersten Bepflanzung sind noch keine nennenswerten Unterschiede zwischen den Wirkungen der verschiedenen Düngestoffe zu erkennen. Nach der dritten Bepflanzung aber, zu der natürlich auch die Düngung zum dritten Male wiederholt war, treten schon sehr deutliche Einwirkungen der Düngemittel zutage. Ammonsulfat, nicht weniger aber auch die Ammonphosphate und das Ammoniaksuperphosphat stehen in der versauernden Wirkung den anderen Ammoniumsalzen voran, Ammonchlorid folgt dann und auf dieses das Ammonnitrat. Alle Ammoniumverbindungen haben also eine deutliche Versauerung des Bodens zuwege gebracht. Nach der fünften Bepflanzung ist diese Versauerung noch größer geworden; die hydrolytische Azidität (y_1) ist weiter bedeutend angewachsen, die p_H-Werte sind fernerhin gesunken und, was fraglos als wichtig festzustellen ist, auch Austauschazidität ist in erheblichem Ausmaße bei dem Versuchsboden erzeugt. Die Reihenfolge nach fünfmaliger Bepflanzung ist unter den Düngemitteln die gleiche geblieben wie nach dreimaliger Bepflanzung. Das Ammoniaksuperphosphat hat am stärksten von allen Düngestoffen versauert, dann kommen das Monoammonphosphat, das Ammonsulfat und das Diammonphosphat, und in deutlich erkennbarem Abstand schließen sich das Ammonchlorid und das Ammonnitrat an.

Was die Reihenfolge der Ammoniumsalze in bezug auf ihre versauernde Wirkung angeht, so kann zunächst bezüglich der drei Ammoniumsalze mit den starken Säuren ausgesprochen werden, daß ihre Aufeinanderfolge sich in bester Übereinstimmung mit ihrer Befähigung zur Säureerzeugung in den Kulturlösungen befindet. Auch dort wurde durch Ammonsulfat eine stärkere Versauerung hervorgebracht als durch Ammonchlorid und Ammonnitrat. Daß trotz der stärkeren Säurenatur der freiwerdenden Salzsäure das Ammonchlorid nicht stärker versauernd wirkt als das Sulfat, hängt wohl mit einer verschiedenen Aufnahmefähigkeit des Sulfations im Vergleich zum Chlorion in die Pflanzenzellen zusammen, worauf vorhin schon einmal hingewiesen ist. Beim Nitrat erklärt sich die schwächer versauernde Wirkung leicht durch die Tatsache, daß die Pflanze, wie oben schon bei der Besprechung der Nährlösungsversuche gesagt ist, offenbar beide Ionenarten, das Kation und das Anion, in einem gewissen Wechsel aufzunehmen vermag, was natürlich die Entbindung einer kleineren Säuremenge aus dem Nitrat zur Folge haben muß. Daß ferner das Ammoniaksuperphosphat an der Spitze der versauernden Düngemittel steht, läßt sich auch erklären, und zwar wohl nur so, daß das Superphosphat infolge seiner von Haus aus sauren Reaktion durch einfache chemische Umsetzungen mit den Bodenbestandteilen bei den großen Mengen, in denen es bei den Versuchen Verwendung fand, einen Teil der Basen des Bodens mit Beschlag belegt, so daß sich die physiologisch-saure Reaktion des Ammonsulfats nun in verstärktem Ausmaße geltend machen konnte. Für die starke versauernde Wirkung der beiden Ammonphosphate werden wir gleich ebenfalls eine Erklärung finden, hier sei nur noch auf die Erscheinung aufmerksam gemacht, daß bei den Ammonphosphaten trotz großer Steigerung der hydrolytischen Azidität die Austauschazidität weniger stark zugenommen hat, als das bei dem Ammonsulfat der Fall ist. Das hängt mit dem Gehalt dieser beiden Ammoniumsalze an Phosphorsäure zusammen, die auch nach anderen von uns ausgeführten Versuchen den Eintritt der Austauschazidität, die ja doch unbestreitbar entweder direkt oder indirekt mit einer besonderen Beweglichkeit der Tonerde im sauren Boden in Zusammenhang steht, verhindern kann. Die Versuchsergebnisse zeigen uns weiter auch noch recht deutlich, daß es bei der physiologischen Reaktion der Düngerstoffe gar nicht auf die Reaktion ankommt, die sie von Haus aus besitzen; von den Ammonphosphaten reagiert das eine sauer, das andere alkalisch, und die Ammoniumsalze der Schwefelsäure, Salzsäure und Salpetersäure darf man bei ihrer sehr geringen hydrolytischen Dissoziation als praktisch neutrale Stoffe ansprechen. Trotzdem müssen alle ohne Ausnahme als physiologisch-saure Salze bezeichnet werden, aber man muß, wie die folgenden Versuche und Ausführungen lehren, der physiologischen Reaktion dieser und aller anderen Ammoniumverbindungen doch noch neben dem gewöhnlichen einen anderen Sinn unterlegen, wir werden den Begriff der physiologischen Reaktion wesentlich über den bisher geltenden hinaus erweitern müssen, wenn wir allen bei der versauernden Wirkung der Ammoniumsalze auf den Boden stattfindenden Vorgängen gerecht werden wollen.

Zum Vergleich mit dem in seinen Ergebnissen in der Tabelle auf Seite 281 dargestellten Versuch wurde ein ganz entsprechender mit Ammoniumsalzen durchgeführt, bei dem nur zum Unterschied keine Bepflanzung der Schalen vorgenommen war. Dieser Kontrollversuch sollte uns zeigen, ob die Düngemittel auch schon ohne die Mitarbeit der höheren Pflanzen zu Veränderungen des Reaktionszustandes des Bodens befähigt wären, eine Möglichkeit, die bereits aus Versuchen, die von J. König[1] angestellt waren, hervorging. Die Veränderungen der Bodenazidität vollzogen sich nun ohne die Mitwirkung von höheren Pflanzen in folgender Weise:

Art der Düngung	1. Düngungsperiode			3. Düngungsperiode			5. Düngungsperiode		
	H. A.	A. A.	p_H	H. A.	A. A.	p_H	H. A.	A. A.	p_H
Ohne Düngung	8,6	0,2	6,5	9,4	0,2	5,7	10,0	0,2	5,9
Ammonsulfat	8,9	0,2	6,1	12,1	1,0	5,2	14,3	1,6	5,2
Ammonchlorid	8,8	0,2	6,1	10,3	0,6	5,7	11,0	0,8	5,6
Ammonnitrat	8,8	0,2	6,3	9,8	0,5	5,4	11,0	0,8	5,7
Monoammonphosphat . .	9,2	0,2	6,0	13,2	0,5	5,3	16,3	2,5	5,2
Diammonphosphat . . .	8,7	0,2	6,4	12,6	0,4	5,3	15,7	1,0	5,7
Ammoniaksuperphosphat	9,0	0,2	6,0	13,5	1,0	5,1	15,9	1,9	5,0

Auch ohne daß auf dem Boden Pflanzen gewachsen sind, ist eine starke Versauerung unter dem Einfluß der verschiedenen Ammoniumdünger eingetreten. Die Reihenfolge, in der die Ammoniumsalze hier zueinanderstehen, ist dabei die gleiche wie die in den Versuchen mit Pflanzenwuchs. Was nun hier in diesen unbepflanzten Böden die Ursache zur Veränderung der Bodenreaktion abgegeben hat, ist, da einfache chemische Umsetzungen der Düngesalze mit dem Boden zu keinen derartigen Aziditätssteigerungen führen können, nicht schwer zu sagen. Es können nur die Mikroorganismen des Bodens, die Pilze und die Bakterien, gewesen sein, die die Veränderung des Bodens zustande gebracht haben. Schon vor Anstellung dieser Versuchsreihe war diese Tatsache von uns bewiesen. BERGEDER hatte schon einige Versuche in gleicher Weise wie die vorstehenden ausgeführt, hatte aber in einer Versuchsreihe eine Sterilisation des verwendeten Bodens durch einstündiges Erhitzen an drei aufeinanderfolgenden Tagen in strömendem Dampfe vorgenommen. Der Erfolg dieser Maßnahmen ist aus den Zahlen der folgenden Tabelle zu entnehmen:

Art der Düngung	Hydrolytische Azidität		p_H-Werte	
	sterilisiert	nicht sterilisiert	sterilisiert	nicht sterilisiert
Ohne Düngung	0,9—1,0	1,0—1,0	7,75—7,69	7,75—7,65
Mit saurer Volldüngung	1,2—1,1	2,7—2,5	7,72—7,65	6,89—6,89

Während in der sterilisierten Reihe in diesen 10 Wochen dauernden Versuchen keine nennenswerte Veränderung des Azidditätszustandes eintrat, ist in der nicht sterilisierten Reihe die hydrolytische Azidität auf den doppelten Wert angewachsen, und die Reaktionszahlen sind deutlich nach der sauren Seite verschoben. Es können also nur die Mikroorganismen des Bodens gewesen sein, die diese Versauerung zustande gebracht haben, und genau dasselbe muß auch von der Versauerung in unseren oben zusammengestellten Untersuchungen bei Abwesenheit der Pflanzen der Fall gewesen sein.

Von welcher Art die Mikroorganismenwirkungen sind, die zu dieser Bodenversauerung geführt haben, läßt sich allerdings zur Zeit nur zum Teil beant-

---

[1] König, J., J. Hasenbäumer u. E. Kroeger: Landw. Jb., **58**, S. 119.

worten. Grundsätzlich können einmal alle Mikroorganismen mitgewirkt haben, die die Ammoniakform als Stickstoffquelle benutzen können. An solchen Mikroorganismen sowohl von der Gruppe der Pilze als auch der der Bakterien ist gewiß im Boden kein Mangel vorhanden. Diese Art von Mikroorganismen wird also die Ammoniumsalze auch wohl in gleicher Weise zerlegen, wie es die höheren Pflanzen an ihren Wurzeln machen. Der Stickstoff wird aufgenommen und in den Zellen zu organischen Stoffen verarbeitet, und die weniger brauchbare Säure bleibt in freiem Zustande im Boden zurück. Außer diesen ammoniakfestlegenden Bakterien und Pilzen gibt es im Boden aber auch noch andere Arten von Mikroorganismen, die zur Säurebildung aus den Ammoniumsalzen befähigt sind; das sind die schon an früherer Stelle als Mitwirker bei dem Versauerungsvorgange des Bodens genannten Nitrifikationsbakterien. Daß diese Bakterien durch die Überführung des Ammoniakstickstoffs in Salpetersäure in erheblichem Ausmaße versauernde Wirkungen auf den Boden ausüben können, ist schon von R. E. STEPHENSON[1] und besonders von CONNER[2] gefunden worden. Der letzte stellte in manchen sauren Böden große Mengen von Salpetersäure in der Form von salpetersaurem Aluminium fest und konnte als Quelle dieser Salpetersäure nur den Vorgang der Nitrifikation nachweisen. Schon CONNER erklärte daher den Nitrifikationsvorgang für eine der wesentlichen Ursachen der Bodenversauerung. Experimentell bewiesen wurde die bodenversauernde Wirkung des Nitrifikationsvorganges dann durch BRIOUX[3]. Bei 76 Tage währenden Versuchen mit einem leicht sauren Boden von einem p_H-Wert von 6,45, der mit Harnstoff und mit Ammonsulfat gedüngt war, fand BRIOUX, daß die Bodenreaktion zunächst zwar nach 2 Tagen beim Harnstoff nach der alkalischen Seite ausschlug infolge der schnell einsetzenden Umwandlung des Harnstoffes in Ammoniumkarbonat. Die auf 7,6 angestiegene Reaktionszahl sank dann aber alsbald und war nach Abschluß der Versuche beim Harnstoff auf 5,35 angelangt, beim Ammonsulfat lag sie natürlich noch wesentlich tiefer. Wir haben diese Versuche von BRIOUX mit Harnstoff voll bestätigen können. Harnstoff wird ja auch noch in sauren Böden, wie die oben schon angegebenen Untersuchungen von ELBERT bewiesen haben, gut nitrifiziert, wie aller organisch gebundene Stickstoff. Mit dieser Nitrifikation Hand in Hand geht die Versauerung des Bodens durch die dabei entstandene Salpetersäure, die natürlich die zu ihrer Neutralisation nötigen Basen den zeolithischen Silikaten und den Humaten des Bodens entzieht. Bei der Bedeutung, die dieser Tatsache für die richtige Einschätzung der physiologischen Azidität der Ammoniumsalze ganz offenkundig zukommt, soll hier dieser Zusammenhang noch durch einen von WICHMANN[4] durchgeführten Versuch belegt werden.

100 g Versuchsfeldboden wurden dazu mit 30 mg Stickstoff in Form von Harnstoff versetzt und blieben 5 Wochen lang bei Zimmertemperatur stehen. Nach dieser Zeit wurde die Menge des entstandenen Salpeterstickstoffs bestimmt; dazu wurden die verschiedenen Aziditätsprüfungen vorgenommen. Die Ergebnisse waren folgende:

Ohne Harnstoff zu Anfang				Ohne Harnstoff am Ende				Mit Harnstoff am Ende			
H. A.	A. A.	p_H	NO_3—N mg	H. A.	A. A.	p_H	NO_3—N mg	H. A.	A. A.	p_H	NO_3—N mg
9,4	0,2	6,8	3,0	9,6	0,2	6,4	3,5	10,3	0,3	5,9	16,0

[1] STEPHENSON, R. E.: Soil Sci. 12, 143.
[2] CONNER, S. D.: Purdue Univ., Agr. Exp. Stat., Bull. 176 (1913).
[3] BRIOUX, C.: C. r. 179, 915.
[4] WICHMANN, W.: Dissert., Bonn-Poppelsdorf 1927.

Sowohl die hydrolytische Azidität als auch die p_H-Werte zeigen eine deutliche Versauerung des Bodens an. Daß sie einzig und allein auf die an dem Harnstoffstickstoff vorgegangene Nitrifikation zurückzuführen ist, bedarf keiner weiteren Betonung.

In Anbetracht der Tatsache nun, daß die physiologische Reaktion der Ammoniumverbindungen sich auch ohne Pflanzenwuchs infolge der Tätigkeit der niederen Organismen des Bodens auswirkt, und zwar in einem solchen Maße, daß wir den Einfluß der niederen Organismen wohl ebenso hoch einschätzen können wie den der höheren Pflanzen, müssen wir natürlich den Begriff der physiologisch-sauren Dünger erweitern. Physiologisch-saure Düngestoffe sind nicht allein diejenigen, die durch die Einwirkung der höheren Pflanzen unter Bildung einer Säure verändert werden, sondern auch diejenigen, bei denen ausschließlich, wie beim Harnstoff, niedere Organismen die Säuerung herbeiführen. Diese Erweiterung ist notwendig, weil sonst der Begriff der physiologischen Reaktion für die praktische Agrikulturchemie seine Bedeutung verliert. Die Nitrifikation als ein auf physiologischem Wege zu einer bemerkenswerten Säurebildung führender Vorgang muß bei der Definition der physiologisch-sauren Reaktion berücksichtigt werden, und dasselbe muß natürlich auch für die Säureproduktion der ammoniakbindenden Mikroorganismen Geltung haben. Alle Stoffe, die Ammoniakstickstoff enthalten, oder aus denen bei der Umwandlung, die sie im Boden erleiden, Ammoniakstickstoff entsteht, müssen unter die physiologisch-sauren Düngemittel eingereiht werden. Allerdings muß bei dieser Einreihung eine Voraussetzung erfüllt sein, es dürfen nämlich die stickstoffhaltigen Stoffe nicht, wie es beim Kalkstickstoff der Fall ist, noch mit einer solchen Menge anderer basischer Stoffe beladen sein, daß die aus dem Ammoniak entstandene Säure wieder vollständig dadurch neutralisiert werden kann.

Die große Rolle, die nach den obigen Darlegungen die Mikroorganismen des Bodens bei der physiologisch-sauren Reaktion der Ammoniumverbindungen spielen, macht es nun übrigens auch verständlich, daß die physiologisch-alkalische Beschaffenheit der eigentlichen Salpeterarten sich in einem im Vergleich zu den Ammoniumsalzen doch nur schwachen Ausmaße in der Reaktionsverschiebung des Bodens bemerkbar macht. Offenbar wird durch das Zusammenwirken von höheren und niederen Pflanzen bei den physiologisch-sauren Düngern eine viel größere Säuremenge aus den Salzen freigemacht, als durch die höheren Pflanzen allein an Basen aus den salpetersauren Salzen entbunden werden kann. Dann sind aber auch, was als sehr wesentlich unterscheidend noch hinzutritt, beide Bestandteile der Ammoniumsalze im Gegensatz zu den salpetersauren Salzen als Lieferanten von Säure von Bedeutung, das Kation NH_4 durch seine Nitrifikation, das Anion durch die Bildung der Schwefelsäure bzw. der Salzsäure. Die Ammoniumsalze sind im Vergleich zu den Salpeterarten, bei denen nur dem Kation eine physiologische Reaktion zuzuschreiben ist, gewissermaßen als doppelt stark physiologisch-saure Stoffe zu bezeichnen. Ohne Zweifel stellen somit die Ammoniumsalze viel stärker physiologisch-saure Stoffe dar, als die eigentlichen Salpeterarten physiologisch-alkalische Stoffe sind. Die getrennte Ionenaufnahme aus den Salzen spielt offenbar unter natürlichen Verhältnissen der Pflanzenernährung doch nicht die große Rolle, die man ihr nach den Ergebnissen der Nährlösungskulturen oft beizulegen geneigt ist; die höheren Pflanzen scheinen stets einen beträchtlichen Teil der ihnen dargebotenen Salze ohne besondere Bevorzugung eines einzelnen Ions bei ihrer Ernährung aufzunehmen; nur ein kleiner Teil der Salze wird unter Trennung der Ionen voneinander und unter Bevorzugung eines besonderen Ions ausgenutzt. Auf ein solches Verhalten der Pflanze zu den Nährsalzen weisen auch die Versuche mit Kalisalzen deutlich hin, die nachher noch näher zu erörtern sind; hier soll zunächst noch über die Wirkung der anderen stickstoffhaltigen Düngemittel das Notwendige mitgeteilt werden.

Über den Harnstoff ist nun schon oben angegeben und durch Versuche belegt, daß er dazu fähig ist, trotz seiner von Haus aus neutralen Reaktion einen deutlichen Einfluß auf den Boden zu gewinnen. Dieser Einfluß kann, wie schon gesagt, natürlich nicht von vornherein ein versauernder sein, sondern infolge der Bildung von Ammoniumkarbonat durch die Harnstoffbakterien wird primär ein alkalisierender Einfluß vom Harnstoff ausgehen müssen. Sobald dann aber die Nitrifikation einsetzt, geht diese Alkalisierung wieder verloren, und der Boden wird mit fortschreitender Nitrifikation mehr und mehr in die saure Reaktion hineingedrängt, so daß das Endergebnis der Prüfung des Harnstoffs doch gar keinen Zweifel daran läßt, daß er im erweiterten Sinne des Begriffes ein physiologisch-saurer Dünger ist. Diese Tatsache wird dann auch durch die neueren Untersuchungen von K. BORESCH und R. KREYZI[1] voll bestätigt, was wir gleich noch sehen werden.

Daß natürlich auch die neueren Ammoniakstickstoff enthaltenden Dünger, wie das Leunaphosphat und das Nitrophoska, zu den physiologisch-sauren Düngern zu stellen sind, ist von vornherein, wenn der Harnstoff sogar eine versauernde Wirkung ausübt, als selbstverständlich zu erwarten. Das Nitrophoska hat sich allerdings bei unseren[2] Versuchen in Nährlösung als nicht physiologisch-sauer erwiesen. In einer 0,3proz. Nitrophoskalösung, in der nach Zusatz von 0,25⁰/₀₀ Ferrophosphat Maispflanzen während einer Zeit von vier Wochen kultiviert wurden, blieb die von Anfang an neutrale Reaktion des Nitrophoska unverändert. Versuche mit Boden unter wiederholter Bepflanzung ergaben jedoch auch hier eine erkennbare Bodenversauerung, die sicherlich wieder dem Nitrifikationsprozeß zuzuschreiben ist. Bei der Bedeutung, die dieser neue Dünger fraglos besitzt, mögen unsere Untersuchungsbefunde über seine physiologische Reaktion hier angegeben werden. Zum Vergleich wurden neben diesen Versuchen auch solche mit Ammonsulfat ausgeführt:

| Düngung | Bepflanzung | Untersuchungsergebnisse nach der | | | | | |
| | | 1. Bepflanzung | | | 5. Bepflanzung | | |
		A. A.	H. A.	p_H	A. A.	H. A.	p_H
Ungedüngt	unbepflanzt	0,1	7,0	6,53	0,1	6,6	6,78
,, ...	bepflanzt	0,1	7,6	6,62	0,1	8,1	6,68
Ammonsulfat	unbepflanzt	0,2	8,0	6,19	1,0	14,0	4,87
,, ...	bepflanzt	0,3	8,4	6,19	1,6	16,9	4,76
Nitrophoska	unbepflanzt	0,2	7,2	6,43	0,4	12,5	5,20
,, ...	bepflanzt	0,2	7,2	6,39	0,2	11,6	5,86

Die versauernde Wirkung des Nitrophoska auf den Boden ist deutlich zu erkennen, aber sie ist nicht so stark ausgeprägt wie beim Ammonsulfat. Hier ist der Boden so stark versauert, daß es bis zur deutlichen Ausbildung der Austauschazidität gekommen ist, während das beim Nitrophoska noch kaum der Fall ist. Zwischen beiden Düngern macht sich aber auch noch ein anderer interessanter Unterschied bemerkbar, nämlich der, daß beim Ammoniumsulfat die bepflanzte Reihe eine stärkere Versauerung aufweist als die unbepflanzte, wogegen das beim Nitrophoska gerade umgekehrt ist. Das muß aber auch gerade so sein, wenn unsere obigen Ausführungen über die doppelte Art der physiologisch-sauren Reaktion des Ammonsulfats richtig sind. Dann muß sich neben der eigentlichen physiologischen Zerlegung des Ammonsulfats durch die Pflanzen und

---

[1] BORESCH, K., u. R. KREYZI: Fortschr. Landw. 3, 963.
[2] BELING, R. W.: Z. Pflanzenernährg, Düngg u. Bodenkde B 6, 562.

Mikroorganismen auch noch die Nitrifikation als Unterstützung des Vorganges der Bodenversauerung auswirken, beim Nitrophoska aber, das nur durch Nitrifikation sauer zu wirken vermag, muß in der bepflanzten Reihe durch Aufnahme von NH_3-Stickstoff in die Pflanzen und die dadurch herbeigeführte Verminderung des Nitrifikationsvorganges die Versauerung schwächer ausfallen.

Ganz anders wie bei den zuletzt behandelten Stickstoffdüngern, die alle entweder Ammoniakstickstoff enthielten oder, wie der Harnstoff, schnell im Boden in Ammoniakstickstoff übergingen, liegen natürlich nun die Dinge bei der Verwendung des Kalkstickstoffs. Zwar enthält auch dieser Dünger seinen Stickstoff in einer Form, aus der im Boden schnell über eine Reihe von chemischen und biologischen Reaktionen hinweg Ammoniumkarbonat wird, und dieses Ammoniumkarbonat erfährt gleichfalls im Boden die Umwandlung in Salpetersäure. Dennoch aber kann man dem Kalkstickstoff keine bodenversauernde Tendenz nachweisen, sondern, wie die gleich noch näher zu betrachtenden Versuche belegen, nur eine entgegengesetzte Wirkung. Das kann hier nicht anders sein, weil der Gehalt des Kalkstickstoffs an Kalk in basischer Form so groß ist, daß die ganze Salpetersäure, die bei vollständiger Nitrifikation des Stickstoffs entstehen kann, glatt zu salpetersaurem Kalk neutralisiert wird. Ja, der Kalkstickstoff bringt noch mehr Kalk in den Boden, als zur Neutralisation der aus ihm sich bildenden Salpetersäure nötig ist, und infolgedessen muß er trotz der Nitrifikation stets eine neutralisierende Wirkung auf den Boden ausüben. Diese Wirkung wird denn auch von H. NIKLAS und A. HOCK[1] bei Versuchen mit vier stark sauren Böden in klarer Weise nachgewiesen. Die Versuche wurden mit 200 g Boden ausgeführt, dem steigende Zusätze an Kalkstickstoff beigemischt waren. Für zwei der von den genannten Autoren geprüften Böden seien die nach fast einjähriger Einwirkung der Kalkstickstoffzusätze vorgefundenen p_H-Werte in der folgenden Tabelle zusammengestellt:

Boden	Zusatz an Kalkstickstoff g	p_H-Werte	p_H-Differenz	Austauschazidität in 30 ccm nach DAIKUHARA bei 25 g Boden ccm
Hantzendorf	ohne	4,60	—	1,90
,, ...	0,0865	4,90	0,30	0,55
,, ...	0,1725	5,30	0,46	0,15
,, ...	0,3450	6,25	0,95	0,00
Herrenried	ohne	4,05	—	16,00
,, ...	0,0865	4,20	0,15	9,00
., ...	0,1725	4,40	0,20	5,50
,, ...	0,3450	4,65	0,25	2,00

Man kann, wie die Versuche zeigen, durch Zusatz von Kalkstickstoff die Bodenreaktion stark nach der alkalischen Seite hin verschieben. Daß auch mit dieser Reaktionsverschiebung die Austauschazidität und die anderen Aziditätserscheinungen bei den Böden in entsprechender Weise abnehmen müssen, ist selbstverständlich und wird durch die Werte für die Austauschazidität belegt. Auch von AYMANS[2] sind bereits derartige Versuche durchgeführt worden, aber sowohl den Versuchen von NIKLAS und HOCK als auch denen von AYMANS haftet ein Fehler an, nämlich die Anwendung des Kalkstickstoffs in zu großen Mengen. Die kleinste von NIKLAS und HOCK benutzte Menge entspricht bereits, auf die Bodenmasse von 1 ha umgerechnet, mehr als 12 dz Kalkstickstoff. Daß solchen Mengen bei ihrem hohen Gehalt an basischem Kalk eine stark neutralisierende

<hr>

[1] NIKLAS, H., u. A. HOCK: Fortschr. Landw. 1, 557.
[2] AYMANS, TH.: Dissert., Bonn-Poppelsdorf 1924.

Wirkung zukommen muß, ist selbstverständlich; die Höhe der Gaben läßt aber diese Wirkung doch leicht in einem zu günstigen Licht erscheinen. Notwendig zu wissen ist, wie hoch sich die neutralisierende Wirkung des Kalkstickstoffs bei Verwendung von landwirtschaftlich in Betracht kommenden Mengen einschätzen läßt. Das läßt sich nun aus Versuchen ableiten, die von K. BORESCH und R. KREYZI ausgeführt wurden. Es waren allerdings Vegetationsversuche in Töpfen, aber sie waren mit einer Düngung versehen, die einer Hektardüngung von 60 kg Stickstoff, also 3 dz Kalkstickstoff je Hektar, entsprach. Die Erdproben aus diesen Versuchen wurden nach der Ernte untersucht, und dabei stellten sich die folgenden Veränderungen der Reaktion heraus:

		1926		1927	
		ohne Stalldung	mit Stalldung	ohne Stalldung	mit Stalldung
Ohne Kalkstickstoff . . .	p_H	6,38	6,50	6,38	6,87
Mit Kalkstickstoff . . .	p_H	6,48	6,42	6,41	6,95

Die Reaktionsverschiebungen, die der Kalkstickstoff bewirkt hat, erscheinen hiernach nicht als bedeutungsvoll, in einem Falle, bei dem Versuche aus dem Jahre 1926, ist sogar bei gleichzeitiger Stallmistdüngung von einer neutralisierenden Wirkung des Kalkstickstoffs gar nichts mehr zu merken. Allerdings wird man annehmen können, daß die Wirkung des Kalkstickstoffs gleich oder alsbald nach der Vermischung mit dem Boden doch wohl noch etwas deutlicher war als nach der Ernte, wo schon wieder durch die Nitrifikation eine gewisse Zurückdrängung seiner neutralisierenden Kraft eingetreten sein muß. Man muß weiter auch bedenken, daß die Reaktionslage des von BORESCH und KREYZI benutzten Bodens nicht sonderlich günstig für das Hervortreten der Neutralisationskraft des Kalkstickstoffs war, denn es ist ja eine bekannte Tatsache, daß die Reaktionsverschiebung durch die Einheit eines Neutralisationsmittels um so größer ist, je saurer die Reaktion des Bodens selbst ist. Darauf weisen in ihren Versuchen mit Kalkstickstoff auch schon NIKLAS und HOCK hin. In saureren Reaktionslagen könnte sich jedenfalls, so dürfte man daher glauben, die Neutralisationskraft des Kalkstickstoffs doch noch etwas stärker geltend machen, als das bei den fast neutralen, von BORESCH und KREYZI benutzten Böden der Fall war. Zur weiteren Kennzeichnung der Neutralisationswirkung, die vom Kalkstickstoff ausgeht, mögen deshalb noch einige Beobachtungen mitgeteilt werden, die von uns[1] bei Vegetationsversuchen mit Kalkstickstoff gemacht wurden, ebenfalls allerdings erst nach der Ernte der mit Kalkstickstoff gedüngten Gefäße. Die Düngung mit Kalkstickstoff entsprach in der kleinsten Gabe, von der Topfoberfläche auf 1 ha umgerechnet, 52 kg Stickstoff, lag also noch innerhalb der Mengen, die bei der Düngung in Frage kommen. Außer diesen Mengen waren aber auch die dreifachen und die fünffachen Mengen gegeben worden. Ebenfalls in drei verschieden starken Gaben waren bei diesen Versuchen Kali und Phosphorsäure, letztere teils in der Form von Superphosphat, teils als Thomasmehl, verwendet worden. In diesen beiden Reihen wurden nun nach der Ernte von Gerste die folgenden Reaktionszahlen gefunden:

Düngergaben	einfach	dreifach	fünffach
Kaliumsulfat, Superphosphat, Kalkstickstoff	4,58	4,58	4,58
Kaliumsulfat, Superphosphat, ohne Kalkstickstoff . . .	4,55	4,49	4,32
Kaliumsulfat, Thomasmehl, Kalkstickstoff	4,68	4,68	4,79
Kaliumsulfat, Thomasmehl, ohne Kalkstickstoff	4,58	4,59	4,59

[1] BLÖMER, M.: Dissert., Bonn-Poppelsdorf 1929.

Auch diese Versuche bei stärker saurer Reaktion lassen in der Verschiebung der Reaktionszahlen einen nur sehr bescheidenen Neutralisationseffekt des Kalkstickstoffs erkennen. Daß aber doch eine nachweisbare Neutralisation von den in diesem Versuche zur Verwendung gekommenen Kalkstickstoffmengen ausgegangen ist, zeigt sehr deutlich die Zusammenstellung der zu den obigen Reaktionszahlen gehörigen Austausch- und hydrolytischen Aziditäten; diese besaßen die folgenden Werte:

Düngergaben	Austauschaziditäten			Hydrolytische Aziditäten		
	einfach	dreifach	fünffach	einfach	dreifach	fünffach
Superphosphatreihe mit Kalkstickstoff . . .	12,9	10,8	8,9	27,9	27,0	26,1
Superphosphatreihe ohne Kalkstickstoff . .	13,6	13,7	13,5	30,8	30,6	30,8
Thomasmehlreihe mit Kalkstickstoff	12,8	9,5	5,5	28,9	26,7	24,8
Thomasmehlreihe ohne Kalkstickstoff . . .	13,9	11,2	10,0	29,7	28,8	28,1

Ohne Kalkstickstoff sind in der Superphosphatreihe Veränderungen der Aziditätsformen ganz ausgeblieben, was, wie wir nachher noch sehen werden, mit dem physiologisch neutralen Charakter des Superphosphates und des gleichzeitig gegebenen Kaliumsulfates durchaus übereinstimmt. Die Kalkstickstoffdüngung hat dann aber eine deutlich hervortretende Neutralisation des Bodens zur Folge gehabt, die bei einfacher Gabe zwar praktisch nicht sonderlich hoch veranschlagt werden darf, immerhin aber bei wiederholter Anwendung des Kalkstickstoffs allmählich den Reaktionszustand eines Bodens günstig beeinflussen kann, und das ganz besonders dann, wenn außer dem Kalkstickstoff auch noch das alkalische Thomasmehl an Stelle des Superphosphates zur Anwendung gelangt. Will man allerdings eine wesentliche Verbesserung des Reaktionszustandes eines schon stärker versauerten Bodens erzielen, so kommt trotz seiner neutralisierenden Wirkung der Kalkstickstoff allein natürlich ganz und gar nicht in Frage, sondern nur die billigen Neutralisationsmittel, die uns in den Kalkdüngern zur Verfügung stehen. Mit dieser Feststellung können wir die Besprechung der chemischen Einwirkung des Kalkstickstoffs auf die sauren Böden verlassen und uns der Besprechung der Wirkung der anderen Düngemittel auf die Bodenreaktion zu wenden, wobei zunächst die Kalisalze behandelt werden sollen.

2. **Wirkung der Kalisalze auf die Bodenreaktion.** Bei unseren Kulturversuchen mit getrennten Nährlösungen haben sich, wie oben auseinandergesetzt, die Kalisalze stets als stark physiologisch-saure Salze erwiesen, die Reaktionsverschiebungen in den Nährlösungen waren nicht kleiner, als die durch die Ammoniumsalze bewirkten. Es bereitete daher eine große Überraschung, als wir unter denselben Versuchsbedingungen, die bei den Ammoniumsalzen eingehalten wurden — Kulturen in Naturboden — im Gegensatz zu den Ammoniumsalzen keine Versauerung des Bodens durch die Kalisalze nachweisen konnten. Von dieser Tatsache mag zunächst ein Auszug aus den Untersuchungen von WICHMANN nähere Auskunft geben:

Art der Düngung	Ergebnisse der Untersuchung nach der								
	1. Bepflanzung			3. Bepflanzung			6. Bepflanzung		
	H. A.	A. A.	p_H	H. A.	A. A.	p_H	H. A.	A. A.	p_H
Ungedüngt	9,2	0,1	6,1	9,2	0,2	6,2	9,5	0,3	6,1
Kaliumchlorid	8,9	0,2	6,0	10,6	0,3	6,3	9,7	0,3	6,0
Kaliumsulfat	9,0	0,2	6,2	10,6	0,3	6,0	11,1	0,3	5,8
40 proz. Kalisalz . . .	8,9	0,2	6,2	10,1	0,3	6,3	9,6	0,3	6,0
Kainit	8,9	0,2	6,1	8,6	0,2	6,2	7,4	0,3	6,2
Karnallit	9,0	0,2	5,9	8,7	0,3	6,0	8,6	0,2	6,2
Kochsalz	9,2	0,1	6,2	9,0	0,3	6,2	9,2	0,2	6,3

Nach der ersten Bepflanzung ist durch keines der angewendeten Kalisalze eine irgendwie nennenswerte Beeinflussung der Reaktion des Bodens zustande gekommen. Beim Karnallit ist der p_H-Wert allerdings bis auf 5,9 gesunken, aber der mindestens ebenso zuverlässige Wert der hydrolytischen Azidität zeigt kein Ansteigen, so daß von einer Versauerung durch den Karnallit nicht gesprochen werden kann. Die Untersuchung nach der dritten Bepflanzung weist dann auch wieder einen höheren p_H-Wert für den Karnallit auf, und für die übrigen Salze führte die Untersuchung ebenfalls zu p_H-Werten, aus denen in keinem Falle auf eine versauernde Wirkung der Kalisalze geschlossen werden kann. Die Werte für die hydrolytische Azidität lassen indessen doch eine kleine Steigerung erkennen, die vielleicht die Tendenz der Kalisalze, um die es sich hier handelt, nämlich der beiden Kaliumchloride und des Kaliumsulfates, zu einer versauernden Wirkung andeuten. Die beiden Rohsalze, Karnallit und Kainit, haben aber im Gegensatz zu den drei ersten Kalisalzen die hydrolytische Azidität erkennbar verringert, also neutralisierend gewirkt. Nach der sechsten Bepflanzung, die ebenso wie die anderen Bepflanzungen mit Ausnahme der zweiten unter Wiederholung der Düngung erfolgte, haben sich die Verhältnisse nur unwesentlich geändert. Das Kaliumchlorid zeigt wieder eine etwas kleinere hydrolytische Azidität, dafür ist der p_H-Wert in diesem Falle im Vergleich zur dritten Bepflanzung etwas saurer, der Unterschied gegenüber der ungedüngten Reihe ist aber so gering, daß wir von einer versauernden Wirkung des Kaliumchlorids auf den Boden nicht sprechen können. Auch bei allen anderen Kalisalzen ist das nicht möglich, mit Ausnahme des Sulfats. Hierbei bleibt nach der sechsten Bepflanzung doch eine Verschiebung bestehen, die zur sauren Seite führt. Man soll aber in diesem Fall die Bedeutung nicht überschätzen, denn auch die ohne Pflanzen gebliebene Reihe des Versuches zeigte ein gewisses Schwanken in den p_H-Werten, und gerade beim Kaliumsulfat war in dieser Reihe ein p_H-Wert von 5,9 zu verzeichnen. Mag aber auch eine schwache Tendenz des Sulfats zur Versauerung vielleicht nicht zu leugnen sein, so muß man doch bei Betrachtung des Gesamtergebnisses unserer Versuche zugeben, daß eine Versauerung des Bodens von der Verwendung der Kalisalze nicht ausgehen kann. Man bedenke nur, welch große Mengen an Kalisalzen in unseren Versuchen gegeben wurden, denn nach der sechsmaligen Bepflanzung waren, berechnet auf 1 ha, in derselben Reihenfolge angeführt, wie die Salze in der Tabelle stehen, 48, 69, 78, 210 und 336 dz gegeben worden. Das sind Kalisalzmengen, die auf den Ackerböden in der landwirtschaftlichen Praxis vielleicht in einem Zeitraum von 20 und noch mehr Jahren verwendet werden. Üben solche Düngermengen so unbedeutende Wirkungen auf den Reaktionszustand des Bodens aus, wie wir sie in unseren Versuchen fanden, so kann man die Kalisalze nur als praktisch gänzlich bedeutungslos für die Bodenversauerung bezeichnen.

Daß die Kalisalze im übrigen trotz der von uns für sie nachgewiesenen starken physiologisch-sauren Reaktion in Nährlösungen auf keinen Fall eine ebenso starke versauernde Wirkung entfalten konnten, wie wir sie bei den Ammoniumsalzen gefunden hatten, das lag wohl von vornherein nahe, denn es fehlt ja in ihrem physiologischen Verhalten manches, was die Ammoniumsalze auszeichnet. Einmal ist nämlich das Nährstoffbedürfnis der Pflanzen für das Kali wesentlich geringer als für das Ammoniak. Dieses wird, wie durch die Untersuchungen von PRJANISCHNIKOW klargestellt ist, sehr energisch von den Pflanzen aufgenommen, es stürzt fast, so könnte man sagen, in die Pflanzen hinein. Die Ausnutzung des Kalis in den Kalisalzen ist dagegen, wie die Düngungsversuche längst ergeben haben, sehr viel kleiner als die des Ammoniakstickstoffs, beim ersteren beträgt sie im Durchschnitt nur 12—25%, beim letzteren 70% und mehr. Schon aus diesem Grunde war nicht zu erwarten, daß die physiologisch-saure Reaktion der Kalisalze sich in einer gleich starken Weise praktisch würde auswirken können wie die der Ammoniumsalze. Es fehlt nun weiter aber auch bei den Kalisalzen die Möglichkeit, die bei den Ammoniumsalzen — wie oben dargelegt — ihre physiologisch-saure Beschaffenheit in großem Ausmaße mitbedingt, nämlich die physiologische Azidität des Kations infolge seiner Nitrifikationsfähigkeit. Durch Mikroorganismenwirkung konnte die physiologisch-saure Reaktion der Kalisalze nicht gesteigert werden. Daß aber die Auswirkung ihrer physiologisch-sauren Reaktion so gering sein würde, wie sie von uns beobachtet wurde, so daß wir sie als Salze bezeichnen müssen, die praktisch überhaupt nicht physiologisch-sauer sind, das übertraf doch alle unsere Erwartungen. Wir haben daher auch, um keiner Täuschung anheimzufallen, die Versuche mit den Kalisalzen in den verschiedensten Variationen wiederholt; wir wechselten die Zahl der Pflanzen, die auf den Schalen kultiviert wurden, wir verwandten neben natürlichem Boden auch Glassand und suchten an den Extrakten mit Wasser Reaktionsänderungen zu erfassen, die durch die Düngung mit Kalisalzen zuwege gebracht sein könnten. Wir untersuchten chemisch, ob überhaupt unter den Bedingungen unserer Kulturversuche das den Pflanzen angebotene Kalisalz auch in die Pflanzen Eingang fand, aber alle unsere Prüfungen führten stets wieder zu dem gleichen Ergebnis, daß nämlich die Kalisalze nicht als physiologisch-saure Salze angesprochen werden konnten, wenn ihre Anwendung zur Pflanzenernährung nicht unter den an sich recht unnatürlichen Bedingungen der Nährlösungskulturen vor sich ging, sondern unter den den natürlichen Verhältnissen besser entsprechenden Bedingungen unserer Bodenkulturen. Immerhin hätte man aber noch die von uns benutzte Versuchsanstellung bemängeln können — und es geschah das auch tatsächlich durch O. LOEW[1] —, indem man z. B. sagte, daß die zur Einwirkung auf die Kalisalze in unseren Versuchen gebrauchten Pflanzen nur Keimpflanzen gewesen wären, die eben noch nicht zur physiologischen Zerlegung der Kalisalze imstande gewesen sein könnten.

Sowohl O. LOEW als auch A. MAYER, der sich den Einwendungen von O. LOEW angeschlossen hat, übersehen aber, daß unsere Beweisführung sich keineswegs auf die zumeist drei- bis vierwöchigen Versuche mit Keimpflanzen beschränkt hat, sondern daß bereits von WICHMANN langfristige Versuche mit normaler Vegetationszeit durchgeführt wurden. Dabei wurden auch verschiedene Kulturpflanzen benutzt. Die Ergebnisse der Reaktionsprüfungen nach Beendigung dieser Versuche sind in der folgenden Tabelle zusammengestellt:

Düngungsart	Buschbohne			Stoppelrübe			Runkelrübe		
	H. A.	A. A.	p_H	H. A.	A. A.	p_H	H. A.	A. A.	p_H
Ohne Kali .	12,1	1,1	5,25	11,65	1,0	5,48	12,3	1,6	5,40
Mit Kali . .	12,2	1,0	5,30	11,50	0,8	5,60	12,4	1,2	5,41

Die Anwendung von 9 dz Kaliumchlorid je Hektar bei diesen Versuchen hat also nicht einmal die Andeutung einer versauernden Wirkung des Kalisalzes hinterlassen. Auch abgesehen von diesen langfristigen Versuchen war aber von WICHMANN der Nachweis erbracht worden, daß tatsächlich bei den kurzfristigen Versuchen nicht, wie O. LOEW es meint, nur Spuren von den Kalisalzen durch den Diffusionsstrom in die Pflanzen Eingang gefunden hatten, sondern daß nicht weniger als 50 % des den Keimpflanzen dargebotenen Kalisalzes aufgenommen war. Daß die von Keimpflanzen aufgenommenen Kalisalzmengen tatsächlich keines-

---

[1] LOEW, O.: Dtsch. landw. Presse **1928**, 272.

wegs gering eingeschätzt werden dürfen, ist auch noch neuerdings durch Untersuchungen von H. ZANDER[1] belegt worden. ZANDER fand, daß junge Roggenpflänzchen ohne Rücksicht auf das Korngewicht von einer verabfolgten Kalisalzdüngung im Durchschnitt nicht weniger als 66% aufnahmen. Von Spuren, die mit dem Diffusionsstrom aufgenommen waren, kann also wohl nicht die Rede sein. Die gegen unsere Art der Versuchsanstellung erhobenen Bedenken von O. LOEW und A. MAYER müssen aber auch schon deshalb als bedeutungslos bezeichnet werden, weil dieselbe Versuchsanordnung es doch gestattet, bei den salpetersauren Salzen und bei den Ammoniumsalzen die durch sie bewirkte Reaktionsänderung mit Sicherheit zu erfassen. Da nun bei allen unseren Versuchen keine bodenversauernde Wirkung der Kalisalze erkannt werden konnte, so halten wir uns auch zu der Schlußfolgerung für berechtigt, daß von den Kalisalzen im Gegensatz zu ihrem Verhalten unter den unnatürlichen Bedingungen der Lösungskulturen bei ihrer praktischen Anwendung keine physiologische Azidität geäußert wird.

Daß den Kalisalzen tatsächlich eine bodenversauernde Wirkung abgeht, ist aber auch noch von verschiedenen anderen Seiten bei Versuchen gefunden worden, die selbst dem verbissensten Gegner einer physiologischen Neutralität der Kalisalze als ausreichendes Beweismittel dienen dürften, nämlich bei Dauerdüngungsversuchen. So haben NIKLAS, STROBEL und SCHARRER[2] in *Weihenstephan* den Boden der Parzellen von 12 Jahre lang laufenden Düngungsversuchen auf die Veränderung der Bodenreaktion untersucht. Bei diesen Versuchen waren neben einer zum Teil physiologisch-sauren Grunddüngung auch Kalisalze in einer Menge von 970 kg Reinkali angewendet worden. Die Reaktionszahl des ungedüngt gebliebenen Bodens wurde nun zu 6,24 gefunden, durch die Grunddüngung allein war sie herabgesetzt auf 5,88. Wurden neben der Grunddüngung nun noch Kalisalze gegeben, so änderte sich die Reaktionszahl so gut wie gar nicht, nämlich bei Verwendung von Kaliumchlorid betrug die Reaktionszahl 5,96, bei Verwendung von Kaliumsulfat war sie 5,86. Die zwölfjährige Verwendung von Kalisalzen auf dem *Weihenstephaner* Lehmboden hat keine versauernde Wirkung auf den Boden ausgeübt, es können also in diesem Falle die Kalisalze auch keine physiologisch-saure Reaktion geäußert haben, oder sie muß eben so gering gewesen sein, daß sie in der Bodenreaktion nicht zum Ausdruck kommt, womit sie eben praktisch bedeutungslos geworden ist.

Ein zweiter Dauerdüngungsversuch, der allerdings nicht mit Kalisalz allein als Differenzdünger wie in *Weihenstephan*, sondern zugleich unter Düngung mit Kalisalz und Superphosphat 10 Jahre lang in *Gembloux*[3] am Agronomischen Institut ausgeführt wurde — wobei die jährlich gegebene Düngermenge 5 dz Superphosphat und 5 dz Kaliumsulfat ausmachte —, ergab, daß die Reaktionszahl des ungedüngten Bodens 7,45 betrug, während die des gedüngten Bodens nur ein klein wenig niedriger ausfiel, nämlich sich auf 7,20 belief. Ob hieran nun das Superphosphat oder das Kaliumsulfat die Schuld trug, braucht keiner weiteren Erörterung unterzogen zu werden, denn die Veränderung ist an und für sich so gering, daß wir auf Grund dieses Versuches schon dazu berechtigt sind, beiden Düngemitteln die Fähigkeit zur Bodenversauerung und damit zur Betätigung einer physiologisch-sauren Reaktion abzusprechen.

Ein dritter und vierter Dauerdüngungsversuch sind ebenfalls recht belehrend. Sie wurden in England von der *Rothamsteder* Versuchsanstalt[4] durchgeführt, der

---

[1] ZANDER, H.: Bot. Arch. **1928**, 243.
[2] NIKLAS, H., A. STROBEL u. K. SCHARRER: Landw. Versuchsstat. **105**, 105.
[3] AGHNIDES E.: Mitt. d. Intern. Bodenkundl. Ges. **2**, 134.
[4] CROWTHER, E. M.: J. agricult. Sci. II **15**, 222 (1925).

eine in *Woburn* und der andere in *Rothamsted*; der erste auf leichtem Sandboden, der zweite auf schwerem Lehmboden. In *Woburn* wurden die Versuche 45 Jahre lang durchgeführt unter fortgesetztem Anbau von Gerste. Die ungedüngten Parzellen 1 und 7 wiesen nun bei der Untersuchung im Jahre 1925 p_H-Werte von 5,83 und von 5,77 auf. Die mit Mineraldüngung versehenen Parzellen hatten jährlich 3 cwt Superphosphat und $^1/_2$ cwt Kaliumsulfat erhalten und zeigten bei der Untersuchung einen p_H-Wert von 5,80. Man kann mit E. M. CROWTHER, der die Reaktionsuntersuchungen veröffentlicht hat, nur übereinstimmen, wenn er sagt, daß beide verwendeten Düngemittel keine Veränderung der Bodenreaktion bewirkt hätten. Was das Superphosphat in diesem Zusammenhange angeht, so werden wir darüber noch gleich uns näher auszusprechen haben. Das Kaliumsulfat kann, was hier wichtig ist, auch auf dem leichten Sandboden in Woburn keine physiologisch-saure Wirkung besessen haben, es müßte sich das sonst in der Reaktionsänderung ausgewirkt haben.

Die Versuche in *Rothamsted* wurden seit 1856 auf Grasland ununterbrochen fortgesetzt. Die Mineraldüngungsparzellen erhielten jährlich 3,5 cwt Superphosphat, 100 lbs Natriumsulfat, ebensoviel Magnesiumsulfat und dazu noch bei der vollständigen Mineraldüngung 500 lbs Kaliumsulfat. Der Reaktionszustand der Parzellen nach 67 Jahren war nun der folgende:

Die ungedüngte Parzelle 3 hatte den p_H-Wert 5,72, die ebenfalls ungedüngte Parzelle 12 den Wert 5,63, die Parzelle mit Mineraldüngung ohne Kaliumsulfat besaß eine Reaktionszahl von 5,67, die mit vollständiger Mineraldüngung eine Reaktionszahl von 5,43. Es weist somit der Boden der mit Kaliumsulfat gedüngten Parzelle gegenüber der ohne Kaliumsulfat verbliebenen wohl eine kleine Verschiebung nach der sauren Seite auf, fassen wir aber die Zeitdauer und die darin auf den Boden gebrachten gewaltigen Kaliumsulfatmengen ins Auge, so müssen wir auch für diese Versuche den Schluß ziehen, daß die Kalidüngung keinen wesentlichen versauernden Einfluß auf den Boden ausgeübt hat. Das zeigt weiter auch noch das Untersuchungsergebnis einer anderen Parzellenreihe desselben Versuches. Parzelle 10 hatte 86 lbs Ammonsulfat und die Mineraldüngung ohne Kaliumsulfat erhalten, Parzelle 9 dagegen die gleiche Menge Ammonsulfat, dazu die Mineraldüngung einschließlich des Kaliumsulfates. Ohne Kaliumsulfat besaß der Boden eine Reaktionszahl von 3,90, mit Kaliumsulfat eine solche von 4,04. Es war also durch die Zufügung des Kaliumsulfates keine weitere Versauerung eingetreten, eher im Gegenteil eine kleine Abnahme der Versauerung erfolgt. Eine Steigerung der Ammoniumsalzdüngung war dagegen noch imstande, die Bodenreaktion weiter herabzusetzen, sie sank unter dem Einfluß von 129 lbs Ammoniumsalz auf $p_H = 3,79$, womit die unterste bei diesem Boden mögliche Grenze der Entbasung erreicht war. Man kann aus den Ergebnissen dieser Versuche wie auch aus den oben bereits geschilderten nur den Schluß ziehen, daß der Düngung mit Kalisalzen keine versauernde Wirkung unter den Verhältnissen der landwirtschaftlichen Praxis zugeschrieben werden darf, daß also auch die Kalisalze unter normalen Bedingungen ihrer Verwendung keine physiologisch-saure Reaktion betätigen, und mit dem Hinweis auf diese langfristigen Versuche mit Kalisalzen kann wohl die Frage der physiologischen Reaktion der Kalisalze als endgültig erledigt angesehen werden.

Es gibt aber noch bei den Kalisalzen zwei Wirkungen auf den Boden, die einer eingehenderen Erörterung deshalb bedürfen, weil sie vielfach mit der physiologischen Reaktion der Kalisalze in einen falschen Zusammenhang gebracht werden. Die eine dieser Wirkungen ist die, die sich beim Zusammentreffen der Kalisalze mit einem schon stärker versauerten Boden äußert, nämlich die Aktivierung der Austauschazidität, und die andere ist die, die zwischen jedem Boden, ob sauer, neutral oder alkalisch, und den Kalisalzen stattfindet, und die man als Entkalkung durch Basenaustausch bezeichnen kann.

Was die erste dieser beiden Einwirkungen der Kalisalze auf den Boden angeht, so kann davon ausgesagt werden, daß sie unter Umständen für den Pflanzenwuchs auf solchen Böden von Nachteil sein kann; denn bei der Aktivierung der Austauschazidität wird infolge des Umsatzes:

$$\text{H-Zeolith} + \text{KCl} = \text{K-Zeolith} + \text{HCl}$$
$$\text{Humussäure} + \text{KCl} = \text{Kaliumhumat} + \text{HCl}$$

Säure in die Bodenlösung hineingedrängt, die sich zwar zumeist nicht als freie Säure geltend macht, sondern infolge der Zerstörung eines Teiles des zeolithischen Silikates als Aluminiumsalz darin auftritt. Diese Bildung des sauer reagierenden Aluminiumsalzes vermag aber sicherlich manche Pflanzen in ihrer Entwicklung zu beeinträchtigen, wie besonders von der Gerste bekannt ist. Überhaupt wird die Ausbildung einer sauren Reaktion in der Bodenlösung von viel größerem Nachteil für Pflanzen und Mikroorganismen sein, als das bloße Bestehen einer latenten Austauschazidität. Daher mögen auch wohl in der Praxis bei der Verwendung von Kalisalzen auf stark sauren Böden Ernteschädigungen durch diese aktivierte Austauschazidität hervorgebracht worden sein, und es scheint nicht ausgeschlossen, daß z. B. die unbefriedigenden Wirkungen der Kalisalze, die von A. MAYER beobachtet wurden und ihn zur Aufstellung der Theorie von der physiologisch-sauren Reaktion der Kalisalze veranlaßten, solche Schädigungen durch aktivierte Austauschazidität gewesen sind. Mit der physiologischen Reaktion der Kalisalze hat aber dieser Vorgang keinerlei Zusammenhang, da er ganz allgemein von jedem Salz, nicht nur von den Kalisalzen, ausgelöst wird. Auch die Ammoniumsalze, ebenso die salpetersauren Salze, vermögen die Aktivierung der Austauschazidität zustande zu bringen.

Betrachtet man diesen Vorgang der Aktivierung der Austauschazidität durch die Kalisalze noch etwas näher, so erkennt man leicht, daß er die Bodenazidität als solche vermindern muß. Um das zuzugeben, braucht man nur an die Bestimmung der Austauschazidität mit Hilfe von Kaliumchloridlösung zu denken. Wie bei dieser Bestimmung durch das Behandeln des Bodens mit der normalen Kaliumchloridlösung die Austauschazidität aktiviert und bei Wiederholung der Behandlung schließlich auch in ihrer Gesamtheit auf diesem Wege erfaßt wird — wobei der behandelte Boden dann schließlich von dieser Azidität vollkommen befreit zurückbleibt —, so muß auch bei der Düngung mit Kalisalzen eine Aktivierung der Austauschazidität eintreten, und es muß als Folge davon zu einer Abnahme dieser Erscheinungsform der Bodenazidität kommen; denn an die Stelle des die Austauschazidität bedingenden Säurewasserstoffs der zeolithischen Silikate und ebenso an die Stelle des Säurewasserstoffs der Humate tritt ja Kalium bei dieser Gelegenheit ein, der Basengehalt dieser Stoffe wird also wieder aufgefüllt, die Bodenazidität muß damit aber schwächer werden. Mit Leichtigkeit kann man sich von dieser die Bodenazidität herabsetzenden Wirkung der Kalisalze überzeugen, wenn man eine Kaliumchloridlösung durch einen austauschsauren Boden fließen läßt und die Azidität vor und nach diesem Hindurchfließen bestimmt. Bei Moorboden haben wir das schon vor vielen Jahren gezeigt[1]. Die hydrolytische Azidität nahm in diesem Falle infolge der Kaliumchloridbehandlung des Moorbodens von 45 ccm 0,1 n-Natronlauge auf 34 ccm ab. Für Mineralboden mögen die folgenden Versuche diese Abnahme der Bodenazidität durch Behandlung mit Kalisalzlösungen noch weiter belegen.

---

[1] KAPPEN, H., u. M. ZAPFE: Landw. Versuchsstat. **90**, 321.

Dazu wurde durch einen austauschsauren Mineralboden (Lehmboden aus dem Kottenforst) in einer Probe so lange n-Kaliumchloridlösung, in einer anderen Probe $1^0/_{00}$-Kaliumchloridlösung gesickert, bis in der durchgesickerten Lösung keine saure Reaktion mehr nachweisbar war. Nach Auswaschen mit Wasser bis zur Chlorfreiheit und Trocknen an der Luft wiesen die Proben folgende Aziditätswerte auf:

Art der Behandlung	Austausch-azidität y_1 ccm	Hydrolytische Azidität y_1 ccm	p_H
Originalboden (unbehandelt) .	6,1	14,4	4,79
Mit n-KCl	0,1	6,5	6,83
Mit $1^0/_{00}$ KCl	1,6	10,5	6,14

Man muß auf Grund dieser Versuche anerkennen, daß es durchaus möglich ist, daß längere Düngung eines austauschsauren Bodens mit Kalisalzen zu einer echten Verminderung der Bodenazidität führt.

Der Einfluß, den die Kalisalze auf die Bodenreaktion ausüben können, beschränkt sich aber nicht auf diese Aktivierung der Austauschazidität. Auch bei weniger stark sauren Böden, etwa nur hydrolytisch-sauren, und ebenso auch bei neutralen Böden vermögen die Kalisalze eine Reaktionsverschiebung nach der alkalischen Seite herbeizuführen, der allerdings, das mag gleich hervorgehoben werden, eine praktische Bedeutung kaum beigelegt werden kann. Diese Reaktionsverschiebung hängt mit dem wechselnden Grade der Hydrolyse zusammen, der die zeolithischen Silikate und die Humate unterworfen sind, wenn sie verschiedene Basen, wie Natrium, Kalium, Kalzium, Magnesium usw. enthalten. Diese Tatsache geht aus Versuchen von G. WIEGNER an Kalium-, Natrium- und Kalziumpermutiten hervor und ist auch von uns mehrfach bei unseren Arbeiten über den Ionenaustausch gefunden worden. Es stellten sich z. B. die Reaktionszahlen von verschiedenen Permutiten, die durch Behandlung des Natriumpermutits mit Lösungen der Chloride von Kalium und Kalzium hergestellt waren, wie folgt ein:

	Natriumpermutit	Kaliumpermutit	Kalziumpermutit
p_H . . .	8,62	8,82	7,82

Die Alkalipermutite weisen also eine stärker alkalische Reaktion auf als der Kaliumpermutit, und das hängt aller Wahrscheinlichkeit nach eben mit der stärkeren Hydrolyse zusammen, die die Alkalipermutite erleiden. Bei schwachen Säuren ist nämlich die Hydrolyse ihrer Salze abhängig von der Stärke der salzbildenden Base, so daß die Salze mit der stärksten Base am weitesten hydrolytisch aufgespalten sind. Mit dieser verschiedenen Aufspaltung durch Hydrolyse hängt auch die Tatsache zusammen, daß die Neutralisation eines sauren Bodens mit einer kleineren Menge von Natrium- oder Kaliumhydroxyd erreicht wird, als zu dem gleichen Zweck von einer Kalziumhydroxydlösung nötig ist. Der Neutralpunkt wird eben bei Anwendung von Alkalien infolge stärkerer Hydrolyse der Alkalizeolithe früher erreicht als bei Anwendung der schwerer hydrolysierbare Produkte liefernden zweiwertigen Basen der Erdalkalien. Die durch Ionenaustausch mit den Kalisalzen entstandenen Bodenzeolithe müssen also auch eine stärker alkalische Reaktion besitzen, als die ursprünglichen Kalziumzeolithe des Bodens sie besaßen, zum mindesten muß die Einwirkung der Kalisalze beim Ionenaustausch den Bodenzeolithen und ebenso auch den Humaten die Tendenz zur Äußerung einer stärker alkalischen Reaktion verleihen. Das zeigt denn auch der folgende Versuch, bei dem ein Lehmboden mit Kaliumchlorid- und Natriumchloridlösung durchsickert und darauf durch Auswaschen mit kohlensäurefreiem Wasser von dem Überschuß des Alkalisalzes befreit war. Diese Befreiung von Alkalisalz ist natürlich erforderlich, um die besprochene Erscheinung auftreten zu lassen, denn die Gegenwart von Salzen setzt ja durch Austausch von Wasserstoff oder durch Absorption von OH-Ionen die Reaktionszahl eines Bodens herab.

	Unbehandelter Boden	Mit KCl behandelter Boden	Mit NaCl behandelter Boden
p_H · · ·	6,03	8,33	8,19
p_H · · ·	6,00	8,30	8,19

Wenn nun aber auch, wie die vorstehenden Versuche beweisen, Kalisalze einen ganz bedeutenden Einfluß auf die Bodenreaktion ausüben können, so ist das doch nur eine Sache von vornehmlich theoretischer Bedeutung; denn, um deutliche Wirkungen hier zu erzielen, würden praktisch gar nicht verwendbare Mengen von Kalisalzen den sauren Äckern zugeführt werden müssen. Eine solche starke Anwendung von Kalisalzen muß aber auch deshalb zu einem Ding der Unmöglichkeit werden, weil ja ihre ganze Wirkung nur auf dem Ionenaustausch zwischen ihnen und den basenaustauschenden Stoffen des Bodens beruht. In diesen Austauschvorgang würden aber nicht nur die Wasserstoff- und Aluminiumionen hineingezogen werden, deren Entfernung aus dem Boden erwünscht ist, sondern es würden auch die für die Bodenkultur und Pflanzenernährung so wichtigen Ionen des Kalziums und Magnesiums diesem Basenaustausch anheimfallen. Der Boden würde bei einer so starken Kalisalzdüngung bald in einer gefahrdrohenden Weise entkalkt werden. Diese Entkalkung des Bodens unter dem Einfluß der Kalisalze — entkalkend wirken natürlich auch alle anderen, nicht Kalk enthaltenden Salze — wird nun zuweilen noch heute mit dem Vorgang der Bodenversauerung durcheinandergeworfen. Man hört vielfach den Ausspruch, daß die Kalisalze den Boden entkalken, ihn also versauerten, demnach auch physiologisch-sauer sein müßten. Daß das eine Auffassungsweise ist, die jeglicher Logik entbehrt, dürfte durch die obigen Ausführungen und Beispiele zur Einwirkung der Kalisalze auf den Ackerboden wohl genügend gekennzeichnet sein. Wir müssen vielmehr nach Kenntnisnahme dieser Darlegungen sagen, daß mit der Entkalkung des Bodens durch die Kalisalze und durch andere Salze im Basenaustausch eine Versauerung ganz und gar nicht verknüpft sein kann, daß viel eher, was die Bodenreaktion angeht, sich eine Verschiebung nach der alkalischen Seite als Folge des Ersatzes des austauschbaren Kalkes durch Kali ergeben muß. Versauerung ist eben nur dann zu befürchten, wenn eine absolute Verarmung des Bodens an austauschbaren Basen stattfindet, oder wenn, wie wir uns heute richtiger ausdrücken können, an die Stelle der austauschbaren Metallkationen die Ionen des Wasserstoffs und des Aluminiums treten. Man muß eben, will man sich sachgemäß über den Einfluß, den Salze auf den Boden ausüben können, äußern, stets scharf zwischen den hier eine Rolle spielenden Begriffen der physiologischen Reaktion, des Basen- oder Ionenaustausches und der Bodenversauerung unterscheiden. Hält man diese Dinge bei Betrachtung der Einwirkung der Kalisalze auf den Boden auseinander, so kann man nur zu dem Ergebnis kommen, das durch unsere und anderer Autoren Untersuchungen bestens gestützt ist, daß die Verwendung der Kalisalze den Boden nicht mit der Gefahr der Versauerung bedroht, daß vielmehr der Verwendung dieser Salze, was die Bodenreaktion angeht, eher die Tendenz zugesprochen werden muß, die Bodenreaktion nach der alkalischen als nach der sauren Seite hin zu verschieben.

3. **Wirkung der Phosphorsäuredünger auf die Bodenreaktion.** α) Das Superphosphat. Wie die Kalisalze in ihrer Wirkung auf die Bodenreaktion

falsch beurteilt worden sind, so ist das auch bei dem Superphosphat der Fall gewesen. Allerdings hat A. MAYER dieses Salz bereits ganz richtig unter die physiologisch-neutralen Salze eingereiht. Das muß aber wohl wieder in Vergessenheit geraten sein, denn mit dem Aufkommen der Bodenversauerungsfrage traf man weitverbreitet auf die Neigung, das Superphosphat als ein bodenversauerndes und physiologisch-saures Düngemittel einzuschätzen. Daß tatsächlich weder das eine noch das andere der Fall sein kann, zeigt uns eine Betrachtung der Veränderungen, die das Superphosphat nach seiner Vereinigung mit dem Boden erfährt.

Von Haus aus reagiert das Superphosphat natürlich infolge seines Gehaltes an saurem Monokalziumphosphat und durch seinen, zumeist allerdings nur geringen Gehalt an freier Phosphorsäure — freie Schwefelsäure enthält das normal hergestellte Superphosphat nicht oder nur in kaum faßbaren Spuren — stark sauer. Eine Reihe von Messungen an wäßrigen Lösungen von Superphosphaten im Verhältnis von 2 g auf 1000 ccm Wasser läßt diese saure Reaktion deutlich erkennen:

	Probe 1	Probe 2	Probe 3	Probe 4	Probe 5
p_H-Werte . .	2,95	2,65	2,72	2,99	2,69

Diese saure Reaktion des Superphosphates verschwindet indessen sofort, wenn es dem Boden einverleibt ist. Das Monokalziumphosphat und die freie Phosphorsäure stoßen nämlich in jedem Boden, gleichgültig ob er alkalisch, neutral oder sauer ist, auf eine große Menge von basischen Stoffen, die eine Überführung der genannten Verbindungen in nicht mehr sauer reagierende schwer lösliche Stoffe bewirken. In alkalischen Böden, die noch kohlensauren Kalk enthalten, ist es dieser Stoff, der schnell nach den Umsetzungsgleichungen:

$$2\,H_3PO_4 + 2\,CaCO_3 = Ca_2(HPO_4)_2 + 2\,H_2O + 2\,CO_2$$

$$Ca(H_2PO_4)_2 + \quad CaCO_3 = Ca_2(HPO_4)_2 + \quad H_2O + \quad CO_2$$

$$Ca(H_2PO_4)_2 + 2\,CaCO_3 = Ca_3(PO_4)_2 \quad + 2\,H_2O + 2\,CO_2$$

die Bildung von unlöslichem Di- und Trikalziumphosphat verursacht, die beide eine alkalische Reaktion infolge der Hydrolyse der kleinen von ihnen in Lösung gehenden Mengen besitzen. In sauren Böden, auch schon in den neutralen, von Kalziumkarbonat freien Böden werden es die stets reichlich vorhandenen Sesquioxyde des Eisens und der Tonerde sein, durch die das Monokalziumphosphat und die Phosphorsäure in schwerlösliche und nicht mehr sauer reagierende Eisen- und Tonerdephosphate verwandelt werden. Die saure Reaktion des Superphosphates muß also in jedem Falle, wo die genannten Stoffe in ausreichender Menge im Boden vorhanden sind, verschwinden, und das ist in den Böden, die für die Verwendung von Superphosphat vornehmlich in Frage kommen, nämlich in den besseren Mineralböden, aber auch noch in den humusarmen Sandböden, sicherlich der Fall. Nur auf den humosen Böden, wo die unter dem Einfluß der Humusstoffe verstärkt auftretende Auswaschung von Kalk, Magnesia, von Eisenoxyd und von Tonerde schon große Fortschritte gemacht hat, und ebenso auf den Böden, die wie die Moorböden von Haus aus nur geringe Mengen an diesen Stoffen enthalten, kann der Fall eintreten, daß eine unvollkommene Bindung der sauren Bestandteile des Superphosphates erfolgt. Auf derartigen Böden ist aber auch von vornherein die Verwendung von Superphosphat wenig angezeigt. Daß das Verhalten des Superphosphates sich tatsächlich so gestaltet, wie es sich theoretisch vollziehen muß, weisen die folgenden von uns durchgeführten Versuche mit steigenden Superphosphatzusätzen zu verschiedenen Böden deutlich nach, aus denen hervorgeht, daß die Reaktionszahlen durch normale bis starke Zusätze von Superphosphat nicht wesentlich geändert werden:

Zusatz von Superphosphat	Boden 1	Boden 2	Boden 3	Boden 4	Boden 5
Ohne Düngung	5,02	4,58	5,07	4,62	4,75
3 dz/ha	5,02	4,45	4,99	4,62	4,80
6 ,, ,, ...	4,95	4,45	4,92	4,59	4,73
9 ,, ,, ...	4,90	4,42	4,86	—	—
12 ,, ,, ...	—	—	—	4,59	4,73

Man könnte aber noch im Zweifel darüber sein, ob nicht etwa bei gleichzeitiger Einwirkung der Pflanzen auf den mit Superphosphat gedüngten Boden die Sache sich anders abspielen könnte, ob also das Superphosphat nicht etwa doch physiologisch-sauer zu wirken vermöchte. Auch diese Möglichkeit hat sich bei unseren Versuchen nicht als gegeben nachweisen lassen. Schon Versuche von BERGEDER, die in der Art der NEUBAUER-Versuche unter mehrmals wiederholter Bepflanzung und Düngung ausgeführt waren, hatten gezeigt, daß unter dem Einfluß der Pflanzen sich das Superphosphat nicht anders verhielt als ohne Pflanzenwuchs. Versuche von WICHMANN bestätigten diese ersten Versuche vollkommen. WICHMANNs Versuche seien hier auszugsweise als Beleg mitgeteilt:

Art der Düngung	Reaktionsbefunde nach Düngung und Bepflanzung								
	1. Bepflanzung			3. Bepflanzung			5. Bepflanzung		
	H. A.	A. A.	p_H	H. A.	A. A.	p_H	H. A.	A. A.	p_H
Ungedüngt	8,6	0,2	6,4	9,45	0,2	5,7	9,8	0,2	6,0
Mit Superphosphat. . .	9,1	0,2	6,4	10,20	0,3	5,6	11,2	0,4	5,5

Nach der ersten und nach der dritten Bepflanzung sind noch keine wesentlichen Unterschiede zwischen der ungedüngten und der mit Superphosphat gedüngten Reihe zu erkennen, ausgenommen eine kleine Steigerung der hydrolytischen Azidität. Nach der fünften Bepflanzung dagegen, bei der die Gabe an Superphosphat bereits 17 dz je Hektar ausmachte, ist eine deutliche Steigerung der hydrolytischen Azidität und auch ein Abfallen der p_H-Werte unbestreitbar. Dennoch darf man daraus nicht auf eine physiologische Azidität des Superphosphates schließen, denn einmal war die Aziditätszunahme, ohne daß Pflanzen auf den Schalen wuchsen, ebenso groß, wie die folgenden Zahlen zeigen:

$$\begin{array}{cccc} & \text{H. A.} & \text{A. A.} & p_H \\ \text{Unbepflanzt} & 11,0 & 0,4 & 5,8 \end{array}$$

Von einer physiologisch-sauren Reaktion und ihrer Auswirkung auf den Boden kann somit nicht die Rede sein, die Phosphate, die bei der Umsetzung des Superphosphates mit dem Boden sich bilden, können auch gar nicht unter Säurebildung von den Pflanzen zersetzt werden. Wenn nämlich die Pflanzen aus den Kalzium- oder Eisen- und Tonerdephosphaten Phosphorsäure zu ihrer Ernährung aufnehmen, so müssen von diesen Phosphaten stärker basische Reste übrigbleiben. Die, wenn auch nur geringe, aber doch immerhin bemerkbare Aziditätssteigerung, die in den vorstehenden Versuchen festzustellen war, muß also mit der direkten chemischen Einwirkung des Superphosphates auf den Boden zusammenhängen, und zwar muß dabei die freie Phosphorsäure des Superphosphates im Spiel gewesen sein. Diese freie Phosphorsäure kann wohl etwas Kalk aus den zeolithischen Silikaten im Austausch gegen ihre Wasserstoffionen herausgeholt, somit eine gewisse versauernde Wirkung ausgeübt haben. Das bedeutet aber, wenn man es genau betrachtet, auch noch keine wirkliche Versauerung des Bodens; denn es ist mit diesem Vorgang, was für die eigentliche Versauerung durchaus charakteristisch ist, noch kein Basenverlust aus dem Boden verbunden. Der aus den zeolithischen Silikaten entnommene Kalk bleibt dabei im Boden in

der Form eines Kalkphosphats, und diese sind nach Untersuchungen von KLOPSCH
eher als physiologisch-alkalisch, denn als physiologisch-sauer anzusprechen. Der
Basenbestand des Bodens bleibt also trotz allem erhalten. Tatsächlich haben uns
denn auch zahlreiche Versuche anderer Art — Vegetationsversuche in Gefäßen
und auch Feldversuche — immer wieder gezeigt, daß dem Superphosphat keine
bodenversauernde Wirkung zugeschrieben werden darf. Dasselbe zeigen auch sehr
überzeugend die langfristigen Düngungsversuche der Versuchsanstalt *Rothamsted*,
von denen schon bei Besprechung der Kalisalzwirkung auf den Boden die Rede
war. Der Graslandversuch auf schwerem Boden schloß Parzellen ein, die nur mit
Superphosphat gedüngt waren, und außerdem andere, die mit Superphosphat
und mit kleinen Mengen an schwefelsaurem Natron und schwefelsaurer Magnesia
gedüngt waren. Das Superphosphat war allerdings ein Produkt mit 37 % Phosphorsäure, also ein sog. Doppelsuperphosphat. Auch der Hauptbestandteil dieses
Phosphates ist aber das Monokalziumphosphat, nur mag es vielleicht ärmer an
freier Phosphorsäure als die gewöhnlichen Superphosphate gewesen sein. Im
68. Jahre des Versuches wiesen nun die mit jährlich 3,5 cwt gedüngten Superphosphatparzellen noch keine andere Reaktion auf als die ungedüngten Parzellen.
Die folgenden p_H-Werte belegen diese Tatsache:

	Oberfläche		Untergrund	
	ungekalkt	gekalkt	ungekalkt	gekalkt
Ungedüngt	5,72	6,88	6,16	6,58
Mit Superphosphat .	5,69	7,12	6,04	6,85

Auf den ungekalkten Parzellen sind die Reaktionszahlen für die ungedüngten
und die Superphosphatparzellen in der Oberfläche wie im Untergrund so gut wie
gleich, auf den gekalkten Parzellen dagegen sind die Reaktionszahlen der Super-
phosphatzellen deutlich alkalischer geblieben als die der ungedüngten. Hier hat
die Superphosphatdüngung der Versauerung also sogar entgegengewirkt, und das
läßt sich auch recht gut chemisch erklären. Auf den gekalkten Parzellen ist ein
Teil des dort gegebenen Kalkes in Trikalziumphosphat übergeführt worden, und
dieses widersteht infolge seiner schwereren Löslichkeit, die auch nicht so stark
wie beim kohlensauren Kalk durch die Gegenwart von Kohlensäure gesteigert
wird, der Auswaschung mit größerem Erfolge als jener. An dieser Einflußlosigkeit des Superphosphates auf die Bodenreaktion ändert auch, wie schon gesagt,
die Beidüngung von Natrium- und von Magnesiumsulfat nichts; die hier gefundenen Reaktionszahlen waren 5,67 in der ungekalkten Parzellenreihe und 7,04 in
der gekalkten. Daß dann weiterhin auch bei den *Rothamsteder* Versuchen der
fünfundvierzigjährige Gerstenversuch auf leichtem Sandboden keine Spur von
einer versauernden Wirkung des Superphosphates erkennen ließ, geht schon aus
den auf S. 293 mitgeteilten Zahlen hervor, auf die hier nur noch verwiesen werden
mag. Superphosphat allein war in diesen Versuchen allerdings nicht gegeben,
sondern es war zusammen mit Kaliumsulfat zur Düngung verwendet worden.
Da aber durch diese Mischung keine Verschiebung nach der sauren Seite hin stattfand, so kann man wohl E. M. CROWTHER zustimmen, wenn er aus den Versuchen
den Schluß zieht, daß sie für die Irrtümlichkeit der Anschauung beweisend seien,
nach der das Superphosphat die Versauerung eines Bodens infolge seiner sauren
Beschaffenheit ansteigen lasse.

　　Auch sonst sind schon eine Reihe von Stimmen laut geworden, die dafür
sprechen, daß das Superphosphat keinen nachteiligen Einfluß auf die Bodenreaktion ausübt. Bei fünfjährigen Düngungsversuchen stellte z. B. schon VEITCH
fest, daß keine Versauerung durch das Superphosphat erfolgte, sondern daß

sogar eine leichte Herabsetzung der Azidität eintrat. Dasselbe fand bei zwanzigjährigen Parzellenversuchen auch CONNER. Auf den mit Superphosphat gedüngten Parzellen war die Azidität geringer als auf den anderen. AMES und SCHOLLENBERGER stellten bei ihren Versuchen fest, daß Superphosphat keinen wesentlichen Einfluß auf das Kalkbedürfnis des Bodens ausübte, bei fünfzehnjährigen Felddüngungsversuchen, die von PLUMMER ausgeführt wurden, stellte sich kein Einfluß des Superphosphates auf die Bodenreaktion heraus, und BROOKS fand sogar wieder eine Herabsetzung der Bodenazidität durch die Düngung mit Superphosphat. L. W. ERDMAN[1], dessen Arbeit diese Angaben entnommen sind, überzeugte sich in umfangreichen Versuchen aber auch noch von der Tatsache, daß der neben dem Monokalziumphosphat im Superphosphat enthaltene Gips ohne Einwirkung auf die Bodenreaktion verblieb, wenn er in nicht zu großen Mengen verabreicht wurde. Gab man allerdings sehr große Mengen von Kalziumsulfat, so stellte sich eine kleine Verschiebung der Reaktionszahlen nach der sauren Seite heraus. Es muß aber im Auge behalten werden, daß bereits die Eigenschaft des Kalziumsulfates als Elektrolyt diese Verschiebung verursacht haben kann, und daß es keineswegs bewiesen ist, daß etwa die physiologisch-saure Reaktion dieses Salzes dabei im Spiele war. Für die Reaktion, die die Superphosphatdüngung auf den Boden ausübt, ist jedenfalls die Wirkung des Kalziumsulfates in ERDMANS Versuchen bedeutungslos, wenn man alle die übrigen unter praktischen Verhältnissen ausgeführten langfristigen Versuche betrachtet, deren Ergebnisse im obigen mitgeteilt sind. Aus ihnen geht wohl unabänderlich hervor, daß das Superphosphat keine ungünstige Einwirkung auf die Bodenreaktion ausüben kann.

Natürlich kann diese Schlußfolgerung nur volle Gültigkeit beanspruchen, wenn, wie oben schon betont, auch im Boden die zur Bindung des Superphosphats notwendigen Bestandteile vorhanden sind, nämlich Kalk, Eisenoxyd oder Tonerde, wobei die letzte nicht etwa nur als freie Tonerde die es in Böden unserer humiden Zone zumeist nur in geringen Mengen gibt, sondern auch in der Form der zeolithischen Silikate ihre entsäuernde Wirkung auszuüben vermag. Wo diese Stoffe aber, wie auf stark humosen, sauren Sandböden und reinen sauren Humusböden, fehlen, wird sich die eigene saure Beschaffenheit des Superphosphates selbst bemerkbar machen können, und es muß hier auch mit der Möglichkeit gerechnet werden, daß seine Anwendung die saure Beschaffenheit des Bodens verstärken kann. Da aber normalerweise die Verwendung des Superphosphates auf solchen Böden praktisch nicht in Frage kommt, hier vielmehr alkalische Phosphate die übliche Form der Phosphorsäuredüngung darstellen, so braucht dieser Ausnahme von der Regel keine große Bedeutung beigelegt zu werden.

β) Das Thomasmehl und das Rhenaniaphosphat. Im Gegensatz zu dem im vorstehenden besprochenen Superphosphat besitzen die beiden anderen, als wichtige Handelsdünger noch in Frage kommenden Phosphorsäuredünger von Haus aus eine deutlich alkalische Reaktion, die ihren Gehalt an freiem und nur locker gebundenem Kalk, beim Rhenaniaphosphat auch wohl noch dem von seiner Fabrikation her in ihm enthaltenen Natriumkarbonat zuzusprechen ist. Unbedingt muß dieser Gehalt an basischen Stoffen diesen Düngemitteln eine aziditätsvermindernde Wirkung auf den Boden verleihen. Diese ist denn auch schon von AYMANS in der Herabsetzung der Austauschazidität stark saurer Böden erkannt worden. Allerdings verhält es sich bei diesen beiden Düngern geradeso wie bei dem ja auch von Haus aus sehr stark alkalischen Kalkstickstoff. Nur bei An-

---

[1] ERDMAN, L. W.: Soil Sci. 12, 433.

wendung von solchen Mengen, die praktisch gar nicht in Frage kommen können,
ist die neutralisierende Wirkung dieser Stoffe von wirklicher Bedeutung. Verwendet man sie aber in Mengen, die bei der Düngung üblich sind, so ist der
reaktionsändernde Einfluß dieser Dünger nicht nur nicht höher, sondern sogar
noch etwas geringer einzuschätzen als der des Kalkstickstoffs. Die folgenden
Versuche, bei denen drei verschiedenen sauren Böden steigende Mengen dieser
beiden Phosphate zugesetzt wurden, weisen denn auch nach achttägiger Einwirkung der Dünger — ein Zeitraum, der zu einem vollständigen Umsatz ihrer
basischen Stoffe mit den Böden ausreichend gewesen sein dürfte — keine
sonderlich in Betracht kommenden Rückwirkungen auf die Reaktionszahlen der
Böden nach:

	Thomasmehlreihe			Rhenaniaphosphatreihe		
	Boden 1	Boden 2	Boden 3	Boden 1	Boden 2	Boden 3
Ungedüngt	5,07	4,91	4,52	5,07	4,93	4,52
3 dz/ha	5,17	5,03	4,59	5,22	4,96	4,61
6 ,, ...	5,20	5,06	4,57	5,18	5,04	4,69
9 ,, ...	5,19	5,12	4,57	5,32	5,02	4,69

Die Zumischung der beiden Düngemittel macht sich bei praktisch in Frage
kommenden Mengen somit kaum in einer Tendenz zur Alkalisierung bemerkbar.
Für das Thomasmehl stehen uns noch andere Versuche für die Beurteilung seiner
aziditätsvermindernden Wirkung zur Verfügung, nämlich Gefäßversuche, die
mit verschiedenen Pflanzen und auch mit anderen Phosphorsäuredüngern ausgeführt waren. Außer dem Thomasmehl wurden bei diesen Versuchen das Superphosphat, weiterhin noch ein weicherdiges und ein hartes Rohphosphat — Algier-
und Floridaphosphat — benutzt. Der Reaktionszustand des Bodens nach der
Beendigung der Versuche ist wohl dazu geeignet, uns eine richtige Vorstellung
von der neutralisierenden Wirkung dieser Phosphorsäuredünger zu vermitteln.
Diese Versuche wurden im übrigen mit zwei verschiedenen Grunddüngungen ausgeführt, einer durch Anwendung von Ammonsulfat als Stickstoffdünger physiologisch-sauren und einer durch Verwendung von Natriumnitrat physiologisch-
alkalischen Kombination. Die Reaktionszahlen, die gefunden wurden, sind, für
beide Grunddüngungsarten getrennt, in der folgenden Tabelle zusammengestellt:

	Nach Hafer und Lupine		Nach Spörgel und Serradella	
	physiologisch-saure Grunddüngung	physiologisch-alkalische Grunddüngung	physiologisch-saure Grunddüngung	physiologisch-alkalische Grunddüngung
Ohne Phosphat . .	4,61	5,00	4,66	5,11
Superphosphat . . .	4,59	5,03	4,62	4,99
Thomasmehl	4,81	5,27	4,88	5,22
Algierphosphat . .	4,74	5,04	4,67	5,13
Floridaphosphat . .	4,57	4,92	4,68	5,02

Das Superphosphat hat wieder in allen Reihen die Reaktion des Bodens so gut wie
unverändert gelassen, das Thomasmehl hat dagegen die Reaktion erkennbar in
alkalischer Richtung verschoben. Entsprechend den nur geringen Kalkmengen
aber, die mit dem Thomasmehl in den Boden gebracht wurden, hat die saure
Reaktion des Bodens doch nur wenig abgenommen; rund 35 dz/ha Branntkalk
brauchte der Boden bis zur Einstellung auf neutrale Reaktion, davon wurden in
den zur Düngung benutzten 6 dz Thomasmehl etwa nur der zehnte Teil auf-
gewendet. Ein wirksames Bekämpfungsmittel der Bodenazidität stellt also das
Thomasmehl ebensowenig dar wie der Kalkstickstoff, aber immerhin ist sein

Einfluß auf die Bodenreaktion ein günstiger, und fortgesetzte Anwendung von Thomasmehl auf zur Versauerung neigenden Böden vermag den Boden in seinem Widerstand gegen die Versauerung gewiß zu unterstützen, besonders bei Verwendung in Gemeinschaft mit dem Kalkstickstoff oder auch dem physiologisch-alkalisch wirkenden Natronsalpeter. Daß der letztgenannte Dünger tatsächlich in dieser Richtung mit dem Thomasmehl zusammenwirkt, ist aus den Messungen der Reaktionszahlen zu entnehmen, die von M. BLÖMER bei Vegetationsversuchen vorgenommen worden sind, bei denen einmal Thomasmehl und Kaliumsulfat in steigenden Mengen gegeben wurden, in einer anderen Reihe daneben auch noch Natriumnitrat in steigenden Mengen. Die Aziditätswerte waren in diesen Fällen die folgenden:

	A. A.	H. A.	p_H
Thomasmehl und K_2SO_4, 1 fach	13,9	29,7	4,68
,, ,, ,, 3 ,, ...	11,2	28,8	4,59
,, ,, ,, 5 ,, ...	10,0	28,1	4,59
Thomasmehl, K_2SO_4, $NaNO_3$, 1 fach . .	12,1	27,1	4,52
,, ,, ,, 3 ,, . .	10,4	26,8	4,58
,, ,, ,, 5 ,, . .	9,1	26,5	4,69

Die Beidüngung von Natriumnitrat hebt sonach, was wenig in den Reaktionszahlen, deutlich aber in den anderen Aziditätswerten in die Erscheinung tritt, die neutralisierende Wirkung der Thomasmehldüngung, in entgegengesetzter Weise würde natürlich eine Düngung mit Ammoniumsalzen die Wirkung des Thomasmehls beeinflussen. Daß man gelegentlich von der Kombination des Thomasmehls mit dem Chile- oder Natronsalpeter einen für die Ernten auf sauren Böden recht vorteilhaften Gebrauch machen kann, das wird im Kapitel über die Düngung der sauren Böden noch näher belegt werden.

Nicht nutzlos dürfte es schließlich sein, auch auf die in unseren Versuchen geprüfte Wirkung der Rohphosphate hinzuweisen. Vielleicht hat das weicherdige Algierphosphat die Bodenreaktion ein wenig günstig beeinflußt, vom harterdigen Floridaphosphat sind dagegen keine nachweisbaren Wirkungen ausgegangen. Es erscheint somit aussichtslos, auf sauren Mineralböden durch Anwendung dieser billigen Rohphosphate einen wesentlichen Einfluß auf die Bodenversauerung zu gewinnen. Auf sauren Hochmoorböden mag das anders liegen, weil die Humussäuren doch erheblich stärkere Säuren als die Zeolithsäuren sind; auf diesen Böden werden ja die feinerdigen Rohphosphate erfahrungsgemäß gut von den Kulturpflanzen ausgenutzt. Die Rohphosphate müssen somit durch die Säuren dieser Böden zerlegt werden, und das muß natürlich mit einer Neutralisation dieser Säuren verbunden sein. Selbst auf stark sauren Mineralböden aber erfolgt eine solche Zerlegung der Rohphosphate und damit auch eine Neutralisation des Bodens nicht. Wie wir nachher noch sehen werden, bleibt daher eine Düngerwirkung der Rohphosphate auf den sauren Mineralböden aus oder sie bleibt äußerst bescheiden. Von der Verwendung von Rohphosphaten ist also für die Kultur der sauren Mineralböden nach beiden Seiten hin, sowohl für die Neutralisation des Bodens als auch für die Phosphorsäureernährung der Pflanzen, nur wenig zu erwarten.

c) Die Wirkung der Naturdünger auf die Bodenreaktion.

Ob die in der Wirtschaft anfallenden organischen Dünger, der Stallmist und die Jauche, einen Einfluß auf die Bodenazidität ausüben können, ist schon von AYMANS[1] geprüft worden. Wir beschränkten uns in dieser Arbeit allerdings auf die Feststellung des Einflusses, den eine Gabe von Stallmist und Jauche auf die Austauschazidität besaß. Da aber die Bestimmung dieser Größe im allgemeinen eine

---

[1] AYMANS, TH.: Dissertation Bonn-Poppelsdorf 1924.

noch zuverlässigere Auskunft über die Wirkung eines Düngers auf die Bodenazidität gibt als die Ermittlung der Reaktionszahlen, so sollen die AYMANSschen
Versuchsergebnisse hier nicht übergangen werden.

Ein stark saurer Mineralboden und ein humusreicher Sandboden dienten zu
diesen Versuchen. Der Stallmist, der Schafmist und die Jauche, die Verwendung
fanden, besaßen die folgenden Gehalte an Stickstoffverbindungen, die zur Charakterisierung dieser Düngestoffe hier genügen mögen:

	NH_3— N	NO_3— N	Org. N	Ges.-N	Wasser
Stallmist	0,010 %	0,014 %	0,606 %	0,630 %	48 %
Schafmist	0,083 %	0,012 %	1,505 %	1,600 %	11 %
Jauche in 100 ccm . .	370,6 mg	1,5 mg	110,1 mg	482,2 mg	—

Stallmist und Schafmist wurden in zwei verschiedenen Mengen mit den Böden
vermischt, die kleinere Düngung entsprach rund 300 dz, die größere 600 dz Mist je
Hektar. Die Jauche wurde nach ihrem Stickstoffgehalt bemessen, und zwar so, daß
in der kleineren Gabe rund 34 kg, in der größeren Gabe 68 kg Stickstoff in die Böden
hineingebracht wurden. Vor der Düngung hatte der Lehmboden eine Austauschazidität von 11,4 ccm (y_1), der humose Sandboden eine solche von 3,5 ccm; bei
Abschluß des Versuches nach 85 Tagen waren die Aziditäten die folgenden:

Art des Düngers	Austauschaziditäten in ccm 0,1 n-NaOH (y_1)			
	einfache Düngergabe		doppelte Düngergabe	
	Lehmboden	Sandboden	Lehmboden	Sandboden
Stallmist	10,0	3,3	8,9	3,0
Schafmist	9,1	2,4	6,0	1,6
Jauche	10,5	3,2	9,9	2,8

Bei allen drei organischen Düngern tritt deutlich eine die Bodenversauerung
mildernde Wirkung zutage, beim konzentrierteren Schafmist ist sie am größten.
Worauf sie beruht, läßt sich wohl unschwer erraten, es muß der Ammoniakgehalt
der Dünger dafür verantwortlich gemacht werden. Daß aber bei der Zersetzung
der Stallmistarten noch manche Nebenreaktionen im Boden verlaufen, ist anzunehmen, man kann auch Vermutungen über ihre Art und ihren wahrscheinlichen Verlauf äußern. Durch Fäulnisprozesse wird der organisch gebundene
Stickstoff als Ammoniakstickstoff mobilisiert und schließlich geradeso wie der
schon von Haus aus vorhandene Ammoniakstickstoff in Salpetersäure umgewan-
delt. Die nicht stickstoffhaltigen organischen Stoffe werden abgebaut, wahrscheinlich über organische Säuren, die zum Teil oder auch vollständig durch die basischen Aschenbestandteile gebunden werden und weiter in Karbonate übergehen.
Aus diesen Karbonaten werden die Basen von den Zeolith- und Humussäuren
unter Neutralisation gebunden, während Kohlensäure und Wasser schließlich als
Endprodukte entweichen. Die beiden sauren Endprodukte, zu denen die Zersetzung der organischen Stoffe des Stallmistes führt, die Kohlensäure und die
Salpetersäure, werden natürlich schließlich wieder eine Zurückdrängung der anfänglich alkalischen Wirkung im Gefolge haben, so daß die Gesamtwirkung des
Stallmistes doch offenbar letzten Endes nicht in der alkalischen Richtung liegen
kann. Wie im einzelnen dieser Prozeß verläuft, läßt sich zur Zeit nicht genauer
erklären; daß er ein sehr komplizierter Vorgang sein muß, ist sicher.

Noch weniger als der Stallmist wird natürlich die Jauche ihre alkalisierende
Wirkung auf die Dauer beibehalten können. Wir brauchen nur an das über die
Wirkung aller Ammoniumverbindungen oben Gesagte zu denken, um das zu-
zugeben. Bei der schnellen Nitrifikation des in der Jauche enthaltenen Ammo-

niumkarbonates wird man sogar mit einem baldigen Umschlag der Wirkung der Jauche zu rechnen haben, so daß auch sie kein Stoff ist, der den Sättigungszustand des Bodens auf die Dauer vorteilhaft zu beeinflussen vermag.

Über den Einfluß des Stallmistes auf die Bodenreaktion liegen übrigens aus neuester Zeit Untersuchungen von K. BORESCH und R. KREYZI[1] vor, die teils als Vegetationsversuche in Gefäßen in den Jahren 1926 und 1927 angestellt waren, teils mit einem ziemlich neutralen Boden unter Zumischung steigender Stallmistmengen durchgeführt wurden. In beiden Fällen ergab sich eine Verschiebung der Bodenreaktion durch den Stallmist nach der alkalischen Seite. Die Anfangs- und die Schlußzahlen mögen hier mitgeteilt werden:

	Stallmistzusatz auf 12 kg Boden				
	0,0 g	15 g	30 g	60 g	120 g
Zu Anfang 20. 12. 1926 .	6,81	6,70	7,08	7,14	7,17
Am Ende 27. 1. 1928 .	6,48	6,44	6,49	6,68	6,58

Wenn BORESCH und KREYZI von diesen Versuchen sagen, daß bereits eine Stalldüngergabe von 30 g auf 12 kg, die rund 70 dz/ha ausmacht, dazu genügte, um die anfängliche Wasserstoffionenkonzentration auf die Hälfte herabzusetzen, so darf das nicht zu falschen Schlußfolgerungen in bezug auf die wirkliche Bedeutung der Stallmistdüngung für die Beseitigung vorhandener Bodenversauerung führen. Die Verschiebungen der Reaktion waren zwar zu Anfang der Versuche noch verhältnismäßig stark, und sie mögen auch wohl, wenn die Bodenreaktion für die anzubauende Kulturpflanze in der Nähe der kritischen Grenze liegt, eine gewisse Bedeutung für die zu erzielenden Ernten gewinnen können. Es zeigen aber weiter die Versuche von BORESCH und KREYZI trotz der Abnahme der Reaktionszahlen, die auch der nicht mit Stalldünger versehene Boden allein während der Versuchsdauer erleidet, daß die Stallmistwirkung bei der kleineren Gabe von 70 dz/ha bereits nach Jahresfrist zunichte geworden ist, und daß sie auch bei den hohen Gaben von 140 und 280 dz/ha keine wesentliche Bedeutung für den Reaktionszustand des Bodens mehr besitzt. Im übrigen enthält, worauf an dieser Stelle aber nur hingewiesen werden kann, die Mitteilung der genannten Autoren noch interessante Angaben über die Schwankungen der Reaktionszahlen des unbepflanzten Bodens. Im Frühjahr wird die Bodenreaktion etwas saurer und erreicht im April und Mai ein Maximum der Azidität. Es wird für wahrscheinlich erklärt, daß dieses Verhalten der Reaktionszahlen im Zusammenhang mit dem in derselben Weise im Laufe des Jahres schwankenden Kohlensäuregehalt der Bodenluft steht. Die Änderungen der Reaktion des Bodens stellen nach den Genannten ein Abbild seines schwankenden Kohlensäuregehaltes dar.

Was dann schließlich die Einwirkung der Gründüngung auf die Bodenreaktion angeht, so läßt sich darüber aus den zahlreichen Versuchen von R. E. STEPHENSON[2] ein ausreichendes Bild gewinnen. STEPHENSON arbeitete mit einem Humus- und einem Sandboden, denen er in Topfversuchen eine Menge an organischen Stoffen zusetzte, die 100 dz/acre ausmachte. Als stickstoffreiche organische Stoffe verwandte er in seinen ersten Versuchen Albumin, Kasein und Blut, als Kohlehydrate Stärke und Dextrose. Außerdem zog er noch Alfalfamehl und Ammonsulfat zu den Versuchen hinzu. In Abständen von 2, 5, 10 und 15 Wochen wurden diese Mischungen auf ihre Aziditätsveränderungen untersucht, allerdings nach einer Methode, die uns gerade bei Mineralböden keine besonders genaue Auskunft über die Aziditätsverhältnisse gibt, nämlich nach

---

[1] BORESCH, K. u. R. KREYZI: Fortschr. Landw. 3, 963.
[2] STEPHENSON, R. E.: Soil Sci. 6, 413; 12, 133 und 145.

der TACKEschen Methode. Dennoch lassen sich bereits aus diesen Untersuchungen recht wertvolle Schlußfolgerungen ziehen, die hier ohne Beleg mitgeteilt werden können, weil gleich noch bei anderen Versuchen von STEPHENSON genauere Azid">itätswerte angegeben werden sollen. Die stickstoffreichen Stoffe bewirkten zunächst eine sehr starke Herabsetzung des Kalkbedarfs der beiden sauren Böden; er sank in der ersten Woche des Versuches auf mehr als die Hälfte des ursprünglichen. Im Laufe der weiteren Wochen stieg dann aber der Kalkbedarf wieder sehr deutlich, besonders beim Kasein, an. Die übrigen organischen Stoffe haben keine wesentliche Veränderung des Kalkbedürfnisses der beiden Böden herbeigeführt, nur das Ammoniumsulfat hat, wie nicht anders zu erwarten, den Kalkbedarf erheblich heraufgesetzt. Mit denselben beiden Böden wurden später die Versuche von STEPHENSON weiter fortgesetzt, und zwar über eine Zeitdauer von 22 Wochen. Die organischen Stoffe, die den Böden zugemischt wurden, waren Baumwollsaatmehl, Stalldünger, Timotheegras und Klee in reifem und grünem Zustande. Auch diese Versuche führten zu demselben Ergebnis, nämlich zu dem, daß keine nennenswerte Veränderung des Kalkbedürfnisses und somit des Azid">itätszustandes der Böden durch die organischen Stoffe herbeigeführt wurde. Nur wenn Gelegenheit gegeben war, daß sich aus dem Stickstoff der organischen Stoffe Salpetersäure bilden konnte, war eine Versauerung des Bodens zu konstatieren. Bei der dritten Arbeit STEPHENSONS über unseren Gegenstand wurden dann auch die Reaktionszahlen der Gemische des Bodens mit den organischen Stoffen gemessen. Dieser Versuch sei daher etwas ausführlicher dargestellt.

Sojabohnen und deren Stroh, grüne Rübsen, Haferstroh, Blut und Blut mit Strohzumischungen kamen als organische Stoffe zur Verwendung. Die Versuchsdauer währte 18 Wochen, die Untersuchungen wurden nach 2, 5, 10 und 18 Wochen vorgenommen. Der Kalkbedarf nach TACKE stellte sich zu den verschiedenen Zeiten wie folgt heraus:

Kalkbedarf der verschieden behandelten Böden in Tonnen für je 2 Mill. Pfund.

Behandlung des Bodens	2 Wochen	5 Wochen	10 Wochen	18 Wochen
Boden allein	3,35	2,95	3,10	3,10
Mit Sojabohnenstroh . .	2,00	2,60	2,60	3,10
,, grünen Rübsen . . .	2,10	2,50	2,65	3,20
,, grünen Sojabohnen .	1,85	2,85	2,65	3,00
,, Haferstroh	2,65	2,60	2,65	2,85
,, Blut	2,00	1,80	2,00	2,35
,, Blut + 5 t Stroh . .	1,85	2,65	1,90	3,05
,, Blut + 10 t Stroh .	1,70	2,20	2,05	3,00

Der Zerfall der organischen Stoffe setzt, wie man erkennt, in den ersten Wochen die Bodenazidität herab, wobei die stickstoffreichsten Stoffe am stärksten wirken, was, wie schon gesagt, mit der Bildung von Ammoniak aus ihnen in Zusammenhang steht. Nur beim unvermischten Blut geht diese Herabsetzung der Azidität über die zweite Woche hinaus, der Kalkbedarf stellt sich in diesem Fall noch nach 5 Wochen kleiner heraus als nach 2 Wochen. Bei allen anderen Stoffen ist aber nach 5 Wochen schon wieder ein Ansteigen der Azidität zu erkennen, und das setzt sich bis zum Schluß des Versuches fort, so daß nach 18 Wochen schließlich nur noch das unvermischte Blut eine deutliche Herabsetzung der Bodenazidität aufrechterhalten hat, während bei allen anderen Stoffen die ursprüngliche Azidität ziemlich wieder erreicht ist. Nur das Haferstroh noch hat den Boden ein wenig alkalischer erhalten als die anderen Stoffe, wogegen der

Rübsen den Kalkbedarf nach 5 Wochen ein klein wenig erhöht zu haben scheint. Der Kalkbedarf ist aber, wie die früheren Versuche von STEPHENSON ja auch schon ergeben hatten, durch die Zersetzung der verschiedenen organischen Dünger im allgemeinen doch recht wenig beeinflußt worden.

Denselben Verlauf wie die Kalkbedarfszahlen nach TACKE nehmen dann bei STEPHENSONS Versuchen auch die Reaktionszahlen, wie die Zusammenstellung der folgenden Tabelle nachweist:

Behandlung des Bodens	p_H nach			
	2 Wochen	5 Wochen	10 Wochen	18 Wochen
Boden allein	4,91	4,88	4,78	4,88
Mit Sojabohnenstroh . .	6,03	5,89	5,50	5,02
,, grünen Rübsen . . .	6,03	6,05	6,17	4,78
,, grünen Sojabohnen .	5,81	5,58	5,34	5,17
,, Haferstroh	5,21	5,07	5,41	5,00
,, Blut.	6,48	7,17	6,55	5,43
,, Blut + 5 t Stroh. .	6,28	7,10	6,58	5,38
,, Blut + 10 t Stroh .	6,24	6,74	6,24	5,44

Entsprechend der Verringerung des Kalkbedarfs in den ersten Wochen erscheinen auch die Reaktionszahlen durch alle angewendeten organischen Dünger in den ersten Wochen z. T. sehr stark nach der alkalischen Seite hin verschoben. An der Spitze steht in dieser Wirkung das Blutmehl, das auch noch nach 5 Wochen dem Boden eine durchaus neutrale Reaktion verleiht. Mit längerer Versuchsdauer geht dann wieder bei allen Düngern die alkalisierende Wirkung zurück; mit Ausnahme des grünen Rübsens bleibt aber auch noch nach 18 Wochen die Reaktion der gedüngten Böden alkalischer als die des ursprünglichen Bodens. Das Blut ist am Schluß allen anderen Düngern in dieser Richtung überlegen. Ganz ohne Frage macht sich auch hier in der Steigerung der Reaktionszahlen der Gehalt der organischen Stoffe an Stickstoff bemerkbar; der daraus entstandene Ammoniakstickstoff neutralisiert den Boden zuerst, um dann mit einsetzender Nitrifikation langsam, aber sicher zur Versauerung zu führen.

Die Schlußfolgerungen, die wir aus allen diesen Versuchen von STEPHENSON auf die reaktionsbeeinflussende Wirkung einer Gründüngung ziehen dürfen, können nur dahin lauten, daß durch die Zersetzung der Gründüngungspflanzen wohl zunächst eine Verschiebung der Bodenreaktion nach der alkalischen Seite zuwege gebracht werden kann, daß dann aber letzten Endes die Reaktionsänderung doch wieder rückläufig wird, so daß der Boden nur wenig in seiner Reaktion verändert nach der Zerstörung der ihm einverleibten organischen Stoffe zurückbleibt. Bei diesem Rückgang der alkalischen Verschiebung spielt die Nitrifikation eine bedeutsame Rolle, die Kohlensäureentwicklung aus den organischen Stoffen scheint aber von keiner so wesentlichen Bedeutung zu sein. Das mag zunächst etwas überraschen, man sollte meinen, daß die verstärkte Kohlensäureproduktion auch zu einer verstärkten Entbasung der zeolithischen Silikate und der Humate führen müsse. Daß diese Annahme in den Untersuchungen von STEPHENSON keine Stütze findet, liegt aber vielleicht nur an der Art ihrer Durchführung. Es handelt sich ja um Versuche in Gefäßen, es fehlte hierbei natürlich ein Vorgang, ohne den die Entbasung des Bodens durch die Kohlensäure keine Bedeutung gewinnen kann, nämlich die Auswaschung der bei der Einwirkung der Kohlensäure entstandenen Bikarbonate. Fehlt diese Auswaschung, so können auch die aus den organischen Stoffen bei ihrer Oxydation im Boden entstehenden organischen Säuren nicht zur Geltung kommen. Sie holen zwar zu ihrer Neutralisation Basen aus den Silikaten und Humaten heraus, aber nachdem diese organisch-sauren Salze bei weiterer Oxydation in Karbonate übergegangen sind, geben sie ihre Basen auch wieder leicht und weitgehend an den Silikat-Humat-Komplex ab. Der Versauerungsvorgang muß dann unter Entbindung der Kohlensäure wieder rückgängig gemacht werden. Ist aber Gelegenheit gegeben, daß die Bikarbonate aus dem Boden ausgewaschen werden, so muß der Zersetzungsprozeß der organischen Stoffe stets zu einer Bodenversauerung führen. Mit erschreckender Deutlichkeit sehen wir das verwirklicht, wenn die organischen Stoffe auf dem Boden liegenbleiben und in sauren Humus übergehen. Die Hauptursache der starken Versauerung der Mineralböden ist ja diese entweder noch bestehende oder in früherer Zeit einmal vorhanden gewesene Bedeckung mit Rohhumus. Die Umsetzungen, die bei landwirtschaftlicher Nutzung die in den Boden hineingelangenden organischen Stoffe erleiden, sind zwar gewiß nicht mit den Umwandlungen in den Rohhumusanhäufungen völlig gleichzusetzen, aber in beiden Fällen streben alle Umsetzungen demselben Endziel entgegen, der Umwandlung des Kohlenstoffs der organischen Verbindungen in Kohlensäure, der Umwandlung des Stickstoffs in Salpetersäure und des Wasserstoffs in Wasser. Die Auswirkung beider Vorgänge, der Zersetzung der organischen Stoffe bei der Rohhumusbildung sowohl als auch bei der Einverleibung in den Boden ist letzten Endes, vom Standpunkt der Bodenazidität aus gesehen, die gleiche; beide müssen auf eine Basenverarmung des Bodens, auf eine Bodenversauerung hinauskommen.

Daß dabei stets, auch ohne daß die Auswaschung im Spiele sein muß, die durch Nitrifikation aus dem organisch gebundenen Stickstoff entstandene Salpetersäure eine bleibende deutliche Versauerung des Bodens im Gefolge hat, während man bei der Kohlensäure ohne Auswaschung diese versauernde Wirkung vermißt, das hängt eben mit der Verschiedenheit dieser beiden Säuren in bezug auf ihre Stärke zusammen. Die Kohlensäure bildet als schwache Säure Salze, die durch die entbasten Bodensilikate und die Humate bei fehlender Auswaschung wieder zersetzt werden können, während die Salpetersäure, ebenso andere starke Säuren, wie die bei der Schwefeloxydation entstehende Schwefelsäure, echte Neutralsalze bilden, die keiner nennenswerten Wiederaufspaltung durch die versauerten Bodenbestandteile unterliegen.

Von der Wirkung des Stallmistes wie auch von der der Gründüngung dürfen wir also doch wohl auf Grund aller herangezogenen Versuche aussagen, daß beide zwar vorübergehend die Bodenreaktion nach der alkalischen Seite hin zu verschieben vermögen, daß sie aber doch auf die Dauer nach Ablauf der Zersetzungen der in ihnen enthaltenen organischen Stoffe den Boden nicht in einem günstigeren, sondern höchstwahrscheinlich in einem ungünstigeren Reaktionszustande zurücklassen werden.

Blicken wir nun zum Schluß dieses Kapitels zurück auf die ganze Reihe der in ihm besprochenen Düngemittel, so müssen wir feststellen, daß ein wirklich beachtenswerter Einfluß auf die Bodenreaktion doch nur von sehr wenigen unter ihnen ausgeht. An der Spitze stehen, was die Stärke der Einwirkung angeht, alle Ammoniumsalze der starken Säuren; ihnen schließen sich die übrigen Ammoniumverbindungen und die Stoffe an, die den Stickstoff in einer leicht in Ammoniak übergehenden Form enthalten, ohne daß sie gleichzeitig einen für die Neutralisation der aus dem Ammoniak entstehenden Salpetersäure nötigen Gehalt an basischen Stoffen besitzen. Alle diese Stickstoffverbindungen führen zu einer bemerkenswerten Verschiebung der Bodenreaktion in saurer Richtung. Schon wesentlich geringer ist der Einfluß, den die physiologisch-alkalisch wirkenden salpetersauren Salze auf die Bodenreaktion ausüben. Es fehlt eben bei diesen Salzen eine Reihe von Umständen, die bei den Ammoniumsalzen für ihre starke reaktionsverschiebende Wirkung bedingend sind. Von den Kalisalzen ist kein in Betracht kommender Einfluß auf die Bodenreaktion zu erwarten, von den Phosphorsäuredüngern läßt das Superphosphat ebenfalls die Bodenreaktion unverändert, die alkalisch reagierenden Phosphate, das Thomasmehl und das Rhenaniaphosphat, üben einen erkennbaren neutralisierenden Einfluß auf den Versauerungszustand des Bodens. Sind die Auswirkungen der Düngemittel auf die Bodenreaktion aber auch bei einmaliger Anwendung nicht gerade sehr groß, und ist es auch ganz ausgeschlossen, daß ein einziges der neutralisierend wirkenden Düngemittel allein als Mittel zur Beseitigung schon bestehender Bodenversauerung in Betracht gezogen werden kann, so ist doch nicht daran zu zweifeln, daß bei fortgesetztem Gebrauche einseitig auf die Bodenreaktion einwirkender Düngemittel der Reaktionszustand des Bodens auf die Dauer günstig oder auch ungünstig beeinflußt werden muß. Wir werden daher auch aussagen dürfen, daß es falsch ist, wenn man auf einem zur Versauerung neigenden Boden ununterbrochen die physiologisch-sauren Ammoniumsalze anwenden wollte. Natürlich ist der Vorwurf, daß diese Salze die heute so weit verbreitete Bodenversauerung bewirkt hätten, ganz unstatthaft. Man hat längst festgestellt, daß auch in Gegenden, in denen nie oder nur selten Ammoniumsalze Verwendung gefunden haben, die Bodenversauerung weit verbreitet auftritt. In der Hauptsache sind es immer die bei fehlender Kalkversorgung der Äcker sich überall mit Sicherheit vollziehenden natürlichen Basenverluste aus den Böden, die zu ihrer Versauerung geführt haben. In Gegenden aber mit reichlicher Anwendung von Ammoniumsalzen, ohne ausreichende Berücksichtigung der Kalkzufuhr, hat man doch oft Beobachtungen über die verderbliche Wirkung der Ammoniumsalzdüngung auf die Bodenreaktion machen können. Man wird sich also sicher mit Recht vor der versauernden Wirkung der Ammoniumsalze in acht nehmen und, wo es not tut, an ihrer Stelle Salpeter und Kalkstickstoff anwenden müssen. Man wird auch bei stärker versauerten Böden das Superphosphat wegen seiner neutralen Wirkung durch das positiv alkalisierende Thomasmehl oder das Rhenaniaphosphat ersetzen müssen. Daß man aber nicht nur mit Rücksicht auf die Möglichkeit der Bodenversauerung den reaktionsändernden Einfluß der verschiedenen Düngemittel kennen muß, sondern auch der Pflanzenerträge wegen, die auf schon versauertem Boden durch die verschiedenen Düngemittel erreichbar sind, das werden uns noch die Ausführungen des folgenden Kapitels deutlich lehren.

XIV. Die Bekämpfung der von der Bodenazidität hervorgerufenen Schäden durch die Kalkdüngung.

Nachdem in den früheren Kapiteln gezeigt worden ist, von welcher Bedeutung die Bodenversauerung indirekt und direkt für das Gedeihen der Pflanzen ist, soll nun noch davon die Rede sein, wie die Bodenversauerung am besten zu bekämpfen ist, und wie unsere Ernten vor den Schädigungen durch die Bodenversauerung am erfolgreichsten zu schützen sind. Daß dieser Kampf gegen die Bodenversauerung auf der ganzen Linie mit aller Kraft aufgenommen werden muß, daran wird heute von keinem Einsichtigen mehr gezweifelt, aber wie dieser Kampf am zweckmäßigsten geführt wird, darüber herrscht noch keine einmütige Auffassung. Im Interesse einer erfolgreichen und schnellen Bekämpfung der Bodenazidität wäre es sicherlich erwünscht, wenn man von einer einheitlichen Grundlage aus vorgehen könnte. Für ein solches einheitliches Vorgehen ist aber zunächst die Bedingung zu erfüllen, daß eine Vereinbarung über die

Untersuchungsmethoden zur Bestimmung des Kalkbedarfs der sauren Böden zustande kommt. Vorläufig liegt hier die Sache so, daß es eine sehr große Anzahl von Methoden gibt, die alle in einer mehr oder weniger ausreichenden Weise das Ziel der Bestimmung des Kalkbedarfs der sauren Böden erreichen lassen. Unter diesen Methoden die Auswahl derart zu treffen, daß diejenigen der allgemeinen Benutzung empfohlen werden, die bei ausreichender Genauigkeit auch mit genügender Schnelligkeit und ohne größeren Aufwand an Mitteln zum Ziele führen, wird man wohl mit Recht als erstrebenswert bezeichnen dürfen. Vor allem muß man sich aber, wenn man an eine Beurteilung und Bewertung der Methoden nach diesen Richtungen herantritt, darüber im klaren sein, was man bei der Bekämpfung der Bodenversauerung als praktisch erreichbares Ziel ins Auge fassen kann. Über dieses Ziel wollen wir uns daher auch hier zunächst Rechenschaft zu geben versuchen.

Das Ideal, dem man bei der Bekämpfung der Bodenversauerung zustreben kann, ist fraglos die Einstellung einer Bodenreaktion, die möglichst vollkommen mit dem Reaktionsoptimum für die anzubauende Kulturpflanze übereinstimmt. Wer aber einmal selbst unter Kontrolle der dabei erreichten Reaktionen Kalkdüngungsversuche in der Praxis auf sauren Böden ausgeführt hat, weiß von vornherein, daß, wie alle Ideale, auch das hier genannte niemals erreicht werden kann. Zahlreich sind die Widerstände, die der Erreichung dieses Zieles entgegenstehen. Niemals gelingt es, um nur den einen und anderen der widerstrebenden Gründe zu nennen, einer Ackerfläche von einiger Ausdehnung eine gleichmäßige Reaktion zu erteilen. Die Verschiedenheiten des Bodens sind, worauf oben schon einmal hingewiesen ist, oft derart, daß man fast von Meter zu Meter andere Reaktionen antrifft. Solchen Unterschieden, die dem Boden zumeist schon von Anfang an infolge des verschiedenartigen Pflanzenbestandes vor seiner Urbarmachung oder infolge besonderer physikalischer oder sonstiger Verhältnisse anhaften, kann man bei der Düngung mit Kalk, die in erster Linie als Bekämpfungsmittel der Bodenversauerung in Frage kommt, nicht Rechnung tragen. Sie werden daher auch immer auf dem Felde bestehen bleiben; richtet man nämlich die Kalkdüngung nach den am sauersten befundenen Stellen, so werden die weniger sauren die optimale Wachstumsreaktion nach der alkalischen Seite überschreiten, richtet man sie nach den weniger sauren Stellen des Feldes ein, so bleiben die saureren hinter der optimalen Reaktion zurück, und mit einer nach dem Reaktionsdurchschnitt des Feldes errechneten Kalkgabe wird man natürlich auch nichts Vollkommeneres erzielen können. Die Einstellung einer gleichmäßigen Reaktion auf einem Acker ist nach allem praktisch ausgeschlossen, wenn es sich nicht zufällig um einen in hervorragender Weise ausgeglichenen Boden handelt.

Außer der Ungleichmäßigkeit der Felder in ihrer Reaktion stehen auch noch andere Dinge der Einstellung des Reaktionsoptimums für die anzubauende Kulturpflanze entgegen. Wir brauchen nur an die Mängel der praktischen Kalkdüngung zu denken, von denen gleich noch näher an der Hand von Versuchen gesprochen werden soll, an die unvollkommene Mahlfeinheit und an die unzulängliche Verteilungsmöglichkeit des Kalkes im Boden. Diese Widerstände lassen sich wohl bei der Herrichtung kleiner Proben im Laboratorium überwinden, im großen aber ist bei der Kalkdüngung eine ebenso vollkommene Verteilung des Kalkes im Boden wie bei Laboratoriumsversuchen eine technische Unmöglichkeit.

Man muß aber weiter auch bedenken, daß die Lage der Reaktionsoptima keineswegs vollständig feststeht. Von dem Einfluß, den die Wasserstoffionen auf das Wachstum der Pflanzen ausüben, weiß man, daß er durch die Gegenwart anderer Ionen verändert werden kann. Die Lage des Reaktionsoptimums wird tatsächlich auch durch Bestandteile der Düngung, von der man unter landwirtschaftlichen Verhältnissen doch nie absehen kann, beeinflußt; wir werden nachher noch sehen, daß die Ernten auf sauren Böden nicht nur von der dargebotenen Düngung überhaupt, sondern auch von der Form der Dünger abhängig sind.

Schließlich gibt es aber auch wohl betriebswirtschaftliche Bedenken, die gegen die Einstellung bestimmter Reaktionsoptima auf den Schlägen für bestimmte Pflanzen sprechen, so daß man von dem in Frage stehenden Idealzustand für die Bekämpfung der Bodenversauerung nur aussagen kann, daß er praktisch kaum erreichbar und nicht einmal in allen Fällen wünschenswert ist.

Das Ziel, das wir für die Kalkdüngung der sauren Böden ins Auge fassen können, werden wir wohl in Anbetracht der geschilderten Verhältnisse wesentlich niedriger stecken müssen. Die praktisch in Frage kommende Lösung kann immer nur heißen: Beseitigung der Bodenversauerung bis zu einem Grade, daß sie keine wesentliche Gefahr für die Höhe der Ernten mehr bedeutet. Dieser bescheideneren, aber dabei doch ausreichenden Zielsetzung scheint nun sowohl die Natur als auch die landwirtschaftliche Praxis in weitem Maße entgegenzukommen. Die Natur tut das insofern, als sie es uns ermöglicht, eine Einteilung der Kulturpflanzen nach ihren Reaktionsansprüchen in zwei große Gruppen vorzunehmen, nämlich in die Gruppe der gegen die Bodenversauerung empfindlichen Pflanzen und in die Gruppe der dagegen wenig empfindlichen. Zu der ersten Gruppe gehören nach dem übereinstimmenden Ausfall der Prüfungen verschiedener Autoren: der Raps, die Luzerne, die Zucker- und die Runkelrübe, die Gerste, der Rotklee, der Senf, die Bohne, die Erbse und der Weizen; zu der zweiten Gruppe sind zu zählen: der Mais, der Hafer, der Buchweizen, der Roggen, der Rübsen, der Spörgel, die Kartoffel und die Lupine.

Die wenig gegen die Bodenversauerung empfindlichen Pflanzen vermögen, wie aus den früheren Erörterungen über die Reaktionsabhängigkeit zu entnehmen ist, noch bei Reaktionszahlen des Bodens zwischen 5 und 6 volle Ernten zu liefern und, was sehr wichtig ist und nachher noch einer näheren Besprechung unterworfen werden soll, sie vermögen bei dieser Reaktion auch die verschiedenen Formen der Düngemittel noch in ausreichendem und wenig voneinander verschiedenem Grade auszunutzen. Die empfindlichen Pflanzen lieben dagegen eine neutrale Bodenreaktion, z. T. sogar eine solche, die den Neutralpunkt nach der alkalischen Seite hin überschreitet. Bemühen wir uns nun, die Bodenreaktion auf einen Wert einzustellen, der sich für die wenig empfindlichen Pflanzen der Reaktionszahl 6 nähert, der aber für die empfindlichen wenigstens auf die Reaktionszahl 7 kommt, so werden wir wohl alles Notwendige getan haben, was unter Berücksichtigung der praktischen Durchführungsmöglichkeit getan werden kann, um eine Schädigung der Ernten durch die Bodenversauerung zu verhüten.

Diesem schon immer von uns befürworteten vereinfachten Verfahren scheinen auch die Gepflogenheiten der landwirtschaftlichen Praxis am ersten zu entsprechen. Einmal sind nämlich die Hauptvertreter in den beiden nach der Aziditätsempfindlichkeit geschiedenen Pflanzengruppen auch zugleich Hauptpflanzen verbreiteter Fruchtfolgen, und im Zusammenhang hiermit sind die Pflanzen der zweiten Gruppe, die wenig empfindlichen, diejenigen, die zumeist auf den leichteren Böden, den Sandböden, humosen und lehmigen, angebaut werden, während die Pflanzen der ersten Gruppe auf den besseren, schwereren Böden am verbreitetsten zum Anbau gelangen. Die unerfüllbare Aufgabe, den Pflanzen eine optimale Reaktion für ihr Wachstum zu verschaffen, läßt sich bei Betrachtung der Bodenarten daher in der Hauptsache zurückführen auf die einfachere Aufgabe, den leichteren Böden eine Reaktion von annähernd 6, den besseren Böden dagegen eine solche von wenigstens 7 zu erteilen.

Den Reaktionsansprüchen aller in der Fruchtfolge angebauten Pflanzen wird man natürlich durch diese Art der Reaktionseinstellung auf den Äckern nicht vollkommen gerecht werden können. Auf einem Boden, der durch die Kalkung auf die Reaktionszahl von 6 gebracht worden ist, werden z. B. die Kartoffeln nicht mehr unter der ihnen günstigsten Reaktion wachsen, und ebenso wird, um ein Beispiel für die andere Pflanzengruppe zu nennen, der Raps bei einer Reaktionszahl von nur 7 auch noch nicht die für ihn günstigsten Reaktionsverhältnisse antreffen. Wir werden aber nachher noch sehen, daß sich unter solchen Verhältnissen für das Zuviel oder Zuwenig der vorhandenen Bodenreaktion ein gewisser Ausgleich durch die Verwendung der Stickstoff- und Phosphorsäuredünger in bestimmten Formen erzielen läßt. Düngt man nämlich zu der Kartoffel auf dem Boden mit der Reaktionszahl 6 physiologisch-sauer unter Verwendung von Ammoniumsalzen, so wird die Ernte nicht schlechter sein, als wenn man die Kartoffel bei der günstigsten Bodenreaktion von etwa p_H 5 angebaut hätte. Düngt man im zweiten angezogenen Falle den Raps auf dem Boden mit nur p_H 7 mit einer physiologisch-alkalischen Düngerkombination, so wird man auch damit einen Mangel an alkalischer Reaktion ausschalten und eine Ernte erzielen können, die der bei p_H 7,5 oder 8 sicherlich nicht nachstehen wird. Durch eine richtige Anwendung der Düngemittel kann man also den Reaktionsansprüchen der Pflanzen noch um einiges entgegenkommen und kann dadurch auch bei dem geschilderten einfachen Verfahren der Reaktionseinstellung auf unseren Äckern erreichen, daß die Kulturpflanzen sämtlich unter ihnen ausreichend zusagenden Reaktionsverhältnissen kultiviert werden.

Daß es im übrigen unter Umständen — nämlich dann, wenn die anderen Wachstumsbedingungen und im besonderen die Wasserverhältnisse dies gestatten — gelingen kann, einen eigentlich in die zuerst genannte, auf p_H 6 einzustellende Klasse gehörigen Boden durch Erteilung eines höheren p_H-Wertes auch für den Anbau reaktionsempfindlicherer Pflanzen geeignet zu machen, kann gewiß nicht bestritten werden. Im großen und ganzen wird aber nur sehr selten mit der alleinigen Reaktionsänderung eine solche Umstellung eines Bodens sich ermöglichen lassen, nur ausnahmsweise wird man aus einem Kartoffel- und Roggenboden allein durch die Änderung der Reaktion einen Rüben- und Weizenboden machen können, und es braucht daher auch diese Möglichkeit im Zusammenhang mit der Frage nach der besten Art der Bekämpfung der Bodenversauerung keine eingehendere Erörterung und Berücksichtigung hier zu finden. Hingewiesen werden soll aber noch darauf, daß mit der Erreichung des dargelegten Zieles — Einstellung der Reaktion auf rund p_H 6 bei den leichten und auf p_H 7 bei den schwereren Böden — nicht nur den Reaktionsansprüchen der Kulturpflanzen, sondern auch denen der wichtigsten unter den Mikroorganismen des Bodens ausreichend gedient sein dürfte.

Nachdem im vorstehenden nun das Ziel entwickelt ist, das uns bei der Bekämpfung der Bodenazidität vorschwebt — ein Ziel, von dem man zugeben wird, daß es auch unter den heutigen drückenden Verhältnissen der Landwirtschaft zu erreichen ist und im Interesse der Landwirtschaft wie der allgemeinen Volkswirtschaft erreicht werden muß —, handelt es sich weiter um die Methoden, die wir zur Erreichung dieses Zieles in Anwendung bringen müssen.

a) Die Methoden zur Bestimmung des Kalkbedarfs der sauren Böden.

Es kann keinem Zweifel unterliegen, daß unter den Methoden zur Bestimmung des Kalkbedarfs der sauren Böden die elektrometrische Neutralisation nach JENSEN den allerersten Platz einnimmt. Die Ausführung dieser Methode haben wir schon in Kapitel IV besprochen. Sie liefert uns die Neutralisationskurve der sauren Böden, und diese gibt uns an, wieviel an Kalziumhydroxyd zur Einstellung einer bestimmten Reaktion einem Boden zuzusetzen ist. Man braucht nur von dem der gewünschten Reaktion entsprechenden Kurvenpunkte die Senkrechte auf die Abszisse, auf der die Kalziumhydroxydmengen in Kubikzentimetern 0,1-normaler Lösung aufgezeichnet sind, zu fällen. Der Schnittpunkt mit der Abszisse gibt die Anzahl der zur Einstellung der gewünschten Reaktion nötigen Kubikzentimeter Kalkwasser an, und daraus läßt sich leicht die anzuwendende Kalkmenge berechnen. Da sich diese Menge zunächst nur auf die zur Untersuchung benutzten 10 g Boden bezieht, so ist noch eine Umrechnung

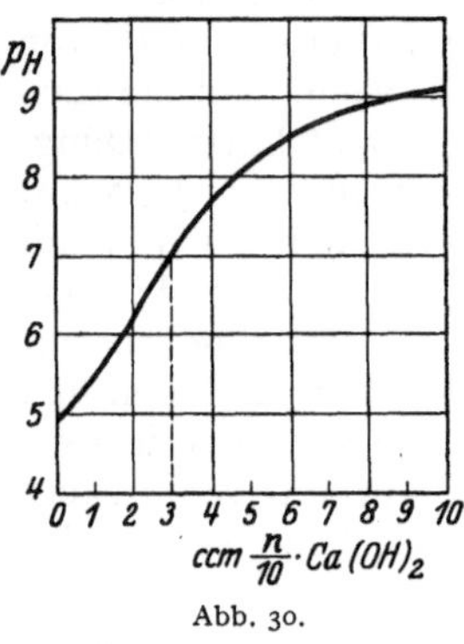

Abb. 30.

vorzunehmen, um den Kalkbedarf auf 100 g Boden oder — unter Zugrundelegung eines Bodengewichtes von durchschnittlich 3 000 000 kg — auf die Bodenmenge von 1 ha umzurechnen. Das nebenstehende Bild 30 gibt uns ein Beispiel für die Ermittlung des Kalkbedarfes mit Hilfe der elektrometrischen Neutralisation ab.

Man kann aus der Zeichnung entnehmen, daß bei dem benutzten Boden zur Einstellung der neutralen Reaktion 3 ccm 0,1 n-Kalziumhydroxydlösung erforderlich sind. 1 ccm einer solchen Lösung entspricht nun 2,8 mg Kalziumoxyd, die angewendeten 10 g Boden erfordern somit 3 · 2,8 mg CaO zur Neutralisation, also 8,4 mg; auf 100 g Boden würden 84 mg CaO erforderlich sein, und da einer Gewichtsmenge von 3,3 mg auf 100 g Boden gerade 1 dz/ha von 3 000 000 kg Gewicht entspricht, so würden zur Einstellung einer neutralen Reaktion bei unserem Boden 84 : 3,3 dz = 25,2 dz reinstes Kalziumoxyd oder 45,0 dz reinster kohlensaurer Kalk zu gebrauchen sein.

Mit diesen aus der Neutralisationskurve entnommenen Kalkmengen läßt sich nun tatsächlich die Einstellung der gewünschten Reaktion bei allen Böden erreichen, was einige Beispiele mit verschiedenen Böden noch genauer darlegen mögen:

Boden Nr.	1	2	3	4
p_H zu Anfang	4,65	5,04	5,07	4,38
Berechneter Zusatz an 0,1 n-Ca(OH)$_2$ auf 100 g Boden	86,8 ccm	36,2 ccm	28,3 ccm	102,1 ccm
p_H nach diesem Kalkzusatz	7,04	7,01	7,04	7,00

Man kann aus diesen Versuchen entnehmen, daß die aus der Neutralisationskurve berechneten Mengen von Kalk tatsächlich in bester Weise gestatten, einen bestimmten Reaktionszustand bei einem Boden einzustellen. Der Neutralpunkt ist bei allen vier Böden in sehr genauer Weise erreicht worden.

So brauchbar nun diese Methode der elektrometrischen Neutralisation auch ist, man darf ihre praktische Bedeutung doch nicht überschätzen. Es gelingt nämlich wohl, mit Hilfe der nach dieser Methode ermittelten Kalkmengen kleinen Bodenmengen — etwa noch denen, die für Vegetationsversuche in Frage kommen — die gewünschte Reaktion zu erteilen, aber sobald es sich um die Kalkung in der landwirtschaftlichen Praxis handelt, erreicht man mit den berechneten Mengen das gewünschte Ziel nicht mehr. Natürlich ist die Methode als solche daran unschuldig, auch in der Praxis würde man mit den nach ihr gefundenen Kalkmengen die Einstellung einer bestimmten Reaktion erwarten müssen, wenn die Vermischung der berechneten Kalkmengen mit dem Ackerboden unter praktischen Verhältnissen ebenso vollkommen möglich wäre wie im Laboratorium. Daß das nicht der Fall ist und gar nicht der Fall sein kann, ist jedem, der sich praktisch mit Düngungsversuchen beschäftigt hat, genügend bekannt, und auch die Gründe, die hier hinderlich auftreten, sind ihm geläufig, nämlich die oft noch sehr mangelhafte Feinmahlung des Kalkes und die stets sehr unvollkommene Vermischung des Kalkes mit dem Boden.

Will man daher das Ziel, eine bestimmte Bodenreaktion auf einem Felde nach den Ergebnissen der elektrometrischen Neutralisation herzustellen, auch nur einigermaßen erreichen, so muß man zur Düngung erheblich größere Mengen von Kalk anwenden, als der Rechnung entsprechen. Schon H. CHRISTENSEN[1] hat bei seinen zahlreichen Kalkdüngungsversuchen in Dänemark die gleiche Beobachtung gemacht, und er rechnete daher bei der Bemessung des Kalkes mit einem gewissen Faktor, mit dem die im Laboratorium ermittelte Kalkmenge zu multiplizieren war, damit die gewünschte Wirkung auf dem Felde auch eintrat. Geradeso muß man auch mit den Ergebnissen der elektrometrischen Neutralisation verfahren; auch sie müssen, damit man eine entsprechende Kalkwirkung in der Praxis erzielt, einen Zuschlag erhalten. Leider kann man die Höhe dieses Zuschlages heute noch nicht mit genügender Genauigkeit angeben, weil zu wenig praktische Erfahrungen dafür bisher vorliegen. Die Zahl der exakt durchgeführten Kalkdüngungsversuche auf sauren Böden ist, das muß hier einmal ausgesprochen werden, zur Zeit überhaupt noch überraschend gering, was um so weniger verständlich erscheint, weil allgemein sowohl auf seiten der Wissenschaft als auch auf seiten der Praxis die Bedeutung der Bodenversauerung durchaus anerkannt wird. Die Ursachen dieser Erscheinung sollen hier im einzelnen nicht näher erörtert werden – eine Hauptursache scheint uns die Zurückdrängung der Tätigkeit der landwirtschaftlichen Versuchsstationen auf das reine Kontrollwesen zu sein —, die Folge davon ist jedenfalls, daß wir über den praktisch empfehlenswerten Zuschlag zu dem elektrometrisch ermittelten Kalkbedarf der sauren Böden noch nicht völlig im klaren sind.

Zu dieser Unsicherheit in der Auswertung der mit Hilfe der elektrometrischen Neutralisation erhaltenen Untersuchungsergebnisse tritt nun noch ein zweiter Umstand hinzu, der die Bedeutung dieser Methode für die Feststellung des praktischen Kalkbedarfs der sauren Böden erschwert, das ist die Umständlichkeit der Methode. Wollen wir eine zuverlässige Neutralisationskurve erhalten, aus der wir auch mit einiger Sicherheit die Kalkmengen für die erwünschten Reaktionen ableiten können, so müssen wir wenigstens sechs Punkte für die Konstruktion dieser Kurve ermitteln. Das bedeutet das Ansetzen von 12 mit Boden beschickten Kölbchen, von denen 10 noch die Zusätze an Kalkwasser erhalten müssen, und schließlich die Vornahme von 12 einzelnen p_H-Messungen. Hinzu kommt auch noch, daß das Gleichgewicht zwischen dem Boden und dem Kalkwasser sich keineswegs sofort einstellt, vielmehr zur endgültigen Einstellung einer dreitägigen Einwirkung des Kalkwassers auf den Boden bedarf. Nur auf diese Art, nach dreitägiger Einwirkung, erhaltene Werte können, wie MAIWALD[2] noch kürzlich durch Zahlen belegt hat, als wirkliche Endwerte betrachtet werden. Schließlich macht sich nun noch nach der Untersuchung die Zeichnung der Neutralisationskurve aus den erhaltenen Untersuchungswerten erforderlich, und dann erst können die Neutralisationskurven zur Ermittlung des Kalkbedarfs ausgenutzt werden. Es ist also, wie man wohl ohne weiteres zugeben wird, die Bestimmung des Kalkbedarfs nach der Methode der elektrometrischen Neutralisation ein Verfahren, das zwar zu den zuverlässigsten Werten führt, die man heute überhaupt erhalten kann, das aber auch von einer solchen Umständlichkeit ist, daß es schwer sein wird, es in der Praxis der landwirtschaftlichen Versuchsstationen und der Ver-

---

[1] CHRISTENSEN, H. R.: Internat. Mitt. Bodenkde 14, 1.
[2] MAIWALD, K.: Kolloidchem. Beih. 27, 287.

suchsringe, wo es darauf ankommt, in kurzer Zeit eine möglichst große Anzahl von Untersuchungen zu bewältigen und dazu auch noch möglichst billig zu arbeiten, zur Anwendung zu bringen.

Damit soll allerdings keineswegs gesagt sein, daß dieses Verfahren in der Untersuchungstätigkeit praktisch überhaupt nicht durchführbar sei; eine solche Behauptung läßt sich schon deshalb nicht aufstellen, weil in Holland durch HUDIG[1] längst der Gegenbeweis dafür erbracht ist. HUDIG bestimmt den Kalkzustand der Humusböden ausschließlich durch die elektrometrische Neutralisation, aber bei ihm ist auch das ganze Institut auf diese Arbeitsweise eingestellt. Würde es sich bei uns ebenfalls um solche Spezialinstitute handeln, so ließe sich natürlich auch hier durch entsprechende Einrichtungen die Arbeitsweise so einstellen, daß ausschließlich nach der Methode der elektrometrischen Neutralisation gearbeitet werden könnte. Da das aber nicht der Fall ist, da an unseren landwirtschaftlichen Versuchsstationen, die doch in der Hauptsache für die Ausführung der Untersuchungen auf Kalkbedarf in Betracht kommen, diese Untersuchung nur eine unter den vielen und vielseitigen Untersuchungsmethoden darstellt, die dort zur Ausführung gelangen, so erscheint für unsere Verhältnisse eine so ausschließliche Einstellung auf die Methode der elektrometrischen Neutralisation nicht durchführbar, und was von den Versuchsstationen gilt, das gilt in noch höherem Grade für die Arbeit der Versuchsringe. Nur dann, wenn es sich um besonders wichtige Kontrollen oder um die Berechnung des Kalkbedarfs bei wissenschaftlichen Untersuchungen handelt, wird man sich dieser umständlichen und langwierigen Methode bedienen, im Kampfe gegen die Bodenversauerung wird man aber den Methoden den Vorzug geben müssen, die, wenn auch ein wenig auf Kosten der Genauigkeit, in kürzerer Zeit und ohne großen Kostenaufwand zu einem brauchbaren Ergebnis führen.

Als ein Versuch in dieser Richtung kann wohl der Vorschlag von GOY[2] aufgefaßt werden, der an Stelle der elektrometrischen Neutralisation nach JENSEN die elektrometrische Titration zur Feststellung des Kalkbedarfs empfiehlt. Man muß zwischen diesen beiden Methoden — der elektrometrischen Neutralisation und der elektrometrischen Titration — scharf unterscheiden. Bei der elektrometrischen Neutralisation werden Proben des Bodens von je 10 g mit steigenden Mengen an Kalkwasser versetzt, und die Reaktionsmessung wird nach einem oder besser nach drei Tagen ausgeführt. Bei der elektrometrischen Titration dagegen wird nur eine Probe des Bodens abgewogen, in die Rührelektrode eingefüllt und darin unter dauerndem Rühren wie bei gewöhnlichen Titrationen von Flüssigkeiten mit steigenden Laugemengen versetzt. Zwischendurch muß aber nach jedem Laugezusatz eine Reaktionsmessung vorgenommen werden, wenn man eine genaue Titrationskurve erhalten will, und gerade das ist ein wunder Punkt der Methode. Man kann nämlich nicht erwarten, daß sich der Endwert des Umsatzes der zugefügten Lauge mit dem Boden sehr schnell einstellt. S. T. JENSEN[3] hat schon auf diesen Mangel der elektrometrischen Titration hingewiesen. Bei Zusatz von 0,1 n-Base änderten sich die p_H-Werte einer Bodensuspension nach JENSENs Versuchen in der folgenden Weise:

Zusatz der 0,1 n-Base in ccm . .	0,0	0,5	1,0	2,0	4,0	10
p_H nach 1 Stunde . . .	6,28	6,55	6,96	7,54	8,16	9,50
p_H ,, 24 Stunden . .	6,29	6,32	6,68	7,14	7,60	9,00
p_H ,, 48 ,, . .	6,30	6,36	6,70	7,10	7,54	8,30

[1] HUDIG, J. u. C. W. G. HETTERSCHY: Landw. Jb. 63, 207.
[2] GOY, S., P. MÜLLER u. O. ROOS: Z. Pflanzenernährg, Düngg u. Bodenkde A 13, 66.
[3] JENSEN, S. T.: Internat. Mitt. Bodenkde 14, 115.

Die Umsetzung mit hinzugefügten Basemengen geschieht also bei der elektrometrischen Neutralisation nicht momentan, sondern sie beansprucht bis zur Vollständigkeit eine ziemlich lange Zeit. Bei der elektrometrischen Titration kann man aber nicht bis zum vollständigen Umsatz warten, bevor man erneut Base zum suspendierten Boden in der Rührelektrode hinzufließen läßt. Die Methode würde damit jeglichen Sinn verlieren. Daher haben wir, als wir[1] uns vor einigen Jahren mit der elektrometrischen Titration des Bodens beschäftigten, den Vorschlag gemacht — denn eine Einigung ist hier auf jeden Fall nötig, um an verschiedenen Orten vergleichbare Ergebnisse zu erzielen —, daß zu Anfang jedesmal 2,5 ccm Lauge zum Boden hinzugesetzt, später nur noch jedesmal 1 ccm, und daß die Messung nach jedesmaligem Abwarten von 2 Minuten Dauer ausgeführt werden solle. Ein derartiger Versuch verlief bei uns damals in der folgenden Weise, wobei noch vorausgeschickt werden mag, daß dabei 50 g Boden mit 125 ccm Wasser in der Rührelektrode suspendiert wurden:

p_H ohne Laugezusatz	4,47		p_H mit 15 ccm n/25-Ca(OH)$_2$ . . .	6,76
,, mit 2,5 ccm n/25-Ca(OH)$_2$ . .	5,49		,, ,, 16 ,, ,, . . .	6,86
,, ,, 5,0 ,, ,, . .	5,63		,, ,, 17 ,, ,, . . .	6,93
,, ,, 7,5 ,, ,, . .	6,06		,, ,, 18 ,, ,, . . .	6,93
,, ,, 10,0 ,, ,, . .	6,23		,, ,, 19 ,, ,, . . .	6,99
,, ,, 12,5 ,, ,, . .	6,51		,, ,, 20 ,, ,, . . .	7,02

Nach jedesmaligem Abwarten von 2 Minuten vor erneutem Laugezusatz war bei diesem Versuche der Neutralpunkt nach Zusatz von 19—20, also rund 19,5 ccm n/25-Kalziumhydroxydlösung erreicht. Dieser Wert ist aber kein Endwert, wir beobachteten im Verlaufe von 2 Stunden ein Absinken der Reaktionszahl vom Neutralpunkt im Maximum bis auf p_H 6,43. In Anbetracht der Tatsache aber, daß andere Methoden ja auch keine Kalkmenge angeben, die bei der praktischen Anwendung zu dem erwarteten Reaktionszustande führt, könnte man bei dieser Methode durch einen Zuschlag zu dem experimentell gefundenen Wert der Ungenauigkeit des Endwertes Rechnung tragen. Die Methode würde also trotz dieses Mangels für die Bestimmung des Kalkzustandes nicht unbrauchbar sein, und auf den ersten Blick scheint auch die Zeitdauer, in der sie sich ausführen läßt, einen Vorzug gegenüber der Methode der elektrometrischen Neutralisation zu bedeuten, denn eine Bestimmung erfordert von der Art der im Beispiel angegebenen bei 2 Minuten langem Warten zwischen zwei Zusätzen etwa rund 30 Minuten. Dennoch scheint uns aber auch diese Methode der elektrometrischen Titration keine besondere Eignung für die Untersuchungstätigkeit von Versuchsanstalten und von Versuchsringen zu besitzen, und zwar deshalb nicht, weil sie in Wirklichkeit doch nicht mehr zu leisten imstande ist als die Methode der elektrometrischen Neutralisation. Besteht bei dieser Methode das Haupthindernis in der großen Anzahl von Einzelproben, die für jeden Boden anzusetzen sind, so besteht es bei der elektrometrischen Titration in der größeren Anzahl von einzelnen Messungen, die an der einen in der Rührelektrode befindlichen Bodenmenge vorzunehmen sind. Bedenkt man weiter, daß jede in Betrieb befindliche Rührelektrode auch eine vollständige Meßapparatur für sich verlangt, so muß man wohl zu dem Schluß kommen, daß die elektrometrische Titration der elektrometrischen Neutralisation in bezug auf die Leistungsfähigkeit nicht nur nicht überlegen, sondern eher unterlegen ist. Bezeichnend für die geringere Brauchbarkeit der elektrometrischen Titration ist daher auch die Tatsache, daß diese Methode, die für die Bodenuntersuchung zuerst von Sharp und Hoagland[2] benutzt und dann von Hudig[3] feiner ausgearbeitet wurde, von Hudig wieder aufgegeben und durch die

[1] Kappen, H. u. R. W. Beling: Z. Pflanzenernährg u. Düngg A 6, 16.
[2] Sharp, L. T. u. D. R. Hoagland: J. agricult. Res. 7, 123.
[3] Hudig, J.: Landw. Jb. 59, 687.

elektrometrische Neutralisationsmethode nach JENSEN ersetzt worden ist. Es muß sich also doch wohl bei HUDIGS Arbeiten herausgestellt haben, daß die elektrometrische Titration als Methode für die Bestimmung des Kalkbedarfs der elektrometrischen Neutralisation unterlegen war. Wenn also überhaupt eine elektrometrische Bestimmungsmethode des Kalkbedarfs der Böden empfohlen werden kann, so wird es nur die auch von uns bei feineren Arbeiten immer benutzte Methode der elektrometrischen Neutralisation sein können.

Es wäre aber nun noch zu überlegen, was von den Methoden, die als Methoden zur Bestimmung des Sättigungsgrades der Böden mit Basen bekannt sind, für die praktische Versuchstätigkeit zu erwarten steht. Wir haben diese Methoden im Kapitel VIII besprochen und konnten nicht umhin, ihnen für die Charakterisierung des Versauerungszustandes eines Bodens großen Wert beizulegen. Praktisch in Frage kommende Methoden für die Bestimmung des Kalkbedarfs der Böden sind diese Methoden aber niemals, und das ist ohne weiteres klar, wenn man an ihre umständliche Ausführung denkt. Schon allein das Auslaugen der Bodenproben mit den Salz- oder Säurelösungen ist ein sehr viel Zeit und Arbeit beanspruchendes Verfahren, dazu kommen dann aber auch noch analytische Bestimmungen, zum mindesten die Bestimmung des Kalkes, und das nicht nur bei dem ursprünglichen Boden, sondern auch dann noch einmal, wenn er mit Basen künstlich gesättigt worden ist. Es ist gar nicht daran zu denken, daß nur eine der vielen Auswaschmethoden zur Bestimmung des Sättigungsgrades, so klar und deutlich sie uns auch von dem Versauerungsgrad der Böden Bescheid geben, in Konkurrenz mit der Methode der elektrometrischen Neutralisation treten könnte, und da sie dieser Methode gegenüber keinen Vorzug für den in Frage kommenden Zweck der Bestimmung des Kalkbedarfs der sauren Böden aufweisen, so scheiden sie an dieser Stelle aus der weiteren Betrachtung vollständig aus.

Auch was uns sonst bei unseren Arbeiten über die Bodenazidität an Methoden zur Bestimmung des Kalkbedarfs der sauren Böden bekanntgeworden ist, wie die Kalkwassermethode von VEITCH oder die Methode mit Kalziumazetat nach JONES, hat niemals einen Vorzug vor der elektrometrischen Neutralisation aufgewiesen und bedarf daher im Vergleich zu dieser keiner weiteren Erörterung. Daß alle einfacheren Methoden, wie die nach COMBER oder nach HASENBÄUMER, ebenso natürlich alle einfachen Reaktionsmessungen, keine Methoden zur Bestimmung des Kalkbedarfs der Böden abgeben können, ist bei dem bekannten mehr qualitativen Charakter dieser Methoden selbstverständlich.

Es handelt sich also schließlich nur noch darum, festzustellen, was zwei andere Methoden, von denen in diesem Buche oft die Rede war und die bereits in großem Umfange in der Untersuchungspraxis angewendet werden, in bezug auf das oben gekennzeichnete Ziel der praktischen Kalkdüngung der sauren Böden zu leisten imstande sind, also darum, wie wir die Bestimmung der Austauschazidität und die der hydrolytischen Azidität als Methoden zur Bestimmung des Kalkbedarfs der Böden bewerten sollen.

Die Bedeutung dieser beiden Methoden für die Kennzeichnung des Versauerungszustandes eines Bodens wird heute wohl von keiner Seite mehr bestritten werden, nachdem das Wesen der als Austauschazidität und als hydrolytische Azidität bezeichneten Versauerungszustände des Bodens ziemlich eindeutig auf den Gehalt des Bodens an Säurewasserstoff zurückgeführt werden konnte. Beide Erscheinungen beruhen auf dem Austausch dieses Säurewasserstoffs gegen die Kationen der in den Salzlösungen angewendeten Salze. Die hydrolytische Azidität umfaßt, entsprechend dem Wert von HISSINK T-S, den gesamten Säurewasserstoff, den ein Boden enthält, wobei noch eine Differenzierung nach verschiedenen

Sättigungsreaktionen — p_H 7,0, 7,5, 8,0 oder 8,5 — möglich ist, und die Bestimmung der Austauschazidität zeigt uns an, wieviel von dem gesamten Säurewasserstoff des Bodens sich in einem Zustande befindet, in dem er auch gegen die Kationen der Neutralsalze ausgetauscht werden kann. Gerade diese Größe, die Austauschazidität, ist von uns immer als die für die Mineralböden bedeutungsvollste Aziditätserscheinung gewertet worden, und zwar, wie wir glauben, mit vollem Recht. Einmal ist nämlich, wie oben schon des näheren entwickelt wurde, ein Boden, der die Erscheinung der Austauschazidität aufweist, immer schon bis zu einem ziemlich kleinen Sättigungsgrad entbast oder, was dasselbe heißt, schon stark mit Säurewasserstoff angereichert. Er hat daher auch stets schon eine ziemlich niedrige Reaktionszahl aufzuweisen, die p_H-Werte der austauschsauren Böden liegen durchweg unter 5,5. Dazu kommt aber, was wichtig für die physiologische Wirkung der bis zur Austauschazidität entbasten Böden ist, daß unter den Verhältnissen der landwirtschaftlichen Praxis für diese Azidititätsform die Gelegenheit gegeben ist, aus dem latenten Zustand, in dem sie gewöhnlich in der Hauptsache vorhanden ist, in den Zustand der aktiven Azidität überzugehen. Kein Boden ist völlig frei von Neutralsalzen, und wenn es sich nur um die durch die Niederschläge in ihn hineingeratenden geringen Mengen an Kochsalz handeln sollte. Der landwirtschaftlich benutzte Boden wird aber systematisch bei der Düngung mit Salzen versetzt, wie mit den Kalisalzen, den Nitraten und den Ammoniumsalzen. Infolgedessen zirkuliert in diesen Böden stets eine Salzlösung, und diese muß sich mit dem bis zur Austauschazidität versauerten Boden unter Austausch von Wasserstoffionen ins Gleichgewicht setzen. Dadurch wird etwas bewirkt, was, solange der Boden nur wenig versauert ist — also lediglich die Form der hydrolytischen Azidität aufweist —, nicht eintreten kann, es wird nämlich die Bodenlösung selbst mehr oder weniger stark sauer gemacht, natürlich auch hier infolge der wenn auch nur sekundären Bildung von Aluminiumsalzen. Tatsächlich läßt sich ja an den aus austauschsauren Böden verdrängten Bodenlösungen nachweisen, daß sie ihre oft nicht unbeträchtliche Azidität einem Gehalte an Aluminiumsalzen verdanken. Das Übertreten von Wasserstoffionen in die Bodenlösung ist natürlich immer ein deutliches Zeichen dafür, daß das Puffervermögen des Bodens eine bedenkliche Einbuße erlitten hat; denn würde der Boden noch ausreichend puffern, so wäre das Auftreten von Wasserstoffionen bei ihrem so sehr starken Eintauschbestreben in die zeolithischen Silikate und die Humate ja ganz unmöglich. Diese Abnahme des Pufferungsvermögens muß natürlich das Pflanzenwachstum viel stärker gefährden als ein noch so hoher Gehalt des Bodens an latentem Säurewasserstoff. Die eigentliche größere Gefahr für das Wachstum unserer Kulturpflanzen beginnt daher nach allen unseren und anderer Autoren Beobachtungen damit, daß ein Teil des Gesamtsäurewasserstoffs des Bodens gegen die Kationen von Neutralsalzlösungen austauschbar wird, d. h. mit anderen Worten, wenn sich neben der hydrolytischen Azidität auch die Austauschazidität bemerkbar macht. Alle Pflanzen, die wir früher zu der Gruppe der gegen die Bodenversauerung empfindlichen Pflanzen gestellt haben, leiden bei ihrem Anbau auf austauschsauren Böden bereits deutlichen Schaden, bei manchen von ihnen, wie bei den Rüben, der Gerste, dem Raps und der Luzerne kann es schon bei mittleren Azidititätsgraden fast bis zu einer Vernichtung der Pflanzen kommen. Die folgenden Bilder 31—33 von Topfversuchen, die mit austauschsaurem Lehmboden von rund 9 ccm Austauschazidität (y_1) zu Gerste, Futterrüben und Raps ausgeführt wurden, zeigen deutlich, welcher Schaden diesen Pflanzen auf austauschsaurem Boden erwachsen kann.

Nur auf den Töpfen, in denen durch Kalkdüngung die Austauschazidität des Bodens beseitigt oder wenigstens stark herabgesetzt war, kam es zu einer annehmbaren Entwicklung der Pflanzen. Auch die früher schon aufgeführten Bilder

Abb. 31. Gerste.

Abb. 32. Futterrübe.

Abb. 33. Raps.

von Vegetationsversuchen — Seite 235 bis 240 — geben uns einen Begriff davon, wie auf austauschsauren Böden durch die hohen, in ihnen auftretenden Wasserstoffzahlen das Pflanzenwachstum geschädigt wird. Zahlreiche eigene Beobachtungen in der landwirtschaftlichen Praxis wie auch die Beobachtungen und Berichte anderer Versuchsansteller stimmen mit unseren aus den Vegetationsversuchen abgeleiteten Schlußfolgerungen voll überein.

Anders als die empfindlichen Kulturpflanzen verhalten sich aber gegenüber der Austauschazidität oder, richtiger gesagt, gegenüber den mit ihrem Auftreten verbundenen hohen Wasserstoffionenkonzentrationen der Böden die wenig gegen die Bodenversauerung empfindlichen Kulturpflanzen. Sie können einen gewissen Grad von Austauschazidität oft noch recht gut ertragen, ohne dabei eine Abnahme der Ernten und eine Verminderung der Wirkung der ihnen gegebenen Düngung aufzuweisen. Besonders die Kartoffel zeichnet sich in dieser Richtung unter den wenig empfindlichen Pflanzen aus. Bei Feldversuchen auf einem humosen Sandboden konnten wir bei einer Austauschazidität von $y_1 = 7{,}1$ ccm und einem p_H-Wert von 4,94 durch Zugabe von 40 dz Kalk je Hektar keine Ertragssteigerung mehr feststellen, während in demselben Versuch die erste Kalkabgabe von 40 dz je Hektar, die die Austauschazidität von 11,9 ccm auf 7,1 ccm herabsetzte und den p_H-Wert von 4,49 auf 4,94 hob, eine Ertragssteigerung von 156 dz/ha auf 214 dz bewirkte. Eine Austauschazidität von 7,1 ccm und ein p_H-Wert von 4,94 machten der Kartoffel also schon nichts mehr aus.

Beim Anbau von Roggen auf demselben Felde war das aber bereits anders. Hier wurde der höchste Ertrag erst dann erzielt, wenn die Austauschazidität auf den kleinen Betrag von 0,5 ccm für y_1 durch die Kalkung zurückgedrängt war. Die Ernten waren in diesem Falle bei saurer und alkalischer Düngung die folgenden:

	A. A.	Ernte
Bei saurer Düngung	2,0 ccm	23,3 dz/ha
	0,5 ,,	26,6 ,,
Bei alkalischer Düngung	5,7 ccm	23,6 dz/ha
	0,5 ,,	28,5 ,,

Bei beiden Düngungsarten war der höchste Ertrag des Roggens somit erst dann festzustellen, wenn die Austauschazidität bis auf einen kleinen Rest durch die Kalkdüngung beseitigt war. Daß bei alkalischer Düngung trotz einer Austauschazidität von 5,6 ccm doch der gleiche Ertrag erzielt wurde wie bei saurer Düngung und wesentlich kleinerer Austauschazidität, das hat seine besondere Bewandtnis, von der noch später die Rede sein wird. Auf jeden Fall zeigt der Roggenversuch, daß diese Kulturpflanze schon wesentlich empfindlicher gegen die Austauschazidität ist als die Kartoffel.

Dasselbe Bild wie der Roggen bot im dritten Versuchsjahre auf demselben Felde der Hafer dar. Die höchste Ernte unter den Verhältnissen des Versuches wurde erzielt, wenn die Austauschazidität auf 0,4 ccm für y_1 zurückgedrängt war.

Ähnlich wie der Roggen und der Hafer verhalten sich nun auch noch andere Vertreter von der Gruppe der wenig empfindlichen Pflanzen, so der Mais, der Rübsen, der Spörgel, der Buchweizen, die Serradella, während sich in ihrer größeren Widerstandsfähigkeit die Lupine mehr der Kartoffel in ihrem Verhalten zur Austauschazidität anschließt. Man wird daher aus dem Verhalten dieser Pflanzengruppe zur Austauschazidität den Schluß ziehen dürfen, daß für ein normales Gedeihen dieser Pflanzen sich eine wenigstens angenäherte Beseitigung der Austauschazidität empfiehlt, selbst wenn diese Maßnahme für das normale Wachstum der Kartoffel und der Lupine nicht unbedingt erforderlich ist. Da man aber aus den verschiedensten Gründen eine Anpassung der Aziditäten auf demselben Felde an die Ansprüche der aufeinanderfolgenden Gewächse nicht durchführen kann, so ist es sicher am richtigsten, wenn man Rücksicht auf die in der Fruchtfolge vorkommende anspruchsvollste Pflanze nimmt. Das ist um so eher möglich und angebracht, weil die Reaktionsbreiten guten Wachstums für unsere Kulturpflanzen nicht gerade eng begrenzt sind. Die Kartoffel, die bei einer Austauschazidität von 7,1 ccm und einem p_H-Wert von 4,94 bei unserem Versuche eine hohe Ernte lieferte, gab keine geringere bei einer Austauschazidität von nur 1,2 ccm und einem p_H-Wert von 5,39. Man kann in einer solchen Fruchtfolge aber auch dem Bedürfnis der weniger empfindlichen Pflanzen dadurch entgegenkommen, daß man nicht gerade zu ihrem Anbau, sondern zu dem der gegen die Versauerung empfindlicheren, also in unserem Falle zum Hafer oder Roggen, die Kalkdüngung vornimmt, wie das auch von HASENBÄUMER[1] angeraten wird.

Den von uns schon immer gegebenen Ratschlag, auf austauschsauren Böden beim Anbau der weniger gegen die Bodenversauerung empfindlichen Kulturpflanzen eine wenigstens angenäherte Beseitigung der Austauschazidität anzustreben, müssen wir aber auch noch einer Prüfung daraufhin unterwerfen, wieweit er sich bei Benutzung der DAIKUHARAschen Bestimmung der gesamten Austauschazidität verwirklichen läßt. Die vereinfachte DAIKUHARA-Methode benutzt bekanntlich einen Durchschnittsfaktor in der Höhe von 3,5, mit dem der erste Titrationswert y_1 multipliziert werden muß, damit man die Gesamtaustauschazidität erhält. Von uns aber sowohl als auch von anderer Seite ist darauf hingewiesen worden, und zwar auf Grund von Vegetationsversuchen auf austauschsauren Böden, daß die nach DAIKUHARA mit dem Faktor 3,5 berechneten Kalkmengen keineswegs regelmäßig ausreichten, um die Austauschazidität zu beseitigen. Besonders die humusreicheren Böden machen für die Beseitigung der Austauschazidität die Benutzung eines wesentlich höheren Faktors nötig, nämlich den Faktor 4 bis 5. Daß die humusreicheren Böden eine größere Kalkmenge zur Beseitigung der Austauschazidität erfordern als die reinen Mineralböden, hängt damit zusammen, daß sie stets eine hydrolytische Azidität besitzen, die die Austauschazidität weit übertrifft. Größer als die Austauschazidität muß die hydrolytische Azidität, die ja den Gesamtgehalt des Bodens an Säurewasserstoff darstellt, immer sein, denn die Austauschazidität macht als der gegen Neutralsalze austauschbare Säurewasserstoff stets nur einen Bruchteil des gesamten Säurewasserstoffs aus. Bei reinen Mineralböden ist zwar der Unterschied zwischen der Größe der Austauschazidität und der der hydrolytischen Azidität nicht bedeutend, er steigt jedoch mit dem Gehalt an Humusstoffen stark an, so daß das Verhältnis von hydrolytischer Azidität zur Austauschazidität einen immer größeren Wert annimmt. Diese sauren, aber dabei noch nicht einmal austauschsauren Humusstoffe sind es nun offenbar, die beim Zusatz von Kalk einen gewissen Teil davon für ihre eigene Neutralisation gebrauchen, der dann für die Neutralisation der austauschsauren Silikate des Bodens verlorengeht, und die Folge ist, daß ein kleinerer oder größerer Teil der Austauschazidität unbeseitigt bleibt. Erst wenn man, diesem Kalkverbindungsvermögen der Humusstoffe Rechnung tragend, den Faktor erhöht, verschwindet auch die Austauschazidität vollständiger.

Diese Unbestimmtheit des Durchschnittsfaktors stellt sicher einen Mangel der Methode von DAIKUHARA dar, aber man kann sich von ihm unabhängig machen, wenn man an Stelle einer einzigen Titration und Ausschüttelung mit Kaliumchloridlösung zwei Ausschüttelungen und Titrationen vornimmt. Dann kann man nämlich die Formel von DAIKUHARA

$$S = 2\left(y_1 + \frac{a_1}{1-k}\right)$$

---

[1] HASENBÄUMER, J. u. Mitarbeiter: Z. Pflanzenernährg, Düngg u. Bodenkde A 13, 99.

anwenden, worin S die gesuchte Gesamtazidität, y_1 den ersten Titrationswert und a_1 die Differenz aus dem zweiten Titrationswert und der Hälfte des ersten, also $y_2 - \frac{1}{2}y_1$, darstellen. Diese Maßnahme macht die DAIKUHARAsche Methode zwar etwas umständlicher, aber sie macht auch die Ermittelung der Gesamtazidität bedeutend zuverlässiger. Wie groß die Verschiedenheiten sind, zu denen man bei Benutzung des Durchschnittsfaktors 3,5 und der DAIKUHARAschen Formel bei Ausführung zweier Titrationen gelangt, kann aus den Zahlen der folgenden Tabelle ersehen werden.

Die Tabelle enthält die beiden ersten Titrationswerte y_1 und y_2, die daraus berechnete Gesamtazidität S, ferner den Faktor, der sich aus S durch Division mit dem ersten Titrationswert y_1 errechnen läßt. Es folgen dann die Austauschaziditäten, die bei den Böden noch vorhanden waren, nachdem sie einmal mit der mit Hilfe des Faktors 3,5 und einmal mit der aus S berechneten Kalkmenge versehen waren. Weiterhin wurden auch noch die Reste der Austauschaziditäten bestimmt, die bei Benutzung von $^2/_3$ des Kalkzusatzes übriggeblieben waren. Die drei letzten Reihen der Tabelle enthalten schließlich die Reaktionszahlen, die die Böden nach Zusatz der aus S und aus $\frac{2}{3}S$ berechneten Kalkmengen aufwiesen, sowie die anfänglichen Reaktionszahlen:

Herkunft des Bodens	y_1	y_2	S	$\dfrac{S}{y_1}$	Austauschaziditäten (y_1) und p_H-Werte nach Zusatz der berechneten Kalkmengen					
					Austauschaziditäten			p_H-Werte		
					$F = 3,5$	S	$\frac{2}{3}S$	S	$\frac{2}{3}S$	anfänglich
	a	b	c	d	e	f	g	h	i	k
Meckenheim 1, Lehmboden. .	5,6	3,3	17,86	3,2	0,20	0,25	1,00	6,35	5,72	5,04
Meckenheim 2, Lehmboden. .	11,4	7,0	40,80	3,6	0,20	0,35	1,60	6,33	—	4,95
Opladen 1, lehmiger Sand	6,5	4,2	26,10	4,0	0,50	0,50	1,05	6,15	5,87	4,93
Opladen 2, lehmiger Sand	14,0	9,5	61,33	4,4	1,30	0,40	1,95	5,70	5,40	4,11
Spich 1, Sandboden . .	8,0	5,5	36,00	4,5	1,20	0,50	—	5,85	5,64	4,99
Spich 2, Sandboden . .	1,9	1,4	9,90	5,1	0,70	0,50	—	—	—	5,30
Spich 3, Lehmboden. .	5,8	3,6	21,35	3,7	0,40	0,15	0,80	6,10	5,94	5,18
Keppeln	3,0	2,0	13,33	4,4	0,60	0,35	0,80	—	—	5,43
Hangelar 1, Sandboden. .	2,1	1,6	11,53	5,5	0,50	0,15	0,30	6,12	—	5,28
Hangelar 2, Sandboden . .	3,0	2,0	12,83	4,4	0,45	0,15	0,30	6,27	—	5,06
Meckenheim 3, Lehmboden. .	13,0	8,4	51,30	3,9	0,60	0,40	0,80	6,24	5,67	4,76
Twisteden, humoser Sand	10,9	6,9	42,50	3,7	0,20	0,15	0,65	6,38	5,76	4,35

Man sieht, daß der Durchschnittsfaktor 3,5 für die Bestimmung der Gesamtazidität bei den willkürlich aus unseren Vorräten gewählten Bodenproben durchweg zu klein war, um die Austauschazidität mit dem durch ihn berechneten Kalk zu beseitigen; z. T. blieben noch über 1 ccm betragende Austauschaziditäten zurück (Reihe e). Eine viel gleichmäßigere und vollständigere Beseitigung der Austauschaziditäten wurde durch den aus der DAIKUHARAschen Formel berechneten Kalkzusatz erzielt (Reihe f). Die Werte für die den Böden nach dieser Formel zukommenden Faktoren (Reihe d) sind ja auch zumeist wesentlich größer als der Durchschnittsfaktor 3,5. Legt man der Bestimmung der Kalkmengen statt der ganzen aus der Formel berechneten Austauschazidität nur zwei Drittel davon zugrunde (Reihe g), so bleiben z. T. recht erhebliche Reste der Austauschazidität bestehen. Es ist daher auch unrichtig, wenn KNICKMANN[1] sagt, daß es ihm gelungen sei, mit der Hälfte der mit dem Faktor 3,5 berechneten Kalkmengen die Austauschazidität zu beseitigen. KNICKMANN hat die doppelten Kalkmengen in Anwendung gebracht, indem er statt des Wertes y_1 den Wert $2\,y_1$, also die auf 100 g Boden bezogene Austauschazidität, seiner Rechnung zugrunde legte. Im allgemeinen kann man wohl aussprechen, daß es mit der nach der DAIKUHARA-schen Formel berechneten Kalkmenge recht gut gelingt, die Austauschazidität auf sehr kleine Werte herabzusetzen.

Wichtig erscheint nun aber auch noch die Betrachtung der drei letzten Reihen der Tabelle (Reihe h, i. und k), in denen die vor und nach den Kalkzusätzen erreichten Reaktionszahlen ihren Platz gefunden haben. Bei Benutzung der aus der Gesamtazidität berechneten Kalkmengen sind die vorher zwischen den Werten 4,35—5,43 schwankenden Reaktionszahlen auf Werte verschoben worden, die alle nahe beim p_H-Wert 6 liegen, ihn jedenfalls entweder nach oben oder nach unten hin nur verhältnismäßig wenig überschreiten; die Werte schwanken zwischen p_H 5,7 und 6,38. Werden dagegen nur zwei Drittel der aus der Gesamtazidität berechneten Kalkmengen verwendet, so bleiben die Reaktionszahlen saurer, zeichnen sich aber auch gegenüber den ursprünglich vorhandenen durch eine große Angleichung aneinander aus; die Schwankungen liegen hier zwischen den Werten 5,40 und 5,94.

Auf Grund dieser Laboratoriumsversuche kann man somit aussagen, daß im großen und ganzen die Beseitigung der Austauschazidität nach der Formel von DAIKUHARA zu Reaktionszahlen führt, die nahe beim p_H-Wert 6 liegen, und aus unseren Felddüngungsversuchen konnten wir dann weiter die Bestätigung dafür ableiten. Überall, wo durch die Kalkdüngung eine angenäherte Beseitigung der Austauschazidität auf unseren Parzellen herbeigeführt war, bewegten sich die p_H-Werte fast ausnahmslos in der Nähe des Wertes 6. Bei Austauschaziditäten von 0,3—0,8 ccm für y_1 auf den Parzellen verschiedener Versuche mit verschiedenen Böden fanden wir p_H-Werte, die zwischen 6,38 und 5,92 schwankten.

Diese Tatsache ist es nun, die uns eine wesentliche Stütze dafür bietet, daß wir uns für die Beseitigung oder wenigstens die angenäherte Beseitigung der Austauschazidität nach der DAIKUHARAschen Formel oder nach einem entsprechend gewählten Durchschnittsfaktor als für ein praktisch richtiges und für die Kultur der wenig empfindlichen Pflanzen durchaus empfehlenswertes Verfahren einsetzen; denn aus den Studien, die von verschiedenen Forschern über die Reaktionsabhängigkeit der Kulturpflanzen ausgeführt worden sind, läßt sich entnehmen, daß bei einer dem p_H-Wert 6 naheliegenden Reaktion die meisten der in der Gruppe der wenig empfindlichen stehenden Kulturpflanzen eine günstige Reaktion für ihr Wachstum finden. Nur für die Kartoffel und etwa noch die Lupine könnte man den p_H-Wert um 6 schon als etwas hoch ansehen, aber er ist doch nur unnötig hoch und nicht etwa zu hoch. Daß nämlich auch die Kartoffel und die Lupine bei dieser Reaktionszahl noch durchaus normale und gesunde Ernten liefern werden, kann als durchaus sicher gelten. Beim Anbau der Kartoffel hat man ja überdies die Möglichkeit, ihrer Vorliebe für eine mehr saure Reaktion durch Anwendung von physiologisch-saurem Ammoniumsalz entgegenzukommen.

Nach allem darf man wohl aussagen, daß man die Behandlung der austausch-sauren Böden, soweit sie für den Anbau der wenig gegen die Bodenversauerung

---

[1] KNICKMANN, E.: Z. Pflanzenernährg u. Düngg A **5**, 1.

empfindlichen Pflanzen bestimmt sind, mit ausreichender Zuverlässigkeit auf Grund der Ermittlung der Austauschazidität nach DAIKUHARA beherrscht. Was die praktische Seite der Frage angeht, die Ausführung der Kalkdüngung nach dieser Methode im großen, so bestehen natürlich auch hier noch gewisse Schwierigkeiten, geradeso wie das ja bei der Übertragung der Ergebnisse der elektrometrischen Neutralisation und aller anderen Methoden zur Bestimmung des Kalkbedarfs der Fall ist. Es zeigt sich nämlich bei Benutzung der nach DAIKUHARA errechneten Kalkmengen in der Praxis, daß das angestrebte Ziel, die angenäherte Beseitigung der Austauschazidität, keineswegs mit der Vollkommenheit erreicht wird, wie das beim Laboratoriumsversuch möglich ist; der Erfolg bleibt vielmehr regelmäßig mehr oder weniger unvollständig. Auf diese Tatsache ist schon mehrfach hingewiesen worden, in neuester Zeit noch unter Anführung sehr treffender Beispiele von J. HASENBÄUMER[1]. Die Ursache dieser Unvollständigkeit kann natürlich nur in der Unvollkommenheit der Vermischung des Kalkes mit dem Ackerboden gesucht werden, wobei auch noch die Mahlfeinheit und die größere oder geringere Löslichkeit des zur Düngung benutzten Kalkes eine Rolle spielen können. Wie aus HASENBÄUMERS Mitteilung zu entnehmen ist, läßt sich auch bei allerbester Bodenbearbeitung eine so gleichmäßige Verteilung und damit ein so vollkommener Erfolg wie bei der Mischung kleiner Erdproben im Laboratorium auf dem Felde nicht erzielen, und daher muß man, wenn man auf denselben Neutralisationseffekt rechnen will, wie der im Laboratorium erzielte ist, eine größere Kalkmenge als die berechnete auf das Feld bringen. Es ist daher von uns immer empfohlen worden, an Stelle der einfachen berechneten Kalkmenge stets wenigstens das Anderthalbfache davon möglichst gleichmäßig auf dem Felde auszustreuen und, soweit es die praktischen Maßnahmen zulassen, möglichst vollkommen durch die ganze Ackerkrume zu verteilen. Nach dieser Vorschrift wird bereits seit Jahren in der Rheinprovinz in größerem Ausmaße gearbeitet, und es ist nicht bekanntgeworden, daß diese Maßnahme zu schlechten Ergebnissen bei der Bekämpfung der durch die Austauschazidität bewirkten Schäden geführt hätten.

Im Kampfe gegen die Bodenversauerung handelt es sich nun aber nicht nur um die leichten Böden und die auf ihnen üblicherweise angebauten weniger gegen die Bodenversauerung empfindlichen Pflanzen, sondern es muß auch die Bekämpfung der Schäden ins Auge gefaßt werden, die durch die Bodenversauerung auf den besseren Böden an den empfindlichen Pflanzen verursacht werden. Wie schon gesagt, verlangen die Pflanzen dieser zweiten Gruppe, die Luzerne, der Raps, die Zucker- und die Futterrübe, die Gerste, der Weizen, die Erbse und die Bohne, zu ihrem normalen Gedeihen eine Reaktion, die entweder neutral ist oder sogar bei einigen besonders empfindlichen unter diesen Pflanzen ein wenig auf der alkalischen Seite der Reaktionsskala liegt. Es fragt sich also hier, wie wir die zur Einstellung der richtigen Reaktion für diese Pflanzen nötigen Kalkmengen ermitteln können. Sicherlich ist hier wie immer das beste Mittel, das uns zur Verfügung steht, die elektrometrische Neutralisation. Wie schon hervorgehoben, ist aber die Arbeit nach dieser Methode langwierig und umständlich; es ist daher unbedingt wünschenswert, an Stelle dieser Methode eine andere, schneller und einfacher zu handhabende zur Verfügung zu haben. Ein abgekürztes Verfahren kann schon trotz der obengenannten Mängel in der elektrometrischen Titration gefunden werden, es besteht aber auch ein sehr einfaches und dabei ausreichend genaues Verfahren zur Erreichung des erstrebten Zieles in der Bestimmung der hydrolytischen Azidität des Bodens.

---

[1] HASENBÄUMER, J. u. Mitarbeiter: Z. Pflanzenernährg, Düngg u. Bodenkde A **13**, 99.

Was diese hydrolytische Azidität oder, wie wir auch sagen können, die Befähigung eines Bodens, mit Lösungen von hydrolytisch spaltbaren Salzen, wie von Azetaten, aber auch von Phosphaten, Karbonaten, überhaupt allgemein von Salzen einer starken Base mit einer schwachen Säure, unter Ionenaustausch in Reaktion zu treten, chemisch bedeutet, haben wir schon an mehreren Stellen dieses Buches ausreichend erörtert und brauchen darauf hier nicht noch einmal einzugehen. Auf eine Tatsache aber, die zuweilen zu Mißverständnissen Veranlassung gegeben hat, muß doch hier nochmals hingewiesen werden, nämlich darauf, daß hydrolytische Azidität von einem Boden aufgewiesen werden kann, der nach der Reaktionsermittlung noch gar nicht sauer, sondern noch deutlich alkalisch reagiert. Um diesen scheinbaren Widerspruch aufzuklären, haben wir schon oben die Aufmerksamkeit auf die Tatsache gelenkt, daß Säurewasserstoff auch in dem Dikalziumphosphat trotz seiner alkalischen Reaktion enthalten ist. Daß also auch in den zeolithischen Silikaten und den Humaten des Bodens ebenso gut trotz ihrer alkalischen Reaktion noch Säurewasserstoff enthalten sein kann, der bei der Behandlung mit einer Azetatlösung infolge des Ionenaustausches und der Fähigkeit der Azetationen, die ausgetauschten Wasserstoffionen durch Überführung in die nur wenig elektrolytisch dissoziierte Essigsäure abzufangen, zur Beobachtung gelangt, braucht kein Erstaunen auszulösen. Erst dann müßte die Erscheinung der hydrolytischen Azidität bei einem Boden ganz zum Verschwinden kommen, wenn seine zeolithischen Silikate und seine Humate restlos von Säurewasserstoff durch Behandlung mit Basen befreit wären, wenn also die Neutralisation bis zur Bildung normaler Salze geführt hat, wie das bei den Phosphaten mit der Bildung der Triphosphate geschehen ist.

Dieser Zustand der vollen Absättigung mit Basen kann im Ackerboden unter humiden Klimaverhältnissen bei den Silikaten und Humaten natürlich niemals auftreten, denn immer ist dort ja wenigstens eine Säure, nämlich die Kohlensäure, in Wirksamkeit, um das zu verhindern; nur bei den stark alkalisch reagierenden Alkaliböden der ariden Gegenden wird man vielleicht eine volle Absättigung des Bodens mit Basen antreffen können. Infolgedessen wird die Reaktionsfähigkeit des Bodens gegenüber hydrolytisch spaltbaren Salze wie den Azetaten nur hier restlos verschwinden, unter humiden Klimabedingungen wird sie aber selbst dann, wenn der Boden kohlensauren Kalk enthält, immer noch, wenn auch nur in geringem Ausmaße, bestehen bleiben. Es bleibt deshalb auch berechtigt, hier trotz alkalischer Reaktion noch von hydrolytischer Azidität zu sprechen, denn es ist auch in diesem Falle der Säurewasserstoff der Verwitterungsprodukte, der die Erscheinung bedingt.

Je größer nun die in die zeolithischen Silikate und die Humate des Bodens eingelagerten Mengen an Säurewasserstoff werden, um so mehr steigt die hydrolytische Azidität an, und um so größer muß natürlich auch die Wasserstoffionenkonzentration des Bodens werden. Zwischen der hydrolytischen Azidität eines Bodens und seiner Wasserstoffionenkonzentration müssen daher engste Beziehungen bestehen, und zwar sind diese Beziehungen derart, daß die hydrolytische Azidität uns, wie schon früher gesagt, die Gesamtmenge des vom Boden aufgenommenen Säurewasserstoffs angibt, und die Wasserstoffionenkonzentration den Teil hiervon, der in Ionenform zugegen ist. Hydrolytische Azidität ist also ein Maß für die Gesamtazidität des Bodens, die potentielle und die aktuelle, die Wasserstoffzahlen geben nur die aktuelle Azidität an. Bei dieser Bedeutung der hydrolytischen Azidität ist es aber ganz selbstverständlich, daß engste Beziehungen auch zwischen ihr und dem Kalkbedarf des Bodens vorhanden sein und daß wir in ihr ein Mittel besitzen müssen, um den Kalkbedarf eines Bodens bis zu einer beliebigen Reaktion zu erfassen. Daß das tatsächlich der Fall ist, haben wir schon im Kapitel V bei der Behandlung der hydrolytischen Azidität erfahren. Aus den Neutralisationskurven verschiedener Böden haben wir ableiten können, daß die Kalkmengen, die zur Einstellung eines Bodens auf den Neutralpunkt erforderlich sind, gerade dem dreifachen y_1-Wert entsprechen, den man bei der Bestimmung der hydrolytischen Azidität mit Hilfe von Kalziumazetat erhält. Man kann also die Kalkmenge, die einem sauren Boden einen p_H-Wert von rund 7 verleiht, in einfachster Weise aus der hydrolytischen Azidität so ermitteln, daß man den ersten Titrationswert mit dem Faktor 3 multipliziert und die so erhaltene besondere Art von hydrolytischer Gesamtazidität — nämlich der Gesamtazidität bis zum Neutralpunkt— in derselben Weise, wie das bei der Austauschazidität geschieht, auf Kalk umrechnet. Man kann darüber hinaus, wie oben ebenfalls schon dargelegt ist, auch die Kalkmengen aus der hydrolytischen Azidität ableiten, die zur Herbeiführung anderer Reaktionswerte bei sauren Böden erforderlich sind; so erhält man mit dem Faktor 4 die Kalkmenge, die den Boden zum p_H-Wert 7,5 führt, mit dem Faktor 5 die für den p_H-Wert 8,0, und mit dem Faktor 6,5 die Kalkmenge, die den Boden auf seinen natürlichen Höchstsättigungszustand bringt, den er unter humiden Klimabedingungen annehmen kann, nämlich bis zu einem p_H-Wert von etwa 8,5.

Landwirtschaftlich am wichtigsten für die Bekämpfung der Bodenversauerung ist gewiß die Tatsache, daß man aus der hydrolytischen Azidität den Kalkbedarf eines Bodens bis zum Neutralpunkt ermitteln kann; denn der Neutralpunkt ist ja die Reaktion, die, wie eingangs dieses Kapitels dargelegt ist, für den Anbau der gegen die Bodenversauerung empfindlichen Pflanzen zum mindesten auf einem Felde eingestellt werden muß. Die Erfassung dieses Punktes, die das Ziel der Kalkbedarfsbestimmung für alle besseren Böden darstellt, erreicht man mit Hilfe der hydrolytischen Azidität somit auf eine Weise, die an Einfachheit und Billigkeit wohl von keiner anderen Methode übertroffen werden kann. An Genauigkeit kann sie nur noch übertroffen werden von der elektrometrischen Neutralisation selbst, die ja für sie die Grundlage geliefert hat. Die Frage der Genauigkeit ist es aber gar nicht, die hier den Ausschlag bei der Wahl der Methoden abgeben kann; denn ob wir den sehr genauen Neutralisationswert des Bodens aus der Neutralisationskurve nach JENSEN ableiten oder aus der vielleicht etwas weniger genauen hydrolytischen Azidität, in beiden Fällen müssen wir doch einen immer sehr willkürlichen Zuschlag zu den so bestimmten Kalkmengen machen, um den Unvollkommenheiten der praktischen Anwendung der Kalkdüngung Rechnung zu tragen. Das Ziel der Neutralisation des Bodens wird man in der Praxis niemals mit einem Schlage erreichen können, selbst wenn noch genauere Untersuchungsmethoden als die elektrometrische Neutralisation zur Verfügung ständen. Diejenige Methode muß daher als die brauchbarste bezeichnet werden, die bei möglichst geringem Aufwande praktisch Ausreichendes zu leisten vermag, und als solche wird sich in Zukunft mehr und mehr die Bestimmung der hydrolytischen Azidität herausstellen.

Was im übrigen den Zuschlag angeht, den man in Anbetracht der praktisch stets mangelhaften Kalkverteilung zu der aus der hydrolytischen Azidität berechneten Kalkmenge zu geben hat, so kann man sich hier mit einer Erhöhung der Kalkmenge um ein Viertel der berechneten begnügen, denn die Kalkmengen, die sich aus der hydrolytischen Azidität ergeben, sind oft an sich schon sehr groß, stets wesentlich größer als die nach der Austauschazidität berechneten Mengen. Mit der Größe der Gaben steigt aber die Möglichkeit einer guten Verteilung im Boden, und damit kann der Sicherheitszuschlag gegenüber den kleineren Kalkmengen bei der Düngung nach der Austauschazidität vermindert werden.

Daß man den Ansprüchen einzelner in den Fruchtfolgen der besseren Böden vorkommenden Kulturpflanzen an eine etwas mehr alkalische oder saure Reaktion bei dieser Art der Düngung nach der hydrolytischen Azidität ebenfalls sehr gut Rechnung zu tragen imstande ist dadurch, daß man, wie etwa zu Rüben und Raps, die Nährstoffe in einer physiologisch-alkalischen Form verabreicht, während man beim Anbau von Hafer auf neutralisiertem besseren Boden die physiologisch-saure Düngermischung vorzieht, mag noch besonders hier hervorgehoben werden.

Unter Berücksichtigung der Einteilungsmöglichkeit der Kulturpflanzen nach ihren Reaktionsansprüchen in zwei große Klassen, die gegen die Bodenversauerung wenig empfindlichen und in die dagegen empfindlichen Pflanzen, läßt sich also die Kalkdüngung der sauren Böden auf eine sehr einfache und dabei nach allen unseren Erfahrungen vollständig ausreichende Formel bringen:

1. Düngung der für den Anbau der wenig empfindlichen Kulturpflanzen vornehmlich in Frage kommenden leichten Böden nach der Austauschazidität unter Benutzung der mit dem Faktor 3,5 errechneten oder der aus der DAIKUHARA-schen Formel bestimmten genaueren Gesamtazidität; praktisch anzuwenden ist das Anderthalbfache der so berechneten Kalkmenge. Das Ziel, das erreicht werden soll, ist die ungefähre Beseitigung der Austauschazidität und damit die Einstellung einer Reaktionszahl von rund 6.

2. Düngung zu den gewöhnlich auf den besseren Böden angebauten empfindlicheren Kulturpflanzen nach der hydrolytischen Azidität des Bodens unter Benutzung des Faktors 3. Angewendet wird in der Praxis das Einundeinviertelfache der so berechneten Kalkmenge. Das Ziel, das erreicht werden soll, ist die Einstellung einer Reaktionszahl von ungefähr 7. Nach der alkalischen oder nach der sauren Seite hin läßt sich, wo erforderlich, diese Art der Düngung durch Verwendung physiologisch-alkalischer oder physiologisch-saurer Düngemittel beeinflussen.

Zu diesen beiden Methoden der Bestimmung der Austauschazidität und der der hydrolytischen Azidität hat als Ergänzung stets die Bestimmung der Bodenreaktion zu treten, denn man muß besonders für die Ermittlung der Kalkmenge nach der hydrolytischen Azidität vorher wissen, ob überhaupt die Verschiebung der Reaktion bis zum Neutralpunkt in Frage kommt, oder ob der Neutralpunkt bereits erreicht ist, ebenso für die Kalkermittlung nach der Austauschazidität, ob der Boden von der angestrebten Reaktion von p_H 6 wesentlich entfernt ist. Man kann zur weiteren Vervollständigung auch noch die absolute Neutralisation nach der im Kapitel VIII dargelegten Methode bestimmen, die uns bekanntlich den Wert S von HISSINK vermittelt. Da die hydrolytische Azidität (y_1), mit dem Faktor 6,5 multipliziert, uns die Kalkmenge zur Einstellung des Bodens auf eine natürliche Höchstsättigungsreaktion von 8,5 angibt, können wir dann auch noch leicht zur weiteren Charakterisierung des Bodens seinen Sättigungsgrad ermitteln und haben damit alles Wesentliche in der Hand, um den Versauerungsgrad eines Bodens zu kennzeichnen und die zur Beseitigung der Bodenversauerung nötige Kalkmenge zu berechnen.

b) Die Anwendung der Kalkdünger in der Praxis.

Die Methoden der praktischen Kalkanwendung im allgemeinen zu erörtern, kann nicht als Ziel und Zweck des vorliegenden Buches betrachtet werden; nur auf einige besondere Punkte, die gerade für die Kalkdüngung der sauren Böden von ganz besonderer Bedeutung sind, soll noch näher eingegangen werden. An erster Stelle steht hier nun, das ging schon aus den Ausführungen zu den

Methoden hervor, die Frage der Verteilung des Kalkes im Boden. Soll der dem Boden einverleibte Kalk seine Schuldigkeit tun, so muß er so gleichmäßig wie möglich im Boden verteilt werden. Diese gründliche Verteilung ist es aber noch keineswegs, die den Erfolg der Kalkung auf sauren Böden garantiert, sondern als Vorbedingung tritt hinzu, daß der Kalk sich auch in einem ausreichenden Feinheitszustande befindet. Nur dann, wenn diese beiden Bedingungen zugleich erfüllt sind, kann man erwarten, daß durch den Kalk die beabsichtigte Wirkung auf den Versauerungszustand des Bodens erzielt wird. Nicht zu vernachlässigen ist aber weiter die Tatsache, daß bei zu grober Mahlung auch noch die physikalische Beschaffenheit des Kalkes, ob kristallinisch und hart oder ob amorph und weicherdig, eine große Rolle spielen kann. Alle diese Abhängigkeiten sind eigentlich ganz selbstverständlicher Art, sie sind stets schon von allen, die über die Kalkdüngung geschrieben haben, betont worden, denn sie gelten auch für die Kalkdüngung der neutralen und alkalisch reagierenden Böden. Nirgends tritt aber die Bedeutung dieser Faktoren so scharf in die Erscheinung wie bei der Kalkdüngung der sauren Böden, und nirgends sind diese Faktoren so ausschlaggebend für den Erfolg wie hier. Es rechtfertigt sich daher doch, wenn wir diese Dinge für die sauren Böden noch durch die Angabe einiger Versuchsresultate belegen. Experimentelle Untersuchungen zu diesen Fragen sind in Deutschland besonders von HAGER[1], von AYMANS[2], MANSHARD[3] und von HAASTERT[4] ausgeführt worden; auch von amerikanischer Seite liegt eine Reihe von hierher gehörigen Untersuchungen vor. Wir halten uns im folgenden in der Hauptsache an die in unserem Institut durchgeführten Untersuchungen von AYMANS und von HAASTERT.

Ganz klar geht schon aus den Untersuchungen von AYMANS hervor, daß sowohl die Seiten- als auch die Tiefenwirkung des Kalkes im Boden äußerst gering ist. Um die Seitenwirkung des Kalkes zu erfassen, verfuhr AYMANS so, daß er in einem Vegetationsgefäß einen austauschsauren Boden in zwei Schichten nebeneinander einfüllte unter Benutzung einer Scheidewand, die nach dem Füllen entfernt werden konnte. Die eine Bodenschicht erhielt bei diesen Versuchen keinen Kalk, die andere so viel, daß sie deutlich alkalisch reagierte. Die so beschickten Gefäße blieben mit einem Wasserzusatz von 60 % der vollen Kapazität des Bodens einige Zeit stehen, und es wurde dann der ungedüngte Boden in zwei vertikalen Streifen, die dem gedüngten Boden parallel liefen, aus den Gefäßen herausgenommen und auf die noch vorhandene Austauschazidität untersucht. Es ergaben sich dabei die folgenden Werte:

In der dem alkalischen Boden direkt anliegenden Schicht . . . . . . 9,35 ccm (y_1)
In der entfernteren Schicht . . . . 9,50 ,,
In dem ursprünglichen Boden . . . . 9,70 ,,

Von dem bis zur alkalischen Reaktion mit Kalk gedüngten Boden war hiernach keine nennenswerte Einwirkung auf den ihm direkt anliegenden sauren Boden ausgegangen, die Austauschazidität war in einem nur ganz unbedeutenden Grade verringert, die Seitenwirkung des Kalkes von dem überschüssig gedüngten Boden aus war also nur äußerst gering gewesen.

Zur Feststellung der Tiefenwirkung wurden 32 cm hohe Glaszylinder benutzt, die mit 300 g Boden gefüllt wurden, der in der oberen Hälfte der Gefäße mit verschiedenen Kalksorten in verschiedenen Körnungen versetzt war. Bei 60 % der vollen Wasserkapazität blieben die Gefäße 14 Tage lang stehen und wurden dann mit 1000 ccm Wasser durchsickert, um den Einfluß des lösenden

[1] HAGER, G., u. J. KERN: Journal f. Landwirtschaft 64, 325.
[2] AYMANS, TH.: Dissert., Bonn-Poppelsdorf 1924.
[3] MANSHARD, E.: Z. Pflanzenernährg u. Düngg A 7, 31.
[4] HAASTERT, H.: Ebenda A 9, 265.

Regenwassers nachzuahmen. Die beiden Bodenschichten in den Sickergefäßen waren zur Verhinderung einer mechanischen Vermischung durch ein Blatt Filtrierpapier voneinander getrennt. Nach Beendigung des Versuches wurde an dem lufttrocken gemachten Boden der getrennt entnommenen oberen und unteren

Korngröße	Azidität der		Azidität der	
	oberen Schicht	unteren Schicht	oberen Schicht	unteren Schicht
mm	ccm	ccm	ccm	ccm
	Kreide von Rügen		Kristalliner Kalk	
0,5	0,2	8,0	0,2	9,9
0,5—1,0	0,3	9,4	5,9	11,0
1,0—2,0	0,3	9,6	8,3	11,0
	Dolomitischer Kalk		Kalkmergel	
0,5	0,3	9,8	0,2	9,4
0,5—1,0	6,0	11,0	0,6	10,3
1,0—2,0	8,4	10,8	3,9	10,3
	Branntkalk		Gelöschter Kalk	
0,5	0,2	8,4	0,3	8,9

Schichten die Austauschazidität bestimmt. Die Ergebnisse enthält die nebenstehende Tabelle.

Die 11,5 ccm für y_1 betragende Austauschazidität des zum Versuch benutzten Bodens ist durch die nach DAIKUHARA bemessene Kalkabgabe in der feinsten Körnung in der oberen Erdschicht in gleichmäßiger Weise durch alle Kalksorten beseitigt worden. In die untere Schicht ist die Neutralisationswirkung des Kalkes aber nur sehr wenig eingedrungen, bei der Rügenschen Kreide und dem Brannt- und Ätzkalk etwas besser zwar, entsprechend der größeren Feinheit; in allen Fällen aber doch so wenig, daß man selbst bei der feinsten von uns angewandten Körnung nur von einer sehr bescheidenen Tiefenwirkung des Kalkes sprechen kann. Im übrigen zeigen diese Versuche auch, daß die Wirkung des Kalkes stark von der Korngröße abhängig ist, und zwar bei den verschiedenen Kalksorten in etwas verschiedener Weise. Bei der Rügenschen Kreide ist die Körnung am wenigsten von Bedeutung für die Neutralisationswirkung gewesen, man kann hier fast von einer Unabhängigkeit von der Korngröße sprechen, und das wird verständlich, wenn man daran denkt, daß die Kreide nur lockere Krümel bildet, und daß diese bei der Vermischung mit dem Boden, die natürlich bei diesen Versuchen sehr gründlich vorgenommen werden mußte, zu einem ziemlich gleichmäßigen Zerfall kamen. Ähnliches mag auch bei der guten Neutralisationswirkung der verschiedenen durch Absieben hergestellten Korngrößen beim Kalkmergel vorgelegen haben. Wo aber ein solcher Zerfall der Körner infolge ihrer Härte nicht in Betracht kam, wie bei dem kristallinen Kalk und dem harten dolomitischen Kalk, da ist auch die Neutralisation in der oberen Schicht mit zunehmender Korngröße immer schlechter geworden. Außer der schlechten Tiefenwirkung belegt der vorliegende Versuch also noch die Abhängigkeit der Neutralisationswirkung des Kalkes von der Korngröße. Daß die Tiefenwirkung aller Kalksorten in gleichmäßiger Weise so schlecht ist, hängt natürlich mit der Tatsache zusammen, daß der Kalk gleich an Ort und Stelle, wo er mit den sauren Bodenteilchen in Berührung kommt, auch festgehalten wird. Es verhält sich mit der Einwirkung des Kalkes und sicherlich auch anderer Neutralisationsmittel auf sauren Böden geradeso wie mit der Einwirkung einer Säure auf einen neutralen oder alkalischen Boden, wobei die Säure restlos in den obersten Bodenschichten gebunden wird, also auch nur eine äußerst geringe Tiefenwirkung entfalten kann. Die Ergebnisse unserer Versuche über die Tiefenwirkung des Kalkes auf sauren Böden erfahren eine erfreuliche Bestätigung durch die neuerdings von P. R. NELSON[1] mitgeteilten Ergebnisse der Dauerdüngungsversuche auf Weideland von saurer Beschaffenheit. Die Parzellen hatten 1921 eine Kalkdüngung

---

[1] NELSON, P. R.: Soil Sci. **27**, 142.

von 2400 pounds per acre erhalten und wurden im Jahre 1927 in verschiedenen Tiefen auf ihre Azidität untersucht. Zugleich hatten die Parzellen eine regelmäßige Düngung mit Kaliumchlorid, mit Superphosphat und mit Gips erhalten und waren z. T. auch ganz ohne Düngung mit Ausnahme der Kalkdüngung verblieben. Durchaus überzeugend weisen diese Versuche nach, daß die Kalkwirkung sich nur auf die obersten Schichten des Bodens bis etwa zu einer Tiefe von ca. 6 Zoll bemerkbar macht, in größeren Tiefen waren weder in den p_H-Zahlen noch in den prozentischen Gehalten an Kalk nennenswerte Auswirkungen der oberflächlich gegebenen Kalkdüngung zu erkennen. Es zeigen diese Versuche weiterhin, was hier noch nebenbei vermerkt sein möge, daß auch die jahrelang fortgesetzte Düngung mit Kaliumchlorid und Superphosphat keine versauernde Wirkung auf den Boden ausgeübt hatte. Für die Kaliumchlorid- und die Superphosphatparzelle seien die Befunde von NELSON hier einzeln aufgeführt:

| Tiefe der Bodenschicht | Kaliumchloridparzelle | | | | Superphosphatparzelle | | | |
| | gekalkt | | ungekalkt | | gekalkt | | ungekalkt | |
Zoll	CaO %	p_H	CaO %	p_H	CaO %	p_H	CaO %	p_H
0— 3	0,580	5,70	0,440	4,82	0,623	5,68	0,447	4,99
3— 6	0,425	5,02	0,420	4,81	0,405	4,95	0,438	4,82
6— 9	0,458	4,82	0,474	4,82	0,403	4,94	0,424	4,85
9—12	0,460	4,85	0,458	4,86	0,427	5,02	0,425	4,92

Weitere Belege zu der Frage der Abhängigkeit der neutralisierenden Wirkung von der verschiedenen Mahlfeinheit des Kalkes liefern dann noch die Untersuchungen von HAASTERT an Böden, die Vegetationsversuchen entstammten. Die folgende Zusammenstellung läßt deutlich erkennen, wie stark die Neutralisation des Bodens und damit die Erträge des als Versuchspflanze benutzten Senfes von der Mahlfeinheit des angewandten Kalkes abhängig waren:

| Mahlfeinheit | Kalkform: Kreide | | Kalkform: kristalliner Kalk | |
Durchmesser mm	Ertrag an Senf Trockensubstanz g	Austauschazidität y_1 ccm	Ertrag an Senf Trockensubstanz g	Austauschazidität y_1 ccm
bis 0,2	2,48	0,3	2,41	0,6
0,2—1	1,29	0,9	0,32	4,8
1—2	0,53	3,5	0,18	7,6
2—3	0,28	6,4	0,13	8,8
3—5	0,19	7,7	0,08	9,6

Man sieht, daß die Neutralisationswirkung des Kalkes auch noch nach drei Monate langer Berührung mit dem Boden um so unvollständiger war, je gröber die Körnung des Kalkes war, und man erkennt ferner, daß diese lange Berührungszeit nicht dazu geführt hat, die Verschiedenheit in der Wirkung der Kreide und des kristallinen Kalkes auszugleichen. Je feiner die Mahlung ist, desto geringer werden allerdings die Verschiedenheiten zwischen den beiden Kalkformen, wie die Aziditätswerte und die Senferträge zeigen, und bei gleicher Mahlfeinheit mag wohl noch die Geschwindigkeit des Neutralisationsverlaufes verschieden ausfallen, die Endwirkung dagegen wird bei verschiedenen Kalkformen gleich sein.

Mahlfeinheit und Verteilung des Kalkes im Boden sind also die beiden Hauptfaktoren, von denen die Neutralisationswirkung des Kalkes abhängig ist. Was die Verteilung bedeutet, sei noch an einem anderen Versuch von HAASTERT, ebenfalls einem Vegetationsversuch, bei dem also die Bestimmungen der Azidität erst nach monatelanger Einwirkung des Kalkes auf den Boden ausgeführt wurden, dargelegt. Der Versuchsboden war ein sandiger Lehmboden, der eine Austausch-azidität von rund 12 ccm (y_1) besaß. Der Kalk war als reiner gefällter kohlensaurer Kalk gegeben und war in einem Falle gleichmäßig durch den ganzen Inhalt der Vegetationsgefäße verteilt, im anderen Falle gleichmäßig mit dem Boden nur bis auf 5 cm Tiefe vermischt. Zur Untersuchung wurde der Boden in vier gleich hohen Schichten aus den Gefäßen entnommen und auf seinen Aziditäts-zustand untersucht. Es ergaben sich die in der folgenden Tabelle zusammen-gestellten Werte:

Art der Kalkverteilung	Bodenschicht	Aziditätswerte nach Beendigung des Versuches		
		Austausch-azidität	Hydrolytische Azidität	p_H-Werte
Gleichmäßig durch den ganzen Boden	1	0,4	16,3	5,27
	2	0,4	16,4	5,23
	3	0,4	15,6	5,04
	4	0,4	16,7	5,03
Gleichmäßig in der Oberfläche	1	0,1	6,1	6,27
	2	9,0	35,0	4,05
	3	11,2	37,9	3,72
	4	11,0	37,6	3,73

Wenn man sieht, daß bei diesem Versuch die Verteilung des Kalkes in der Oberflächenschicht auch nur hier zu einer wirklichen Neutralisation des Bodens geführt hat, und daß die direkt folgende tiefere Schicht nur unwesentlich in ihrem Aziditätszustand geändert ist, so braucht man sich nicht darüber zu wundern, wenn in der Praxis die Kalkung eines sauren Bodens nicht gleich den gewünschten Erfolg mit sich bringt. Besonders bei den empfindlicheren Kulturpflanzen kann, wie HASENBÄUMER nachweisen konnte, der Fall vorkommen, daß trotz ausreichender Kalkmenge und trotz praktisch vorzüglichster Verteilungsarbeit dennoch die Bodenneutralisation zunächst unvollständig bleibt, und daß als Folge davon noch Pflanzenschädigungen oder wenigstens Ernteverminderungen auftreten. Vor der Bestellung wurde z. B. nach HASENBÄUMERS Angaben ein saurer Boden, der Rüben tragen sollte und mit 60 dz Branntkalk je Hektar versehen war, viermal geeggt, zweimal mit dem Dreischar und einmal mit dem Pflug bearbeitet, und dennoch war, nach dem Stande der Rüben beurteilt, die Versauerung noch nicht genügend beseitigt. Es mußte vielmehr nochmals mit 40 dz/ha Branntkalk gedüngt und darauf wiederum viermal geeggt und zweimal kultiviert werden, damit die Versauerung restlos beseitigt war. Die zur Neutralisation aus der hydrolytischen Azidität berechnete Menge an Branntkalk betrug dabei nur ca. 53 dz/ha. Bei einem anderen Versuch HASENBÄUMERS mit einem gut ausgeglichenen Lößlehmboden der Soester Börde waren zur Erreichung desselben Reaktionszustandes, der im Laboratorium mit 10 dz/ha Branntkalk erzielt wurde, 20 dz Branntkalk auf dem Felde erforderlich.

Alle im vorstehenden angegebenen Versuche zeigen eindringlich, welche Aufmerksamkeit man bei der Entsäuerung der Böden der Mahlfeinheit und der Vermischung des Kalkes mit dem Boden zuwenden muß, wenn man einen möglichst großen Erfolg aus der Kalkung ziehen will. Man muß aber auch noch ein anderes Moment berücksichtigen, und das ist die Tatsache des bei Verwendung von kohlensaurem Kalk verhältnismäßig langsamen Ablaufes der Neutralisationsreaktion. Wir haben über die Geschwindigkeit dieses Vorganges eine ganze Reihe von Versuchen angeführt, indem wir sauren Böden gefällten kohlensauren Kalk zusetzten und nun analytisch mit Hilfe der SCHEIBLERschen Apparatur zur Kohlensäurebestimmung verfolgten, wieviel von diesem kohlensauren Kalk zu verschiedenen Zeiten noch unzersetzt vorhanden war. Für zwei austauschsaure Böden, einen Lehmboden mit 7,0 ccm und einen humosen Sandboden mit 10,4 ccm Austauschazidität (y_1) sind die Zersetzungskurven in dem folgenden Bilde 34 aufgezeichnet.

Der Kalkzusatz bei diesen beiden Versuchen betrug das Dreifache der zur Beseitigung der Austauschazidität nach DAIKUHARA erforderlichen Menge. Die davon umgesetzten Anteile in Milligrammen sind auf der Ordinate und die Zeiten auf der Abszisse aufgetragen. Durch der Abszisse parallel gezogene punktierte Linien sind die dreifachen, die zweifachen und die einfachen nach DAIKUHARA zur Beseitigung der Austauschazidität nötigen Kalkmengen noch besonders in der Zeichnung hervorgehoben. Die gestrichelten Kurven zeigen den Verlauf der Kalkzersetzung und damit also der Neutralisation des Bodens nach Stunden, die durchgezogenen Kurven die Geschwindigkeit der Kalkzersetzung in Tagen an. Beide Kurvenarten geben nun zu erkennen, daß zunächst die Zersetzung des kohlensauren Kalkes mit großer Geschwindigkeit verläuft. Beim Lehmboden dauert es kaum eine Stunde, bei dem stärker sauren Sandboden kaum eine Viertelstunde, bis die einfache, nach DAIKUHARA berechnete Kalkgabe zersetzt und damit die Austauschazidität beseitigt ist. Dann verlangsamt sich in beiden Fällen die Umsetzungsgeschwindigkeit; um eine Verdoppelung des Umsatzes zu erreichen, sind bei dem Sandboden 10 weitere Stunden erforderlich, bei dem Lehmboden sogar fast dreieinhalb Tage. Die weitere Umsetzung verläuft immer langsamer, so daß die Kurven, die die Umsetzungszeit nach Tagen angeben, sich mehr und mehr verflachen. Selbst nach 30 Tagen ist die zugefügte Menge des kohlensauren Kalkes noch nicht restlos zersetzt, und aus dem Verlauf der Kurven kann geschlossen werden, daß noch eine große Reihe von Tagen erforderlich ist, um die Umsetzung vollständig zu machen. Man kann aus diesen Versuchen die praktisch nicht unwichtige Schlußfolgerung ziehen, daß nur die Austauschazidität — gute Mischung des Bodens mit dem Kalk vorausgesetzt — mit großer Schnelligkeit zum Verschwinden gebracht wird, daß aber die reine hydrolytische Azidität zu ihrer Beseitigung einer viel längeren Zeit bedarf. Wenn wir uns in p_H-Werten ausdrücken wollen, können wir natürlich auch sagen, daß die Neutralisation des Bodens bis zur Reaktion von ungefähr 6 ein sehr schnell verlaufender Vorgang ist, daß dagegen die weitere Neutralisation bis zum Neutralpunkt längere Zeiten erforderlich macht. Aus der hydrolytischen Azidität der beiden Böden, die für den Lehmboden 17,1 und für den humosen Sandboden 31,3 ccm (y_1) ausmacht, können wir nun die zur Neutralisation der Böden erforderliche Kalkmenge leicht berechnen und finden dabei, daß der Lehmboden — berechnet auf 25 g Boden, die auch bei den Versuchen zur Konstruktion der Zersetzungskurven benutzt wurden — 64 mg an kohlensaurem Kalk erfordert, der humose Sandboden 116,1 mg. Diese Werte liegen auf den Kurven dort, wo die starke Verflachung, also die starke Abnahme der Zersetzung des kohlensauren Kalkes eintritt. Beim Lehmboden wird dieser Punkt erreicht nach rund $4^1/_2$ Tagen, bei dem stärker

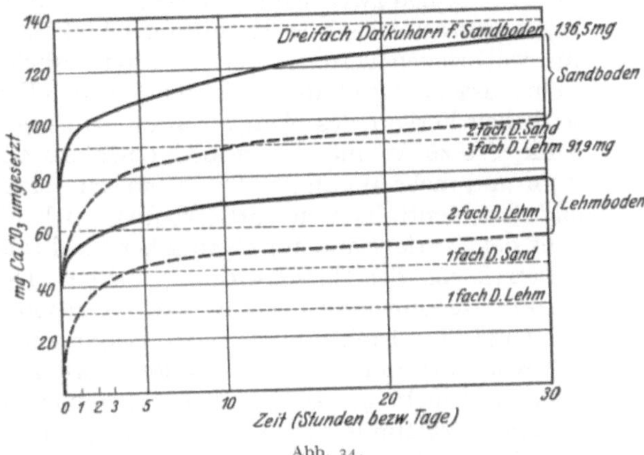

Abb. 34.

sauren und dabei humosen Sandboden dagegen erst nach etwa 10 Tagen. Bei allerbester Mischung der miteinander reagierenden Stoffe gelingt es also erst nach einer ganzen Reihe von Tagen, die Neutralisation mit kohlensaurem Kalk zu bewirken. Denkt man an die stets schlechte Verteilung des Kalkes im Felde und seine verhältnismäßig grobe Beschaffenheit, so wird man damit rechnen müssen, daß die Zeit bis zur Neutralisation dort unter allen Umständen noch mehrfach größer ist. Natürlich wird bezüglich der zur Neutralisation erforderlichen Zeit ein Unterschied zwischen den Kalkformen bestehen, insofern als der viel leichter im Bodenwasser lösliche Brannt- oder Ätzkalk auch eine schnellere Neutralisation zuwege bringen wird als der schwerer lösliche kohlensaure Kalk. Auch bei der Neutralisation durch diese leichter löslichen Kalkformen aber wird man denselben zeitlichen Verlauf des Neutralisationsvorganges antreffen wie beim kohlensauren Kalk, also zu Anfang eine große Neutralisationsgeschwindigkeit, die mit der Zeit mehr und mehr abnimmt. Die chemische Reaktion zwischen dem sauren Boden und dem Neutralisationsmittel schließt sich nach diesen Feststellungen voll und ganz dem Verlauf anderer chemischer Reaktionen an, die unter dem Einfluß des Gesetzes von der Massenwirkung stehen. Dieses Gesetz sagt ja bezüglich der Reaktionsgeschwindigkeit aus, daß sie in jedem Augenblicke der Reaktion proportional der Konzentration der reagierenden Stoffe in der Volumeinheit ist. Die Konzentration der reagierenden Stoffe nimmt aber im Verlauf der Reaktion mehr und mehr ab, so daß als Folge davon eine fortlaufende Verlangsamung des Prozesses stattfinden muß. Genau dasselbe ist auch bei unserer Neutralisationsreaktion der Fall. Die Menge des zugesetzten kohlensauren Kalkes wird dadurch dauernd verringert, daß er vom sauren Boden zersetzt wird, gleichzeitig nimmt die Menge der zersetzend wirkenden Stoffe infolge ihrer Neutralisation durch den Kalk ebenfalls fortwährend ab. Es muß also zu einer mehr und mehr zunehmenden Verlangsamung der Zersetzung des kohlensauren Kalkes und damit der Neutralisation des Bodens kommen, und daß sich das besonders vom Neutralpunkt ab stark bemerkbar macht, ist leicht erklärlich. Die Neutralisation müßte man nun dadurch auch beschleunigen können, daß man einen Überschuß von Kalk auf den Boden zur Einwirkung bringt, geradeso wie man den Ablauf einer chemischen Reaktion durch Verstärkung der Konzentration der reagierenden Stoffe beschleunigen kann. In unserem Falle, bei denselben beiden Böden, haben wir einen Versuch zu dieser Frage durchgeführt, der uns zeigt, daß bei Erhöhung der Kalkgabe von der dreifachen bis auf die vierfache der nach DAIKUHARA berechneten zwar noch eine kleine Steigerung der Zersetzung des Karbonates zu erkennen war, daß dann aber eine weitere Steigerung des Kalkzusatzes die Reaktion nicht mehr begünstigte. Die nach zwei Tagen zersetzten Kalkmengen betrugen:

<pre>
bei dreifacher Kalkgabe: Lehmboden 58 mg,   Sandboden 103 mg
 ,, vierfacher   ,,   ,,   64 ,, ,   ,,   121 ,,
 ,, achtfacher   ,,   ,,   64 ,, ,   ,,   123 ,, .
</pre>

Die Verdoppelung der Kalkgabe von der vierfachen auf die achtfache DAIKUHARA-Gabe hat also keine weitere Steigerung des Umsatzes nach zwei Tagen mehr zustande gebracht. Das wird verständlich, wenn man an die zur Einstellung einer neutralen Reaktion erforderlichen Kalkmenge denkt. Auf 25 g Boden bedurfte der Lehmboden, wie oben schon gesagt, genau 64,1 mg reinen kohlensauren Kalk, der humose Sandboden 116,1 mg. Nach Zusatz der vierfachen Kalkgabe hatten also beide Böden bereits den Neutralpunkt erreicht, und daß nun zwischen dem neutral gewordenen Boden und dem kohlensauren Kalk, der noch im Überschuß vorhanden war, sich der weitere Umsatz sehr langsam vollziehen muß, ist chemisch durchaus verständlich und geht deutlich aus den Zersetzungskurven hervor. Es sei bei dieser Gelegenheit übrigens darauf hingewiesen, daß das hier benutzte Verfahren — Zusatz von überschüssigem kohlensauren Kalk zum sauren Boden und Feststellung der nach zwei Tagen davon umgesetzten Menge — uns aller Wahrscheinlichkeit nach ein weiteres, sehr einfach durchzuführendes Verfahren abgeben würde, um die zur Neutralisation eines Bodens erforderliche Kalkmenge zu bestimmen. Besonders einfach würde dieses Verfahren dadurch sein, daß die Bestimmung des nicht zersetzten Kalkes schnell und ausreichend zuverlässig sich mit Hilfe des Kohlensäure-Bestimmungsapparates von SCHEIBLER volumetrisch ausführen ließe. Wir haben aber zur Erreichung desselben Zieles schon so viele Verfahren zur Verfügung, daß kein besonderer Wert mehr auf die Ausarbeitung einer weiteren Methode gelegt zu werden braucht.

Ein anderer Faktor, der den Vorgang der Neutralisation des sauren Bodens durch kohlensauren Kalk sehr stark beeinflußt, ist dann, ebenfalls nach den Untersuchungen von HAASTERT, die Menge der im Boden enthaltenen Feuchtigkeit. In lufttrockenem Boden war nach diesen Untersuchungen die Zersetzung des kohlensauren Kalkes so gut wie ganz unterbunden, bei einem Wassergehalt von 25% der vollen Wasserkapazität stieg die Zersetzung aber schon auf ihr Maximum an, hielt sich dann bis zu einem Wassergehalt von 50% der Wasserkapazität auf gleicher Höhe, um mit steigendem Wassergehalt wieder abzufallen. Die Kurven im folgenden Bilde 35 zeigen dieses Verhalten für die beiden oben gebrauchten Böden recht deutlich. Die auf der Ordinate eingetragenen Kalkzusätze beziehen sich auch hier wieder auf 25 g der verwendeten Bodenarten und geben die nach 48 Stunden von den Böden gebundenen Mengen CaCO₃ an.

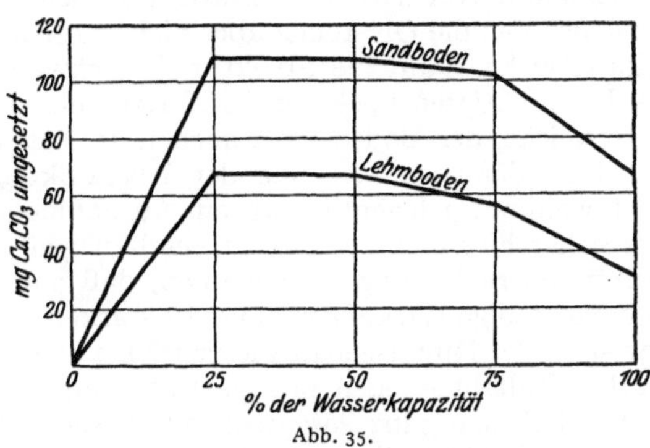

Abb. 35.

Diese Abhängigkeit des Umsatzes vom Wassergehalt des Bodens wird sicherlich zuweilen dazu beitragen können, die an sich schon infolge der schlechten Verteilung langsam verlaufende Neutralisation des Bodens noch länger aufzuhalten, besonders dann, wenn der Kalk nur mangelhaft mit der leicht austrocknenden Oberkrume des Bodens vermischt war.

Alle angeführten Behinderungsmöglichkeiten des Kalkumsatzes im Ackerboden, besonders natürlich die Unmöglichkeit einer ausreichenden mechanischen Verteilung des Kalkes durch die ganze Ackerkrume, wirken zusammen dahin, eine schnelle Beseitigung der einmal eingerissenen Bodenversauerung zu unterbinden. Was in jahrelanger Vernachlässigung der wichtigsten Gesetze einer rationellen Bodenpflege versäumt ist, läßt sich also nicht im Handumdrehen wieder gutmachen, es bedarf vielmehr eines großen Aufwandes an Arbeit, um erst allmählich den Boden wieder auf einen für den erfolgreichen Anbau der Kulturpflanzen wünschenswerten Stand der Reaktion zurückzuführen. Wohl mancher Landwirt würde, wenn er diese Schwierigkeiten vorher gekannt hätte, durch leicht auszuführende regelmäßige, kleinere Kalkgaben dem Auftreten der Bodenversauerung vorgebeugt haben. Er würde das um so eher getan haben, wenn ihm klar gewesen wäre, daß die Bodenversauerung nicht nur als solche durch Schaffung einer dem Pflanzenwachstum weniger zusagenden Bodenreaktion seine Ernten nachteilig beeinflußt, sondern auch durch ihren unheilvollen Einfluß auf die Ausnutzung gewisser Düngemittel den Schaden, der in der ungünstigen Reaktionsverschiebung liegt, noch wesentlich verstärkt. Auf diesen Gegenstand von großer praktischer Bedeutung soll gleich noch näher eingegangen werden. Hier ist noch im Anschluß an die Frage der Beseitigung der Bodenversauerung durch die Kalkung von den Folgen einer etwaigen zu starken Kalkanwendung, einer Überkalkung, zu reden.

c) Die Überkalkung des Bodens.

Die Gefahr, die eine zu starke Anwendung von Kalk mit sich bringt, ist erfahrungsgemäß nicht für alle Bodenarten gleich groß. Nach dem verhältnismäßig dürftigen Tatsachenmaterial, das uns zur Beurteilung dieser Frage zur Verfügung steht, sind es besonders die humosen leichten Böden, auf denen nach zu starker Kalkanwendung Schädigungen des Pflanzenwuches beobachtet worden sind. Zwar hat man auch auf schweren Böden nach Anwendung starker Düngungen mit Brannt- oder Ätzkalk die Beobachtung gemacht, daß diese Böden darauf keineswegs immer günstig, wie man erwarten sollte, reagieren, sondern daß statt einer Verbesserung eine jahrelang fortwirkende Verschlechterung ihrer physikalischen Beschaffenheit eintrat. Diese ungünstige Wirkung einer zu starken Kalkung erklärt EHRENBERG[1] durch die peptisierende Wirkung der vom Brannt- und Ätzkalk gelieferten OH-Ionen. Gewöhnlich werden diese OH-Ionen im Boden schnell dadurch beseitigt, daß sich aus dem Kalziumhydroxyd Bikarbonat bildet, worauf dann die fällende Wirkung der Kalziumionen in die Erscheinung treten kann. Auf schweren untätigen Böden, die nur wenig Kohlendioxyd liefern, verschwinden die OH-Ionen aber nicht so schnell, daß sie nicht vorher ihre nachteilige Wirkung auf die Struktur des schweren Bodens ausgeübt hätten. Statt der beabsichtigten Lockerung und Krümelung des Bodens wird dann das Gegenteil erreicht, der Boden wird noch fester, als er vorher war.

Eine derartige Wirkung der Überkalkung auf schweren Böden wird aber doch wohl nur gelegentlich als ein Ausnahmefall beobachtet werden und braucht uns daher hier nicht weiter zu beschäftigen. Häufiger scheint der andere Fall praktische Bedeutung zu gewinnen, daß nämlich auf humosen, leichten Böden sich nachteilige Wirkungen einer zu starken Kalkung bemerkbar machen. Offenbar steht der Humusgehalt dieser Böden hier mit den nachteiligen Wirkungen zu starker Kalkdüngungen in engem Zusammenhang. Beweisend dafür ist die Tatsache, daß man ganz entsprechende Erscheinungen auch auf den reinen Humusböden nach Überkalkung beobachten kann. FLEISCHER, TACKE und seine Mitarbeiter haben solche schädlichen Wirkungen hoher Kalkgaben auf Moorböden beobachtet und studiert, auf leichten humosen Sandböden sind sie von SALFELD angetroffen worden.

In besonders ausgedehntem Umfange sind solche Schädigungen auf den humosen Sandböden Hollands beobachtet worden. Die ursprünglich sauer reagierenden Böden waren jahrelang alkalisch gedüngt worden unter Verwendung von Kalk, Thomasmehl und Chilesalpeter, und während vorher die Pflanzen auf diesen Böden unter der Bodenversauerung gelitten hatten — der von HUDIG der Name der HOOGHALENschen Bodenkrankheit beigelegt wurde — traten infolge der zu weit gegangenen Entsäuerung erneut Pflanzenschädigungen ein, die sich besonders deutlich beim Anbau von Hafer äußerten und daher den Namen der *moorkolonialen Haferkrankheit* erhielten. Diese moorkoloniale Haferkrankheit stimmt vollständig überein mit der in Deutschland als *Dörrfleckenkrankheit* des Hafers bezeichneten Erscheinung; sie beschränkt sich aber keineswegs auf den Hafer, auch andere Kulturpflanzen, die auf solchen zu

---

[1] EHRENBERG, P.: Die Bodenkolloide, S. 573. 1922.

stark gekalkten Böden angebaut werden, leiden in ähnlicher Weise wie der Hafer unter ihr. In neuester Zeit hat man diese Krankheit auch bei Kalkungsversuchen auf leichten humosen Böden in Westfalen vorgefunden, worüber HASENBÄUMER und seine Mitarbeiter berichten. Bei den auf dem Versuchsgut Sprakel ausgeführten Versuchen waren zwei Felder mit so viel Kalk gedüngt worden, daß die Reaktion bei dem einen gerade neutral — $p_H = 7{,}02$ — und bei dem anderen schon stärker alkalisch war, p_H größer als 7,50. In beiden Fällen wurden die bekannten charakteristischen Erscheinungen bei Überdüngung mit Kalk, das Auftreten der Dörrfleckenkrankheit an dem angebauten Hafer und das Auftreten von starkem Schorf bei den Kartoffeln, beobachtet; auf dem alkalisch reagierenden Boden zeigten sich aber auch Schädigungen des Graswuchses, die sich durch Gelbwerden der Blätter und allmähliches Vergehen des Grases äußerten. Solche und ähnliche Beobachtungen sind so oft gemacht worden, daß es überflüssig scheint, noch weitere Beispiele dafür zusammenzutragen; wohl aber dürfte es nötig sein, nach den Ursachen der nachteiligen Veränderungen zu fragen, die unter dem Einfluß solcher starker Kalkungen auf den humosen Böden auftreten.

Besonders haben sich ABERSON[1] und HUDIG[2] mit den Ursachen der Erscheinung beschäftigt. Auf Grund der Untersuchungen dieser Forscher kann nun heute wohl als gesichert betrachtet werden, daß die Bodenreaktion als solche nicht die eigentliche Ursache der schädlichen Veränderungen der Humusböden ist, sondern daß andersartige chemische Umsetzungen, die im Gefolge der zu weitgehenden Beseitigung der sauren Reaktion der Böden auftreten, das Ausschlaggebende sind. Man weiß ja längst, daß durch die Kalkzufuhr zu den humosen, sauren Böden das in ihnen darniederliegende Mikroorganismenleben stark gefördert wird, und daß als Folge davon ein bedeutender chemischer Abbau der organischen Stoffe, die bei saurer Reaktion der mikrobiellen Zersetzung langsamer unterliegen, einsetzt, leicht erkennbar an der Steigerung der CO_2-Produktion der Böden und an der Ansammlung von stickstoffhaltigen leichtlöslichen Stoffen in ihnen. Die Zerstörung der organischen Stoffe an sich betrachtet man heute nicht mehr als das schädliche Moment bei dieser Überkalkung der humosen Böden, wie es früher wohl geschah, sondern man schreibt der Ansammlung der löslichen Stickstoffverbindungen im Boden die Hauptwirkung bei den schädlichen Folgen der Überkalkung zu. Nur scheint man sich über die Art der den Schaden verursachenden Stickstoffverbindungen noch nicht ganz im klaren zu sein.

Nach den Untersuchungen von ABERSON, ebenso nach denen von DENSCH und von ARND[3] sollen es salpetrigsaure Salze, Nitrite, sein, die sich im zu stark gekalkten Boden durch den Vorgang der Denitrifikation bilden und die Pflanzen vergiften, nach den Untersuchungen von E. W. BOBKO, B. A. GOLUBEW und A. F. TÜLIN[4] sollen dagegen die sich in der Bodenlösung ansammelnden Ammoniumsalze die Schuld an den schädlichen Einflüssen der Überkalkung der humosen Böden auf die auf ihnen wachsenden Pflanzen tragen. Die Ammoniumverbindungen sollen sich nach den genannten russischen Forschern als Produkt einer verlangsamten, aber nicht aufhörenden Oxydation im Boden bilden. Welche von diesen beiden Erklärungen die richtige ist, wird sich wohl erst später bei der Fort-

---

[1] ABERSON, J. H.: Meded. Rijks Hoogere Land-, Tuin- en Boschbouwschool, deel XI, Wageningen 1916.

[2] HUDIG, J.: De „veenkoloniale Haverziekte". 's Gravenhage: Gebr. J. u. H. van Langenhuysen 1912. — Ferner HUDIG, J. u. C. MEIJER: Versl. van landbouwkundige Onderzoekingen der Rijkslandbouwproefstat. 1919, Nr 23.

[3] ARND, TH.: Landw. Jb. 44, 331—352; 51, 297—328.

[4] BOBKO, E. W., B. A. GOLUBEW u. A. F. TÜLIN: Z. Pflanzenernährg u. Düngg A 6, 128.

setzung der auf diesen Gegenstand gerichteten Forschungen ergeben; hier können wir zunächst nur als allgemeines Ergebnis der neueren Untersuchungen zu unserer Frage die Tatsache festhalten, daß der nach zu starkem Zusatz von Kalk in den humosen Böden oft stürmisch verlaufende Abbau der organischen Stoffe und die damit verbundene Bildung schädlicher, leichtlöslicher Stickstoffverbindungen den oft beobachteten Schaden der Überkalkung erklärt. Allerdings herrscht auch in diesem Punkte noch keine volle Einheitlichkeit, denn z. B. HUDIG lehnt die Bildung von Nitriten als Ursache der Pflanzenschädigung bei Überkalkung der Böden ab.

Was aber nun auch schließlich sich als die wahre Ursache der Pflanzenschädigung herausstellen wird, vor der Überkalkung der leichten Böden wird man sich in acht nehmen müssen; man kann das aber auch leicht, wenn man sich an die Vorschläge hält, die von uns zu Beginn dieses Kapitels entwickelt sind. Kalkt man die humosen Böden nach der Austauschazidität, so vermeidet man das Auftreten einer neutralen oder gar alkalischen Reaktion, an die die Schäden der Überkalkung gebunden erscheinen, mit Sicherheit, und man umschifft die Klippe, an der die Maßnahme der Kalkdüngung auf humosen Böden sonst leicht einmal zum Scheitern kommen kann.

Was die übrigen Fragen der Praxis der Kalkanwendung angeht, wie die Verwendung von kohlensaurem Kalk, von Branntkalk oder von dolomitischem Kalk, von denen der erste nach bekannten Regeln auf leichten Böden, der zweite auf schweren Böden bevorzugt wird, was die Zeit der Unterbringung und die Früchte, zu denen der Kalk unterzubringen ist, betrifft, dazu braucht in diesem Buche nicht besonders Stellung genommen werden; denn es sind bisher keine Beobachtungen gemacht worden, die es wünschenswert erscheinen ließen, an den alten bewährten Methoden der Kalkanwendung etwas Wesentliches zu ändern. Für die Kalkanwendung im allgemeinen gibt es aber zahlreiche Anleitungen, wie die von HEINRICH, von D. MEYER und anderen, die alles Notwendige enthalten. Auf diese Abhandlungen muß infolgedessen hier verwiesen werden.

XV. Die Verwendung künstlicher Düngemittel auf sauren Böden.

Nachdem im vorigen Abschnitt die Beseitigung der Bodenversauerung durch die Kalkdüngung Gegenstand der Besprechung war, möchte man meinen, daß nun das Thema erschöpft sei, daß nichts Wissenswertes mehr zur Frage der Bodenazidität mitgeteilt werden könnte. Diese Meinung ist falsch. Es gibt noch eine sogar sehr wichtige Frage, die einer näheren Betrachtung unterworfen werden muß, bevor wir sagen können, daß wir am Schluß aller notwendigen Erörterungen stehen, und das ist die Frage nach der Verwendung der künstlichen Düngemittel auf sauren Böden. Daß diese Frage hier noch besprochen werden muß, hängt damit zusammen, daß die Bodenazidität heute eine so verbreitet auftretende Erscheinung ist, daß ihre restlose Beseitigung in absehbarer Zeit als ganz ausgeschlossen betrachtet werden muß. Weder die Leistungsfähigkeit der Kalkwerke noch die Arbeitskraft der Landwirtschaft würde ausreichen, um den zur Beseitigung der Bodenversauerung nötigen Kalk zu erzeugen und auf den Feldern unterzubringen. Jahrzehntelang wird man sich mühen müssen, um das in früheren Jahren auf dem Gebiete der Kalkdüngung unserer Äcker Versäumte nachzuholen. Es wird also bis dahin nicht etwa vereinzelt, sondern in ausgedehntem Maße vorkommen, daß Böden trotz ihrer sauren Reaktion bebaut und daher auch gedüngt werden. Gerade hierbei kann aber der Landwirtschaft ein gewaltiger Schaden erwachsen, wenn die Verwendung der Düngemittel nicht in der richtigen Weise auf den sauren Böden erfolgt. Schon bei normaler Bodenreaktion ist die Frage nach der besonderen Art der zu verwendenden Dünger gewiß von Bedeutung, auf sauren Böden ist diese Frage aber ganz ungleich bedeutungsvoller, denn hier kann ein Mißgriff unter Umständen zur Vernichtung der ganzen Ernte führen. Es ist unter solchen Umständen gewiß angebracht, wenn wir im folgenden die einzelnen Düngemittel auf ihre Eignung oder Unbrauchbarkeit für die Verwendung auf sauren Böden einer Betrachtung unterziehen.

a) Die Stickstoffdüngemittel.

Schon D. MEYER[1] lenkte in seiner Schrift über die Kalk- und Magnesiadüngung die Aufmerksamkeit darauf, daß bei der Anwendung auf sauren Böden die Stickstoffdünger eine außerordentlich verschiedene Wirkung entfalten können. Bei einem von MEYER ausgeführten Vegetationsversuch auf einem sauren Sand-Torf-Gemisch betrug z. B. die Wirkung des Ammoniakstickstoffs nur 28,2 % derjenigen des Salpeterstickstoffs, wenn kein kohlensaurer Kalk zu dem Boden gegeben war; war das aber geschehen, so blieb die Wirkung des Ammoniakstickstoffs zwar auch noch hinter der des Salpeterstickstoffs zurück, erreichte aber immerhin 85 % davon. MEYER weist auch auf die Versuche von WHEELER, TUCKER und HARTWELL hin und auf solche, die von der Versuchsstation Posen zur Ausführung gebracht wurden, aus denen ebenfalls hervorgeht, daß saure Beschaffenheit oder große Kalkarmut der verwendeten Böden immer nur eine sehr mangelhafte Wirkung des Ammoniakstickstoffs zustande kommen ließen. Auch eine Erklärung wird für dieses Zurückbleiben der Wirkung des Ammoniakstickstoffs von D. MEYER beigebracht; er bringt diese Erscheinung bereits mit der physiologisch-sauren Reaktion in Zusammenhang, die nach unseren Ausführungen in Kapitel XIII ja auch tatsächlich von allen Ammoniumsalzen in besonders starkem Ausmaße aufgewiesen wird. Schon nach diesen älteren Beobachtungen sollte man daher als Stickstoffdünger auf sauren Böden dem Salpeter vor den Ammoniumsalzen den Vorzug geben; bei der großen Bedeutung jedoch, die dieser Sache zukommt, wollen wir die Berechtigung zu diesem Rat doch noch erst durch die Angabe einiger weiterer Versuchsergebnisse belegen.

Der erste, der eindringlich in neuerer Zeit darauf hinwies, daß auf sauren Böden die Anwendung physiologisch-saurer Düngemittel vermieden werden müsse, war wohl HUDIG[2]. Auf den für Holland so wichtigen humusreichen Sandböden wies er überzeugend nach, daß die Verwendung von Salpeter und Thomasmehl neben Kalisalzen für viele Kulturpflanzen wesentlich vorteilhafter war, als die Verwendung einer physiologisch-sauren Düngerkombination aus Ammonsulfat, Superphosphat und Kalisalz. Dieselben Erfahrungen wie HUDIG machten wir bei der Düngung saurer Mineralböden. Zahlreiche Topfversuche lehrten uns, daß auf nicht zu stark versauerten Böden die gegen die Bodenversauerung wenig empfindlichen Pflanzen, wie die Kartoffel, die Lupine, die Serradella und der Roggen, eine physiologisch-saure Düngerkombination nicht wesentlich anders zu Ertragssteigerungen auszunutzen vermochten als eine physiologisch-alkalische Düngerzusammenstellung. Kulturpflanzen, wie der Mais, der Hafer und der Buchweizen, die zwar auch noch zu den wenig gegen die Bodenversauerung

---

[1] MEYER, D.: Die Kalk- und Magnesiadüngung. Berlin 1910.
[2] HUDIG, J., u. C. MEIJER: Zbl. Agrikulturchem. 53, 404.

empfindlichen zu rechnen sind, aber doch schon etwas empfindlicher sich verhalten als die ebengenannten, nutzten dagegen die physiologisch-saure Düngerkombination nicht mehr so gut aus wie die physiologisch-alkalische. Diese Pflanzen lieferten vielmehr mit der alkalischen Düngerkombination allein ebenso gute Erträge, wie sie bei saurer Düngung erst nach Zusatz erheblicher Kalkmengen zum Boden zu erreichen waren. Die gegen die Bodenazidität stark empfindlichen Pflanzen, der Raps, die Luzerne, die Zucker- und Futterrübe, der Senf und die Gerste, vermochten auf stärker sauren Böden die physiologisch-saure Düngerkombination nur äußerst wenig, die physiologisch-alkalische aber auch nur sehr mangelhaft auszunutzen, sie lieferten vielmehr erst dann normale Erträge, wenn neben der physiologisch-sauren oder -alkalischen Düngung auch noch ausreichende Mengen an Kalk gegeben wurden. Dieselben Beobachtungen wie bei den Vegetationsversuchen machten wir dann auch bei den Felddüngungsversuchen, die wir auf sauren Böden ausführten, und von diesen Versuchen sollen hier zunächst, um die obwaltenden Verhältnisse klarer hervortreten zu lassen, einige Beispiele mitgeteilt werden. Wir wählen dazu zwei Versuche, die drei Jahre lang hintereinander unter Kontrolle der durch den Kalk und die anderen Dünger bewirkten Aziditätsänderungen der Parzellen durchgeführt worden waren. Beide Versuche lagen auf einem humosen sandigen Lehm mit mittlerer bzw. mit hoher Austauschazidität. Zunächst sollen die Versuchsergebnisse auf dem schwächer sauren Boden geschildert werden. Die Art der Versuchsanstellung geht aus der folgenden Übersicht hervor:

4 Parzellen von 1 a ohne jede Düngung,
3   ,,   ,,   1 a mit 10 dz Branntkalk je Hektar,
3   ,,   ,,   1 a mit 20 dz Branntkalk je Hektar,
3   ,,   ,,   1 a mit 2 dz Ammonsulfat, 3 dz Superphosphat, 3 dz Kalisalz (physiologisch-saure Düngung),
3   ,,   ,,   1 a mit derselben physiologisch-sauren Düngung und mit 10 dz Branntkalk,
3   ,,   ,,   1 a mit derselben physiologisch-sauren Düngung und mit 20 dz Branntkalk,
3   ,,   ,,   1 a mit 2,4 dz Natronsalpeter, 3 dz Thomasmehl, 3 dz Kalisalz (physiologisch-alkalische Düngung).

Die Versuchspflanze im Jahre 1924 war Hafer; geerntet wurden davon an Körnern und an Stroh in Doppelzentnern je Hektar folgende Mengen:

Düngungsart	Körner	Stroh
Ohne Düngung	$12{,}38 \pm 1{,}16$	$16{,}56 \pm 1{,}33$
10 dz Branntkalk je Hektar	$17{,}48 \pm 1{,}18$	$19{,}20 \pm 0{,}70$
20 dz Branntkalk je Hektar	$17{,}59 \pm 1{,}03$	$20{,}36 \pm 1{,}01$
Physiologisch-sauer gedüngt	$9{,}52 \pm 1{,}46$	$23{,}27 \pm 0{,}72$
Physiologisch-sauer und 10 dz Kalk	$20{,}66 \pm 0{,}83$	$33{,}25 \pm 0{,}72$
Physiologisch-sauer und 20 dz Kalk	$27{,}20 \pm 0{,}42$	$38{,}26 \pm 1{,}21$
Physiologisch-alkalisch gedüngt ohne Kalk	$28{,}63 \pm 0{,}88$	$37{,}34 \pm 0{,}96$

Mit Kalk allein war die Körnerernte auf rund 17,5 dz/ha gestiegen, blieb aber infolge des Mangels an anderen Nährstoffen hierauf beschränkt. Die Nährstoffzugabe in der Form der physiologisch-sauren Düngung hat dann aber, wenn kein Kalk gleichzeitig gegeben war, nicht nur keine Ertragssteigerung bewirkt, sondern bei dieser Art der Düngung ist die Ernte an Körnern sogar noch unter die ohne jede Düngung erzielte gesunken. Nur der Strohertrag hat unter dem Einfluß der physiologisch-sauren Düngung eine Steigerung erfahren. Sobald aber zu der sauren Düngung noch die Kalkdüngung hinzutrat, erfolgte ein starkes Ansteigen sowohl des Körner- als auch des Strohertrages. Eine wirtschaftliche Ausnutzung der physiologisch-sauren Düngung war also auf diesem Boden ohne Beidüngung von Kalk ausgeschlossen. Die alkalische Düngerkombination dagegen brachte, ohne daß eine Kalkdüngung sie begleitete, dieselben Erträge hervor wie die saure nach Zudüngung von 20 dz/ha Branntkalk; die alkalische Kombination wurde also für sich allein in ausgezeichneter Weise verwertet.

Im Jahre 1925 wurde auf demselben Boden Roggen angebaut, da aber die Düngung mit Kalk nicht den gewünschten Erfolg auf den Reaktionszustand des Bodens gehabt hatte, so wurde sie vorher verstärkt; sie wurde durch erneute Kalkgaben auf 20 und 35 dz/ha Branntkalk erhöht. Die Azidizätswerte, die hiernach an den im Dezember nach der erfolgten Bestellung mit Roggen genommenen Bodenproben festgestellt wurden, waren folgende:

Düngung	Austauschazidität y_1 ccm
Ohne Düngung	5,5
20 dz Kalk	2,2
35 dz Kalk	1,0
Physiologisch-sauer.	5,9
Physiologisch-sauer und 20 dz Kalk . . .	3,9
Physiologisch-sauer und 35 dz Kalk . . .	0,7
Physiologisch-alkalisch	4,1

Die Düngung war sonst die gleiche wie bei dem Versuche des Vorjahres, die erzielten Ernten betrugen in Doppelzentnern je Hektar:

Düngungsart	Körner	Stroh
Ohne Düngung	$9,39 \pm 0,31$	$14,12 \pm 0,69$
20 dz Branntkalk je Hektar	$13,69 \pm 0,77$	$18,00 \pm 1,17$
35 dz Branntkalk je Hektar	$15,29 \pm 0,44$	$19,54 \pm 0,55$
Physiologisch-sauer gedüngt.	$15,41 \pm 1,63$	$23,09 \pm 2,06$
Physiologisch-sauer und 20 dz Kalk	$20,11 \pm 0,73$	$30,35 \pm 1,14$
Physiologisch-sauer und 35 dz Kalk	$25,86 \pm 0,98$	$39,34 \pm 1,28$
Physiologisch-alkalisch ohne Kalk	$24,85 \pm 0,26$	$38,35 \pm 0,78$

Die physiologisch-saure Düngerkombination hat in diesem Falle wohl zu einem Mehrertrage geführt, er ist aber nicht größer als der bei der Düngung mit Kalk allein erreichte. Eine gute Ausnutzung der sauren Düngung trat erst ein, wenn gleichzeitig noch mit Kalk gedüngt wurde; die Erträge stiegen dann an Körnern von 15,41 auf 25,86 dz/ha. Ein Ertrag von 24,8 dz/ha wurde nun aber auch schon erreicht, wenn ohne jede Kalkdüngung ausschließlich eine physiologisch-alkalische Düngerkombination in Anwendung gebracht wurde. Auch beim Roggen hat sich also diese Düngungsart der physiologisch-sauren gegenüber als stark überlegen erwiesen. Der Roggenversuch belegt ebenso klar wie der Versuch mit Hafer, daß die von uns bei unseren Vegetationsversuchen festgestellte Erscheinung, daß die wenig gegen die Bodenazidität empfindlichen Kulturpflanzen auf saurem Boden unter Umständen eine physiologisch-alkalische Düngung ebenso ausnutzen können wie eine saure erst nach Beidüngung von großen Kalkmengen, auch im freien Felde wiedergefunden wird. Daß der Feldversuch auch das von uns bei Vegetationsversuchen erkannte Verhalten der empfindlichen Pflanzen voll bestätigt, ergab das dritte Versuchsjahr auf demselben Felde, worin als Versuchspflanze die Wintergerste zur Verwendung kam. Die Kalkdüngung wurde zu diesem Versuch nicht wiederholt, wohl dagegen in der gleichen Höhe wie in den Vorjahren die Düngung mit den anderen Nährstoffen. Die Ernten an Körnern und Stroh in Doppelzentnern je Hektar waren bei diesem Versuch die folgenden:

22*

Düngungsart	Körner	Stroh
Ohne Düngung	0,0	0,0
20 dz Branntkalk je Hektar	$0,82 \pm 1,17$	$9,52 \pm 0,66$
35 dz Branntkalk je Hektar	$5,06 \pm 1,31$	$7,66 \pm 1,11$
Physiologisch-sauer gedüngt.	0,0	0,0
Physiologisch-sauer und 20 dz Kalk	$6,51 \pm 1,17$	$20,26 \pm 1,79$
Physiologisch-sauer und 35 dz Kalk	$16,56 \pm 0,72$	$21,27 \pm 0,43$
Physiologisch-alkalisch gedüngt	$13,13 \pm 0,24$	$19,87 \pm 1,73$

Für den Anbau der Gerste war das Feld noch viel zu sauer, wie die geringen Ernten dartun. Sowohl ohne Düngung als auch mit physiologisch-saurer Düngung wurde überhaupt keine Ernte erzielt, die Pflanzen waren auf den in dieser Art gedüngten Parzellen bald nach dem Auflaufen wieder eingegangen. Der Aufwand für die Düngung, wenn sie in physiologisch-saurer Form gegeben wurde, war also ganz vergeblich gewesen. Auch die Besserung ihrer Ausnützung durch die dem Boden zugeführten Kalkmengen war völlig unzureichend, sogar mit 35 dz/ha Branntkalk war erst der niedrige Ertrag von 16,56 dz zu erzielen. Ganz anders als die physiologisch-saure Düngerkombination wirkte aber auch zur Gerste die physiologisch-alkalische Düngung. Natürlich konnte sie bei der Säureempfindlichkeit der Gerste keine volle Ernte herbeiführen, aber es näherte sich der Ertrag doch schon demjenigen, der durch die physiologisch-saure Kombination nach Beidüngung mit 35 dz/ha Kalk erzeugt war. Eine ganz unvergleichlich bessere Wirkung als die physiologisch-saure besaß also die alkalische Düngerkombination auch in diesem Falle. Daß übrigens die Gerste auf diesem Felde keine besseren Erträge bringen konnte, wurde klar, als nach Abschluß des Versuches die Azidiätswerte für die Parzellen bestimmt wurden; sie stellten sich dabei folgendermaßen heraus:

Art der Düngung	Austausch-Azidität y_1 ccm	Hydrolytische Azidität y_1 ccm	p_H-Werte
Ohne Düngung	4,6	19,5	4,80
20 dz Branntkalk je Hektar	1,8	15,5	5,23
35 dz Branntkalk je Hektar	0,4	12,3	5,53
Physiologisch-sauer gedüngt.	5,2	20,9	4,53
Physiologisch-sauer und 20 dz Kalk	4,2	19,0	4,63
Physiologisch-sauer und 35 dz Kalk	0,6	14,6	5,59
Physiologisch-alkalisch gedüngt ohne Kalk	2,2	17,9	5,32

Eine nur angenäherte Beseitigung der Austauschazidität und ein p_H-Wert von 5,5 bis 5,6 ist für volle Gerstenernten eben noch durchaus unzureichend; die Gerste verlangt eine restlose Beseitigung der Austauschazidität und die Annäherung der Reaktion an den Neutralpunkt. Bessere Ernten waren also in diesem Falle gar nicht zu erwarten. Die Azidiätswerte zeigen übrigens deutlich eine Erscheinung, auf die wir fast regelmäßig bei unseren Vegetations- und Feldversuchen mit verschiedenen Düngerkombinationen gestoßen sind, daß nämlich die saure Düngung stets eine Verschiebung aller Azidiätswerte nach der sauren Seite hin zur Folge hat, während natürlich die alkalische Kombination schon durch ihren Gehalt an Thomasmehl, aber auch durch ihren Gehalt an physiologisch-alkalischem Salpeter die entgegengesetzte Wirkung zustande bringt.

Die Frage der Verwendung der richtigen Düngerkombination auf saurem Boden ist also, wie schon diese drei Versuche deutlich zeigen, von großer praktischer Bedeutung. Es ist daher auch nicht überflüssig, noch weitere Belege an einem anderen Boden folgen zu lassen. Dieser andere dreijährige Versuch wurde auf einem Boden derselben Art — einem humosen, lehmigen Sande, der aber wesentlich stärker sauer als der des eben besprochenen Versuches war — ausgeführt. Die Parzellengröße betrug wieder 1 a, die physiologisch-saure Düngung bestand aus 2 dz Ammonsulfat, 3 dz Superphosphat und 5 dz 40proz. Kalisalz; die physiologisch-alkalische Düngung setzte sich aus 2,67 dz Natronsalpeter, 3,4 dz Thomasmehl und ebenfalls 5 dz Kalisalz zusammen. Die Kalkdüngung bestand in 40 und in 80 dz kohlensaurem Kalk mit rund 80% $CaCO_3$, während aus der Austauschazidität von 11,2 ccm (y_1) sich eine zur Beseitigung dieser Aziditätsform erforderliche Gabe von 74,1 dz/ha an 80proz. kohlensaurem Kalk berechnet. Es waren also etwas mehr als die halbe und als die volle DAIKUHARA-Menge an Kalk zur Verwendung gelangt. Im ersten Versuchsjahr 1926 wurden nun auf diesem Boden mit dem folgenden Ergebnis Kartoffeln angebaut. Wir beschränken uns bei diesen Angaben auf die Mittelerträge aus den drei Parallelparzellen, fügen aber diesen Angaben noch die nach den Versuchen festgestellten Aziditätswerte des Bodens bei:

Kartoffelversuch 1926.

Düngung	Knollenerträge dz/ha	Austauschazidität y_1 ccm	Hydrolytische Azidität y_1 ccm	p_H-Werte
Ungedüngt	110,2	11,3	33,7	4,71
Physiologisch-sauer gedüngt	156,3	11,9	38,0	4,49
Physiologisch-sauer + 40 dz/ha Kalk . . .	214,3	7,1	30,4	4,94
Physiologisch-sauer + 80 dz/ha Kalk . . .	215,8	1,2	23,6	5,39
Physiologisch-alkalisch gedüngt	177,4	9,2	33,8	4,76
Physiologisch-alkalisch + 40 dz/ha Kalk . .	213,2	4,1	28,9	5,24

Auch bei der am wenigsten unter unseren Kulturpflanzen gegen die Bodenversauerung empfindlichen Kartoffel hat die alkalische Düngung die saure in ihrer Wirkung übertroffen. Gewöhnlich ist das zwar bei der Kartoffel nicht der Fall, im Gegenteil, die saure Düngung wird hier zumeist die alkalische übertreffen; es war jedoch der vorliegende Boden derart sauer, daß auch diese säureliebende Pflanze darunter zu leiden hatte, und nur aus diesem Grunde konnte die alkalische Düngung hier mehr leisten als die saure.

Im zweiten Versuchsjahr wurde Winterroggen auf demselben Felde angebaut. Die Ernteergebnisse und die Aziditätswerte der Parzellen sind in der folgenden Zusammenstellung enthalten:

Roggenversuch 1927.

Art der Düngung	Körnererträge dz/ha	Austauschazidität y_1 ccm	Hydrolytische Azidität y_1 ccm	p_H-Werte
Ungedüngt	9,43	10,3	33,5	4,68
Physiologisch-sauer gedüngt	5,17	10,5	34,3	4,67
Physiologisch-sauer + 40 dz/ha Kalk . . .	23,27	2,0	22,8	5,50
Physiologisch-sauer + 80 dz/ha Kalk . . .	26,60	0,5	14,1	6,38
Physiologisch-alkalisch gedüngt	23,62	5,7	27,7	5,48
Physiologisch-alkalisch + 40 dz/ha Kalk . .	28,47	0,5	21,1	6,02

Im Gegensatz zu dem Roggenversuch in der ersten beschriebenen dreijährigen Versuchsreihe hat hier auf dem, an der Austauschazidität gemessen, doppelt so sauren Boden der Roggen aus der sauren Düngung nicht nur keinen Nutzen ziehen können, sondern er ist durch die saure Düngung direkt geschädigt worden. Erst dann ist es zu einer Ausnutzung der sauren Düngerkombination gekommen, als eine Kalkdüngung von 40 dz die Aziditätswerte des Bodens für den Roggen erträglich gestaltet hatte. Derselbe Ertrag, der unter diesen Umständen bei Kalkdüngung durch die saure Kombination erreicht wurde, ist aber auch schon durch die alleinige Anwendung der alkalischen Kombination erzielt worden; es hat sich also hier die alkalische Düngerkombination in ihrer Leistungsfähigkeit der sauren wieder sehr stark überlegen gezeigt.

Ein Blick auf die Azititätswerte des Kartoffel- und des Roggenversuches zeigt uns dann deutlich, was oben schon eindringlich hervorgehoben wurde, daß die Wirkung der berechneten Kalkgaben auf den Azititätszustand des Bodens zunächst eine sehr unvollkommene ist. Im ersten Jahre, beim Anbau der Kartoffel, war die Austauschazidität bei der Kalkgabe von 40 dz/ha nur sehr wenig vermindert, und ebenso war die p_H-Zahl nur wenig verschoben, im zweiten Jahre dagegen war die Austauschazidität von 7,1 auf 2,0 ccm gesunken, die Reaktionszahl von 4,94 auf 5,50 gestiegen. Auch die doppelte Kalkgabe, die über die nach DAIKUHARA berechnete Kalkmenge ein wenig hinausging, hat sich erst im zweiten Jahre ausgewirkt, sicherlich infolge der wiederholten Bearbeitung, die das Feld inzwischen erfahren hatte.

Im dritten Versuchsjahr wurde ohne Wiederholung der Kalkdüngung, aber unter Verwendung üblicher Mengen an den anderen Düngemitteln Hafer angebaut, dessen Erträge zusammen mit den nach der Ernte festgestellten Azititätswerten der Versuchsparzellen in der folgenden Tabelle zu finden sind:

Haferversuch 1928.

Art der Düngung	Körnererträge dz/ha	Austauschazidität y_1 ccm	Hydrolytische Azidität y_1 ccm	p_H-Werte
Ungedüngt	4,60	10,48	32,7	4,66
Physiologisch-sauer gedüngt	4,43	10,10	34,7	4,67
Physiologisch-sauer + 40 dz/ha Kalk . . .	15,43	1,95	25,2	5,37
Physiologisch-sauer + 80 dz/ha Kalk . . .	20,26	0,33	18,0	5,88
Physiologisch-alkalisch gedüngt.	18,09	6,00	30,6	5,16
Physiologisch-alkalisch + 40 dz/ha Kalk. .	21,14	0,40	21,5	5,67

Auch beim Hafer ist die saure Düngung ohne jede Wirkung geblieben. Die Besserwirkung der alkalischen Düngung ist wieder so auffallend, daß nichts weiter dazu gesagt zu werden braucht. Hätte es sich statt um einen Parzellenversuch um eine im Großen durchgeführte praktische Maßnahme bei der Düngung des ganzen Feldes gehandelt, so würde ohne Frage die Verwendung der sauren Düngung zu einer vollen Mißernte geführt haben, die alkalische Düngung ohne Kalk hätte aber immer noch eine gute Mittelernte möglich gemacht.

Wie diese beiden dreijährigen Versuchsreihen, so haben uns viele andere Feldversuche mit den beiden verschiedenen Düngerkombinationen immer wieder dasselbe gezeigt, daß es nämlich unter Umständen ausschlaggebend für die Höhe der Ernten war, wenn an Stelle einer sauren Düngerkombination eine alkalisch reagierende verwendet wurde. Auch über die besonderen Umstände, unter denen sich die Überlegenheit der alkalischen Kombination über die saure mit Sicherheit herausstellen wird, haben unsere Versuche Aufklärung schaffen können. Es kann danach ausgesprochen werden, daß es einerseits von der Azidität des Bodens, andererseits von der Azititätsempfindlichkeit der angebauten Pflanze abhängt, ob die Besserwirkung der alkalischen Düngerkombination eintritt oder nicht. Ist die Azidität sehr stark, wie bei unserem letzten dreijährigen Versuch, beträgt also die Austauschazidität (y_1) 10 ccm oder gar noch mehr und bewegen sich die p_H-Werte um 4,7 herum oder tiefer, so kann man damit rechnen, daß selbst bei der Kartoffel eine überlegene Wirkung der alkalischen Düngerkombination sicher ist. Alle anderen für den Anbau auf so saurem Boden überhaupt noch in Frage kommenden Pflanzen, wie der Roggen, der Hafer, die Serradella und der

Spörgel, werden natürlich noch wesentlich günstiger als die Kartoffel auf die alkalische Düngung reagieren. Daß ebenso alle gegen die Bodenversauerung empfindlichen Pflanzen, soweit sie überhaupt auf so saurem Boden zum Wachsen zu bringen sind, mit der alkalischen Düngung eine höhere Ernte liefern werden als mit der sauren — die oft zur vollständigen Vernichtung des Pflanzenwuchses bei saurer Beschaffenheit des Bodens führen kann — ist ganz selbstverständlich. Nimmt dann die Bodenversauerung ab, so verringern sich auch die durch die alkalische Düngung erzielbaren Mehrerträge. Beim Roggenversuch von 1927 war schon nach Zugabe von 40 dz/ha Kalk zur sauren Düngerkombination kein Unterschied mehr zwischen saurer und alkalischer Düngung zu bemerken, und bei Zugabe von 80 dz Kalk war die saure Düngung sogar der alkalischen ohne Kalk überlegen. Beim Haferversuch 1928 blieb dagegen die saure Düngung trotz der Kalkung mit 40 dz noch etwas hinter der Wirkung der alkalischen zurück, und erst bei 80 dz Kalk zur sauren Kombination wurde die alkalische hier ebenfalls von der sauren übertroffen. Es hängt also von der Stärke der Versauerung ab, ob sich die alkalische Düngung der sauren überlegen erweist oder nicht. Ist die Versauerung so groß, daß die angebaute Pflanze durch sie nachteilig beeinflußt wird, so ist auch gewöhnlich die alkalische Düngerkombination der sauren überlegen, findet keine Schädigung mehr durch die Bodenversauerung statt, so kann das Umgekehrte der Fall sein, wie uns ein Kartoffelversuch auf einem schwach sauren Lehmboden zeigte. Die Ernte an frischen Kartoffeln betrug bei saurer Düngung 160,1 dz/ha, bei alkalischer Düngung nur 153,1 dz. Auf besseren, schwereren Böden findet man die Überlegenheit der alkalischen Düngung über die saure natürlich ebenso wie auf den leichteren. Gerste und Rüben zeigten sie in unseren Versuchen auf besseren Böden ganz ausgesprochen, auch beim Anbau von Weizen auf besserem Boden trafen wir sie an. So ernteten wir bei Gerste auf schwach saurem Lehmboden bei saurer Düngung nur 18,55 dz/ha Körner, bei alkalischer Düngung aber 27,37 dz; bei Runkelrüben auf schwach saurem Lehmboden ernteten wir bei saurer Düngung nur 9,86 dz Trockensubstanz, bei alkalischer Düngung aber 18,76 dz. Der weniger als die Rüben gegen die Bodenazidität empfindliche Winterweizen gab auf demselben Boden, auf dem die Rüben gewachsen waren, bei saurer Düngung 19,37 dz Körner, bei alkalischer Düngung dagegen 22,38 dz. In allen genannten Fällen und auch sonst, wo wir die Überlegenheit der alkalischen Düngung über die saure beobachteten, wurden natürlich auch durch die Kalkgaben die Erträge bei saurer Düngung gesteigert. Wir können daher, was das Auftreten der Überlegenheit der alkalischen Düngung über die saure angeht, aussagen, daß sie überall dort zu erwarten ist, wo die saure Düngung durch Zugabe von Kalk in ihrer Wirkung verbessert werden kann, letzten Endes dürfen wir also erwarten, die Überlegenheit der alkalischen Düngung auf allen kalkbedürftigen Böden anzutreffen, vorausgesetzt, daß die Empfindlichkeit der zum Anbau gelangenden Pflanze gegen die Bodenversauerung einen positiven Erfolg der Kalkdüngung wahrscheinlich macht.

Diese Feststellung enthält natürlich auch die Erklärung für die Überlegenheit der alkalischen Düngung. Eine gewisse Begünstigung der durch die Bodenazidität leidenden Pflanze findet schon durch den Gehalt der alkalischen Düngerkombination an Thomasmehl statt; aber dieses kann nicht allein die Überlegenheit der alkalischen Kombination bedingen, denn, wie wir im Kapitel XIII gesehen haben, die Neutralisationswirkung der Kalkmengen, die mit einer normalen Thomasmehldüngung in den Boden gebracht wird, ist nur unwesentlich, auf keinen Fall so groß, daß sie als der allein wirksame Faktor in der alkalischen Düngerkombination anerkannt werden könnte. Da weiterhin das Kalisalz, das in unseren Düngerkombinationen ja in gleichen Mengen vorhanden war, als Ursache nicht in Frage kommt, so können es nur die Stickstoffdünger sein, auf denen die verschiedenen Wirkungen der beiden Kombinationen beruhen. In Anbetracht der schon von D. MEYER hervorgehobenen und ganz besonders eindringlich von HUDIG betonten besonderen Eigenschaften der in den beiden Kombinationen enthaltenen Stickstoffdünger ist es auch leicht erklärlich, daß sie sich auf sauren Böden in ganz verschiedener Weise auswirken müssen. Das Ammonsulfat ist stark physiologisch-sauer, der Natronsalpeter dagegen physiologisch-alkalisch; das eine muß daher die saure Reaktion des Bodens verstärken, das andere sie aber verringern. Diese Verstärkung und Verringerung der sauren Reaktion wird sich indessen, da die physiologische Zersetzung der Salze sich doch nur an der Oberfläche der Pflanzenwurzeln abspielen kann, im wesentlichen auf eine den Wurzeln dicht anliegende Bodenschicht beschränken. Hier muß sich also eine für die Entwicklung der Pflanzen sehr wesentliche Reaktionsänderung im günstigen oder ungünstigen Sinne bemerkbar machen. Die physiologische Zersetzung des Ammonsulfats muß die saure Reaktion des Bodens in der Wurzelregion weit über diejenige hinaus verstärken, die in den übrigen Teilen des Bodens angetroffen wird, und die Zersetzung des Natronsalpeters an der Wurzeloberfläche muß die ihr dicht anliegende Bodenschicht erheblich stärker entsäuern, als es an anderen Stellen des Bodens möglich ist. Ist nun die Bodenreaktion den zum Anbau gelangenden Pflanzen an und für sich schon nicht günstig, so wird die verstärkte Versauerung des Bodens in der Wurzelregion, der Rhizosphäre, die Pflanzenschädigung verstärken, die Verringerung der Versauerung aber das Pflanzenwachstum begünstigen, das heißt aber nichts anderes, als daß das Ammonsulfat eine nachteilige Wirkung ausüben wird, der Salpeter aber eine vorteilhafte. Wo im umgekehrten Falle aber die Bodenreaktion alkalisch oder neutral ist und dabei säureliebende Pflanzen zum Anbau gelangen, da werden sich die entgegengesetzten Wirkungen der beiden Düngemittel bemerkbar machen müssen, das Ammonsulfat wird die vorteilhaftere und der Salpeter die nachteiligere Form der Stickstoffdüngung darstellen. Letzten Endes hängt also die Wirkung der verschiedenen Formen der Stickstoffdünger sowohl auf saurem als auf alkalischem Boden von dem Pufferungsvermögen der Böden ab, wie das HUDIG schon immer in seinen Düngungsvorschlägen für die sauren Moor- und Sandböden betont hat. Hier, bei der Auswirkung der physiologischen Reaktion der Düngemittel ist die vornehmste Stelle, an der die Fähigkeit des Bodens, reaktionsändernden Einflüssen Widerstand zu leisten, eine auch praktisch höchst bedeutungsvolle Rolle spielt.

Wenn wir nun hiernach die Verwendung von Ammoniumsalzen auf stärker sauren Böden verwerfen und dem Salpeter für diesen Verwendungszweck den Vorzug geben, so müssen wir natürlich auch danach fragen, wie es mit den anderen Stickstoffdüngern in bezug auf ihre Verwendung auf den sauren Böden bestellt ist. Leider liegen, soweit uns bekannt ist, bezüglich der neueren Stickstoffdünger, wie Leunaphosphat und Nitrophoska, noch keine Düngungsversuche vor, die uns ein entscheidendes Urteil über ihre Wirkung auf sauren Böden gestatteten, auch über das Verhalten von Kalkstickstoff und von Harnstoff auf sauren Böden ist auf Grund von Feldversuchen noch nicht viel Bestimmtes auszusagen. Einige Vegetationsversuche hat jedoch RÖSSLER[1] mit den genannten Stickstoffdüngern auf saurem Sandboden ausgeführt, bei denen einmal als Grunddüngung Chlorkalium und Thomasmehl, andererseits Chlorkalium und Superphosphat benutzt wurden. Im Mittel von

---

[1] RÖSSLER, H.: Dtsch. landw. Presse **54**, 73.

drei Versuchsjahren stellten sich die relativen Erträge an Hafer und an Gerste bei diesen Vegetationsversuchen folgendermaßen heraus:

Grunddüngung	Differenzdüngung	Erträge im Vergleich zu den gleich 100 gesetzten Erträgen durch Kalkstickstoff	
		Hafer	Gerste
Chlorkalium und Thomasmehl	Kalkstickstoff	100	100
	Natronsalpeter . . .	100	100
	Ammonsulfat	97	65
	Harnstoff	100	88
	Leunasalpeter	97	91
	Kalksalpeter	79	79
	Ammonchlorid . . .	65	15
Chlorkalium und Superphosphat	Kalkstickstoff	100	100
	Natronsalpeter . . .	78	40
	Ammonsulfat	28	2
	Harnstoff	92	50
	Leunasalpeter	67	9
	Kalksalpeter	51	14
	Ammonchlorid . . .	4	1

In Übereinstimmung mit dem, was oben schon über die Wirkung von Ammoniumsalzen und von Salpeter auf sauren Böden auseinandergesetzt ist, zeigen die Versuche von Rössler, daß die durch die Ammoniumsalze erzielten Erträge den durch den Natronsalpeter hervorgebrachten stets unterlegen sind, z.T. sogar, nämlich bei der Gerste, in ganz bedeutendem Ausmaße. Zu der Gerste bei beiden Grunddüngungen und zum Hafer bei Grunddüngung mit Chlorkalium und Superphosphat ist auch der Leunasalpeter hinter der Wirkung des Natronsalpeters zurückgeblieben, eine Tatsache, die sicherlich mit der physiologisch-sauren Beschaffenheit, die diesem Dünger infolge seines Gehaltes an Ammoniumsalz eigen ist, in Zusammenhang zu bringen ist. Merkwürdigerweise schneidet bei Rösslers Versuchen aber auch der Kalksalpeter, von dem man doch bei seiner physiologisch-alkalischen Beschaffenheit keine wesentlich schlechtere Wirkung erwarten sollte als vom Natronsalpeter, keineswegs gut ab. In allen Fällen steht an erster Stelle jedoch unter allen verwendeten Stickstoffdüngern der Kalkstickstoff, was zunächst einigermaßen überrascht, weil man den Kalkstickstoff bisher für einen auf sauren Böden wenig empfehlenswerten Stickstoffdünger gehalten hat. Die Überlegenheit des Kalkstickstoffs über die anderen Dünger bei Rösslers Versuchen wird aber verständlich, wenn man die großen Düngemittelmengen bedenkt, die hier zur Verwendung kamen. Sie waren so groß, daß der ziemlich stark austauschsaure Sandboden fast gänzlich von seiner Austauschazidität befreit wurde. Dadurch sind Bedingungen für die Wirkung des Kalkstickstoffs geschaffen worden, die sonst unter den Verhältnissen seiner praktischen Anwendung niemals verwirklicht werden können, denn die neutralisierende Wirkung, die nach den oben darüber angegebenen Zahlen dem Kalkstickstoff gewiß nicht abzusprechen ist, ist doch bei seiner Anwendung in praktisch in Frage kommenden Mengen nicht so groß, daß eine so bedeutende Entsäuerung des Bodens wie bei Rösslers Versuchen möglich ist. Durch diese großen Düngemittelmengen, die bei Rösslers Versuchen in Anwendung kamen, scheinen seine Versuchsergebnisse überhaupt ganz bedeutend beeinflußt zu sein. Man braucht nur daran zu denken, in welch starkem Maße die großen Salzmengen, die gegeben wurden, besonders bei Abwesenheit von Thomasmehl, also in der Superphosphatreihe, die Austauschazidität des Bodens, zum Schaden der Pflanzen, haben aktivieren können. Die Versuchsbedingungen standen ohne Frage für die Ammoniumdünger besonders ungünstig, für den Kalkstickstoff um so günstiger. Wenn zwar auch, wie im

Kapitel über den Einfluß der Bodenversauerung auf die mikrobiellen Vorgänge im Boden dargelegt ist, die Umwandlungsvorgänge, die aus dem Kalkstickstoff eine Nahrung für die Pflanzen machen, von der sauren Beschaffenheit des Bodens nicht nachteilig beeinflußt werden, und wenn somit zu erwarten steht, daß der Kalkstickstoff auch auf sauren Böden ein durchaus brauchbares und bei seiner unbestreitbaren Neutralisationswirkung auch ein den physiologisch-sauren Ammoniumsalzen überlegenes Düngemittel sein muß, so konnte doch die Überlegenheit des Kalkstickstoffs über den Natronsalpeter auf sauren Böden nicht ohne Nachprüfung anerkannt werden. Eine solche Nachprüfung[1] haben wir in Vegetationsversuchen durchgeführt und sind dabei zu Ergebnissen gelangt, die zwar keine volle Bestätigung der Versuchsergebnisse von RÖSSLER beibringen, aber bis zu einem gewissen Grade doch eine Stütze dafür darstellen. Die Versuchsanordnung war bei einem Versuch mit Gerste auf einem austauschsauren Lehmboden die folgende:

1. Gefäße ohne jede Düngung;

2. Gefäße mit Natronsalpeter, Kaliumsulfat, Superphosphat in dreifach gesteigerten Gaben;

3. Gefäße mit Ammonsulfat, Kaliumsulfat, Thomasmehl in dreifach gesteigerten Gaben;

4. Gefäße mit Natronsalpeter, Kaliumsulfat, Superphosphat in dreifach gesteigerten Gaben;

5. Gefäße mit Natronsalpeter, Kaliumsulfat, Thomasmehl in dreifach gesteigerten Gaben;

6. Gefäße mit Kalkstickstoff, Kaliumsulfat, Superphosphat in dreifach gesteigerten Gaben;

7. Gefäße mit Kalkstickstoff, Kaliumsulfat, Thomasmehl in dreifach gesteigerten Gaben.

Die Düngemittel wurden in drei verschiedenen Mengen gegeben. Die einfache Stickstoffgabe entsprach 52 kg/ha Stickstoff, lag also geradeso wie die Gaben an den anderen Düngemitteln noch durchaus innerhalb der praktischen Grenzen, außerdem gelangte jede Düngerkombination in der dreifachen und der fünffachen Menge zur Anwendung. Wie die in der Tabelle angegebenen Reaktionszahlen der Bodenproben nach dem Versuch nachweisen, waren denn auch selbst durch das Fünffache dieser Düngergaben die Reaktionszahlen der Böden bei weitem noch nicht so stark beeinflußt, wie das bei RÖSSLERS Versuchen der Fall war. Die Versuchsergebnisse — Mittelwerte aus drei Parallelgefäßen — sind in der folgenden Tabelle zusammengestellt:

Versuch mit Gerste auf Lehmboden (Erträge in Gramm Trockensubstanz).

Art der Düngung		Einfache Gabe		Dreifache Gabe		Fünffache Gabe	
		Ertrag in g	p_H	Ertrag in g	p_H	Ertrag in g	p_H
wie 1		4,8	4,49				
,, 2	Ammonsulfat . .	4,4	4,48	3,1	4,43	3,2	4,41
,, 3		4,2	4,37	3,3	4,45	3,5	4,45
,, 4	Natronsalpeter . .	4,8	4,42	7,2	4,52	7,4	4,52
,, 5		6,8	4,52	11,3	4,58	10,7	4,69
,, 6	Kalkstickstoff . .	5,3	4,58	10,4	4,58	27,1	4,59
,, 7		5,8	4,58	15,1	4,68	21,1	4,79

Das Ammonsulfat hat in allen Gaben der Gerste eher Schaden als Nutzen gebracht, der Natronsalpeter hat eine Ertragsvermehrung bei der einfachen Gabe

---

[1] BLÖMER, M.: Dissertation Bonn-Poppelsdorf 1929.

nur bei gleichzeitiger Düngung mit Thomasmehl bewirkt, und auch bei der dreifachen und fünffachen Düngergabe bleibt die durch ihn erzielte Ertragssteigerung in Gegenwart von Superphosphat kleiner als in Gegenwart von Thomasmehl. Der Kalkstickstoff schließlich hat bei der einfachen Gabe auch keine wesentliche ertragssteigernde Wirkung ausgeübt, bei den stärkeren Gaben hat er dagegen den Salpeter ganz erheblich in der Düngerwirkung übertroffen. Eine gewisse Überlegenheit des Kalkstickstoffs über den Salpeter scheint also auch dann vorhanden zu sein, wenn man ihn in Mengen verabfolgt, die noch keine wesentliche Reaktionsänderung des Bodens herbeizuführen in der Lage sind. RÖSSLERS Versuchsergebnisse werden somit durch den vorstehenden Versuch wohl gestützt, aber es muß doch im Auge behalten werden, daß diese Überlegenheit bei unserem Versuch erst dann in die Erscheinung trat, wenn die Düngergaben wesentlich größer waren als die praktisch angewendeten.

Auch zwei weitere Versuche mit Hafer als Versuchspflanze zeigten uns noch, daß der Kalkstickstoff auf sauren Böden ein durchaus brauchbarer Dünger ist. Bei diesen Versuchen wurde allerdings nur Harnstoff als Vergleichsdünger benutzt. Die verwendeten Böden waren ein stark saurer Moorboden und ein ebenfalls stark saurer Lehmboden. Die Versuchsanordnung war die folgende:

1. Gefäße ohne jede Düngung;

2. Gefäße nur mit Grunddüngung, aus 3 g Thomasmehl und 3 g Kalisalz bestehend;

3. Gefäße mit Grunddüngung und mit 2,017 g Kalkstickstoff;

4. Gefäße mit Grunddüngung und mit 0,913 g Harnstoff.

Die Stickstoffgaben entsprachen 84 kg/ha, hielten sich also auch noch innerhalb der praktisch üblichen Grenzen. Beiden Böden wurde außer der Düngung auch noch Kalk in steigenden Gaben hinzugesetzt, so daß also die Wirkung von Kalkstickstoff und Harnstoff jedesmal in vier verschiedenen Reaktionsstufen geprüft wurde. Die Ergebnisse — die Erträge an Trockensubstanz im Mittel dreier Gefäße und die zugehörigen Reaktionszahlen — sind in der folgenden Tabelle enthalten:

Versuch auf Moorboden.

Art der Düngung	Ohne Kalk		Kalk 1		Kalk 2		Kalk 3	
	Ertrag in g	p_H	Ertrag in g	p_H	Ertrag in g	p_H	Ertrag in g	p_H
Ungedüngt	5,9	4,42	8,9	4,85	18,9	5,61	23,8	6,51
Grunddüngung	25,7	4,34	26,9	4,80	37,1	5,65	42,5	6,82
Grunddüngung und Kalkstickstoff	29,0	4,37	39,6	4,82	40,9	6,12	50,2	7,03
Grunddüngung und Harnstoff . .	31,6	4,50	32,7	4,85	37,1	5,72	48,8	6,95

Versuch auf Lehmboden.

Art der Düngung	Ohne Kalk		Kalk 1		Kalk 2		Kalk 3	
	Ertrag in g	p_H	Ertrag in g	p_H	Ertrag in g	p_H	Ertrag in g	p_H
Ungedüngt	21,0	4,58	25,7	5,56	34,3	6,48	48,3	7,86
Grunddüngung	22,1	4,52	28,3	5,52	37,4	6,85	53,7	7,95
Grunddüngung und Kalkstickstoff	35,9	4,78	37,9	5,70	44,7	6,91	55,0	7,78
Grunddüngung und Harnstoff . .	33,0	4,56	39,8	5,65	46,6	6,32	59,0	7,85

Aus diesen Versuchen kann man nur den Schluß ziehen, daß sich der Kalkstickstoff in allen Reaktionslagen sowohl auf dem Moorboden als auch auf dem Lehmboden gleich gut bewährt hat wie der Harnstoff, und da man dem Harnstoff gewiß nicht die Eignung zur Verwendung auf sauren Böden absprechen kann, so darf man das auch nicht beim Kalkstickstoff tun.

Es scheint also nach allem, daß der Kalkstickstoff in der für die sauren Böden so empfehlenswerten alkalischen Düngerkombination auch zum Ersatz des Salpeters geeignet ist. Allerdings müssen hierüber noch Feldversuche auf geeigneten Böden das entscheidende Urteil fällen. Es mag aber hier schon erörtert werden, auf welchem Wege diese so günstige Wirkung des Kalkstickstoffs auf den sauren Böden zustande kommt. Die direkten an den Böden festgestellten Reaktionsänderungen, die der Kalkstickstoff bewirkt, können infolge ihrer geringen Größe nicht die Ursache für seine günstige Wirkung abgeben, es ist aber möglich, daß die Wirkung des Kalkstickstoffs und geradeso natürlich auch die des Harnstoffs auf den sauren Boden sich in derselben Weise erklären läßt wie die des Salpeters. Beide Dünger sind zwar keineswegs zu den physiologisch-alkalischen zu zählen, vom Harnstoff wissen wir sogar bestimmt, daß er bei Erweiterung des Begriffs der physiologischen Reaktion auf die Mitwirkung der Mikroorganismen zu den physiologisch-sauren Düngern gehört und infolgedessen durch die Salpetersäurebildung zur Versauerung des Bodens beitragen kann. Dennoch können aber sowohl der Harnstoff als auch der Kalkstickstoff zu einer günstigen Veränderung der Bodenreaktion an der Stelle im Boden führen, wo sie am bedeutungsvollsten für die Pflanze werden muß, nämlich in der Rhizosphäre der Pflanzen. Der Stickstoff des Harnstoffs wie der des Kalkstickstoffs werden nämlich auch in sauren Böden verhältnismäßig schnell und vollständig in salpetersaure Salze übergeführt, wie an anderer Stelle schon des näheren dargelegt ist; diese salpetersauren Salze werden an die Oberfläche der Pflanzenwurzeln herangezogen und müssen dort, wie der dem Boden direkt zugeführte Natronsalpeter, ihre physiologische Zerlegung unter Zurücklassung der Basen, hier vor allem von Kalziumkarbonat, erfahren. Dadurch kann dann schließlich dieselbe Begünstigung des Wachstums der Pflanzen herbeigeführt werden wie bei einer direkten Salpeterdüngung. Allerdings soll nicht verschwiegen werden, daß diese Erklärung zunächst durchaus hypothetisch ist, und daß es uns bisher noch nicht geglückt ist, den experimentellen Nachweis für eine tatsächliche Reaktionsänderung in der Wurzelzone zu erbringen, und zwar ebensowenig für das Ammonsulfat und den Natronsalpeter wie für den Kalkstickstoff und den Harnstoff. Es können daher auch sehr wohl andere Auffassungen im Recht sein, die, wie die von LEMMERMANN[1] geäußerte, die Ursache der besonderen Wirkung der Salpeterdüngung nicht an die Oberfläche der Pflanzenwurzeln, sondern in das Innere der Pflanzen verlegen und in einer Veränderung des Plasmas der Zellen die Erklärung suchen. Ja, es kann auch möglich sein, daß die von uns angenommene positiv günstige Wirkung des Salpeters in der Wurzelzone der Pflanzen nur von untergeordneter oder sogar ohne jede Bedeutung ist, und daß nur die Säurebildung aus den Ammoniumsalzen es den Pflanzen unmöglich macht oder wenigstens sehr erschwert, diese Stickstofform in einer befriedigenden Weise auszunutzen. Eingehende experimentelle Untersuchungen werden erst noch angestellt werden müssen, bis es uns möglich sein wird, eine endgültige Erklärung für die Überlegenheit von Salpeter, Harnstoff und Kalkstickstoff über die Ammoniumsalze abzugeben. Vorläufig müssen wir uns mit der auch von O. LEMMERMANN und von K. NEHRING[2] bestätigten Tatsache begnügen, daß die Überlegenheit dieser Stickstoffformen über die Ammoniumsalze starker Säuren wirklich vorhanden ist, und wir werden daraus den zwingenden Schluß ziehen müssen, daß diese Ammoniumsalze nicht als Dünger auf saure Böden gehören.

Wieweit die neuen Stickstoffdünger, das Leunaphosphat und das Nitrophoska, die nachteilige Wirkung der einfachen Ammoniumsalze auf sauren Böden

---

[1] LEMMERMANN, O.: Z. Pflanzenernährg, Düngg u. Bodenkde B **6**, 261.
[2] NEHRING, K.: Ebenda B **7**, 180.

zu vermeiden gestatten, läßt sich zur Zeit noch nicht zuverlässig überschauen. Da das letzte Düngemittel nach unseren Untersuchungen[1] eine in Nährlösungskulturen durchaus neutrale, in Bodenkulturen eine infolge der Nitrifikation des in ihm enthaltenen Ammoniakstickstoffs schwach physiologisch-saure Beschaffenheit besitzt, glauben wir annehmen zu dürfen, daß ihm die unheilvollen Wirkungen der gewöhnlichen Ammoniumsalze nicht anhaften werden. Das Leunaphosphat scheint dagegen auf sauren Böden, nach dem Ausfall der allerdings nicht ganz beweiskräftigen Versuche von Rössler, dem Natronsalpeter und dem Kalkstickstoff nicht ebenbürtig zu sein. Was schließlich die neue Düngermischung aus Ammoniumsalzen und kohlensaurem Kalk, das Kalkammon, angeht, so läßt sich zur Zeit auch darüber noch nichts Bestimmtes angeben. Eine Milderung des schädlichen Verhaltens des Ammonchlorids auf sauren Böden wird durch den Kalkzusatz voraussichtlich wohl herbeigeführt werden können, ob aber der Kalkzusatz ausreicht, um den Schaden gänzlich aufzuheben, kann erst nach Anstellung eingehender Versuche beurteilt werden.

b) Die Phosphorsäuredünger.

Bei der Verwendung der Phosphorsäuredünger auf sauren Böden stehen zwei Fragen im Vordergrund des Interesses, nämlich einmal die Frage danach, welche von den drei Hauptphosphorsäuredüngern, dem Superphosphat, dem Thomasmehl und dem Rhenaniaphosphat, zur Anwendung empfohlen werden können, und zweitens die Frage, ob es sich lohnt, auf sauren Mineralböden gemahlene Rohphosphate zur Anwendung zu bringen. Das Urteil über die erste Frage ist schnell gefällt. Bedenkt man nämlich, daß zwei von den genannten Düngern einen nicht unbeträchtlichen Gehalt an basischen Stoffen besitzen, so kann man vom Gesichtspunkt der Bekämpfung der Bodenversauerung aus gar nicht anders handeln als so, daß man diese alkalisch wirkenden Dünger, das Thomasmehl und das Rhenaniaphosphat, dem Superphosphat auf allen bereits stärker versauerten, den austauschsauren Böden vorzieht. Diese Bevorzugung hat nichts zu tun mit der Furcht, daß die Verwendung von Superphosphat den Boden noch mehr versauern könne, als er schon ist. Diese Furcht ist bei allen besseren Böden, auf denen das Superphosphat ja vorzugsweise Verwendung findet, ganz unbegründet, wie schon im Kapitel XIII dargelegt ist. Der Verzicht auf die Anwendung des Superphosphats braucht auch nicht aus dem Bedenken heraus zu erfolgen, daß seine Wirkung auf sauren Böden durch Übergang in schwerlösliche Aluminium- und Eisenphosphate Schaden erleiden könne. Eine solche Benachteiligung seiner Wirksamkeit auf sauren Böden ist, wie ein gleich zu besprechender Versuch noch zeigen wird, ebensowenig vorhanden, wie die gefürchtete versauernde Wirkung auf den Boden. Wenn dazu geraten wird, das Superphosphat auf stärker versauerten Böden zugunsten des Thomasmehls zu vermeiden, so geschieht das einzig und allein aus der Überlegung heraus, daß wir auf sauren Böden grundsätzlich stets die Düngemittel verwenden sollen, die dazu geeignet sind, den Aziditätszustand des Bodens im günstigen Sinne zu beeinflussen. Ein solcher positiv günstiger Einfluß geht aber, wenn er auch bei einmaliger Verwendung nur klein ist, allein von den beiden alkalisch reagierenden Düngern, dem Thomasmehl und dem Rhenaniaphosphat, aus, nicht vom Superphosphat. Auch das Superphosphat vermag zwar unter Umständen auf stark sauren Böden auftretende Aziditätsschäden zu beseitigen oder wenigstens zu mildern, wie das von Blair und Prince[2] in Vegetationsversuchen nachgewiesen ist. In solchen Fällen

---

[1] Beling, R. W.: Z. Pflanzenernährg, Düngg u. Bodenkde B **6**, 562.
[2] Blair, A. W., und A. L. Prince: Soil Science **24**, 205.

hängt die günstige Wirkung des Superphosphats mit seinen chemischen Umsetzungen mit dem in der Bodenlösung enthaltenen Aluminiumsalz zusammen,
sie ist jedoch wohl nur dann zu beobachten, wenn das Superphosphat in Mengen
gegeben wird, die unter den praktischen Verhältnissen der Düngung nicht in
Frage kommen. Daß im übrigen die Bevorzugung des Thomasmehls vor dem
Superphosphat keineswegs stets eine zwingende Notwendigkeit im Interesse der
zu erzielenden Erträge darstellt, das zeigt der folgende Versuch, der zugleich auch
über die Verwendungsmöglichkeit der Rohphosphate auf saurem Mineralboden
Aufschluß geben wird.

Um nämlich über die Verwendbarkeit von Rohphosphaten auf sauren
Mineralböden ins klare zu kommen, stellten wir[1] Versuche mit einem Lehmboden
von einer schon ziemlich starken Versauerung an. Der ursprüngliche p_H-Wert
des Bodens war 4,61, seine Austauschazidität $y_1 = 6,9$ ccm, seine hydrolytische
Azidität $y_1 = 13,7$ ccm. Die Versuche wurden in der bei Vegetationsversuchen
üblichen Art und Weise angestellt und durchgeführt. Die Grunddüngung wurde
in einer durch Ammonsulfat physiologisch-sauren bzw. in einer durch Natronsalpeter physiologisch-alkalischen Form gegeben. Als Differenzdünger wurden
Superphosphat, Thomasmehl, ein weicherdiges Algierphosphat und ein hart-
erdiges Floridaphosphat benutzt, als Versuchspflanzen dienten Hafer und Spörgel.
Die Trockensubstanzerträge sind für die verschiedenen Düngungsarten in der
folgenden Tabelle angegeben:

Art der Düngung	Hafer		Spörgel
	Körner	Stroh	
Saure Grunddüngung	6,65 ± 0,12	7,06 ± 0,33	9,84 ± 0,27
Alkalische Grunddüngung	6,54 ± 0,44	7,63 ± 0,42	9,18 ± 0,34
Saure Grunddüngung und Superphosphat . .	16,41 ± 0,43	17,27 ± 0,31	27,34 ± 0,31
Alkalische Grunddüngung und Superphosphat	14,28 ± 0,59	14,73 ± 0,39	29,35 ± 1,29
Saure Grunddüngung und Thomasmehl . . .	12,21 ± 0,35	15,79 ± 0,69	28,11 ± 0,83
Alkalische Grunddüngung und Thomasmehl .	13,25 ± 0,53	14,97 ± 1,13	28,72 ± 0,64
Saure Grunddüngung und Algierphosphat . .	9,84 ± 0,68	11,36 ± 0,57	20,58 ± 0,41
Alkalische Grunddüngung und Algierphosphat	9,61 ± 0,60	11,05 ± 0,75	17,40 ± 1,11
Saure Grunddüngung und Floridaphosphat . .	7,51 ± 1,30	8,53 ± 0,20	14,25 ± 0,25
Alkalische Grunddüngung und Floridaphosphat	7,65 ± 0,25	7,67 ± 0,30	12,85 ± 0,29

Man sieht, daß der Hafer die beiden Rohphosphate nur sehr wenig ausgenutzt
hat, das weicherdige Algierphosphat aber doch erkennbar noch besser als das
harterdige Floridaphosphat. Eine größere Ertragssteigerung als beim Hafer
haben aber die beiden Rohphosphate beim Spörgel gebracht. Hier macht sich
auch deutlich bemerkbar, was beim Hafer nicht der Fall war, daß die Art der
Grunddüngung auf die Ertragssteigerung durch die Rohphosphate Einfluß ausgeübt hat. Die saure Grunddüngung ist bei beiden Rohphosphaten der alkalischen
überlegen gewesen, was entweder die Folge einer Löslichkeitssteigerung der Rohphosphate durch das physiologisch-saure Ammonsulfat oder die Folge einer
Löslichkeitsverminderung durch den physiologisch-alkalischen Natronsalpeter
sein kann. In beiden Fällen aber bleibt die Düngewirkung der Rohphosphate weit
hinter der des Superphosphats und des Thomasmehls zurück. Von diesen beiden
Düngern wirkte das Superphosphat anfänglich bedeutend besser als das Thomasmehl, die Jugendentwicklung beider Pflanzenarten war auf den Superphosphat-
gefäßen der auf den Thomasmehlgefäßen lange Zeit hindurch sichtbar überlegen. Beim Spörgel glich sich aber diese Verschiedenheit zwischen beiden
Düngern mit der Zeit so vollständig aus, daß sie in den Ernteerträgen nicht mehr

---

[1] KAPPEN, H.: Z. Pflanzenernährg, Düngg u. Bodenkde B **7**, 171.

zum Ausdruck kommt, beim Hafer hat sie sich dagegen bis zur Ernte erhalten und tritt uns auch noch in den Erntezahlen deutlich entgegen. Der Versuch zeigt uns also, daß das Superphosphat trotz seiner von Haus aus sauren Reaktion auf diesem schon stark versauerten Boden keine schlechtere, sondern eher eine etwas bessere Wirkung entfaltet hat als das Thomasmehl. Es gibt sonach auch unter praktischen Verhältnissen Bedingungen, bei denen trotz vorhandener Bodenversauerung auf die Anwendung des Superphosphats keineswegs Verzicht geleistet werden muß. Diese Bedingungen sind am sichersten erfüllt, wenn es sich um die Düngung besserer saurer Lehmböden bei gleichzeitigem Anbau wenig gegen die Bodenazidität empfindlicher Pflanzen handelt. Wo diese beiden Bedingungen erfüllt sind, da darf man ohne Sorge an Stelle des alkalisch reagierenden Thomasmehls auch das Superphosphat anwenden. Auf den versauerten leichten Böden aber und auch dann, wenn es sich auf sauren besseren Böden um den Anbau von empfindlicheren Pflanzen handelt, soll man doch das Thomasmehl dem Superphosphat vorziehen. Was im übrigen aber die Rohphosphate angeht, so muß man wohl vor ihrer Anwendung auf sauren Mineralböden direkt warnen. Die Aufschließung, die diese Phosphate im Boden erleiden müssen, um den Pflanzen als Nahrung zu dienen, erfahren sie in sauren Mineralböden nicht oder doch nicht in einem solchen Maße, daß sie für die Produktion normaler Ernten ausreicht. Auf sauren Böden anderer Art ist das offenbar anders. Längst bekannt und ausgenutzt wird ja die Tatsache, daß die weicherdigen, aber auch die harterdigen Rohphosphate bei genügender Feinmahlung die Wirkung von Thomasmehl und Superphosphat erreichen, wenn sie auf den sauren Hochmoorböden angewendet werden. Auch auf den sauren stark humosen Heideböden wird man mit einer Wirkung rechnen können, die derjenigen auf den Hochmoorböden nahekommt. In beiden Fällen sind es offenbar die Humussäuren, die hier den Aufschluß der Rohphosphate bewirken, und zwar infolge ihrer stärkeren Säurenatur auch in viel vollständigerer Weise, als es den schwächeren Säuren der Mineralböden möglich ist[1]. Selbst hier wird die Eignung des Bodens zum Aufschluß der Rohphosphate sich jedoch mit der Zeit notwendig erschöpfen müssen, denn der Aufschluß geht ja mit einer Neutralisation der Humussäuren Hand in Hand. Man wird daher auch auf diesen Böden die Rohphosphate nur unter genauer Kontrolle der Reaktionsänderung, die die Böden dadurch erfahren, anwenden können, wenn man nicht Schaden erleiden will.

Unter Benutzung verschiedener Phosphate sind übrigens auch noch von Rössler[2] Vegetationsversuche auf austauschsaurem Sandboden ausgeführt worden. Verglichen wurde dabei die Wirkung von Aluminiumphosphat, Superphosphat, Diammoniumphosphat und von Magnesiumphosphaten, und es stellte sich dabei heraus, daß die ertragssteigernde Wirkung der Magnesium enthaltenden Phosphate größer war als die der anderen. Wurde der Boden aber mit einer Kalkdüngung versehen, so übertraf zwar noch die Wirkung des Magnesiumphosphats die des Superphosphats und die des Aluminiumphosphats, nicht aber mehr die des Diammonphosphats. Rösslers Versuchsergebnisse seien hier nebenstehend noch mitgeteilt.

Art der Düngung 0,99 g P_2O_5 als	Trockensubstanz in g	
	Ungekalkt	Gekalkt
Aluminiumphosphat . . .	7,8	19,3
Superphosphat	9,7	38,9
Diammonphosphat	17,7	48,9
Magnesiumphosphat . . .	30,9	46,9

---

[1] Kappen, H. u. K. Bollenbeck: Z. Pflanzenernährg u. Düngg A **4**, 1.
[2] Rössler, H.: Landw. Versuchsstat. **107**, 312.

Die gute Düngerwirkung von Magnesiumphosphaten ist früher schon von M. v. WRANGELL[1] festgestellt und von E. UNGERER[2] bestätigt worden. UNGERER führt sie zurück auf die leichte Löslichkeit des Magnesiumphosphats in CO_2-haltigem Wasser. Ob hierauf auch die günstige Wirkung des Magnesiumphosphats auf dem austauschsauren Sandboden des Versuches von RÖSSLER zurückzuführen ist, kann zweifelhaft erscheinen; näher liegt die Annahme, daß die verschiedene Basizität der verwendeten Phosphorsäuredünger das Bestimmende für die Höhe der Erträge gewesen ist. Dafür spricht auch der Ausgleich, der in der Wirkung von Superphosphat, Diammonphosphat und Magnesiumphosphat durch die Kalkdüngung des Bodens eingetreten ist. Nur beim Aluminiumphosphat wird man als wesentlichste Ursache seiner geringen Düngerwirkung seine schlechte Löslichkeit ansprechen müssen, von der durch die Versuche von UNGERER ja auch bekannt geworden ist, daß sie durch die Gegenwart von Kohlensäure, also im sauren Medium, noch verringert wird. Auch bei der Düngung mit diesem schwerlöslichen Aluminiumphosphat hat aber die Besserstellung der benutzten Kulturpflanze, des Hafers, in bezug auf die Bodenreaktion durch die vorgenommene Kalkung noch zu einer Ernteerhöhung geführt, mit der sicherlich auch eine bessere Ausnutzung des Aluminiumphosphats verbunden war. Trotz der in RÖSSLERS Versuchen zutage tretenden Schwerlöslichkeit des Aluminiumphosphats kann aber die in Anbetracht der Umsetzungen, die das wasserlösliche Superphosphat mit der leicht beweglichen Tonerde der austauschsauren Böden eingeht, mitunter geäußerte Befürchtung, daß eine nachteilige Festlegung seiner Phosphorsäure als Aluminiumphosphat eintreten könne, wohl als ganz unberechtigt bezeichnet werden. Eine solche Festlegung hätte sich ja auch in unserem oben angegebenen Versuch mit Superphosphat und Thomasmehl in einem Zurückbleiben der Wirkung des Superphosphats hinter der des Thomasmehls äußern müssen, das nicht zu verzeichnen war. Dann haben wir aber auch bereits Mitteilung von Düngungsversuchen gemacht[3], bei denen Superphosphat auf austauschsaurem Boden angewendet wurde, der in einer Reihe ungekalkt geblieben, in einer zweiten Reihe vor der Düngung mit Superphosphat und in der dritten Versuchsreihe nach der Düngung mit Superphosphat gekalkt war. In der ersten und dritten Versuchsreihe war dem Superphosphat also Gelegenheit geboten, sich mit der Tonerde des sauren Bodens zu dem schwerlöslichen Aluminiumphosphat umzusetzen, während die vor der Düngung mit Superphosphat vorgenommene Kalkdüngung dieser Bindung vorgebeugt haben dürfte. Trotzdem war aber die Wirkung des Superphosphats in allen drei Fällen bei Anbau von Mais als Versuchspflanze so wenig verschieden, daß von diesen Versuchen aus nicht auf eine irgendwie beträchtliche Festlegung der Phosphorsäure des Superphosphats geschlossen werden kann. Die Zahlen der folgenden Tabelle werden diese Schlußfolgerung rechtfertigen:

	Trockensubstanz g	Aufgenommene P_2O_5 g
1. Kalisalz und Ammonsulfat	37,5	0,110
2. Kalisalz, Ammonsulfat und Superphosphat	47,2	0,169
3. Dasselbe wie 2, aber vorher noch Kalk	50,7	0,180
4. Dasselbe wie 2, aber den Kalk hinterher	45,6	0,152
5. Kalisalz und Salpeter	28,4	0,100
6. Kalisalz, Salpeter und Superphosphat	43,0	0,172
7. Dasselbe wie 6, aber vorher noch Kalk	45,4	0,167
8. Dasselbe wie 6, aber den Kalk hinterher	44,9	0,171

[1] WRANGELL, M. v.: Landw. Jb. **57**, 32.
[2] UNGERER, E.: Z. Pflanzenernährg, Düngg u. Bodenkde A **7**, 352.
[3] KAPPEN, H.: Das Superphosphat **3**, Nr 1/2, 163 (1927).

Man erkennt bei Betrachtung dieser Zahlen zwar, daß in der physiologisch-sauer gedüngten Versuchsreihe das Superphosphat nach vorheriger Kalkdüngung die beste Wirkung und die beste Ausnutzung aufgewiesen hat, aber der Unterschied gegenüber der ungekalkten Reihe und der nach Zusatz des Superphosphats gekalkten Reihe ist doch nur recht klein, und bei Benutzung der alkalischen Düngerkombination kann man von Verschiedenheiten in der Wirkung und Ausnutzung des Superphosphats überhaupt nicht mehr sprechen. Wird also auch, woran ein Zweifel wohl nicht möglich ist, die Phosphorsäure des Superphosphats auf den austauschsauren Böden in Aluminiumphosphat übergeführt, so ist damit doch keine Festlegung der Phosphorsäure in der Art verbunden, daß sie nun den Pflanzen vorenthalten werden könnte. Auch neuere noch nicht veröffentlichte Versuche, bei denen wir die Wirkung von Thomasmehl und von Superphosphat auf austauschsaurem Boden unter Beidüngung steigender Kalkmengen prüften, belegen die Annahme, daß eine sich in Ertragsverminderungen äußernde Behinderung der Aufnahmefähigkeit der Superphosphatphosphorsäure auf austauschsauren Böden nicht zu befürchten ist.

c) Die Kalidünger.

Wenngleich die Kalisalze, wie im Kapitel XIII näher auseinandergesetzt ist, auf den Ackerboden keine versauernde Wirkung ausüben und daher auch nicht zu einer Steigerung der Azidität schon versauerter Böden führen können, so geht doch von ihnen eine Wirkung aus, die unter Umständen zu einer Schädigung der Pflanzen auf sauren Böden beitragen kann. Diese Wirkung der Kalisalze besteht in der Aktivierung der Austauschazidität des Bodens. Um jedes Körnchen des in den Boden gebrachten Kalisalzes bildet sich ja eine zunächst ziemlich konzentrierte Salzlösung, und diese Salzlösung muß, geradeso wie bei der Bestimmung der Austauschazidität mit Hilfe von Kalisalzen, mit dem austauschsauren Boden unter Wasserstoffionenaustausch und Bildung von Aluminiumsalzen reagieren. Die Bodenlösung muß also auf austauschsauren Böden durch diesen Ionenaustausch sauer werden, und man kann daher auch die Möglichkeit nicht bestreiten, daß die Anwendung von Kalisalzen gelegentlich den durch die Bodenversauerung an sich schon bedingten Schaden an den Kulturpflanzen verstärkt. Ständen uns Kalisalze mit alkalischer Reaktion zur Verfügung, wie etwa Kaliumkarbonat oder Kalisilikate von ausreichender Löslichkeit, so würde man, um die Gefahr einer solchen Aktivierung der Austauschazidität zu umgehen, zur Anwendung dieser Salze raten müssen. Solcher Ersatz steht aber nicht zur Verfügung, und daher muß man sich mit der Anwendung der Kalisalze auch auf austauschsauren Böden — solange keine Austauschazidität vorhanden ist, fallen natürlich alle Bedenken fort — abfinden. Zweckmäßig wird man wohl so verfahren, daß man die Kalisalze so frühzeitig in den Boden bringt, daß die sauer gewordene Bodenlösung Gelegenheit hat, durch Verdünnung oder durch Auswaschung ihre Azidität zu vermindern. Die frühzeitige Anwendung, gegebenenfalls schon im Herbst, ist ja auch die Maßregel, die schon immer zur Vermeidung nachteiliger Wirkungen der in den Kalisalzen enthaltenen Nebenbestandteile empfohlen und eingehalten wird. Vom Gesichtspunkt der Aktivierung der Austauschazidität aus sollte man eigentlich auch dazu raten, auf den austauschsauren Böden die konzentrierten Kalisalze zu benutzen und die in wesentlich größeren Mengen zu gebenden Rohsalze zu vermeiden; denn je größer die Salzgabe, um so größer ist auch die Gefahr der Aktivierung der Austauschazidität und der damit zusammenhängenden Pflanzenschädigung. Wenn man aber die Ergebnisse betrachtet, zu denen H. RÖSSLER[1] bei seinen Düngungsversuchen mit verschiedenen

---

[1] RÖSSLER, H.: Landw. Versuchsstat. **107**, 307.

Kalisalzen auf austauschsauren Böden gelangt ist, so muß man doch von der Erteilung eines solchen Rates Abstand nehmen; denn diese Versuche zeigten, daß unter Umständen von den Rohsalzen wesentlich günstigere Wirkungen auf die auf austauschsauren Böden angebauten Pflanzen ausgehen können als von den konzentrierten Kalisalzen. Diese Befunde von RÖSSLER sind wichtig genug, um noch einer etwas näheren Erörterung unterzogen zu werden.

Schon im Jahre 1925 fand RÖSSLER bei Feldversuchen auf austauschsaurem Sandboden zu Hafer, daß von den angewandten Kalisalzen der Kainit die beste Wirkung auf die Pflanzen ausübte. Noch deutlicher zeigte sich das im Jahre 1926 bei Versuchen mit Roggen. Die folgenden Körnerernten wurden in diesem Jahre erzielt:

ohne Kalk — KCl . . . . . 6,9 dz/ha	mit Kalk — KCl . . . . . . 14,8 dz/ha
ohne Kalk — K_2SO_4 . . . . 5,6 ,,	mit Kalk — K_2SO_4 . . . . . 12,1 ,,
ohne Kalk — Kainit . . . . 25,6 ,,	mit Kalk — Kainit . . . . . 26,0 ,,

In geradezu erstaunlicher Weise erwies sich bei diesem Roggenversuch der Kainit den reinen Kalisalzen gegenüber überlegen. Dabei hatte offenbar die Bodenreaktion mit der besseren Wirkung des Kainits nichts zu tun, denn seine Wirkung wurde durch die Kalkung nicht geändert, nur die der reinen Kalisalze wuchs deutlich dadurch an.

Dasselbe Ergebnis stellte sich auch bei Versuchen mit Roggen auf demselben austauschsauren Boden im Jahre 1927 ein. Es wurden geerntet:

ohne Kalk — KCl . . . . . 13,7 dz/ha	mit Kalk — KCl . . . . . . 36,8 dz/ha
ohne Kalk — K_2SO_4 . . . . 17,2 ,,	mit Kalk — K_2SO_4 . . . . . 36,5 ,,
ohne Kalk — Kainit . . . . 38,3 ,,	mit Kalk — Kainit . . . . . 43,5 ,,

Der Kainit lieferte auf dem sauren Boden mehr als doppelt so hohe Erträge als die reinen Kalisalze, aber auch auf dem gekalkten Boden war die Überlegenheit des Kainits noch deutlich. Diese besondere Wirkung des Kainits zeigte sich jedoch nur bei dem Roggen, bei den Kartoffelversuchen dagegen, die in denselben Jahren auf dem gleichen Boden zur Durchführung gelangten, war von einer Überlegenheit des Kainits nichts zu merken, hier waren im Gegenteil die reinen Kalisalze von besserer Wirkung.

Absolut Neues bieten die Ergebnisse der RÖSSLERschen Versuche zunächst noch nicht, wenn man von den außergewöhnlichen Unterschieden zwischen den reinen Kalisalzen und dem Kainit absieht; denn auch früher hat man schon oft beim Vergleich der Rohsalze mit den konzentrierten Kalisalzen festgestellt, daß bei den Körnerfrüchten und den Rüben die Wirkung der Rohsalze besser war als die der reinen Salze, ebenso ist auch der Befund bekannt, daß die Kartoffeln die reinen Kalisalze bevorzugen und durch die Rohsalze in ihren Erträgen heruntergedrückt werden. Als Erklärung für dieses verschiedene Verhalten der Kalisalze nahm man bekanntlich an, daß es der Gehalt an Natriumchlorid sei, der diese Unterschiede bedinge, und daß im besonderen bei den Kartoffeln der Chlorgehalt den Ernten nachteilig sei. RÖSSLER konnte aber bei der Fortsetzung seiner Versuche auf den austauschsauren Böden feststellen, daß die bessere Wirkung des Kainits nichts mit dem Gehalt an Kochsalz zu tun hatte, sondern daß sie auf dem Gehalt an Magnesiasalzen beruhte. Bei Vegetationsversuchen mit Hafer im Jahre 1926 unter Verwendung von Kainit, von verschiedenen Kalisalzen, Magnesiumsalzen und von Kochsalz fand RÖSSLER, daß die Magnesiumsalze, besonders das Sulfat, die Haferträge erhöhten, daß dagegen das Kochsalz das nicht tat. Die Wirkung des Kainits konnte daher nur als eine Wirkung des in ihm enthaltenen Magnesiumsalzes angesprochen werden. Weitere Vegetationsversuche zeigten dann im Jahre 1927, daß auch die schwefelsaure Kalimagnesia die günstige Wirkung des Kainits teilte, es zeigte sich aber auch bei diesen Versuchen wieder, daß die günstige Wirkung der Magnesia enthaltenden Salze von der Art der angebauten Pflanze abhängig war. Hafer, Gerste und Lupine, die auch schon im Jahre 1926 bei Versuchen mit Kainit als Versuchspflanzen gedient hatten, verhielten sich ganz verschieden. Im Jahre 1926 hatte bei physiologisch-saurer Grunddüngung und bei Düngung mit Diammonphosphat und Harnstoff der Kainit bei Hafer den höchsten, bei Gerste und Lupine dagegen den niedrigsten Ertrag geliefert, bei alkalischer Grunddüngung blieb sogar die Überlegenheit des Kainits über die anderen Kalidünger ganz aus. Im Jahre 1927 erzeugte bei Hafer und bei Lupine die schwefelsaure Kalimagnesia den höchsten Ertrag, während bei Lupine der Kainit überhaupt keine Ernte zustande kommen ließ.

Ganz geklärt ist durch die Versuche von Rössler die Frage nach der Ursache der besonderen Wirkung der magnesiahaltigen Kalisalze sonach wohl noch nicht, aber es scheint doch so, daß wirklich dem Magnesiagehalt der Kalisalze bei ihrer Verwendung auf den austauschsauren Böden eine besondere Bedeutung nicht abgesprochen werden kann. Feldversuche, die mit Kaliumsulfat und schwefelsaurer Kalimagnesia auf Böden von verschiedenem Reaktionszustande in den Jahren 1926—1928 von A. Gehring[1] ausgeführt wurden, scheinen auch bereits eine Bestätigung für die von Rössler gemachten Beobachtungen zu bringen. Gehring glaubt wenigstens aus seinen Versuchen eine ganz bestimmte Abhängigkeit der ertragssteigernden Wirkung der schwefelsauren Kalimagnesia vom Kalksättigungszustand des Bodens ableiten zu dürfen. Bei einem Kalkzustand, nach seiner Methode bestimmt, von 20 betrug die durch die schwefelsaure Kalimagnesia herbeigeführte Ertragssteigerung durchschnittlich 58,4%, beim Kalkzustand zwischen 40 und 70 nur noch 3,8%, und bei einem Kalkzustand von über 70 sank sie auf 0,2%. Aber nicht nur von dem Kalkzustand hängt nach Gehring die Wirkung der Magnesia ab, sondern auch von der Art der Unterbringung der Salze, insofern nämlich, als durch oberflächliche Unterbringung auf kalkarmen Böden die Wirkung der Magnesia gesteigert wird, während in zu kalkreichen Böden die Wirkung der schwefelsauren Kalimagnesia durch Einpflügen besonders stark zum Hervortreten veranlaßt wird. Als Ursache für die günstige Wirkung der Magnesia enthaltenden Kalisalze spricht Gehring den Magnesiamangel in den kalkarmen Böden an. Ohne Frage ist das eine nicht nur für die Verwendung und die Wirkung der Kalisalze, sondern für die ganze Frage der Bodenazidität sehr wichtige Feststellung, vorausgesetzt allerdings, daß eingehende weitere Versuche die Dunkelheiten, die sowohl über manchen Versuchsergebnissen von Rössler als auch über manchen Befunden von Gehring noch liegen, lichten werden. Aber auch jetzt schon muß man aus den Untersuchungen der beiden genannten Autoren den Schluß ziehen, daß auf keinen Fall die Furcht vor einer den Kulturpflanzen nachteiligen Aktivierung der Austauschazidität zu einem Abraten von der Verwendung der Kalirohsalze auf austauschsauren Böden verleiten darf, ja man wird wohl im Gegenteil die Anwendung dieser magnesiahaltigen Salze auf den austauschsauren Böden empfehlen müssen.

Alle besonderen Maßnahmen nun, die im vorstehenden für die Verwendung der Stickstoff-, Phosphorsäure- und Kalidünger auf sauren Böden angegeben worden sind, können und sollen natürlich nicht die Kalkdüngung ersetzen. Man soll auch nicht mit Hilfe dieser Düngungsmaßnahmen die Kalkdüngung hinausschieben versuchen. An erster Stelle muß stets bei der Düngung der sauren Böden die Beseitigung der Bodenversauerung durch Anwendung von Kalk an-

---

[1] Gehring, A.: Prakt. Bl. f. Pflanzenbau u. Pflanzenschutz 6, 287 (1929).

gestrebt werden, und das ist schon deshalb immer das richtigste, weil mit der Beseitigung der Bodenversauerung oder mit ihrer Herabdrückung auf ein für die anzubauende Kulturpflanze bekömmliches Maß der Landwirt bei der Auswahl der anzuwendenden Düngemittel wieder volle Freiheit erhält. Der Landwirt kann nach der Kalkdüngung wieder die Düngemittel verwenden, die dem besonderen Bedürfnis der zum Anbau gelangenden Pflanzen entsprechen und die ihm, vom wirtschaftlichen Standpunkt betrachtet, als die preiswertesten erscheinen. Wie schon oben hervorgehoben worden ist, wird jedoch bei der großen Verbreitung der Bodenversauerung die rechtzeitige Durchführung der Kalkdüngung nicht immer möglich sein. Für solche Fälle müssen dem Landwirt aber die Mittel bekannt sein, die es ihm ermöglichen, den Schaden, der seinen Ernten aus der Bodenversauerung erwächst, wenn nicht ganz zu verhindern, so doch nach Möglichkeit abzuschwächen. In dieser Richtung wird sich nun gewiß die Auswahl der Düngemittel nach den im vorstehenden entwickelten Gesichtspunkten als sehr nützlich erweisen. Behält der Landwirt fest im Auge, daß auf den versauerten Böden in der Regel die von Haus aus alkalisch reagierenden Düngemittel und die physiologisch-alkalischen größere Aussicht auf eine günstige Wirkung besitzen als die sauren und physiologisch-sauren Düngemittel, so wird er sich oft, ohne größeren Schaden zu erleiden, bis zur endgültigen Beseitigung der Versauerung durch die Kalkdüngung mit der Verwendung alkalischer Düngerkombinationen behelfen können; aber auch nur als Behelf, nicht als empfehlenswerte Regel kann und soll die Verwendung alkalischer Düngerkombinationen auf sauren Böden betrachtet werden.

Damit wäre nun wohl alles dargelegt, was sich zur Zeit über die Verwendung der künstlichen Düngemittel auf sauren Böden aussagen läßt. Wir stehen hiernach aber auch am Ende der Ausführungen, die wir über die Bodenazidität, ihre Entstehung, ihr Wesen, ihre Folgen und über ihre Bekämpfung zu machen hatten. Viel umfangreicher sind diese Ausführungen geworden, als der Verfasser zu Beginn seiner Arbeit geglaubt hatte. Trotzdem hat der Verfasser aber nicht das Gefühl, Unnötiges oder das Notwendige mit zuviel Worten gesagt zu haben. Der Gegenstand, der zu behandeln war, ist eben, wie der Leser ja wohl selbst bemerkt haben wird, kein sehr einfacher, er ist im Gegenteil stellenweise wenigstens von recht komplizierter Beschaffenheit. Eine gewisse Ausführlichkeit war daher schon aus diesem Grunde durchaus geboten. Der Gegenstand ist aber auch, wie hoffentlich ebenfalls erkannt worden ist, von einer so großen praktischen Bedeutung, daß überhaupt kaum ein Wort zuviel über ihn gesagt werden kann. Wenn es den vorstehenden Ausführungen nur gelungen ist, diese praktische Bedeutung deutlich genug hervortreten zu lassen, und wenn aus ihr die Schlußfolgerung gezogen wird, daß von allen Stellen aus die Bekämpfung der land- und volkswirtschaftlich höchst nachteiligen Erscheinung der Bodenversauerung mit größtem Ernst betrieben werden muß, so haben die vorstehenden Ausführungen voll und ganz ihr Ziel erreicht.

Namenverzeichnis.

Sachverzeichnis.

Additional material from *Die Bodenazidität,*
ISBN 978-3-642-89928-7, is available at http://extras.springer.com